Geodätische und statistische Berechnungen

Rüdiger Lehmann

Geodätische und statistische Berechnungen

Ein Lehr- und Übungsbuch

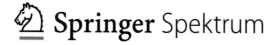 Springer Spektrum

Rüdiger Lehmann
Hochschule für Technik und Wirtschaft
Dresden
Dresden, Deutschland

ISBN 978-3-662-66463-6   ISBN 978-3-662-66464-3 (eBook)
https://doi.org/10.1007/978-3-662-66464-3

Die Deutsche Nationalbibliothek verzeichnet diese Publikation in der Deutschen Nationalbibliografie; detaillierte bibliografische Daten sind im Internet über http://dnb.d-nb.de abrufbar.

Springer Spektrum

Springer Spektrum ist ein Imprint der eingetragenen Gesellschaft Springer-Verlag GmbH, DE und ist ein Teil von Springer Nature.
Die Anschrift der Gesellschaft ist: Heidelberger Platz 3, 14197 Berlin, Germany

Vorwort

» „Geodäsie ist ein Begriff, der im antiken Griechenland geprägt wurde, um den ursprünglichen Begriff *Geometrie* zu ersetzen, der seine anfängliche Bedeutung als *Erd- und Landmessung* verloren hatte und nun die abstrakte Bedeutung der *Theorie der Formen* erlangte. Aristoteles schrieb in seiner „Metaphysik", dass sich die beiden Begriffe nur darin unterscheiden: „Geodäsie bezieht sich auf konkrete Dinge und Geometrie auf abstrakte." Viele Jahrhunderte später bedeutet das Wort *Geodäsie* dann die Bestimmung der Form zunächst von Teilen der Erdoberfläche und schließlich nach der Verfügbarkeit geodätischer Raumverfahren auch der ganzen Erdoberfläche. Es bleibt also eine angewandte Wissenschaft, die sich zugleich drängenden und herausfordernden theoretischen Problemen sowohl in der physikalischen Modellierung als auch in der Methodik der Datenanalyse zuwendet. (Athanasios Dermanis und Reiner Rummel (2003)[1])"

Dieses Lehr- und Übungsbuch entstand aus Vorlesungen über Geodätische Berechnungen, Geodätische Statistik, Ausgleichungsrechnung und Landesvermessung an der Hochschule für Technik und Wirtschaft Dresden. Es richtet sich an Studierende und praktisch tätige Fachleute der Geodäsie, der Geomatik, der Vermessung, der Ingenieurmathematik und verwandter Fachrichtungen. Es stellt ein theoretisches Grundgerüst bereit, um geodätische und statistische Berechnungen selbst ausführen und fachspezifische Softwareprodukte sachkundig und professionell benutzen zu können.

Fast alle dargestellten Berechnungsverfahren sind anhand durchgerechneter Beispiele nachvollziehbar und verständlich erläutert. Für das gründliche Studium wird die Bearbeitung der zahlreichen Übungsaufgaben und der Vergleich mit den angegebenen Lösungen empfohlen. Zugunsten dieser zahlreichen Beispiele und Aufgaben wird weitgehend auf Formelherleitungen und mathematische Beweise verzichtet. Diese finden sich in den angegebenen Quellen.

Da einige Lehrveranstaltungen in tieferen Semestern stattfinden, werden in ▶ Kap. 1 dieses Buches noch keine Methoden der höheren Mathematik benutzt. Ab ▶ Kap. 2 werden die Matrix-Vektor-Algebra und ab ▶ Kap. 3 auch Grundzüge der Differenzial- und Integralrechnung benötigt. Ab ▶ Kap. 4 werden ausgewählte Begriffe und Methoden der mathematischen Statistik eingeführt.

In vielfältiger Weise wird in diesem Buch auf aktuelle Technologien der praktischen Geodäsie Bezug genommen. Im Vordergrund stehen dabei die am weitesten verbreiteten Technologien Tachymetrie, Nivellement und Globale Satellitennavigation (GNSS). Die vorgestellten Berechnungsverfahren sind jedoch genauso oder ähnlich auf die meisten anderen geodätischen Technologien wie Gravimetrie oder Laserscanning anwendbar, und auch weitgehend auf andere messende Ingenieurdisziplinen wie die Photogrammetrie oder die Fertigungsmesstechnik übertragbar.

Die Auswahl an Berechnungsverfahren, die Sie in diesem Buch finden, erhebt keinen Anspruch auf Vollständigkeit. Tatsächlich sind eine Reihe wichtiger Verfahren nicht enthalten, vor allem solche, die fortgeschrittene mathematische Werkzeuge wie die Differenzialgeometrie oder eine generalisierte Matrixinverse erfordern. Sie könnten in naher Zukunft Eingang in einen Ergänzungsband finden.

---

[1] aus: Data analysis methods in geodesy. Lecture Notes in Earth Sciences, Springer Verlag Berlin Heidelberg, ▶ https://doi.org/10.1007/3-540-45597-3_2.

Ein großes Dankeschön geht an meinen verehrten Kollegen Dr.-Ing. Michael Lösler (Frankfurt University of Applied Sciences), der einen Entwurf dieses Buches gründlich gelesen hat. Seine zahlreichen Verbesserungsvorschläge haben dessen Qualität deutlich erhöht. Weitere wichtige Hinweise kamen von meinen verehrten Kollegen Prof. Dr.-Ing. Robin Ullrich und Prof. Dr.-Ing. Danilo Schneider (Hochschule für Technik und Wirtschaft Dresden). Ich danke allen Studierenden der HTW Dresden, die in ihrem Studium die meisten Berechnungsverfahren schon praktisch anwenden durften. Von den Erfahrungen, die sie dabei gemacht haben, konnte ich sehr profitieren.

R. Lehmann
September 2022

Zur Benutzung

Bei der Bearbeitung geodätischer Berechnungen und Statistikaufgaben werden Rechenproben dringend empfohlen, um Fehler aller Art aufzudecken:
- falsche Lösungswege
- falsch benutzte Formeln
- Tippfehler auf dem Taschenrechner
- Softwarebedienfehler
- Programmierfehler usw.

Dabei sollte man darauf achten, dass eine Rechenprobe möglichst effektiv ist, d. h. möglichst alle denkbaren Fehler aufdeckt. Das ist nur der Fall, wenn man nicht auf Zwischenergebnisse aus der Lösung zurückgreift, die ihrerseits schon falsch sein können. Häufig kann man die Ausgangsgrößen aus den Ergebnissen zurückrechnen. Leider gibt es auch einige Fälle, in denen keine effektive Probe möglich ist.

Die Lösungen zu den Aufgaben charakterisieren den Lösungsweg mit dem wissenschaftlichen Taschenrechner. Oft werden nur die aufgeschriebenen Stellen mitgeführt. Dadurch ergeben sich bei den Proben kleine Abweichungen. Ist dies unerwünscht, weil eine höhere Genauigkeit verlangt ist, müssen mehr Stellen mitgeführt werden. Soweit das möglich ist, werden in den Beispielen die Maßeinheiten mitgeführt. Nur wenn Längeneinheiten irrelevant sind, werden diese manchmal weggelassen.

IN DUBIO PRO GEO ist eine kostenlose Software für Geodätische Berechnungen, Geodätische Statistik und Ausgleichungsrechnung. Viele der in diesem Manuskript behandelten Berechnungen können damit durchgeführt werden. Für die meisten Beispiele und Aufgaben in diesem Buch sind vorgefertigte IN DUBIO PRO GEO Projekte verfügbar, die man über die angegebenen Links laden kann.

Verzeichnis der Abkürzungen und wichtigsten Formelsymbole

Abkürzungsverzeichnis

EDM	Elektronischer Distanzmesser
FFG	Fehlerfortpflanzungsgesetz
GFG	Gewichtsfortpflanzungsgesetz
GUM	Guide to the Expression of Uncertainty in Measurement
HTW	Hochschule für Technik und Wirtschaft
KFG	Kovarianzfortpflanzungsgesetz
LE	Längeneinheit
ppm	parts per million = 10^{-6}
UTM	Universal Transverse Mercator

Verzeichnis der wichtigsten Formelsymbole

a, b	große und kleine Halbachse der Ellipse oder des Rotationsellipsoids
A, B	große und kleine Halbachse der Standardellipse
$\mathbf{A}$	Designmatrix (Ausgleichungsmatrix)
b	Kreisbogenlänge
c	kritischer Wert
d	Differenz von Doppelbeobachtungen
e	Exzentrizität der Ellipse oder des Rotationsellipsoids
e	Horizontalstrecke
$\vec{e}$	Vektor der Rotationsachse
E	Erwartungswert
E	Ostwert
f	Abplattung der Ellipse oder des Rotationsellipsoids
f	Transvektionsparameter (Scherparameter)
F	Flächeninhalt
$\mathbf{F}$	Funktionalmatrix (Jacobi-Matrix)
g	grobe Messabweichung
$\vec{g}$	Richtungsvektor
h	ellipsoidische Höhe
H	Höhe
H	Hypothese
$\mathbf{I}$	Einheitsmatrix (Identitätsmatrix)
k	Nullpunktkorrektur
$l, \mathbf{l}$	gekürzte(r) Beobachtung(-svektor)
$L, \mathbf{L}$	Beobachtung(-svektor)
m	Anzahl der Funktionen ausgeglichener Größen
m	Maßstabsfaktor
m	Meridianbogenlänge
M	Meridiankrümmungsradius
$\vec{n}$	Normalenvektor
n	Anzahl der Beobachtungen oder der Doppelbeobachtungspaare
n	dritte Abplattung
N	Nordwert
N	Querkrümmungsradius
NV	normierte Verbesserung
o	Orientierungswinkel, -parameter
$p, \mathbf{P}$	Gewicht(-smatrix)
$q, \mathbf{Q}$	Kofaktor(-matrix)
r	Horizontalrichtung
r	Redundanz(-anteil)
r	Radius des Kreises
R	Radius der Kugel
$\mathbf{R}$	Redundanzmatrix
$\mathbf{R}$	Rotationsmatrix
s	Bogenlängenparameter
s	Schrägstrecke
S	Schrägstrecke, Pseudostrecke
$\mathbf{S}$	Transvektionsmatrix
SV	studentisierte Verbesserung
t	Richtungswinkel
t	Zeit
T	Teststatistik
u	Anzahl der Parameter
$v, \mathbf{v}$	Verbesserung(-svektor)
v	Zenitwinkel
$\vec{v}, \vec{V}$	Ortsvektor
W	Weglänge des Nivellements
$x, \mathbf{x}$	gekürzte Parameter(-vektor)
$X, \mathbf{X}$	Parameter(-vektor)

x, y, z	kartesische Koordinaten	λ	ellipsoidische Länge
X, Y, Z	kartesische Koordinaten	μ	Erwartungswert der Normalverteilung
α	ellipsoidisches Azimut		
α	Irrtumswahrscheinlichkeit	μ	rektifizierte Breite
β	reduzierte Breite	ρ	Radiant
γ	Meridiankonvergenz	ρ	Korrelationskoeffizient
Δ	systematische Messabweichung	σ	Standardabweichung, Kovarianz
Δh	Höhendifferenz	Σ	Kovarianzmatrix
ε	Rotationswinkel, Eulerscher Winkel	τ	Geraden- und Ebenenparameter
		τ	Transvektionswinkel (Scherwinkel)
ε	zufällige Messabweichung		
η	wahre Messabweichung	ϕ	ellipsoidische Breite
θ	Richtungswinkel der großen Halbachse der Standardellipse	ϕ	vermittelnde Funktion
		ψ	geozentrische Breite
κ	Maßstabsfaktor der Gaußschen Abbildung	ψ	Funktion ausgeglichener Größen

Inhaltsverzeichnis

Berechnungen in der Ebene

R. Lehmann, *Geodätische und statistische Berechnungen*,
https://doi.org/10.1007/978-3-662-66464-3_1

1

In diesem Kapitel behandeln wir geodätische Berechnungen in der zweidimensionalen Euklidischen Ebene. Geodätische Messungen finden zwar im dreidimensionalen Raum statt, werden aber zur Auswertung häufig in die Horizontal- oder Vertikalebene abgebildet. Dort sind viele Berechnungen wesentlich einfacher möglich.

1.1 Ebene Trigonometrie

In diesem Abschnitt werden Kenntnisse über ebene Trigonometrie aus der Schulmathematik vorausgesetzt. Diese können z. B. in [1, S. 124ff], [9] nachgelesen werden.

1.1.1 Winkeleinheiten und -funktionen

Die Winkeleinheit *Gon* ist in der Geodäsie weiterhin verbreitet und in Deutschland eine gesetzliche Einheit im Messwesen, aber keine SI-Einheit. Sie wurde früher *Neugrad* genannt. Ein Gon ist definiert als der vierhundertste Teil des Vollwinkels, d. h. der Vollwinkel entspricht 400 gon, der rechte Winkel entspricht 100 gon. Einige Rechenoperationen sind in Gon übersichtlicher ausführbar, andere nicht. Insbesondere die häufig in der Geometrie auftretenden Winkel 30° und 60° sind in Gon periodische Dezimalbrüche.

Für geodätische Berechnungen werden die Winkelfunktionen

$$\sin, \cos, \tan, \cot$$

sowie die zugehörigen Umkehrfunktionen (Arkusfunktionen)

$$\arcsin, \arccos, \arctan, \text{arccot}$$

benötigt. Die Arkusfunktionen sind nicht eindeutig. Zu jedem Argument gibt es im halboffenen Intervall $[0, 400)$ gon einen *Hauptwert* und einen *Nebenwert* [1, S. 391f], [4, S. 25f]. Der Taschenrechner liefert genau wie die Arkusfunktionen in Programmierumgebungen jeweils nur den Hauptwert. Bei vielen Rechnungen kann aber vielmehr der Nebenwert gefragt sein.

> ▶ **Beispiel 1.1**
> Aus $x = 0{,}230\,697$ erhalten wir die Haupt- und Nebenwerte in ◧ Tab. 1.1. ◀

❗ **Aufgabe 1.1**
Überzeugen Sie sich, dass sowohl $\sin(14{,}8201\,\text{gon})$ als auch $\sin(185{,}1799\,\text{gon})$ den Wert $0{,}230\,697$ ergeben. Wiederholen Sie dies mit den anderen Werten in ◧ Tab. 1.1.

▶ **Hinweis 1.1**
Auf Taschenrechnern und in manchen Literaturquellen verbreitete Schreibweisen für Arkusfunktionen sind

$$\sin^{-1}, \cos^{-1}, \tan^{-1}$$

Z. B. bedeutet $\tan^{-1}$ hier nicht cot, sondern arctan.

Winkelfunktionen müssen ineinander umgerechnet werden können. Z. B. ist

$$\sin\alpha = \pm\sqrt{1 - \cos^2\alpha} \quad \text{und} \quad \sin\alpha = \cos(100\,\text{gon} - \alpha)$$

◻ **Tab. 1.1** Haupt- und Nebenwerte der Arkusfunktionen von $x = 0{,}230\,697$ im Intervall $[0, 400]$ gon

	Bogenmaß		Gon	
	Hauptwert	Nebenwert	Hauptwert	Nebenwert
arcsin(x)	0,232 794	2,908 799	14,820 1	185,179 9
arccos(x)	1,338 002	4,945 183	85,179 9	314,820 1
arctan(x)	0,226 730	3,368 323	14,434 1	214,434 1
arccot(x)	1,344 066	4,485 659	85,565 9	285,565 9

In der linken Formel ist das Wurzelvorzeichen quadrantenabhängig zu wählen. Weitere Beziehungen finden Sie in den mathematischen und geodätischen Formelsammlungen [1, S. 375f], [4, S. 25f].

1.1.2 Berechnung schiefwinkliger ebener Dreiecke

Zu den grundlegenden Beziehungen im schiefwinkligen Dreieck gehören

❯ Sinussatz, Kosinussatz, Tangenssatz, Projektionssatz, Halbwinkelsätze, Mollweidesche Formeln

die aus der Schulmathematik bekannt sind [1, S. 131f], [4, S. 27f].

Für elementare Dreiecksberechnungen mit Winkeln und Seiten sind der Sinussatz und der Kosinussatz ausreichend. Außerdem kann der Projektionssatz günstig als Probe verwendet werden. Er verknüpft alle Seiten und zwei Winkel. Wenn noch die Innenwinkelsumme stimmt, kann das Dreieck aus Seiten und Winkeln als ausreichend verprobt gelten.

Bei einem ebenen schiefwinkligen Dreieck müssen drei Stücke gegeben sein, damit sich die restlichen Stücke daraus ergeben. Nicht immer jedoch ist die Berechnung eindeutig. Die Fälle, in denen Winkel und/oder Seitenlängen ein Dreieck eindeutig definieren, werden über die *Kongruenzsätze* dargestellt. Es gibt folgende Kongruenzsätze [1, S. 129], [4, S. 16], [9, S. 18]:

SSS-Satz: – Zwei Dreiecke, die in ihren drei Seitenlängen übereinstimmen, sind kongruent.

SWS-Satz: – Zwei Dreiecke, die in zwei Seitenlängen und in dem eingeschlossenen Winkel übereinstimmen, sind kongruent.

WSW-Satz: – Zwei Dreiecke, die in einer Seitenlänge und in den dieser Seite anliegenden Winkeln übereinstimmen, sind kongruent.

WWS-Satz: – Zwei Dreiecke, die in einer Seitenlänge, dem gegenüberliegenden Winkel und einem dieser Seite anliegenden Winkel übereinstimmen, sind kongruent.

SSW-Satz: – Zwei Dreiecke, die in zwei Seitenlängen und in jenem Winkel übereinstimmen, der der längeren Seite gegenüber liegt, sind kongruent.

Aus diesen Kongruenzsätzen lassen sich fünf elementare Fälle der Dreiecksberechnung ableiten (s. ◻ Tab. 1.2).

1

◻ **Tab. 1.2** Berechnung schiefwinkliger ebener Dreiecke (zu den Bezeichnungen s. ◻ Abb. 1.1)

Satz	Gegeben sind z. B.	Eindeutig, falls	Empfohlene Berechnung	Empfohlene Probe
SSS	a, b, c	$2 \cdot \max(a, b, c)$ $< a + b + c$	α, β, γ aus Kosinussatz	$\alpha + \beta + \gamma = 200\,\text{gon}$
SWS	a, γ, b	$0 < \gamma < 200\,\text{gon}$	(1) c aus Kosinussatz (2) α, β aus Kosinussatz	a oder c aus Projektionssatz
WSW	α, c, β	$0 < \alpha + \beta < 200\,\text{gon}$	(1) $\gamma := 200\,\text{gon} - \alpha - \beta$ (2) a, b aus Sinussatz	c aus Projektionssatz
WWS	α, β, a	$0 < \alpha + \beta < 200\,\text{gon}$	(1) $\gamma := 200\,\text{gon} - \alpha - \beta$ (2) b, c aus Sinussatz	a aus Projektionssatz
SSW	a, b, α	$0 < \alpha < 200\,\text{gon}$, $b < a$	(1) β aus Sinussatz (2) $\gamma := 200\,\text{gon} - \alpha - \beta$ (3) c aus Sinussatz	a aus Projektionssatz (s. Hinweis 1.3)

◻ **Abb. 1.1** Das schiefwinklige Dreieck

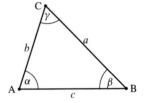

Hinweis 1.3

In der letzte Zeile der ◻ Tab. 1.2 verdient die Bedingung $b < a$ besondere Beachtung. Der kürzeren Seite im Dreieck liegt immer auch der kleinere Winkel gegenüber. Damit ist $\beta < \alpha$ und folglich β auf jeden Fall ein spitzer Winkel. Wird mit dem Sinussatz $\beta = \arcsin(b \cdot \sin(\alpha)/a)$ berechnet, so kommt für β nur der Hauptwert in Betracht. Deshalb ist diese Berechnung eindeutig. Andernfalls könnte eine zweite Lösung aus dem Nebenwert resultieren. Es könnte auch gar keine Lösung möglich sein, nämlich wenn $a < b \cdot \sin(\alpha)$ ist, wonach der Arkussinus keine Lösung liefert.

▶ Beispiel 1.2

Das Dreieck in ◻ Abb. 1.2 definiert durch a, b, α ist offenbar nur zweideutig bestimmt, weil $a < b$ gilt. ◀

◻ **Abb. 1.2** (zu Beispiel 1.2) Der gegebene Winkel α liegt der kürzeren Seite a gegenüber

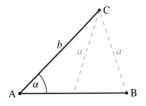

⊕ Aufgabe 1.2

Überzeugen Sie sich möglichst einfach, dass folgende drei Seitenlängen und drei Winkel zu ein und demselben Dreieck gehören:

$$a = 14{,}02\,\text{m} \qquad b = 17{,}11\,\text{m} \qquad c = 23{,}06\,\text{m}$$

$$\alpha = 41{,}413\,\text{gon} \qquad \beta = 52{,}947\,\text{gon} \qquad \gamma = 105{,}640\,\text{gon}$$

Wenden Sie dazu einen Projektionssatz an, z. B.

$$a = b \cdot \cos\gamma + c \cdot \cos\beta$$

und überprüfen Sie die Winkelsumme. Greifen Sie danach je drei beliebige Werte heraus und berechnen Sie daraus jeweils einen vierten Wert. Wieviele Kombinationen sind lösbar? Wieviele sind zweideutig?

▶ http://sn.pub/HnIA7s

1.1.3 Berechnung schiefwinkliger ebener Vierecke

Um Vierecke eindeutig berechnen zu können, sind in der Regel fünf Stücke nötig (Seiten, Diagonalen, Winkel usw.). In einigen Fällen kommt es ähnlich wie bei Dreiecken zu Mehrdeutigkeiten oder Unlösbarkeiten. Vierecke können entlang einer Diagonalen in zwei Dreiecke zerlegt werden. Danach ist häufig die Berechnung in beiden Dreiecken nacheinander möglich.

▶ **Beispiel 1.3**

Aus den Messwerten in ◼ Abb. 1.3 soll die fehlende Diagonale AC ermittelt werden. ◀

▶ **Lösung**

Mit dem Kosinussatz berechnen wir die Winkel β_1 und β_2:

$$\beta_1 = \arccos\left(\frac{44{,}86^2 + 37{,}51^2 - 48{,}65^2}{2 \cdot 44{,}86 \cdot 37{,}51}\right) = 79{,}749\,\text{gon}$$

$$\beta_2 = \arccos\left(\frac{37{,}51^2 + 53{,}37^2 - 46{,}22^2}{2 \cdot 37{,}51 \cdot 53{,}37}\right) = 64{,}494\,\text{gon}$$

◼ **Abb. 1.3** zu Beispiel 1.3

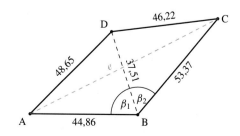

1

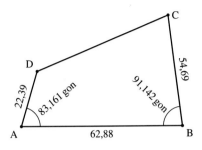

Erneut mit dem Kosinussatz berechnen wir die Diagonale $e = AC$:

$$e^2 = 44{,}86^2 + 53{,}37^2 - 2 \cdot 44{,}86 \cdot 53{,}37 \cdot \cos(79{,}749\,\text{gon} + 64{,}494\,\text{gon})$$

und somit $\underline{e = 89{,}03}$. ◄

▶ **Probe**

Am effektivsten berechnen wir dasselbe über die Winkel bei D. Diese betragen 67,938 gon und 87,154 gon, woraus sich $e = 89{,}03$ ✓ ergibt.

▶ http://sn.pub/2Nfa4y ◄

❯ **Hinweis 1.4**

Ohne die ❏ Abb. 1.3 wäre in Beispiel 1.3 noch eine andere Lösung zu erwägen, bei der das Viereck konkav ist und so die Diagonale BD außerhalb des Vierecks verläuft. Im Fall der konkreten Zahlenwerte aus dem Beispiel 1.3 existiert eine konkave Lösung aber nicht.

❶ **Aufgabe 1.3**

Berechnen Sie in ❏ Abb. 1.4 die Seite CD mit Rechenprobe.

▶ http://sn.pub/CzuLMB

1.2 Ebene Koordinatenrechnung

1.2.1 Kartesische und Polarkoordinaten

In der Geodäsie wird häufig mit *kartesischen Koordinatensystemen* gearbeitet. Anders als in der Mathematik benutzt man traditionell oft ein linkshändiges System (Linkssystem), bei dem die x-Achse nach oben (auf der Karte nach Nord) und die y-Achse nach rechts (auf der Karte nach Ost) weist [6, S. 217], [10, S. 19]. Beim rechtshändigen System (Rechtssystem) ist es umgekehrt. In diesem Buch verwenden wir für ebene Berechnungen ausschließlich Linkssysteme.

Dem Koordinatenursprung O, wenn er logisch in der Mitte des betrachteten Gebiets liegt, werden in der Geodäsie manchmal nicht die Koordinaten (0;0) zugeordnet, sondern größere runde Zahlen, so dass sich alle relevanten Koordinaten positiv ergeben. In ❏ Abb. 1.5 kommen dem Punkt P die kartesischen Koordinaten x_P und y_P zu.

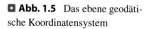

Abb. 1.5 Das ebene geodätische Koordinatensystem

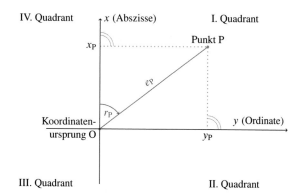

Die Schreibweise der Koordinaten ist leider uneinheitlich. Wir geben im Folgenden x vor y an: (x_P, y_P).

Neben den kartesischen Koordinaten verwendet man häufig *Polarkoordinaten* [10, S. 20]. Diese werden als Richtung (oder Polarwinkel) r und Strecke e bezeichnet. Meist wird der Koordinatenursprung O als Pol $e = 0$ und der x-Achse als Nullrichtung $r = 0$ gewählt. Die Richtung r zählt rechtsläufig (d. h. im Uhrzeigersinn) von 0 gon (Richtung der x-Achse) über 100 gon (Richtung der y-Achse) bis 400 gon (erneut Richtung der x-Achse). Negative Richtungen oder Richtungen größer oder gleich 400 gon werden in der Praxis oft vermieden. In **Abb. 1.5** kommen dem Punkt P die Polarkoordinaten r_P und e_P zu. Ist die x-Achse in irgendeiner Weise nach Nord orientiert, spricht man vom *Richtungswinkel* (auch Azimutwinkel) und bezeichnet diesen mit t. Den Unterschied zwischen Richtung r und Richtungswinkel t nennen wir den *Orientierungswinkel*:

$$o := t - r \tag{1.1}$$

Liegen auf einem Standpunkt zu mehreren Zielen Richtungen $r_1, r_2, \ldots, r_n$ und Richtungswinkel $t_1, t_2, \ldots, t_n$ vor, dann bestimmt man den Orientierungswinkel durch Mittelbildung und nennt dies einen *Stationsabriss*:

$$o = \frac{1}{n} \sum_{i=1}^{n} t_i - r_i \tag{1.2}$$

Es ist üblich, Richtungs- und Orientierungswinkel genau wie Richtungen im halboffenen Intervall $[0 \ldots 400)$ gon anzugeben.

Polarkoordinaten können sich statt auf den Koordinatenursprung auch auf einen anderen Pol beziehen. In **Abb. 1.6** beziehen sich die Polarkoordinaten t_{PQ} und e_{PQ} von Q auf den Pol P. Man bezeichnet diese als Richtungswinkel und Strecke von P nach Q. Offenbar gilt:

$$e_{QP} = e_{PQ} \quad \text{und} \quad t_{QP} = t_{PQ} \pm 200 \, \text{gon}$$

1

◻ Abb. 1.6 Richtungswinkel und Strecke

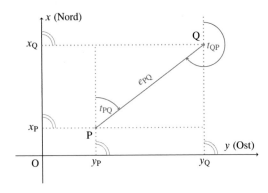

1.2.2 Erste geodätische Hauptaufgabe

Zunächst sollen aus Polarkoordinaten kartesische Koordinaten berechnet werden. Diese Aufgabe nennt man *erste geodätische Hauptaufgabe in der Ebene*. Statt *Hauptaufgabe* wird auch der Begriff *Grundaufgabe* verwendet. In ◻ Abb. 1.5 und ◻ Abb. 1.6 liest man unmittelbar ab [6, S. 219], [10, S. 61]:

$$x_P = x_O + e_P \cdot \cos r_P, \quad x_Q = x_P + e_{PQ} \cdot \cos t_{PQ} \tag{1.3}$$

$$y_P = y_O + e_P \cdot \sin r_P, \quad y_Q = y_P + e_{PQ} \cdot \sin t_{PQ} \tag{1.4}$$

Die Koordinaten des Ursprungs (x_O, y_O) müssen dabei nicht zwangsläufig Null sein (s. ▶ Abschn. 1.2.1). Man nennt die Rechenoperation (1.3), (1.4) auch *polares Anhängen*.

▶ **Beispiel 1.4**

Gegeben sind in einem nach Nord orientierten Koordinatensystem die kartesischen Koordinaten $P(x_P = 23,06; y_P = 16,10)$ und die Polarkoordinaten $t_{PQ} = 214,199 \, \text{gon}$; $e_{PQ} = 17,11$. Die kartesischen Koordinaten von Q sollen ermittelt werden. ◄

▶ **Lösung**

Es liegt eine erste geodätische Hauptaufgabe vor. Wir verwenden (1.3), (1.4):

$$x_Q = 23,06 + 17,11 \cdot \cos(214,199 \, \text{gon}) = 6,37$$

$$y_Q = 16,10 + 17,11 \cdot \sin(214,199 \, \text{gon}) = 12,32 \quad ◄$$

▶ **Probe**

Hier ist Beispiel 1.5 abzuarbeiten.
▶ http://sn.pub/oV2bAh ◄

1.2.3 Zweite geodätische Hauptaufgabe

Die umgekehrte Koordinatenumwandlung nennt man *zweite geodätische Hauptaufgabe in der Ebene*. Sie ist etwas komplexer, weil hier für die Richtung oder den Richtungswinkel die Quadrantenbeziehungen des Arkustangens beachtet werden müssen [6, S. 219f], [10, S. 61f]:

$$r_P = \arctan \frac{y_P - y_O}{x_P - x_O} \tag{1.5}$$

$$e_P = \sqrt{(x_P - x_O)^2 + (y_P - y_O)^2} \tag{1.6}$$

$$t_{PQ} = \arctan \frac{y_Q - y_P}{x_Q - x_P} \tag{1.7}$$

$$e_{PQ} = \sqrt{(x_Q - x_P)^2 + (y_Q - y_P)^2} \tag{1.8}$$

> **Hinweis 1.5**
>
> Ein wissenschaftlicher Taschenrechner bietet Möglichkeiten zur Umrechnung zwischen kartesischen und Polarkoordinaten. Diese sollten Sie unbedingt konsequent nutzen. Nicht nur geht dies wesentlich schneller und bequemer, sondern Sie vermeiden den sonst häufigen Fehler, die Richtung im falschen Quadranten zu erhalten. In Programmierumgebungen finden Sie häufig die Funktion `arctan2`, oft auch `atan2` genannt, z. B. in Tabellenkalkulationsprogrammen wie Microsoft EXCEL. Diese ist anzuwenden als `tPQ = arctan2(xQ-xP;yQ-yP)` und liefert den Winkel im Bogenmaß im halboffenen Intervall $(-\pi, \pi]$, so dass dieser ggf. noch in die gewünschte Winkelmaßeinheit umzurechnen ist.

> ▶ **Beispiel 1.5**
>
> Gegeben sind in einem nach Nord orientierten Koordinatensystem die kartesischen Koordinaten P($x_P = 23{,}06$; $y_P = 16{,}10$) und Q($x_Q = 6{,}37$; $y_Q = 12{,}32$). Richtungswinkel t_{PQ} und Strecke e_{PQ} sollen ermittelt werden. ◀

> ▶ **Lösung**
>
> Es liegt eine zweite geodätische Hauptaufgabe (1.7), (1.8) vor.

$$t_{PQ} = \arctan \frac{12{,}32 - 16{,}10}{6{,}37 - 23{,}06} = 214{,}18 \, \text{gon}$$

$$e_{PQ} = \sqrt{(6{,}37 - 23{,}06)^2 + (12{,}32 - 16{,}10)^2} = 17{,}11$$

Die Berechnung von t_{PQ} in einem Tabellenkalkulationsprogramm könnte wie folgt lauten:

```
grad(arctan2(6,37-23,06; 12,32-16,10))/0,9 + 400 = 214,18
```

Wenn man hier die Funktion `arctan` verwenden würde, erhielte man zunächst den falschen Wert 14,18 gon für den Richtungswinkel und müsste jetzt noch die *Quadrantenregel* beachten, bei der der Quadrant nach den Vorzeichen von Zähler und Nenner der Brüche in (1.5), (1.7) ermittelt wird [1, S. 391f], [4, S. 25f]: Zähler und Nenner negativ bedeutet: Der Winkel liegt im III. Quadrant. ◀

1

▶ **Probe**

Hier ist Beispiel 1.4 abzuarbeiten.

▶ http://sn.pub/VSbTEF ◀

❶ Aufgabe 1.4

(a) Berechnen Sie die Richtungswinkel und Strecken der Seiten des Dreiecks ABC mit den folgenden Koordinaten:

Punkt	A	B	C
x in m	337,45	218,08	371,58
y in m	432,29	597,65	654,77

(b) Drehen Sie dieses Dreieck im Punkt A um 50,000 gon rechtsläufig (im Uhrzeigersinn) und berechnen Sie die kartesischen Koordinaten der beiden neuen Eckpunkte B′ und C′.

(c) **Probe:** Berechnen Sie die Strecke B′C′.

▶ http://sn.pub/Ds9ePf

1.3 Flächenberechnung und Flächenteilung

Der Flächeninhalt F von geschlossenen Polygonen (Dreiecke, Vierecke usw.) kann aus Maßzahlen wie Winkel und Strecken, aber auch aus kartesischen oder Polarkoordinaten berechnet werden.

1.3.1 Flächenberechnung aus Maßzahlen

Zu den meisten berechenbaren Kombinationen von gegebenen Dreiecksgrößen (Maßzahlen) gibt es Formeln zur Berechnung des Dreiecksflächeninhaltes F (☐ Tab. 1.3). Die SSS-Formel heißt *Heronsche Formel* [1, S. 375f], [10, S. 80].

Eine entsprechende Formel für SSW könnte man aufstellen, diese ist aber unhandlich. Vielmehr würde man in diesem Fall zunächst mit dem Sinussatz einen weiteren Winkel

☐ **Tab. 1.3** Formeln zur Flächenberechnung aus Maßzahlen [4, S. 47]

Satz	Gegeben sind z. B.	Formel	Hilfsvariable
SSS	a, b, c	$F = \sqrt{s \cdot (s-a) \cdot (s-b) \cdot (s-c)}$ $= \frac{1}{4} \sqrt{4 \cdot a^2 \cdot b^2 - (a^2 + b^2 - c^2)^2}$	$s := (a + b + c)/2$
SWS	a, γ, b	$F = \dfrac{a \cdot b}{2} \sin \gamma$	
WSW	α, c, β	$F = \dfrac{c^2}{2 \cdot (\cot \alpha + \cot \beta)}$	
WWS	α, β, a	$F = \dfrac{a^2}{2 \cdot (\cot \beta - \cot(\alpha + \beta))}$	

berechnen und dann z. B. die WWS-Formel anwenden. Die Flächenberechnung liefert auch hier nicht immer ein eindeutiges Ergebnis.

❗ Aufgabe 1.5

Betrachten Sie das Dreieck aus Aufgabe 1.2. Greifen Sie je drei beliebige gegebene Größen heraus und berechnen Sie daraus jeweils den Dreiecksflächeninhalt F. Beachten Sie, dass bei einigen Kombinationen zwei Ergebnisse möglich sind.

▶ http://sn.pub/HnIA7s

Polygone mit mehr als drei Ecken zerlegt man für die Flächenberechnung aus Maßzahlen am besten in Dreiecke, z. B. entlang ausgewählter Diagonalen.

❗ Aufgabe 1.6

Berechnen Sie den Flächeninhalt des Vierecks aus Aufgabe 1.3 und zur Probe noch auf eine zweite unabhängige Weise.

▶ http://sn.pub/KttYor

Von den aus der Geometrie bekannten elementaren Formeln zur Flächenberechnung erwähnen wir besonders jene für das Trapez mit den parallelen Seiten a, c und der Höhe h. Der Flächeninhalt des Trapezes beträgt [4, S. 47]

$$F = \frac{a + c}{2} \cdot h \tag{1.9}$$

❗ Aufgabe 1.7

Geben Sie eine allgemeingültige Formel an, die die Fläche eines beliebigen Trapezes aus den vier Seitenlängen a, b, c, d berechnet. Testen Sie die Formel anhand des Trapezes (a und c parallel)

$$a = 16{,}10 \, \text{m}; \quad b = 17{,}11 \, \text{m}; \quad c = 23{,}06 \, \text{m}; \quad d = 14{,}02 \, \text{m}; \quad F = 266{,}17 \, \text{m}^2$$

1.3.2 Flächenberechnung aus Koordinaten

Den Flächeninhalt des Dreieckes 321 in ◻ Abb. 1.7 kann man als Differenz dreier Trapezflächen gewinnen:

$$F_{321} = F_{AC13} - F_{AB23} - F_{BC12}$$

Die Trapezflächeninhalte (1.9) ergeben sich leicht aus den kartesischen Koordinaten der Eckpunkte:

$$F_{AC13} = \frac{1}{2} \cdot (x_1 + x_3) \cdot (y_1 - y_3) > 0$$

$$F_{AB23} = \frac{1}{2} \cdot (x_2 + x_3) \cdot (y_2 - y_3) > 0$$

$$F_{BC12} = \frac{1}{2} \cdot (x_1 + x_2) \cdot (y_1 - y_2) > 0$$

◘ Abb. 1.7 Gaußsche Trapezformel angewendet auf Dreieck 123

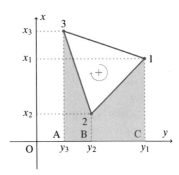

Man erkennt, dass man diese Berechnung offenbar auf allgemeine geschlossene Polygone mit n Ecken verallgemeinern kann und gelangt zu einer Variante der *Gaußschen Flächenformeln* (nach Carl Friedrich Gauß, 1777–1855), einer sogenannten *Trapezformel* [4, S. 48], [10, S. 81f]:

$$F = \frac{1}{2} \sum_{i=1}^{n} (x_i + x_{i+1}) \cdot (y_{i+1} - y_i) \tag{1.10}$$

wobei $x_{n+1} := x_1$ und $y_{n+1} := y_1$ gesetzt werden.

Bemerkenswert ist, dass die Trapeze unterhalb von Seiten, die entgegen der y-Achse durchlaufen werden, automatisch subtrahiert werden, weil die größere y-Koordinate von der kleineren abgezogen wird. Es ist also keinerlei Fallunterscheidung notwendig. Eine äquivalente Trapezformel ergibt sich, wenn man die Trapez-Zerlegung entlang der x-Achse vornimmt [4, S. 48], [9, S. 30f]:

$$F = \frac{1}{2} \cdot \sum_{i=1}^{n} (y_{i+1} + y_i) \cdot (x_i - x_{i+1}) \tag{1.11}$$

Schließlich kann man die Klammern auflösen und entweder x_i oder y_i ausklammern. Man gelangt dann zur zweiten Variante der Gaußschen Flächenformeln, den sogenannten *Dreiecksformeln* [4, S. 48]:

$$F = \frac{1}{2} \cdot \sum_{i=1}^{n} x_i \cdot (y_{i+1} - y_{i-1}) = \frac{1}{2} \cdot \sum_{i=1}^{n} y_i \cdot (x_{i-1} - x_{i+1}) \tag{1.12}$$

wobei $x_0 := x_n$, $x_{n+1} := x_1$, $y_0 := y_n$ und $y_{n+1} := y_1$ gesetzt werden. Auch hier ist wieder keinerlei Fallunterscheidung notwendig.

❶ Aufgabe 1.8

Erzeugen Sie die Dreiecksformeln (1.12) aus den Trapezformeln (1.10), (1.11) durch Auflösen der Klammern und erneutes Ausklammern.

Bei allen Formeln (1.10), (1.11), (1.12) gilt: Die Nummerierung der Eckpunkte $1, 2, \ldots, n$ muss bei Linkssystemen im Uhrzeigersinn (rechtsläufig) erfolgen, sonst wird der Flächeninhalt F betragsrichtig, aber negativ erhalten. (Bei Rechtssystemen wäre es umgekehrt.)

◻ **Abb. 1.8** zu Beispiel 1.6

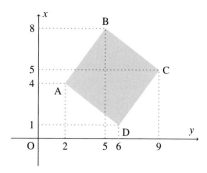

▶ **Beispiel 1.6**

Die Fläche in ◻ Abb. 1.8 soll nach allen vier verschiedenen Gaußschen Flächenformeln (1.10), (1.11), (1.12) ermittelt werden. ◀

▶ **Lösung**

Wir wenden zuerst beide Trapezformeln und danach beide Dreiecksformeln an:

$$2 \cdot F = (1 + 4) \cdot (2 - 6) + (4 + 8) \cdot (5 - 2) + (8 + 5) \cdot (9 - 5) + (5 + 1) \cdot (6 - 9)$$
$$= -20 + 36 + 52 - 18 = +50$$

$$2 \cdot F = (1 - 4) \cdot (6 + 2) + (4 - 8) \cdot (2 + 5) + (8 - 5) \cdot (5 + 9) + (5 - 1) \cdot (9 + 6)$$
$$= -24 - 28 + 42 + 60 = +50$$

$$2 \cdot F = 1 \cdot (2 - 9) + 4 \cdot (5 - 6) + 8 \cdot (9 - 2) + 5 \cdot (6 - 5)$$
$$= -7 - 4 + 56 + 5 = +50$$

$$2 \cdot F = 6 \cdot (5 - 4) + 2 \cdot (1 - 8) + 5 \cdot (4 - 5) + 9 \cdot (8 - 1)$$
$$= 6 - 14 - 5 + 63 = +50$$

Es ergibt sich überstimmend $\underline{F = 25}$ ✓. Dies ist der korrekte Wert, denn die berechnete Fläche ist ein Quadrat mit der Seitenlänge 5.

▶ http://sn.pub/Ye5XQq ◀

Auch aus Polarkoordinaten der Eckpunkte lässt sich der Flächeninhalt eines Polygons berechnen. Den Flächeninhalt des Dreiecks 321 in ◻ Abb. 1.9 kann man als Summe und Differenz dreier Dreiecksflächen gewinnen:

$$F_{321} = F_{O13} + F_{O21} - F_{O23}$$

1

◨ Abb. 1.9 Fläche aus Polarkoordinaten angewendet auf Dreieck
123

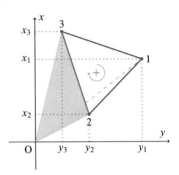

Die Dreiecksflächeninhalte ergeben sich leicht aus den Polarkoordinaten der Eckpunkte
(s. ◨ Tab. 1.3, SWS-Formel):

$$F_{O13} = \frac{1}{2} \cdot e_1 \cdot e_3 \cdot \sin(r_1 - r_3) > 0$$

$$F_{O21} = \frac{1}{2} \cdot e_2 \cdot e_1 \cdot \sin(r_2 - r_1) > 0$$

$$F_{O23} = \frac{1}{2} \cdot e_2 \cdot e_3 \cdot \sin(r_2 - r_3) > 0$$

Man erkennt, dass diese Berechnung offenbar auf allgemeine geschlossene Polygone mit
n Ecken verallgemeinerbar ist und gelangt zu der Variante der Gaußschen Flächenformeln
für Polarkoordinaten [4, S. 48]:

$$F = \frac{1}{2} \cdot \sum_{i=1}^{n} e_i \cdot e_{i+1} \cdot \sin(r_{i+1} - r_i) \tag{1.13}$$

wobei $e_{n+1} := e_1$ und $r_{n+1} := r_1$ gesetzt werden. Auch hier ist wieder keinerlei Fallunterscheidung notwendig. Die Nummerierung der Eckpunkte $1, 2, \ldots, n$ muss wieder im
Uhrzeigersinn (rechtsläufig) erfolgen, sonst wird der Flächeninhalt F betragsrichtig, aber
negativ erhalten.

▶ **Beispiel 1.7**

Die Fläche aus ◨ Abb. 1.8 soll aus Polarkoordinaten berechnet werden. Diese Koordinaten
lauten (s. ▶ Abschn. 1.2.3):

	A	B	C	D	
e	4,472	9,434	10,296	6,083	
r in gon	29,517	35,562	67,717	89,486	◀

► **Lösung**

$$2 \cdot F = 4{,}472 \cdot 9{,}434 \cdot \sin(35{,}562\,\text{gon} - 29{,}517\,\text{gon})$$
$$+ \; 9{,}434 \cdot 10{,}296 \cdot \sin(67{,}717\,\text{gon} - 35{,}562\,\text{gon})$$
$$+ \; 10{,}296 \cdot 6{,}083 \cdot \sin(89{,}486\,\text{gon} - 67{,}717\,\text{gon})$$
$$+ \; 6{,}083 \cdot 4{,}472 \cdot \sin(29{,}517\,\text{gon} - 89{,}486\,\text{gon})$$

$$= 4{,}000 + 47{,}000 + 21{,}000 - 22{,}000 = 50{,}000$$

Es ergibt sich erneut $\underline{F = 25{,}000}$. ◄

► **Probe**

Es empfiehlt sich eine Umrechnung in kartesische Koordinaten und die Benutzung einer Formel (1.10) oder (1.11) oder (1.12), wobei wir erneut $F = 25{,}000\,\checkmark$ erhalten (s. Beispiel 1.6).

► http://sn.pub/mWXKzv ◄

❶ Aufgabe 1.9

Berechnen Sie die Flächeninhalte der Dreiecke ABC und AB′C′ aus Aufgabe 1.4 sowohl über die kartesischen Koordinaten der Eckpunkte und je einer Trapez- und Dreiecksformel, als auch über die Polarkoordinaten der Eckpunkte bezogen auf den Pol A. Dazu können Sie auf die Ergebnisse aus Aufgabe 1.4 zurückgreifen.

► http://sn.pub/StE2G5

1.3.3 Absteckung und Teilung gegebener Dreiecksflächen

Bei der umgekehrten Aufgabe soll aus einem gegebenen Dreiecksflächeninhalt F und zwei weiteren Größen des Dreiecks eine dritte berechnet werden, um diese Fläche z. B. in der Örtlichkeit abzustecken. Diese Aufgabe kann man dadurch lösen, dass eine passende Formel für den Flächeninhalt nach der gesuchten Größe umgestellt wird.

► **Beispiel 1.8**

In ◘ Abb. 1.10 soll die Länge der Seite c ermittelt werden. ◄

► **Lösung**

Durch Einsetzen in die SWS-Flächenformel (s. ◘ Tab. 1.3) ergibt sich

$$90{,}63\,\text{m}^2 = \frac{c}{2} \cdot 16{,}10\,\text{m} \cdot \sin(32{,}47\,\text{gon})$$

und somit $\underline{c = 23{,}061\,\text{m}}$. ◄

◘ **Abb. 1.10** zu Beispiel 1.8

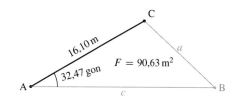

1

▶ **Probe**

Eine gute Probe sollte möglichst unabhängig von der bisherigen Rechnung sein. Die Rechnung sollte möglichst nicht wieder auf die SWS-Formel führen. Deshalb berechnen wir besser die Seite a mittels Kosinussatz:

$$a^2 = 16,10^2 \, \text{m}^2 + 23,061^2 \, \text{m}^2 - 2 \cdot 16,10 \, \text{m} \cdot 23,061 \, \text{m} \cdot \cos(32,47 \, \text{gon})$$

und somit $a = 11,957$ m. Daraus berechnen wir den halben Umfang $s = 25,559$ m und über die Heronsche Formel (s. ◻ Tab. 1.3) $F = 90,634 \, \text{m}^2$ ✓.

▶ http://sn.pub/1UfeMM ◀

Teilung von Flächen bedeutet Absteckung einer der beiden Teilflächen, wofür Absteckmaße zu berechnen sind. Es gibt viele Möglichkeiten, wie die Teilungsgerade verlaufen kann, z. B. [4, S. 50]

- parallel zu einer Seite der zu teilenden Fläche (Parallelteilung),
- durch einen Eckpunkt der Fläche oder einen anderen gegebenen Punkt,
- senkrecht zu einer Seite der zu teilenden Fläche (Senkrechtteilung) oder
- in einem anderen gegebenen Richtungswinkel.

Parallelteilung: Hier gilt eine Art erweiterter Strahlensatz, der auch Flächenverhältnisse mit einschließt (s. ◻ Abb. 1.11):

$$\frac{AC}{PC} = \frac{BC}{QC} = \frac{AB}{PQ} = \sqrt{\frac{F_{\text{ABC}}}{F_{\text{PQC}}}} \tag{1.14}$$

Teilung durch einen Eckpunkt: Beide Teildreiecke haben dieselbe Höhe auf der geteilten Seite, so dass die Flächen sich genauso verhalten wie die Grundseiten (s. ◻ Abb. 1.11):

$$\frac{BR}{RC} = \frac{F_{\text{ABR}}}{F_{\text{ARC}}} \tag{1.15}$$

🛑 **Aufgabe 1.10**

(a) Stecken Sie die Punkte P und Q in ◻ Abb. 1.11 so ab, dass die Fläche PQC halb so groß wie die Fläche ABC ist und PQ parallel zu AB verläuft. Die Seiten von Dreieck ABC sind gegeben. (b) Halbieren Sie die Fläche ABC ein weiteres Mal entlang einer Teilungsgerade AR. Wo muss der Punkt R auf BC liegen? Hinweis: Bei dieser Aufgabe müssen Sie nur auf sehr elementare geometrische Grundkenntnisse zurückgreifen.

◻ **Abb. 1.11** Parallelteilung (AB und PQ sind parallel) und Teilung durch einen Eckpunkt

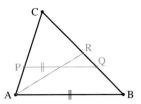

1.3.4 Absteckung und Teilung gegebener Vierecksflächen

Prinzipiell kann man Vierecke oder andere geschlossene Polygone in Dreiecke zerlegen. Meist ist dann nur noch ein Restdreieck abzustecken oder zu teilen. Hierauf wurde im letzten Unterabschnitt schon eingegangen.

► Beispiel 1.9

Für das Viereck ABCD in Abb. 1.12 wollen wir die Seitenlängen b und c berechnen. ◄

► Lösung

Zunächst berechnen wir das Dreieck ABD: Wir erhalten

$$F_{\mathrm{ABD}} = \frac{1}{2} \cdot 22{,}39\,\mathrm{m} \cdot 62{,}88\,\mathrm{m} \cdot \sin(83{,}161\,\mathrm{gon}) = 679{,}46\,\mathrm{m}^2$$

so dass die Restfläche $F_{\mathrm{BCD}} = 722{,}54\,\mathrm{m}^2$ beträgt. Über den Kosinussatz erhalten wir $BD = 60{,}984\,\mathrm{m}$. Der Innenwinkel bei B wird durch die Diagonale BD zerlegt in 23,061 gon (besser mit Kosinussatz berechnen) und 68,081 gon. Durch Einsetzen in die SWS-Flächenformel (s. Tab. 1.3) ergibt sich

$$722{,}54\,\mathrm{m}^2 = \frac{1}{2} \cdot b \cdot 60{,}984\,\mathrm{m} \cdot \sin(68{,}081\,\mathrm{gon})$$

und somit $b = \underline{27{,}02\,\mathrm{m}}$. Mit dem Kosinussatz erhält man $c = \underline{53{,}53\,\mathrm{m}}$. ◄

► Probe

Hier sollten wir am besten den Gesamtflächeninhalt durch Zerlegung entlang der anderen Diagonalen zurückrechnen: Mit dem Kosinussatz ergibt sich AC = 64,905 m. Der Winkel bei A wird zerlegt in 27,053 gon (besser mit Kosinussatz berechnen) und 56,108 gon. Der Gesamtflächeninhalt ergibt sich aus den beiden Teilflächen zu

$$F = 841{,}30\,\mathrm{m}^2 + 560{,}69\,\mathrm{m}^2 = 1401{,}99\,\mathrm{m}^2 \checkmark$$

► http://sn.pub/ZErF2O ◄

► Beispiel 1.10

Die Punkte P und Q in Abb. 1.13 wollen wir so abstecken, dass PQ parallel zu AD verläuft und die Fläche des Vierecks ABCD durch PQ halbiert wird (Parallelteilung). ◄

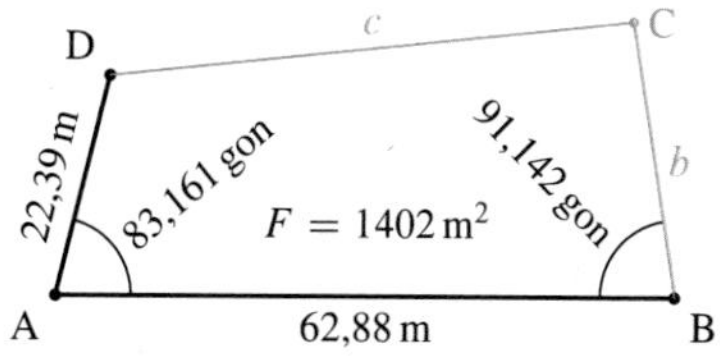

Abb. 1.12 zu Beispiel 1.9

1

◨ **Abb. 1.13** zu Beispielen 1.10,
1.11. AD und PQ sind parallel

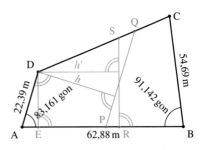

▶ **Lösung**

Wir können auf die Berechnung in Aufgabe 1.3 zurückgreifen, der dasselbe Viereck zugrunde lag. Aus den gegebenen und berechneten Seiten und Winkeln des Vierecks erhalten wir schnell dessen Flächeninhalt $F = 2141{,}82\,\mathrm{m}^2$, der zu halbieren ist. Das Trapez APQD soll den Flächeninhalt $F/2 = 1070{,}91\,\mathrm{m}^2$ erhalten. Wir kennen in APQD alle Winkel und die Seite AD. Der Winkel bei D beträgt $153{,}905\,\mathrm{gon}$. Nehmen wir an, wir würden den Abstand h von AD und PQ kennen, dann könnten wir PQ wie folgt berechnen:

$$PQ = 22{,}39\,\mathrm{m} - h \cdot \cot 83{,}161\,\mathrm{gon} - h \cdot \cot 153{,}905\,\mathrm{gon} = 22{,}39\,\mathrm{m} + h \cdot 0{,}860\,016$$

Mit PQ hingegen können wir den Flächeninhalt des Trapezes APQD berechnen:

$$1070{,}91\,\mathrm{m}^2 = \frac{AD + PQ}{2} \cdot h = (22{,}39\,\mathrm{m} + h \cdot 0{,}430\,008) \cdot h$$

Dies ist eine quadratische Gleichung mit der Lösung $h = 30{,}253\,\mathrm{m}$, die andere Lösung ist negativ und entfällt. Daraus erhalten wir

$$AP = \frac{h}{\sin 83{,}161\,\mathrm{gon}} = \underline{31{,}343\,\mathrm{m}}; \quad DQ = \frac{h}{\sin 153{,}905\,\mathrm{gon}} = \underline{45{,}670\,\mathrm{m}} \ \blacktriangleleft$$

▶ **Probe**

Wir berechnen den Flächeninhalt des Vierecks PBCQ aus zwei Winkeln $83{,}161\,\mathrm{gon}$ und $91{,}142\,\mathrm{gon}$ und drei Seiten $62{,}88\,\mathrm{m} - 31{,}343\,\mathrm{m}$; $54{,}69\,\mathrm{m}$ und $59{,}194\,\mathrm{m} - 45{,}670\,\mathrm{m}$ und erhalten durch Zerlegung in zwei Dreiecke insgesamt $1070{,}90\,\mathrm{m}^2$ ✓.

▶ http://sn.pub/RQQXte ◀

▶ **Beispiel 1.11**

Die Punkte R und S in ◨ Abb. 1.13 wollen wir so abstecken, dass RS senkrecht auf AB steht und die Fläche des Vierecks ABCD durch RS halbiert wird (Senkrechtteilung). ◀

▶ **Lösung**

Wir können auf die Berechnung in Beispiel 1.10 zurückgreifen, der dasselbe Viereck zugrunde lag. Der Winkel RSD ergibt sich im Viereck ARSD mit $300\,\mathrm{gon} - 153{,}905\,\mathrm{gon} - 83{,}161\,\mathrm{gon} = 62{,}934\,\mathrm{gon}$. Wir berechnen den Lotfußpunkt E von D auf AB und erhalten $DE = 22{,}39\,\mathrm{m} \cdot \sin 83{,}161\,\mathrm{gon} = 21{,}611\,\mathrm{m}$. Der Flächeninhalt des rechtwinkligen Dreiecks AED ergibt $63{,}251\,\mathrm{m}^2$, so dass für das Trapez ERSD noch ein Flächeninhalt von

1070,91 m² − 63,251 m² = 1007,659 m² verbleibt. Hinweis: Wenn E links von A liegen würde, wäre hier die Summe zu bilden. Nehmen wir an, wir würden den Abstand $h' = ER$ von ED und RS kennen, dann könnten wir RS wie folgt berechnen:

$$RS = ED + h' \cdot \cot 62{,}934 \,\text{gon} = 21{,}611\,\text{m} + h' \cdot 0{,}658\,36$$

Mit RS hingegen könnten wir den Flächeninhalt des Trapezes ERSD wie folgt berechnen:

$$1007{,}659\,\text{m}^2 = \frac{DE + RS}{2} \cdot h' = (21{,}611\,\text{m} + h' \cdot 0{,}329\,18) \cdot h'$$

Dies ist eine quadratische Gleichung mit der Lösung $h' = 31{,}507\,\text{m}$, die andere Lösung ist negativ und entfällt. Daraus erhalten wir

$$AR = 5{,}853\,\text{m} + h' = \underline{37{,}360\,\text{m}}; \quad DS = \frac{h'}{\sin 62{,}934\,\text{gon}} = \underline{37{,}719\,\text{m}} \blacktriangleleft$$

▶ **Probe**

Wir berechnen den Flächeninhalt des Vierecks RBCS aus zwei Winkeln 100 gon und 91,142 gon und drei Seiten 62,88 m − 37,360 m; 54,69 m und 59,194 m − 37,719 m und erhalten durch Zerlegung in zwei Dreiecke insgesamt $F = 1070{,}87\,\text{m}^2$ ✓.

  ▶ http://sn.pub/9ZnZPO ◀

🔵 **Aufgabe 1.11**

(a) Stecken Sie die Punkte P und Q in 🔲 Abb. 1.14 so ab, dass PQ parallel zu AD verläuft und die Fläche des Vierecks ABCD durch PQ halbiert wird (Parallelteilung). (b) Teilen Sie die Fläche danach entlang einer abzusteckenden Geraden RS senkrecht zu AD in zwei gleich große Teilflächen (Senkrechtteilung). Bestimmen Sie die Lagen der Punkte P, Q, R, S auf den jeweiligen Seiten. Als Probe sollen Sie aus den Maßen aller Teilflächen deren Flächeninhalte zurückrechnen. Hinweis: Sie können auf die Berechnung in Beispiel 1.3 zurückgreifen, der dasselbe Viereck zugrunde lag.

  ▶ http://sn.pub/wjirxz
  ▶ http://sn.pub/GIfYU2
  ▶ http://sn.pub/iqM3nn

🔲 **Abb. 1.14** zu Aufgabe 1.11

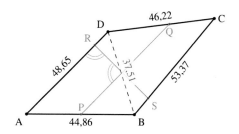

1

▶ **Beispiel 1.12**

Gegeben sind folgende lokale ebene Koordinaten:

Punkt	x in m	y in m
A	16,10	23,06
B	17,11	108,07
C	107,08	102,12
D	119,63	14,02

Gesucht sind die Koordinaten eines abzusteckenden Punktes E auf der Geraden AB, so dass das ebene Viereck AECD den Flächeninhalt $10\,000\,\text{m}^2$ besitzt (s. ◘ Abb. 1.15). ◀

▶ **Lösung 1:**

Zunächst berechnen wir den Flächeninhalt des Vierecks ABCD aus kartesischen Koordinaten, z. B. mit (1.12):

$$F_{\text{ABCD}} = \frac{1}{2} \cdot \big(23,06 \cdot (17,11 - 119,63)\,\text{m}^2 + 14,02 \cdot (16,10 - 107,08)\,\text{m}^2$$
$$+ \; 102,12 \cdot (119,63 - 17,11)\,\text{m}^2 + 108,07 \cdot (107,08 - 16,10)\,\text{m}^2\big)$$
$$= 8330,95\,\text{m}^2$$

Damit verbleibt für die Fläche des Dreiecks BEC ein Inhalt von $F_{\text{BEC}} = 1669,05\,\text{m}^2$. Die Richtungswinkel t_{AB} und t_{CB} erhalten wir aus Koordinaten zu $t_{\text{AB}} = 99,244\,\text{gon}$ und $t_{\text{BC}} = 395,796\,\text{gon}$. Daraus ergibt sich ein Innenwinkel CBE von $103,448\,\text{gon}$. Die Strecke CB erhalten wir aus Koordinaten zu $e_{\text{CB}} = 90,167\,\text{m}$. So wie in Beispiel 1.9 erhalten wir die Strecke BE zu $e_{\text{BE}} = 37,076\,\text{m}$. Nun wird der Punkt E polar an B angehängt:

$$x_{\text{E}} = 17,11\,\text{m} + 37,076\,\text{m} \cdot \cos(99,244\,\text{gon}) = \underline{17,550\,\text{m}}$$
$$y_{\text{E}} = 108,07\,\text{m} + 37,076\,\text{m} \cdot \sin(99,244\,\text{gon}) = \underline{145,147\,\text{m}}$$

▶ http://sn.pub/W1gNBG ◀

◘ **Abb. 1.15** zu Beispiel 1.12 und Aufgabe 1.12

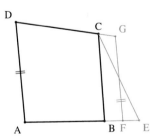

▶ **Lösung 2:**

Eine ganz andere Lösungsidee geht von folgender Gleichung aus, die ebenfalls eine Dreiecksformel (1.12) ist:

$$F_{AECD} = \frac{1}{2} \cdot (23{,}06 \cdot (x_E - 119{,}63) + 14{,}02 \cdot (16{,}10 - 107{,}08)$$
$$+ 102{,}12 \cdot (119{,}63 - x_E) + y_E \cdot (107{,}08 - 16{,}10))\, m^2 = 10\,000\, m^2$$

Außerdem muss der Punkt E auf der Geraden AB liegen, so dass gilt:

$$t_{AE} = \arctan \frac{y_E - 23{,}06\, m}{x_E - 16{,}10\, m} = t_{AB} = 99{,}244 \,\text{gon} \tag{1.16}$$

Nun haben wir zwei Gleichungen mit zwei Unbekannten x_E, y_E, nach denen wir auflösen können. Es stellt sich heraus, dass diese nach naheliegenden Umformungen sogar ein *lineares* Gleichungssystem für die Koordinaten von E bilden:

$$-79{,}06 \cdot x_E + 90{,}98 \cdot y_E = 11\,817{,}6$$
$$-84{,}20 \cdot x_E + y_E = -1332{,}64$$

Daraus erhalten wir dieselbe Lösung wie oben ✓. ◄

▶ **Probe**

Wir berechnen die Fläche AECD aus endgültigen kartesischen Koordinaten und erhalten mit (1.10) $F_{AECD} = 10\,000\, m^2$ ✓. Zusätzlich müssen wir uns überzeugen, dass der Punkt E auf der Gerade AB liegt. Hierzu berechnen wir aus Koordinaten den Richtungswinkel $t_{AE} = 99{,}244$ gon ✓. ◄

❯ **Hinweis 1.6**

Eine Alternative zu (1.16) kann darin bestehen, dass man den Flächeninhalt des „Dreiecks" ABE als Gaußsche Flächenformel, z. B. (1.10), aufschreibt und gleich Null setzt. Diese Gleichung ist äquivalent zu (1.16), vermeidet aber den Arkustangens.

❗ **Aufgabe 1.12**

Bestimmen Sie mit den gegebenen Koordinaten von Beispiel 1.12 die Koordinaten zweier abzusteckender Punkte F und G, so dass das ebene Viereck AFGD den Flächeninhalt 10 000 m² besitzt und ein Trapez ist (s. ◖ Abb. 1.15). Hinweis: Man kann prinzipiell wie in Lösung 1 oder 2 von Beispiel 1.12 vorgehen. Bei Lösung 1 empfiehlt es sich, eine Gleichung für die Höhe h im Trapez AFGD aufzuschreiben und diese zu lösen, ähnlich wie in den Beispielen 1.10 und 1.11. Bei Lösung 2 sind jetzt vier lineare Gleichungen für vier unbekannte Koordinaten zu lösen.

   ▶ http://sn.pub/W1gNBG

1.4 Kreis und Ellipse

1.4.1 Kreisbogen und Kreissegment

Folgende Begriffe sollten Ihnen geläufig sein: Kreisbogen, Kreissektor (Kreisausschnitt), Kreissegment (Kreisabschnitt), Sekante, Sehne, Tangente, Peripheriewinkel, Sehnen-Tangenten-Winkel [1, S. 144ff], [4, S. 22], [10, S. 562]. In ◘ Abb. 1.16 ist die Geometrie des Kreisbogens und des Kreissegments mit folgenden Elementen dargestellt:

- Kreismittelpunkt M
- Bogenanfangs- und -endpunkt A, E
- Bogenkleinpunkt P mit Abszisse x und Ordinate y
- Bogenlänge b
- Radius r
- Sehne s
- Mittelpunktswinkel α, auch Zentriwinkel genannt
- Pfeilhöhe h
- Flächeninhalt des Kreissegments F

Definition 1.1 (Radiant)

Der Radiant ρ ist der Winkel, der im Bogenmaß die Größe 1 rad hat:

$$\rho := 1{,}000\,000\,\text{rad} = 63{,}661\,98\,\text{gon} = 57{,}295\,78° = 3437{,}747' = 206\,264{,}8'' \qquad (1.17)$$

Grundlegend ist die *Bogenformel*, die einen Zusammenhang zwischen Bogenlänge b, Radius r, Mittelpunktswinkel α und Radiant ρ herstellt [9, S. 65], [10, S. 36]:

$$b = r \cdot \frac{\alpha}{\rho} \qquad (1.18)$$

In die Bogenformel ist ρ in derselben Einheit wie α einzusetzen, damit sich die Winkeleinheiten aufheben.

▶ **Beispiel 1.13**

Die nautische Geschwindigkeit Knoten soll in Kilometer pro Stunde umgerechnet werden. Dazu soll die Bogenformel genutzt werden. ◀

◘ **Abb. 1.16** Kreisbogen und Kreissegment

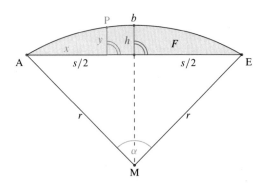

1 Knoten = 1 Seemeile/Stunde. Eine Seemeile (sm) ist der 60ste Teil des Abstandes zweier Parallelkreise (Breitenkreise) des Gradnetzes der Erdkugel. Der zum Bogen $b = 1$ sm gehörige Mittelpunktswinkel ist also $\alpha = 1'$. Mit einem mittleren Erdradius von $R = 6371$ km folgt aus (1.18)

$$1\,\text{sm} = 6371\,\text{km} \cdot 1'/3437{,}747' = 1{,}853\,\text{km}.$$

Daraus ergibt sich 1 kn = 1,853 km/h. Hinweis: Aus historischen Gründen beträgt der tatsächliche Wert 1,852 km/h. ◀

Aufgabe 1.13

Eratosthenes von Kyrene (276–195 v. Chr.) bestimmte den Erdumfang aus dem geozentrischen Winkel α zwischen Alexandria und Syene zu 1/50 des Vollwinkels und dem entsprechenden Bogen $b = 5000$ Stadien (altägyptisches Längenmaß) [7], [10, S. 2f]. Berechnen Sie den sich daraus ergebenden Erdradius in Kilometer, wenn Sie ein Stadionmaß von 157,5 m unterstellen (s. ◼ Abb. 1.17). Hinweise: (1) Das Stadionmaß, auf welches Eratosthenes sich bezog, ist nicht sicher bekannt. (2) Eratosthenes kannte nicht den Wert von π, weshalb er nur den Erdumfang berechnen konnte.

Zur Berechnung von Kreisbögen und Kreissegmenten benötigt man außerdem folgende Formeln [1, S. 146], [4, S. 142], deren Symbole in ◼ Abb. 1.16 erklärt sind:

$$s = 2 \cdot r \cdot \sin \frac{\alpha}{2} \tag{1.19}$$

$$h = r \cdot \left(1 - \cos \frac{\alpha}{2}\right) = r - \sqrt{r^2 - \frac{s^2}{4}} \tag{1.20}$$

$$y = \sqrt{r^2 - \left(\frac{s}{2} - x\right)^2} - \sqrt{r^2 - \frac{s^2}{4}} \tag{1.21}$$

$$r = \frac{s^2}{8h} + \frac{h}{2} \tag{1.22}$$

$$F = \frac{r^2}{2}\left(\frac{\alpha}{\rho} - \sin \alpha\right) \tag{1.23}$$

◼ **Abb. 1.17** zu Aufgabe 1.13: Bestimmung des Erdumfangs durch Eratosthenes

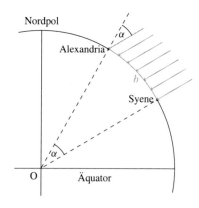

1

Punkte auf dem Bogen, die aufgenommen oder abgesteckt werden, nennt man *Bogen-kleinpunkte*. Die Koordinaten (x, y) dieser Punkte erfüllen die *parameterfreie Form der Kreisgleichung* [1, S. 289]:

$$(x - x_M)^2 + (y - y_M)^2 = r^2 \tag{1.24}$$

wobei $M(x_M, y_M)$ der Mittelpunkt des Kreises ist. Innerhalb des Kreises gilt in (1.24) statt des Gleichheitszeichens das Kleinerzeichen, außerhalb das Größerzeichen.

▶ **Beispiel 1.14**

Über einer Sehne AE der Länge 100,00 m soll ein Bogen mit dem Radius 200,00 m abgesteckt werden. Gesucht sind die orthogonalen Absteckwerte (x_i, y_i) von vier Bogenkleinpunkten $P_1, \ldots, P_4$ mit AE als Abszisse. ◀

▶ **Lösung**

Solange nicht anderes verlangt ist, wählen wir am einfachsten $x_1 = 20,00\,\text{m}$, $x_2 = 40,00\,\text{m}$, $x_3 = 60,00\,\text{m}$, $x_4 = 80,00\,\text{m}$. Dann berechnen wir mit (1.21)

$$y_1 = \sqrt{(200,00\,\text{m})^2 - (50,00\,\text{m} - 20,00\,\text{m})^2} - \sqrt{(200,00\,\text{m})^2 - (50,00\,\text{m})^2} = \underline{4,088\,\text{m}}$$

und analog $y_2 = \underline{6,101\,\text{m}}$. Die anderen beiden Ordinaten erhalten wir aus der Symmetrie: $P_1(20,00\,\text{m};\ 4,09\,\text{m})$, $P_2(40,00\,\text{m};\ 6,10\,\text{m})$, $P_3(60,00\,\text{m};\ 6,10\,\text{m})$, $P_4(80,00\,\text{m};\ 4,09\,\text{m})$. ◀

▶ **Probe**

Eine Möglichkeit besteht darin, den Mittelpunkt des Kreises zu berechnen, dieser wird mit dem letzten Teil von (1.20) zu $M(50,00\,\text{m}; -193,65\,\text{m})$ erhalten, und (1.24) zu überprüfen:

$$\sqrt{(20,00\,\text{m} - 50,00\,\text{m})^2 + (4,09\,\text{m} + 193,65\,\text{m})^2} = 200,003\,\text{m} \checkmark$$
$$\sqrt{(40,00\,\text{m} - 50,00\,\text{m})^2 + (6,10\,\text{m} + 193,65\,\text{m})^2} = 200,000\,\text{m} \checkmark$$

Die Punkte P_3 und P_4 müssen wegen der Symmetrie nicht gesondert betrachtet werden.
▶ http://sn.pub/rQymZf ◀

❶ Aufgabe 1.14

Zwei gerade Abschnitte AB und CD eines Verkehrsweges sollen durch einen Kreisbogen BC verbunden werden, so dass AB und CD in B und C Tangenten an diesen Bogen sind. Gegeben sind

Punkt	Nord in m	Ost in m
A	14,02	18,41
B	16,10	19,63
C	23,06	19,97
D	26,87	18,21

Berechnen Sie den Radius und die Länge des Kreisbogens sowie die orthogonalen Absteck-werte (x_i, y_i) von Bogenkleinpunkten P_i bezogen auf die Gerade BC als Abszisse mit B als Ursprung ($x = 0$) und $x_1 = 1{,}00$ m; $x_2 = 2{,}00$ m ...

Hinweis: Diese Aufgabe ist überbestimmt: Für beliebige Koordinaten von A, B, C, D ergibt sich in der Regel keine widerspruchsfreie Lösung.

1.4.2 Näherungsformeln für flache Kreisbögen

Sollte die Bogenlänge b klein im Verhältnis zum Radius r sein, so spricht man von einem *flachen Kreisbogen*. Praktisch ist das etwa bei einem Verhältnis $b/r < 0{,}1$ gegeben. Das entspricht einem Mittelpunktswinkel von 6 gon oder weniger. Für flache Bögen ist der Mittelpunktswinkel α klein und $\sin(\alpha/2)$ kann durch $\alpha/(2 \cdot \rho)$ ersetzt werden. In diesem Fall wird der Kreisbogen durch eine quadratische Parabel mit der Achse senkrecht zur Sehne ersetzt. Es ergeben sich $b \approx s$ sowie Folgendes:

$$h \approx \frac{s^2}{8 \cdot r} \tag{1.25}$$

$$y \approx \frac{x \cdot (s - x)}{2 \cdot r} \tag{1.26}$$

$$F \approx \frac{2}{3} \cdot h \cdot s \tag{1.27}$$

▶ **Beispiel 1.15**

Welchen relativen Fehler macht man bei der Flächenberechnung des Kreissegments mit (1.27) bei einem Bogen von $\alpha = 6$ gon? ◀

▶ **Lösung**

Das Verhältnis von (1.23) und (1.27) ist unter Benutzung von (1.19) und (1.20)

$$\frac{4 \cdot h \cdot s}{3 \cdot r^2 \cdot \left(\frac{\alpha}{\rho} - \sin \alpha\right)} = \frac{4 \cdot \left(1 - \cos \frac{\alpha}{2}\right) \cdot 2 \cdot \sin \frac{\alpha}{2}}{3 \cdot \left(\frac{\alpha}{\rho} - \sin \alpha\right)} = \frac{4 \cdot 0{,}001\,370\,5 \cdot 2 \cdot 0{,}052\,336}{3 \cdot (0{,}104\,72 - 0{,}104\,53)} = 0{,}999\,86$$

Der relative Fehler beträgt somit 0,014 %. ◀

🛑 Aufgabe 1.15

Die fünf parallelen Sehnen in ◨ Abb. 1.18 haben einen Abstand von je 1,00 m. Berechnen Sie die Längen der vier kurzen Sehnen (a) mit der Näherungsformel und (b) mit der exakten Formel.

◨ **Abb. 1.18** zu Aufgabe 1.15
(nicht maßstäblich)

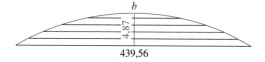

b

4,87

439,56

1

1.4.3 Sehnen-Tangenten-Verfahren

Es gibt viele Verfahren, um die Absteckelemente von Kreisbogenkleinpunkten zu berechnen. Wird ein Tachymeter im Bogenendpunkt E aufgebaut, ergeben sich die polaren Absteckelemente Winkel ϕ und Strecke e eines Bogenkleinpunktes P nach dem Sehnen-Tangenten-Verfahren (s. ■ Abb. 1.19). Der Winkel ϕ ist die Differenz der Sehnen-Tangenten-Winkel $\alpha/2$ über der Sehne AE und $(\alpha - \omega)/2$ über der Sehne PE. Daraus folgt

$$\phi = \frac{\omega}{2} \quad \text{und} \quad e = 2 \cdot r \cdot \sin \frac{\alpha - \omega}{2}$$

> ▶ **Beispiel 1.16**
>
> Gesucht sind für den Bogen AE aus Beispiel 1.14 die polaren Absteckwerte (ϕ_i, e_i) von vier Bogenkleinpunkten $P_1, \ldots, P_4$, die den Bogen fünfteln. ◀

> ▶ **Lösung**
>
> Der Mittelpunktswinkel $\alpha = 32{,}172$ gon wird gefünftelt: $\omega_1 = 6{,}434$ gon; $\omega_2 = 12{,}869$ gon; $\omega_3 = 19{,}303$ gon; $\omega_4 = 25{,}738$ gon. Daraus folgt $\phi_1 = 3{,}217$ gon; $\phi_2 = 6{,}434$ gon; $\phi_3 = 9{,}652$ gon; $\phi_4 = 12{,}869$ gon und $e_1 = 80{,}308$ m; $e_2 = 60{,}411$ m; $e_3 = 40{,}360$ m; $e_4 = 20{,}206$ m. ◀

> ▶ **Probe**
>
> Mittels Kosinussatz berechnen wir die Abstände benachbarter Punkte auf dem Bogen:
>
> $$\begin{aligned} AP_1^2 &= 100{,}00^2 \, m^2 + 80{,}308^2 \, m^2 - 2 \cdot 100{,}00 \, m \cdot 80{,}308 \, m \cdot \cos(3{,}217 \, gon) \\ &= 408{,}28 \, m^2 \checkmark \end{aligned}$$
>
> $$\begin{aligned} P_1 P_2^2 &= 80{,}308^2 \, m^2 + 60{,}411^2 \, m^2 \\ &\quad - 2 \cdot 80{,}308 \, m \cdot 60{,}411 \, m \cdot \cos(6{,}434 \, gon - 3{,}217 \, gon) \\ &= 408{,}28 \, m^2 \checkmark \end{aligned}$$
>
> $$\begin{aligned} P_2 P_3^2 &= 60{,}411^2 \, m^2 + 40{,}360^2 \, m^2 \\ &\quad - 2 \cdot 60{,}411 \, m \cdot 40{,}360 \, m \cdot \cos(9{,}652 \, gon - 6{,}434 \, gon) \\ &= 408{,}27 \, m^2 \checkmark \end{aligned}$$
>
> $$\begin{aligned} P_3 P_4^2 &= 40{,}360^2 \, m^2 + 20{,}206^2 \, m^2 \\ &\quad - 2 \cdot 40{,}360 \, m \cdot 20{,}206 \, m \cdot \cos(12{,}869 \, gon - 9{,}652 \, gon) \\ &= 408{,}27 \, m^2 \checkmark \end{aligned}$$
>
> $$P_4 E^2 = 20{,}206^2 \, m^2 = 408{,}27 \, m^2 \checkmark$$
>
> ▶ http://sn.pub/b4Zhzj ◀

🛑 Aufgabe 1.16

Berechnen Sie nach dem Sehnen-Tangenten-Verfahren zu Beispiel 1.16 einen weiteren Bogenkleinpunkt P_5 in der Mitte zwischen P_3 und P_4.

> ▶ http://sn.pub/tiCtHG

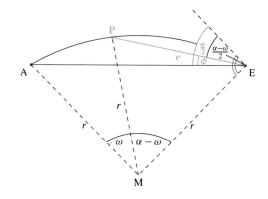

Abb. 1.19 Sehnen-Tangenten-
Verfahren

1.4.4 Grundlegendes über Ellipsen

Ellipsen und Ellipsenbögen spielen in der Geodäsie eine wichtige Rolle. Sie treten als
- Meridianellipsen der Erde (s. ▶ Abschn. 3.1.1),
- Kepler-Ellipsen von künstlichen Erdsatelliten u. a. Himmelskörpern [2, S. 71f],
- Bildkurven von Kreisbögen bei vielen kartografischen Abbildungen,
- Verzerrungsellipsen von kartografischen Abbildungen (Tissotsche Indikatrizen)
- Standard- und Konfidenzellipsen bei der 2D-Punktbestimmung (s. ▶ Abschn. 4.5) und
- Schnittkurven von Kegeln und Zylindern in CAD und Virtual Reality

in Erscheinung. Eine Ellipse besteht aus folgenden geometrischen Elementen
(s. ◘ Abb. 1.20):
- Mittelpunkt M, Brennpunkte F_1 und F_2
- Hauptscheitelpunkte S_1 und S_2, Hauptachse $S_1 S_2$ der Länge $2 \cdot a$
- Nebenscheitelpunkte S_3 und S_4, Nebenachse $S_3 S_4$ der Länge $2 \cdot b$
- große Halbachsen MS_1 und MS_2 der Länge a
- kleine Halbachsen MS_3 und MS_4 der Länge b

> **Definition 1.2 (Ellipse)**
>
> Der geometrische Ort aller Punkte der Ebene, für die die Summe der Abstände von zwei
> gegebenen Punkten F_1 und F_2 gleich $2 \cdot a$ beträgt, ist eine Ellipse mit den Brennpunkten F_1
> und F_2 und der großen Halbachse a [9, S. 120], [4, S. 24].

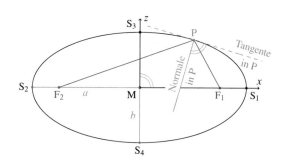

Abb. 1.20 Geometrie der
Ellipse

1

Hierauf basiert die sogenannte *Gärtnerkonstruktion* [1, S. 301]. Eine andere, für geodätische Zwecke wichtigere Definition der Ellipse ist über die *parameterfreie Form der Ellipsengleichung* (1.28) möglich:

Definition 1.3 (Ellipse)

Der geometrische Ort aller Punkte der (x, z)-Koordinatenebene, die die Gleichung

$$\frac{(x - x_{\mathrm{M}})^2}{a^2} + \frac{(z - z_{\mathrm{M}})^2}{b^2} = 1 \qquad (1.28)$$

erfüllen, ist eine Ellipse mit dem Mittelpunkt $M(x_{\mathrm{M}}, z_{\mathrm{M}})$ und den Halbachsen a und b entlang der Koordinatenachsen [9, S. 120].

Innerhalb der Ellipse gilt in (1.28) statt des Gleichheitszeichens das Kleinerzeichen, außerhalb das Größerzeichen. (1.28) ist die *parameterfreie Form der Ellipsengleichung*. Eine alternative Darstellungsform derselben Ellipse ist die *Parameterform der Ellipsengleichung* [9, S. 121]

$$x = x_{\mathrm{M}} + a \cdot \cos \beta$$
$$z = z_{\mathrm{M}} + b \cdot \sin \beta \qquad (1.29)$$

mit dem Ellipsenparameter β, der das halboffene Intervall $[0, 2\pi)$ durchläuft. Jedem Parameter β ist genau ein Ellipsenpunkt $P(x, z)$ zugeordnet und umgekehrt. Punkt S_3 gehört beispielsweise zu $\beta = \pi/2$ und umgekehrt. In ◘ Abb. 1.20 ist speziell $x_{\mathrm{M}} = y_{\mathrm{M}} = 0$.

❯ Hinweis 1.7

Für die Meridianellipse der Erde nennt man den Ellipsenparameter β die *reduzierte Breite* (s. ▶ Abschn. 3.1.2).

1.4.5 Abplattungen und Exzentrizitäten der Ellipse

Der Grad der Abweichung der Ellipse von der Kreisgestalt wird durch einen Formparameter beschrieben. Je nach Anwendung kommen die in ◘ Tab. 1.4 verzeichneten Parameter in Frage. Für den Kreis, der eine spezielle Ellipse mit $a = b$ ist, sind alle diese Formparameter gleich Null.

❯ Hinweis 1.8

Zahlenwerte werden meist nicht für die Exzentrizitäten e und e' angegeben, sondern wie in ◘ Tab. 1.4 für e^2 und e'^2. Zahlenwerte werden oft auch nicht für f, sondern für $1/f$ angegeben. Diese Größe nennt man die *inverse Abplattung*.

❯ Hinweis 1.9

WGS84 ist bezogen auf die Meridianellipse faktisch identisch mit dem Geodetic Reference System 1980 (GRS80). Letzteres ist jedoch ein physikalisches Erdmodell, so dass sich die Abplattung und die Exzentrizität nur indirekt aus den definierenden physikalischen Konstanten ergeben [8].

❶ Aufgabe 1.17

Überlegen Sie sich, dass der Abstand $MF_1 = MF_2$ der Brennpunkte vom Mittelpunkt genau die lineare Exzentrizität E ist.

◻ **Tab. 1.4** Formparameter einer Ellipse [5, S. 63f] und Werte für die Meridianellipse der Erde. (Nach WGS84 = World Geodetic System 1984, ▶ Abschn. 3.1.1)

Formparameter	Formel	Wert für die Meridianellipse (nach WGS84)
Erste Abplattung	$f = \dfrac{a-b}{a}$	$= 0,003\,352\,810\,664\,748$ $= 1/298,257\,223\,563$
Zweite Abplattung	$f' = \dfrac{a-b}{b}$ $= \dfrac{a}{b} \cdot f = \dfrac{f}{1-f}$	$= 0,003\,364\,089\,820\,977$
Dritte Abplattung	$n = \dfrac{a-b}{a+b} = \dfrac{f}{2-f}$	$= 0,001\,679\,220\,386\,385$
Erste numerische Exzentrizität	$e = \dfrac{\sqrt{a^2-b^2}}{a}$ $= \sqrt{f \cdot (2-f)}$	$e^2 = 6,694\,379\,990\,142 \cdot 10^{-3}$ s. Hinweis 1.8
Zweite numerische Exzentrizität	$e' = \dfrac{\sqrt{a^2-b^2}}{b}$ $= \dfrac{a}{b} \cdot e = \dfrac{e}{\sqrt{1-e^2}}$	$e'^2 = 6,739\,496\,742\,278 \cdot 10^{-3}$ s. Hinweis 1.8
Lineare Exzentrizität	$E = \sqrt{a^2-b^2}$ $= a \cdot e = b \cdot e'$	$521\,854,008\,423\,\text{m}$

▶ **Beispiel 1.17**

Die Meridianellipse der Erde nach WGS84 ($a = 6\,378\,137,0000$ m; $x_{\mathrm{M}} = z_{\mathrm{M}} = 0$) soll konstruiert werden. Dazu sollen Koordinaten (x, z) der Punkte in den reduzierten Breiten $\beta = -90°, -60°, -30°, 0°, 30°, 60°, 90°$ exakt berechnet werden. ◀

▶ **Lösung**

Zunächst berechnen wir $b = a \cdot (1 - f) = 6\,356\,752,314\,245$ m (s. ◻ Tab. 1.4). Daraus werden entsprechend (1.29) die Koordinaten berechnet (s. ◻ Tab. 1.5). ◀

◻ **Tab. 1.5** zu Beispiel 1.17

β	$x = a \cdot \cos\beta$ in m	$z = b \cdot \sin\beta$ in m	$F_1P + F_2P - 2 \cdot a$ in m
$-90°$	0,000	$-6\,356\,752,314$	0,000 ✓
$-60°$	3\,189\,068,500	$-5\,505\,108,990$	0,000 ✓
$-30°$	5\,523\,628,671	$-3\,178\,376,157$	0,000 ✓
$0°$	6\,378\,137,000	0,000	0,000 ✓
$30°$	5\,523\,628,671	3\,178\,376,157	0,000 ✓
$60°$	3\,189\,068,500	5\,505\,108,990	0,000 ✓
$90°$	0,000	6\,356\,752,314	0,000 ✓

▶ **Probe**

Hierfür ist die Gärtnerkonstruktion nützlich. Die Brennpunktkoordinaten sind $(-E, 0)$ und $(E, 0)$ mit $E = 521\,854{,}008\,423$ m (s. Aufgabe 1.17 und ◨ Tab. 1.4). Daraus berechnen wir $F_1P + F_2P$ für alle Punkte und überzeugen uns, dass das Ergebnis konstant ist und mit $2 \cdot a$ übereinstimmt (s. Definition 1.2, ◨ Tab. 1.5). ◀

Die um ihre Nebenachse S_3S_4 rotierende Meridianellipse der Erde beschreibt das *Erdellipsoid*, welches als geodätische Bezugsfläche dient (s. ▶ Abschn. 3.1).

⊘ Aufgabe 1.18

Das früher häufig als geodätische Bezugsfläche verwendete Hayford-Ellipsoid hat die Parameter $a = 6\,378\,388$ m und $1/f = 297$. Berechnen Sie für dieses Ellipsoid b, f', n, e^2, e'^2, E.

▶ http://sn.pub/eayGcN

⊘ Aufgabe 1.19

Berechnen Sie Punkte auf dem Ellipsoid mit den Brennpunkten $F_1(23{,}6; 14{,}2)$, $F_2(21{,}3; 14{,}2)$ und der großen Halbachse $a = 2{,}3$ für $\beta = 0°, 30°, \dots, 330°$. Nutzen Sie die Gärtnerkonstruktion als Probe.

1.5 Ebene geodätische Schnitte

Bei ebenen *Einschneideverfahren* wird versucht, die kartesischen Koordinaten (x, y) von *Neupunkten* aus gegebenen Messwerten und kartesischen Koordinaten bekannter Punkte durch Schnitte von Geraden oder Kreisbögen zu bestimmen. Im Folgenden werden Bogen-, Vorwärts-, Geraden- und Rückwärtsschnitt sowie Schnitte von Gerade bzw. Strahl und Kreis behandelt.

1.5.1 Bogenschnitt

In der Ebene kann ein Neupunkt $N(x_N, y_N)$ durch Messung zweier Strecken e_{AN} und e_{BN} zu zwei bekannten Punkten $A(x_A, y_A)$ und $B(x_B, y_B)$ bestimmt werden [10, S. 237ff]. Dies entspricht einem Bogenschlag um die Mittelpunkte A und B mit den Bogenradien e_{AN} und e_{BN}. N ist ein Schnittpunkt dieser Bögen. Diesen ebenen geodätischen Schnitt bezeichnet man als *Bogenschnitt*. Hierbei sind drei Fälle möglich (s. ◨ Abb. 1.21):

$$\max(e_{AN}, e_{BN}, e_{AB}) \;\begin{matrix}<\\=\\>\end{matrix}\; \frac{e_{AN} + e_{BN} + e_{AB}}{2} \tag{1.30}$$

A Der Bogenschnitt ist genau dann zweideutig, wenn aus den Strecken e_{AN} und e_{BN} sowie dem Abstand e_{AB} der Punkte A, B ein echtes Dreieck gebildet werden kann (Kleinerzeichen in (1.30)). Dies ist der praktische Normalfall, in dem sich die Kreisbögen tatsächlich schneiden. Die richtige Lösung kann nur anhand von zusätzlichen Informationen, z. B. Näherungskoordinaten von N oder weiteren Messungen identifiziert werden.

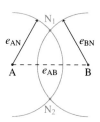
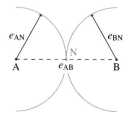
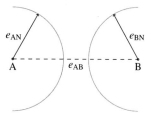

Fall A: $e_{AB} < e_{AN} + e_{BN}$ Fall B: $e_{AB} = e_{AN} + e_{BN}$ Fall C: $e_{AB} > e_{AN} + e_{BN}$

◘ Abb. 1.21 (Nicht-)Existenz und (Nicht-)Eindeutigkeit des Bogenschnitts, bekannte Punkte A, B, Neupunkt N

B Der Bogenschnitt ist genau dann eindeutig, wenn von e_{AN}, e_{BN}, e_{AB} die längste Strecke gleich der Summe der beiden kürzeren Strecken ist (Gleichheitszeichen in (1.30)). Dies ist ein Sonderfall, der praktisch vermieden werden sollte. Die Kreisbögen berühren sich nur.

C Der Bogenschnitt liefert genau dann keinen Schnittpunkt, wenn aus e_{AN}, e_{BN}, e_{AB} kein Dreieck bildbar ist (Größerzeichen in (1.30)). Hier liegt wahrscheinlich ein grober Messfehler oder Irrtum vor. Er wurde auf diese Weise aufgedeckt.

Die Berechnung des Bogenschnitts ist auf zwei verschiedene Arten möglich:

Berechnung über das Dreieck ABN: (s. ◘ Abb. 1.22 links) [4, S. 85], [10, S. 237f]:

1. Den Abstand e_{AB} und den Richtungswinkel t_{AB} von AB berechnet man aus Koordinaten von A und B (s. ▶ Abschn. 1.2.3).
2. Den Innenwinkel α im Dreieck ABN berechnet man mittels Kosinussatz. Sollte der Kosinussatz keine Lösung ergeben, so liegt Fall C vor (kein Schnitt).
3. Daraus erhält man den Richtungswinkel $t_{AN} = t_{AB} \pm \alpha$. Man beachte, dass sich normalerweise zwei Lösungen ergeben, außer bei $\alpha = 0$ (Fall B).
4. Die Koordinaten von N erhält man durch polares Anhängen von N an A (s. ▶ Abschn. 1.2.2).
5. **Probe:** Die Rechnung wird mit β und B wiederholt. Es müssen sich dieselben Koordinaten von N ergeben.

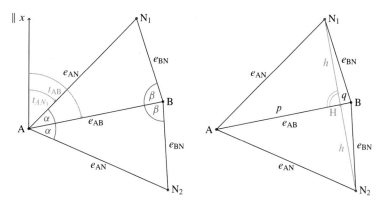

◘ Abb. 1.22 Berechnung des Bogenschnitts auf zwei verschiedene Arten

1

Berechnung über den Höhenfußpunkt H: (s. ◼ Abb. 1.22 rechts) [4, S. 85]:

1. Den Abstand e_{AB} berechnet man aus Koordinaten von A und B wie zuvor.
2. Den Abschnitt $p = AH$ berechnet man aus

$$p = \frac{e_{AB}^2 + e_{AN}^2 - e_{BN}^2}{2 \cdot e_{AB}}$$

Dies ist der Kosinussatz, nachdem $\cos \alpha$ durch p/e_{AN} ersetzt wurde. p kann negativ sein, wenn H von B aus gesehen hinter A liegt.

3. Die Höhe $h = NH$ berechnet man durch $h = \sqrt{e_{AN}^2 - p^2}$. Sollte die Wurzelbasis (der Radikand) negativ sein, so liegt Fall C vor (kein Schnitt).
4. Die Hilfsvariablen a und o sind definiert als $o := (y_B - y_A)/e_{AB}$ und $a := (x_B - x_A)/e_{AB}$. Eine Probe an dieser Stelle ist $a^2 + o^2 = 1$.
5. Hiermit erhält man die Koordinaten von N als

$$x_N = x_A + a \cdot p \mp o \cdot h$$
$$y_N = y_A + o \cdot p \pm a \cdot h$$

Die Lösung ist normalerweise zweideutig, außer bei $h = 0$ (Fall B). Beachten Sie, dass zum Vorzeichen Plus bei y das Vorzeichen Minus bei x gehört, und umgekehrt.

6. **Probe:** Die Rechnung wird mit $q = BH$ und Vertauschen von A und B wiederholt. Beachten Sie, dass a und o dadurch ihre Vorzeichen ändern. Es müssen sich dieselben Koordinaten von N ergeben.

❯ **Hinweis 1.10**

Die zweite Berechnungsvariante kann als ebene Koordinatentransformation mit zwei identischen Punkten aufgefasst werden (s. ▶ Abschn. 1.6.4).

Eine universelle weitere Probemöglichkeit ergibt sich durch Zurückrechnen der gemessenen Strecken aus endgültigen Koordinaten.

❯ **Hinweis 1.11**

Hat das Dreieck ABN einen sehr spitzen oder stumpfen Winkel, dann ist der Schnittpunkt N schlecht definiert. Es kommt zu einer Verstärkung von Messabweichungen und Rundungsfehlern (s. ▶ Kap. 5). Die Probe wird meist schlecht erfüllt sein. Außerdem kann es sein, dass trotz Näherungskoordinaten unklar bleibt, welches der gesuchte Schnittpunkt ist.

▶ **Beispiel 1.18**

Am terrestrischen Standort N werden die Signale zweier terrestrischer Funkfeuer (Sender für die Funknavigation) in den Punkten A($x_A = 2306$ km, $y_A = 1610$ km) und B($x_B = 1711$ km, $y_B = 1402$ km) empfangen. Anhand der Signalstärken wird ein Abstand des Standortes N zu A von $e_{AN} = 320$ km und zu B von $e_{BN} = 410$ km berechnet. Gesucht sind die Koordinaten des Standorts N in ebener Näherungsrechnung. ◀

▶ **Lösung über das Dreieck ABN**

Aus Koordinaten berechnen wir zunächst $e_{AB} = 630{,}3\,\text{km}$ und $t_{AB} = 221{,}4\,\text{gon}$. Aus den drei Strecken e_{AN}, e_{BN}, e_{AB} berechnen wir die Innenwinkel $\alpha = 38{,}6\,\text{gon}$ und $\beta = 29{,}3\,\text{gon}$. Damit wird erhalten:

$t_{AN} = 221{,}4\,\text{gon} \pm 38{,}6\,\text{gon} = 260{,}0\,\text{gon}$ oder $182{,}8\,\text{gon}$

$x_{N_1} = 2306\,\text{km} + 320\,\text{km} \cdot \cos(260{,}0\,\text{gon}) = \underline{2118\,\text{km}}$

$y_{N_1} = 1610\,\text{km} + 320\,\text{km} \cdot \sin(260{,}0\,\text{gon}) = \underline{1351\,\text{km}}$

$x_{N_2} = 2306\,\text{km} + 320\,\text{km} \cdot \cos(182{,}8\,\text{gon}) = \underline{1998\,\text{km}}$

$y_{N_2} = 1610\,\text{km} + 320\,\text{km} \cdot \sin(182{,}8\,\text{gon}) = \underline{1695\,\text{km}}$ ◄

▶ **Probe**

Über β und B ergeben sich dieselben Koordinaten:

$t_{BN} = 21{,}4\,\text{gon} \pm 29{,}3\,\text{gon} = 392{,}1\,\text{gon}$ oder $50{,}7\,\text{gon}$

$x_{N_1} = 1711\,\text{km} + 410\,\text{km} \cdot \cos(392{,}1\,\text{gon}) = 2118\,\text{km}\ \checkmark$

$y_{N_1} = 1402\,\text{km} + 410\,\text{km} \cdot \sin(392{,}1\,\text{gon}) = 1351\,\text{km}\ \checkmark$

$x_{N_2} = 1711\,\text{km} + 410\,\text{km} \cdot \cos(50{,}7\,\text{gon}) = 1998\,\text{km}\ \checkmark$

$y_{N_2} = 1402\,\text{km} + 410\,\text{km} \cdot \sin(50{,}7\,\text{gon}) = 1695\,\text{km}\ \checkmark$ ◄

▶ **Lösung über den Höhenfußpunkt H**

Aus Koordinaten berechnen wir zunächst $e_{AB} = 630{,}3\,\text{km}$. Aus den drei Strecken e_{AN}, e_{BN}, e_{AB} berechnen wir die Abschnitte $p = 263{,}0\,\text{km}$ und $q = 367{,}3\,\text{km}$. Die Probe $e_{AB} = p + q$ ist offenbar erfüllt. Damit wird erhalten:

$$h = \sqrt{(320\,\text{km})^2 - (263{,}0\,\text{km})^2} = 182{,}3\,\text{km}$$

und als Probe

$$h = \sqrt{(410\,\text{km})^2 - (367{,}3\,\text{km})^2} = 182{,}2\,\text{km}\ \checkmark$$

Die Hilfsvariablen sind

$o = (1402 - 1610)/630{,}3 = -0{,}3300$

$a = (1711 - 2306)/630{,}3 = -0{,}9440$

Die Probe ergibt $a^2 + o^2 = 1{,}000\,04 \approx 1\ \checkmark$. Nun erhalten wir die Ergebnisse

$x_{N_1} = 2306\,\text{km} - 0{,}9440 \cdot 263{,}0\,\text{km} + 0{,}3300 \cdot 182{,}2\,\text{km} = \underline{2118\,\text{km}}$

$y_{N_1} = 1610\,\text{km} - 0{,}3300 \cdot 263{,}0\,\text{km} - 0{,}9440 \cdot 182{,}2\,\text{km} = \underline{1351\,\text{km}}$

$x_{N_2} = 2306\,\text{km} - 0{,}9440 \cdot 263{,}0\,\text{km} - 0{,}3300 \cdot 182{,}2\,\text{km} = \underline{1998\,\text{km}}$

$y_{N_2} = 1610\,\text{km} - 0{,}3300 \cdot 263{,}0\,\text{km} + 0{,}9440 \cdot 182{,}2\,\text{km} = \underline{1695\,\text{km}}$ ◄

1

▶ **Probe**

Wenn wir A und B vertauschen, ergeben sich dieselben Lösungen:

$$x_{N_1} = 1711\,\text{km} + 0{,}9440 \cdot 367{,}3\,\text{km} + 0{,}3300 \cdot 182{,}2\,\text{km} = 2118\,\text{km}\ \checkmark$$

$$y_{N_1} = 1402\,\text{km} + 0{,}3300 \cdot 367{,}3\,\text{km} - 0{,}9440 \cdot 182{,}2\,\text{km} = 1351\,\text{km}\ \checkmark$$

$$x_{N_2} = 1711\,\text{km} + 0{,}9440 \cdot 367{,}3\,\text{km} - 0{,}3300 \cdot 182{,}2\,\text{km} = 1998\,\text{km}\ \checkmark$$

$$y_{N_2} = 1402\,\text{km} + 0{,}3300 \cdot 367{,}3\,\text{km} + 0{,}9440 \cdot 182{,}2\,\text{km} = 1695\,\text{km}\ \checkmark$$

▶ http://sn.pub/9TH6WC ◀

❶ Aufgabe 1.20

Von zwei Punkten P und Q wurden Horizontalstrecken zu drei Punkten A, B, C gemessen:

PA = 17,59 m;   PB = 16,78 m;   PC = 22,68 m

QA = 26,04 m;   QB = 17,23 m;   QC = 17,45 m

A, B, C liegen näherungsweise in einer Vertikalebene. Der horizontale Abstand AC beträgt 23,06 m. Berechnen Sie, wie weit B von P aus gesehen vor oder hinter der Vertikalebene durch A und C liegt.

▶ http://sn.pub/UmbTb6

1.5.2 Vorwärtsschnitt

In der Ebene kann ein Neupunkt $N(x_N, y_N)$ aus zwei Richtungswinkeln t_{AN} und t_{BN} von zwei bekannten Punkten $A(x_A, y_A)$ und $B(x_B, y_B)$ bestimmt werden [10, S. 228ff]. Dies entspricht dem Schnitt zweier Strahlen (Halbgeraden) mit Anfangspunkten in A und B. Diesen geodätischen Schnitt bezeichnet man als *Vorwärtsschnitt*, manchmal auch *Vorwärtseinschnitt*. Schneiden sich die Strahlen, dann ist der Vorwärtsschnitt eindeutig. Andernfalls muss ein grober Fehler oder Irrtum vorliegen und wurde auf diese Weise aufgedeckt. Die Richtungswinkel können aus der Orientierung von Richtungssätzen über bekannte Anschlusspunkte durch *Stationsabriss* (1.2) bestimmt werden. Manchmal wird der Vorwärtsschnitt als Bestimmung des Neupunktes aus den Innenwinkeln α und β im Dreieck ABN aufgefasst. Dann ist der Schnittpunkt nicht eindeutig. Wie beim Bogenschnitt gibt es eine zweite Lösung symmetrisch zu AB. Daher ist diese Auffassung nachteilig.

Die Berechnung des Vorwärtsschnitts ist auf zwei verschiedene Arten möglich:

Berechnung über Richtungswinkel [4, S. 86], [10, S. 231f]:

$$x_N = x_A + \frac{(y_B - y_A) - (x_B - x_A) \cdot \tan t_{BN}}{\tan t_{AN} - \tan t_{BN}}$$

$$y_N = y_A + (x_N - x_A) \cdot \tan t_{AN} \tag{1.31}$$

▶ **Probe**

Die Rechnung wird nach Vertauschung von A und B wiederholt. ◀

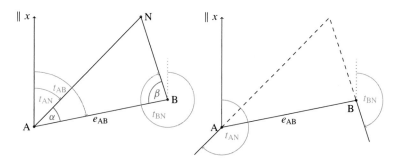

Abb. 1.23 Berechnung des Vorwärtsschnitts (links: Der Schnittpunkt ist N. rechts: Es existiert kein Schnitt.)

❯ Hinweis 1.12

Wenn kein Schnitt existiert, wird in (1.31) trotzdem ein Ergebnis erhalten, nämlich der Punkt, der sich durch Verlängerung der Strahlen nach hinten ergibt. Selbst die o. g. Probe würde stimmen! Ausnahme: Die Strahlen sind parallel, woraus eine Division durch Null resultiert.

Berechnung über das Dreieck ABN: (s. ◘ Abb. 1.23) [4, S. 87], [10, S. 230f]:

1. Den Abstand e_{AB} und den Richtungswinkel t_{AB} von AB berechnet man aus Koordinaten von A und B (s. ▶ Abschn. 1.2.3).
2. Die Innenwinkel α und β im Dreieck ABN berechnet man aus den Differenzen der Richtungswinkel:

$$\alpha = |t_{AB} - t_{AN}|, \quad \beta = |t_{BN} - t_{BA}|$$

   Ist $\alpha + \beta \geq 200$ gon, so existiert kein Schnittpunkt.
3. Andernfalls berechnet man die Strecke AN über den Sinussatz im Dreieck ABN (Methode WSW).
4. Die Koordinaten von N erhält man durch polares Anhängen von N an A.
5. **Probe:** Die Rechnung wird durch polares Anhängen von N an B wiederholt.

Wenn man die Hilfsvariablen im Dreieck ABN nicht sowieso benötigt oder zur Verfügung hat, geht die Berechnung über (1.31) schneller.

Eine universelle weitere Probemöglichkeit ergibt sich durch Zurückrechnen der gegebenen Richtungswinkel aus endgültigen Koordinaten. Diese würde gleichzeitig aufdecken, wenn kein Schnittpunkt existiert, aber fälschlich einer berechnet wurde (s. Hinweis 1.12). Daher ist diese Probe unverzichtbar.

Häufig kann jeweils der andere bekannte Punkt als Anschlusspunkt für die Richtungsmessung genutzt werden. Man spricht dann von einem *Vorwärtsschnitt mit Gegensicht*. Das Dreieck ABN kann hier so berechnet werden, dass die Innenwinkel α und β direkt aus den gemessenen Richtungen und schließlich

$$t_{AN} = t_{AB} \pm \alpha, \quad t_{BN} = 200 \, \text{gon} + t_{AB} \pm \beta$$

berechnet werden. Ein Vorteil ergibt sich dadurch nicht.

> **Hinweis 1.13**

Bei dieser Variante ist Vorsicht geboten: Leicht wird der falsche Schnittpunkt berechnet, indem das Vorzeichen vor den Innenwinkeln falsch gewählt wird. Sie wird deshalb nicht empfohlen.

Eine Abwandlung des Vorwärtsschnitts ist der *Seitwärtsschnitt*, bei dem die Richtungen nicht auf B, sondern auf N gemessen werden [4, S. 87], [10, S. 228f]. Voraussetzung ist, dass von A nach B die Gegensicht gemessen wurde. Dann kann der Winkel β über die Innenwinkelsumme im Dreieck ABN berechnet werden, und der Rest der Berechnung läuft wie beschrieben ab.

> **Hinweis 1.14**

Sind die zu schneidenden Strahlen fast parallel, ist der Schnittpunkt schlecht definiert. Es kommt zu einer Verstärkung von Messabweichungen und Rundungsfehlern (s. ▶ Kap. 5). Die Probe wird meist schlecht erfüllt sein.

▶ **Beispiel 1.19**

Von den bekannten Punkten A, B, C aus Aufgabe 1.4 zu einem Neupunkt N wurden folgende Richtungen gemessen:

$$r_{AC} = 0{,}000\,\text{gon}; \qquad r_{BC} = 0{,}000\,\text{gon}$$
$$r_{AN} = 56{,}767\,\text{gon}; \qquad r_{BN} = 257{,}547\,\text{gon}$$

Gesucht sind die Koordinaten von N. ◀

▶ **Lösung über Richtungswinkel (1.31)**

Anhand einer grob maßstäblichen Skizze erkennen wir, dass ein Schnittpunkt existiert. In der Lösung zu Aufgabe 1.4 wurden bereits $t_{AC} = 90{,}309\,\text{gon}$ und $t_{BC} = 22{,}679\,\text{gon}$ ermittelt. Darüber können wir die Richtungssätze orientieren und erhalten $t_{AN} = 147{,}076\,\text{gon}$ und $t_{BN} = 280{,}226\,\text{gon}$. Einsetzen in (1.31) liefert

$$x_N = 337{,}45\,\text{m} + \frac{(597{,}65\,\text{m} - 432{,}29\,\text{m}) - (218{,}08\,\text{m} - 337{,}45\,\text{m}) \cdot \tan(280{,}226\,\text{gon})}{\tan(147{,}076\,\text{gon}) - \tan(280{,}226\,\text{gon})}$$

$$= \underline{209{,}89\,\text{m}}$$

$$y_N = 432{,}29\,\text{m} + (209{,}89\,\text{m} - 337{,}45\,\text{m}) \cdot \tan(147{,}076\,\text{gon}) = \underline{572{,}14\,\text{m}} \quad ◀$$

▶ **Probe**

Das Vertauschen von A und B liefert

$$x_N = 218{,}08\,\text{m} + \frac{(432{,}29\,\text{m} - 597{,}65\,\text{m}) - (337{,}45\,\text{m} - 218{,}08\,\text{m}) \cdot \tan(147{,}076\,\text{gon})}{\tan(280{,}226\,\text{gon}) - \tan(147{,}076\,\text{gon})}$$

$$= 209{,}89\,\text{m} \checkmark$$

$$y_N = 597{,}65\,\text{m} + (209{,}89\,\text{m} - 218{,}08\,\text{m}) \cdot \tan(280{,}226\,\text{gon}) = 572{,}14\,\text{m} \checkmark \quad ◀$$

In der Lösung zu Aufgabe 1.4 wurden bereits $e_{AB} = 203{,}944$ m und $t_{AB} = 139{,}805$ gon ermittelt. $t_{AN} = 147{,}076$ gon und $t_{BN} = 280{,}226$ gon hatten wir bereits in der ersten Lösung berechnet. Als Differenzen der Richtungswinkel ergeben sich

$$\alpha = |139{,}805\,\text{gon} - 147{,}076\,\text{gon}| = 7{,}271\,\text{gon}$$

$$\beta = |280{,}226\,\text{gon} - 339{,}805\,\text{gon}| = 59{,}579\,\text{gon}$$

Wegen $\alpha + \beta < 200$ gon existiert ein Schnittpunkt. Der Sinussatz liefert

$$AN = 203{,}944\,\text{m} \cdot \frac{\sin(59{,}579\,\text{gon})}{\sin(7{,}271\,\text{gon} + 59{,}579\,\text{gon})} = 189{,}285\,\text{m}$$

Das polare Anhängen ergibt schließlich

$$x_N = 337{,}45\,\text{m} + 189{,}285\,\text{m} \cdot \cos(147{,}076\,\text{gon}) = \underline{209{,}89\,\text{m}}$$

$$y_N = 432{,}29\,\text{m} + 189{,}285\,\text{m} \cdot \sin(147{,}076\,\text{gon}) = \underline{572{,}14\,\text{m}} \;\blacktriangleleft$$

Dasselbe über B ergibt

$$BN = 203{,}944\,\text{m} \cdot \frac{\sin(7{,}271\,\text{gon})}{\sin(7{,}271\,\text{gon} + 59{,}579\,\text{gon})} = 26{,}794\,\text{m}$$

$$x_N = 218{,}08\,\text{m} + 26{,}794\,\text{m} \cdot \cos(280{,}226\,\text{gon}) = 209{,}89\,\text{m}\;\checkmark$$

$$y_N = 597{,}65\,\text{m} + 26{,}794\,\text{m} \cdot \sin(280{,}226\,\text{gon}) = 572{,}14\,\text{m}\;\checkmark \;\blacktriangleleft$$

Über die zweite Hauptaufgabe (s. ▶ Abschn. 1.2.3) kann zusätzlich in beiden Lösungen

$$t_{AN} = \arctan\frac{572{,}14 - 432{,}29}{209{,}89 - 337{,}45} = 147{,}076\,\text{gon}\;\checkmark$$

$$t_{BN} = \arctan\frac{572{,}14 - 597{,}65}{209{,}89 - 218{,}08} = 280{,}223\,\text{gon}\;\checkmark$$

berechnet werden. Wenn die Quadrantenregel des Arkustangens beachtet wurde, würden im Fall, dass kein Schnittpunkt existiert, beide Richtungswinkel um 200 gon falsch erhalten.

▶ http://sn.pub/TWSXRk ◀

1.5.3 Anwendung: Geradenschnitt

Eine Aufgabe nicht nur in der Geodäsie ist es, zwei Geraden durch je zwei gegebene Punkte $A(x_A, y_A)$, $B(x_B, y_B)$ und $C(x_C, y_C)$, $D(x_D, y_D)$ zu konstruieren und deren Schnittpunkt $N(x_N, y_N)$ zu berechnen (s. ◘ Abb. 1.24) [10, S. 75ff]. Der Schnittpunkt existiert und ist eindeutig, sofern die Geraden nicht parallel sind.

Der Geradenschnitt kann auf einen Vorwärtsschnitt (s. ▶ Abschn. 1.5.2) zurückgeführt werden. Die Berechnung des Geradenschnitts ist über die beiden Berechnungsmethoden des Vorwärtsschnitts und zusätzlich über Geradengleichungen möglich:

1

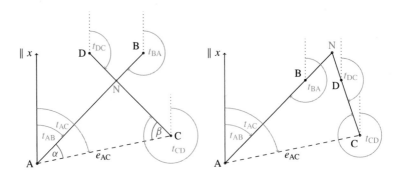

□ **Abb. 1.24** Geradenschnitt (Schnittpunkt N kann zwischen den Punkten A, B und C, D liegen oder auch nicht)

Berechnung über Richtungswinkel (1.31) [6, S. 220f], [4, S. 45]:
1. Aus den Koordinaten von A, B, C, D berechnet man die Richtungswinkel t_{AB} und t_{CD}.
2. Von A und C aus führt man unter Benutzung von (1.31) einen Vorwärtsschnitt mit diesen Richtungswinkeln durch.
3. **Probe:** Die Probe erfolgt wie beim Vorwärtsschnitt.
4. **Probe:** Zusätzlich oder alternativ kann die Rechnung von B und D aus wiederholt werden.

Berechnung über das Dreieck ACN:
1. Aus den Koordinaten von A, B, C, D berechnet man die Richtungswinkel t_{AB} und t_{CD} sowie die Strecke e_{AC}.
2. Im Dreieck ACN berechnet man einen Vorwärtsschnitt über Sinussatz und polares Anhängen.
3. **Probe:** Die Probe erfolgt wie beim Vorwärtsschnitt.
4. **Probe:** Zusätzlich oder alternativ kann die Rechnung im Dreieck BDN wiederholt werden.

Berechnung über die Geradengleichungen: Aus der Geometrie kennen wir die *Parameterform der Geradengleichung* [1, S. 264]: Alle Punkte $P(x_P, y_P)$ mit den Koordinaten

$$x_P = x_A + \tau \cdot (x_B - x_A)$$
$$y_P = y_A + \tau \cdot (y_B - y_A) \tag{1.32}$$

liegen auf einer Geraden durch die Punkte $A(x_A, y_A)$ und $B(x_B, y_B)$, wobei τ ein beliebiger reeller *Geradenparameter* ist.
1. Für beide Geraden werden mit den Geradenparametern τ_1, τ_2 die Geradengleichungen aufgestellt:

$$x_N = x_A + \tau_1 \cdot (x_B - x_A)$$
$$y_N = y_A + \tau_1 \cdot (y_B - y_A)$$
$$x_N = x_C + \tau_2 \cdot (x_D - x_C)$$
$$y_N = y_C + \tau_2 \cdot (y_D - y_C)$$

2. Es entsteht ein lineares Gleichungssystem, das mit den Standardverfahren nach den Unbekannten τ_1, τ_2 gelöst wird:

$$\tau_1 \cdot (x_B - x_A) - \tau_2 \cdot (x_D - x_C) = x_C - x_A$$
$$\tau_1 \cdot (y_B - y_A) - \tau_2 \cdot (y_D - y_C) = y_C - y_A$$

3. Mit (x_N, y_N) erhält man die gesuchten Schnittpunktkoordinaten. τ_1 und τ_2 geben Auskunft, wo auf den Geraden der Punkt N liegt. $\tau_1 < 0$ bedeutet z. B. die Reihenfolge N-A-B, $\tau_1 > 1$ bedeutet A-B-N, andernfalls A-N-B.

4. **Probe:** Die berechneten Unbekannten τ_1, τ_2, x_N, y_N müssen die Geradengleichungen erfüllen.

Eine universelle alternative oder zusätzliche Probe kann darin bestehen, aus den endgültigen Koordinaten von N die Richtungswinkel zu allen vier Punkten A, B, C, D zu berechnen. Diese müssen mit t_{AB} und t_{CD} bzw. den Gegenrichtungswinkeln übereinstimmen. Die Proben des Vorwärtsschnitts decken nicht auf, wenn t_{AB} oder t_{CD} oder e_{AC} falsch berechnet wurden. Deshalb eignet sich die o. g. Probe besser oder ist zusätzlich nötig.

❯ Hinweis 1.15

Sind die zu schneidenden Geraden fast parallel, so ist der Schnittpunkt schlecht definiert. Es kommt zu einer Verstärkung von Messabweichungen und Rundungsfehlern (s. ▶ Kap. 5). Die Probe wird meist schlecht erfüllt sein.

❶ Aufgabe 1.21

Berechnen Sie für die Punkte aus Aufgabe 1.14 den Schnittpunkt N der Geraden AB und CD.

▶ http://sn.pub/YssDO3

1.5.4 Anwendung: Kreis durch drei Punkte

Eine Aufgabe nicht nur in der Geodäsie ist es, einen Kreis durch drei gegebene Punkte $A(x_A, y_A)$, $B(x_B, y_B)$, $C(x_C, y_C)$ auf der Kreisperipherie zu konstruieren, d. h. den Mittelpunkt M und den Radius r zu bestimmen. Dabei schließen wir aus, dass A, B, C alle auf derselben Geraden liegen. Hierzu ist die Formel für den Umkreisradius des Dreiecks aus ◻ Abb. 1.1 nützlich:

$$r = \frac{a}{2 \cdot \sin \alpha} = \frac{b}{2 \cdot \sin \beta} = \frac{c}{2 \cdot \sin \gamma} \tag{1.33}$$

Es gibt drei Berechnungsmöglichkeiten:

Berechnung über den Radius des Umkreises und einen Bogenschnitt: Diese Variante nutzt aus, dass M der Mittelpunkt des Umkreises des Dreiecks ABC ist.

1. Aus den Koordinaten von A, B, C berechnet man die Länge einer Dreieckseite und einen gegenüberliegenden Innenwinkel von Dreieck ABC, also α und a oder β und b oder γ und c (s. ◻ Abb. 1.1 und Beispiel 5.12).

2. Mit (1.33) berechnet man daraus den Umkreisradius r des Dreiecks ABC.

3. **Probe:** Dasselbe berechnet man für eine andere Dreieckseite und den zugehörigen gegenüberliegenden Innenwinkel von Dreieck ABC.

4. Von zwei Punkten A, B oder B, C oder A, C aus berechnet man den Bogenschnitt (s. ▶ Abschn. 1.6.9) jeweils mit den Bogenradien r und erhält zwei Lösungen M_1 und M_2.

5. Von M_1 und M_2 wird derjenige Punkt M identifiziert, bei dem der Abstand zum dritten Punkt gleich dem Radius r ist. Das ist gleichzeitig eine Probe.

Berechnung über die Seitenmittelpunkte und einen Vorwärtsschnitt: Diese Variante nutzt aus, dass M der Schnittpunkt der Mittelsenkrechten des Dreiecks ABC ist.

1. Auf zwei Seiten des Dreiecks ABC werden die Seitenmittelpunkte berechnet, die P und Q heißen sollen. Man wählt möglichst die beiden Seiten, die den größten Innenwinkel einschließen.

2. Von diesen beiden Seiten werden die Richtungswinkel berechnet.

3. Diese werden um ± 100 gon geändert (gleichgültig, ob addiert oder subtrahiert wird), so dass die Richtungswinkel der Mittelsenkrechten in P und Q entstehen.

4. Von P und Q wird ein Vorwärtsschnitt (s. ▶ Abschn. 1.5.2) mit diesen Richtungswinkeln berechnet. Dabei ist es egal, ob der Schnitt in Richtung der Strahlen erfolgt oder entgegengesetzt, sozusagen „nach hinten". Man wendet am besten (1.31) an. Der Schnittpunkt ist der gesuchte Mittelpunkt M.

5. **Probe:** Man berechnet die Strecken AM, BM, CM. Diese müssen alle drei die gleiche Länge haben. Diese Länge ist der gesuchte Radius r.

6. **Probe:** Wird r nicht benötigt, kann man zusätzlich auch den dritten Seitenmittelpunkt und den Richtungswinkel der dritten Mittelsenkrechten berechnen. Jetzt kann man einen zweiten Vorwärtsschnitt berechnen. Dabei müssen dieselben Koordinaten (x_M, y_M) erhalten werden.

> **Hinweis 1.16**
>
> Ist das Dreieck ABC sehr spitzwinklig, dann ist der Umkreis schlecht definiert. Es entstehen große Rundungsfehler. Die Probe wird meist schlecht erfüllt sein (s. ▶ Kap. 5). Liegen A, B, C sogar auf einer Geraden, so müsste eine Division durch Null folgen. Oft wird wegen Rundungsfehlern aber nur ein extrem großer Radius erhalten. Möchte man nur Kleinpunkte auf dem Bogen durch A, B, C berechnen, so werden diese möglicherweise trotzdem korrekt erhalten.

Berechnung über die Kreisgleichung: Es gilt das System der drei nichtlinearen Kreisgleichungen (1.24):

$$(x_A - x_M)^2 + (y_A - y_M)^2 = r^2$$
$$(x_B - x_M)^2 + (y_B - y_M)^2 = r^2$$
$$(x_C - x_M)^2 + (y_C - y_M)^2 = r^2$$

mit den Unbekannten x_M, y_M, r. Wenn man r aus diesen Gleichungen eliminiert, verbleiben zwei lineare Gleichungen für x_M, y_M:

$$2 \cdot (x_B - x_A) \cdot x_M + 2 \cdot (y_B - y_A) \cdot y_M = x_B^2 - x_A^2 + y_B^2 - y_A^2$$
$$2 \cdot (x_C - x_A) \cdot x_M + 2 \cdot (y_C - y_A) \cdot y_M = x_C^2 - x_A^2 + y_C^2 - y_A^2$$

Diese werden wie gewohnt nach (x_M, y_M) aufgelöst. Aus den drei Kreisgleichungen wird danach jeweils r erhalten, dessen Übereinstimmung als Probe dient.

> **Beispiel 1.20**

Mittelpunkt und Radius des Kreises durch die Punkte A, B, C aus Aufgabe 1.4 sollen berechnet werden. ◄

> **Lösung über den Radius des Umkreises und einen Bogenschnitt**

Aus der Lösung zu Aufgabe 1.4 entnehmen wir die Seiten von Dreieck ABC und berechnen dessen Innenwinkel zu 49,496 gon, 82,874 gon und 67,630 gon. Daraus berechnen wir den Radius

$$r = \frac{203,944\,\text{m}}{2 \cdot \sin(67,630\,\text{gon})} = \underline{116,741\,\text{m}}$$

und dasselbe nochmal für eine andere Kombination aus Seite und Winkel:

$$r = \frac{163,783\,\text{m}}{2 \cdot \sin(49,496\,\text{gon})} = 116,740\,\text{m} \checkmark$$

Im Dreieck ABM haben wir die drei Seiten und erhalten somit den Innenwinkel bei A zu 32,369 gon. Daraus ergeben sich zwei mögliche Richtungswinkel:

$$t_{\text{AM}_1} = (139,805 + 32,369)\,\text{gon} = 172,174\,\text{gon}$$

$$t_{\text{AM}_2} = (139,805 - 32,369)\,\text{gon} = 107,434\,\text{gon}$$

Polares Anhängen an A liefert die beiden möglichen Mittelpunkte M_1 und M_2 mit

$$x_{\text{M}_1} = 337,45\,\text{m} + 116,740\,\text{m} \cdot \cos(172,174\,\text{gon}) = 231,685\,\text{m}$$

$$y_{\text{M}_1} = 432,29\,\text{m} + 116,740\,\text{m} \cdot \sin(172,174\,\text{gon}) = 481,707\,\text{m}$$

$$x_{\text{M}_2} = 337,45\,\text{m} + 116,740\,\text{m} \cdot \cos(107,434\,\text{gon}) = 323,849\,\text{m}$$

$$y_{\text{M}_2} = 432,29\,\text{m} + 116,740\,\text{m} \cdot \sin(107,434\,\text{gon}) = 548,235\,\text{m}$$

Die Berechnung von deren Abständen zum Punkt C und Vergleich mit dem Radius ergeben

$$e_{\text{M}_1\text{C}} = 222,534\,\text{m} \neq r \quad \text{und} \quad e_{\text{M}_2\text{C}} = 116,739\,\text{m} = r \checkmark \blacktriangleleft$$

> **Probe**

Letzteres ist gleichzeitig die Probe. Somit ist M_2 der gesuchte Punkt M:

$$x_{\text{M}} = \underline{323,85\,\text{m}}; \quad y_{\text{M}} = \underline{548,24\,\text{m}} \blacktriangleleft$$

1

β ist der größte Innenwinkel, somit wählen wir die Seiten AB und BC zur Errichtung der Mittelsenkrechten. Die Seitenmittelpunkte P und Q von AB und BC haben die Koordinaten

$$x_P = (337{,}45\,\text{m} + 218{,}08\,\text{m})/2 = 277{,}765\,\text{m}$$
$$y_P = (432{,}29\,\text{m} + 597{,}65\,\text{m})/2 = 514{,}970\,\text{m}$$
$$x_Q = (218{,}08\,\text{m} + 371{,}58\,\text{m})/2 = 294{,}830\,\text{m}$$
$$y_Q = (597{,}65\,\text{m} + 654{,}77\,\text{m})/2 = 626{,}210\,\text{m}$$

Die Richtungswinkel der Dreieckseiten werden um 100 gon geändert und ergeben die Richtungswinkel der Mittelsenkrechten:

$$t_{PM} = 39{,}805\,\text{gon}; \quad t_{QM} = 122{,}679\,\text{gon}$$

Damit erhalten wir für den Vorwärtsschnitt (1.31) von P und Q aus:

$$x_M = 277{,}765\,\text{m}$$
$$+ \frac{(626{,}210\,\text{m} - 514{,}970\,\text{m}) - (294{,}830\,\text{m} - 277{,}765\,\text{m}) \cdot \tan(122{,}679\,\text{gon})}{\tan(39{,}805\,\text{gon}) - \tan(122{,}679\,\text{gon})}$$
$$= \underline{323{,}846\,\text{m}}$$
$$y_M = 514{,}970\,\text{m} + (323{,}85\,\text{m} - 277{,}765\,\text{m}) \cdot \tan(39{,}805\,\text{gon})$$
$$= \underline{548{,}235\,\text{m}}$$

Der erhaltene Schnittpunkt M ist automatisch der Richtige. ◀

Den Radius des Kreises liefert die Probe:

$$e_{AM} = \underline{116{,}740\,\text{m}} = r; \quad e_{BM} = 116{,}740\,\text{m}\,\checkmark; \quad e_{CM} = 116{,}740\,\text{m}\,\checkmark$$

▶ http://sn.pub/6NIaur ◀

🛑 Aufgabe 1.22

(a) Berechnen Sie durch folgende drei Punkte einen Kreis:

Punkt	A	B	C
x in m	16,10	17,11	107,08
y in m	23,06	108,07	102,12

(b) Bestimmen Sie einen Punkt D auf dem Kreis, der gemessen auf dem Kreisbogen 100,00 m von C entfernt zwischen C und A etwa diametral gegenüber von B liegt.

▶ http://sn.pub/WE9gHd

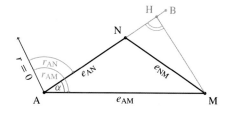

1.5.5 Schnitt Gerade–Kreis oder Strahl–Kreis

Es gibt mehrere geodätische Problemstellungen, die geometrisch auf einen Schnitt von Gerade und Kreis oder Strahl und Kreis hinauslaufen. Zwei sind in ■ Abb. 1.25 dargestellt.

Gegeben sind zwei Punkte $A(x_A, y_A)$, $M(x_M, y_M)$.

Gemessen wurde die Strecke e_{NM}.

Variante 1: Gemessen wurden zusätzlich die Richtungen $r_{AN} = r_{AB}, r_{AM}$ auf dem Punkt A.

Variante 2: Gegeben ist zusätzlich der Punkt $B(x_B, y_B)$.

Gesucht ist der Neupunkt $N(x_N, y_N)$ auf der Gerade AB oder auf dem Strahl AB.

Man kann die Bestimmung von N als Schnitt der Gerade oder des Strahls AB mit dem Kreis um M mit dem Radius e_{NM} auffassen. Zwei Berechnungsmethoden sind möglich:

Berechnung über das Dreieck AMN: [4, S. 46]:
1. Aus den gegebenen Koordinaten werden der Richtungswinkel t_{AM} und die Strecke e_{AM} berechnet.
2. Der Richtungswinkel $t_{AN} = t_{AB}$ wird entweder aus $t_{AB} = t_{AM} - r_{AM} + r_{AB}$ (Variante 1) oder aus Koordinaten von A und B (Variante 2) berechnet.
3. Der Innenwinkel $\alpha = |t_{AM} - t_{AN}|$ wird berechnet.
4. Im Dreieck AMN liegt die Situation SSW (s. ■ Tab. 1.2) vor. Daraus ergibt sich e_{AN}, jedoch möglicherweise nicht eindeutig (s. ■ Abb. 1.2).
5. Durch polares Anhängen von N an A werden die Koordinaten von N oder bei Zweideutigkeit von N_1 und N_2 erhalten.
6. **Probe:** α und e_{NM} werden aus endgültigen Koordinaten von N oder N_1 und N_2 zurückgerechnet.

Berechnung über die Geraden- und Kreisgleichung: Diese Berechnung erläutern wir nur für Variante 2.
1. Für die Gerade AB werden die Geradengleichungen in Parameterform (1.32) aufgestellt:

$$x_N = x_A + \tau \cdot (x_B - x_A)$$
$$y_N = y_A + \tau \cdot (y_B - y_A)$$

2. Für den Kreis um M und den Peripheriepunkt N wird die Kreisgleichung (1.24) aufgestellt:

$$(x_N - x_M)^2 + (y_N - y_M)^2 = e_{MN}^2$$

□ Abb. 1.26 (Nicht-)Existenz und (Nicht-)Eindeutigkeit beim Schnitt Strahl–Kreis (Beim Schnitt Gerade–Kreis ist der Fall rechts oben ebenfalls zweideutig.)

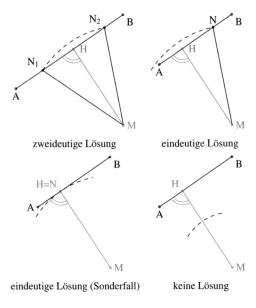

zweideutige Lösung   eindeutige Lösung

eindeutige Lösung (Sonderfall)   keine Lösung

3. Die Geradengleichungen werden in die Kreisgleichung eingesetzt:

$$(x_A + \tau \cdot (x_B - x_A) - x_M)^2 + (y_A + \tau \cdot (y_B - y_A) - y_M)^2 = e_{MN}^2$$

4. Die entstehende Gleichung ist eine quadratische Gleichung für τ und wird gelöst.
5. Beim Schnitt Strahl-Kreis sind Lösungen $\tau < 0$ zu verwerfen. Je nach Anzahl der (verbliebenen) Lösungen (0,1 oder 2) beurteilen wir Existenz und Eindeutigkeit des Schnittpunktes.
6. Die Lösung(en) setzt man in die Geradengleichungen ein und erhält die Koordinaten von N oder bei Zweideutigkeit von N_1 und N_2.
7. **Probe:** (x_N, y_N) bzw. (x_{N_1}, y_{N_1}) und (x_{N_2}, y_{N_2}) müssen die Kreisgleichung (1.24) erfüllen.

Im Fall der Zweideutigkeit kann die richtige Lösung nur anhand von zusätzlichen Informationen, z. B. Näherungskoordinaten von N oder weiterer Messungen identifiziert werden. Sollte gar keine Lösung existieren, liegt ein Irrtum oder grober Messfehler vor und wurde auf diese Weise aufgedeckt. Die verschiedenen Situationen der Eindeutigkeit bzw. Nichteindeutigkeit sind in □ Abb. 1.26 dargestellt.

❯ Hinweis 1.17

Auch hier ist ein ungünstiger Schnitt möglich, nämlich wenn MN auf AB nahezu senkrecht steht. Es kommt zu einer Verstärkung von Messabweichungen und Rundungsfehlern (s. ▶ Kap. 5). Die Probe wird meist schlecht erfüllt sein. Außerdem kann es sein, dass trotz Näherungskoordinaten unklar bleibt, welches der gesuchte Schnittpunkt ist.

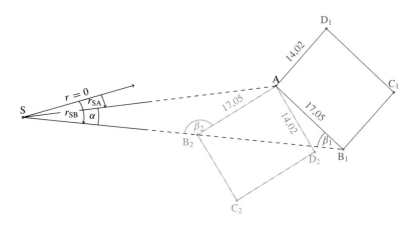

◘ Abb. 1.27   zu Beispiel 1.21

▶ **Beispiel 1.21**

Von einem bekannten Standpunkt S aus wurden mit einem Tachymeter die Eckpunkte A, B eines Gebäudes mit rechteckigem Grundriss ABCD angezielt (s. ◘ Abb. 1.27). Dabei sind die folgenden Koordinaten gegeben und Richtungen gemessen:

Punkt	x in m	y in m	Zielpunkt	r in gon
S	17,11	16,10	A	9,648
A	23,06	63,19	B	23,466

Mit einem Messband wurden die Gebäudeumringmaße (Strecken) AB zu 17,05 m und BC zu 14,02 m ermittelt. Gesucht sind die Koordinaten der restlichen drei Gebäudeeckpunkte B, C, D. ◀

▶ **Lösung**

Aus den Koordinaten von A und S ermitteln wir zunächst $t_{SA} = 91{,}998$ gon und $e_{SA} = 47{,}464$ m. Weiter erhalten wir den orientierten Winkel $\alpha = 23{,}466$ gon $- \, 9{,}648$ gon $= 13{,}818$ gon und den Richtungswinkel $t_{SB} = 91{,}998$ gon $+ \, 23{,}466$ gon $- \, 9{,}648$ gon $= 105{,}816$ gon. Im Dreieck SAB wenden wir die Berechnungsmethode SSW an: Der Sinussatz ergibt zwei Lösungen, nämlich

$$\beta_{1,2} = \arcsin\left(\frac{47{,}464 \text{ m}}{17{,}05 \text{ m}} \cdot \sin(13{,}818 \text{ gon})\right)$$

$$\beta_1 = 40{,}927 \text{ gon} \quad \text{oder} \quad \beta_2 = 159{,}073 \text{ gon}$$

Die Strecke SB ergibt

$$e_{SB_1} = \frac{\sin(13{,}818 \text{ gon} + 40{,}927 \text{ gon})}{\sin(40{,}927 \text{ gon})} \cdot 47{,}464 \text{ m} = 59{,}997 \text{ m}$$

$$e_{SB_2} = \frac{\sin(13{,}818 \text{ gon} + 159{,}073 \text{ gon})}{\sin(159{,}073 \text{ gon})} \cdot 47{,}464 \text{ m} = 32{,}704 \text{ m}$$

Beide Strecken sind positiv, so dass das Ergebnis zweideutig ist. Polares Anhängen an S liefert die Lösungen B_1 und B_2:

$$x_{B_1} = 17{,}11\,\text{m} + 59{,}997\,\text{m} \cdot \cos(105{,}816\,\text{gon}) = \underline{11{,}636\,\text{m}}$$

$$y_{B_1} = 16{,}10\,\text{m} + 59{,}997\,\text{m} \cdot \sin(105{,}816\,\text{gon}) = \underline{75{,}847\,\text{m}}$$

$$x_{B_2} = 17{,}11\,\text{m} + 32{,}704\,\text{m} \cdot \cos(105{,}816\,\text{gon}) = \underline{14{,}126\,\text{m}}$$

$$y_{B_2} = 16{,}10\,\text{m} + 32{,}704\,\text{m} \cdot \sin(105{,}816\,\text{gon}) = \underline{48{,}668\,\text{m}}$$

Die beiden Richtungswinkel t_{AB_1} und t_{AB_2} berechnen wir über den Innenwinkel:

$$t_{AB_1} = 91{,}998\,\text{gon} + 40{,}927\,\text{gon} + 13{,}818\,\text{gon} = 146{,}743\,\text{gon}$$

$$t_{AB_2} = 91{,}998\,\text{gon} + 159{,}073\,\text{gon} + 13{,}818\,\text{gon} = 264{,}889\,\text{gon}$$

Die Richtungswinkel $t_{B_1C_1} = t_{AD_1}$ und $t_{B_2C_2} = t_{AD_2}$ erhalten wir durch Subtrahieren von je 100 gon von t_{AB_1} und t_{AB_2}. Die Punkte C_1, D_1, C_2, D_2 erhalten wir dann durch polares Anhängen an A, B_1, B_2. Die Ergebnisse sind

Punkt	x in m	y in m	Punkt	x in m	y in m
C_1	22,044	85,241	C_2	2,185	56,014
D_1	33,468	72,584	D_2	11,119	70,536	◀

▶ **Probe**

Wir hängen die Punkte B_1 und B_2 auch an A an:

$$x_{B_1} = 23{,}06\,\text{m} + 17{,}05\,\text{m} \cdot \cos(146{,}743\,\text{gon}) = 11{,}636\,\text{m}\;\checkmark$$

$$y_{B_1} = 63{,}19\,\text{m} + 17{,}05\,\text{m} \cdot \sin(146{,}743\,\text{gon}) = 75{,}847\,\text{m}\;\checkmark$$

$$x_{B_2} = 23{,}06\,\text{m} + 17{,}05\,\text{m} \cdot \cos(264{,}889\,\text{gon}) = 14{,}126\,\text{m}\;\checkmark$$

$$y_{B_2} = 63{,}19\,\text{m} + 17{,}05\,\text{m} \cdot \sin(264{,}889\,\text{gon}) = 48{,}668\,\text{m}\;\checkmark\;\;◀$$

▶ **Probe**

Die Strecken C_1D_1 und C_2D_2, berechnet aus endgültigen Koordinaten, betragen jeweils 17,050 m $\checkmark$. Zusätzlich eignen sich noch Spannmaßproben über die Diagonalen AC und BD.

▶ http://sn.pub/noy5bl ◀

⊗ Aufgabe 1.23

Ein Schiff fährt von Bastia (F) nach La Spezia (I). Unterwegs werden Signale eines Funkfeuers in Livorno (I) empfangen. Aus der Stärke des empfangenen Signals wird auf einen Abstand zum Sender von 90 km geschlossen. Die Koordinaten (im System UTM 32T) betragen

Punkt	Nord in km	Ost in km
Bastia	4728	537
La Spezia	4884	566
Livorno	4823	606

Für diese Genauigkeit kann die Erdkrümmung vernachlässigt werden. Nehmen Sie einen geradlinigen Kurs in der Karte an. Berechnen Sie die aktuelle Position des Schiffes. Versuchen Sie auch die Berechnung über Geraden- und Kreisgleichung.

▶ http://sn.pub/3hL99I

1.5.6 Rückwärtsschnitt

In der Ebene kann ein Neupunkt $N(x_N, y_N)$ aus drei gemessenen Richtungen r_{NA}, r_{NM}, r_{NB} von N zu drei bekannten Punkten $A(x_A, y_A)$, $M(x_M, y_M)$ und $B(x_B, y_B)$ bestimmt werden. Diesen geodätischen Schnitt bezeichnet man als *Rückwärtsschnitt*, manchmal auch als *Rückwärtseinschnitt*. Wir gehen davon aus, dass die Punkte A, M, B von N aus gesehen im Uhrzeigersinn angeordnet sind und die Winkel $\alpha = r_{NM} - r_{NA}$ und $\beta = r_{NB} - r_{NM}$ beide im Intervall $[0, 200]$ gon liegen. Andernfalls müssen die Punktbezeichnungen entsprechend geändert werden.

Es handelt sich hierbei um einen Schnitt in folgendem Sinne (s. ◘ Abb. 1.28):

1. Der geometrische Ort aller Punkte N, an denen die Strahlen zu A und M einen Winkel α einschließen, ist ein Kreisbogen über der Sehne AM mit dem Mittelpunktswinkel $2 \cdot \alpha$ oder $400\,\text{gon} - 2 \cdot \alpha$. Der Winkel ANM ist dann ein Peripheriewinkel der Größe α über der Sehne AM.
2. Der geometrische Ort aller Punkte N, an denen die Strahlen zu M und B einen Winkel β einschließen, ist ein Kreisbogen über der Sehne MB mit dem Mittelpunktswinkel $2 \cdot \beta$ oder $400\,\text{gon} - 2 \cdot \beta$. Der Winkel MNB ist dann ein Peripheriewinkel der Größe β über der Sehne MB.

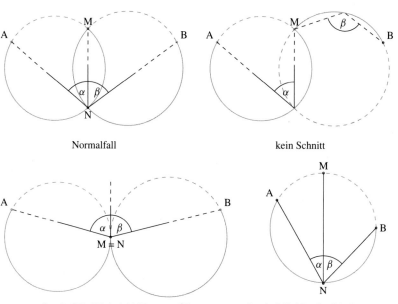

Normalfall   kein Schnitt

Sonderfall „Winkel AMB $= \alpha + \beta$"   Sonderfall „N auf gefährlichem Kreis"

◘ **Abb. 1.28** (Nicht-)Existenz und (Nicht-)Eindeutigkeit beim Rückwärtsschnitt

Da M auf beiden Kreisbögen liegt, ist M ein Schnittpunkt dieser Kreisbögen. Der gesuchte Punkt N muss ebenso auf beiden Kreisbögen liegen, ist also der andere Schnittpunkt dieser Kreisbögen, sollten zwei existieren. Es ist aber möglich, dass sich die Kreisbögen nur in *einem* Punkt schneiden (s. ◘ Abb. 1.28 rechts oben). Ein Sonderfall tritt ein, wenn beide Kreise sich berühren, was nur passiert, wenn der Winkel AMB genau $\alpha + \beta$ beträgt. N und M müssen dann identische Punkte sein. Weil das beim praktischen Messen nicht vorkommt, muss ein Fehler unterlaufen sein. Er wurde auf diese Weise aufgedeckt.

Den Kreis durch A, M, B nennt man den *gefährlichen Kreis* [4, S. 88]. Liegt auch N auf diesem Kreis, so sind beide zu schneidenden Kreise identisch mit dem gefährlichen Kreis (s. ◘ Abb. 1.28 rechts unten). Der Schnittpunkt ist nicht bestimmbar. Ein solcher Fall kann praktisch vorkommen, muss also sorgsam vermieden werden.

> **Hinweis 1.18**
> Liegt N in der Nähe des gefährlichen Kreises, d. h. liegen die Punkte A, M, B, N fast auf einem Kreis, ist der Schnittpunkt der Kreisbögen durch A, N, M und M, N, B schlecht definiert. Es kommt zu einer Verstärkung von Messabweichungen und Rundungsfehlern (s. ▶ Kap. 5). Die Probe wird meist schlecht erfüllt sein.

Es gibt mehrere Berechnungsmethoden für den Rückwärtsschnitt. Hier geben wir nur die folgenden beiden an, eine weitere ist in [3] angegeben:

Berechnung nach Cassini (nach Giovanni Domenico Cassini, 1625–1712, s. ◘ Abb. 1.29) [4, S. 88]:
1. Es werden zwei Hilfspunkte C und D berechnet, die auf den zu schneidenden Kreisen dem Punkt M jeweils diametral gegenüber liegen:

$$x_C = x_A - (y_M - y_A) \cdot \cot\alpha, \quad x_D = x_B - (y_B - y_M) \cdot \cot\beta$$
$$y_C = y_A + (x_M - x_A) \cdot \cot\alpha, \quad y_D = y_B + (x_B - x_M) \cdot \cot\beta \tag{1.34}$$

Im Sonderfall $\alpha = 0$ oder $\beta = 0$ kann kein Kotangens berechnet werden. Dieser Sonderfall ist aber trivial berechenbar und auf einen Vorwärtsschnitt zurückzuführen.
2. Aus diesen Koordinaten wird der Richtungswinkel t_{CD} berechnet.
3. Nach dem Satz des Thales [1, S. 144], [9, S. 37] sind die Winkel CNM und MND rechte Winkel. Deshalb liegen C, N und D auf einer Geraden, und MN steht senkrecht auf

◘ **Abb. 1.29** Rückwärtsschnitt
mit Berechnung nach Cassini

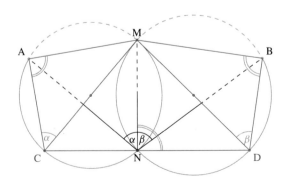

CD. Somit erhält man N mittels Vorwärtsschnitt (1.31) von C und M aus mit den Richtungswinkeln t_{CD} und $t_{CD} \pm 100\,\mathrm{gon}$. Beachten Sie: $\tan(t_{CD} \pm 100\,\mathrm{gon}) = -\cot t_{CD}$.

$$x_N = x_C + \frac{(y_M - y_C) + (x_M - x_C) \cdot \cot t_{CD}}{\tan t_{CD} + \cot t_{CD}}$$

$$y_N = y_C + (x_N - x_C) \cdot \tan t_{CD} \qquad (1.35)$$

4. **Probe:** Der Vorwärtsschnitt kann von D und M wiederholt werden. Hierbei überprüft man allerdings nicht die Punkte C und D. Deshalb ist folgende Probe wichtiger:
5. **Probe:** Man berechnet die Richtungswinkel t_{NA}, t_{NM} und t_{NB} aus Koordinaten und daraus dreimal den Orientierungswinkel o_N des Richtungssatzes auf N. Alle drei Ergebnisse müssen gleich sein, d. h. der Stationsabriss (1.2) erzeugt keinen Widerspruch:

$$o_N = t_{NA} - r_{NA} = t_{NM} - r_{NM} = t_{NB} - r_{NB} \qquad (1.36)$$

Im Sonderfall „Winkel AMB = $\alpha + \beta$" wird N identisch mit M erhalten.

> **Hinweis 1.19**
> Im Fall, dass kein Schnitt existiert (s. ◘ Abb. 1.28 rechts oben), ist formal trotzdem ein Punkt N berechenbar. Die letzte Probe stimmt allerdings nicht! Sie ist deshalb unverzichtbar, um diesen Fall auszuschließen.

Berechnung nach Collins (nach John Collins, 1625–1683, s. ◘ Abb. 1.30) [10, S. 233f]: Diesmal wird ein Kreis durch A, B, N betrachtet. Auf diesem Kreis wird ein Hilfspunkt H konstruiert, der auf der Geraden MN liegt. Beachten Sie, dass die Winkel HAB und ABH Peripheriewinkel dieses Kreises über den Sehnen HB und AH sind und daher die Größen α und β haben.

1. Aus den Koordinaten von A und B wird der Richtungswinkel t_{AB} berechnet.
2. Die Richtungswinkel $t_{AH} = t_{AB} - \beta$ und $t_{BH} = t_{AB} \pm 200\,\mathrm{gon} + \alpha$ werden erhalten.
3. Der Punkt H wird damit durch Vorwärtsschnitt von A und B aus berechnet.
4. Aus den Koordinaten von H und M wird der Richtungswinkel t_{HM} berechnet und daraus t_{MN} erhalten, z. B. $t_{MN} = t_{HM} \pm 200\,\mathrm{gon}$, wenn H anders als in ◘ Abb. 1.30 zwischen M und N liegt. Man muss aber auf den Quadranten nicht achten.

◘ **Abb. 1.30** Rückwärtsschnitt mit Berechnung nach Collins

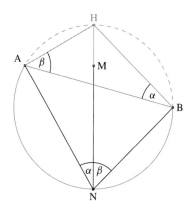

1

5. Wir erhalten den Richtungswinkel $t_{AN} = t_{MN} - \alpha$.
6. N kann nun mittels Vorwärtsschnitt von A und M berechnet werden.
7. **Probe:** Mit $t_{BN} = t_{MN} + \beta$ kann ein weiterer Vorwärtsschnitt über B und M berechnet werden. Hierbei überprüft man allerdings nicht den Punkt H. Deshalb ist folgende Probe wichtiger:
8. **Probe:** Alternativ oder zusätzlich sollte die Stationsabriss-Probe wie bei Cassini berechnet werden.

Auch hier sind wieder entsprechende Sonderfälle zu beachten.

⊕ Aufgabe 1.24

Überlegen Sie, was passiert, wenn Sie versuchen, die Berechnung (a) nach Cassini und (b) nach Collins auf den Fall anzuwenden, dass N auf dem gefährlichen Kreis liegt. Überlegen Sie, was passiert, wenn Sie versuchen, die Berechnung (c) nach Collins auf den Fall $\alpha = 0$ oder $\beta = 0$ anzuwenden.

▶ **Beispiel 1.22**

Auf Punkt P wurde folgender Richtungssatz zu drei gegebenen Punkten A, M, B gemessen:

Standpunkt P	r in gon	Punkt	x in m	y in m
Zielpunkt A	0,000	A	193,40	209,13
Zielpunkt M	116,895	M	639,27	420,68
Zielpunkt B	284,622	B	198,38	578,47
Zielpunkt N	345,073			

Die Koordinaten von P sollen berechnet werden. (N wird erst in Aufgabe 1.25 benötigt.) ◀

▶ **Lösung nach Cassini**

Zunächst erhalten wir $\alpha = 116,895\,\text{gon}$ und $\beta = 284,622\,\text{gon} - 116,895\,\text{gon} = 167,727\,\text{gon}$. Für die Hilfspunkte C und D erhalten wir aus (1.34)

$$x_C = 193,40\,\text{m} - (420,68\,\text{m} - 209,13\,\text{m}) \cdot \cot(116,895\,\text{gon}) = 250,899\,\text{m}$$

$$y_C = 209,13\,\text{m} + (639,27\,\text{m} - 193,40\,\text{m}) \cdot \cot(116,895\,\text{gon}) = 87,944\,\text{m}$$

$$x_D = 198,38\,\text{m} - (578,47\,\text{m} - 420,68\,\text{m}) \cdot \cot(167,727\,\text{gon}) = 482,506\,\text{m}$$

$$y_D = 578,47\,\text{m} + (198,38\,\text{m} - 639,27\,\text{m}) \cdot \cot(167,727\,\text{gon}) = 1372,363\,\text{m}$$

Der Richtungswinkel der Schnittgerade CD ergibt sich daraus zu $t_{CD} = 88,642\,\text{gon}$. Mit (1.31) erhalten wir aus (1.35)

$$x_P = 250,899\,\text{m}$$
$$+ \frac{(420,68\,\text{m} - 87,944\,\text{m}) + (639,27\,\text{m} - 250,899\,\text{m}) \cdot \cot(88,642\,\text{gon})}{\tan(88,642\,\text{gon}) + \cot(88,642\,\text{gon})}$$

$$= 321,239\,\text{m}$$

$$y_P = 87,944\,\text{m} + (321,239\,\text{m} - 250,899\,\text{m}) \cdot \tan(88,642\,\text{gon}) = \underline{478,028\,\text{m}} ◀$$

> ► **Probe**

Aus Koordinaten erhalten wir die Richtungswinkel

$$t_{PA} = 271{,}747\,\text{gon}; \quad t_{PM} = 388{,}642\,\text{gon}; \quad t_{PB} = 156{,}369\,\text{gon}$$

und schließlich mittels Stationsabriss (1.36) dreimal den Orientierungswinkel o_P:

$$t_{PA} - r_{PA} = 271{,}747\,\text{gon}; \quad t_{PM} - r_{PM} = 271{,}748\,\text{gon}\,\checkmark; \quad t_{PB} - r_{PB} = 271{,}747\,\text{gon}\,\checkmark$$

> ► http://sn.pub/RoxNR5 ◄

❶ Aufgabe 1.25

Zusätzlich zu den gegebenen und gemessenen Größen aus Beispiel 1.22 wurden auf den Punkten Q und R folgende Richtungssätze gemessen:

Standpunkt Q	r in gon	Standpunkt R	r in gon
Zielpunkt A	0,000	Zielpunkt A	0,000
Zielpunkt M	128,858	Zielpunkt M	176,572
Zielpunkt B	287,719	Zielpunkt B	284,240
Zielpunkt N	342,420	Zielpunkt N	325,764

Berechnen Sie die Koordinaten von N.
> ► http://sn.pub/mnxDhn

Abschließend sind die ebenen geodätischen Schnitte in ◘ Tab. 1.6 zusammengefasst.

◘ **Tab. 1.6** Ebene geodätische Schnitte (Die Zahlen in Klammern gelten nur in Sonderfällen.)

Schnitt	Bekannte Punkte	Messwerte (N = Neupunkt)	Anzahl möglicher Lösungen
Bogenschnitt	A, B	e_{AN}, e_{BN}	0, (1), 2
Vorwärtsschnitt			
mit Richtungswinkeln	A, B	t_{AN}, t_{BN}	0, 1, (∞)
mit Gegensicht	A, B	$r_{AN}, r_{AB}, r_{BN}, r_{BA}$	0, 1, (∞)
Geradenschnitt	A, B, C, D	Keine	(0), 1, (∞)
Schnitt Strahl-Kreis	A, M	e_{NM}, r_{AN}, r_{AM}	0, 1, 2
Schnitt Gerade-Kreis	A, M, B	e_{NM}	0, (1), 2
Rückwärtsschnitt	A, M, B	r_{NA}, r_{NM}, r_{NB}	0, 1, (∞)

1

◘ Abb. 1.31 Rechteck durch fünf Punkte

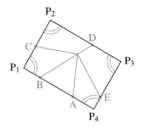

1.5.7 Anwendung: Rechteck durch fünf Punkte

Auf dem Rand eines Objektes mit rechteckigem Grundriss wurden fünf beliebige Punkte gemessen: auf einer Seite zwei Punkte A und B und auf den anderen Seiten je ein Punkt C, D und E (s. ◘ Abb. 1.31). Die Koordinaten der Eckpunkte P_1, P_2, P_3, P_4 sollen berechnet werden. Es gibt zunächst zwei Berechnungsvarianten, eine dritte wird in ▶ Abschn. 1.6.7 vorgestellt:

Berechnung über vier Vorwärtsschnitte:

1. Aus den Koordinaten von A und B wird der Richtungswinkel t_{AB} berechnet.
2. Eckpunkt P_1 wird durch Vorwärtsschnitt von A oder B mit t_{AB} und von C mit $t_{AB} \pm 100$ gon berechnet (ob Plus oder Minus spielt wieder keine Rolle).
3. Eckpunkt P_2 wird durch Vorwärtsschnitt von C mit $t_{AB} \pm 100$ gon und von D mit t_{AB} berechnet.
4. Eckpunkt P_3 wird entsprechend durch Vorwärtsschnitt von D und E berechnet.
5. Eckpunkt P_4 wird entsprechend durch Vorwärtsschnitt von E und A oder B berechnet.

Berechnung über vier Rückwärtsschnitte:

1. Eckpunkt P_1 wird durch Rückwärtsschnitt über A, B und C berechnet. Die Richtungen nach A und B wählt man gleich groß, z. B. 100 gon, und nach C um 100 gon kleiner oder größer, je nachdem, ob A, B, C, D, E das Rechteck im Uhrzeigersinn durchlaufen (s. ◘ Abb. 1.31), oder entgegengesetzt.
2. Eckpunkt P_2 wird entsprechend durch Rückwärtsschnitt über P_1, C und D berechnet.
3. Eckpunkt P_3 wird entsprechend durch Rückwärtsschnitt über P_2, D und E berechnet.
4. Eckpunkt P_4 wird entsprechend durch Rückwärtsschnitt über P_3, E und A oder B berechnet.

In diesem speziellen Fall wird für die Winkel der vier Rückwärtsschnitte $\alpha = 0$ oder $\beta = 0$ erhalten. Folglich kann nach Cassini in (1.34) jeweils kein Kotangens berechnet werden, so dass die Betrachtung des Sonderfalls letztlich wieder auf einen Vorwärtsschnitt führt. (Nach Collins s. Aufgabe 1.24.)

▶ **Probe**

Aus den endgültigen Koordinaten der Eckpunkte berechnet man die Richtungswinkel aller vier Seiten. Diese müssen t_{AB} und $t_{AB} \pm 100$ gon betragen. Eine etwas aufwändigere Probe wäre die Berechnung des gesamten Polygons $ABP_1CP_2DP_3EP_4$. Wenn der Flächeninhalt nach (1.12) oder einer gleichwertigen Formel mit dem Produkt der Rechteckseiten übereinstimmt, kann ein Irrtum als ausgeschlossen gelten. ◀

⊕ Aufgabe 1.26

Gegeben sind Koordinaten von Punkten A, B, C, D, E:

Punkt	x in m	y in m
A	15,48	1,12
B	24,47	3,12
C	25,30	5,94
D	20,07	8,52
E	14,13	2,77

Berechnen Sie die Eckpunkte des Rechtecks durch diese Punkte entsprechend ◘ Abb. 1.31.

► http://sn.pub/I7hzxQ

1.6 Ebene Koordinatentransformationen

Ebene Koordinatentransformationen (im Folgenden kurz: Transformationen) sind eindeutige Abbildungen von Punkten P(x, y) im kartesischen (x, y)-System, welches *Quellsystem* oder manchmal auch *Startsystem* heißt, auf Punkte P(X, Y) im kartesischen (X, Y)-System, dem sogenannten *Zielsystem*. Die Abbildung wird durch *Transformationsgleichungen* der Form

$$X = \phi_X(x, y \,|\, p_1, p_2, \ldots, p_n)$$
$$Y = \phi_Y(x, y \,|\, p_1, p_2, \ldots, p_n)$$

vermittelt und durch *Transformationsparameter* $p_1, p_2, \ldots, p_n$ bestimmt. Zu einer Transformation (x, y) → (X, Y) gehört meist eine Rückwärtstransformation (X, Y) → (x, y), die die inverse Abbildung vermittelt. Die Transformationsgleichungen der Rückwärtstransformation gewinnt man aus denen der Vorwärtstransformation durch Auflösen nach (x, y), wenn das möglich ist, und neuem Zusammenfassen. Wir betrachten in diesem Kapitel nur linkshändige Systeme (Linkssysteme, s. ◘ Abb. 1.32, ► Abschn. 1.2.1).

Oft gibt es Punkte, die bekannte Koordinaten x, y, X, Y in beiden Systemen besitzen. Sie werden *identische Punkte*, manchmal auch *homologe Punkte* oder *Passpunkte*

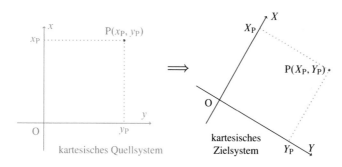

◘ **Abb. 1.32** Ebene Koordinatentransformationen zwischen zwei Linkssystemen

1

genannt. Mit Hilfe dieser Punkte ist es oft möglich, die unbekannten Transformations-parameter $p_1, p_2, \ldots, p_n$ zu bestimmen.

Im ▶ Abschn. 2.4 werden räumliche Koordinatentransformationen behandelt, wo-bei wir dann zur Matrix-Vektor-Schreibweise übergehen und auch Rechtssysteme und Spiegelungen einbeziehen. Im ▶ Abschn. 7.7.4 werden Probleme der Ausgleichung im Zusammenhang mit Transformationen behandelt.

1.6.1 **Elementare ebene Transformationsschritte**

Eine Transformation $P(x, y) \rightarrow P(Y, X)$ kann man sich meist als Hintereinanderaus-führung verschiedener elementarer Transformationsschritte vorstellen. Wir betrachten folgende Schritte (s. ◘ Abb. 1.33):

Translation (Verschiebung): Dieser Transformationsschritt wird durch zwei Trans-lationsparameter X_0, Y_0 bestimmt. Die Transformationsgleichungen lauten

$$X = X_0 + x$$
$$Y = Y_0 + y \tag{1.37}$$

Die Kongruenz von Original- und Bildfiguren bleibt bei dieser Transformation gewahrt. Die Parameter X_0, Y_0 sind die Koordinaten des Quellsystemursprungs im Zielsystem (◘ Abb. 1.34). Die Parameter können aus einem identischen Punkt P wie folgt berech-

◘ **Abb. 1.33** Original und Bilder nach verschiedenen Transforma-tionsschritten

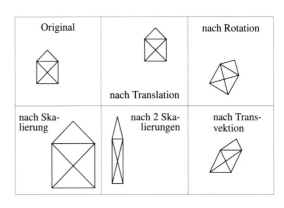

◘ **Abb. 1.34** Translation (Ver-schiebung)

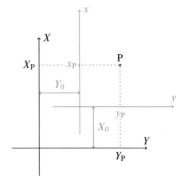

net werden:

$$X_0 = X_P - x_P$$
$$Y_0 = Y_P - y_P$$

Der zugehörige Rückwärtstransformationsschritt $(X, Y) \rightarrow (x, y)$ ist ebenso eine Translation, die zugehörigen Parameter sind $-X_0$ und $-Y_0$.

Rotation (Drehung) um den Koordinatenursprung O(0,0) [4, S. 99]: Dieser Transformationsschritt wird durch einen Rotationsparameter (Drehwinkel) ε bestimmt. Die Transformationsgleichungen lauten

$$X = x \cdot \cos \varepsilon - y \cdot \sin \varepsilon$$
$$Y = x \cdot \sin \varepsilon + y \cdot \cos \varepsilon \tag{1.38}$$

Die Kongruenz von Original- und Bildfiguren bleibt bei dieser Transformation gewahrt. Der Drehwinkel ε ist hier im Sinne von ◨ Abb. 1.35 definiert. Einige Autoren und Softwareentwickler definieren ε aber entgegengesetzt. Dann sind in (1.38) die Vorzeichen vor den Sinustermen gerade vertauscht.

Der Parameter ε kann aus einem identischen Punkt P $\neq$ O berechnet werden:

$$\varepsilon = T_{OP} - t_{OP} = \arctan \frac{Y_P - Y_O}{X_P - X_O} - \arctan \frac{y_P - y_O}{x_P - x_O} \tag{1.39}$$

t_{OP} und T_{OP} sind die Richtungswinkel von OP im Quell- und Zielsystem. Der zugehörige Rückwärtstransformationsschritt $(X, Y) \rightarrow (x, y)$ ist ebenso eine Rotation um den Koordinatenursprung (0,0), der zugehörige Parameter ist $-\varepsilon$.

❶ Aufgabe 1.27

Überzeugen Sie sich, dass die Transformationsgleichungen (1.38) tatsächlich die gewünschte Drehung ausführen.

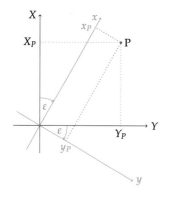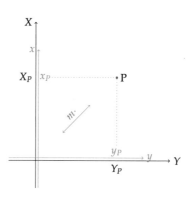

◨ **Abb. 1.35** Links: Rotation (Drehung); Rechts: Skalierung (Maßstabsänderung)

1

Die Transformationsgleichungen (1.38) vereinfachen sich etwas, wenn ε ein sehr kleiner Winkel ist, weil dann $\sin \varepsilon \approx \varepsilon/\rho$ und $\cos \varepsilon \approx 1$ gesetzt werden kann. ρ ist der Radiant (s. Definition 1.1). So erhält man:

$$X \approx x - y \cdot \varepsilon/\rho$$
$$Y \approx x \cdot \varepsilon/\rho + y \qquad\qquad (1.40)$$

Skalierung (Maßstabsänderung) bezüglich des Koordinatenursprungs: Dieser Transformationsschritt wird durch einen Skalenparameter (Maßstabsfaktor) $m > 0$ bestimmt. Die Transformationsgleichungen lauten

$$X = m \cdot x$$
$$Y = m \cdot y \qquad\qquad (1.41)$$

Der Koordinatenursprung O bleibt fest. Die Kongruenz von Original- und Bildfiguren geht bei dieser Transformation verloren, aber die geometrische Ähnlichkeit bleibt gewahrt. Insbesondere bleiben alle Winkel erhalten und Kreise bleiben Kreise. Der Parameter m kann aus einem identischen Punkt P $\neq$ O berechnet werden:

$$m = X_P/x_P \quad \text{oder} \quad m = Y_P/y_P$$

Der zugehörige Rückwärtstransformationsschritt $(X, Y) \to (x, y)$ ist ebenso eine Skalierung bezüglich des Koordinatenursprungs, der zugehörige Parameter ist $1/m$.

Zwei Skalierungen (Maßstabsänderungen) bezüglich des Koordinatenursprungs: Dieser Transformationsschritt wird durch zwei Skalenparameter (Maßstabsfaktoren) $m_1 > 0$ und $m_2 > 0$ bestimmt. Die Transformationsgleichungen lauten

$$X = m_1 \cdot x$$
$$Y = m_2 \cdot y \qquad\qquad (1.42)$$

Der Koordinatenursprung O bleibt fest. Kongruenz und Ähnlichkeit von Original- und Bildfiguren gehen bei dieser Transformation in der Regel verloren, aber parallele Geraden bleiben parallel. Kreise werden zu Ellipsen deformiert. Die Parameter können als getrennte Maßstäbe der Achsen interpretiert werden (m_1 = Maßstabsfaktor der x-Achse, m_2 = Maßstabsfaktor der y-Achse). Die Parameter können aus einem identischen Punkt P berechnet werden, der nicht auf einer Achse des Quellsystems liegen darf:

$$m_1 = X_P/x_P \quad \text{und} \quad m_2 = Y_P/y_P$$

Der zugehörige Rückwärtstransformationsschritt $(X, Y) \to (x, y)$ ist ebenso eine zweifache Skalierung bezüglich des Koordinatenursprungs, die zugehörigen Parameter sind $1/m_1$ und $1/m_2$.

Transvektion (Scherung) bezüglich der X-Achse: Die Transvektion (Scherung) ist eine affine Abbildung der Ebene, bei der der Inhalt von geometrischen Flächen erhalten bleibt, Winkel sich jedoch ändern. Der Koordinatenursprung bleibt fest. Dieser Transformationsschritt wird durch einen Transvektionswinkel (Scherwinkel) τ oder einen Transvektionsparameter (Scherparameter) f bestimmt (s. ◼ Abb. 1.36). Die Transformations-

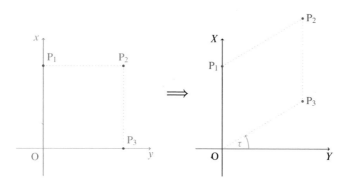

□ **Abb. 1.36** Transvektion (Scherung)

gleichungen lauten

$$X = x + y \cdot \tan \tau = x + y \cdot f$$
$$Y = y \tag{1.43}$$

Rechtecke werden zu Parallelogrammen und Kreise zu Ellipsen deformiert.

Der Scherwinkel τ kann genauso wie der Drehwinkel ε entgegengesetzt definiert werden. Dann ändert sich das Vorzeichen in (1.43). Hat man einen identischen Punkt P mit $y_P \neq 0$, so können die Parameter f oder τ wie folgt berechnet werden:

$$f = \tan \tau = \frac{X_P - x_p}{y_p}$$

Der zugehörige Rückwärtstransformationsschritt $(X, Y) \rightarrow (x, y)$ ist ebenso eine Transvektion bezüglich der X-Achse, der zugehörige Parameter ist $-f$ bzw. $-\tau$.

▶ **Hinweis 1.20**

Man könnte den Eindruck haben, als sei ein weiterer elementarer Transformationsschritt eine Transvektion bezüglich der Y-Achse, so dass die Transformationsgleichungen lauten würden:

$$X = x$$
$$Y = y + x \cdot \tan \tau' = y + x \cdot f'$$

Ein solcher Transformationsschritt wäre aber nicht elementar, denn er kann in eine Transvektion bezüglich der X-Achse (1.43), danach zwei Skalierungen (1.42) und schließlich eine Rotation (1.38) zerlegt werden. Man setzt dazu die Parameter wie folgt an:

$$f := \frac{f'}{1 + f'^2}; \quad m_1 := \sqrt{1 + f'^2}; \quad m_2 := \frac{1}{\sqrt{1 + f'^2}}; \quad \varepsilon := \arccos \frac{1}{\sqrt{1 + f'^2}}$$

Elementare Transformationsschritte, deren Eigenschaften in □ Tab. 1.7 zusammengefasst sind, sind selten für sich allein ausreichend, um Beziehungen zwischen Referenzsystemen zu beschreiben. Häufiger werden sie zu komplexeren Transformationen zusammengesetzt. Diese werden in den folgenden Unterabschnitten beschrieben.

1

□ **Tab. 1.7** Eigenschaften der elementaren Transformationsschritte

Schritt	Parameter	Was bleibt erhalten	Rücktransformation
Translation	X_0, Y_0	Kongruenz	$-X_0, -Y_0$
Rotation	ε	Kongruenz	$-\varepsilon$
Eine Skalierung	m	Ähnlichkeit	$1/m$
Zwei Skalierungen	m_1, m_2	Parallelität	$1/m_1, 1/m_2$
Transvektion	f oder τ	Parallelität, Flächeninhalt	$-f$ oder $-\tau$

1.6.2 Rotation und Translation (Drei-Parameter-Transformation)

Die Hintereinanderausführung von Rotation und Translation wird durch einen Rotationsparameter und zwei Translationsparameter bestimmt. Die Transformationsgleichungen können mit den Parametern (ε, X_0, Y_0) lauten:

$$X = X_0 + x \cdot \cos \varepsilon - y \cdot \sin \varepsilon$$
$$Y = Y_0 + x \cdot \sin \varepsilon + y \cdot \cos \varepsilon \tag{1.44}$$

Nach diesen Gleichungen wird auf $P(x, y)$ zuerst die Rotation und dann die Translation angewendet. Wenn man umgekehrt vorgeht, gelangt man mit den Parametern (x_0, y_0, ε) zu folgenden Transformationsgleichungen:

$$X = (x_0 + x) \cdot \cos \varepsilon - (y_0 + y) \cdot \sin \varepsilon$$
$$Y = (x_0 + x) \cdot \sin \varepsilon + (y_0 + y) \cdot \cos \varepsilon \tag{1.45}$$

Beide Transformationsgleichungssysteme beschreiben dieselbe Transformation, allerdings mit unterschiedlichen Translationsparametern. Man bezeichnet das als *alternative Parametrisierung* dieser Transformation. Der Drehwinkel ε ist derselbe in beiden Parametrisierungen. Die anderen Parameter können leicht ineinander umgerechnet werden:

$$X_0 = x_0 \cdot \cos \varepsilon - y_0 \cdot \sin \varepsilon, \quad Y_0 = x_0 \cdot \sin \varepsilon + y_0 \cdot \cos \varepsilon \tag{1.46}$$
$$x_0 = Y_0 \cdot \sin \varepsilon + X_0 \cdot \cos \varepsilon, \quad y_0 = Y_0 \cdot \cos \varepsilon - X_0 \cdot \sin \varepsilon \tag{1.47}$$

(X_0, Y_0) sind die Koordinaten des Quellsystemursprungs im Zielsystem. $(-x_0, -y_0)$ sind die Koordinaten des Quellsystempunktes, der in den Ursprung des Zielsystems transformiert wird.

> ❯ **Hinweis 1.21**
> Wenn Sie Translationsparameter einer solchen Transformation mitteilen oder mitgeteilt bekommen, muss klar hervorgehen, ob dies die Parametern X_0, Y_0 oder x_0, y_0 sind. Der erste Fall ist der Übliche.

▶ **Beispiel 1.23**

Die Punkte A, B, C aus Aufgabe 1.4 sollen durch Rotation und Translation in ein Koordinatensystem überführt werden, dessen Ursprung in A liegt und dessen positive Abszisse durch B verläuft. ◄

▶ **Lösung**

Günstig ist hier die Variante „Translation vor Rotation" (1.45). Wir berechnen die Transformationsparameter x_0, y_0, ε. A soll in den Zielsystemursprung transformiert werden, das heißt

$$x_0 = -x_A = \underline{-337{,}45\,\mathrm{m}}$$
$$y_0 = -y_A = \underline{-432{,}29\,\mathrm{m}}$$

Der Richtungswinkel t_{AB} im Quellsystem beträgt 139,805 gon (s. Lösung zu Aufgabe 1.4). Damit ergibt sich der Rotationsparameter entsprechend (1.39) zu

$$\varepsilon = T_{AB} - t_{AB} = 400\,\mathrm{gon} - 139{,}805\,\mathrm{gon} = \underline{260{,}195\,\mathrm{gon}}$$

t_{AB} und T_{AB} sind die Richtungswinkel von AB im Quell- und Zielsystem. Die Transformationsgleichungen (1.45) lauten somit

$$X = (x - 337{,}45\,\mathrm{m}) \cdot \cos(260{,}195\,\mathrm{gon}) - (y - 432{,}29\,\mathrm{m}) \cdot \sin(260{,}195\,\mathrm{gon})$$
$$Y = (x - 337{,}45\,\mathrm{m}) \cdot \sin(260{,}195\,\mathrm{gon}) + (y - 432{,}29\,\mathrm{m}) \cdot \cos(260{,}195\,\mathrm{gon})$$

Wenn wir lieber die Parameter (ε, X_0, Y_0) verwenden, so erhalten wir aus (1.46)

$$X_0 = -337{,}45\,\mathrm{m} \cdot \cos(260{,}195\,\mathrm{gon}) - (-432{,}29\,\mathrm{m}) \cdot \sin(260{,}195\,\mathrm{gon})$$
$$= \underline{-152{,}996\,\mathrm{m}}$$
$$Y_0 = -337{,}45\,\mathrm{m} \cdot \sin(260{,}195\,\mathrm{gon}) + (-432{,}29\,\mathrm{m}) \cdot \cos(260{,}195\,\mathrm{gon})$$
$$= \underline{526{,}630\,\mathrm{m}}$$

Nun wenden wir ein Variante der Transformationsgleichungen auf die Punkte A, B, C an. Diese bekommen dadurch im Zielsystem folgende auf zwei Nachkommastellen gerundete Koordinaten:

Punkt	A	B	C
X in m	0,00	203,94	160,41
Y in m	0,00	0,00	−157,89

◄

▶ **Probe**

Da das Dreieck ABC kongruent bleibt, müssen seine Seiten AB, BC, CA nach der Transformation dieselbe Länge haben. Das ist die *Spannmaßprobe*. AB = 203,94 m erkennen wir sofort, die anderen Seiten berechnen wir aus Zielsystemkoordinaten zu BC = 163,78 m ✓ und CA = 225,08 m ✓ (s. Aufgabe 1.4).

▶ http://sn.pub/3EaMj9 ◄

1

❗ **Aufgabe 1.28**

Lösen Sie die Aufgabe 1.4 (b) mit Hilfe einer Transformation.

▶ http://sn.pub/cdEZdY

Die Transformationsgleichungen vereinfachen sich genau wie in (1.40) etwas, wenn ε ein sehr kleiner Winkel ist, so dass man aus (1.44) erhält:

$$\begin{aligned} X &\approx X_0 + x - y \cdot \varepsilon/\rho \\ Y &\approx Y_0 + x \cdot \varepsilon/\rho + y \end{aligned} \tag{1.48}$$

1.6.3 Rotation, Skalierung und Translation

Die Hintereinanderausführung von Rotation, einheitlicher Skalierung und Translation ist die allgemeinste Transformation, welche die Ähnlichkeit von Original und Bildfiguren wahrt. Man nennt sie deshalb auch *Ähnlichkeitstransformation*. Sie wird durch zwei Translations-, einen Skalen- und einen Rotationsparameter bestimmt. Die Transformationsgleichungen können mit den Parametern $(\varepsilon, m, X_0, Y_0)$ lauten:

$$\begin{aligned} X &= X_0 + m \cdot (x \cdot \cos \varepsilon - y \cdot \sin \varepsilon) \\ Y &= Y_0 + m \cdot (x \cdot \sin \varepsilon + y \cdot \cos \varepsilon) \end{aligned} \tag{1.49}$$

Nach diesen Gleichungen wird auf $P(x, y)$ zuerst die Rotation, dann die Skalierung und schließlich die Translation angewendet. Eine alternative Parametrisierung ist (a, o, X_0, Y_0) mit der Umrechnung

$$a = m \cdot \cos \varepsilon, \quad o = m \cdot \sin \varepsilon \tag{1.50}$$

$$m = \sqrt{a^2 + o^2}, \quad \varepsilon = \arctan \frac{o}{a} \tag{1.51}$$

so dass die Transformationsgleichungen die Form [4, S. 100]

$$\begin{aligned} X &= X_0 + x \cdot a - y \cdot o \\ Y &= Y_0 + x \cdot o + y \cdot a \end{aligned} \tag{1.52}$$

annehmen. Beim Arkustangens ist die Quadrantenregel zu beachten. Der Vorteil von (1.52) gegenüber (1.49) ist, dass die Bestimmung der Parameter (a, o, X_0, Y_0) aus Koordinaten von identischen Punkten auf ein *lineares* Gleichungssystem führt (s. ▶ Abschn. 1.6.4, 1.6.8).

> ❯ **Hinweis 1.22**
>
> Die Anzahl der bedeutsamen Ziffern bei der Angabe und Verwendung von a, o, ε, m muss etwa der der Koordinaten entsprechen. Dabei ist unmaßgeblich, wo bei den einzelnen Werten das Komma steht. Noch besser sollte man für Zwischenergebnisse mindestens eine Ziffer mehr verwenden. Ist wie oft in der Geodäsie $m \approx 1$, dann haben m, a, o keine bedeutsamen Ziffern vor dem Komma (höchstens m die „1") und müssen umso mehr Ziffern nach dem Komma haben.

Auch hier kann die Reihenfolge der elementaren Transformationsschritte geändert werden, wobei sich die Zahlenwerte einiger Parameter ändern, die mathematische Beziehung zwischen den Referenzsystemen aber gleich bleibt.

Die Rückwärtstransformation zu (1.52) ist ebenso eine Ähnlichkeitstransformation mit den Parameter A, O, x_0, y_0 und den Transformationsgleichungen

$$x = x_0 + X \cdot A - Y \cdot O$$
$$y = y_0 + X \cdot O + Y \cdot A \tag{1.53}$$

Man findet zwischen (a, o, X_0, Y_0) und (A, O, x_0, y_0) die Beziehung

$$A = \frac{a}{a^2 + o^2} \qquad x_0 = -X_0 \cdot A + Y_0 \cdot O$$

$$O = -\frac{o}{a^2 + o^2} \qquad y_0 = -X_0 \cdot O - Y_0 \cdot A \tag{1.54}$$

⊕ **Aufgabe 1.29**

Finden Sie die Parameter der Rückwärtstransformation zu den Transformationsparametern

$$\varepsilon = 16,10 \, \text{gon}; \quad m = 1,001\,711; \quad X_0 = 23,06; \quad Y_0 = 14,02$$

Transformieren Sie damit einen selbst gewählten Punkt vorwärts und rückwärts.

1.6.4 Ähnlichkeitstransformation mit zwei identischen Punkten

Die folgende Aufgabe gehört zu den Standardaufgaben der Geodäsie:

Gegeben sind zwei identische Punkte A, E mit Koordinaten in zwei Systemen (x, y) und (X, Y) sowie eine Reihe von Neupunkten $N_1, N_2, N_3, \ldots$, die nur Koordinaten im (x, y)-System besitzen. Diese sollen in das (X, Y)-System transformiert werden. Die passende Transformation soll hier die Ähnlichkeitstransformation sein.

▶ **Hinweis 1.23**

Wenn die Systeme (x, y) und (X, Y) identische Maßstäbe aufweisen oder die Maßstäbe als bekannt anzunehmen sind (z. B. in ▶ Abschn. 3.3.7), ist eine Transformation nach ▶ Abschn. 1.6.2 zu berechnen. Dies ist aber rechnerisch geringfügig schwieriger und wird deshalb manchmal unterlassen. Der Maßstabsfaktor der Ähnlichkeitstransformation müsste theoretisch $m = 1,000\,000$ betragen oder mit dem sonstigen bekannten Wert übereinstimmen. Der tatsächlich berechnete Maßstabsfaktor sollte nur geringfügig davon abweichen und dient in dem Fall zur Plausibilitätsüberprüfung der gegebenen Koordinaten (keine reine Rechenprobe).

Zur Berechnung der Transformationsparameter gibt es zwei Möglichkeiten:

Berechnung über Richtungswinkel und Strecken [6, S. 223ff], [4, S. 101]:
1. Aus Koordinaten von A und E werden in beiden Systemen die Richtungswinkel t_{AE} und T_{AE} sowie die Strecken e_{AE} und E_{AE} bestimmt. (Großbuchstaben symbolisieren wie bisher Größen im Zielsystem.)
2. Daraus ergeben sich Rotations- und Skalenparameter:

$$\varepsilon = T_{AE} - t_{AE}, \quad m = E_{AE}/e_{AE} \tag{1.55}$$

3. **Plausibilitätsüberprüfung:** Haben beide Systeme etwa gleiche Maßstäbe, wird $m \approx 1$ überprüft. Manchmal kann auch $\varepsilon \approx 0$ plausibel sein und überprüft werden.
4. Bei Bedarf werden a und o mit (1.50) berechnet.
5. Die Translationsparameter ergeben sich durch Umstellen der Transformationsgleichungen (1.49) oder (1.52) für einen identischen Punkt, z. B. für A:

$$X_0 = X_A - m \cdot (x_A \cdot \cos \varepsilon - y_A \cdot \sin \varepsilon)$$
$$Y_0 = Y_A - m \cdot (x_A \cdot \sin \varepsilon + y_A \cdot \cos \varepsilon)$$

6. Nun werden sämtliche Punkte $A, E, N_1, N_2, N_3, \ldots$ mit diesen Parametern in das Zielsystem transformiert.
7. **Probe:** Die berechneten Zielsystemkoordinaten X_A, Y_A, X_E, Y_E müssen die gegebenen Werte annehmen. Außerdem kann man noch beliebige *Spannmaße* e_{N_i,N_j}, E_{N_i,N_j} im Quell- und Zielsystem berechnen und vergleichen (Spannmaßprobe). Daraus muss sich jeweils der berechnete Maßstabsfaktor m ergeben: $E_{N_i,N_j}/e_{N_i,N_j} = m$. Man nimmt hierfür am besten Punktpaare, deren Verbindungsgerade nicht nahezu parallel zu einer Koordinatenachse verläuft, andernfalls hat man für die andere Koordinate keine effektive Probe.

Berechnung über ein lineares Gleichungssystem:

1. Mit den unbekannten Parametern (a, o, X_0, Y_0) werden die Transformationsgleichungen (1.52) für die identischen Punkte aufgeschrieben:

$$X_A = X_0 + x_A \cdot a - y_A \cdot o$$
$$Y_A = Y_0 + x_A \cdot o + y_A \cdot a$$
$$X_E = X_0 + x_E \cdot a - y_E \cdot o$$
$$Y_E = Y_0 + x_E \cdot o + y_E \cdot a \qquad\qquad (1.56)$$

2. Dieses lineare Gleichungssystem wird nach (a, o, X_0, Y_0) aufgelöst.
3. Bei Bedarf werden m und ε mit (1.51) berechnet, z. B. für die
4. **Plausibilitätsüberprüfung:** Haben beide Systeme etwa gleiche Maßstäbe, wird $m \approx 1$ überprüft. Manchmal kann auch $\varepsilon \approx 0$ plausibel sein und überprüft werden.
5. Nun werden sämtliche Punkte $A, E, N_1, N_2, N_3, \ldots$ in das Zielsystem transformiert.
6. **Proben** sind wie oben auszuführen.

▶ **Beispiel 1.24**

Auf 2 Tachymeterstandpunkten P, Q wurden folgende Messwerte erhalten (s. ◼ Abb. 1.37):

Standpunkt P	r in gon	e in LE	Standpunkt Q	r in gon	e in m
Zielpunkt A	0,000	40,458	Zielpunkt A	0,000	45,293
Zielpunkt B	120,992	24,291	Zielpunkt B	73,402	52,297
Zielpunkt C	246,480	43,697	Zielpunkt D	321,884	16,103

Nur bei den Messungen auf Punkt Q wurde der Streckenmaßstabsfaktor korrekt eingestellt, so dass e auf dem Standpunkt P in einer Längeneinheit LE angegeben ist. Wir berechnen die Horizontalstrecke CD. ◀

◻ Abb. 1.37 zu Beispielen 1.24, 1.26, 1.27, 7.46, 7.47, 7.48

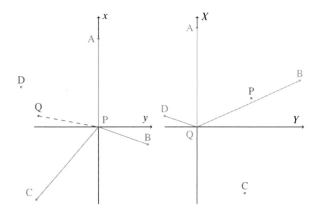

Auf beiden Standpunkten definieren wir je ein *Standpunktsystem*, das ist ein kartesisches Links-system mit Ursprung im Standpunkt und x-Achse sowie X-Achse jeweils in Richtung von *Teilkreisnull* $r = 0$. Auf P definieren wir das (x, y)-System und auf Q das (X, Y)-System. So erhalten wir mit (1.3), (1.4) folgende kartesische Koordinaten:

Punkt	x in LE	y in LE	X in m	Y in m
P	0,0000	0,0000		
Q			0,0000	0,0000
A	40,4580	0,0000	45,2930	0,0000
B	−7,8654	22,9823	21,2196	47,7986
C	−32,5588	−29,1437		
D			5,4271	−15,1609

Damit liegen zwei Systeme mit zwei identischen Punkten A und B vor, die sich in Koordi-natenursprung und Achsrichtungen unterscheiden. Wegen der Maßstabsabweichung sind die Systeme nur geometrisch ähnlich. Die passende Transformation ist hier die Ähnlichkeitstrans-formation.

Berechnung über Richtungswinkel und Strecken:

1. Aus Koordinaten von A und B bestimmen wir in beiden Systemen die Richtungswinkel $t_{AB} = 171,7384$ gon und $T_{AB} = 129,7020$ gon sowie die Strecken $e_{AB} = 53,5102$ LE und $E_{AB} = 53,5186$ m.

2. Aus (1.55) ergeben sich Rotations- und Skalenparameter:

$$\varepsilon = 129,7020 \, \text{gon} - 171,7384 \, \text{gon} = 357,9636 \, \text{gon}$$

$$m = 53,5186 \, \text{m}/53,5102 \, \text{LE} = 1,000\,157 \, \text{m/LE}$$

Hier beachten wir den Hinweis 1.22.

1

3. **Plausibilitätsüberprüfung:** Beide Systeme haben etwa gleichen Maßstab, d. h. $m \approx 1 \checkmark$.

4. a und o werden nicht unbedingt benötigt.

5. Die Translationsparameter ergeben sich z. B. aus

$$X_0 = 45{,}2930\,\text{m} - 1{,}000\,157\,\text{m/LE} \cdot (40{,}4580\,\text{LE} \cdot \cos(357{,}9636\,\text{gon})$$
$$- 0{,}0000\,\text{LE} \cdot \sin(357{,}963\,\text{gon})) = 13{,}3343\,\text{m}$$

$$Y_0 = 0{,}0000\,\text{m} - 1{,}000\,157\,\text{m/LE} \cdot (40{,}4580\,\text{LE} \cdot \sin(357{,}9636\,\text{gon})$$
$$+ 0{,}0000\,\text{LE} \cdot \cos(357{,}963\,\text{gon})) = 24{,}8195\,\text{m}$$

6. Nun transformieren wir die Punkte A, B, C in das (X, Y)-Zielsystem. Wir schreiben nur die Gleichungen für C auf:

$$X_C = 13{,}3343\,\text{m} + 1{,}000\,157\,\text{m/LE} \cdot (-32{,}5588\,\text{LE} \cdot \cos(357{,}9636\,\text{gon})$$
$$+ 29{,}1437\,\text{LE} \cdot \sin(357{,}9636\,\text{gon})) = -30{,}2632\,\text{m}$$

$$Y_C = 24{,}8195\,\text{m} + 1{,}000\,157\,\text{m/LE} \cdot (-32{,}5588\,\text{LE} \cdot \sin(357{,}9636\,\text{gon})$$
$$- 29{,}1437\,\text{LE} \cdot \cos(357{,}9636\,\text{gon})) = 21{,}7718\,\text{m}$$

7. **Probe:** Die berechneten Koordinaten X_A, Y_A, X_B, Y_B müssen mit den gegebenen Koordinaten übereinstimmen. Alles stellt sich als erfüllt heraus $\checkmark$. Zusätzlich erhalten wir das Spannmaß AC im (x, y)-System zu $e_{AC} = 78{,}618\,\text{LE}$ und im (X, Y)-System zu $E_{AC} = 78{,}631\,\text{m}$. Schließlich ergibt sich $m \cdot e_{AC} = 78{,}631\,\text{m} \checkmark$.

Berechnung über ein lineares Gleichungssystem:

1. Folgendes Gleichungssystem in Matrixschreibweise ist zu lösen:

$$\begin{pmatrix} 40{,}4580 & 0{,}0000 & 1 & 0 \\ 0{,}0000 & 40{,}4580 & 0 & 1 \\ -7{,}8655 & -22{,}9823 & 1 & 0 \\ 22{,}9823 & -7{,}8654 & 0 & 1 \end{pmatrix} \cdot \begin{pmatrix} a \\ o \\ X_0 \\ Y_0 \end{pmatrix} = \begin{pmatrix} 45{,}2930 \\ 0{,}0000 \\ 21{,}2196 \\ 47{,}7986 \end{pmatrix}$$

2. Die Lösung lautet

$$\begin{pmatrix} a \\ o \\ X_0 \\ Y_0 \end{pmatrix} = \begin{pmatrix} 0{,}789\,927 \\ -0{,}613\,456 \\ 13{,}3343 \\ 24{,}8195 \end{pmatrix}$$

3. m und ε werden nicht unbedingt benötigt, sind jedoch nützlich für die

4. **Plausibilitätsüberprüfung:** Wir überprüfen $m = \sqrt{a^2 + o^2} = 1{,}000\,156 \approx 1 \checkmark$.

5. Nun transformieren wir die Punkte A, B, C in das (X, Y)-Zielsystem. Wir schreiben nur die Gleichungen für C auf:

$$X_C = 13,3343\,\text{m} - 32,5588\,\text{LE} \cdot 0,789\,927\,\text{m/LE}$$
$$- 29,1437\,\text{LE} \cdot 0,613\,456\,\text{m/LE} = -30,2632\,\text{m}$$

$$Y_C = 24,8195\,\text{m} + 32,5588\,\text{LE} \cdot 0,613\,456\,\text{m/LE}$$
$$- 29,1437\,\text{LE} \cdot 0,789\,927\,\text{m/LE} = 21,7715\,\text{m}$$

Die kleine Abweichung in Y_C ist der Rundung geschuldet.
6. **Probe:** Diese machen wir genau wie über Richtungswinkel und Strecken beschrieben.

Das Endergebnis lautet $E_{CD} = 51,360\,\text{m}$. Wir berechnen diese Strecke aus (X, Y)-Zielsystemkoordinaten, denn nur diesem System liegt der korrekte Maßstab zugrunde.

▶ http://sn.pub/y79G8i ◀

🛑 **Aufgabe 1.30**

Lösen Sie die Aufgabe aus Beispiel 1.24, indem Sie die Zuordnung von Quell- und Zielsystem umdrehen und Punkt D vom (X, Y)-System in das (x, y)-System transformieren. Berechnen Sie die Horizontalstrecke CD zunächst im (x, y)-System und dann mit Hilfe des Maßstabs im (X, Y)-System.

▶ http://sn.pub/miDauK

1.6.5 Anwendung: Hansensche Aufgabe

Diese klassische Aufgabe der *Punktpaarbestimmung* geht von zwei unbekannten Theodolitstandpunkten P, Q aus, auf denen die Gegensichtrichtungen r_{PQ} und r_{QP} sowie die Richtungen zu zwei gegebenen Punkten $A(X_A, Y_A)$, $B(X_B, Y_B)$ gemessen werden. Zu bestimmen ist das Punktpaar $P(X_P, Y_P)$, $Q(X_Q, Y_Q)$ (s. ◘ Abb. 1.38).
Es stellt sich heraus, dass diese Aufgabe nicht mit elementarer Trigonometrie lösbar ist. Möglich ist aber folgende Lösung:

Berechnung über Vorwärtsschnitte und Transformation:
1. Ein lokales (x, y)-Hilfskoordinatensystem mit einer Achse durch P und Q oder parallel zu PQ mit *beliebiger Längeneinheit* wird festgelegt.
2. Die Punkte A und B werden in diesem System durch Vorwärtsschnitte bestimmt.

◘ **Abb. 1.38** Hansensche Aufgabe

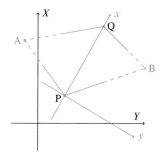

3. Über die identischen Punkte A, B werden die Transformationsparameter vom lokalen Hilfssystem in das gegebene System bestimmt.
4. Die Punkte P, Q werden mit diesen Parametern in das gegebene System transformiert.
5. **Probe:** Entsprechend der allgemeinen Probenstrategie berechnet man die gemessenen Richtungen aus den Zielsystemkoordinaten zurück.

▶ **Beispiel 1.25**

Gegeben sind die folgenden kartesischen Koordinaten und Messwerte:

Punkt	X in m	Y in m
A	287,45	472,29
B	248,08	537,65

Standpunkt P	r in gon	Standpunkt Q	r in gon
Zielpunkt A	0,000	Zielpunkt A	0,000
Zielpunkt Q	43,231	Zielpunkt B	297,850
Zielpunkt B	89,424	Zielpunkt P	371,323

Gesucht sind die kartesischen Koordinaten von P und Q in diesem System. ◀

▶ **Lösung**

Zunächst legen wir folgendes lokale (x, y)-System fest: Die x-Achse verläuft parallel zu PQ:

Punkt	x in LE	y in LE
P	100,000	100,000
Q	200,000	100,000

Die Koordinaten sind in einer *willkürlich* festgelegten Längeneinheit LE gegeben. In diesem System berechnen wir aus Richtungen und Orientierung über die Gegensicht $t_{PQ} = 0,000$ gon bzw. $t_{QP} = 200,000$ gon folgende Richtungswinkel:

$$t_{PA} = 356,769 \text{ gon}; \quad t_{QA} = 228,677 \text{ gon}$$
$$t_{PB} = 46,193 \text{ gon}; \quad t_{QB} = 126,527 \text{ gon}$$

Die beiden Vorwärtsschnitte über diese Richtungswinkel liefern:

$$x_A = 137,468 \text{ LE}; \quad y_A = 69,759 \text{ LE}$$
$$x_B = 171,808 \text{ LE}; \quad y_B = 163,695 \text{ LE}$$

A und B haben jetzt Koordinaten in beiden Systemen. Daraus ergeben sich die Transformationsparameter (s. ▶ Abschn. 1.6.4):

$$\varepsilon = T_{AB} - t_{AB} = 134,514 \text{ gon} - 77,688 \text{ gon} = 56,826 \text{ gon}$$
$$m = E_{AB}/e_{AB} = 76,302 \text{ m}/100,016 \text{ LE} = 0,762\,898 \text{ m/LE}$$

Der Maßstab ist offenbar deutlich verschieden von Eins wegen der willkürlich festgelegten Längeneinheit LE. Nun berechnen wir die beiden Translationsparameter:

$$X_0 = 287{,}45\,\mathrm{m} - 0{,}762\,898\,\mathrm{m/LE} \cdot (137{,}468\,\mathrm{LE} \cdot \cos(56{,}826\,\mathrm{gon})$$
$$- 69{,}759\,\mathrm{LE} \cdot \sin(56{,}826\,\mathrm{gon})) = 263{,}098\,\mathrm{m}$$

$$Y_0 = 472{,}29\,\mathrm{m} - 0{,}762\,898\,\mathrm{m/LE} \cdot (137{,}468\,\mathrm{LE} \cdot \sin(56{,}826\,\mathrm{gon})$$
$$+ 69{,}759\,\mathrm{LE} \cdot \cos(56{,}826\,\mathrm{gon})) = 357{,}234\,\mathrm{m}$$

Man überzeugt sich leicht, dass die Ergebnisse in Meter erhalten werden. Schließlich werden alle Punkte mit diesen vier Parametern ε, m, X_0, Y_0 in das Zielsystem transformiert. Dabei erhalten wir

Punkt	X in m	Y in m
A	287,450 ✓	472,290 ✓
B	248,080 ✓	537,650 ✓
P	251,551	464,504
Q	299,413	523,913 ◀

▶ **Probe**

Die Transformationsprobe ist erfüllt, weil A und B auf ihre gegebenen Koordinaten transformiert werden. Das reicht allerdings keineswegs als endgültige Probe schon aus. ◀

▶ **Probe**

Wir berechnen zunächst aus Koordinaten die Richtungswinkel T im Zielsystem und führen damit Stationsabrisse (1.2) durch:

Standpunkt P	T in gon	$T - r$ in gon	Standpunkt Q	T in gon	$T - r$ in gon
Zielpunkt A	13,597	13,597	Zielpunkt A	285,503	285,503
Zielpunkt Q	56,826	13,595 ✓	Zielpunkt B	183,354	285,504 ✓
Zielpunkt B	103,019	13,595 ✓	Zielpunkt P	256,826	285,503 ✓

Es ergeben sich bis auf Rundungsfehler dieselben Orientierungswinkel $o = T - r$ in (1.1).
▶ sn.pub/XtZhJD ◀

1.6.6 Anwendung: Kleinpunktberechnung

Die klassische Methode der Kleinpunktberechnung geht von einer Messungslinie AE aus, auf welche die Neupunkte $P_1, P_2, P_3, \ldots$ aufgewinkelt werden (s. ◘ Abb. 1.39) [4, S. 42f], [10, S. 62ff]. Abszissen x_i und Ordinaten y_i werden gemessen. Die Punkte A und E haben gegebene Koordinaten in einem System, in dem auch die Neupunkte koordiniert werden sollen. Diese Berechnung lag dem klassischen Messverfahren „Orthogonalaufnahme" zugrunde und wird heute in anderer Form immer noch angewendet. Die Berech-

1

□ **Abb. 1.39** Kleinpunktberechnung

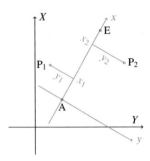

nung erfolgt mittels Transformation vom (x, y)-Quellsystem in das (X, Y)-Zielsystem mit den identischen Punkten A, E. Sollte x_E nicht gemessen worden sein, so setzt man

$$x_E := \sqrt{(Y_E - Y_A)^2 + (X_E - X_A)^2}$$

In diesem Fall sind die Maßstäbe beider Systeme identisch und es muss sich als Probe exakt der Transformationsparameter $m = 1$ ergeben. Andernfalls ergibt sich je nach Messgenauigkeit als Plausibilitätsüberprüfung nur $m \approx 1$. In jedem Fall ist das zu kontrollieren. Daneben sind die Proben aus ▶ Abschn. 1.6.4 wichtig. Weitere Besonderheiten gibt es nicht.

1.6.7 Anwendung: Rechteck durch fünf Punkte

Wir erarbeiten eine alternative Lösung zum Problem aus ▶ Abschn. 1.5.7 über Transformationen (s. □ Abb. 1.40).

Berechnung über eine Transformation:
1. Zusätzlich zum (x, y)-System, in dem die Punkte A, B, C, D, E gegeben sind, führt man ein lokales (X, Y)-Hilfskoordinatensystem mit Ursprung in A und X-Achse durch B ein. Am einfachsten weist man B die X-Koordinate Eins zu, so dass das Hilfssystem eine willkürlich festgelegte Längeneinheit besitzt. Anders als im ▶ Abschn. 1.6.5 kann hier aber auch der Abstand AB aus gegebenen Koordinaten berechnet und als X-Koordinate von B gesetzt werden. Hier bietet sich die Probe $m = 1$ an.
2. Mit den identischen Punkten A, B berechnet man die Parameter einer Ähnlichkeitstransformation $(x, y) \rightarrow (X, Y)$ (s. ▶ Abschn. 1.6.4).
3. Mit diesen Parametern transformiert man C, D, E in das (X, Y)-Hilfssystem.

□ **Abb. 1.40** Rechteck durch fünf
Punkte

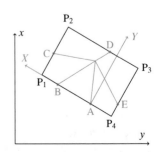

4. Daraus leitet man die Koordinaten der Eckpunkte des Rechtecks im Hilfssystem wie folgt ab: P_1 hat dieselbe X-Koordinate wie C und dieselbe Y-Koordinate wie A und B, also Null. P_2 hat dieselbe X-Koordinate wie C und dieselbe Y-Koordinate wie D, usw.

5. Die Parameter der Rückwärtstransformation $(X, Y) \rightarrow (x, y)$ werden aus (1.54) bestimmt.

6. Mit diesen Parametern transformiert man die Punkte $P_1, \ldots, P_4$ in das (x, y)-Ausgangssystem.

7. **Probe:** Zunächst können auch die Punkte A, B, C, D, E in das (x, y)-Ausgangssystem transformiert und mit den gegebenen Koordinaten verglichen werden. Weiterhin sind Proben wie in ▶ Abschn. 1.5.7 empfohlen.

> **Aufgabe 1.31**
> Lösen Sie die Aufgabe 1.26 über Transformationen.
> > ▶ http://sn.pub/I7hzxQ

1.6.8 Helmert-Transformation

Häufig liegen bei einer Transformationsaufgabe mehr identische Punkte vor, als zur eindeutigen Bestimmung der Transformationsparameter unbedingt gebraucht werden [10, S. 70ff]. Man findet dann wegen unvermeidbarer Messabweichungen im Allgemeinen keine Parameter, so dass alle Transformationsgleichungen für alle identischen Punkte gleichzeitig exakt erfüllt sind. Man hat damit die Möglichkeit, an einige oder alle Koordinaten *Verbesserungen* anzubringen. Im Weiteren wird angenommen, dass die Quellsystemkoordinaten $x_1, y_1, \ldots, x_n, y_n$ bekannte wahre Werte sind, an die Zielsystemkoordinaten $X_1, Y_1, \ldots, X_n, Y_n$ jedoch solche additiven Verbesserungen $v_{X_1}, v_{Y_1}, \ldots, v_{X_n}, v_{Y_n}$ anzubringen sind:

$$\hat{X}_i = X_i + v_{X_i}$$
$$\hat{Y}_i = Y_i + v_{Y_i} \tag{1.57}$$

Die Dachsymbole zeigen an, dass im Sinne der geodätischen Statistik hier *Schätzwerte*, d. h. möglichst gute Annäherungen an die unbekannten wahren Werte dieser Größen vorliegen.

Sollte es eher umkehrt sein, dass $X_1, Y_1, \ldots, X_n, Y_n$ als wahre Werte gelten können, dann sollte man dieses System als Quellsystem festlegen und die gewonnenen Transformationsparameter in jene der Rückwärtstransformation umwandeln. Ein wesentlich allgemeinerer Fall wird im ▶ Abschn. 7.7.4 noch vorgestellt.

Das Bestimmen von Verbesserungen geschieht üblicherweise nach der *Methode der kleinsten Quadrate* (s. ▶ Abschn. 7.3.1) durch die Zusatzbedingung

$$\sum_{i=1}^{n} v_{X_i}^2 + v_{Y_i}^2 \rightarrow \text{Minimum} \tag{1.58}$$

Dann ist die Lösung durch geodätische Ausgleichung zu berechnen. In einigen Sonderfällen kann man die Lösung durch elementare Formeln darstellen, so dass die Berechnung ohne Kenntnisse der geodätischen Statistik und Ausgleichungsrechnung möglich ist. Deshalb wird sie hier bereits in diesem Kapitel behandelt und im ▶ Abschn. 7.7.4 nur noch vertieft.

1

Die ebene Helmert-Transformation (nach Friedrich Robert Helmert, 1843–1917) ist eine Ähnlichkeitstransformation (s. ▶ Abschn. 1.6.3), bei der die Parameter aus mehr als zwei identischen Punkten berechnet werden. Das folgende einfache Rechenschema ist anwendbar, wenn

1. alle Quellsystemkoordinaten aller identischen Punkte als wahre Werte betrachtet werden können,
2. alle Zielsystemkoordinaten aller identischen Punkte gleich genau sind sowie
3. alle Zielsystemkoordinaten im statistischen Sinne unabhängig voneinander bestimmt wurden (s. ▶ Abschn. 4.4).

❯ **Hinweis 1.24**

Praktisch ist oft keine einzige dieser drei Bedingungen vollkommen erfüllt. Das Schema wird trotzdem häufig angewendet, um die aufwändigere Ausgleichungsprozedur zu vermeiden. Es liefert dann immerhin noch für manche Zwecke brauchbare Näherungslösungen. Andernfalls ist ▶ Abschn. 7.7.4 zu konsultieren.

Rechenschema [4, S. 102]:

1. In beiden Systemen wird der Schwerpunkt S der n identischen Punkte berechnet:

$$x_S = \frac{1}{n} \cdot \sum_{i=1}^{n} x_i, \quad y_S = \frac{1}{n} \cdot \sum_{i=1}^{n} y_i \tag{1.59}$$

$$X_S = \frac{1}{n} \cdot \sum_{i=1}^{n} X_i, \quad Y_S = \frac{1}{n} \cdot \sum_{i=1}^{n} Y_i \tag{1.60}$$

2. Durch Translation wird in beiden Systemen (s. Hinweis 1.25) der Schwerpunkt in den jeweiligen Koordinatenursprung verschoben. Dabei ergeben sich zwei neue *schwerpunktzentrierte* Koordinatensysteme (x', y') und (X', Y'):

$$x_i' := x_i - x_S, \quad y_i' := y_i - y_S, \quad i = 1, \ldots, n \tag{1.61}$$
$$X_i' := X_i - X_S, \quad Y_i' := Y_i - Y_S, \quad i = 1, \ldots, n \tag{1.62}$$

Probe: Die Summen der schwerpunktzentrierten Koordinaten müssen jeweils Null sein: $\sum x_i' = \sum X_i' = \sum y_i' = \sum Y_i' = 0$.

3. Mit den schwerpunktzentrierten Koordinaten x_i', y_i', X_i', Y_i' erhält man die Schätzwerte der Transformationsparameter mit folgenden Formeln:

$$\hat{a} = \frac{\sum x_i' \cdot X_i' + y_i' \cdot Y_i'}{\sum x_i'^2 + y_i'^2}, \quad \hat{X}_0 = X_S - \hat{a} \cdot x_S + \hat{o} \cdot y_S$$

$$\hat{o} = \frac{\sum x_i' \cdot Y_i' - y_i' \cdot X_i'}{\sum x_i'^2 + y_i'^2}, \quad \hat{Y}_0 = Y_S - \hat{o} \cdot x_S - \hat{a} \cdot y_S \tag{1.63}$$

Die Koordinaten x_i', y_i', X_i', Y_i' werden nun nicht mehr benötigt.

4. Aus $\hat{a}$ und $\hat{o}$ berechnet man den Maßstabsfaktor $\hat{m}$ und den Drehwinkel $\hat{\varepsilon}$ nach (1.51), wenn diese Größen gebraucht werden.
5. **Plausibilitätsüberprüfung:** Ggf. sollte $\hat{m} \approx 1$ und/oder $\hat{\varepsilon} \approx 0$ wie bisher überprüft werden.

6. Alle Punkte werden mit diesen vier Parametern $\hat{a}, \hat{o}, \hat{X}_0, \hat{Y}_0$ nach (1.52) transformiert, also die identischen und die nicht identischen Punkte:

$$\hat{X}_i = \hat{X}_0 + x_i \cdot \hat{a} - y_i \cdot \hat{o}$$
$$\hat{Y}_i = \hat{Y}_0 + x_i \cdot \hat{o} + y_i \cdot \hat{a} \tag{1.64}$$

7. Nun werden für die identischen Punkte nach (1.57) die Verbesserungen berechnet:

$$v_{X_i} = \hat{X}_i - X_i$$
$$v_{Y_i} = \hat{Y}_i - Y_i \tag{1.65}$$

8. **Plausibilitätsüberprüfung:** Alle Verbesserungen sollten betragskleine Größen sein, etwa in der Größenordnung der erwarteten Abweichungen der Zielsystemkoordinaten.

9. **Probe:** Die Summen der Verbesserungen müssen Null sein:

$$\sum_{i=1}^{n} v_{X_i} = \sum_{i=1}^{n} v_{Y_i} = 0 \tag{1.66}$$

10. **Probe:** Außerdem kann man die üblichen Spannmaßproben wie in ▶ Abschn. 1.6.4 durchführen. Werden Spannmaße mit identischen Punkten berechnet, so müssen die berechneten Koordinaten $\hat{X}_i, \hat{Y}_i$ und nicht die gegebenen Koordinaten X_i, Y_i verwendet werden, sonst weisen die Spannmaße Abweichungen etwa in der Größenordnung der Verbesserungen auf.

11. Abschließend ist noch die Berechnung von Genauigkeitsmaßen möglich. Dazu verweisen wir aber auf ▶ Abschn. 7.7.4.

▶ **Hinweis 1.25**

Die Schwerpunktzentrierung des Zielsystems (1.62) ist mathematisch gesehen an dieser Stelle überflüssig, aber üblich und erleichtert etwas die Zahlenrechnung.

▶ **Hinweis 1.26**

Spannmaße verproben nicht die Berechnung der Transformationsparameter, sind also allein nicht ausreichend.

Das Rechenschema der Helmert-Transformation kann theoretisch auch bei zwei identischen Punkten angewendet werden, ist dann aber aufwändiger als die Verfahren in ▶ Abschn. 1.6.4.

▶ **Beispiel 1.26**

Zusätzlich zu den Messwerten in Beispiel 1.24 wurde im Richtungssatz auf Punkt P auch noch zu Punkt Q gemessen. Folgende Messwerte wurden erhalten:

Standpunkt P	r in gon	e in LE
Zielpunkt Q	310,635	28,107

Wir berechnen damit nochmals die Strecke CD. ◄

1

▶ Lösung

In den beiden Standpunktsystemen sind jetzt $n = 3$ Punkte identisch, nämlich A, B und zusätzlich Q. Das sind mehr als zur eindeutigen Lösung erforderlich sind. Unter den genannten Bedingungen kann das Rechenschema der Helmert-Transformation angewendet werden. Zunächst rechnen wir die polaren Koordinaten von Q im Standpunktsystem P in kartesische Koordinaten um: $x_Q = 4,6736$ LE; $y_Q^\circ = -27,7157$ LE.

1. Die Schwerpunktkoordinaten (1.59), (1.60) sind $x_S = 12,4221$ LE; $y_S = -1,5778$ LE; $X_S = 22,1709$ m; $Y_S = 15,9329$ m. Die Punkte C und D werden hier nicht einbezogen.
2. Der Übergang zu den schwerpunktzentrierten Systemen ergibt:

Punkt	x_i' in LE	y_i' in LE	X_i' in m	Y_i' in m
Q	−7,7485	−26,1379	−22,1709	−15,9329
A	28,0359	1,5778	23,1221	−15,9329
B	−20,2875	24,5601	−0,9513	31,8657
Summe	−0,0001	0,0000	−0,0001	−0,0001

Probe: Die Summenprobe ist erfüllt ✓.

3. Die Transformationsparameter (1.63) ergeben unter Beachtung von Hinweis 1.22:

$$\hat{a} = \frac{1173,94 \, \text{m} \cdot \text{LE} + 839,32 \, \text{m} \cdot \text{LE}}{1288,88 \, \text{LE}^2 + 1257,61 \, \text{LE}^2} = 0,790\,602 \, \text{m/LE}$$

$$\hat{o} = \frac{-969,71 \, \text{m} \cdot \text{LE} - 592,64 \, \text{m} \cdot \text{LE}}{1288,88 \, \text{LE}^2 + 1257,61 \, \text{LE}^2} = -0,613\,531 \, \text{m/LE}$$

$$\hat{X}_0 = 22,171 \, \text{m} - 0,790\,602 \, \text{m/LE} \cdot 12,4221 \, \text{LE} + 0,613\,531 \, \text{m/LE} \cdot 1,5778 \, \text{LE}$$
$$= 13,3181 \, \text{m}$$

$$\hat{Y}_0 = 15,933 \, \text{m} + 0,613\,531 \, \text{m/LE} \cdot 12,4221 \, \text{LE} + 0,790\,602 \, \text{m/LE} \cdot 1,5778 \, \text{LE}$$
$$= 24,8018 \, \text{m}$$

4. Für Maßstab und Drehwinkel erhalten wir aus (1.51) $\hat{m} = 1,000\,736$ m/LE; $\hat{\varepsilon} = 357,986$ gon.
5. **Plausibilitätsüberprüfung:** $\hat{m} \approx 1$ ist plausibel ✓.
6. Alle Punkte Q, A, B, C transformieren wir mit (1.64) in das Zielsystem, z. B.

$$\hat{X}_C = 13,3181 \, \text{m} + (-32,5588 \, \text{LE}) \cdot 0,790\,602 \, \text{m/LE} - (-29,1437 \, \text{LE}) \cdot (-0,613\,531 \, \text{m/LE})$$
$$= -30,3035 \, \text{m}$$

$$\hat{Y}_C = 24,8018 \, \text{m} + (-32,5588 \, \text{LE}) \cdot (-0,613\,531 \, \text{m/LE}) + (-29,1437 \, \text{LE}) \cdot 0,790\,602 \, \text{m/LE}$$
$$= 21,7366 \, \text{m}$$

7. Bei den identischen Punkten Q, A, B berechnen wir mit (1.65) die Verbesserungen v_X, v_Y.

Punkt	$\hat{X}$ in m	$\hat{Y}$ in m	v_X in m	v_Y in m
Q	0,009	0,022	0,009	0,022
A	45,304	−0,020	0,011	−0,020
B	21,200	47,797	−0,020	−0,002
C	−30,304	21,737		
Summe			0,000	0,000

8. **Plausibilitätsüberprüfung:** Die Größen der Verbesserungen sind plausibel ✓.
9. **Probe:** Die Summenprobe (1.66) ist erfüllt ✓.
10. **Probe:** Eine Spannmaßprobe kann wie in Beispiel 1.24 berechnet werden: $e_{AC} = 78{,}618$ LE bleibt unverändert, und im (X, Y)-System mit A(45,304 m; −0,020 m) erhält man $E_{AC} = 78{,}676$ m. Außerdem ergibt sich $\hat{m} \cdot e_{AC} = 78{,}676$ m ✓.

Das Endergebnis lautet $E_{CD} = \underline{51{,}363 \text{ m}}$. Wir berechnen diese Strecke aus Koordinaten im (X, Y)-System, denn diesem System liegt der korrekte Maßstab zugrunde.

▶ http://sn.pub/VjYJVN ◄

Siehe hierzu auch Aufgabe 1.33 (a).

1.6.9 Bestimmung der Parameter bei Rotation und Translation (Drei-Parameter-Transformation)

Ohne Skalierung ist die Berechnung der Transformationsparameter aus identischen Punkten schwieriger, denn bei drei Parametern führen auch zwei identische Punkte schon auf ein Ausgleichungsproblem (s. ▶ Abschn. 7.7.4). Außerdem sind die Transformationsgleichungen prinzipiell nichtlinear. Deshalb wird in der Praxis bei weniger hohen Ansprüchen der Maßstab oft berechnet, obwohl er bekannt ist. Die geodätische Statistik lehrt allerdings, dass damit ein Verlust an Zuverlässigkeit verbunden ist (s. ▶ Abschn. 7.5).

Es gibt oft jedoch eine Möglichkeit, auch dieses Ausgleichungsproblem durch ein einfaches Rechenschema zu lösen. Deshalb wird es hier bereits in diesem Kapitel behandelt und im ▶ Abschn. 7.7.4 noch vertieft. Die Voraussetzungen sind dieselben wie für das Rechenschema der Helmert-Transformation aus dem vorangegangenen Unterabschnitt.

Rechenschema:
1. Man berechnet den Rotationswinkel ε und den Skalenparameter m wie im ▶ Abschn. 1.6.4 (bei $n = 2$) oder im ▶ Abschn. 1.6.8 (bei $n > 2$).
2. **Plausibilitätsüberprüfung:** Man kontrolliert, dass $m \approx 1$ bzw. $\hat{m} \approx 1$ gilt. Andernfalls ist diese Transformation nicht zulässig. Ein Irrtum oder grober Fehler muss aufgetreten sein. $\hat{m}$ wird nun *verworfen* und statt dessen wird mit Maßstab Eins weitergerechnet.
3. Die Translationsparameter lauten mit (1.59), (1.60)

$$\hat{X}_0 = X_S - x_S \cdot \cos \hat{\varepsilon} + y_S \cdot \sin \hat{\varepsilon}$$
$$\hat{Y}_0 = Y_S - x_S \cdot \sin \hat{\varepsilon} - y_S \cdot \cos \hat{\varepsilon}$$

4. Mit diesen Parametern $(\hat{\varepsilon}, \hat{X}_0, \hat{Y}_0)$ transformiert man alle Punkte in das Zielsystem wie in ▶ Abschn. 1.6.2. Die Reihenfolge bleibt „Rotation vor Translation":

$$\hat{X}_i = \hat{X}_0 + x_{\mathrm{S}} \cdot \cos\hat{\varepsilon} - y_{\mathrm{S}} \cdot \sin\hat{\varepsilon}$$
$$\hat{Y}_i = \hat{Y}_0 + x_{\mathrm{S}} \cdot \sin\hat{\varepsilon} + y_{\mathrm{S}} \cdot \cos\hat{\varepsilon} \qquad (1.67)$$

5. Man berechnet für die identischen Punkte die Verbesserungen wie in (1.57). Auch bei $n = 2$ ergeben sich im Allgemeinen solche Verbesserungen.
6. **Plausibilitätsüberprüfung:** Man überprüft, dass die Verbesserungen betragsklein sind.
7. **Probe:** Verbesserungen und Spannmaße werden verprobt wie im ▶ Abschn. 1.6.8, nur dass die Spannmaße sich jetzt nicht mehr wegen des Maßstabs unterscheiden.

▶ **Beispiel 1.27**

Das Beispiel 1.26 soll neu berechnet werden, nachdem sich zeigte, dass auch auf dem Standpunkt P der Streckenmaßstab korrekt eingestellt war, d. h. die Längeneinheit exakt 1 m beträgt. Dadurch entfällt die Notwendigkeit einer Skalierung, und diese soll auch unterbleiben. ◀

▶ **Lösung**

1. Zunächst ist die Berechnung der Parameter $\hat{m}, \hat{\varepsilon}$ der Helmert-Transformation vorzunehmen. Dies geschah bereits in Beispiel 1.26. Das Ergebnis war $\hat{m} = 1{,}000\,736$; $\hat{\varepsilon} = 357{,}986$ gon.
2. Der Maßstabsfaktor $\hat{m}$ ist nahezu gleich Eins ✓ und wird verworfen. (Die Abweichung von 736 ppm erscheint zwar groß, jedoch sind die Strecken kurz.)
3. Die Translationsparameter lauten:

$$\hat{X}_0 = 22{,}171\,\mathrm{m} - 12{,}4221\,\mathrm{m} \cdot \cos(357{,}986\,\mathrm{gon}) - 1{,}5778\,\mathrm{m} \cdot \sin(357{,}986\,\mathrm{gon})$$
$$= 13{,}3246\,\mathrm{m}$$

$$\hat{Y}_0 = 15{,}933\,\mathrm{m} - 12{,}4221\,\mathrm{m} \cdot \sin(357{,}986\,\mathrm{gon}) + 1{,}5778\,\mathrm{m} \cdot \cos(357{,}986\,\mathrm{gon})$$
$$= 24{,}7952\,\mathrm{m}$$

4. Q, A, B, C werden mit (1.67) in das Zielsystem transformiert. Für Punkt C ergeben die Transformationsgleichungen z. B.:

$$\hat{X}_{\mathrm{C}} = 13{,}325\,\mathrm{m} - 32{,}559\,\mathrm{m} \cdot \cos(357{,}986\,\mathrm{gon}) + 29{,}144\,\mathrm{m} \cdot \sin(357{,}986\,\mathrm{gon})$$
$$\hat{Y}_{\mathrm{C}} = 24{,}796\,\mathrm{m} - 32{,}559\,\mathrm{m} \cdot \sin(357{,}986\,\mathrm{gon}) - 29{,}144\,\mathrm{m} \cdot \cos(357{,}986\,\mathrm{gon})$$

5. Bei den identischen Punkten Q, A, B berechnen wir mit (1.65) die Verbesserungen $v_{\mathrm{X}}, v_{\mathrm{Y}}$.

Punkt	$\hat{X}$ in m	$\hat{Y}$ in m	v_{X} in m	v_{Y} in m
Q	0,025	0,034	0,025	0,034
A	45,288	−0,008	−0,005	−0,008
B	21,201	47,774	−0,019	−0,025
C	−30,265	21,733		
Summe			0,001	0,001

6. **Plausibilitätsüberprüfung:** Die Größen der Verbesserungen sind plausibel ✓.
7. **Probe:** Die Summen der Verbesserungen weichen nur durch Rundungsfehler von Null ab ✓. In Beispiel 1.26 war bereits $e_{AC} = 78{,}618\,\text{m}$ berechnet worden. Aus (X, Y)-Koordinaten ergibt sich jetzt $E_{AC} = 78{,}619\,\text{m}$ ✓. Ein Maßstab ist diesmal nicht zu berücksichtigen.

Das Endergebnis lautet $E_{CD} = \underline{51{,}333\,\text{m}}$, berechnet aus Zielsystemkoordinaten.
▶ http://sn.pub/iT3VPd ◀

Siehe hierzu auch Aufgabe 1.33 (b).

1.6.10 Ebene Affin-Transformation

Besteht zwischen Quell- und Zielsystem keine geometrische Ähnlichkeit, kann die Beziehung zwischen beiden Systemen möglicherweise durch eine Affin-Transformation beschrieben werden. Die ebene Affin-Transformation ist die allgemeinste Transformation in der Ebene, die die Kollinearität von Punkten und die Parallelität von Geraden wahrt. Die Transformationsgleichungen kann man wie folgt schreiben [6, S. 229], [4, S. 105]:

$$
\begin{aligned}
X &= X_0 + x \cdot a + y \cdot b \\
Y &= Y_0 + x \cdot c + y \cdot d
\end{aligned}
\tag{1.68}
$$

Die sechs Parameter sind also (a, b, c, d, X_0, Y_0). Man kann sich diese Transformation auch als eine Hintereinanderausführung von zwei Skalierungen sowie je einer Transvektion, Rotation und Translation vorstellen. Je nach Reihenfolge dieser Schritte ergeben sich teilweise andere Parameter $(m_1, m_2, \tau, \varepsilon, X_0, Y_0)$. In der genannten Reihenfolge der Schritte findet man folgende Transformationsgleichungen:

$$
\begin{aligned}
X &= X_0 + m_1 \cdot x \cdot \cos \varepsilon + m_2 \cdot y \cdot (\tan \tau \cdot \cos \varepsilon - \sin \varepsilon) \\
Y &= Y_0 + m_1 \cdot x \cdot \sin \varepsilon + m_2 \cdot y \cdot (\cos \varepsilon + \tan \tau \cdot \sin \varepsilon)
\end{aligned}
$$

Zwischen diesen Parametern liest man daraus folgende Umrechnung ab:

$$
\begin{aligned}
a &= m_1 \cdot \cos \varepsilon, \quad b = m_2 \cdot (\tan \tau \cdot \cos \varepsilon - \sin \varepsilon) \\
c &= m_1 \cdot \sin \varepsilon, \quad d = m_2 \cdot (\cos \varepsilon + \tan \tau \cdot \sin \varepsilon)
\end{aligned}
\tag{1.69}
$$

$$
\begin{aligned}
m_1 &= \sqrt{a^2 + c^2}, \quad \tau = \arctan \frac{a \cdot b + c \cdot d}{a \cdot d - b \cdot c} \\
m_2 &= \frac{a \cdot d - b \cdot c}{\sqrt{a^2 + c^2}}, \quad \varepsilon = \arctan \frac{c}{a}
\end{aligned}
\tag{1.70}
$$

❯ **Hinweis 1.27**
Beim Arkustangens muss die Quadrantenregel beachtet werden.

❶ **Aufgabe 1.32**
Schreiben Sie die Transformationsgleichungen auf, wenn die Translation am Anfang statt wie oben am Ende steht. Stellen Sie die Beziehung dieser neuen Parameter $(x_0, y_0, m_1', m_2', \tau', \varepsilon')$ zu den urspünglichen Parametern $(m_1, m_2, \tau, \varepsilon, X_0, Y_0)$ fest.

1

Die Transformationsgleichungen der Rückwärtstransformation ergeben sich wiederum, indem man die Transformationsgleichungen der Vorwärtstransformation (1.68) nach (x, y) auflöst. Man erhält dabei die Affin-Transformation

$$x = x_0 + X \cdot A + Y \cdot B$$
$$y = y_0 + X \cdot C + Y \cdot D \tag{1.71}$$

mit den Parametern (A, B, C, D, x_0, y_0), die sich aus denen der Vorwärtstransformation mit

$$A = \frac{d}{a \cdot d - b \cdot c} \quad B = \frac{-b}{a \cdot d - b \cdot c} \quad x_0 = -X_0 \cdot A - Y_0 \cdot B$$

$$C = \frac{-c}{a \cdot d - b \cdot c} \quad D = \frac{a}{a \cdot d - b \cdot c} \quad y_0 = -X_0 \cdot C - Y_0 \cdot D \tag{1.72}$$

ergeben.

Bei drei identischen Punkten kann man die Parameter sehr leicht durch Lösung des Gleichungssystemes finden, welches aus den sechs Transformationsgleichungen besteht. Dieses ist analog zu (1.56), jedoch mit sechs statt vier Gleichungen und Parametern. Am besten benutzt man dazu die Parametrisierung (a, b, c, d, X_0, Y_0), weil die zugehörigen Transformationsgleichungen linear sind. Später kann man diese Parameter nach Wunsch mit (1.70) in die Parameter $(m_1, m_2, \tau, \varepsilon)$ o. ä. umrechnen. (X_0, Y_0) ändern sich nicht. Spannmaßproben sind diesmal nicht möglich. Bei drei identischen Punkten kann man bei Bedarf die Transformationsrichtung umkehren und überprüfen, ob die Parameter der Rückwärtstransformation erhalten werden.

▶ **Beispiel 1.28**

Zur Entzerrung einer historischen Karte sei eine Affin-Transformation zweckmäßig. Die Blattkoordinaten (x, y) von vier Punkten A, B, C, D wurden abgegriffen. Da die Punkte A, B, C heute noch existieren, konnten für diese Punkte Koordinaten (X, Y) in einem aktuellen System ermittelt werden. Die Koordinaten von D sollen im (X, Y)-System ermittelt werden. Ein weiterer Punkt E hat nur Koordinaten im (X, Y)-System. Seine Position $E(x_E, y_E)$ auf dem historischen Kartenblatt soll bestimmt werden, außerdem Maßstäbe sowie Rotations- und Scherwinkel bezogen auf die Achsen des Kartenblatts.

Punkt	x in LE	y in LE	X in m	Y in m
A	0,643	0,142	171 802	161 205
B	0,334	0,236	171 496	161 298
C	0,456	0,723	171 617	161 783
D	0,855	0,945		
E			171 557	161 411	◀

▶ **Lösung**

Wir fassen die sechs Transformationsgleichungen (1.68) der identischen Punkte A, B, C zu einem linearen Gleichungssystem zusammen und erhalten

$$
\begin{pmatrix}
0{,}643 & 0{,}142 & 0 & 0 & 1 & 0 \\
0 & 0 & 0{,}643 & 0{,}142 & 0 & 1 \\
0{,}334 & 0{,}236 & 0 & 0 & 1 & 0 \\
0 & 0 & 0{,}334 & 0{,}236 & 0 & 1 \\
0{,}456 & 0{,}723 & 0 & 0 & 1 & 0 \\
0 & 0 & 0{,}456 & 0{,}723 & 0 & 1
\end{pmatrix}
\cdot
\begin{pmatrix}
a \\ b \\ c \\ d \\ X_0 \\ Y_0
\end{pmatrix}
=
\begin{pmatrix}
171\,802 \\ 161\,205 \\ 171\,496 \\ 161\,298 \\ 171\,617 \\ 161\,783
\end{pmatrix}
$$

Die Lösung dieses Gleichungssystems lautet

$a = 990{,}3983\,\text{m/LE};\quad b = 0{,}351\,958\,\text{m/LE};\quad X_0 = 171\,165{,}1\,\text{m}$

$c = 1{,}846\,237\,\text{m/LE};\quad d = 995{,}4307\,\text{m/LE};\quad Y_0 = 161\,062{,}5\,\text{m}$

Die Anwendung dieser Transformation auf D liefert $X_\text{D} = \underline{172\,012\,\text{m}}$; $Y_\text{D} = \underline{162\,005\,\text{m}}$. Die Parameter der Rückwärtstransformation sind mit (1.72):

$A = 0{,}001\,009\,70\,\text{LE/m};\qquad B = -3{,}570\,02 \cdot 10^{-7}\,\text{LE/m};\quad x_0 = -172{,}7671\,\text{LE}$

$C = -1{,}8727 \cdot 10^{-6}\,\text{LE/m};\quad D = 0{,}001\,004\,59\,\text{LE/m};\qquad y_0 = -161{,}4813\,\text{LE}$

Die Anwendung dieser Transformation auf E liefert $x_\text{E} = \underline{0{,}396\,\text{LE}}$; $y_\text{E} = \underline{0{,}349\,\text{LE}}$. Die gesuchten Maßstäbe und Winkel (im Bogenmaß) sind

$$
m_1 = \sqrt{990{,}398^2 + 1{,}846\,237^2}\,\text{m/LE} = \underline{990{,}400\,\text{m/LE}}
$$

$$
m_2 = \frac{985\,872}{990{,}400}\,\text{m/LE} = \underline{995{,}428\,\text{m/LE}}
$$

$$
\tau = \arctan\frac{2186{,}38}{985\,872} = \underline{0{,}002\,217}
$$

$$
\varepsilon = \arctan\frac{1{,}846\,237}{990{,}3983} = \underline{0{,}001\,864} \;\blacktriangleleft
$$

▶ **Probe**

Die Transformation der identischen Punkte in beiden Richtungen verprobt zunächst die Transformationsparameter. Weiter transformieren wir $D(X_\text{D}, Y_\text{D})$ und $E(x_\text{E}, y_\text{E})$ mit diesen Parametern in das jeweils andere System zurück. Wir erhalten die gegebenen Koordinaten ✓.

▶ http://sn.pub/ZZpgj1 ◀

🛈 **Aufgabe 1.33**

Berechnen Sie das Beispiel 1.28 nochmals (a) als Helmert-Transformation und (b) als Transformation mit bekanntem Maßstab $m = 1000\,\text{m/LE}$. Die Verbesserungen sollen den Blattkoordinaten (x, y) zugeordnet werden, so dass die Koordinaten (X, Y) im aktuellen System als wahre Werte gelten. Vergleichen Sie Maßstäbe und Winkel.

▶ http://sn.pub/FVD7Bf

▶ http://sn.pub/LuB0fi

1

Sind mehr als drei identische Punkte gegeben und erfüllen deren Koordinaten die Voraussetzungen für das Rechenschema der ebenen Helmert-Transformation nach ▶ Abschn. 1.6.8, dann kann man die Parameter der Affin-Transformation nach der Methode der kleinsten Quadrate (1.58) durch ein ähnlich einfaches Rechenschema ermitteln. Sonst liefert das Rechenschema nur eine Näherungslösung, die für manche praktische Zwecke ausreichen könnte. Andernfalls müssen die Parameter mit den Mitteln der Ausgleichungsrechnung bestimmt werden (s. ▶ Abschn. 7.7.4). Im Allgemeinen ergeben sich wieder Verbesserungen.

Rechenschema:
1. Zuerst erfolgt eine Schwerpunktzentrierung (1.59), (1.60). Hinweis 1.25 ist auch hier gültig.
2. Nun berechnet man durch Summation über die identischen Punkte folgende Hilfsvariablen:

$$S_{yy} := \sum y_i'^2, \quad S_{yY} := \sum y_i' \cdot Y_i', \quad S_{xx} := \sum x_i'^2, \quad S_{xX} := \sum x_i' \cdot X_i'$$

$$S_{yy} := \sum y_i'^2, \quad S_{xy} := \sum x_i' \cdot y_i', \quad S_{Xy} := \sum X_i' \cdot y_i', \quad S_{xY} := \sum x_i' \cdot Y_i'$$

$$S := S_{xx} \cdot S_{yy} - S_{xy}^2$$

Sollte $S = 0$ gelten, ist die Konfiguration der identischen Punkte unzulässig.

3. Mit folgenden Formeln erhält man die Schätzwerte der Transformationsparameter:

$$\hat{a} = \frac{1}{S}(S_{xX} \cdot S_{yy} - S_{Xy} \cdot S_{xy}) \quad \hat{b} = \frac{1}{S}(S_{Xy} \cdot S_{xx} - S_{xX} \cdot S_{xy})$$

$$\hat{c} = \frac{1}{S}(S_{xY} \cdot S_{yy} - S_{yY} \cdot S_{xy}) \quad \hat{d} = \frac{1}{S}(S_{yY} \cdot S_{xx} - S_{xY} \cdot S_{xy})$$

$$\hat{X}_0 = X_S - \hat{a} \cdot x_S - \hat{b} \cdot y_S$$

$$\hat{Y}_0 = Y_S - \hat{c} \cdot x_S - \hat{d} \cdot y_S$$

4. Aus $\hat{a}, \hat{b}, \hat{c}, \hat{d}$ kann man wie in (1.70) Maßstäbe und Winkel berechnen, wenn diese Werte gebraucht werden, z. B. zur
5. **Plausibilitätsüberprüfung:** Ggf. sollten wie bisher $\hat{m}_1 \approx 1$ und $\hat{m}_2 \approx 1$ oder nur $\hat{m}_1 \approx \hat{m}_2$ überprüft werden.
6. Alle Punkte werden mit diesen sechs Parametern $\hat{a}, \hat{b}, \hat{c}, \hat{d}, \hat{X}_0, \hat{Y}_0$ transformiert, also die identischen und die nicht identischen Punkte:

$$\hat{X}_j = \hat{X}_0 + \hat{a} \cdot x_j + \hat{b} \cdot y_j$$

$$\hat{Y}_j = \hat{Y}_0 + \hat{c} \cdot x_j + \hat{d} \cdot y_j$$

7. Schließlich werden für die Koordinaten der identischen Punkte die Verbesserungen wie in (1.65) berechnet.
8. **Plausibilitätsüberprüfung:** Diese Verbesserungen sollten betragskleine Größen sein, etwa in der Größenordnung der vermuteten Abweichungen der Zielsystemkoordinaten.

9. **Probe:** Es muss auch hier (1.66) gelten. Spannmaßproben sind hier ebenfalls nicht streng möglich. Die Probe durch Rückwärtstransformation ergibt ebenfalls nur noch genähert die erwarteten Ergebnisse, weil bei der Rückwärtstransformation in diesem Schema die Verbesserungen den Quellsystemkoordinaten zugeordnet werden.

🛑 **Aufgabe 1.34**

In Beispiel 1.28 wurde ein weiterer identischer Punkt F ermittelt:

Punkt	x in LE	y in LE	X in m	Y in m
F	0,183	0,446	171 346	161 507

Lösen Sie damit nochmals die Beispielaufgabe. Die Verbesserungen sollen den Blattkoordinaten (x, y) zugeordnet werden, so dass die gegebenen Koordinaten (X, Y) im aktuellen System als wahre Werte gelten.

▶ http://sn.pub/YfqBoZ

1.7 Lösungen

Zwischenergebnisse wurden sinnvoll gerundet, so können unbedeutende Abweichungen zur exakten Lösung entstehen.

Aufgabe 1.2: Von den 19 lösbaren Kombinationen sind sechs Kombinationen vom Typ SSW. Bei drei von ihnen liegt der gegebene Winkel der kürzeren Seite gegenüber, wonach die Lösung zweideutig ist, z. B. $a = 14{,}02$ m; $b = 17{,}11$ m; $\alpha = 41{,}413$ m. Hiernach ist sowohl $\beta_1 = 52{,}947$ gon, als auch $\beta_2 = 147{,}053$ gon möglich.

Aufgabe 1.3: $CD = 59{,}19$ m.

Aufgabe 1.4:

(a) Die Strecken sind $203{,}94$ m; $163{,}78$ m; $225{,}08$ m. Die Richtungswinkel sind $139{,}805$ gon; $22{,}679$ gon; $290{,}309$ gon.

(b) Die neuen Koordinaten sind $B'(136{,}12$ m; $464{,}81$ m); $C'(204{,}27$ m; $613{,}74$ m).

Aufgabe 1.5: Betrachten wir als Beispiel den Fall $a = 14{,}02$ m; $b = 17{,}11$ m; $\alpha = 41{,}413$ gon. Für $\beta_1 = 52{,}947$ gon erhielte man

$$F_1 = \frac{(14{,}02\,\text{m})^2}{2 \cdot (\cot(52{,}947\,\text{gon}) - \cot(41{,}413\,\text{gon} + 52{,}947\,\text{gon}))} = 119{,}47\,\text{m}^2$$

oder mit $\beta_2 = 147{,}053$ gon ergäbe sich $F_2 = 21{,}61$ m^2. Alternativ könnte man auch

$$F_1 = \frac{1}{2} \cdot 14{,}02\,\text{m} \cdot 17{,}11\,\text{m} \cdot \sin(41{,}413\,\text{gon} + 52{,}947\,\text{gon}) = 119{,}47\,\text{m}^2$$

berechnen und das Entsprechende für β_2.

Aufgabe 1.6: $F_{\text{ABCD}} = 2141{,}82$ m^2

◘ Abb. 1.41 zu Aufgabe 1.11

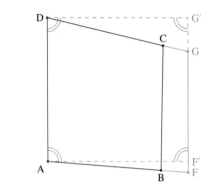

◘ Abb. 1.42 zu Aufgabe 1.12

Aufgabe 1.7: Lösungsidee: Eine Parallele zu einer schrägen Seite durch einen Eckpunkt zerlegt das Trapez in ein Dreieck und ein Parallelogramm.

Aufgabe 1.9: $F_{ABC} = F_{AB'C'} = 16\,100{,}6\,\text{m}^2$

Aufgabe 1.10:
(a) Aus (1.14) ergeben sich $PC = AC/\sqrt{2}$ und $QC = BC/\sqrt{2}$.
(b) Aus (1.15) ergibt sich: Der Punkt R muss BC halbieren.

Aufgabe 1.11: $F_{ABCD} = 1648{,}406\,\text{m}^2$ (s. ◘ Abb. 1.41)
(a) Parallelteilung: RT = 16,276 m; AP = 22,225 m; PQ = 52,628 m; QD = 25,104 m. Probe über die Berechnung des Flächeninhalts von Viereck BCQP, besser noch beider Teilvierecke.
(b) Senkrechtteilung: BE = 32,853 m; AE = 30,547 m; $F_{ABE} = 501{,}776\,\text{m}^2$; $F_{BERS} = 322{,}427\,\text{m}^2$; BS = 9,910 m; SR = 32,316 m; ER = 9,895 m; RA = 40,443 m. Probe über die Berechnung des Flächeninhalts von Viereck CDRS, besser noch beider Teilvierecke.

Aufgabe 1.12: Lösungsidee s. ◘ Abb. 1.42. Hinweis: Beachten Sie, dass AF′G′D ein Rechteck ist. F(17,34 m; 127,83 m); G(104,50 m; 120,23 m)

Aufgabe 1.13: 6267 km. Hinweis: Geben Sie für das Ergebnis nicht noch mehr Ziffern an, denn die Eingangsgrößen sind eigentlich schon für diese Angabe zu unsicher.

Aufgabe 1.14: Radius 7,51 m; Bogenlänge 7,25 m; Ordinatenwerte 0,43 m; 0,71 m; 0,84 m; 0,84 m; 0,70 m; 0,42 m.

■ **Abb. 1.43** zu Aufgabe 1.20

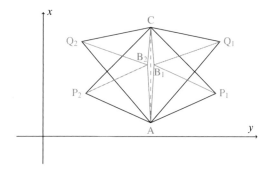

Aufgabe 1.15: Trotz flachem Bogen ergeben sich in den Sehnenlängen Abweichungen bis 0,04 m:
(a) $r = 4959,27$ m; $s_1 = 391,84$ m; $s_2 = 337,44$ m; $s_3 = 272,38$ m; $s_4 = 185,79$ m
(b) $r = 4961,70$ m; $s_1 = 391,86$ m; $s_2 = 337,47$ m; $s_3 = 272,42$ m; $s_4 = 185,82$ m

Aufgabe 1.16: $\omega_5 = (19{,}303\,\text{gon} + 25{,}738\,\text{gon})/2 = 22{,}520\,\text{gon}$; $\phi_5 = 11{,}260\,\text{gon}$; $e_5 = 30{,}292$ m

Aufgabe 1.17: Lösungsidee: Hierfür ist die Definition 1.2 nützlich.

Aufgabe 1.18: $b = 6\,356\,911{,}946$ m; $f' = 0{,}003\,378\,378\,4$; $n = 0{,}001\,686\,340\,6$; $e^2 = 0{,}006\,722\,670\,0$; $e'^2 = 0{,}006\,768\,170\,2$; $E = 522\,976{,}087$ m

Aufgabe 1.19: $E = (23{,}6 - 21{,}3)/2 = 1{,}15$; $b = \sqrt{a^2 - E^2} = 1{,}99$; $x_0 = 24{,}75$; $y_0 = 14{,}20$; $x_{30} = 24{,}44$; $y_{30} = 15{,}20$; $x_{60} = 23{,}60$; $y_{60} = 15{,}92$; $x_{90} = 22{,}450$; $y_{90} = 16{,}190$; ...

Aufgabe 1.20: Lösungsidee (siehe ■ Abb. 1.43): Ein lokales Koordinatensystem wird angelegt, z. B. mit der x-Achse parallel zu AC. Dann werden Bogenschnitte berechnet. Insgesamt gibt es vier Lösungen für B, wovon zwei sehr weit von AC entfernt liegen und somit verworfen werden. Die anderen beiden Lösungen haben den Abstand 0,82 m. Das Ergebnis ist also insofern eindeutig.

Aufgabe 1.21: $t_{AB} = 33{,}770\,\text{gon}$; $t_{CD} = 372{,}451\,\text{gon}$; $x_N = 19{,}49$ m; $y_N = 21{,}62$ m

Aufgabe 1.22:
(a) $x_M = 59{,}45$ m; $y_M = 65{,}06$ m; $r = 60{,}35$ m
(b) $t_{MD} = 336{,}62\,\text{gon}$; $x_D = 92{,}28$ m; $y_D = 14{,}41$ m

Aufgabe 1.23: Kreisgleichung mit eingesetzter Geradengleichung

$$(4728 + \tau \cdot (4884 - 4728) - 4823)^2 + (537 + \tau \cdot (566 - 537) - 606)^2 = 90^2$$

umgeformt

$$\tau^2 - 1{,}336\,220 \cdot \tau + 0{,}225\,841 = 0$$

Lösungen $\tau_1 = 1{,}137\,716$ und $\tau_2 = 0{,}198\,504$. Nur die zweite Lösung liegt zwischen Start und Ziel ($0 < \tau < 1$), ist also eindeutig: $N_{\text{Nord}} = 4759$ km, $N_{\text{Ost}} = 543$ km.

Aufgabe 1.24: Liegt N auf dem gefährlichen Kreis, sind (a) die Hilfspunkte C und D oder (b) die Punkte M und H identisch. t_{CD} bzw. t_{HM} kann nicht berechnet werden. (Durch Rundungsfehler könnte man allerdings trotzdem ein Ergebnis erhalten, das falsch ist.)

Aufgabe 1.25: Mit Rückwärtsschnitten entsprechend Beispiel 1.22 erhält man

$$x_Q = 339{,}836\,\text{m}; \quad y_Q = 449{,}097\,\text{m} \quad \text{und} \quad x_R = 322{,}576\,\text{m}; \quad y_R = 315{,}471\,\text{m}$$

In der Probe werden die Richtungssätze orientiert und damit die Richtungswinkel $t_{PN} = 216{,}820\,\text{gon}$; $t_{QN} = 207{,}539\,\text{gon}$ und $t_{RN} = 169{,}611\,\text{gon}$ erhalten. Den Punkt N erhält man durch einen Vorwärtsschnitt von zwei Punkten, am besten von P und R aus: $x_N = 115{,}770\,\text{m}$; $y_N = 422{,}441\,\text{m}$. Der Vorwärtsschnitt von Q und R aus ergibt $x_N = 115{,}774\,\text{m}\,\checkmark$; $y_N = 422{,}439\,\text{m}\,\checkmark$. Dies ist keine Rechenprobe, sondern deckt gleichzeitig Messabweichungen auf, also nur eine Plausibilitätsüberprüfung. (Der Vorwärtsschnitt von P und Q aus ist ungünstig, weil die zu schneidenden Strahlen nahezu parallel verlaufen.)

Aufgabe 1.26: $P_1(25{,}86;3{,}43)$; $P_2(24{,}51;9{,}51)$; $P_3(13{,}19;6{,}99)$; $P_4(14{,}54;0{,}91)$

Aufgabe 1.27: Lösungsidee: Gehen Sie zu Polarkoordinaten (e, t) über und berücksichtigen Sie die Additionstheoreme der Winkelfunktionen [4, S. 29].

Aufgabe 1.28: Mit einer Translation verschiebt man den Punkt A in den Koordinatenursprung. Dann führt man die Rotation um 50 gon aus und verschiebt den Punkt A wieder zurück an die vorherige Position. Die mittransformierten Punkte B und C gelangen an die Positionen B' und C'.

Aufgabe 1.29: $a = 0{,}9698$; $o = 0{,}2506$; $A = 0{,}9665$; $O = -0{,}2498$; $x_0 = -25{,}7903$; $y_0 = -7{,}7908$

Aufgabe 1.30: $m = 0{,}999\,832\,\text{LE/m}$; $\varepsilon = 0{,}660\,315\,652$; $A = 0{,}789\,666\,\text{LE/m}$; $O = 0{,}613\,263\,\text{LE/m}$; $x_D = 18{,}275\,\text{LE}$; $y_D = -36{,}421\,\text{LE}$; $e_{CD} = 51{,}352\,\text{LE}$. Schließlich ergibt sich $e_{CD}/m = 51{,}360\,\text{m}$. Die Probe sollte über Spannmaß AC erfolgen.

Aufgabe 1.31: s. Aufgabe 1.26.

Aufgabe 1.32: Die neuen Transformationsgleichungen lauten

$$X = m_1' \cdot (x + x_0) \cdot \cos\varepsilon' + m_2' \cdot (y + y_0) \cdot (\tan\tau' \cdot \cos\varepsilon' - \sin\varepsilon')$$
$$Y = m_1' \cdot (x + x_0) \cdot \sin\varepsilon' + m_2' \cdot (y + y_0) \cdot (\cos\varepsilon' + \tan\tau' \cdot \sin\varepsilon')$$

Aus der Umformung

$$X = m_1' \cdot x_0 \cdot \cos\varepsilon' + m_2' \cdot y_0 \cdot (\tan\tau' \cdot \cos\varepsilon' - \sin\varepsilon')$$
$$\quad + m_1' \cdot x \cdot \cos\varepsilon' + m_2' \cdot y \cdot (\tan\tau' \cdot \cos\varepsilon' - \sin\varepsilon')$$
$$Y = m_1' \cdot x_0 \cdot \sin\varepsilon' + m_2' \cdot y_0 \cdot (\cos\varepsilon' + \tan\tau' \cdot \sin\varepsilon')$$
$$\quad + m_1' \cdot x \cdot \sin\varepsilon' + m_2' \cdot y \cdot (\cos\varepsilon' + \tan\tau' \cdot \sin\varepsilon')$$

liest man die Beziehungen der Parameter ab:

$$X_0 = m_1' \cdot x_0 \cdot \cos \varepsilon' + m_2' \cdot y_0 \cdot (\tan \tau' \cdot \cos \varepsilon' - \sin \varepsilon')$$
$$Y_0 = m_1' \cdot x_0 \cdot \sin \varepsilon' + m_2' \cdot y_0 \cdot (\cos \varepsilon' + \tan \tau' \cdot \sin \varepsilon')$$

$$\varepsilon = \varepsilon', \ \tau = \tau', \ m_1 = m_1', \ m_2 = m_2'$$

Aufgabe 1.33: (a) Das Blattsystem (x, y) muss jetzt das Zielsystem sein. Beachten Sie, dass also (x, y) und (X, Y) jetzt vertauscht sind. Man erhält für die Vorwärtstransformation $m = 1{,}005\,84 \cdot 10^{-3}$ und $\varepsilon = 0{,}000\,456$ sowie $x_0 = -172{,}088$ m und $y_0 = -162{,}083$ m. Der transformierte Punkt E behält mit $x_E = 0{,}396$ m und $y_E = 0{,}349$ m seine Position aus Beispiel 1.28 bei. Die Rückwärtstransformation ergibt $X_D = 172\,014$ m und $Y_D = 162\,003$ m. D weicht um 3 m von seiner Position aus Beispiel 1.28 ab. Maßstab und Drehwinkel der Rückwärtstransformation liegen in der Größenordnung der Maßstäbe und Scherwinkel (≈ 0) aus Beispiel 1.28.

Aufgabe 1.34: Das Blattsystem (x, y) muss jetzt das Zielsystem sein. Beachten Sie, dass also (x, y) und (X, Y) jetzt vertauscht sind. Die Transformationsparameter $(X, Y) \rightarrow (x, y)$ sind

$$A = 0{,}001\,008\,63; \qquad B = -0{,}430\,77 \cdot 10^{-6}; \quad x_0 = -172{,}5720 \,\text{LE}$$
$$C = -1{,}3875 \cdot 10^{-6}; \quad D = 0{,}001\,004\,62; \qquad y_0 = -161{,}5701 \,\text{LE}$$

Die Anwendung dieser Transformation auf E liefert $x_E = 0{,}3957$ LE; $y_E = 0{,}3493$ LE. Die Parameter der Rückwärtstransformation $(x, y) \rightarrow (X, Y)$ sind

$$a = 991{,}446; \quad b = 0{,}425\,11; \quad X_0 = 171\,164{,}5 \,\text{m}$$
$$c = 1{,}3693; \quad d = 995{,}397; \quad Y_0 = 161\,062{,}7 \,\text{m}$$

Die Anwendung dieser Transformation auf D liefert $X_D = 172\,013$ m und $Y_D = 162\,005$ m.

Literatur

1. Bartsch HJ (2014) Taschenbuch mathematischer Formeln für Ingenieure und Naturwissenschaftler. 23. überarbeitete Auflage, Carl Hanser Verlag, München. ISBN 978-3-446-43800-2
2. Bauer M (2018) Vermessung und Ortung mit Satelliten. 7. neu bearbeitete und erweiterte Auflage, Herbert Wichmann Verlag, Berlin. ISBN 978-3-87907-634-5
3. Font-Llagunes JM, Batlle JA (2009) New Method That Solves the Three-Point Resection Problem Using Straight Lines Intersection. J Surv Eng 135(2):39–45. https://doi.org/10.1061/(ASCE)0733-9453(2009)135:2(39)
4. Gruber FJ, Joeckel R (2018) Formelsammlung für das Vermessungswesen. 19. aktualisierte Auflage, Springer Vieweg, Wiesbaden. ISBN 978-3-658-15019-8
5. Heck B (1995) Rechenverfahren und Auswertemodelle der Landesvermessung. 2. durchges. und verb. Auflage, Herbert Wichmann Verlag, Heidelberg. ISBN 3-87907-269-8
6. Kahmen H (2006) Angewandte Geodäsie: Vermessungskunde. 20. völlig neu bearbeitete Auflage, Walter de Gruyter, Berlin New York. ISBN 3-11-017545-2
7. Lelgemann D (2001) Eratosthenes von Kyrene und die Messtechnik der alten Kulturen. Chmielorz Verlag, Wiesbaden. ISBN 978-3-871-24260-1

1

8. Moritz H (2000) Geodetic Reference System 1980. J Geod 74(1):128–162. https://doi.org/10.1007/s001900050278

9. Nitschke M (2020) Geometrie – Anwendungsbezogene Grundlagen und Beispiele für Ingenieure. 4. aktualisierte Auflage, Carl Hanser Verlag, München. ISBN 978-3446467484

10. Witte B, Sparla P, Blankenbach J (2020) Vermessungskunde für das Bauwesen mit Grundlagen des Building Information Modeling (BIM) und der Statistik. 9. neu bearbeitete und erweiterte Auflage, Herbert Wichmann Verlag, Heidelberg. ISBN 978-3-87907-657-4

Berechnungen im Raum

R. Lehmann, *Geodätische und statistische Berechnungen*, https://doi.org/10.1007/978-3-662-66464-3_2

2

In diesem Kapitel behandeln wir geodätische Berechnungen im dreidimensionalen Euklidischen Raum. Diese sind in der modernen Geodäsie wichtiger als in der klassischen Geodäsie, denn anders als noch vor wenigen Jahrzehnten haben wir Messverfahren zur Verfügung, die unmittelbar dreidimensional arbeiten. Beispiele hierfür sind Laserscanner und -tracker, Satellitentechnologien (z. B. GNSS) sowie Inertialnavigationssysteme.

2.1 Räumliche Koordinatenrechnung

2.1.1 Arten von räumlichen Koordinatensystemen

Bei kartesischen Koordinatensystemen unterscheidet man im dreidimensionalen Raum genauso wie in der Ebene zwischen Links- und Rechtssystemen. Bei räumlichen Systemen gilt folgende Regel: Daumen (X), Zeigefinger (Y) und Mittelfinger (Z) der linken Hand spannen ein Linkssystem auf, dieselben Finger der rechten Hand ein Rechtssystem (◘ Abb. 2.1). Man nennt diese Systeme auch *linkshändig* und *rechtshändig*. Außerdem gibt es im Wesentlichen *geozentrische* und *topozentrische* Systeme, bei denen der Koordinatenursprung entweder im Geozentrum (eine Art Erdmittelpunkt) oder im Topozentrum (Punkt nahe der Erdoberfläche, z. B. Mittelpunkt des Aufnahmeinstrumentes) liegt [4, S. 31], [12, S. 14]. Geozentrische Systeme sind in der Geodäsie traditionell meist Rechtssysteme und topozentrische Systeme sind oft Linkssysteme.

> **Hinweis 2.1**
> Überzeugen Sie sich immer von der Art des Koordinatensystems, mit dem Sie es zu tun haben.

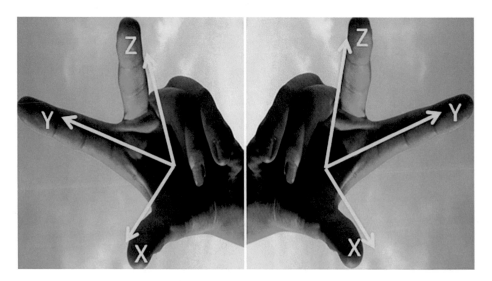

◘ **Abb. 2.1** Linkshändiges und rechtshändiges kartesisches Koordinatensystem (Links- und Rechtssystem)

◻ Tab. 2.1 Zwei Typen räumlicher kartesischer Koordinatensysteme

	Geozentrisches Rechtssystem	**Topozentrisches Linkssystem**
Koordinaten-ursprung O	Geozentrum (Modell des Erdmittelpunktes)	Ein definierter Punkt nahe der Erdoberfläche (Topozentrum), z. B. Mittelpunkt des Aufnahmeinstrumentes
Z-Achse	Modell der Erdrotationsachse, nach Nord (Austrittspunkt aus dem Erdkörper: Nordpol)	Lokale Lotgerade, zum Zenit (d. h. lotrecht nach oben)
X-Achse	In der Meridianebene von Greenwich (Austrittspunkt aus dem Erdkörper: im Golf von Guinea)	Lokale Nordrichtung in der lokalen Horizontebene, z. B. Schnitt dieser Ebene mit der lokalen Meridianebene
Y-Achse	Ergänzt zum Rechtssystem (Austrittspunkt aus dem Erdkörper: westlich von Sumatra)	Lokale Ostrichtung, d. h. Ergänzung zum kartesischen Linkssystem

◻ Tab. 2.1 zeigt zwei wichtige Typen *räumlicher kartesischer Koordinatensysteme.* Das dort dargestellte topozentrische Linkssystem wird auch verkürzt mit NEU (North-East-Up) gekennzeichnet. Manchmal verwendet man aber auch das topozentrische Rechtssystem ENU (East-North-Up). Präzisere Definitionen dieser Systeme sind Gegenstand von ▶ Kap. 3 dieses Buches. Auch mit *polaren Koordinaten* können räumliche Punkte beschrieben werden. Dabei gibt es mehrere Möglichkeiten (s. ◻ Abb. 2.2):

1. im topozentrischen System
   a) Kugelkoordinaten: Schrägstrecke s (auch Raumstrecke genannt), Richtungswinkel t oder Horizontalrichtung r, Zenitwinkel v
   b) Zylinderkoordinaten: Horizontalstrecke e, Richtungswinkel t oder Horizontalrichtung r, Höhendifferenz Δh
2. im geozentrischen System
   a) Kugelkoordinaten[1, S. 259],[DIN 4895]: geozentrischer Abstand r, ellipsoidische Länge λ, geozentrische Breite ψ (s. ▶ Abschn. 3.1.2)
   b) Zylinderkoordinaten[1, S. 259],[DIN 4895]: mit Koordinate Z statt ψ (in der Geodäsie praktisch kaum gebräuchlich)
   c) ellipsoidische Koordinaten: ellipsoidische Breite ϕ, ellipsoidische Länge λ, ellipsoidische Höhe h (Diese Koordinaten werden ausführlich in ▶ Abschn. 3.1 behandelt.)

◻ Abb. 2.2 Kugelkoordinaten und Zylinderkoordinaten (P′ in der (x, y)- oder (X, Y)-Ebene)

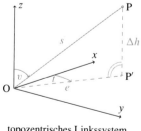

topozentrisches Linkssystem

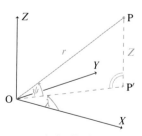

geozentrisches Rechtssystem

> **Hinweis 2.2**
>
> Die Verwendung von Kugelkoordinaten bedeutet nicht, dass die Erdfigur als Kugel aufgefasst wird.

2.1.2 Räumliche geodätische Hauptaufgaben

Die geodätischen Hauptaufgaben in der Ebene (s. ▶ Abschn. 1.2.2, 1.2.3) werden jetzt um die dritte Dimension erweitert.

Mit folgenden Formeln können polare Koordinaten s_{PQ}, t_{PQ}, v_{PQ} und kartesische Koordinaten x_Q, y_Q, z_Q eines Punktes Q bezogen auf ein Topozentrum P im topozentrischen Linkssystem ineinander umgerechnet werden:

$$
\begin{aligned}
x_Q &= x_P + s_{PQ} \cdot \cos t_{PQ} \cdot \sin v_{PQ} \\
y_Q &= y_P + s_{PQ} \cdot \sin t_{PQ} \cdot \sin v_{PQ} \\
z_Q &= z_P + s_{PQ} \cdot \cos v_{PQ}
\end{aligned}
\tag{2.1}
$$

$$
s_{PQ} = \sqrt{(x_Q - x_P)^2 + (y_Q - y_P)^2 + (z_Q - z_P)^2}
\tag{2.2}
$$

$$
t_{PQ} = \arctan \frac{y_Q - y_P}{x_Q - x_P}
\tag{2.3}
$$

$$
v_{PQ} = \operatorname{arccot} \frac{z_Q - z_P}{\sqrt{(x_Q - x_P)^2 + (y_Q - y_P)^2}}
\tag{2.4}
$$

x_P, y_P, z_P sind die Koordinaten des Topozentrums P, welche nicht immer mit Null festgelegt sind. Diese Formeln sind Verallgemeinerungen von (1.3)–(1.8) für $z_P \neq z_Q$.

▶ **Beispiel 2.1**

In einer geneigten Ebene wurden vom Tachymeterstandpunkt S aus vier Punkte A, B, C, P gemessen:

Standpunkt S	r in gon	v in gon	s in m
Zielpunkt A	0,00	90,68	17,11
Zielpunkt B	16,10	95,92	27,45
Zielpunkt C	23,06	96,34	29,34
Zielpunkt P	43,37	93,35	–

Die Schrägstrecke AB sowie Richtungs- und Neigungswinkel von AB sollen bestimmt werden. (Die anderen Zielpunkte werden in der Aufgabe 2.1 und in den Beispielen 2.3–2.5 benutzt.) ◀

▶ **Lösung**

Ein topozentrisches kartesisches Linkssystem mit Ursprung im Punkt S und x-Achse in Horizontalrichtung $r = 0$ wird festgelegt. Dann sind die Horizontalrichtungen r gleichzeitig Richtungswinkel t. Dem Punkt S sollen die Koordinaten $x_S = y_S = z_S = 100{,}000$ m zugeordnet werden, um negative Koordinaten zu vermeiden. Wir erhalten aus (2.1) folgende kartesischen Zielpunktkoordinaten:

$$x_A = 100{,}000\,\text{m} + 17{,}11\,\text{m} \cdot \cos(0{,}00\,\text{gon}) \cdot \sin(90{,}68\,\text{gon}) = 116{,}927\,\text{m}$$

$$y_A = 100{,}000\,\text{m} + 17{,}11\,\text{m} \cdot \sin(0{,}00\,\text{gon}) \cdot \sin(90{,}68\,\text{gon}) = 100{,}000\,\text{m}$$

$$z_A = 100{,}000\,\text{m} + 17{,}11\,\text{m} \cdot \cos(90{,}68\,\text{gon}) = 102{,}496\,\text{m}$$

$$x_B = 100{,}000\,\text{m} + 27{,}45\,\text{m} \cdot \cos(16{,}10\,\text{gon}) \cdot \sin(95{,}92\,\text{gon}) = 126{,}522\,\text{m}$$

$$y_B = 100{,}000\,\text{m} + 27{,}45\,\text{m} \cdot \sin(16{,}10\,\text{gon}) \cdot \sin(95{,}92\,\text{gon}) = 106{,}854\,\text{m}$$

$$z_B = 100{,}000\,\text{m} + 27{,}45\,\text{m} \cdot \cos(95{,}92\,\text{gon}) = 101{,}758\,\text{m}$$

Die gesuchten Größen sind nun die polaren Koordinaten von B vom Ursprung A aus gesehen. Aus (2.2)–(2.4) erhält man:

$$s_{AB} = \sqrt{(126{,}522 - 116{,}927)^2 + (106{,}854 - 100{,}000)^2 + (101{,}758 - 102{,}496)^2}\,\text{m}$$

$$= \underline{11{,}815\,\text{m}}$$

$$t_{AB} = \arctan \frac{106{,}854 - 100{,}000}{126{,}522 - 116{,}927} = \underline{39{,}48\,\text{gon}}$$

$$v_{AB} = \operatorname{arccot} \frac{101{,}758 - 102{,}496}{\sqrt{(126{,}522 - 116{,}927)^2 + (106{,}854 - 100{,}000)^2}} = 103{,}98\,\text{gon}$$

Der Neigungswinkel von AB beträgt also $\underline{-3{,}98\,\text{gon}}$, d. h. von A nach B abfallend.

▶ http://sn.pub/yUbE5J ◀

🔴 **Aufgabe 2.1**

Bestimmen Sie in Beispiel 2.1 die Schrägstrecke AC und den Neigungswinkel von AC.

▶ http://sn.pub/AijgYb

2.2 Grundelemente der räumlichen Geometrie

In diesem Abschnitt werden Kenntnisse über räumliche Geometrie aus der Schulmathematik vorausgesetzt. Diese können z. B. in [1, S. 147ff], [8, S. 54ff] nachgelesen werden.

Definition 2.1 (Ortsvektor)

Ein *Ortsvektor* $\vec{v}$ ist ein Vektor vom Koordinatenursprung zum zugehörigen Punkt, wobei die Komponenten des Vektors die kartesischen Koordinaten dieses Punktes sind. $\vec{v}_P$ bezeichnet im Folgenden speziell einen Ortsvektor zum Punkt P.

Mit $|\vec{a}|$ bezeichnen wir den Betrag (die Länge) des Vektors $\vec{a}$. Mit $\vec{a} \cdot \vec{b}$ bezeichnen wir das *Skalarprodukt* (inneres Produkt) und mit $\vec{a} \times \vec{b}$ das *Kreuzprodukt* (Vektorprodukt oder äußeres Produkt) der Vektoren $\vec{a}, \vec{b}$.

2.2.1 Wichtige Grundformeln und Grundaufgaben der räumlichen Geometrie

In den ◘ Tab. 2.2, 2.3 und 2.4 finden Sie die wichtigsten Grundformeln und Grundaufgaben der räumlichen Geometrie zusammengestellt.

▶ **Beispiel 2.2**

Mit den Messwerten aus Beispiel 2.1 soll der Abstand des Punktes C von der Geraden AB bestimmt werden. ◄

▶ **Lösung**

Zunächst berechnen wir wie in Beispiel 2.1:

$$x_C = 100{,}000\,\mathrm{m} + 29{,}34\,\mathrm{m} \cdot \cos(23{,}06\,\mathrm{gon}) \cdot \sin(96{,}34\,\mathrm{gon}) = 127{,}391\,\mathrm{m}$$

$$y_C = 100{,}000\,\mathrm{m} + 29{,}34\,\mathrm{m} \cdot \sin(23{,}06\,\mathrm{gon}) \cdot \sin(96{,}34\,\mathrm{gon}) = 110{,}380\,\mathrm{m}$$

$$z_C = 100{,}000\,\mathrm{m} + 29{,}34\,\mathrm{m} \cdot \cos(96{,}34\,\mathrm{gon}) = 101{,}686\,\mathrm{m}$$

Mit einem Richtungsvektor der Geraden AB

$$\vec{g} := \vec{v}_B - \vec{v}_A = \begin{pmatrix} 9{,}595\,\mathrm{m} \\ 6{,}854\,\mathrm{m} \\ -0{,}738\,\mathrm{m} \end{pmatrix}, \quad |\vec{g}| = 11{,}815\,\mathrm{m}$$

erhalten wir mit der entsprechenden Formel aus ◘ Tab. 2.3 den gesuchten Abstand:

$$\sqrt{|\vec{v}_C - \vec{v}_A|^2 - \left(\frac{(\vec{v}_C - \vec{v}_A) \cdot \vec{g}}{|\vec{g}|} \right)^2} = \sqrt{(14{,}761\,\mathrm{m})^2 - (14{,}570\,\mathrm{m})^2} = \underline{2{,}366\,\mathrm{m}} \; \blacktriangleleft$$

◘ **Tab. 2.2** Geraden-, Ebenen- und Kugelgleichungen

	Parameterform	Parameterfreie Form
Geradengleichung	$\vec{v} = \vec{v}_0 + \tau \cdot \vec{g}$	$(\vec{v} - \vec{v}_0) \times \vec{g} = \vec{0}$
Ebenengleichung	$\vec{v} = \vec{v}_0 + \tau_1 \cdot \vec{e}_1 + \tau_2 \cdot \vec{e}_2$	$\vec{n} \cdot \vec{v} = \vec{n} \cdot \vec{v}_0 = d$
Kugelgleichung	$\vec{v} = \vec{v}_M + r \cdot \begin{pmatrix} \cos\tau_1 \cdot \sin\tau_2 \\ \sin\tau_1 \cdot \sin\tau_2 \\ \cos\tau_2 \end{pmatrix}$	$|\vec{v} - \vec{v}_M| = r$

$\vec{v}_0$ ist der Ortsvektor zu einem beliebigen Punkt in der Geraden oder Ebene. $\vec{g} \neq \vec{0}$ ist der Richtungsvektor, der in Richtung der Geraden zeigt. $\vec{e}_1, \vec{e}_2 \neq \vec{0}$ sind die Richtungsvektoren, die die Ebene aufspannen. $\vec{n} \neq \vec{0}$ ist der Normalenvektor, der senkrecht auf der Ebene steht. $|d|/|\vec{n}|$ definiert den Abstand der Ebene vom Koordinatenursprung O. Wenn $d > 0$ ist, zeigt $\vec{n}$ von O in Richtung der Ebene, wenn $d < 0$ ist, umgekehrt. $\vec{v}_M$ zeigt zum Mittelpunkt der Kugel und r ist ihr Radius. τ, τ_1, τ_2 sind reelle Parameter, die den interessierenden Punkt auf der Geraden, Ebene oder Kugel adressieren.

◻ Tab. 2.3 Grundaufgaben der räumlichen Geometrie Teil 1

Grundaufgabe	Berechnung
$\mathcal{G}$ durch P, Q	$\vec{v}_0 := \vec{v}_\text{P}, \quad \vec{g} := \vec{v}_\text{Q} - \vec{v}_\text{P}$
$\mathcal{G}$ durch P und $\perp \mathcal{E}$	$\vec{v}_0 := \vec{v}_\text{P}, \quad \vec{g} := \vec{n}$
$\mathcal{E}$ durch $\mathcal{G}$, P	$\vec{n} := (\vec{v}_\text{P} - \vec{v}_0) \times \vec{g}, \quad d := \vec{n} \cdot \vec{v}_\text{P} = \vec{n} \cdot \vec{v}_0$
$\mathcal{E}$ durch P und $\perp \mathcal{G}$	$\vec{n} := \vec{g}, \quad d := \vec{n} \cdot \vec{v}_\text{P}$
$\mathcal{E}$ durch P, Q, R	$\vec{n} := (\vec{v}_\text{Q} - \vec{v}_\text{P}) \times (\vec{v}_\text{R} - \vec{v}_\text{P}), \quad d := \vec{n} \cdot \vec{v}_\text{P} = \vec{n} \cdot \vec{v}_\text{Q} = \vec{n} \cdot \vec{v}_\text{R}$
$\mathcal{K}$ durch P, Q, R, S	S. ▶ Abschn. 2.2.2
$\mathcal{G}' \perp \mathcal{G}$ und $\parallel \mathcal{E}$	$\vec{g}' := \vec{n} \times \vec{g}$
$\mathcal{E}' \parallel \mathcal{E}$ durch P	$\vec{n}' := \vec{n}, \quad d' := \vec{n} \cdot \vec{v}_\text{P}$
$\mathcal{E}' \parallel \mathcal{E}$ im Abstand h	$\vec{n}' := \vec{n}, \quad d' := d \pm h \cdot \lvert\vec{n}\rvert$
Abstand(P, Q)	$\lvert\vec{v}_\text{Q} - \vec{v}_\text{P}\rvert$
Abstand(P, $\mathcal{G}$)	$\sqrt{\lvert\vec{v}_\text{P} - \vec{v}_0\rvert^2 - \left(\dfrac{(\vec{v}_\text{P} - \vec{v}_0) \cdot \vec{g}}{\lvert\vec{g}\rvert}\right)^2}$
Abstand(P, $\mathcal{E}$)	$\dfrac{\lvert\vec{n} \cdot \vec{v}_\text{P} - d\rvert}{\lvert\vec{n}\rvert}$
Abstand(P, $\mathcal{K}$)	$\left\lvert \lvert\vec{v}_\text{P} - \vec{v}_\text{M}\rvert - r \right\rvert$
Projektion P $\to \mathcal{G}$	$\vec{v} = \vec{v}_0 + \dfrac{(\vec{v}_\text{P} - \vec{v}_0) \cdot \vec{g}}{\lvert\vec{g}\rvert^2} \cdot \vec{g}$
Projektion P $\to \mathcal{E}$	$\vec{v} = \vec{v}_\text{P} + \dfrac{d - \vec{n} \cdot \vec{v}_\text{P}}{\lvert\vec{n}\rvert^2} \cdot \vec{n}$
Projektion P $\to \mathcal{K}$	$\vec{v} = \vec{v}_\text{M} \pm r \cdot \dfrac{\vec{v}_\text{P} - \vec{v}_\text{M}}{\lvert\vec{v}_\text{P} - \vec{v}_\text{M}\rvert}$

$\mathcal{E}, \mathcal{E}'$ = Ebenen, $\mathcal{G}, \mathcal{G}'$ = Geraden, $\mathcal{K}, \mathcal{K}'$ = Kugeln, P, Q, R, S = Punkte. Als Projektion wird immer die senkrechte Parallelprojektion verstanden. Richtungsvektoren $\vec{g}, \vec{g}'$ und Normalenvektoren $\vec{n}, \vec{n}'$ dürfen beliebige Längen größer Null haben. Es gibt einige Sonderfälle, in denen diese Formeln nicht anwendbar sind. Dann wird eine Division durch Null oder eine nicht-reelle Wurzel auftreten.

▶ **Probe**

$$\sqrt{\lvert\vec{v}_\text{C} - \vec{v}_\text{B}\rvert^2 - \left(\frac{(\vec{v}_\text{C} - \vec{v}_\text{B}) \cdot \vec{g}}{\lvert\vec{g}\rvert}\right)^2} = \sqrt{(3{,}632\,\text{m})^2 - (2{,}756\,\text{m})^2} = 2{,}366\,\text{m} \checkmark$$

▶ http://sn.pub/anZZPO ◀

▶ **Beispiel 2.3**

Mit den Messwerten aus Beispiel 2.1 sollen von S aus die polaren Absteckwerte eines Punktes D auf der Geraden AB bestimmt werden, der von A genau 5,000 m in Richtung von B entfernt liegt. ◀

2

◘ **Tab. 2.4** Grundaufgaben der räumlichen Geometrie Teil 2. Siehe auch Erläuterungen zu ◘ Tab. 2.3.

Grundaufgabe	Berechnung
Schnitt(G, E)	$\vec{v} = \vec{v}_0 + \dfrac{d - \vec{n} \cdot \vec{v}_0}{\vec{n} \cdot \vec{g}} \cdot \vec{g}$
Schnitt(E, E')	$\vec{g} := \vec{n} \times \vec{n}', \qquad \vec{v}_0 := \begin{pmatrix} n_x & n_y & n_z \\ n_x' & n_y' & n_z' \\ g_x & g_y & g_z \end{pmatrix}^{-1} \cdot \begin{pmatrix} d \\ d' \\ 0 \end{pmatrix}$
Schnitt(E, K)	$\vec{v}_{M'} = \vec{v}_M + \dfrac{d - \vec{n} \cdot \vec{v}_M}{|\vec{n}|^2} \cdot \vec{n}, \qquad r' = \sqrt{r^2 - |\vec{v}_{M'} - \vec{v}_M|^2}$
	M' ist der Mittelpunkt des Schnittkreises und r' sein Radius.
Schnitt(G, K)	$\vec{v} = \vec{v}_0 + \left[p \pm \sqrt{p^2 - \dfrac{|\vec{v}_M - \vec{v}_0|^2 - r^2}{|\vec{g}|^2}} \, \right] \cdot \vec{g}$
	$p := \dfrac{(\vec{v}_M - \vec{v}_0) \cdot \vec{g}}{|\vec{g}|^2}$
Schnitt(K, K')	$\vec{v}_{M''} = (1/2 + \tau) \cdot \vec{v}_M + (1/2 - \tau) \cdot \vec{v}_{M'}$
	$\tau := \dfrac{r^2 - r'^2}{2 \cdot |\vec{v}_M - \vec{v}_{M'}|^2}, \qquad r'' = \sqrt{r^2 - (1/2 + \tau)^2 |\vec{v}_M - \vec{v}_{M'}|^2}$
	M'' ist der Mittelpunkt des Schnittkreises und r'' sein Radius.
Neigung(E)	Neigungswinkel $= \arccos(n_z / |\vec{n}|)$
Falllinie(E)	Richtungswinkel $= \arctan \dfrac{n_y \cdot n_z}{n_x \cdot n_z}$, (Quadrantenregel beachten)

▶ **Lösung**

D hat mit $\vec{g}$ aus Beispiel 2.2 die kartesischen Koordinaten

$$\vec{v}_D = \vec{v}_A + 5{,}000\,\text{m} \cdot \frac{\vec{g}}{|\vec{g}|} = \begin{pmatrix} 120{,}988\,\text{m} \\ 102{,}901\,\text{m} \\ 102{,}184\,\text{m} \end{pmatrix}$$

Diese lassen sich mit (2.2)–(2.4) in polare Koordinaten umrechnen:

$$s_{SD} = \sqrt{(x_D - x_S)^2 + (y_D - y_S)^2 + (z_D - z_S)^2}$$
$$= \sqrt{(20{,}988\,\text{m})^2 + (2{,}901\,\text{m})^2 + (2{,}184\,\text{m})^2} = \underline{21{,}30\,\text{m}}$$

$$t_{SD} = \arctan \frac{y_D - y_S}{x_D - x_S} = \arctan \frac{2{,}901\,\text{m}}{20{,}988\,\text{m}} = \underline{8{,}74\,\text{gon}}$$

$$v_{SD} = \text{arccot} \frac{z_D - z_S}{\sqrt{(x_D - x_S)^2 + (y_D - y_S)^2}}$$

$$= \text{arccot} \frac{2{,}184\,\text{m}}{\sqrt{(20{,}988\,\text{m})^2 + (2{,}901\,\text{m})^2}} = \underline{93{,}46\,\text{gon}}$$

▶ http://sn.pub/WGLgc9 ◀

► **Beispiel 2.4**

Mit den Messwerten aus Beispiel 2.1 soll eine parameterfreie Form der Ebenengleichung (s. ◻ Tab. 2.2) der Ebene durch A, B und C aufgestellt und der Neigungswinkel dieser Ebene sowie der Richtungswinkel der Falllinie berechnet werden. ◄

► **Lösung**

Mit den Formeln aus ◻ Tab. 2.3 ($\mathcal{E}$ durch P, Q, R) erhalten wir:

$$\vec{n} = (\vec{v}_B - \vec{v}_A) \times (\vec{v}_C - \vec{v}_A)$$

$$= \begin{pmatrix} 9{,}595\,\text{m} \\ 6{,}854\,\text{m} \\ -0{,}738\,\text{m} \end{pmatrix} \times \begin{pmatrix} 10{,}464\,\text{m} \\ 10{,}380\,\text{m} \\ -0{,}810\,\text{m} \end{pmatrix} = \begin{pmatrix} 2{,}109\,\text{m}^2 \\ 0{,}050\,\text{m}^2 \\ 27{,}876\,\text{m}^2 \end{pmatrix}$$

$$d = \vec{n} \cdot \vec{v}_A = 3108{,}8\,\text{m}^3$$

Somit lautet eine parameterfreie Form der Ebenengleichung der Ebene durch A, B und C (s. ◻ Tab. 2.2):

$$\begin{pmatrix} 2{,}109 \\ 0{,}050 \\ 27{,}876 \end{pmatrix} \cdot \vec{v} = 3108{,}8\,\text{m}$$

Wir setzen die Punkte B und C in die Ebenengleichung ein und überprüfen damit, dass B und C in der berechneten Ebene liegen:

$$\begin{pmatrix} 2{,}109 \\ 0{,}050 \\ 27{,}876 \end{pmatrix} \cdot \begin{pmatrix} 126{,}522\,\text{m} \\ 106{,}854\,\text{m} \\ 101{,}758\,\text{m} \end{pmatrix} = 3108{,}8\,\text{m} \checkmark$$

$$\begin{pmatrix} 2{,}109 \\ 0{,}050 \\ 27{,}876 \end{pmatrix} \cdot \begin{pmatrix} 127{,}391\,\text{m} \\ 110{,}380\,\text{m} \\ 101{,}686\,\text{m} \end{pmatrix} = 3108{,}8\,\text{m} \checkmark$$

Der Neigungswinkel der Ebene beträgt mit der Formel aus ◻ Tab. 2.4

$$\arccos \frac{n_z}{|\vec{n}|} = \arccos \frac{27{,}876}{\sqrt{2{,}109^2 + 0{,}050^2 + 27{,}876^2}} = \underline{4{,}81\,\text{gon}}$$

Der Richtungswinkel der Falllinie beträgt mit der Formel aus ◻ Tab. 2.4

$$\arctan \frac{n_y \cdot n_z}{n_x \cdot n_z} = \arctan \frac{0{,}050 \cdot 27{,}876}{2{,}109 \cdot 27{,}876} = \underline{1{,}51\,\text{gon}}$$

Zähler und Nenner sind positiv, also liegt der Winkel im ersten Quadrant.
► http://sn.pub/vZvKUx ◄

Nach (2.1) ist eine mögliche Darstellung des Richtungsvektors:

$$\vec{g} = \begin{pmatrix} \cos t \cdot \sin v \\ \sin t \cdot \sin v \\ \cos v \end{pmatrix} \tag{2.5}$$

2

mit den Richtungs- und Zenitwinkeln t, v der Geraden oder auch mit der Richtung r, wenn die x-Achse nicht nach Nord orientiert ist. s_{PQ} nimmt die Funktion des Geradenparameters τ in ◻ Tab. 2.2 wahr.

❶ Aufgabe 2.2
Überzeugen Sie sich, dass in (2.5) automatisch $|\vec{g}| = 1$ gilt.

▶ Beispiel 2.5

Mit den Messwerten aus Beispiel 2.1 wollen wir die Koordinaten des Punktes P berechnen, der in der Ebene durch A, B, C liegt. ◀

▶ Lösung

Wir benötigen hier den Schnittpunkt der Geraden SP mit der Ebene aus Beispiel 2.4. Dazu finden wir in ◻ Tab. 2.4 die entsprechende Formel „Schnitt(G, E)". $\vec{n}$ und d können wir der Lösung von Beispiel 2.4 entnehmen. Für $\vec{v}_0$ können wir den Ortsvektor $\vec{v}_S$ verwenden. Den Richtungsvektor (2.5) berechnen wir aus Richtungs- und Zenitwinkel t_{SP}, v_{SP} zum Punkt P:

$$\vec{g} = \begin{pmatrix} \cos t_{SP} \cdot \sin v_{SP} \\ \sin t_{SP} \cdot \sin v_{SP} \\ \cos v_{SP} \end{pmatrix} = \begin{pmatrix} 0{,}772\,55 \\ 0{,}626\,34 \\ 0{,}104\,27 \end{pmatrix}$$

Mit der Formel aus ◻ Tab. 2.4 erhalten wir für den Schnitt von Gerade und Ebene

$$\vec{v}_P = \begin{pmatrix} 100{,}00\,\text{m} \\ 100{,}00\,\text{m} \\ 100{,}00\,\text{m} \end{pmatrix} + \frac{3108{,}8\,\text{m} - 3003{,}5\,\text{m}}{4{,}566\,34} \cdot \begin{pmatrix} 0{,}772\,55 \\ 0{,}626\,34 \\ 0{,}104\,27 \end{pmatrix} = \begin{pmatrix} 117{,}815\,\text{m} \\ 114{,}443\,\text{m} \\ 102{,}404\,\text{m} \end{pmatrix}$$

Im Ergebnis haben wir also

$$x_P = \underline{117{,}82\,\text{m}}; \quad y_P = \underline{114{,}44\,\text{m}}; \quad z_P = \underline{102{,}40\,\text{m}} \blacktriangleleft$$

▶ Probe

Wir setzen P in die parameterfreien Gleichungen der Gerade und Ebene ein (s. ◻ Tab. 2.2):

$$\begin{pmatrix} 17{,}815\,\text{m} \\ 14{,}443\,\text{m} \\ 2{,}404\,\text{m} \end{pmatrix} \times \begin{pmatrix} 0{,}772\,55 \\ 0{,}626\,34 \\ 0{,}104\,27 \end{pmatrix} = \begin{pmatrix} 0{,}0003\,\text{m} \\ -0{,}0004\,\text{m} \\ 0{,}0003\,\text{m} \end{pmatrix} = \vec{0} \checkmark$$

$$\begin{pmatrix} 2{,}109 \\ 0{,}050 \\ 27{,}876 \end{pmatrix} \cdot \begin{pmatrix} 117{,}815\,\text{m} \\ 114{,}443\,\text{m} \\ 102{,}404\,\text{m} \end{pmatrix} = 3108{,}8\,\text{m} \checkmark$$

▶ http://sn.pub/JM924R ◀

> **Hinweis 2.3**

Um zu überprüfen, ob vier Punkte A, B, C, D in einer Ebene liegen, bildet man das *Spatprodukt* [1, S. 255] dreier beliebiger Differenzvektoren, z. B.:

$$\det\begin{pmatrix} x_B - x_A & x_C - x_A & x_D - x_A \\ y_B - y_A & y_C - y_A & y_D - y_A \\ z_B - z_A & z_C - z_A & z_D - z_A \end{pmatrix} \tag{2.6}$$

Ist dieses gleich Null, so liegen die vier Punkte A, B, C, D in einer Ebene, d. h. sie sind *komplanar*. Hätte man wie in Beispiel 2.4 bereits eine Ebene durch drei beliebige dieser Punkte konstruiert, könnte man ebenso mit der Formel aus ◻ Tab. 2.3 den Abstand des vierten Punktes von dieser Ebene ermitteln. Ist dieser Null, liegt Komplanarität vor.

> **Aufgabe 2.3**

Berechnen Sie für die Punkte A, B, C, P aus Beispiel 2.5 das Spatprodukt (2.6) und überzeugen Sie sich, dass dieses Null ist. Das dient als alternative oder zusätzliche Probe zur Berechnung von P.

2.2.2 Anwendung: Kugel durch vier Punkte

Eine Grundaufgabe nicht nur in der Geodäsie ist es, eine Kugel durch vier gegebene Punkte $A(x_A, y_A, z_A)$, $B(x_B, y_B, z_B)$, $C(x_C, y_C, z_C)$, $D(x_D, y_D, z_D)$ zu konstruieren, d. h. den Mittelpunkt $M(x_M, y_M, z_M)$ und den Radius r dieser Kugel zu bestimmen. Dabei schließen wir aus, dass A, B, C, D in derselben Ebene liegen. Deshalb dürfen insbesondere auch keine drei Punkte auf einer Geraden liegen. Es gibt eine Vielzahl von Berechnungsmöglichkeiten, von denen wir die folgenden zwei Möglichkeiten skizzieren:

Berechnung über den Schnitt von drei Ebenen:
1. Man berechnet die Mittelpunkte P, Q, R der Strecken AB, BC, CD aus Koordinatenmitteln:

$$\vec{v}_P := \frac{1}{2}(\vec{v}_A + \vec{v}_B), \quad \vec{v}_Q := \frac{1}{2}(\vec{v}_B + \vec{v}_C), \quad \vec{v}_R := \frac{1}{2}(\vec{v}_C + \vec{v}_D)$$

2. Man berechnet eine Ebene $\mathcal{E}_P$ durch P, auf der AB senkrecht steht. Mit der entsprechenden Formel „$\mathcal{E}$ durch P und $\perp \mathcal{G}$" aus ◻ Tab. 2.3 erhält man

$$\vec{n}_P := \vec{v}_B - \vec{v}_A, \quad d_P := \vec{n}_P \cdot \vec{v}_P$$

$\mathcal{E}_P$ enthält alle Punkte, die von A und B gleich weit entfernt sind, also auch M, dessen Abstand gleich r ist.
3. Man berechnet genauso eine Ebene $\mathcal{E}_Q$ durch Q, auf der BC senkrecht steht, und eine Ebene $\mathcal{E}_R$ durch R, auf der CD senkrecht steht. Auch diese beiden Ebenen enthalten M.
4. Schließlich muss man nur noch die Ebenen $\mathcal{E}_P, \mathcal{E}_Q, \mathcal{E}_R$ schneiden. Wenn der oben genannte Sonderfall ausgeschlossen wurde, gibt es einen eindeutigen Schnittpunkt.

Da der Kugelmittelpunkt M in allen drei Ebenen liegt, kann dieser Schnittpunkt nur M sein. Praktisch berechnet man M
- entweder mit den entsprechenden Formeln aus ◨ Tab. 2.4, z. B. zuerst $G :=$ Schnitt$(\mathcal{E}_P, \mathcal{E}_Q)$ und dann M $:=$ Schnitt$(G, \mathcal{E}_R)$,
- oder als Lösung des linearen Systems der drei parameterfreien Formen der Ebenengleichungen (s. ◨ Tab. 2.2), wobei der Vektor $\vec{v} = \vec{v}_M$ als Ergebnis erhalten wird.

5. Man berechnet aus Koordinaten von A, B, C, D, M die Abstände MA, MB, MC und MD.
6. **Probe:** Diese vier Abstände müssen gleich sein und ergeben den gesuchten Radius r.

Berechnung über die Kugelgleichungen: Für alle vier Punkte A, B, C, D wird jeweils die parameterfreie Form der Kugelgleichung aufgestellt (s. ◨ Tab. 2.2):

$$(x_A - x_M)^2 + (y_A - y_M)^2 + (z_A - z_M)^2 = r^2$$
$$(x_B - x_M)^2 + (y_B - y_M)^2 + (z_B - z_M)^2 = r^2$$
$$(x_C - x_M)^2 + (y_C - y_M)^2 + (z_C - z_M)^2 = r^2$$
$$(x_D - x_M)^2 + (y_D - y_M)^2 + (z_D - z_M)^2 = r^2 \tag{2.7}$$

Wird r^2 aus diesen Gleichungen eliminiert, erhält man nach neuem Zusammenfassen ein lineares Gleichungssystem für die Koordinaten von M, das gelöst wird:

$$2 \cdot (x_B - x_A) \cdot x_M + 2 \cdot (y_B - y_A) \cdot y_M + 2 \cdot (z_B - z_A) \cdot z_M$$
$$= x_B^2 - x_A^2 + y_B^2 - y_A^2 + z_B^2 - z_A^2$$

$$2 \cdot (x_C - x_A) \cdot x_M + 2 \cdot (y_C - y_A) \cdot y_M + 2 \cdot (z_C - z_A) \cdot z_M$$
$$= x_C^2 - x_A^2 + y_C^2 - y_A^2 + z_C^2 - z_A^2$$

$$2 \cdot (x_D - x_A) \cdot x_M + 2 \cdot (y_D - y_A) \cdot y_M + 2 \cdot (z_D - z_A) \cdot z_M$$
$$= x_D^2 - x_A^2 + y_D^2 - y_A^2 + z_D^2 - z_A^2$$

Der Radius und die Probe werden genau wie zuvor berechnet.

❶ Aufgabe 2.4

In einem kugelförmigen Kuppelgewölbe wurden vom Tachymeterstandpunkt S aus vier Punkte A, B, C, D auf der Kugeloberfläche gemessen:

Standpunkt S	r in gon	v in gon	s in m
Zielpunkt A	0,00	77,30	17,11
Zielpunkt B	175,89	95,92	16,10
Zielpunkt C	240,00	71,34	23,06
Zielpunkt D	311,82	93,35	14,02

Der höchste Punkt Z auf der Kugeloberfläche soll abgesteckt werden. Berechnen Sie hierfür die polaren Absteckwerte (Horizontalrichtung, Zenitwinkel, Schrägstrecke) von S aus.
▶ http://sn.pub/vcBaB1

2.3 Räumliche geodätische Schnitte

Mehr noch als die bereits im ▶ Abschn. 2.2.1 erwähnten Schnitte von Gerade und Ebene sowie Ebene und Ebene haben in der Geodäsie folgende Schnitte eine herausragende Bedeutung: Räumlicher Vorwärtsschnitt, räumlicher Geradenschnitt, Kugelschnitt und räumlicher Rückwärtsschnitt. Diese werden in den folgenden Unterabschnitten behandelt. Fett gedruckte Großbuchstaben bezeichnen im Folgenden Matrizen.

2.3.1 Räumlicher Vorwärtsschnitt, räumlicher Geradenschnitt

Diese räumlichen geodätischen Schnitte treten vor allem in der Ingenieurgeodäsie bei Präzisionsrichtungsmessungen auf.

Definition 2.2 (Windschiefe)

In der räumlichen Geometrie nennt man zwei verschiedene Geraden windschief, wenn sie sich weder schneiden noch parallel zueinander sind.

Definition 2.3 (Gemeinlot)

Es seien G und G' zwei windschiefe Geraden. Deren Gemeinlot ist die kürzeste Strecke, die zwei beliebige Punkte auf G und G' verbindet.

Vorwärtsschnitt und Geradenschnitt sind genau wie in der Ebene (s. ▶ Abschn. 1.5.2, 1.5.3) als geometrisch äquivalent zu betrachten: Gegeben sind zwei räumliche Geraden G, G', gesucht ist ihr Schnittpunkt. Möglicherweise sind abhängig von der Anwendung nicht alle Schnittpunkte als Lösungen akzeptabel, weil z. B. bei Richtungsmessungen nur Strahlen zu schneiden sind.

Da bis auf Sonderfälle kein Schnittpunkt räumlicher Geraden existiert, weil die Geraden in der Regel windschief sind, z. B. weil Messabweichungen wirken, wandeln wir die Aufgabe dahingehend ab, dass wir das *Gemeinlot* von G und G' bestimmen wollen. Mit $\vec{g}, \vec{g}'$ bezeichnen wir die Richtungsvektoren und mit τ, τ' die zugehörigen Geradenparameter von G und G'. Sind P und P' die Endpunkte des Gemeinlots, so wird dieses durch den Differenzvektor

$$\vec{v}_{PP'} := \vec{v}_{P'} - \vec{v}_P = \vec{v}'_0 + \tau' \cdot \vec{g}' - \vec{v}_0 - \tau \cdot \vec{g} \tag{2.8}$$

beschrieben (siehe ◻ Abb. 2.3).

◻ **Abb. 2.3** Räumlicher Geraden-schnitt

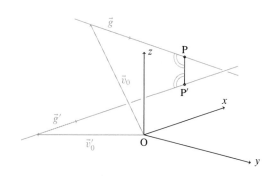

Berechnung über die Orthogonalitätsbedingungen:

1. Das Gemeinlot ist ein gewöhnliches Lot von P auf G' und muss deshalb auf G' senkrecht stehen. Es ist ebenfalls ein gewöhnliches Lot von P' auf G und muss deshalb auf G senkrecht stehen. Somit hätte man die Orthogonalitätsbedingungen

$$\vec{v}_{PP'} \cdot \vec{g} = \vec{v}_{PP'} \cdot \vec{g}' = 0 \tag{2.9}$$

2. Aus (2.8) und (2.9) lassen sich die Unbekannten τ, τ' bestimmen. Wir führen folgende neue Bezeichnungen ein:

$$a := (\vec{v}_0' - \vec{v}_0) \cdot \vec{g}, \quad c := |\vec{g}|^2, \quad e := \vec{g} \cdot \vec{g}',$$
$$b := (\vec{v}_0' - \vec{v}_0) \cdot \vec{g}', \quad d := |\vec{g}'|^2,$$

und erhalten die folgenden Gleichungen:

$$a - \tau \cdot c + \tau' \cdot e = 0$$
$$b - \tau \cdot e + \tau' \cdot d = 0 \tag{2.10}$$

3. Dieses Gleichungssystem ist eindeutig nach τ, τ' auflösbar, falls $c \cdot d \neq e^2$ gilt. Das wiederum ist äquivalent zu der Forderung, dass die Geraden G, G' nicht parallel sind.

4. Wenn man die Lösung τ, τ' des Gleichungssystems (2.10) in die Geradengleichungen von G und G' einsetzt, ergeben sich die Endpunkte des Gemeinlots:

$$\vec{v}_P = \vec{v}_0 + \frac{e \cdot b - a \cdot d}{e^2 - c \cdot d} \cdot \vec{g}$$
$$\vec{v}_{P'} = \vec{v}_0' + \frac{c \cdot b - a \cdot e}{e^2 - c \cdot d} \cdot \vec{g}'$$

5. **Probe:** Die Orthogonalitätsbedingungen (2.9) müssen gelten.

Berechnung als Extremwertaufgabe: Die Zielfunktion $|\vec{v}_{PP'}|$, der Betrag von (2.8), mit den Variablen τ, τ' ist zu minimieren. Dazu bildet man die Ableitungen der Zielfunktion nach den Variablen und setzt diese gleich Null. Es ergibt sich erneut das Gleichungssystem (2.10).

Sollten sich die Geraden tatsächlich schneiden, sind P und P' identisch. Andernfalls kann man den Mittelpunkt von PP' als Lösung des räumlichen Vorwärts- bzw. Geradenschnitts ansehen. Sollte der Abstand dieser Punkte P und P' unerwartet groß sein, muss eine grobe Messabweichung oder ein Irrtum vorliegen. Schließlich ist oft noch zu prüfen, ob ein erhaltener Schnittpunkt abhängig von der Anwendung als Lösung akzeptabel ist, z. B. wenn nur Strahlen zu schneiden sind.

2.3.2 Kugelschnitt (Trisphäration)

Gegeben sind drei Punkte $A(x_A, y_A, z_A), B(x_B, y_B, z_B), C(x_C, y_C, z_C)$, zu denen von einem unbekannten Neupunkt N drei Schrägstrecken s_{NA}, s_{NB}, s_{NC} gemessen sind. Gesucht ist der Neupunkt $N(x_N, y_N, z_N)$. Diese Aufgabe läuft geometrisch auf den Schnitt dreier Kugeln hinaus, genannt *Trisphäration*. Der Neupunkt N liegt auf Kugeln

- um den Punkt A mit dem Radius s_{NA},
- um den Punkt B mit dem Radius s_{NB} und
- um den Punkt C mit dem Radius s_{NC}.

Abb. 2.4 Kugelschnitt
(Trisphäration)

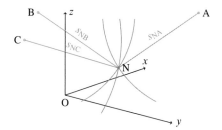

Diese Aufgabe stellt sich bei Anwendungen der Navigation, bei denen Strecken gemessen werden, z. B. bei der Navigation mit Signalstärkemessung von Funksignalen, deren Sender an bekannten Positionen stehen [11]. Bei Satellitennavigationssystemen stellt sich eine zumindest ähnliche Aufgabe, die im nächsten Unterabschnitt behandelt wird.

Die Trisphäration ist verwandt mit dem Bogenschnitt in der Ebene (s. ▶ Abschn. 1.5.1), bei dem zwei Kreisbögen zu schneiden sind, weshalb dieser Schnitt früher manchmal als „räumlicher Bogenschnitt" bezeichnet wurde (siehe ▣ Abb. 2.4).

Die Kugeln um A und B schneiden sich nicht oder in einem Kreis oder berühren sich in einem Punkt (Schnittkreis mit Radius Null). Die Fallunterscheidung dafür ist dieselbe wie in (1.30), nur dass diesmal Schrägstrecken s statt Horizontalstrecken e verwendet werden. Die dritte Kugel um C schneidet den Schnittkreis nicht oder in zwei Punkten oder berührt diesen in einem Punkt. Im Regelfall ist die Lösung also zweideutig, der Sonderfall sollte praktisch vermieden werden. Wenn keine Lösung erhalten wird, sind die Messwerte s_{NA}, s_{NB}, s_{NC} und die Koordinaten von A, B, C nicht kompatibel. Es liegt damit eine vergleichbare Situation vor, wie beim Bogenschnitt in der Ebene (s. ▣ Abb. 1.21). Bei Zweideutigkeit muss die richtige Lösung mit Zusatzinformationen, z. B. mit Näherungskoordinaten, ermittelt werden.

> **Hinweis 2.4**
>
> Wenn die Punkte A, B, C, N nahezu in einer Ebene liegen, kommt es zu einer Verstärkung von Messabweichungen und Rundungsfehlern (s. ▶ Kap. 5). Die Probe wird meist schlecht erfüllt sein. Außerdem kann es sein, dass trotz Näherungskoordinaten unklar bleibt, welches der gesuchte Schnittpunkt ist.

Berechnung über geometrische Operationen:

1. Zunächst schneidet man zwei der drei Kugeln, z. B. die Kugeln um A und B. Die Formeln finden Sie in ▣ Tab. 2.4 unter „Schnitt($\mathcal{K}, \mathcal{K}'$)". Das Ergebnis ist im Regelfall ein Kreis, dessen Mittelpunkt wir D und dessen Radius wir r_D nennen.

2. Die parameterfreie Ebenengleichung der Ebene $\mathcal{E}$ dieses Schnittkreises um D wird erzeugt. Dazu hat man einen Punkt in $\mathcal{E}$, nämlich D, und eine senkrechte Gerade auf $\mathcal{E}$, nämlich AB. Die Formeln finden Sie in ▣ Tab. 2.3 unter „$\mathcal{E}$ durch P und $\perp \mathcal{G}$".

3. Nun schneidet man $\mathcal{E}$ mit der dritten Kugel um C. Die Formeln finden Sie in ▣ Tab. 2.4 unter „Schnitt($\mathcal{E}, \mathcal{K}$)". Das Ergebnis ist im Regelfall erneut ein Kreis, dessen Mittelpunkt wir E und dessen Radius wir r_E nennen.

4. Nun müssen noch diese beiden Kreise geschnitten werden. Diese liegen zwar in derselben Ebene $\mathcal{E}$, welche aber schräg im Raum liegt, so dass die Berechnung aus ▶ Abschn. 1.5.1 nicht direkt anwendbar ist. Eine elegante Möglichkeit ist, dass man

2

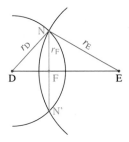

statt Kreisen Kugeln um D und E mit denselben Radien r_D, r_E schneidet, auf demselben Weg wie oben. Den Mittelpunkt des Schnittkreises nennen wir F und den Radius r_F (s. ◻ Abb. 2.5).

5. Der gesuchte Punkt N ist nun ein Schnittpunkt dieses Schnittkreises mit $\mathcal{E}$. Um diesen zu konstruieren, erzeugt man einen Vektor $\vec{v}_{FN}$. Dieser steht senkrecht auf $\vec{v}_{AB}$, welcher ja auf $\mathcal{E}$ senkrecht steht, und auch auf $\vec{v}_{DE}$. Außerdem muss er die Länge r_F besitzen. Somit erhält man $\vec{v}_{FN}$ wie folgt:

$$\vec{v}_{FN} = \frac{\vec{v}_{AB} \times \vec{v}_{DE}}{|\vec{v}_{AB} \times \vec{v}_{DE}|} \cdot r_F$$

6. Diesen Vektor setzt man an F an und erhält zwei mögliche Lösungen der Trisphäration:

$$\vec{v}_N = \vec{v}_F \pm \vec{v}_{FN}$$

Die richtige Lösung muss mittels Zusatzinformation ermittelt werden.

7. **Probe:** Man berechnet die Messwerte s_{NA}, s_{NB}, s_{NC} aus endgültigen Koordinaten von N und vergleicht mit den gegebenen Werten.

Berechnung über Kugelgleichungen:

1. Zunächst schreibt man für die drei Kugeln die parameterfreien Kugelgleichungen (s. ◻ Tab. 2.2) auf:

$$s_{NA}^2 = (x_A - x_N)^2 + (y_A - y_N)^2 + (z_A - z_N)^2$$
$$s_{NB}^2 = (x_B - x_N)^2 + (y_B - y_N)^2 + (z_B - z_N)^2$$
$$s_{NC}^2 = (x_C - x_N)^2 + (y_C - y_N)^2 + (z_C - z_N)^2$$

2. Damit ergeben sich drei nichtlineare Gleichungen mit drei Unbekannten x_N, y_N, z_N, die wie folgt gelöst werden können [10]: Die Klammern werden aufgelöst und es wird neu zusammengefasst:

$$2 \cdot (x_A \cdot x_N + y_A \cdot y_N + z_A \cdot z_N) = x_N^2 + y_N^2 + z_N^2 + x_A^2 + y_A^2 + z_A^2 - s_{NA}^2$$
$$2 \cdot (x_B \cdot x_N + y_B \cdot y_N + z_B \cdot z_N) = x_N^2 + y_N^2 + z_N^2 + x_B^2 + y_B^2 + z_B^2 - s_{NB}^2$$
$$2 \cdot (x_C \cdot x_N + y_C \cdot y_N + z_C \cdot z_N) = x_N^2 + y_N^2 + z_N^2 + x_C^2 + y_C^2 + z_C^2 - s_{NC}^2 \qquad (2.11)$$

3. Nun führt man noch folgende neue Bezeichnungen ein:

$$a := x_A^2 + y_A^2 + z_A^2 - s_{NA}^2 \tag{2.12}$$

$$b := x_B^2 + y_B^2 + z_B^2 - s_{NB}^2 \tag{2.13}$$

$$c := x_C^2 + y_C^2 + z_C^2 - s_{NC}^2 \tag{2.14}$$

$$\tau := x_N^2 + y_N^2 + z_N^2 \tag{2.15}$$

Während a, b, c berechnet werden können, ist τ noch unbekannt. Nun definiert man noch folgende Matrix:

$$\mathbf{A} := 2 \cdot \begin{pmatrix} x_A & y_A & z_A \\ x_B & y_B & z_B \\ x_C & y_C & z_C \end{pmatrix}$$

Diese Matrix ist regulär (d. h. invertierbar), solange die Punkte A, B, C und der Koordinatenursprung O nicht in einer Ebene liegen (s. Hinweis 2.3). Das sollte durch die Wahl des Koordinatenursprungs sichergestellt sein, so dass die Matrix $\mathbf{A}$ invertiert werden kann. (Aber auch Konfigurationen, in denen A, B, C, O nahezu in einer Ebene liegen, sollten vermieden werden.)

4. Wenn man τ vorübergehend als bekannt ansieht, ist (2.11) ein lineares Gleichungssystem. In Matrixschreibweise lautet dieses:

$$\mathbf{A} \cdot \begin{pmatrix} x_N \\ y_N \\ z_N \end{pmatrix} = \begin{pmatrix} a + \tau \\ b + \tau \\ c + \tau \end{pmatrix}$$

Seine eindeutige Lösung lautet:

$$\begin{pmatrix} x_N \\ y_N \\ z_N \end{pmatrix} = \mathbf{A}^{-1} \cdot \begin{pmatrix} a + \tau \\ b + \tau \\ c + \tau \end{pmatrix} = \mathbf{A}^{-1} \cdot \begin{pmatrix} a \\ b \\ c \end{pmatrix} + \tau \cdot \mathbf{A}^{-1} \cdot \begin{pmatrix} 1 \\ 1 \\ 1 \end{pmatrix}$$

Noch kann man die Lösung nicht ausrechnen, weil τ unbekannt ist. Alles andere ist jedoch bekannt und berechenbar.

5. Mit den einzuführenden Abkürzungen für die berechenbaren Vektoren

$$\vec{v}_0 := \mathbf{A}^{-1} \cdot \begin{pmatrix} a \\ b \\ c \end{pmatrix}, \quad \vec{g} := \mathbf{A}^{-1} \cdot \begin{pmatrix} 1 \\ 1 \\ 1 \end{pmatrix}$$

sieht man, dass N ein Punkt auf einer Geraden mit der Geradengleichung

$$\begin{pmatrix} x_N \\ y_N \\ z_N \end{pmatrix} = \vec{v}_0 + \tau \cdot \vec{g} \tag{2.16}$$

und dem Geradenparameter τ ist. Dabei muss gleichzeitig (2.15) erfüllt werden. Die beiden Gleichungen (2.15), (2.16) ergeben gemeinsam

$$\tau = |\vec{v}_0 + \tau \cdot \vec{g}|^2 \tag{2.17}$$

2

6. Das ist eine quadratische Gleichung für τ:

$$|\vec{v}_0|^2 + (2 \cdot \vec{v}_0 \cdot \vec{g} - 1) \cdot \tau + |\vec{g}|^2 \cdot \tau^2 = 0$$

Diese kann mit der Lösungsformel für quadratische Gleichungen gelöst werden:

$$\tau_{1/2} = p \pm \sqrt{p^2 - \frac{|\vec{v}_0|^2}{|\vec{g}|^2}}, \quad p := \frac{1 - 2 \cdot \vec{v}_0 \cdot \vec{g}}{2 \cdot |\vec{g}|^2} \tag{2.18}$$

7. Die Lösungen τ_1, τ_2 werden in (2.16) eingesetzt und die Punkte N_1, N_2 werden berechnet.
8. Die **Probe** erfolgt genau wie in der vorangegangenen Berechnung.

Dabei können je nach Vorzeichen des Ausdrucks unter der Wurzel in (2.18) folgende Lösungen entstehen:

- Keine Lösung: $|p| \cdot |\vec{g}| < |\vec{v}_0|$. Die drei Kugeln schneiden sich in keinem Punkt. Es muss ein grober Fehler oder Irrtum vorliegen.
- Eine Lösung: $|p| \cdot |\vec{g}| = |\vec{v}_0|$. Im Grenzfall berühren sich Schnittkreis und Kugel nur. Diese Situation ist wie beim Bogenschnitt zu vermeiden.
- Zwei Lösungen: $|p| \cdot |\vec{g}| > |\vec{v}_0|$. Die drei Kugeln schneiden sich in zwei Punkten. Dies sollte praktisch der Normalfall sein. Die richtige Lösung muss wie beim Bogenschnitt (s. ▶ Abschn. 1.5.1) anhand von Zusatzinformationen identifiziert werden.

▶ **Beispiel 2.6**

Gegeben sind die kartesischen Koordinaten der drei Punkte A, B, C, an denen sich ungerichtete Funkfeuer befinden. Von einem Luftfahrzeug werden die drei empfangenen Signalstärken gemessen und in Schrägstrecken s umgewandelt.

Punkt	x	y	z	s
A	1610,63	1711,65	54,67	890
B	1402,91	2306,97	72,22	720
C	807,36	1705,89	48,43	508

Wir berechnen die Position N, an dem sich das Luftfahrzeug befindet. ◀

▶ **Lösung**

Wir wählen die Berechnung über Kugelgleichungen. Wir beachten Hinweis 2.4. Die Hilfs- und Zwischenvariablen (2.12)–(2.18) nehmen folgende Werte an:

$$a = 1610{,}63^2 + 1711{,}65^2 + 54{,}67^2 - 890^2 = 4\,734\,764$$

$$b = 1402{,}91^2 + 2306{,}97^2 + 72{,}22^2 - 720^2 = 6\,777\,083$$

$$c = 807{,}36^2 + 1705{,}89^2 + 48{,}43^2 - 508^2 = 3\,306\,172$$

$$A^{-1} = \begin{pmatrix} 0{,}000\,962\,49 & -0{,}000\,869\,62 & 0{,}000\,210\,29 \\ 0{,}000\,808\,34 & -0{,}002\,840\,98 & 0{,}003\,324\,05 \\ -0{,}044\,518\,14 & 0{,}114\,567\,40 & -0{,}110\,267\,41 \end{pmatrix}$$

$$\vec{v}_0 = \begin{pmatrix} -641{,}045 \\ -4436{,}390 \\ 201\,086{,}807 \end{pmatrix}, \quad \vec{g} = \begin{pmatrix} 0{,}000\,303\,16 \\ 0{,}001\,291\,41 \\ -0{,}040\,218\,15 \end{pmatrix}$$

$$p = 4\,998\,435{,}082; \quad \frac{|\vec{v}_0|}{|\vec{g}|} = \frac{201\,136{,}76}{0{,}040\,240\,02} = 4\,998\,426$$

$$\tau_1 = 5\,008\,240; \quad \tau_2 = 4\,988\,630$$

Somit erhalten wir zwei Lösungen, die richtige muss mittels Zusatzinformationen identifiziert werden:

$$\begin{pmatrix} x_{N_1} \\ y_{N_1} \\ z_{N_1} \end{pmatrix} = \vec{v}_0 + \tau_1 \cdot \vec{g} = \begin{pmatrix} 877{,}27 \\ 2031{,}30 \\ -335{,}35 \end{pmatrix}$$

$$\begin{pmatrix} x_{N_2} \\ y_{N_2} \\ z_{N_2} \end{pmatrix} = \vec{v}_0 + \tau_2 \cdot \vec{g} = \begin{pmatrix} 871{,}33 \\ 2005{,}97 \\ 453{,}30 \end{pmatrix}$$

Da eine negative Höhe für das Luftfahrzeug hier auszuschließen ist, verwerfen wir die Lösung 1 und erhalten

$$x_N = \underline{871}; \quad y_N = \underline{2006}; \quad z_N = \underline{453} \blacktriangleleft$$

► **Probe**

Die Schrägstrecken werden aus endgültigen Koordinaten zurückgerechnet:

$$\sqrt{(1610{,}63 - 871{,}33)^2 + (1711{,}65 - 2005{,}97)^2 + (54{,}67 - 453{,}30)^2} = 890{,}00 \checkmark$$

$$\sqrt{(1402{,}91 - 871{,}33)^2 + (2306{,}97 - 2005{,}97)^2 + (72{,}22 - 453{,}30)^2} = 720{,}00 \checkmark$$

$$\sqrt{(807{,}36 - 871{,}33)^2 + (1705{,}89 - 2005{,}97)^2 + (48{,}43 - 453{,}30)^2} = 508{,}00 \checkmark$$

► http://sn.pub/dp6Ud7 ◄

🔴 **Aufgabe 2.5**

Berechnen Sie die Trisphäration mit den Koordinaten und Schrägstrecken

Punkt	x in m	y in m	z in m	s in m
A	514,24	921,15	279,19	842,912
B	306,59	173,34	196,87	572,090
C	619,37	299,97	812,50	157,088

► http://sn.pub/HYBIbb

2.3.3   Kugelschnitt mit Offset (GNSS-Pseudostrecken-Auswertung)

Eine ähnliche Aufgabe wie im letzten Unterabschnitt ist der Kugelschnitt mit Offset, bei dem die gemessenen Schrägstrecken $s_{\mathrm{NA}}, s_{\mathrm{NB}}, s_{\mathrm{NC}}$ durch einen unbekannten Offset δ verfälscht sind. Man spricht dann von *Pseudostrecken* $S_{\mathrm{NA}}, S_{\mathrm{NB}}, S_{\mathrm{NC}}$. Um den Offset bestimmen zu können, benötigt man eine weitere gemessene Pseudostrecke S_{ND} zu einem weiteren gegebenen Punkt $D(x_{\mathrm{D}}, y_{\mathrm{D}}, z_{\mathrm{D}})$.

Diese Aufgabe liegt der Ortung mit Satellitennavigationssystemen (GPS, GLONASS, GALILEO etc.) zugrunde. A, B, C, D sind die bekannten Satellitenpositionen zum Zeitpunkt der Signalaussendung. Der Offset δ ist in diesem Fall der Empfängeruhrfehler multipliziert mit der Vakuumlichtgeschwindigkeit zuzüglich der Fehler durch die atmosphärische Refraktion [2, S. 216ff].

Berechnung über Kugelgleichungen:

1. Zunächst schreibt man für die vier Kugeln die parameterfreien Kugelgleichungen (s. ◘ Tab. 2.2) auf und berücksichtigt dabei auch den unbekannten Offset δ:

$$(S_{\mathrm{NA}} - \delta)^2 = (x_{\mathrm{A}} - x_{\mathrm{N}})^2 + (y_{\mathrm{A}} - y_{\mathrm{N}})^2 + (z_{\mathrm{A}} - z_{\mathrm{N}})^2$$
$$(S_{\mathrm{NB}} - \delta)^2 = (x_{\mathrm{B}} - x_{\mathrm{N}})^2 + (y_{\mathrm{B}} - y_{\mathrm{N}})^2 + (z_{\mathrm{B}} - z_{\mathrm{N}})^2$$
$$(S_{\mathrm{NC}} - \delta)^2 = (x_{\mathrm{C}} - x_{\mathrm{N}})^2 + (y_{\mathrm{C}} - y_{\mathrm{N}})^2 + (z_{\mathrm{C}} - z_{\mathrm{N}})^2$$
$$(S_{\mathrm{ND}} - \delta)^2 = (x_{\mathrm{D}} - x_{\mathrm{N}})^2 + (y_{\mathrm{D}} - y_{\mathrm{N}})^2 + (z_{\mathrm{D}} - z_{\mathrm{N}})^2 \qquad (2.19)$$

2. Es ergeben sich vier nichtlineare Gleichungen mit vier Unbekannten $x_{\mathrm{N}}, y_{\mathrm{N}}, z_{\mathrm{N}}, \delta$, die wie folgt gelöst werden können: Die Klammern werden aufgelöst und es wird neu zusammengefasst:

$$2 \cdot (x_{\mathrm{A}} \cdot x_{\mathrm{N}} + y_{\mathrm{A}} \cdot y_{\mathrm{N}} + z_{\mathrm{A}} \cdot z_{\mathrm{N}} - S_{\mathrm{NA}} \cdot \delta)$$
$$= x_{\mathrm{N}}^2 + y_{\mathrm{N}}^2 + z_{\mathrm{N}}^2 - \delta^2 + x_{\mathrm{A}}^2 + y_{\mathrm{A}}^2 + z_{\mathrm{A}}^2 - S_{\mathrm{NA}}^2$$

$$2 \cdot (x_{\mathrm{B}} \cdot x_{\mathrm{N}} + y_{\mathrm{B}} \cdot y_{\mathrm{N}} + z_{\mathrm{B}} \cdot z_{\mathrm{N}} - S_{\mathrm{NB}} \cdot \delta)$$
$$= x_{\mathrm{N}}^2 + y_{\mathrm{N}}^2 + z_{\mathrm{N}}^2 - \delta^2 + x_{\mathrm{B}}^2 + y_{\mathrm{B}}^2 + z_{\mathrm{B}}^2 - S_{\mathrm{NB}}^2$$

$$2 \cdot (x_{\mathrm{C}} \cdot x_{\mathrm{N}} + y_{\mathrm{C}} \cdot y_{\mathrm{N}} + z_{\mathrm{C}} \cdot z_{\mathrm{N}} - S_{\mathrm{NC}} \cdot \delta)$$
$$= x_{\mathrm{N}}^2 + y_{\mathrm{N}}^2 + z_{\mathrm{N}}^2 - \delta^2 + x_{\mathrm{C}}^2 + y_{\mathrm{C}}^2 + z_{\mathrm{C}}^2 - S_{\mathrm{NC}}^2$$

$$2 \cdot (x_{\mathrm{D}} \cdot x_{\mathrm{N}} + y_{\mathrm{D}} \cdot y_{\mathrm{N}} + z_{\mathrm{D}} \cdot z_{\mathrm{N}} - S_{\mathrm{ND}} \cdot \delta)$$
$$= x_{\mathrm{N}}^2 + y_{\mathrm{N}}^2 + z_{\mathrm{N}}^2 - \delta^2 + x_{\mathrm{D}}^2 + y_{\mathrm{D}}^2 + z_{\mathrm{D}}^2 - S_{\mathrm{ND}}^2$$

3. Nun führt man folgende neue Bezeichnungen ein:

$$a := x_{\mathrm{A}}^2 + y_{\mathrm{A}}^2 + z_{\mathrm{A}}^2 - S_{\mathrm{NA}}^2$$
$$b := x_{\mathrm{B}}^2 + y_{\mathrm{B}}^2 + z_{\mathrm{B}}^2 - S_{\mathrm{NB}}^2$$
$$c := x_{\mathrm{C}}^2 + y_{\mathrm{C}}^2 + z_{\mathrm{C}}^2 - S_{\mathrm{NC}}^2$$
$$d := x_{\mathrm{D}}^2 + y_{\mathrm{D}}^2 + z_{\mathrm{D}}^2 - S_{\mathrm{ND}}^2$$
$$\tau := x_{\mathrm{N}}^2 + y_{\mathrm{N}}^2 + z_{\mathrm{N}}^2 - \delta^2 \qquad (2.20)$$

Während a, b, c, d berechnet werden können, ist τ noch unbekannt. Nun definiert man noch folgende Matrix:

$$
\mathbf{A} := 2 \cdot \begin{pmatrix} x_A & y_A & z_A & -S_{NA} \\ x_B & y_B & z_B & -S_{NB} \\ x_C & y_C & z_C & -S_{NC} \\ x_D & y_D & z_D & -S_{ND} \end{pmatrix}
$$

4. Wenn man τ vorübergehend als bekannt ansieht, erhält man ein lineares Gleichungssystem. In Matrixschreibweise lautet dieses

$$
\mathbf{A} \cdot \begin{pmatrix} x_N \\ y_N \\ z_N \\ \delta \end{pmatrix} = \begin{pmatrix} a + \tau \\ b + \tau \\ c + \tau \\ d + \tau \end{pmatrix}
$$

Außer bei einer ungeeigneten Wahl des Koordinatenursprungs, die es zu vermeiden gilt, ist die Matrix $\mathbf{A}$ invertierbar. Somit lautet die eindeutige Lösung:

$$
\begin{pmatrix} x_N \\ y_N \\ z_N \\ \delta \end{pmatrix} = \mathbf{A}^{-1} \cdot \begin{pmatrix} a + \tau \\ b + \tau \\ c + \tau \\ d + \tau \end{pmatrix} = \mathbf{A}^{-1} \cdot \begin{pmatrix} a \\ b \\ c \\ d \end{pmatrix} + \tau \cdot \mathbf{A}^{-1} \cdot \begin{pmatrix} 1 \\ 1 \\ 1 \\ 1 \end{pmatrix}
$$

Noch kann man die Lösung nicht ausrechnen, weil τ in Wahrheit ja unbekannt ist. Alles andere ist jedoch bekannt und berechenbar.

5. Mit den einzuführenden Abkürzungen für die berechenbaren Vektoren

$$
\vec{v}_0 := \mathbf{A}^{-1} \cdot \begin{pmatrix} a \\ b \\ c \\ d \end{pmatrix}, \quad \vec{g} := \mathbf{A}^{-1} \cdot \begin{pmatrix} 1 \\ 1 \\ 1 \\ 1 \end{pmatrix}
$$

sehen wir, dass der Unbekanntenvektor zum Punkt auf einer Geraden im *vierdimensionalen Raum* mit der Geradengleichung

$$
\begin{pmatrix} x_N \\ y_N \\ z_N \\ \delta \end{pmatrix} = \vec{v}_0 + \tau \cdot \vec{g} \tag{2.21}
$$

und dem Geradenparameter τ zeigt. (Dass wir uns einen vierdimensionalen Raum nicht geometrisch anschaulich vorstellen können, ist für die Lösung dieser Aufgabe irrelevant.) Dabei muss gleichzeitig (2.20) erfüllt werden. Die beiden Gleichungen (2.20), (2.21) ergeben gemeinsam

$$
\tau = (\vec{v}_0 + \tau \cdot \vec{g})^{\mathrm{T}} \cdot \begin{pmatrix} 1 & 0 & 0 & 0 \\ 0 & 1 & 0 & 0 \\ 0 & 0 & 1 & 0 \\ 0 & 0 & 0 & -1 \end{pmatrix} \cdot (\vec{v}_0 + \tau \cdot \vec{g})
$$

6. Das ist analog zu (2.17) eine quadratische Gleichung für τ, die mit der Lösungsformel für quadratische Gleichungen gelöst werden kann. Wir verzichten auf die explizite Darstellung der Lösungsformel, da man diese leicht gewinnen kann.
7. In Bezug auf die Lösbarkeit und Eindeutigkeit der Lösung des Gleichungssystems gilt dasselbe wie im letzten Unterabschnitt.
8. Die Lösungen τ_1, τ_2 werden in (2.21) eingesetzt und die Punkte N_1, N_2 und die Offsets δ_1, δ_2 werden berechnet, falls es mehrere gibt.
9. Hinzu kommt aber noch, dass Lösungen mit $\min(S_{NA}, S_{NB}, S_{NC}, S_{ND}) > \delta$ verworfen werden müssen, da Strecken s nicht negativ sind. Falls mehrere Lösungen verbleiben, muss die richtige Lösung mit Zusatzinformationen ermittelt werden.
10. **Probe:** Man berechnet die Messwerte $S_{NA}, S_{NB}, S_{NC}, S_{ND}$ aus endgültigen Koordinaten von N sowie δ und vergleicht mit den gegebenen Werten.

> **Hinweis 2.5**
>
> Hat man ein Werkzeug zur Berechnung eines Kugelschnitts mit Offset, so kann man dieses auch zur Berechnung einer Kugel durch vier Punkte einsetzen (s. ▶ Abschn. 2.2.2): Man setzt in (2.19) $S_{NA} = S_{NB} = S_{NC} = S_{ND} = 0$ und identifiziert δ mit r in (2.7), so dass beide Gleichungssysteme identisch sind.

2.3.4 Räumlicher Rückwärtsschnitt

Ähnlich wie beim ebenen Rückwärtsschnitt (s. ▶ Abschn. 1.5.6) soll ein unbekannter Standpunkt N aus Messungen zu drei bekannten Zielpunkten A, B, C bestimmt werden. Jetzt jedoch soll die Punktbestimmung in drei Dimensionen betrachtet werden. Neben den drei Horizontalrichtungen r_{NA}, r_{NB}, r_{NC} sind auch noch drei Zenitwinkel v_{NA}, v_{NB}, v_{NC} gemessen.

Berechnung: Die folgende Lösung ist [3] entnommen.
1. Die sechs Messwerte kann man im Standpunktsystem von N in drei Einheitsvektoren umrechnen, die vom Standpunkt N zu den Zielpunkten A, B, C zeigen. Siehe hierzu (2.5):

$$\vec{g}_{NA} = \begin{pmatrix} \cos r_{NA} \cdot \sin v_{NA} \\ \sin r_{NA} \cdot \sin v_{NA} \\ \cos v_{NA} \end{pmatrix}, \quad \vec{g}_{NB} = \begin{pmatrix} \cos r_{NB} \cdot \sin v_{NB} \\ \sin r_{NB} \cdot \sin v_{NB} \\ \cos v_{NB} \end{pmatrix}, \quad \vec{g}_{NC} = \cdots$$

2. Daraus kann man in den schrägen Dreiecken ANB, BNC, CNA die Winkel bei N berechnen:

$$\psi_{AB} := \arccos(\vec{g}_{NA} \cdot \vec{g}_{NB}), \quad \psi_{BC} := \arccos(\vec{g}_{NB} \cdot \vec{g}_{NC}), \quad \psi_{CA} := \arccos(\vec{g}_{NC} \cdot \vec{g}_{NA})$$

In ◻ Abb. 2.6 ist diese Situation dargestellt, wobei jedoch wegen der Übersichtlichkeit nur einige ausgewählte Winkel eingetragen sind.
3. Nun werden aus Koordinaten von A, B, C die Schrägstrecken s_{AB}, s_{BC}, s_{CA} berechnet.

Abb. 2.6 Räumlicher Rückwärtsschnitt (nur einige ausgewählte Winkel)

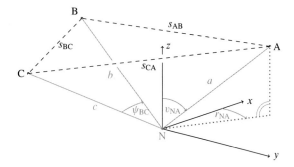

4. Wir verwenden die Abkürzungen $a := s_{NA}$, $b := s_{NB}$, $c := s_{NC}$. Nun kann man in den Dreiecken ANB, BNC, CNA jeweils den Kosinussatz aufschreiben:

$$s_{AB}^2 = a^2 + b^2 - 2 \cdot a \cdot b \cdot \cos \psi_{AB}$$
$$s_{BC}^2 = b^2 + c^2 - 2 \cdot b \cdot c \cdot \cos \psi_{BC}$$
$$s_{CA}^2 = c^2 + a^2 - 2 \cdot c \cdot a \cdot \cos \psi_{CA} \tag{2.22}$$

Damit liegt ein System dreier nichtlinearer Gleichungen mit den drei Unbekannten a, b, c vor.

5. Dieses Gleichungssystem lässt sich leider nicht analytisch lösen. Deshalb muss es wie folgt *numerisch* gelöst werden: Im besten Fall liegen geeignete Näherungswerte a_0, b_0, c_0 für a, b, c vor. Andernfalls gehen wir davon aus, dass für N geeignete Näherungskoordinaten x_{N0}, y_{N0}, z_{N0} vorliegen, aus denen Näherungswerte a_0, b_0, c_0 für a, b, c berechnet werden können. (Der Index „0" kennzeichnet hier jeweils Näherungswerte.) Wenn die Punkte A, B, C, N etwa in einer Ebene liegen, wäre der ebene Rückwärtsschnitt (s. ▶ Abschn. 1.5.6) mit trigonometrischer Höhenübertragung eine mögliche Methode zur Beschaffung von Näherungskoordinaten für N.

6. Mit diesen Näherungswerten a_0, b_0, c_0 sind die Gleichungen (2.22) nur näherungsweise erfüllt. Das ist zu überprüfen.

7. Die unbekannten, aber hoffentlich betragskleinen Abweichungen dieser Näherungswerte a_0, b_0, c_0 von den wahren Werten a, b, c sind:

$$\delta a := a - a_0$$
$$\delta b := b - b_0$$
$$\delta c := c - c_0$$

Eine Linearisierung der nichtlinearen Gleichungen (2.22) durch *Taylor-Entwicklung* für Funktionen mehrerer Variabler [1, S. 601ff] an der Stelle dieser Näherungswerte a_0, b_0, c_0 liefert ein System dreier *linearer* Gleichungen

$$s_{AB}^2 = a_0^2 + 2 \cdot a_0 \cdot \delta a + b_0^2 + 2 \cdot b_0 \cdot \delta b - 2 \cdot (a_0 \cdot b_0 + a_0 \cdot \delta b + \delta a \cdot b_0) \cdot \cos \psi_{AB}$$
$$s_{BC}^2 = b_0^2 + 2 \cdot b_0 \cdot \delta b + c_0^2 + 2 \cdot c_0 \cdot \delta c - 2 \cdot (b_0 \cdot c_0 + b_0 \cdot \delta c + \delta b \cdot c_0) \cdot \cos \psi_{BC}$$
$$s_{CA}^2 = c_0^2 + 2 \cdot c_0 \cdot \delta c + a_0^2 + 2 \cdot a_0 \cdot \delta a - 2 \cdot (c_0 \cdot a_0 + c_0 \cdot \delta a + \delta c \cdot a_0) \cdot \cos \psi_{CA}$$

2

mit den drei Unbekannten $\delta a, \delta b, \delta c$, welches numerisch gelöst werden kann. In Matrix-Schreibweise lautet es:

$$
\begin{pmatrix}
s_{AB}^2 - a_0^2 - b_0^2 + 2 \cdot a_0 \cdot b_0 \cdot \cos \psi_{AB} \\
s_{BC}^2 - b_0^2 - c_0^2 + 2 \cdot b_0 \cdot c_0 \cdot \cos \psi_{BC} \\
s_{CA}^2 - c_0^2 - a_0^2 + 2 \cdot c_0 \cdot a_0 \cdot \cos \psi_{CA}
\end{pmatrix}
$$

$$
= 2 \cdot
\begin{pmatrix}
a_0 - b_0 \cdot \cos \psi_{AB} & b_0 - a_0 \cdot \cos \psi_{AB} & 0 \\
0 & b_0 - c_0 \cdot \cos \psi_{BC} & c_0 - b_0 \cdot \cos \psi_{BC} \\
a_0 - c_0 \cdot \cos \psi_{CA} & 0 & c_0 - a_0 \cdot \cos \psi_{CA}
\end{pmatrix}
\cdot
\begin{pmatrix}
\delta a \\
\delta b \\
\delta c
\end{pmatrix}
\quad (2.23)
$$

8. Damit lassen sich die Näherungswerte a_0, b_0, c_0 wie folgt verbessern:

$$a_1 := a_0 + \delta a$$
$$b_1 := b_0 + \delta b$$
$$c_1 := c_0 + \delta c$$

9. Nun muss man überprüfen, ob mit diesen verbesserten Werten a_1, b_1, c_1 die Gleichungen (2.22) tatsächlich besser erfüllt sind, als zuvor mit a_0, b_0, c_0.
   - Sind diese schlechter erfüllt, so sollte man versuchen, bessere Näherungswerte zu beschaffen und mit diesen von vorn zu beginnen.
   - Sind diese besser erfüllt, aber noch nicht gut genug, so wiederholt man die Rechnung mit a_1, b_1, c_1 als neue Näherungswerte. So gelangt man zu einer neuen Lösung a_2, b_2, c_2 usw.
   - Sind diese ausreichend gut erfüllt, so hat man die Schrägstrecken $s_{NA} = a$, $s_{NB} = b$, $s_{NC} = c$ gefunden.
10. Mit den Schrägstrecken s_{NA}, s_{NB}, s_{NC} kann man auf verschiedene Weise weiter arbeiten:
    - Man bestimmt N durch einen Kugelschnitt (s. ▶ Abschn. 2.3.2). Es ergeben sich zwei Lösungen, wobei eine Lösung durch die Probe verworfen werden muss.
    - Man berechnet Koordinaten von A, B, C im Standpunktsystem als Polarpunkte von N aus und führt eine räumliche Transformation über die identischen Punkte A, B, C durch. Am einfachsten ist eine räumliche Helmert-Transformation (s. ▶ Abschn. 2.4.6), wobei sich der Maßstabsfaktor Eins ergeben muss, was als vorläufige Probe dient.
11. **Plausibilitätsüberprüfung:** Schließlich berechnet man die Messwerte r_{NA}, r_{NB}, r_{NC}, v_{NA}, v_{NB}, v_{NC} aus endgültigen Koordinaten zurück und vergleicht mit den gegebenen Werten.

In dieser Lösung wurde nicht die Tatsache benutzt, dass die Zenitrichtung des Aufnahmestandpunktes $v = 0$ parallel zur z-Achse des Koordinatensystems der gegebenen Punkte A, B, C ausgerichtet ist. Somit muss diese Bedingung nicht erfüllt sein, d. h. das Winkelmessinstrument kann einen beliebigen Stehachsfehler aufweisen. Deshalb haben wir am Ende keine Rechenprobe gemacht, sondern lediglich überprüft, dass die Lösung plausibel ist. Ersatzweise kann man als echte Rechenprobe nur $\psi_{AB}, \psi_{BC}, \psi_{CA}$ aus endgültigen Koordinaten zurückrechnen. Fehler, die in der Berechnung dieser Winkel unterlaufen sind, werden dann jedoch nicht aufgedeckt.

> **Hinweis 2.6**

Genau wie beim ebenen Rückwärtsschnitt gibt es auch hier ungünstige oder unzulässige Konfigurationen, jedoch ist es teilweise schwierig, diese von vornherein zu erkennen.

▶ **Beispiel 2.7**

Auf einem Punkt N wurden zu den gegebenen Punkten A, B, C folgende Messwerte r, v erhalten:

Standpunkt N	x in m	y in m	z in m	r in gon	v in gon
Zielpunkt A	197,865	115,000	33,000	20,822	97,959
Zielpunkt B	180,236	243,866	19,169	266,752	117,729
Zielpunkt C	231,649	285,136	47,228	199,870	85,644

Wir berechnen den Neupunkt N. ◀

▶ **Lösung**

Die Nummerierung der folgenden Schritte stimmt mit der vorigen Nummerierung überein:

1. Die Einheitsvektoren $\vec{g}_{NA}, \vec{g}_{NB}, \vec{g}_{NC}$ sind:

$$\vec{g}_{NA} = \begin{pmatrix} 0,946\,501 \\ 0,321\,106 \\ 0,032\,054 \end{pmatrix}, \quad \vec{g}_{NB} = \begin{pmatrix} -0,479\,620 \\ -0,833\,303 \\ -0,274\,901 \end{pmatrix}, \quad \vec{g}_{NC} = \begin{pmatrix} -0,974\,680 \\ 0,001\,990 \\ 0,223\,597 \end{pmatrix}$$

2. Daraus berechnen wir in den schrägen Dreiecken ANB, BNC, CNA die Winkel bei N:

$$\psi_{AB} = 152,1287\,\text{gon}; \quad \psi_{BC} = 73,4996\,\text{gon}; \quad \psi_{CA} = 173,5191\,\text{gon}$$

3. Nun werden aus Koordinaten von A, B, C die Schrägstrecken berechnet:

$$s_{AB} = 130,7995\,\text{m}; \quad s_{BC} = 71,6507\,\text{m}; \quad s_{CA} = 174,0404\,\text{m}$$

4. Das zu lösende Gleichungssystem (2.22) lautet

$$17\,108,52\,\text{m}^2 = a^2 + b^2 + a \cdot b \cdot 1,460\,701$$
$$5\,133,82\,\text{m}^2 = b^2 + c^2 - b \cdot c \cdot 0,808\,700$$
$$30\,290,05\,\text{m}^2 = c^2 + a^2 + c \cdot a \cdot 1,829\,457$$

5. Um Näherungswerte für die Neupunktkoordinaten zu beschaffen, berechnen wir nur mit x, y, r einen ebenen Rückwärtsschnitt in der Horizontalebene $z = 0$. Dabei erhalten wir $x_N \approx 203\,\text{m}$, $y_N \approx 215\,\text{m}$ und fügen noch etwas willkürlich den Wert $z_N \approx 30\,\text{m}$ hinzu. Damit erhalten wir folgende Näherungwerte:

$$a_0 = 100,177\,\text{m}; \quad b_0 = 38,324\,\text{m}; \quad c_0 = 77,696\,\text{m}$$

6. Mit diesen Werten eingesetzt für a, b, c im zu lösenden Gleichungssystem (2.22) ergibt sich ein maximaler Fehler von $36\,\text{m}^2$, und zwar in der zweiten Gleichung.

7. Das linearisierte Gleichungssystem (2.23) lautet damit:

$$\begin{pmatrix} -3{,}5357 \\ 36{,}4499 \\ -21{,}1588 \end{pmatrix} = \begin{pmatrix} 256{,}333\,81 & 222{,}976\,95 & 0{,}000\,00 \\ 0{,}000\,00 & 13{,}816\,16 & 124{,}398\,57 \\ 342{,}494\,39 & 0{,}000\,00 & 338{,}660\,42 \end{pmatrix} \cdot \begin{pmatrix} \delta a \\ \delta b \\ \delta c \end{pmatrix}$$

8. Wir erhalten folgende Lösung und folgende verbesserte Näherungswerte.

$$\delta a = -0{,}314\,\text{m}; \quad \delta b = 0{,}345\,\text{m}; \quad \delta c = 0{,}255\,\text{m}$$
$$a_1 = 99{,}863\,\text{m}; \quad b_1 = 38{,}669\,\text{m}; \quad c_1 = 77{,}951\,\text{m}$$

9. Mit diesen Werten eingesetzt für a, b, c im zu lösenden Gleichungssystem ergibt sich ein maximaler Fehler von $0{,}2\,\text{m}^2$, und zwar in der dritten Gleichung. Wenn man dieses noch verbessern möchte, kann man die Berechnung mit a_1, b_1, c_1 als neue Näherungswerte wiederholen und erhält endgültig

$$a = 99{,}8638\,\text{m}; \quad b = 38{,}6680\,\text{m}; \quad c = 77{,}9497\,\text{m}$$

10. Man bestimmt N durch einen Schnitt dreier Kugeln um A, B, C mit den Radien a, b, c. Es ergeben sich zwei Lösungen:

$$x_{N_1} = 203{,}2503\,\text{m}; \quad y_{N_1} = 214{,}6671\,\text{m}; \quad z_{N_1} = 29{,}7981\,\text{m}$$
$$x_{N_2} = 200{,}3847\,\text{m}; \quad y_{N_2} = 214{,}8152\,\text{m}; \quad z_{N_2} = 34{,}8309\,\text{m}$$

11. **Plausibilitätsüberprüfung:** Schließlich berechnet man die Messwerte aus endgültigen Koordinaten zurück. Für die erste Lösung erhält man:

$$r_{N_1 A} = 20{,}8220\,\text{gon}; \quad r_{N_1 B} = 266{,}7527\,\text{gon}; \quad r_{N_1 C} = 199{,}8704\,\text{gon}$$
$$v_{N_1 A} = 97{,}9585\,\text{gon}; \quad v_{N_1 B} = 117{,}7277\,\text{gon}; \quad v_{N_1 C} = 85{,}6435\,\text{gon}$$

Der Vergleich mit den gegebenen Messwerten zeigt, dass geringe Abweichungen im Milligon-Bereich auftreten. Diese sind nicht nur durch Rundungsfehler bedingt, sondern auch durch Stehachsfehler des Winkelmessinstruments. Die zweite Lösung liefert keine Übereinstimmung mit den gegebenen Messwerten und wird verworfen. Somit lautet das Ergebnis:

$$x_N = 203{,}250\,\text{m}; \quad y_N = 214{,}667\,\text{m}; \quad z_N = 29{,}798\,\text{m}$$

▶ http://sn.pub/tQiaUf ◀

2.4 Räumliche Koordinatentransformationen

Häufig stellt sich die Aufgabe, die geometrischen Beziehungen zwischen zwei räumlichen Referenzsystemen herzustellen, die über ein Transformationsmodell beschrieben und mittels Transformationsparametern numerisch realisiert werden. Dazu können identische Punkte vorliegen, für die in beiden Systemen Koordinaten gegeben sind, um daraus Transformationsparameter zu bestimmen. Außerdem können bei gegebenen Transformationsparametern Punkte von einem in das andere System zu transformieren oder die

Parameter der Rückwärtstransformation zu bestimmen sein. Dazu erweitern wir die aus ▶ Abschn. 1.6 bekannten ebenen Transformationen um eine Raumdimension. Außerdem verwenden wir konsequent die Matrix-Vektor-Schreibweise: $\vec{v}$ bezeichnet einen dreidimensionalen Ortsvektor (s. Definition 2.1) im Quellsystem und $\vec{V}$ den entsprechenden Ortsvektor im Zielsystem. $\vec{v}_P$, $\vec{V}_P$ bezeichnen speziell die entsprechenden Ortsvektoren zum Punkt P jeweils im Quell- und im Zielsystem.

2.4.1 Elementare räumliche Transformationsschritte

Wir betrachten analog zu ▶ Abschn. 1.6.1 folgende elementare Transformationsschritte (siehe auch ◘ Tab. 2.5):

- **Translation (Verschiebung)**: Die vektorielle Transformationsgleichung lautet:

$$\vec{V} = \vec{t} + \vec{v} \tag{2.24}$$

mit dem *Translationsvektor* $\vec{t}$, auch Verschiebungsvektor genannt. Die Transformationsparameter sind die drei Komponenten t_1, t_2, t_3 von $\vec{t}$.

- **einheitliche Skalierung (Maßstabsänderung)** bezüglich des Koordinatenursprungs: Die vektorielle Transformationsgleichung lautet:

$$\vec{V} = m \cdot \vec{v} \tag{2.25}$$

mit dem skalaren *Maßstabsfaktor m* als Transformationsparameter.

- **drei Skalierungen** bezüglich des Koordinatenursprungs, unterschiedlich in jeder Achsrichtung: Die vektorielle Transformationsgleichung lautet:

$$\vec{V} = \mathbf{M} \cdot \vec{v} \tag{2.26}$$

mit der *Skaliermatrix*, auch Maßstäbematrix genannt,

$$\mathbf{M} = \begin{pmatrix} m_1 & 0 & 0 \\ 0 & m_2 & 0 \\ 0 & 0 & m_3 \end{pmatrix} \tag{2.27}$$

Die Transformationsparameter sind die drei Diagonalelemente m_1, m_2, m_3 von $\mathbf{M}$, die jeweils Maßstabsfaktoren ihrer entsprechenden Achsrichtung sind.

◘ **Tab. 2.5** Realisierung räumlicher Transformationsschritte

$\vec{t}$	Translationsvektor (Verschiebungsvektor)
$\mathbf{M}$	Skaliermatrix (Maßstäbematrix)
$\mathbf{R}$	Rotationsmatrix (Drehmatrix)
$\mathbf{S}$	Transvektionsmatrix (Schermatrix)
(2.30)	Reflexionsmatrix (Spiegelmatrix)

2

- **Rotation (Drehung)** um den Koordinatenursprung: Die vektorielle Transformationsgleichung lautet:

$$\vec{V} = \mathbf{R} \cdot \vec{v} \qquad (2.28)$$

mit der *Rotationsmatrix* **R**, auch Drehmatrix genannt. Die Transformationsparameter werden im nächsten Unterabschnitt vorgestellt.

- **Transvektion (Scherung)** bezüglich der Koordinatenachsen: Die vektorielle Transformationsgleichung lautet:

$$\vec{V} = \mathbf{S} \cdot \vec{v} \qquad (2.29)$$

mit der Transvektionsmatrix **S**, auch Schermatrix genannt. Die Transformationsparameter werden im ▶ Abschn. 2.4.4 vorgestellt.

- **Reflexion (Spiegelung)**, um vom Links- in das Rechtssystem oder umgekehrt zu transformieren: Diese wird durch eine *Reflexionsmatrix*, auch Spiegelmatrix genannt, folgendermaßen vermittelt:

$$\vec{V} = \begin{pmatrix} -1 & 0 & 0 \\ 0 & 1 & 0 \\ 0 & 0 & 1 \end{pmatrix} \cdot \vec{v} \qquad (2.30)$$

Diese Spiegelung erfolgt an der (Y, Z)-Ebene. Für die (X, Y)- oder (X, Z)-Ebene als Spiegelebene würde das Minus in (2.30) vor eine andere Eins verschoben werden. Transformationsparameter werden hierfür nicht benötigt. In diesem Kapitel werden keine Transformationen betrachtet, bei denen Spiegelungen auftreten, jedoch im ▶ Abschn. 3.1.5.

Komplexere Transformationen bestehen einfach aus einer Abfolge mehrerer elementarer Transformationsschritte. Analog zu den ebenen Transformationen ist auch hier die Reihenfolge der Transformationsschritte zu beachten: Ein Vertauschen der Schritte kann zu einem anderen Transformationsmodell führen, oder zum selben Transformationsmodell, das aber möglicherweise durch zahlenmäßig andere Parameter numerisch realisiert wird.

2.4.2 Räumliche Rotationen

Wir betrachten die Rotation im Raum um eine schräg im Raum liegende Achse durch den Koordinatenursprung. Rechnerisch wird ein solcher Transformationsschritt durch Multiplikation des Ortsvektors mit einer Rotationsmatrix **R** laut (2.28) realisiert.

Definition 2.4 (Rotationsmatrix)

Eine Rotationsmatrix ist eine Matrix mit folgenden Eigenschaften:

1. **R** ist eine orthogonale Matrix, so dass gilt: $\mathbf{R}^\mathrm{T} \cdot \mathbf{R} = \mathbf{I}$, wobei **I** die Einheitsmatrix ist. Die Transponierte von **R** ist somit gleichzeitig die Inverse von **R**. Sie ist ebenso eine Rotationsmatrix und beschreibt die Rückwärtsrotation $\vec{v} = \mathbf{R}^\mathrm{T} \cdot \vec{V}$.
2. Es gilt $\det(\mathbf{R}) = 1$.

Eine räumliche Rotationsmatrix ist vom Format 3×3.

> **Hinweis 2.7**
> Aus diesen beiden Eigenschaften kann man folgern, dass $\mathbf{R}$ die *Eigenwerte* $1, 1, 1$ oder $-1, -1, 1$ hat, worauf wir in diesem Buch aber nicht näher eingehen. Siehe hierzu z. B. [1, S. 187].

Rotationsmatrizen sind in der Regel vollbesetzte Matrizen. In der Ebene genügte in (1.38) eine einzige Größe, um diese vollständig zu beschreiben, nämlich der Drehwinkel ε. Man kann die ebenen Transformationsgleichungen (1.38) auf die Matrixform (2.28) bringen, wenn man die Rotationsmatrix folgendermaßen definiert:

$$\mathbf{R}(\varepsilon) = \begin{pmatrix} \cos\varepsilon & -\sin\varepsilon \\ \sin\varepsilon & \cos\varepsilon \end{pmatrix}$$

Fügt man zu (1.38) noch $Z = z$ hinzu, so erhält man eine dreidimensionale Rotation um die z-Achse. Die zugehörige Rotationsmatrix lautet dann:

$$\mathbf{R}_3(\varepsilon) = \begin{pmatrix} \cos\varepsilon & -\sin\varepsilon & 0 \\ \sin\varepsilon & \cos\varepsilon & 0 \\ 0 & 0 & 1 \end{pmatrix} \tag{2.31}$$

Der Index 3 zeigt an, dass um die dritte Achse (z) rotiert wird. Entsprechend gibt es eine Rotation um die erste Achse (x)

$$\mathbf{R}_1(\varepsilon) = \begin{pmatrix} 1 & 0 & 0 \\ 0 & \cos\varepsilon & -\sin\varepsilon \\ 0 & \sin\varepsilon & \cos\varepsilon \end{pmatrix} \tag{2.32}$$

und um die zweite Achse (y)

$$\mathbf{R}_2(\varepsilon) = \begin{pmatrix} \cos\varepsilon & 0 & \sin\varepsilon \\ 0 & 1 & 0 \\ -\sin\varepsilon & 0 & \cos\varepsilon \end{pmatrix} \tag{2.33}$$

Eine allgemeine Rotation in drei Dimensionen kann in drei aufeinanderfolgende Rotationen um ggf. *mitdrehende* Koordinatenachsen zerlegt werden. Mitdrehend heißt: Bei der zweiten und dritten Rotation wird jeweils nicht um die ursprüngliche Achse des Quellsystems gedreht, sondern um die Achse des bereits ein- oder zweimal gedrehten Zwischensystems. Insgesamt sind 12 verschiedene Drehfolgen möglich. Wenn man die Reihenfolge der Rotationen um Koordinatenachsen als $x \to y \to z$ wählt und um mitdrehende Achsen y, z dreht, gelangt man zu folgender Zerlegung der ursprünglichen Rotation:

$$\mathbf{R}(\varepsilon_1, \varepsilon_2, \varepsilon_3) = \mathbf{R}_3(\varepsilon_3) \cdot \mathbf{R}_2(\varepsilon_2) \cdot \mathbf{R}_1(\varepsilon_1) \tag{2.34}$$

Die Winkel $\varepsilon_1, \varepsilon_2, \varepsilon_3$ in (2.34) nennt man *Eulersche Winkel*.

2

❶ Aufgabe 2.6

Beweisen Sie, dass (a) die Matrizen $\mathbf{R}_1, \mathbf{R}_2, \mathbf{R}_3$ in (2.31)–(2.33) sowie (b) deren Produkt die Eigenschaften einer Rotationsmatrix haben. Beweisen Sie, dass (c) die Spiegelmatrix (2.30) eine orthogonale Matrix ist, aber die Determinante -1 hat und dass (d) eine Spiegelung an der (X, Y)-Ebene und danach an der (Y, Z)-Ebene einer Rotation $\mathbf{R}_2(180°)$ entspricht. Hinweis: Sie benötigen bekannte Rechengesetze aus der Matrixalgebra [1, S. 193f].

Wenn man die Matrixmultiplikation (2.34) unter Anwendung von (2.31)–(2.33) durchführt, gelangt man zu folgender Gestalt der Rotationsmatrix:

$$\mathbf{R}(\varepsilon_1, \varepsilon_2, \varepsilon_3) =$$

$$\begin{pmatrix} \cos \varepsilon_2 \cdot \cos \varepsilon_3 & \sin \varepsilon_1 \cdot \sin \varepsilon_2 \cdot \cos \varepsilon_3 - \cos \varepsilon_1 \cdot \sin \varepsilon_3 & \sin \varepsilon_1 \cdot \sin \varepsilon_3 + \cos \varepsilon_1 \cdot \sin \varepsilon_2 \cdot \cos \varepsilon_3 \\ \cos \varepsilon_2 \cdot \sin \varepsilon_3 & \sin \varepsilon_1 \cdot \sin \varepsilon_2 \cdot \sin \varepsilon_3 + \cos \varepsilon_1 \cdot \cos \varepsilon_3 & \cos \varepsilon_1 \cdot \sin \varepsilon_2 \cdot \sin \varepsilon_3 - \sin \varepsilon_1 \cdot \cos \varepsilon_3 \\ -\sin \varepsilon_2 & \sin \varepsilon_1 \cdot \cos \varepsilon_2 & \cos \varepsilon_1 \cdot \cos \varepsilon_2 \end{pmatrix}$$

$$(2.35)$$

❶ Aufgabe 2.7

Beweisen Sie mit dieser Darstellung, dass $\mathbf{R}(\varepsilon_1, 0, 0) = \mathbf{R}_1(\varepsilon_1)$, $\mathbf{R}(0, \varepsilon_2, 0) = \mathbf{R}_2(\varepsilon_2)$ und $\mathbf{R}(0, 0, \varepsilon_3) = \mathbf{R}_3(\varepsilon_3)$ gelten.

▶ Beispiel 2.8

Die Punkte aus Aufgabe 2.5 sollen auf folgende Weise gedreht werden: Zuerst um die y-Achse um $10°$, dann um die mitdrehende x-Achse um $30°$ und schließlich um die mitdrehende z-Achse um $-20°$. ◀

▶ Lösung

Wir benötigen folgende Rotationsmatrizen (2.31)–(2.33):

$$\mathbf{R}_2(10°) = \begin{pmatrix} 0,984\,81 & 0 & 0,173\,65 \\ 0 & 1 & 0 \\ -0,173\,65 & 0 & 0,984\,81 \end{pmatrix}$$

$$\mathbf{R}_1(30°) = \begin{pmatrix} 1 & 0 & 0 \\ 0 & 0,866\,03 & -0,5 \\ 0 & 0,5 & 0,866\,03 \end{pmatrix}$$

$$\mathbf{R}_3(-20°) = \begin{pmatrix} 0,939\,69 & 0,342\,02 & 0 \\ -0,342\,02 & 0,939\,69 & 0 \\ 0 & 0 & 1 \end{pmatrix}$$

Deren Produkt ist in umgekehrter Reihenfolge der Rotationen:

$$\mathbf{R} = \mathbf{R}_3(-20°) \cdot \mathbf{R}_1(30°) \cdot \mathbf{R}_2(10°) = \begin{pmatrix} 0,955\,11 & 0,296\,20 & -0,005\,24 \\ -0,255\,24 & 0,813\,80 & -0,522\,10 \\ -0,150\,39 & 0,500\,00 & 0,852\,88 \end{pmatrix}$$

Wegen der abweichenden Reihenfolge der Schritte ist (2.34) hier nicht anwendbar. Wir transformieren Punkt A

$$\vec{V}_A = \mathbf{R} \cdot \vec{v}_A = \mathbf{R} \cdot \begin{pmatrix} 514{,}24 \,\text{m} \\ 921{,}15 \,\text{m} \\ 279{,}19 \,\text{m} \end{pmatrix} = \begin{pmatrix} 762{,}537 \,\text{m} \\ 472{,}612 \,\text{m} \\ 621{,}354 \,\text{m} \end{pmatrix}$$

und genauso die Punkte B und C, so dass wir folgende Zielsystemkoordinaten erhalten:

Punkt	X in m	Y in m	Z in m
A	762,54	472,61	621,35
B	343,14	−39,98	208,47
C	676,16	−338,18	749,80 ◂

▶ Probe

Eine Probemöglichkeit besteht darin, Schrägstrecken AB, BC, CA in den beiden Systemen zu vergleichen (räumliche Spannmaßprobe):

$s_{AB} = 780{,}459\,\text{m} = 780{,}458\,\text{m} \,\checkmark$

$s_{BC} = 702{,}048\,\text{m} = 702{,}045\,\text{m} \,\checkmark$

$s_{CA} = 825{,}435\,\text{m} = 825{,}431\,\text{m} \,\checkmark$

▶ http://sn.pub/Xlg4sJ ◂

Die Rückrechnung Eulerscher Winkel $\varepsilon_1, \varepsilon_2, \varepsilon_3$ aus einer Rotationsmatrix $\mathbf{R}$ ist in ◻ Tab. 2.6 beschrieben.

Die zu (2.34) gehörige Rückwärtsrotation wird mit

$$\mathbf{R}^T(\varepsilon_1, \varepsilon_2, \varepsilon_3) = \mathbf{R}_1(-\varepsilon_1) \cdot \mathbf{R}_2(-\varepsilon_2) \cdot \mathbf{R}_3(-\varepsilon_3)$$

erhalten. Außer den Vorzeichen der Winkel muss auch die Reihenfolge der Achsen umgekehrt werden, um die rotiert wird.

◻ **Tab. 2.6** Rückrechnung Eulerscher Winkel aus einer Rotationsmatrix $\mathbf{R}$ in (2.35) mit r_{ij} in Zeile i und Spalte j. Achtung: Beim Arkustangens müssen stets die Quadrantenregeln beachtet werden, deshalb ist auch Kürzen in den Brüchen nicht erlaubt. Außerdem entstehen durch den Arkussinus mit Haupt- und Nebenwert zwei gleichwertige Lösungen.

Falls	$r_{31} = 1$	$r_{31} = -1$	Sonst
$\varepsilon_2 =$	$-\pi/2 = -90°$	$\pi/2 = 90°$	$-\arcsin r_{31}$
$\varepsilon_3 =$	Beliebiger Wert	Beliebiger Wert	$\arctan \dfrac{r_{21}/\cos \varepsilon_2}{r_{11}/\cos \varepsilon_2}$
$\varepsilon_1 =$	$-\varepsilon_3 + \arctan \dfrac{-r_{12}}{-r_{13}}$	$\varepsilon_3 + \arctan \dfrac{r_{12}}{r_{13}}$	$\arctan \dfrac{r_{32}/\cos \varepsilon_2}{r_{33}/\cos \varepsilon_2}$

2

⚠ **Aufgabe 2.8**

Führen Sie mit den Punkten aus Aufgabe 2.5 die Rotation $\mathbf{R} = \mathbf{R}_1(30°) \cdot \mathbf{R}_3(-20°) \cdot \mathbf{R}_2(10°)$ durch. Bestimmen Sie die Eulerschen Winkel für die Darstellung von $\mathbf{R}$ in (2.35).

▶ http://sn.pub/KBEXkN

Alternativ kann die Rotation auch direkt ohne Zerlegung (2.34) über eine schräge Rotationsachse $\vec{e}$, genannt *Euler-Achse*, und den zugehörigen Drehwinkel ε beschrieben werden. $\vec{e}$ ist der entlang dieser Achse zeigende Einheitsvektor ($|\vec{e}| = 1$) mit den Komponenten e_1, e_2, e_3. Die Rotationsmatrix hat mit diesen Parametern folgende Gestalt:

$$\mathbf{R}(e_1, e_2, e_3, \varepsilon) =$$
$$\begin{pmatrix} \cos\varepsilon + e_1^2 \cdot (1 - \cos\varepsilon) & e_1 \cdot e_2 \cdot (1 - \cos\varepsilon) - e_3 \cdot \sin\varepsilon & e_1 \cdot e_3 \cdot (1 - \cos\varepsilon) + e_2 \cdot \sin\varepsilon \\ e_1 \cdot e_2 \cdot (1 - \cos\varepsilon) + e_3 \cdot \sin\varepsilon & \cos\varepsilon + e_2^2 \cdot (1 - \cos\varepsilon) & e_2 \cdot e_3 \cdot (1 - \cos\varepsilon) - e_1 \cdot \sin\varepsilon \\ e_1 \cdot e_3 \cdot (1 - \cos\varepsilon) - e_2 \cdot \sin\varepsilon & e_2 \cdot e_3 \cdot (1 - \cos\varepsilon) + e_1 \cdot \sin\varepsilon & \cos\varepsilon + e_3^2 \cdot (1 - \cos\varepsilon) \end{pmatrix}$$
$$(2.36)$$

⚠ **Aufgabe 2.9**

Beweisen Sie mit dieser Darstellung, dass

$$\mathbf{R}(1, 0, 0, \varepsilon_1) = \mathbf{R}_1(\varepsilon_1), \quad \mathbf{R}(0, 1, 0, \varepsilon_2) = \mathbf{R}_2(\varepsilon_2) \quad \text{und} \quad \mathbf{R}(0, 0, 1, \varepsilon_3) = \mathbf{R}_3(\varepsilon_3)$$

gelten.

Offenbar liegen nun *vier* Rotationsparameter $e_1, e_2, e_3, \varepsilon$ vor. Diese sind allerdings durch die Einheitsvektor-Bedingung verknüpft:

$$e_1^2 + e_2^2 + e_3^2 = 1 \tag{2.37}$$

Formal könnte man darüber einen Parameter aus den Transformationsgleichungen eliminieren, was allerdings nicht ratsam ist. Bei der Bestimmung der Transformationsparameter aus identischen Punkten arbeitet man lieber mit der Einheitsvektor-Bedingung als zusätzliche Bedingungsgleichung. Die Methodik hierzu wird in diesem Buch leider nicht beschrieben.

Alle Drehwinkel $\varepsilon_1, \varepsilon_2, \varepsilon_3, \varepsilon$ sind in den hier angegebenen Formeln bei Linkssystemen positiv gegen den Uhrzeigersinn und bei Rechtssystemen positiv im Uhrzeigersinn definiert. Der Blick ist hierfür entgegen der jeweiligen Rotationsachse gerichtet. Die zu (2.36) gehörige Rückwärtsrotation wird einfach mit

$$\mathbf{R}^{\mathrm{T}}(e_1, e_2, e_3, \varepsilon) = \mathbf{R}(e_1, e_2, e_3, -\varepsilon) = \mathbf{R}(-e_1, -e_2, -e_3, \varepsilon)$$

erhalten. Die Bestimmung von Euler-Achse $\vec{e}$ und Drehwinkel ε ist nicht eindeutig, weil mit $-\vec{e}, -\varepsilon$ dieselbe Rotation beschrieben wird, wie mit $\vec{e}, \varepsilon$.

⚠ **Aufgabe 2.10**

Beweisen Sie die letzten beiden Aussagen.

Bei der Bestimmung der Transformationsparameter aus identischen Punkten kann es sowohl bei der Verwendung von Eulerschen Winkeln $\varepsilon_1, \varepsilon_2, \varepsilon_3$, als auch von Euler-Achse und Drehwinkel $\vec{e}, \varepsilon$ zu Singularitätsproblemen kommen. Ist beispielsweise der Drehwinkel ε nahezu Null, dann ist die Euler-Achse $\vec{e}$ sehr schlecht definiert. Das wirkt sich numerisch so aus, dass sich Rundungsfehler sehr verstärken. Im Beispiel 2.11 wird dieser Fall auftreten. Für $\varepsilon = 0$ findet sogar überhaupt keine Rotation statt, also ist die Achse völlig undefiniert. Das entsprechende Gleichungssystem zur Bestimmung der Transformationsparameter hat somit keine eindeutige Lösung.

Um solche und weitere Probleme zu vermeiden, wird ein dritter Ansatz über sogenannte *Quaternionen q* empfohlen. Wir stellen uns diese *vereinfacht* als Folgen von vier rellen Zahlen q_0, q_1, q_2, q_3 vor, die als Rotationsparameter dienen. Eine Rotationsmatrix hat mit diesen Parametern folgende Gestalt:

$$\mathbf{R}(q_0, q_1, q_2, q_3)$$
$$= \begin{pmatrix} q_0^2 + q_1^2 - q_2^2 - q_3^2 & 2 \cdot (q_1 \cdot q_2 - q_0 \cdot q_3) & 2 \cdot (q_1 \cdot q_3 - q_0 \cdot q_2) \\ 2 \cdot (q_1 \cdot q_2 - q_0 \cdot q_3) & q_0^2 - q_1^2 + q_2^2 - q_3^2 & 2 \cdot (q_2 \cdot q_3 - q_0 \cdot q_1) \\ 2 \cdot (q_1 \cdot q_3 - q_0 \cdot q_2) & 2 \cdot (q_2 \cdot q_3 - q_0 \cdot q_1) & q_0^2 - q_1^2 - q_2^2 + q_3^2 \end{pmatrix} \quad (2.38)$$

Auch hier liegen *vier* Transformationsparameter vor, so dass wie in (2.37) eine zusätzliche Bedingungsgleichung zu stellen ist. Diese lautet meist

$$q_0^2 + q_1^2 + q_2^2 + q_3^2 = 1 \quad (2.39)$$

Man spricht dann auch von einer *Einheitsquaternion*. Die zugehörige Rückwärtsrotation wird einfach mit $\mathbf{R}(-q_0, q_1, q_2, q_3)$ oder mit $\mathbf{R}(q_0, -q_1, -q_2, -q_3)$ erhalten. Wiederum ist die Bestimmung der Parameter nicht eindeutig, weil mit $-q_0, -q_1, -q_2, -q_3$ dieselbe Rotation beschrieben wird, wie mit q_0, q_1, q_2, q_3. Dieses Problem kann leicht dadurch behoben werden, dass man $q_0 \geq 0$ definiert. Wie folgt gewinnt man aus der Rotationsmatrix die Parameter q_0, q_1, q_2, q_3 zurück:

$$(\mathbf{I} + \mathbf{R})^{-1} = \frac{1}{2 \cdot q_0} \begin{pmatrix} q_0 & q_3 & -q_2 \\ -q_3 & q_0 & q_1 \\ q_2 & -q_1 & q_0 \end{pmatrix} \quad (2.40)$$

🛑 **Aufgabe 2.11**

  Bestimmen Sie zur Rotationsmatrix aus Aufgabe 2.8 die Einheitsquaternion.

Auf die Bedingung (2.39) kann verzichtet werden, wenn man die Matrix (2.38) als *skalierte* Rotationsmatrix $m \cdot \mathbf{R}$ auffasst. Das ist bei Transformationen möglich, bei denen zusätzlich zur Rotation eine einheitliche Skalierung (2.25) erfolgt.

  In ◻ Tab. 2.7 werden die diskutierten Darstellungen räumlicher Rotationen gegenübergestellt. Die Parametersätze können ineinander umgerechnet werden, wofür es spezielle Formelapparate gibt. Man findet diese und auch eine Reihe weiterer Darstellungen räumlicher Rotationen z. B. in [9].

2

□ **Tab. 2.7** Mögliche Parametersätze zur Beschreibung räumlicher Rotationen

Beschreibung	Parameter	Vorteile
Eulersche Winkel (2.35)	$\varepsilon_1, \varepsilon_2, \varepsilon_3$	Geometrisch anschaulich, keine zusätzliche Bedingungsgleichung
Euler-Achse und Drehwinkel (2.36)	$e_1, e_2, e_3, \varepsilon$	Geometrisch anschaulich, Parameter der Rückwärtsrotation einfach ableitbar
Quaternion (2.38)	q_0, q_1, q_2, q_3	Einfachste Darstellung von **R** ohne Winkelfunktionen, keine Singularitätsprobleme, Parameter der Rückwärtsrotation einfach ableitbar

2.4.3 Infinitesimale räumliche Rotationen

In der Geodäsie ist es häufig so, dass die Achsen von Quell- und Zielsystem schon näherungsweise parallel ausgerichtet sind. Dann sind die Drehwinkel betragsklein. In Parametern ausgedrückt lautet das:

$$\varepsilon_1 \approx 0, \quad \varepsilon_2 \approx 0, \quad \varepsilon_3 \approx 0 \quad \text{oder} \quad \varepsilon \approx 0 \quad \text{oder}$$

$$q_0 \approx 1, \quad q_1 \approx 0, \quad q_2 \approx 0, \quad q_3 \approx 0$$

Eine Rotation um kleine Winkel nennt man *infinitesimal*, und es gilt $\mathbf{R} \approx \mathbf{I}$. Eine Null-Rotation liegt vor, wenn $\mathbf{R} = \mathbf{I}$ gilt. Alle Drehwinkel sind dann Null, die Euler-Achse ist nicht definiert, jedoch die Einheitsquaternion, sie lautet $q_0 = 1, q_1 = q_2 = q_3 = 0$.

Für Eulersche Winkel im Bogenmaß erhält man mit den Näherungen

$$\cos \varepsilon_i \approx 1, \quad \sin \varepsilon_i \approx \varepsilon_i, \quad \varepsilon_i \cdot \varepsilon_j \approx 0, \quad i, j = 1, 2, 3$$

folgende Darstellung für (2.34):

$$\mathbf{R}(\varepsilon_1, \varepsilon_2, \varepsilon_3) = \begin{pmatrix} 1 & -\varepsilon_3 & \varepsilon_2 \\ \varepsilon_3 & 1 & -\varepsilon_1 \\ -\varepsilon_2 & \varepsilon_1 & 1 \end{pmatrix} \tag{2.41}$$

Diese Matrix nennt man die *infinitesimale Rotationsmatrix*. Anders als die gewöhnliche Rotationsmatrix ist ihre Gestalt nicht von der Reihenfolge der Achsen abhängig, um die nacheinander rotiert wird. Die Rückwärtsrotationsmatrix lautet diesmal einfach $\mathbf{R}(-\varepsilon_1, -\varepsilon_2, -\varepsilon_3)$.

❗ **Aufgabe 2.12**
Beweisen Sie die letzten beiden Aussagen.

Vereinfachte Versionen von (2.36) und (2.38) zur Darstellung der infinitesimalen Rotationsmatrix sind

$$\mathbf{R}(e_1, e_2, e_3, \varepsilon) = \begin{pmatrix} 1 & -e_3 \cdot \varepsilon & e_2 \cdot \varepsilon \\ e_3 \cdot \varepsilon & 1 & -e_1 \cdot \varepsilon \\ -e_2 \cdot \varepsilon & e_1 \cdot \varepsilon & 1 \end{pmatrix} \tag{2.42}$$

$$\mathbf{R}(q_0, q_1, q_2, q_3) = \begin{pmatrix} 1 & -2 \cdot q_0 \cdot q_3 & 2 \cdot q_0 \cdot q_2 \\ 2 \cdot q_0 \cdot q_3 & 1 & -2 \cdot q_0 \cdot q_1 \\ -2 \cdot q_0 \cdot q_2 & 2 \cdot q_0 \cdot q_1 & 1 \end{pmatrix} \tag{2.43}$$

Dass die Matrixdarstellungen (2.41)–(2.43) nur Näherungen sein können, erkennt man daran, dass diese mit $\mathbf{R}^\mathsf{T} \cdot \mathbf{R} \approx \mathbf{I}$ und $\det(\mathbf{R}) \approx 1$ nur näherungsweise die Anforderungen an eine Rotationsmatrix erfüllen (s. Definition 2.4). Statt dessen ist $\mathbf{R}$ *schiefsymmetrisch*, d. h. $\mathbf{R}^\mathsf{T} = -\mathbf{R}$.

Bei einer infinitesimalen Rotation ist der Zusammenhang zwischen den drei Parameterarten besonders einfach. Man liest diesen direkt aus (2.41), (2.42), (2.43) durch Gleichsetzen der Außerdiagonalelemente ab. Beachten Sie insbesondere

$$\varepsilon_1^2 + \varepsilon_2^2 + \varepsilon_3^2 = \varepsilon^2$$

Die Bestimmung der Transformationsparameter aus identischen Punkten ist für infinitesimale Rotationen besonders leicht, weil sie auf ein lineares Gleichungssystem führt. Deshalb ist diese Näherung sehr zu empfehlen, wenn die Drehwinkel hinreichend klein sind. In diesem Fall hat (2.41) keine besonderen Nachteile gegenüber (2.42) und (2.43) und ist die übliche Darstellung.

2.4.4 Räumliche Transvektionen

Die Transvektion (Scherung) bewirkt, dass sich Winkel und Strecken ändern, Volumina von Körpern bleiben aber gleich. Geraden bleiben Geraden und parallele Geraden bleiben parallel. Dasselbe gilt für Ebenen. Rechnerisch wird ein solcher Transformationsschritt durch eine Transvektionsmatrix $\mathbf{S}$ in (2.29) realisiert.

> **Definition 2.5 (Transvektionsmatrix)**
>
> Eine Transvektionsmatrix ist eine normierte obere Dreiecksmatrix, das ist eine Matrix mit ausschließlich Einsen auf und Nullen unterhalb der Hauptdiagonale.

In der Ebene liest man eine Transvektionsmatrix direkt aus (1.43) ab. Erweitert man diese durch $Z = z$ auf drei Dimensionen, so erhält die Transvektionsmatrix folgende Gestalt:

$$\mathbf{S}_3(f) = \begin{pmatrix} 1 & f & 0 \\ 0 & 1 & 0 \\ 0 & 0 & 1 \end{pmatrix} \tag{2.44}$$

Der Index 3 zeigt an, dass die dritte Dimension unbeteiligt ist und nur die erste bezüglich der zweiten Achse geschert wird. Genauso gibt es zwei Transvektionen bezüglich anderer Achsenpaare:

$$S_1(f) = \begin{pmatrix} 1 & 0 & 0 \\ 0 & 1 & f \\ 0 & 0 & 1 \end{pmatrix} \tag{2.45}$$

$$S_2(f) = \begin{pmatrix} 1 & 0 & f \\ 0 & 1 & 0 \\ 0 & 0 & 1 \end{pmatrix} \tag{2.46}$$

Analog zu (2.34) ist die allgemeine räumliche Transvektion durch eine Hintereinanderausführung dieser drei elementaren Transvektionen gekennzeichnet:

$$S(f_1, f_2, f_3) = S_1(f_1) \cdot S_2(f_2) \cdot S_3(f_3) = \begin{pmatrix} 1 & f_3 & f_2 \\ 0 & 1 & f_1 \\ 0 & 0 & 1 \end{pmatrix} \tag{2.47}$$

Die drei Parameter der Transvektion sind f_1, f_2, f_3. Eine andere Möglichkeit ist, dass man mittels $\tan \tau_i := f_i$ zu Winkeln τ_1, τ_2, τ_3 als Transvektionsparameter übergeht, die man *Scherwinkel* nennt.

> **Hinweis 2.8**
>
> Genau wie in der Ebene können durch Vertauschen der Achsenreihenfolge in (2.47) weitere Scherungen erzeugt werden. Diese repräsentieren aber keinen *elementaren* Transformationsschritt, sondern lassen sich in eine Skalierung, eine Transvektion mit (2.47) und eine Rotation zerlegen (s. Hinweis 1.20).

Die Bestimmung der Transvektionsparameter f_1, f_2, f_3 aus identischen Punkten ist hier einfacher als bei der Rotation, weil immer ein lineares Gleichungssystem erhalten wird. Die Rückwärtstransvektion

$$\vec{v} = S^{-1} \cdot \vec{V}$$

wird mit der Transvektionsmatrix

$$S^{-1}(f_1, f_2, f_3) = \begin{pmatrix} 1 & -f_3 & f_1 \cdot f_3 - f_2 \\ 0 & 1 & -f_1 \\ 0 & 0 & 1 \end{pmatrix} = S(-f_1, f_1 \cdot f_3 - f_2, -f_3) \tag{2.48}$$

erhalten. Man erkennt, dass das erste und letzte Argument von S dabei nur sein Vorzeichen ändert, das mittlere aber auch seinen Wert.

> ▶ **Beispiel 2.9**
>
> Die Punkte aus Aufgabe 2.5 sollen auf folgende Weise geschert werden: Zuerst in der (x, z)-Ebene um $10°$, dann in der (y, z)-Ebene um $30°$ und schließlich in der (x, y)-Ebene um $-20°$. ◀

▶ **Lösung**

Zunächst berechnen wir die Transvektionsparameter $f_2 = \tan 10° = 0{,}176\,33$, $f_1 = \tan 30° = 0{,}577\,35$, $f_3 = \tan(-20°) = -0{,}363\,97$. Wir benötigen folgende Transvektionsmatrizen (2.44)–(2.46):

$$\mathbf{S}_2(10°) = \begin{pmatrix} 1 & 0 & 0{,}176\,33 \\ 0 & 1 & 0 \\ 0 & 0 & 1 \end{pmatrix}$$

$$\mathbf{S}_1(30°) = \begin{pmatrix} 1 & 0 & 0 \\ 0 & 1 & 0{,}577\,35 \\ 0 & 0 & 1 \end{pmatrix}$$

$$\mathbf{S}_3(-20°) = \begin{pmatrix} 1 & -0{,}363\,97 & 0 \\ 0 & 1 & 0 \\ 0 & 0 & 1 \end{pmatrix}$$

Deren Produkt ist in umgekehrter Reihenfolge der Transvektionen:

$$\mathbf{S} = \mathbf{S}_3(-20°) \cdot \mathbf{S}_1(30°) \cdot \mathbf{S}_2(10°) = \begin{pmatrix} 1 & -0{,}363\,97 & -0{,}033\,81 \\ 0 & 1 & 0{,}577\,35 \\ 0 & 0 & 1 \end{pmatrix}$$

Wegen der abweichenden Reihenfolge der Schritte ist (2.47) hier nicht anwendbar. Wir transformieren Punkt A

$$\vec{V}_A = \mathbf{S} \cdot \vec{v}_A = \mathbf{S} \cdot \begin{pmatrix} 514{,}24 \\ 921{,}15 \\ 279{,}19 \end{pmatrix} = \begin{pmatrix} 169{,}530 \\ 1082{,}340 \\ 279{,}19 \end{pmatrix}$$

und genauso die Punkte B und C, so dass wir folgende Zielsystemkoordinaten erhalten:

Punkt	X in m	Y in m	Z in m
A	169,53	1082,34	279,19
B	236,84	287,00	196,87
C	482,72	769,07	812,50

◀

▶ **Probe**

Eine Probemöglichkeit besteht darin, mittels (2.48) die Transvektionsrichtung umzukehren und von den Zielsystemkoordinaten zu den Quellsystemkoordinaten zurückzurechnen. Spannmaßproben sind diesmal nicht möglich.

▶ http://sn.pub/oFsjY6 ◀

🛇 **Aufgabe 2.13**

Führen Sie mit den Punkten aus Aufgabe 2.5 die Transvektion $\mathbf{S}_1(30°) \cdot \mathbf{S}_3(-20°) \cdot \mathbf{S}_2(10°)$ durch.

▶ http://sn.pub/zhRS8L

2

2.4.5 Infinitesimale räumliche Transvektionen

Manchmal sind die Transvektionsparameter betragsklein:

$$f_1 \approx 0, \quad f_2 \approx 0, \quad f_3 \approx 0$$

In diesem Fall kann $f_1 \cdot f_3 = 0$ gesetzt werden und (2.48) vereinfacht sich wie folgt:

$$\mathbf{S}^{-1}(f_1, f_2, f_3) = \mathbf{S}(-f_1, -f_2, -f_3) \tag{2.49}$$

Alle Transvektionsparameter ändern bei der Umkehrung der Transvektionsrichtung nur ihr Vorzeichen. Außerdem hängt das Ergebnis der Transvektion näherungsweise nicht mehr von der Reihenfolge der Transvektionsschritte ab.

$$\mathbf{S}_i(f_i) \cdot \mathbf{S}_j(f_j) = \mathbf{S}_j(f_j) \cdot \mathbf{S}_i(f_i)$$

Die Bestimmung der Transvektionsparameter aus Koordinaten identischer Punkte vereinfacht sich dadurch aber nicht noch weiter.

2.4.6 Räumliche Helmert-Transformation

Komplexere Transformationsmodelle werden durch Nacheinanderausführung mehrerer elementarer Transformationsschritte erhalten. Das in der Geodäsie am häufigsten angewendete räumliche Transformationsmodell ist das Modell der räumlichen Helmert-Transformation. Wie bei der ebenen Helmert-Transformation (s. ▶ Abschn. 1.6.8) besteht es aus einer Rotation (2.28), einer einheitlichen Skalierung (2.25) und einer Translation (2.24). Rotation und Skalierung sind in der Reihenfolge vertauschbar, ohne dass sich die Parameter ändern. Die Translation ist üblicherweise der letzte Schritt, so dass die Transformationsgleichung lautet:

$$\vec{V} = \vec{t} + m \cdot \mathbf{R} \cdot \vec{v} \tag{2.50}$$

Die Parameter der räumlichen Helmert-Transformation werden meist mit

$$\varepsilon_1, \varepsilon_2, \varepsilon_3, m, t_1, t_2, t_3$$

angegeben, so dass sich auch die Bezeichnung *Sieben-Parameter-Transformation* eingebürgert hat. Eine andere Bezeichnung ist *räumliche Ähnlichkeitstransformation*, weil die Winkel nicht geändert werden, so dass zwischen beiden Systemen geometrische Ähnlichkeit besteht. Statt der Eulerschen Winkel $\varepsilon_1, \varepsilon_2, \varepsilon_3$ in (2.34) können auch die anderen Parameter der räumlichen Rotation aus ▶ Abschn. 2.4.2 verwendet werden. Bei nicht-infinitesimaler Rotation ist zu empfehlen, die Darstellung (2.38) zu verwenden, aber auf (2.39) zu verzichten, um gleichzeitig die Skalierung mit abzudecken. Die sieben Parameter lauten dann

$$q_0, q_1, q_2, q_3, t_1, t_2, t_3$$

und der Maßstabsfaktor ergibt sich aus

$$m = q_0^2 + q_1^2 + q_2^2 + q_3^2$$

in Analogie zu (1.51). Die zu (2.50) gehörige Rückwärtstransformation ist ebenso eine räumliche Helmert-Transformation. Die Transformationsgleichung lautet:

$$\vec{v} = \vec{t}' + m' \cdot \mathbf{R}' \cdot \vec{V} \tag{2.51}$$

Die Elemente werden mit folgenden Beziehungen erhalten:

$$\vec{t}' = -\frac{1}{m} \cdot \mathbf{R}^{\mathrm{T}} \cdot \vec{t}, \quad m' = \frac{1}{m}, \quad \mathbf{R}' = \mathbf{R}^{\mathrm{T}} \tag{2.52}$$

In der Geodäsie sind die Referenzsysteme, zwischen denen transformiert werden muss, häufig schon näherungsweise identisch. Dann kommt eine *infinitesimale Helmert-Transformation* zum Einsatz, bei der gilt:

$$\varepsilon_1 \approx 0; \quad \varepsilon_2 \approx 0; \quad \varepsilon_3 \approx 0; \quad m \approx 1; \quad t_1 \approx 0; \quad t_2 \approx 0; \quad t_3 \approx 0$$

Besonders einfach gestaltet sich unter diesen Voraussetzungen die Rückwärtstransformation. Dabei werden folgende Parameter aus der Vorwärtstransformation erhalten:

$$\varepsilon_1' = -\varepsilon_1, \quad \varepsilon_2' = -\varepsilon_2, \quad \varepsilon_3' = -\varepsilon_3, \quad m' = 2 - m,$$
$$t_1' = -t_1, \quad t_2' = -t_2, \quad t_3' = -t_3$$

Eine wichtige Aufgabe ist die Berechnung der Transformationsparameter aus den Koordinaten identischer Punkte. Mindestens sieben Koordinatenkomponenten sind hierfür erforderlich. Im Normalfall werden diese durch drei identische Punkte bereitgestellt, und diese dürfen nicht auf einer Geraden liegen. Dann ist das Problem jedoch *überbestimmt*, d. h. es gibt mehr Koordinaten (mindestens $3 \cdot 3 = 9$) als Parameter (genau 7). Damit ergibt sich die Möglichkeit einer Ausgleichung von Abweichungen in den Koordinaten identischer Punkte. Je mehr identische Punkte vorliegen, desto genauere und zuverlässigere Ergebnisse liefert diese Ausgleichung. Ähnlich wie bei der ebenen Helmert-Transformation kann unter bestimmten Voraussetzungen die Ausgleichung durch ein einfaches *Rechenschema* erfolgen, so dass man hierfür nicht die allgemeine Methodik der Ausgleichungsrechnung beherrschen muss (s. ▶ Kap. 7). Diese Voraussetzungen richten sich an die Struktur der Koordinatengewichte, die erst im ▶ Abschn. 7.7.4 näher betrachtet werden. Diese sind mindestens dann gegeben, wenn entweder

A die Quellsystemkoordinaten bekannte wahre Werte besitzen und die Zielsystemkoordinaten alle gleichgewichtig sind, oder

B dies genau umgekehrt ist, oder

C sämtliche Koordinaten gleichgewichtig sind.

Wir beschränken uns auf diese drei häufig anzunehmenden Fälle, siehe (2.56). (Ein wesentlich allgemeiner anwendbares Rechenschema findet man z. B. in [7] erläutert.)

Rechenschema:

1. In beiden Systemen wird der Schwerpunkt S der n identischen Punkte berechnet:

$$x_S = \frac{1}{n} \sum_{i=1}^{n} x_i, \quad y_S = \frac{1}{n} \sum_{i=1}^{n} y_i, \quad z_S = \frac{1}{n} \sum_{i=1}^{n} z_i,$$

$$X_S = \frac{1}{n} \sum_{i=1}^{n} X_i, \quad Y_S = \frac{1}{n} \sum_{i=1}^{n} Y_i, \quad Z_S = \frac{1}{n} \sum_{i=1}^{n} Z_i$$

2. Durch Translation wird in beiden Systemen der Schwerpunkt in den Ursprung verschoben. Dabei ergeben sich zwei neue *schwerpunktzentrierte* Koordinatensysteme (x', y', z') und (X', Y', Z'):

$$x'_i := x_i - x_S, \quad y'_i := y_i - y_S, \quad z'_i := z_i - z_S,$$
$$X'_i := X_i - X_S \quad Y'_i := Y_i - Y_S, \quad Z'_i := Z_i - Z_S, \quad i = 1, \ldots, n$$

3. Mögliche **Probe**: Die Summe der schwerpunktzentrierten Koordinaten müssen jeweils Null sein:

$$\sum_{i=1}^{n} x'_i = \sum_{i=1}^{n} X'_i = \sum_{i=1}^{n} y'_i = \sum_{i=1}^{n} Y'_i = \sum_{i=1}^{n} z'_i = \sum_{i=1}^{n} Z'_i = 0$$

4. Nun werden zwei Matrizen $\mathbf{A}, \mathbf{B}$ mit n Zeilen und drei Spalten wie folgt aufgebaut:

$$\mathbf{A} := \begin{pmatrix} x'_1 & y'_1 & z'_1 \\ x'_2 & y'_2 & z'_2 \\ \vdots & \vdots & \vdots \\ x'_n & y'_n & z'_n \end{pmatrix}, \quad \mathbf{B} := \begin{pmatrix} X'_1 & Y'_1 & Z'_1 \\ X'_2 & Y'_2 & Z'_2 \\ \vdots & \vdots & \vdots \\ X'_n & Y'_n & Z'_n \end{pmatrix}$$

5. Damit wird berechnet:

$$[\mathbf{U}, \mathbf{S}, \mathbf{V}] = \mathrm{svd}(\mathbf{A}^T \cdot \mathbf{B}) \tag{2.53}$$

Hier bedeutet „svd" die *Singulärwertzerlegung*. Das ist eine spezielle Zerlegung einer beliebigen Matrix in ein Produkt aus drei Matrizen $\mathbf{U}, \mathbf{S}, \mathbf{V}^T$ [5]:

$$\mathbf{U} \cdot \mathbf{S} \cdot \mathbf{V}^T = \mathbf{A}^T \cdot \mathbf{B} \tag{2.54}$$

$\mathbf{S}$ ist die Diagonalmatrix der Singulärwerte von $\mathbf{A}^T \cdot \mathbf{B}$. Im vorliegenden Fall haben alle Matrizen $\mathbf{U}, \mathbf{S}, \mathbf{V}$ drei Zeilen und drei Spalten. Am besten verwendet man eine numerische Funktionsbibliothek, in der diese Zerlegung implementiert ist, z. B. MATLAB (The Mathworks, Inc.).

6. **Probe:** Wenn die Zerlegung (2.54) gelang, müssen $\mathbf{U}$ und $\mathbf{V}$ die Eigenschaften einer Rotationsmatrix haben (s. Definition 2.4):

$$\mathbf{U}^T \cdot \mathbf{U} = \mathbf{I}, \quad \mathbf{V}^T \cdot \mathbf{V} = \mathbf{I}, \quad \det(\mathbf{U}) = \det(\mathbf{V}) = 1$$

Falls der seltene Fall eintritt, dass $\det(\mathbf{V}) = -1$ gilt, sollten in der letzten Spalte von $\mathbf{V}$ alle Vorzeichen umgekehrt werden.

7. Nun berechnet man die Rotationsmatrix

$$\hat{\mathbf{R}} = \mathbf{V} \cdot \mathbf{U}^{\mathrm{T}}$$ (2.55)

Die Parameter der Rotation, z. B. die Eulerschen Winkel, müssen ggf. aus dieser Matrix berechnet werden (s. ◼ Tab. 2.6). Diese stellen im Sinne der Ausgleichungsrechnung *Schätzwerte* dar.

8. Weiter sind folgende Hilfsvariablen zu berechnen:

$$a := \mathrm{spur}(\mathbf{A}^{\mathrm{T}} \cdot \mathbf{A}), \quad b := \mathrm{spur}(\mathbf{B}^{\mathrm{T}} \cdot \mathbf{B}), \quad c := \mathrm{spur}(\mathbf{B}^{\mathrm{T}} \cdot \mathbf{A} \cdot \mathbf{R}^{\mathrm{T}})$$

wobei die *Spur* einer Matrix gleich der Summe ihrer Hauptdiagonalelemente ist.

9. Der Maßstabsfaktor m wird nun wie folgt geschätzt:

$$\hat{m} = \begin{cases} c/a & \text{im Fall A} \\ b/c & \text{im Fall B} \\ \frac{b-a+\sqrt{(a-b)^2+4\cdot c^2}}{2\cdot c} & \text{im Fall C} \end{cases}$$ (2.56)

10. Der Translationsvektor $\vec{t}$ wird schließlich wie folgt geschätzt:

$$\hat{\vec{t}} = \begin{pmatrix} X_{\mathrm{S}} \\ Y_{\mathrm{S}} \\ Z_{\mathrm{S}} \end{pmatrix} - \hat{m} \cdot \hat{\mathbf{R}} \cdot \begin{pmatrix} x_{\mathrm{S}} \\ y_{\mathrm{S}} \\ z_{\mathrm{S}} \end{pmatrix}$$ (2.57)

11. Mit diesen Parametern gewinnt man die Verbesserungen (Residuen), entweder nur für die Zielsystemkoordinaten (Fall A):

$$\mathbf{V} = \hat{m} \cdot \mathbf{A} \cdot \hat{\mathbf{R}}^{\mathrm{T}} - \mathbf{B}$$ (2.58)

oder nur für die Quellsystemkoordinaten (Fall B):

$$\mathbf{v} = \frac{1}{\hat{m}} \cdot \mathbf{B} \cdot \hat{\mathbf{R}} - \mathbf{A}$$ (2.59)

oder für beide (Fall C), wobei die Verbesserungen $\mathbf{V}, \mathbf{v}$ zunächst mit (2.58) und (2.59) berechnet und dann mit Faktoren kleiner Eins wie folgt multipliziert werden:

$$\mathbf{V}' = \frac{1}{1 + \hat{m}^2} \cdot \mathbf{V}, \quad \mathbf{v}' = \frac{\hat{m}^2}{1 + \hat{m}^2} \cdot \mathbf{v}$$ (2.60)

$\mathbf{V}, \mathbf{v}, \mathbf{V}', \mathbf{v}'$ sind $n \times 3$-Matrizen, die in jeder Zeile die Verbesserungen für einen Punkt in der Reihenfolge x, y, z enthalten.

12. Die endgültigen Koordinaten erhält man jeweils durch Anbringen der Verbesserungen an die gegebenen Koordinaten.

13. **Probe:** Die Summe der Verbesserungen jeder der drei Koordinaten muss Null ergeben:

$$\sum_{i=1}^{n} v_{X_i} = \sum_{i=1}^{n} v_{Y_i} = \sum_{i=1}^{n} v_{Z_i} = \sum_{i=1}^{n} v_{x_i} = \sum_{i=1}^{n} v_{y_i} = \sum_{i=1}^{n} v_{z_i} = 0$$ (2.61)

14. Neupunkte können transformiert werden.
15. **Probe:** Schließlich sind Spannmaßproben möglich, wobei der Maßstabsunterschied zwischen Quell- und Zielsystem berücksichtigt werden muss: $S_{ij} = \hat{m} \cdot s_{ij}$. Werden identische Punkte einbezogen, müssen diese Proben mit den verbesserten Koordinaten $\hat{x}, \hat{X}, \hat{y}, \ldots$ durchgeführt werden, nicht mit den gegebenen. Leider wird dadurch nicht die Bestimmung der Transformationsparameter kontrolliert, sondern nur die Transformation selbst.

> **Hinweis 2.9**

Dieser Algorithmus ist prinzipiell auch auf die ebene Helmert-Transformation anwendbar, wobei die beteiligten Matrizen dann nur zwei statt drei Spalten haben. Der Fall B hätte sich im ▶ Abschn. 1.6.8 nur durch Vertauschung von Quell- und Zielsystem darstellen lassen. Der Fall C wurden dort nicht abgedeckt.

▶ **Beispiel 2.10**

Gegeben sind folgende geozentrische Koordinaten von sieben identischen Punkten:

Quellsystem			Zielsystem		
x in LE	y in LE	z in LE	X in m	Y in m	Z in m
4 157 222,543	664 789,307	4 774 952,099	4 157 870,237	664 818,678	4 775 416,524
4 149 043,336	688 836,443	4 778 632,188	4 149 691,049	688 865,785	4 779 096,588
4 172 803,511	690 340,078	4 758 129,701	4 173 451,354	690 369,375	4 758 594,075
4 177 148,376	642 997,635	4 760 764,800	4 177 796,064	643 026,700	4 761 228,899
4 137 012,190	671 808,029	4 791 128,215	4 137 659,549	671 837,337	4 791 592,531
4 146 292,729	666 952,887	4 783 859,856	4 146 940,228	666 982,151	4 784 324,099
4 138 759,902	702 670,738	4 785 552,196	4 139 407,506	702 700,227	4 786 016,645

Die räumliche Helmert-Transformation $(x, y, z) \rightarrow (X, Y, Z)$ soll berechnet werden, wobei alle 21 Zielsystemkoordinaten als gleichgewichtig und die Quellsystemkoordinaten als wahre Werte gelten (Fall A). ◀

▶ **Lösung**

Wir veranschaulichen den Rechengang anhand von Zwischenergebnissen. Wir arbeiten mit voller 64bit-Arithmetik, schreiben aber nur die wesentlichen Ziffern auf. Die Nummern in der folgenden Aufzählung entsprechen den Nummern der Schritte im Rechenschema.
1. Schwerpunkt S:

$$x_s = 4\,154\,040{,}3696 \text{ LE}; \quad y_s = 675\,485{,}0167 \text{ LE}; \quad z_s = 4\,776\,145{,}5793 \text{ LE}$$

$$X_s = 4\,154\,687{,}9981 \text{ m}; \quad Y_s = 675\,514{,}3218 \text{ m}; \quad Z_s = 4\,776\,609{,}9087 \text{ m}$$

2. Die Zentrierung ergibt:

Quellsystem			Zielsystem		
x' in LE	y' in LE	z' in LE	X' in m	Y' in m	Z' in m
3 182,1734	−10 695,7097	−1 193,4803	3 182,2389	−10 695,6439	−1 193,3847
−4 997,0336	13 351,4263	2 486,6087	−4 996,9491	13 351,4631	2 486,6793
18 763,1414	14 855,0613	−18 015,8783	18 763,3559	14 855,0531	−18 015,8337
23 108,0064	−32 487,3817	−15 380,7793	23 108,0659	−32 487,6219	−15 381,0097
−17 028,1796	−3 676,9877	14 982,6357	−17 028,4491	−3 676,9849	14 982,6223
−7 747,6406	−8 532,1297	7 714,2767	−7 747,7701	−8 532,1709	7 714,1903
−15 280,4676	27 185,7213	9 406,6167	−15 280,4921	27 185,9051	9 406,7363
−0,0002 ✓	0,0001 ✓	−0,0001 ✓	0,0003 ✓	−0,0003 ✓	0,0001 ✓

3. Die Summenprobe in der letzten Zeile der vorstehenden Tabelle war erfolgreich.
4. Die Matrizen **A**, **B** werden aus zentrierten Koordinaten aufgebaut:

$$
\mathbf{A} = \begin{pmatrix} 3\,182,1734 & -10\,695,7097 & -1\,193,4803 \\ \vdots & \vdots & \vdots \\ -15\,280,4676 & 27\,185,7213 & 9\,406,6167 \end{pmatrix}
$$

$$
\mathbf{B} = \begin{pmatrix} 3\,182,2389 & -10\,695,6439 & -1\,193,3847 \\ \vdots & \vdots & \vdots \\ -15\,280,4921 & 27\,185,9051 & 9\,406,7363 \end{pmatrix}
$$

5. Die Singulärwertzerlegung (2.53) ergibt:

$$
\mathbf{U} = \begin{pmatrix} -0,584\,736\,229 & -0,491\,227\,207 & 0,645\,584\,521 \\ 0,703\,072\,825 & -0,703\,876\,587 & 0,101\,224\,271 \\ 0,404\,687\,713 & 0,513\,082\,431 & 0,756\,950\,642 \end{pmatrix}
$$

$$
\mathbf{S} = \begin{pmatrix} 3\,346\,571\,547 & 0 & 0 \\ 0 & 1\,493\,422\,630 & 0 \\ 0 & 0 & 6635,771\,12 \end{pmatrix}
$$

$$
\mathbf{V} = \begin{pmatrix} -0,584\,734\,60 & -0,491\,232\,82 & 0,645\,581\,73 \\ 0,703\,073\,68 & -0,703\,876\,71 & 0,101\,217\,50 \\ 0,404\,688\,58 & 0,513\,076\,90 & 0,756\,953\,93 \end{pmatrix}
$$

Die Matrix **S** wird nicht weiter benötigt.
6. **Probe:** Die Probe der Singulärwertzerlegung ist erfolgreich ✓. Wir erhalten $\det(\mathbf{V}) = 1,000\,000\,007$, so dass **V** nicht geändert werden muss.

7. Rotationsmatrix (2.55):

$$\hat{\mathbf{R}} = \mathbf{V} \cdot \mathbf{U}^{\mathrm{T}} = \begin{pmatrix} 0{,}999\,999\,999\,9 & 0{,}000\,004\,814\,6 & -0{,}000\,004\,332\,8 \\ -0{,}000\,004\,814\,6 & 0{,}999\,999\,999\,9 & -0{,}000\,004\,840\,8 \\ 0{,}000\,004\,332\,7 & 0{,}000\,004\,840\,9 & 0{,}999\,999\,999\,9 \end{pmatrix}$$

Die Eulerschen Winkel können wir mit den Formeln aus ◻ Tab. 2.6 berechnen. Da die Matrix $\hat{\mathbf{R}}$ nahezu die Einheitsmatrix ist, haben wir es mit einer infinitesimalen Rotationsmatrix (2.41) zu tun, für die man die Eulerschen Winkel im Bogenmaß auch direkt aus der Matrix abliest:

$$\varepsilon_1 \approx 4{,}8408\,\mu\text{rad}; \quad \varepsilon_2 \approx -4{,}3328\,\mu\text{rad}; \quad \varepsilon_3 \approx -4{,}8146\,\mu\text{rad}$$

(1 μrad $= 10^{-6}$ rad). Wir benutzen diese im Folgenden aber nicht.

8. Weiter erhalten wir

$$a = 4\,839\,973\,793; \quad b = 4\,840\,027\,832; \quad c = 4\,840\,000\,812$$

9. und den Maßstabsfaktor (2.56), Fall A:

$$\hat{m} = 1{,}000\,005\,582\,\text{m/LE}$$

10. sowie die Translationsparameter (2.57):

$$\hat{t}_1 = 641{,}8821\,\text{m}; \quad \hat{t}_2 = 68{,}6576\,\text{m}; \quad \hat{t}_3 = 416{,}3958\,\text{m}$$

11. Wir erhalten die Zielsystemkoordinaten aus (2.50), siehe nachfolgende Tabelle,
12. und deren Verbesserungen aus (2.58):

$\hat{X}$ in m	$\hat{Y}$ in m	$\hat{Z}$ in m	v_X in m	v_Y in m	v_Z in m
4 157 870,1430	664 818,5429	4 775 416,3838	−0,0940	−0,1351	−0,1402
4 149 690,9902	688 865,8347	4 779 096,5743	−0,0588	0,0497	−0,0137
4 173 451,3939	690 369,4629	4 758 594,0831	0,0399	0,0879	0,0081
4 177 796,0438	643 026,7220	4 761 228,9864	−0,0202	0,0220	0,0874
4 137 659,6409	671 837,3231	4 791 592,5365	0,0919	−0,0140	0,0055
4 146 940,2398	666 982,1445	4 784 324,1536	0,0118	−0,0065	0,0546
4 139 407,5354	702 700,2229	4 786 016,6433	0,0294	−0,0041	−0,0017
		Summe	0,0000 ✓	−0,0002 ✓	0,0000 ✓

13. **Probe:** Die Summenprobe (2.61) in der letzten Zeile der vorstehenden Tabelle war erfolgreich.
14. Neupunkte waren nicht zu transformieren.

15. **Probe:** Die Spannmaßprobe zwischen dem ersten und letzten Punkt ergibt

$$s = \sqrt{(4\,157\,222{,}543\,\text{LE} - 4\,138\,759{,}902\,\text{LE})^2 + \cdots}$$
$$= 43\,453{,}8144\,\text{LE}$$

$$S = \sqrt{(4\,157\,870{,}1430\,\text{m} - 4\,139\,407{,}5354\,\text{m})^2 + \cdots}$$
$$= 43\,454{,}0569\,\text{m}$$

$$\hat{m} \cdot s = 1{,}000\,005\,582\,\text{m/LE} \cdot 43\,453{,}8144\,\text{LE} = 43\,454{,}0570\,\text{m}\;\checkmark$$

▶ http://sn.pub/BXVESQ ◀

🛑 **Aufgabe 2.14**

Berechnen Sie die Parameter der räumlichen Helmert-Transformation aus folgenden identischen Punkten:

	Quellsystem			Zielsystem		
	x in LE	y in LE	z in LE	X in m	Y in m	Z in m
1	27,09	890,50	962,14	261,02	−267,86	1349,45
2	734,21	663,93	147,86	−640,53	−116,09	734,31
3	985,49	510,32	204,79	−806,86	131,08	769,03
4	789,50	177,44	211,35	−554,97	338,74	562,44
5	641,41	541,27	850,20	−251,30	218,77	1237,54
6	151,53	436,96	575,45	98,78	14,48	835,03
7	153,36	149,80	783,43	244,44	336,01	868,30

▶ http://sn.pub/CduIn3

2.4.7 Sechs-Parameter-Transformation

Wenn zwischen den beiden Systemen kein Maßstabsunterschied besteht oder dieser bekannt ist, sollte man auf eine Skalierungsunbekannte m im Transformationsmodell verzichten. Ein bekannter Maßstabsunterschied kann im Quell- oder Zielsystem bereits berücksichtigt worden sein. Somit bleibt noch die Rotation und die Translation, d. h. (2.50) vereinfacht sich zu

$$\vec{V} = \vec{t} + \mathbf{R} \cdot \vec{v} \tag{2.62}$$

Dieses Transformationsmodell hat sechs Parameter, z. B.

$$\varepsilon_1, \varepsilon_2, \varepsilon_3, t_1, t_2, t_3$$

oder sieben Parameter mit einer Bedingungsgleichung (2.37) oder (2.39). Es wird allerdings seltener benutzt, weil es im Gegensatz zur Helmert-Transformation selbst unter idealen Bedingungen kein einfaches Rechenverfahren gibt.

Die zugehörige Rückwärtstransformation ist ebenso eine Sechs-Parameter-Transformation. Sie ergibt sich aus (2.51), (2.52) mit $m' := m := 1$.

Es könnte vermutet werden, dass dieses Transformationsmodell schon bei zwei identischen Punkten eine Lösung liefert. Aber das ist nicht der Fall, denn die Rotation um die Gerade durch diese beiden Punkte bliebe unbestimmt. Außerdem kann der ggf. unterschiedliche Abstand der beiden Punkte im Quell- und Zielsystem nicht durch eine Skalierung angeglichen werden. Mindestens sieben Koordinatenkomponenten sind also auch hier erforderlich. Im Normalfall werden diese wie die räumliche Helmert-Transformation durch mindestens drei identische Punkte bereitgestellt, und diese dürfen nicht auf einer Geraden liegen.

Zur Berechnung dieser Transformationsparameter aus identischen Punkten ist es generell nötig, die Methodik der Ausgleichungsrechnung zu beherrschen. Die Lösung wird daher erst im ▶ Abschn. 7.7.4 gegeben.

2.4.8 Neun-Parameter-Transformationen

Für den Fall, dass die Maßstäbe der Systeme in den drei Achsrichtungen x, y, z unterschiedlich sind, können drei verschiedene Maßstabsparameter angesetzt werden. Der Maßstabsfaktor m wird dann zur diagonalen Skaliermatrix $\mathbf{M}$ in (2.27) erweitert. Die räumliche Helmert-Transformation (s. ▶ Abschn. 2.4.6) wird dann zur Neun-Parameter-Transformation. Allerdings sind jetzt die Transformationsschritte Skalierungen und Rotation oder gleichbedeutend die Matrixfaktoren $\mathbf{M}$ und $\mathbf{R}$ nicht vertauschbar. Somit unterscheidet man zwei Typen von Neun-Parameter-Transformationen:

$$\text{Typ 1:} \quad \vec{V} = \vec{t} + \mathbf{M} \cdot \mathbf{R} \cdot \vec{v} \tag{2.63}$$

$$\text{Typ 2:} \quad \vec{V} = \vec{t} + \mathbf{R} \cdot \mathbf{M} \cdot \vec{v} \tag{2.64}$$

Beide Transformationsmodelle unterscheiden sich nicht nur hinsichtlich der Zahlenwerte ihrer Parameter, sondern grundsätzlich. Wenn die Koordinatenachsen anders ausgerichtet werden, ändert sich das Transformationsmodell darüber hinaus auch grundsätzlich, d. h. die gegenseitige Entsprechung von Quell- und Zielsystempunkten wird geändert.

Die Rückwärtstransformation zum Typ 1 ist vom Typ 2, und umgekehrt. Wir kehren exemplarisch die Transformation vom Typ 1 um:

$$\vec{v} = \vec{t}' + \mathbf{R}' \cdot \mathbf{M}' \cdot \vec{V} \tag{2.65}$$

Die Elemente der Rückwärtstransformation werden mit folgenden Beziehungen aus den Elementen der Vorwärtstransformation erhalten:

$$\vec{t}' = -\mathbf{R}^{\mathrm{T}} \cdot \mathbf{M}^{-1} \cdot \vec{t}, \quad \mathbf{M}' = \mathbf{M}^{-1}, \quad \mathbf{R}' = \mathbf{R}^{\mathrm{T}} \tag{2.66}$$

Zur Bestimmung der neun Transformationsparameter sind bis auf Sonderfälle drei identische Punkte A, B, C ausreichend. Diese Aufgabe kann man mit einem einfachen Rechenschema lösen. Wir skizzieren es für den Fall Typ 2 aus (2.64):

Rechenschema:

1. Zur leichteren symbolischen Unterscheidung benennen wir A, B, C im Zielsystem in dieser Reihenfolge in D, E, F um. Vom schräg im Raum liegenden Dreieck DEF werden die Seitenlängen aus Zielsystemkoordinaten berechnet. Diese nennen wir s_{DE}, s_{EF}, s_{FD}.

2. Durch Translationen wird in beiden Systemen bewirkt, dass A bzw. D in den Koordinatenursprung gelangen:

$$\vec{v}' := \vec{v} - \vec{v}_A$$
$$\vec{V}' := \vec{V} - \vec{V}_D$$

Die Bildpunkte der Translation nennen wir A', B', C', D', E', F', d. h. $x_{A'} = y_{A'} = z_{A'} = X_{D'} = Y_{D'} = Z_{D'} = 0$.

3. Die Seitenlängen von Dreieck A'B'C' müssen nun durch drei Skalierungen (2.26) auf dieselbe Länge wie in Dreieck DEF bzw. gleichbedeutend D'E'F' gebracht werden:

$$s_{DE}^2 = m_1^2 \cdot x_{B'}^2 + m_2^2 \cdot y_{B'}^2 + m_3^2 \cdot z_{B'}^2$$
$$s_{FD}^2 = m_1^2 \cdot x_{C'}^2 + m_2^2 \cdot y_{C'}^2 + m_3^2 \cdot z_{C'}^2$$
$$s_{EF}^2 = m_1^2 \cdot (x_{C'} - x_{B'})^2 + m_2^2 \cdot (y_{C'} - y_{B'})^2 + m_3^2 \cdot (z_{C'} - z_{B'})^2 \tag{2.67}$$

Es ergibt sich ein lineares Gleichungssystem für die Unbekannten m_1^2, m_2^2, m_3^2, das gelöst werden muss. Dabei müssen sich drei positive Zahlen als Lösung ergeben, sonst exisitiert keine solche Transformation.

4. Nun setzt man aus m_1, m_2, m_3 die Skaliermatrix (2.27) zusammen und skaliert:

$$\vec{v}'' = \mathbf{M} \cdot \vec{v}' \tag{2.68}$$

Die Bildpunkte der Skalierung nennen wir A'', B'', C''.

5. **Probe:** Damit ist das Dreieck A''B''C'' kongruent zum Dreieck DEF bzw. D'E'F', was als vorläufige Probe dienen könnte. Aber noch liegen sie in der Regel in verschiedenen schrägen Ebenen.

6. Die vollständige Übereinstimmung kann durch eine Rotation um den Koordinatenursprung, in welchem A' = A'' und D' liegen, hergestellt werden. Die Rotationsachse (Euler-Achse) durch den Ursprung O wird durch folgenden Einheitsvektor beschrieben:

$$\vec{e} = \frac{(\vec{V}_{F'} - \vec{v}_{C''}) \times (\vec{V}_{E'} - \vec{v}_{B''})}{|(\vec{V}_{F'} - \vec{v}_{C''}) \times (\vec{V}_{E'} - \vec{v}_{B''})|} \tag{2.69}$$

7. Nun projiziert man den Punkt B'' senkrecht auf diese Achse (s. ◻ Tab. 2.3, Projektion P → 𝒢) und nennt den projizierten Punkt P. Der Winkel B''PE' ist der gesuchte Rotationswinkel ε, wobei das Vorzeichen so zu wählen ist, dass die Rotation von B'' nach E' erfolgt. ε ist positiv zwischen 0 und π, wenn $v_{B''}$, $V_{E'}$ und $\vec{e}$ in dieser Reihenfolge ein Rechtssystem bilden. Das findet man mittels Spatprodukt (2.6) dieser drei Vektoren heraus, welches für Rechtssysteme positiv ist, für Linkssysteme negativ. Statt mit negativem ε zu arbeiten, kann man auch den Richtungssinn von $\vec{e}$ umkehren. Dasselbe kann auch mit C'' und F' berechnet werden, eventuell als Probe.

2

8. Die Rotationsmatrix ergibt sich aus (2.36) und mit dieser wird rotiert:

$$\vec{v}''' = \mathbf{R} \cdot \vec{v}'' \tag{2.70}$$

Alternativ zu dieser Bestimmung von $\mathbf{R}$ kann man auch zwei Rotationen berechnen: Die erste dreht die Ebene durch $A''B''C''$ in die Ebene durch $D'E'F'$ um die Schnittgerade (s. ☐ Tab. 2.4, Schnitt($\mathcal{E}, \mathcal{E}'$)). Die zweite rotiert in der Ebene um den Normalenvektor und stellt die vollständige Übereinstimmung der Dreiecke her. Beide Rotationsachsen gehen durch den Koordinatenursprung. $\mathbf{R}$ ist dann das Produkt der zweiten und der ersten Rotationsmatrix.

9. **Probe:** Somit sind die Punkte A', B', C' durch (2.68), (2.70) in die Punkte D', E', F' überführt:

$$\vec{V}'_D = \vec{v}'''_A = \vec{0}; \quad \vec{V}'_E = \vec{v}'''_B; \quad \vec{V}'_F = \vec{v}'''_C$$

Nun können wir die Punkte D, E, F wieder in A, B, C zurück benennen, so dass diese wie üblich in beiden Systemen gleiche Namen haben.

10. Schließlich bildet man noch den Translationsvektor, indem man die Transformationsschritte neu zusammenfasst. Aus

$$\vec{V} - \vec{V}_A = \mathbf{R} \cdot \mathbf{M} \cdot (\vec{v} - \vec{v}_A)$$

wird

$$\vec{V} = \vec{V}_A - \mathbf{R} \cdot \mathbf{M} \cdot \vec{v}_A + \mathbf{R} \cdot \mathbf{M} \cdot \vec{v}$$

und durch Vergleich mit (2.64) erhält man

$$\vec{t} = \vec{V}_A - \mathbf{R} \cdot \mathbf{M} \cdot \vec{v}_A \tag{2.71}$$

11. **Probe:** Man transformiert die identischen Punkte A, B, C mit (2.64), wobei sich bis auf die Wirkung von Rundungsfehlern die Zielsystemkoordinaten ergeben müssen. Spannmaßproben sind hier nicht direkt möglich. Eine ähnliche Probe kann man aber machen, wenn man alle drei Maßstäbe einbezieht, aber darauf gehen wir hier nicht näher ein.

Möchte man hingegen die Transformation vom Typ 1 ausführen, so tauscht man am besten Quell- und Zielsystem, wendet dann den Typ 2 an und kehrt über die Rückwärtstransformation (2.65), (2.66) zum Typ 1 zurück.

▶ **Beispiel 2.11**

Wir bestimmen Transformationsparameter für die Neun-Parameter-Transformation Typ 2 (2.64) aus den ersten drei Punkten von Beispiel 2.10. ◀

▶ **Lösung**

Wir veranschaulichen den Rechengang anhand von Zwischenergebnissen. Wir arbeiten mit voller 64bit-Arithmetik, schreiben aber nur die wesentlichen Ziffern auf. Die Nummern in der folgenden Aufzählung entsprechen den Nummern der Schritte im Rechenschema.

1. Die Punkte 1, 2, 3 im Quellsystem benennen wir in A, B, C und im Zielsystem in D, E, F um. Die Seitenlängen des Zielsystemdreiecks sind

$$s_{DE} = 25\,665{,}2556\,\text{m}; \quad s_{EF} = 31\,419{,}1966\,\text{m}; \quad s_{FD} = 34\,330{,}8042\,\text{m}$$

2. Wir führen eine Translation so durch, dass A und D in den Koordinatensystemursprung gelangen und erhalten:

Quellsystem	x in LE	y in LE	z in LE
A′	0,0000	0,0000	0,0000
B′	−8 179,2070	24 047,1360	3 680,0890
C′	15 580,9680	25 550,7710	−16 822,3980
Zielsystem	X in m	Y in m	Z in m
D′	0,0000	0,0000	0,0000
E′	−8 179,1880	24 047,1070	3 680,0640
F′	15 581,1170	25 550,6970	−16 822,4490

3. Das zu lösende lineare Gleichungssystem (2.67) lautet

$$658\,705\,342 = 66\,899\,427 \cdot m_1^2 + 578\,264\,750 \cdot m_2^2 + 13\,543\,055 \cdot m_3^2$$
$$1\,178\,604\,115 = 242\,766\,564 \cdot m_1^2 + 652\,841\,899 \cdot m_2^2 + 282\,993\,074 \cdot m_3^2$$
$$987\,165\,916 = 564\,545\,916 \cdot m_1^2 + 2\,260\,918 \cdot m_2^2 + 420\,351\,973 \cdot m_3^2$$

und hat die eindeutige Lösung $m_1^2 = 0{,}999\,999\,072$, $m_2^2 = 0{,}999\,996\,414$, $m_3^2 = 1{,}000\,018\,177$.

4. Die Skaliermatrix nimmt damit die folgende Form an:

$$\mathbf{M} = \begin{pmatrix} 0{,}999\,999\,536 & 0 & 0 \\ 0 & 0{,}999\,998\,207 & 0 \\ 0 & 0 & 1{,}000\,009\,088 \end{pmatrix}$$

Das Ergebnis der Skalierung (2.68) kann folgender Tabelle entnommen werden:

	x in m	y in m	z in m
A″	0,0000	0,0000	0,0000
B″	−8 179,2032	24 047,0929	3 680,1224
C″	15 580,9608	25 550,7252	−16 822,5509

5. **Probe:** Die Seitenlängen des Dreiecks A″B″C″ sind

$$s_{A''B''} = 25\,665{,}2556\,\text{m}\ \checkmark; \quad s_{B''C''} = 31\,419{,}1966\,\text{m}\ \checkmark; \quad s_{C''A''} = 34\,330{,}8042\,\text{m}\ \checkmark$$

und stimmen mit dem Zielsystemdreieck überein.

2

6. Wir erhalten die Euler-Achse aus (2.69)

$$\vec{e} = \begin{pmatrix} 0{,}019\,023\,40 \\ 0{,}970\,736\,44 \\ 0{,}239\,392\,70 \end{pmatrix}$$

7. Die Projektion von B″ auf die Euler-Achse ergibt

$$\vec{v}_P = \begin{pmatrix} 457{,}870\,\text{m} \\ 23\,364{,}449\,\text{m} \\ 5761{,}892\,\text{m} \end{pmatrix}$$

und liefert den Rotationswinkel ε durch

$$\cos\varepsilon = \frac{(\vec{v}_{B''} - \vec{v}_P)\cdot(\vec{V}_{E'} - \vec{v}_P)}{|\vec{v}_{B''} - \vec{v}_P|\cdot|\vec{V}_{E'} - \vec{v}_P|} = 0{,}999\,999\,999\,975\,8$$

Wegen des offenbar sehr kleinen Rotationswinkels ist hier höchste Rechengenauigkeit erforderlich (s. ▸ Abschn. 2.4.3). Jetzt wäre noch das Vorzeichen des Rotationswinkels zu klären. Das Spatprodukt (2.6) aus $\vec{v}_{B''}$, $\vec{V}_{E'}$ und $\vec{e}$ ist negativ und somit auch ε:

$$\det\begin{pmatrix} -8\,179{,}203 & -8\,179{,}188 & 0{,}019\,023\,40 \\ 24\,047{,}093 & 24\,047{,}107 & 0{,}970\,736\,44 \\ 3\,680{,}122 & 3\,680{,}064 & 0{,}239\,392\,70 \end{pmatrix} = -6{,}080\,12 < 0$$

Für den Rotationswinkel erhalten wir $\varepsilon = -6{,}96\ \mu\text{rad}$.

8. Die Rotationsmatrix (2.28) lautet

$$\mathbf{R} = \begin{pmatrix} 0{,}999\,999\,999\,98 & 0{,}000\,001\,666\,21 & -0{,}000\,006\,756\,49 \\ -0{,}000\,001\,666\,21 & 1{,}000\,000\,000\,00 & 0{,}000\,000\,132\,41 \\ 0{,}000\,006\,756\,49 & -0{,}000\,000\,132\,40 & 0{,}999\,999\,999\,98 \end{pmatrix}$$

9. **Probe:** Mit dieser Matrix werden die Vektoren $\vec{v}_{B''}$, $\vec{v}_{C''}$ entsprechend (2.70) multipliziert. Die Ergebnisse sind

	x in m	y in m	z in m
B‴	−8 179,188 ✓	24 047,107 ✓	3 680,064 ✓
C‴	15 581,117 ✓	25 550,697 ✓	−16 822,449 ✓

und stimmen mit E′ und F′ überein.

10. Der Translationsvektor ist mit (2.71)

$$\vec{t} = \begin{pmatrix} 4\,157\,870{,}237\,\text{m} \\ 664\,818{,}678\,\text{m} \\ 4\,775\,416{,}524\,\text{m} \end{pmatrix} - \mathbf{R}\cdot\mathbf{M}\cdot\begin{pmatrix} 4\,157\,222{,}543\,\text{m} \\ 664\,789{,}307\,\text{m} \\ 4\,774\,952{,}099\,\text{m} \end{pmatrix} = \begin{pmatrix} 680{,}779\,\text{m} \\ 36{,}857\,\text{m} \\ 393{,}028\,\text{m} \end{pmatrix}$$

11. **Probe:** Wir wenden die endgültige Transformationsgleichung (2.64) auf die Quell-systempunkte an und erhalten exakt die Zielsystempunkte ✓. Durch Anwendung der 64bit-Arithmetik sind Rundungsfehler vernachlässigbar.

▶ http://sn.pub/KCM7ML ◀

🔴 **Aufgabe 2.15**

Bestimmen Sie Transformationsparameter für die Neun-Parameter-Transformation Typ 2 (2.64) aus den ersten drei Punkten aus Aufgabe 2.14.

  ▶ http://sn.pub/XoktoY

2.4.9 Räumliche Affin-Transformation

Ein sehr einfach berechenbares räumliches Transformationsmodell ist durch die Transformationsgleichung

$$\vec{V} = \vec{t} + \mathbf{T} \cdot \vec{v} \tag{2.72}$$

definiert, wobei $\mathbf{T}$ eine beliebige 3×3-Matrix ist. Man bezeichnet dieses Modell als *räumliche Affin-Transformation*. Es ist das allgemeinste Modell, welches Geraden stets in Geraden transformiert und Parallelität wahrt. Längen, Winkel und Volumina hingegen werden im Allgemeinen geändert. Die räumliche Affin-Transformation wird durch 12 Parameter beschrieben, das können z. B. die Elemente des Vektors $\vec{t}$ und der Matrix $\mathbf{T}$ sein:

$$\vec{t} = \begin{pmatrix} t_1 \\ t_2 \\ t_3 \end{pmatrix}, \quad \mathbf{T} = \begin{pmatrix} t_{11} & t_{12} & t_{13} \\ t_{21} & t_{22} & t_{23} \\ t_{31} & t_{32} & t_{33} \end{pmatrix} \tag{2.73}$$

Die Rückwärtstransformation zu (2.72) existiert, falls $\mathbf{T}$ eine reguläre Matrix ist, und ist ebenfalls eine räumliche Affin-Transformation

$$\vec{v} = \vec{t}' + \mathbf{T}' \cdot \vec{V} \tag{2.74}$$

Die Parameter werden mit folgenden Beziehungen erhalten:

$$\vec{t}' = -\mathbf{T}^{-1} \cdot \vec{t}; \quad \mathbf{T}' = \mathbf{T}^{-1}$$

Zur Bestimmung der 12 Parameter benötigt man mindestens vier identische Punkte, die nicht komplanar sein (d. h. nicht in einer Ebene liegen) dürfen. Bei genau vier identischen Punkten muss ein lineares Gleichungssystem mit 12 Gleichungen und 12 Unbekannten gelöst werden. Bei mehr als vier identischen Punkten liegt eine Ausgleichungsaufgabe vor. Prinzipiell könnte man auch hier wie bei der ebenen Affin-Transformation (s. ▶ Abschn. 1.6.10) ein Rechenverfahren angeben, das aber sehr umständlich wäre. Leichter hat man es hier, wenn Kenntnisse der Ausgleichungsrechnung vorliegen (s. ▶ Abschn. 7.7.4), die wir an dieser Stelle aber noch nicht voraussetzen.

2

▶ **Beispiel 2.12**

Wir bestimmen Transformationsparameter (2.73) für die Affin-Transformation (2.72) aus den ersten vier Punkten von Beispiel 2.10. ◀

▶ **Lösung**

Die 12 Transformationsgleichungen (2.72) lauten

$$4\,157\,870{,}237\,\text{m} = t_1 + t_{11} \cdot 4\,157\,222{,}543\,\text{m} + t_{12} \cdot 664\,789{,}307\,\text{m} + t_{13} \cdot 4\,774\,952{,}099\,\text{m}$$

$$4\,149\,691{,}049\,\text{m} = t_1 + t_{11} \cdot 4\,149\,043{,}336\,\text{m} + t_{12} \cdot 688\,836{,}443\,\text{m} + t_{13} \cdot 4\,778\,632{,}188\,\text{m}$$

$$4\,173\,451{,}354\,\text{m} = t_1 + t_{11} \cdot 4\,172\,803{,}511\,\text{m} + t_{12} \cdot 690\,340{,}078\,\text{m} + t_{13} \cdot 4\,758\,129{,}701\,\text{m}$$

$$4\,177\,796{,}064\,\text{m} = t_1 + t_{11} \cdot 4\,177\,148{,}376\,\text{m} + t_{12} \cdot 642\,997{,}635\,\text{m} + t_{13} \cdot 4\,760\,764{,}800\,\text{m}$$

$$664\,818{,}678\,\text{m} = t_2 + t_{21} \cdot 4\,157\,222{,}543\,\text{m} + t_{22} \cdot 664\,789{,}307\,\text{m} + t_{23} \cdot 4\,774\,952{,}099\,\text{m}$$

$$688\,865{,}785\,\text{m} = t_2 + t_{21} \cdot 4\,149\,043{,}336\,\text{m} + t_{22} \cdot 688\,836{,}443\,\text{m} + t_{23} \cdot 4\,778\,632{,}188\,\text{m}$$

$$690\,369{,}375\,\text{m} = t_2 + t_{21} \cdot 4\,172\,803{,}511\,\text{m} + t_{22} \cdot 690\,340{,}078\,\text{m} + t_{23} \cdot 4\,758\,129{,}701\,\text{m}$$

$$643\,026{,}700\,\text{m} = t_2 + t_{21} \cdot 4\,177\,148{,}376\,\text{m} + t_{22} \cdot 642\,997{,}635\,\text{m} + t_{23} \cdot 4\,760\,764{,}800\,\text{m}$$

$$4\,775\,416{,}524\,\text{m} = t_3 + t_{31} \cdot 4\,157\,222{,}543\,\text{m} + t_{32} \cdot 664\,789{,}307\,\text{m} + t_{33} \cdot 4\,774\,952{,}099\,\text{m}$$

$$4\,779\,096{,}588\,\text{m} = t_3 + t_{31} \cdot 4\,149\,043{,}336\,\text{m} + t_{32} \cdot 688\,836{,}443\,\text{m} + t_{33} \cdot 4\,778\,632{,}188\,\text{m}$$

$$4\,758\,594{,}075\,\text{m} = t_3 + t_{31} \cdot 4\,172\,803{,}511\,\text{m} + t_{32} \cdot 690\,340{,}078\,\text{m} + t_{33} \cdot 4\,758\,129{,}701\,\text{m}$$

$$4\,761\,228{,}899\,\text{m} = t_3 + t_{31} \cdot 4\,177\,148{,}376\,\text{m} + t_{32} \cdot 642\,997{,}635\,\text{m} + t_{33} \cdot 4\,760\,764{,}800\,\text{m}$$

Die Lösung dieses linearen Gleichungssystems mit den 12 Unbekannten setzen wir zum Vektor $\vec{t}$ und zur Matrix $\mathbf{T}$ zusammen:

$$\vec{t} = \begin{pmatrix} -2\,222{,}6043\,\text{m} \\ -15\,950{,}3240\,\text{m} \\ -16\,861{,}8310\,\text{m} \end{pmatrix}; \quad \mathbf{T} = \begin{pmatrix} 1{,}000\,294\,168 & 0{,}000\,049\,094 & 0{,}000\,338\,169 \\ 0{,}001\,620\,696 & 1{,}000\,259\,363 & 0{,}001\,899\,428 \\ 0{,}001\,757\,761 & 0{,}000\,281\,732 & 1{,}002\,058\,986 \end{pmatrix} \;◀$$

▶ **Probe**

Das Transformieren der identischen Punkte mit $\vec{t}$ und $\mathbf{T}$ ist nichts als eine Probe für die Lösung des Gleichungssystems.

▶ http://sn.pub/k6BeAW ◀

🛑 **Aufgabe 2.16**

Bestimmen Sie Transformationsparameter (2.73) für die Affin-Transformation (2.72) aus den ersten vier Punkten aus Aufgabe 2.14.

▶ http://sn.pub/Kp3lKo

Die Zahlen in (2.73) sind leider nicht geometrisch anschaulich. Es ist aber möglich, diese Transformation in folgende Schritte zu zerlegen:
1. Transvektion (2.29) mit Transvektionsmatrix $\mathbf{S}$ in (2.47)
2. drei Skalierungen (2.26) mit Skaliermatrix $\mathbf{M}$ in (2.27)
3. Rotation (2.28) mit Rotationsmatrix $\mathbf{R}$ in (2.34)
4. Translation (2.24) mit Translationsvektor $\vec{t}$

so dass sich insgesamt folgende Transformationsgleichung ergibt:

$$\vec{V} = \vec{t} + \mathbf{R} \cdot \mathbf{M} \cdot \mathbf{S} \cdot \vec{v}$$

Mögliche 12 Parameter wären dann

$$f_1, f_2, f_3, m_1, m_2, m_3, \varepsilon_1, \varepsilon_2, \varepsilon_3, t_1, t_2, t_3$$

Die Matrizen $\mathbf{R}, \mathbf{M}, \mathbf{S}$ gewinnt man aus $\mathbf{T}$ durch eine sogenannte QR-Zerlegung von $\mathbf{T}$ [1, S. 190], ein Matrix-Faktorisierung, die in mathematischen Funktionsbibliotheken implementiert ist, z. B. in MATLAB (The Mathworks, Inc.). Der erste Faktor entspricht in unserer Notation $\mathbf{R}$ und der zweite Faktor entspricht $\mathbf{M} \cdot \mathbf{S}$, was man leicht selbst in $\mathbf{M}$ und $\mathbf{S}$ zerlegt. Aus diesen Matrizen $\mathbf{R}, \mathbf{M}, \mathbf{S}$ gewinnt man dann je drei Parameter mit ◘ Tab. 2.6. Das Verfahren ist in [6] beschrieben.

► **Beispiel 2.13**

Für die Matrix $\mathbf{T}$ aus Beispiel 2.12 findet man folgende QR-Zerlegung:

$$\mathbf{T} = \mathbf{R} \cdot (\mathbf{M} \cdot \mathbf{S}) = \begin{pmatrix} 0,999\,997\,144 & -0,001\,620\,707 & -0,001\,756\,785 \\ 0,001\,620\,215 & 0,999\,998\,648 & -0,000\,281\,572 \\ 0,001\,757\,239 & 0,000\,278\,725 & 0,999\,998\,417 \end{pmatrix}$$

$$\cdot \begin{pmatrix} 1,000\,297\,025 & 0,001\,670\,224 & 0,002\,102\,103 \\ 0 & 1,000\,258\,009 & 0,002\,178\,176 \\ 0 & 0 & 1,002\,056\,271 \end{pmatrix}$$

Die Eulerschen Winkel berechnen wir mit den Formeln aus ◘ Tab. 2.6 (1 mrad $= 10^{-3}$ rad):

$$\varepsilon_2 = -\arcsin(0,001\,757\,239) = -1,757\,239\,9\,\text{mrad}$$

$$\varepsilon_3 = \arctan \frac{0,001\,620\,215}{0,999\,997\,144} = 1,620\,218\,2\,\text{mrad}$$

$$\varepsilon_1 = \arctan \frac{0,000\,278\,725}{0,999\,998\,417} = 0,278\,725\,4\,\text{mrad}$$

Aus dem zweiten Faktor $\mathbf{M} \cdot \mathbf{S}$ liest man auf der Hauptdiagonale direkt die Maßstabsfaktoren ab:

$$m_1 = 1,000\,297\,025; \quad m_2 = 1,000\,258\,009; \quad m_3 = 1,002\,056\,271$$

Dividiert man $\mathbf{M} \cdot \mathbf{S}$ zeilenweise durch m_i, ergibt sich schließlich die Transvektionsmatrix

$$\mathbf{S} = \begin{pmatrix} 1 & 0,001\,669\,728\,0 & 0,002\,101\,4788 \\ 0 & 1 & 0,002\,177\,614\,1 \\ 0 & 0 & 1 \end{pmatrix}$$

woraus man mit (2.47) die Parameter

$$f_1 = 0,002\,177\,614\,1; \quad f_2 = 0,002\,101\,478\,8; \quad f_3 = 0,001\,669\,728\,0$$

abliest.

► http://sn.pub/E1BMsV ◄

> **Hinweis 2.10**
>
> Da die Matrix **R** im vorangegangenen Beispiel nahezu die Einheitsmatrix ist, haben wir es mit einer infinitesimalen Rotationsmatrix (2.41) zu tun, für die man die Eulerschen Winkel im Bogenmaß näherungsweise aus dieser Matrix ablesen könnte. Diese Näherung reicht aber hier nicht aus, denn das Drehzentrum ist der Koordinatenursprung und sehr weit entfernt von den identischen Punkten. Auch scheinbar kleine Fehler im Drehwinkel würden deshalb zu großen Abweichungen in den Koordinaten führen. Hier lägen diese im Meterbereich. Eine Alternative besteht darin, mit *gekürzten* Koordinaten zu arbeiten. Dieses Vorgehen wird bei Transformationen generell empfohlen.

Es ist möglich, die Transformation entsprechend einer beliebig anderen Reihenfolge der vier genannten Schritte zu zerlegen. Dann ändern sich die Zahlenwerte einiger oder aller 12 Parameter. Das Transformationsmodell, d. h. die gegenseitige Entsprechung von Quell- und Zielsystempunkten, ändert sich dadurch aber nicht.

2.4.10 Anwendung: Zylinder durch sieben Punkte

Zur abschließenden Illustration der Berechnungen im Raum betrachten wir folgendes Anwendungsproblem: Auf einem schräg im Raum liegenden geraden Kreiszylinder wurden tachymetrisch sieben Punkte gemessen (s. ◼ Abb. 2.7):
- drei Punkte A, B, C auf der Grundfläche,
- drei Punkte D, E, F auf der Mantelfläche und
- ein Punkt G auf der Deckfläche.

Die vier Punkte A, B, C, D wurden vom Standpunkt 1 gemessen und haben kartesische Koordinaten x, y, z im Standpunktsystem von 1. Die vier Punkte D, E, F, G wurden vom Standpunkt 2 gemessen und haben kartesische Koordinaten X, Y, Z im Standpunktsystem von 2. Außerdem erfolgte je eine gegenseitige Messung zwischen 1 und 2, so dass diese beiden Punkte Koordinaten im jeweils anderen Standpunktsystem haben. Die Abmessungen des Zylinders sollen berechnet werden.

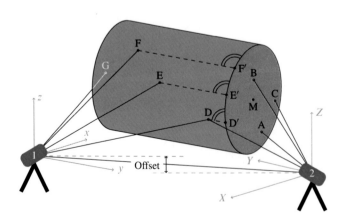

◼ **Abb. 2.7** Zylinder durch sieben Punkte

Zuerst müssen die Standpunktsysteme 1 und 2 zusammengefügt werden. Das geschieht mittels einer Koordinatentransformation von einem in das andere Standpunktsystem über die drei identischen Punkte D,1,2.

(1) Können die vertikalen Achsen z, Z als parallel angesehen werden (Stehachsen der Tachymeter), ist eine ebene Transformation über die drei identischen Punkte D,1,2 ausreichend. Können zusätzlich die Maßstäbe als gleich angesehen werden, ist eine ebene Transformation zwischen den Horizontalebenen mit festem Maßstab (Rotation und Translation, s. ▶ Abschn. 1.6.9) geeignet, andernfalls eine ebene Helmert-Transformation (s. ▶ Abschn. 1.6.8). Da in beiden Fällen mehr identische Punkte zur Verfügung stehen, als mindestens benötigt werden, erfolgt jeweils eine Ausgleichung nach kleinsten Quadraten. Danach muss noch der Unterschied der Nullpunkte der z-Achsen ausgeglichen werden (vertikaler Offset-Ausgleich, s. ◼ Abb. 2.7). Diesen Offset berechnet man dreimal über

$$ Z_1 - z_1; \quad Z_2 - z_2; \quad Z_D - z_D $$

und bestimmt das arithmetische Mittel diese Werte. Sollten sie jedoch nicht ausreichend gut übereinstimmen, liegt ein Irrtum oder grober Fehler vor.

(2) Sind die vertikalen Achsen z, Z nicht als parallel vorauszusetzen, berechnet man eine räumliche Transformation über die drei identischen Punkte D,1,2 mit sieben Parametern (s. ▶ Abschn. 2.4.9) oder mit sechs Parametern (s. ▶ Abschn. 2.4.7), je nach angenommener Übereinstimmung der Maßstäbe. Die Transformation mit den erhaltenen Transformationsparametern wird auf die restlichen Punkte angewendet. Nun hat man alle Punkte A, B, C, D, E, F, G in einem einheitlichen kartesischen Koordinatensystem (X, Y, Z) vorliegen.

Für den weiteren Rechenweg zeigen wir zwei Möglichkeiten auf:

Berechnung über Formeln aus ◼ Tab. 2.3 und einen Kugelschnitt:
1. Zuerst wird durch die Punkte A, B, C eine Ebene $\mathcal{E}$ berechnet (s. ◼ Tab. 2.3, $\mathcal{E}$ durch P, Q, R).
2. Aus dem Abstand von $\mathcal{E}$ und G folgt die Höhe des Zylinders (s. ◼ Tab. 2.3, Abstand(P, $\mathcal{E}$)).
3. Danach werden die Punkte D, E, F senkrecht auf $\mathcal{E}$ projiziert (s. ◼ Tab. 2.3, Projektion P → $\mathcal{E}$). Die Bildpunkte der Projektion nennen wir D′, E′, F′ (s. ◼ Abb. 2.7).

Durch die Punkte D′, E′, F′ ist nun der Grundkreis des Zylinders zu konstruieren. Hierfür kann nicht sofort eine Lösung aus ▶ Abschn. 1.5.4 gewählt werden, weil alle Lösungen ebene Koordinaten von D′, E′, F′ in $\mathcal{E}$ erfordern. Eine elegante Lösungsmethode nutzt einen Kugelschnitt (Trisphäration) nach ▶ Abschn. 2.3.2:
4. Man wählt einen Wert r, der etwas größer als der erwartete Radius des Zylinders ist.
5. Man schneidet drei Kugeln um D′, E′, F′ mit jeweils diesem Radius r.
6. Der Punkt genau in der Mitte der beiden sich ergebenden Kugelschnittpunkte ist der gesuchte Mittelpunkt M des Grundkreises.
7. **Probe:** Die Strecken $s_{MD'}$, $s_{ME'}$ und $s_{MF'}$ müssen gleich sein und ergeben den gesuchten Radius des Zylinders.

Berechnung mit Hilfe einer weiteren räumlichen Transformation:

1. Man legt ein räumliches kartesisches Hilfskoordinatensystem (u, v, w) fest, dessen (u, v)-Ebene $\mathcal{E}$ ist, und zwar dadurch, dass $w_A = w_B = w_C := 0$ gewählt wird. Man nennt dies ein *Objektkoordinatensystem*, weil es an das Objekt Zylinder angepasst ist. Die anderen sechs Koordinaten von A, B, C ergeben sich auf einfache Weise aus den Abmessungen des Dreiecks ABC, z. B.:

$$u_A = v_A = v_B = 0; \quad u_B = s_{AB}, \quad u_C = s_{AC} \cdot \cos \alpha, \quad v_C = s_{AC} \cdot \sin \alpha$$

   wobei α der Innenwinkel in Dreieck ABC bei A ist. Dieser ergibt sich genau wie die Raumstrecken s_{AB}, s_{AC} aus Koordinaten von A, B, C im Standpunktsystem.

2. Man bestimmt über die identischen Punkte A, B, C Transformationsparameter vom Standpunkt- in das Objektkoordinatensystem. Hierfür kann man eine Helmert-Transformation (s. ▶ Abschn. 2.4.6) oder Neun-Parameter-Transformation (s. ▶ Abschn. 2.4.8) wählen. Im letzten Fall kommt man ohne Singulärwertzerlegung (2.53) aus.

3. **Probe:** Wurden die Objektkoordinaten von A, B, C korrekt festgelegt, ergeben sich dabei bis auf die Wirkung von Rundungsfehlern keine Verbesserungen, und alle möglichen Transformationen liefern dasselbe Ergebnis mit Maßstab oder Maßstäben Eins.

4. Nun transformiert man mit diesem Transformationsparametersatz auch D, E, F, G in dieses Objektkoordinatensystem. Mit $|w_G|$ erhält man sofort die gesuchte Höhe des Zylinders.

5. Die in $\mathcal{E}$ projizierten Punkte D', E', F' erhält man durch Nullsetzen der w-Koordinaten. Die Koordinaten u, v werden von D, E, F übernommen:

$$w_{D'} := w_{E'} := w_{F'} := 0; \quad u_{D'} := u_D, \ldots, v_{F'} := v_F \tag{2.75}$$

6. Durch die Punkte D', E', F' muss nun ein Kreis konstruiert werden, der Grundkreis des Zylinders. Für diese Aufgabe wurden im ▶ Abschn. 1.5.4 drei Lösungen vorgeschlagen, die direkt in der (u, v)-Ebene arbeiten. Den Mittelpunkt des Kreises M erhält man dann im Objektkoordinatensystem (u, v, w). Der Radius des Grundkreises entspricht dem gesuchten Zylinderradius.

7. Auf M wendet man die Rückwärtstransformation vom Objektkoordinatensystem in das Standpunktsystem an.

8. **Probe:** Man wendet die Rückwärtstransformation auch auf einige identische Punkte an, diese müssen ihre gegebenen Standpunktkoordinaten zurück erhalten.

9. **Probe:** Man konstruiert eine Gerade durch M mit dem Normalenvektor von $\mathcal{E}$ als Richtungsvektor und berechnet die Abstände der Punkte D, E, F von dieser Gerade (s. ▣ Tab. 2.3). Diese müssen alle drei gleich dem ermittelten Radius sein.

Eine weitere Probemöglichkeit besteht darin, dieselbe Rechnung auch im anderen Standpunktkoordinatensystem auszuführen. Siehe hierzu auch Aufgabe 2.17.

Gegeben sind folgende kartesische Koordinaten der Punkte aus ◼ Abb. 2.7:

Standpunktsystem 1				Standpunktsystem 2			
Punkt	x in m	y in m	z in m	Punkt	X in m	Y in m	Z in m
A	97,995	104,355	100,407	D	100,034	94,068	98,140
B	97,532	104,095	99,975	E	100,213	94,017	100,196
C	97,376	103,654	99,953	F	101,680	93,629	101,598
D	94,811	102,978	101,543	G	102,725	94,766	100,917
1	100,000	100,000	100,000	1	95,388	90,307	96,599
2	89,298	100,810	103,400	2	100,000	100,000	100,000

Wir suchen die Abmessungen des Zylinders und gehen dabei von nicht übereinstimmenden Maßstäben und nicht parallelen vertikalen Achsen der Standpunktsysteme (Stehachsen der Tachymeter) aus. ◀

In der folgenden Lösung speichern wir nur die aufgeschriebenen Ziffern der Zwischenergebnisse. Die Proben machen dann die Wirkung der Rundungsfehler sichtbar.

Wir gehen von 18 sämtlich gleich genauen Koordinaten identischer Punkte 1, 2, D aus (Fall C im ▶ Abschn. 2.4.6). Die räumliche Helmert-Transformation zwischen Standpunktsystemen 1 → 2 ergibt folgende Rotationsmatrix (2.55)

$$
\hat{\mathbf{R}} = \begin{pmatrix}
-0,360\,449\,777 & 0,932\,778\,622 & 0,000\,054\,065 \\
-0,932\,778\,622 & -0,360\,449\,777 & -0,000\,056\,171 \\
-0,000\,032\,908 & -0,000\,070\,678 & 0,999\,999\,998
\end{pmatrix}
$$

Daraus gewinnt man mit ◼ Tab. 2.6 folgende Eulersche Winkel:

$$\varepsilon_1 = -0,004\,500\,\text{gon}; \quad \varepsilon_2 = 0,002\,095\,\text{gon}; \quad \varepsilon_3 = -123,475\,36\,\text{gon}$$

wenngleich dieser Schritt zur Lösung der Aufgabe nichts beiträgt. Man erkennt daran, dass im Wesentlichen eine Rotation um die Z-Achse nötig ist, um die Systeme zusammenzuführen, die Stehachsen der Tachymeter in 1 und 2 sind fast parallel ausgerichtet. Die anderen Parameter erhält man aus (2.56) Fall C und (2.57)

$$m = 1,000\,197; \quad t_1 = 38,1366\,\text{m}; \quad t_2 = 219,6590\,\text{m}; \quad t_3 = -3,4111\,\text{m}$$

Nach Anwendung der Transformation und nach sinnvollem Kürzen, d. h. nach Subtraktion von 100,000 m von allen Koordinaten, erhalten wir folgende Zielsystemkoordinaten und folgende Verbesserungen:

2

Punkt	X in m	Y in m	Z in m	$v_x; v_X$ in mm	$v_y; v_Y$ in mm	$v_z; v_Z$ in mm
1	−4,6129	−9,6940	−3,4014	1,2; 0,9	−0,4; 1,0	−0,4; 0,4
2	0,0002	−0,0013	−0,0004	1,1; −0,2	0,6; 1,3	−0,4; 0,4
A	0,1721	−9,3944	−2,9949			
B	0,0965	−8,8687	−3,4270			
C	−0,2587	−8,5642	−3,4489			
D	0,0347	−5,9298	−1,8592	−2,4; −0,7	−0,2; −2,2	0,8; −0,8
E	0,2130	−5,9830	0,1960			
F	1,6800	−6,3710	1,5980			
G	2,7250	−5,2340	0,9170			
			Summe	−0,1; 0,0 ✓	0,0; 0,1 ✓	0,0; 0,0 ✓

Das Kürzen vereinfacht etwas die Zahlenrechnung, weil weniger Ziffern mitgeführt werden müssen.

Plausibilitätsüberprüfung: Die Verbesserungen $v_x, v_X, v_y, v_Y, v_z, v_Z$ sind betragskleine Größen (Maximalbetrag 2,4 mm). Sie spiegeln die Wirkung von Messabweichungen in den gegebenen Koordinaten wider.

Im Weiteren wenden wir die Berechnung mit Hilfe einer weiteren räumlichen Transformation an. Die Nummern in der folgenden Aufzählung entsprechen den Nummern im dargestellten Rechenweg:

1. Das Dreieck ABC hat folgende Seitenlängen und folgenden Innenwinkel α bei A:

$$s_{AB} = 0,684\,68 \text{ m}; \quad s_{AC} = 1,039\,68 \text{ m}; \quad \alpha = 23,1806 \text{ gon}$$

Somit gewinnen wir folgende mögliche Koordinaten im Objektkoordinatensystem (u, v, w):

Punkt	u in m	v in m	w in m
A	0,000 00	0,000 00	0,000 00
B	0,684 68	0,000 00	0,000 00
C	0,971 52	0,370 26	0,000 00

2. Nun transformieren wir die restlichen Punkte D, E, F, G vom Standpunktsystem (X, Y, Z) in dieses Objektkoordinatensystem (u, v, w), am einfachsten mit einer Neun-Parameter-Transformation Typ 2 (s. ▶ Abschn. 2.4.8). Wir erhalten folgende Euler-Achse und folgenden Drehwinkel um diese Achse:

$$\vec{e} = \begin{pmatrix} 0,085\,169\,3 \\ -0,556\,267\,0 \\ -0,826\,627\,6 \end{pmatrix}, \quad \varepsilon = 107,5637 \text{ gon}$$

Die erhaltenen Maßstabsfaktoren und Translationsparameter lauten

$$m_1 = 1{,}000\,007\,3; \quad m_2 = 1{,}000\,004\,9; \quad m_3 = 0{,}999\,993\,7$$
$$t_1 = 5{,}3421\,\text{m}; \quad t_2 = 3{,}5754\,\text{m}; \quad t_3 = 7{,}4788\,\text{m}$$

3. **Probe:** Da das Dreieck ABC in beiden Systemen kongruent ist, erwarten wir, dass alle Maßstäbe gleich Eins sind. Jedoch treten Abweichungen bis 7 ppm auf. Bezogen auf das Dreieck ABC mit Seitenlängen < 1 m entspricht das der angestrebten Rechengenauigkeit. ✓

4. Das Ergebnis der Transformation angewendet auf D, E, F, G ist:

Punkt	u in m	v in m	w in m
D	1,9586	1,3966	2,7433
E	0,6010	2,1119	4,1230
F	−0,7436	1,3443	5,4908
G	0,4438	0,3973	6,2269

Hieraus liest man bereits die Höhe des Zylinders ab: $w_G = \underline{6{,}2269\,\text{m}}$.

5. Nun setzen wir entsprechend (2.75)

Punkt	u in m	v in m	w in m
D$'$	1,9586	1,3966	0,0000
E$'$	0,6010	2,1119	0,0000
F$'$	−0,7436	1,3443	0,0000

6. Durch die Punkte D$'$, E$'$, F$'$ berechnen wir in der (u, v)-Ebene einen Kreis. Im Ergebnis erhalten wir den Mittelpunkt M($u_M = 0{,}6242\,\text{m}$; $v_M = 0{,}5099\,\text{m}$) und den Radius $\underline{1{,}6022\,\text{m}}$.

7. Die Rückwärtstransformation ist eine Sechs-Parameter-Transformation, weil die Maßstabsfaktoren gleich Eins gesetzt sind. Hierfür kann man (2.52) mit $m := 1$ benutzen. Die Rückwärtsrotation ergibt sich alternativ durch Umkehrung des Vorzeichens von Winkel ε. Daraus setzt man folgende Rotationsmatrix (2.36) zusammen:

$$\mathbf{R} = \begin{pmatrix} -0{,}110\,417 & -0{,}873\,792 & 0{,}473\,597 \\ 0{,}767\,808 & 0{,}227\,579 & 0{,}598\,898 \\ -0{,}631\,094 & 0{,}429\,760 & 0{,}645\,776 \end{pmatrix}$$

Wir wenden diese Transformation auf alle Punkte A, B, C, D$'$, E$'$, F$'$, G sowie M an, und zusätzlich noch auf den Punkt

$$N(u_N := u_M = 0{,}6242\,\text{m}; v_N := v_M = 0{,}5099\,\text{m}, w_N := w_G = 6{,}2269\,\text{m})$$

welcher der Mittelpunkt des Kreises auf der Deckfläche ist: Für die Punkte D$'$, E$'$, F$'$ sowie M, N werden dabei folgende gekürzte Koordinaten im Standpunktsystem erhalten:

2

Punkt	X in m	Y in m	Z in m
D′	−1,2645	−7,5728	−3,6307
E′	−1,7396	−8,4524	−2,4665
F′	−0,9205	−9,6594	−1,9478
M	−0,3424	−8,7991	−3,1696
N	2,6067	−5,0698	0,8516

8. **Probe:** A, B, C, G müssen ihre Ausgangskoordinaten wieder annehmen. Die Abweichungen betragen dabei 0,5 mm oder weniger ✓.

9. **Probe:** Wir konstruieren die Zylinderachse als Gerade durch M und N aus den Koordinaten dieser Punkte. Eine mögliche Parameterdarstellung ist (s. ◨ Tab. 2.3, G durch P, Q):

$$\vec{v} = \begin{pmatrix} -0,3424 \\ -8,7991 \\ -3,1696 \end{pmatrix} + \tau \cdot \begin{pmatrix} -2,9491 \\ -3,7293 \\ -4,0212 \end{pmatrix}$$

Wir berechnen die Abstände der Mantelpunkte D, E, F von der Zylinderachse mit der Formel Abstand(P, G) aus ◨ Tab. 2.3 und erhalten:

1,602 17 m ✓;   1,602 18 m ✓;   1,602 20 m ✓

Alle drei Abstände entsprechen dem ermittelten Radius.

▶ http://sn.pub/bs6dEw ◀

🔴 **Aufgabe 2.17**

Wiederholen Sie die Berechnung von Beispiel 2.14 im Standpunktsystem 1. Welche Zwischenergebnisse müssen mit Beispiel 2.14 übereinstimmen oder vergleichbar sein? Warum wird man abgesehen von unvermeidlichen Rundungsfehlern möglicherweise keine exakte Übereinstimmung der erhaltenen Abmessungen des Zylinders erreichen?

2.5 Lösungen

Zwischenergebnisse wurden sinnvoll gerundet, so können unbedeutende Abweichungen zur exakten Lösung entstehen.

Aufgabe 2.1: 14,761 m und −3,495 gon

Aufgabe 2.2: Hinweis: Sie benötigen die Identität $\sin^2 x + \cos^2 x \equiv 1$

Aufgabe 2.4: Mittelpunkt M(98,15 m; 100,28 m; 115,32 m) und Radius $r = 20,18$ m; Z(98,15 m; 100,28 m; 135,50 m); $t_{SZ} = 190,34$ gon; $v_{SZ} = 3,35$ gon; $s_{SZ} = 35,55$ m

Aufgabe 2.5: $x_{N1} = 541,61$ m; $y_{N1} = 201,79$ m; $z_{N1} = 717,68$ m; $x_{N2} = 560,17$ m; $y_{N2} = 197,58$ m; $z_{N2} = 709,12$ m

Aufgabe 2.6: Lösungsidee: Berechnen Sie jeweils $\mathbf{R}_i^\mathrm{T} \cdot \mathbf{R}_i$ und $\det(\mathbf{R}_i)$, wobei Sie die Identität $\sin^2 x + \cos^2 x \equiv 1$ benötigen. Bei (b) benötigen Sie außerdem das Transponieren und die Determinante von Matrixprodukten.

Aufgabe 2.7: Setzen Sie in (2.35) je zwei Winkel gleich Null und vereinfachen Sie.

Aufgabe 2.8:

$$\mathbf{R}_1(30°) \cdot \mathbf{R}_3(-20°) \cdot \mathbf{R}_2(10°) = \begin{pmatrix} 0{,}925\,417 & 0{,}342\,020 & 0{,}163\,176 \\ -0{,}204\,874 & 0{,}813\,798 & -0{,}543\,838 \\ -0{,}318\,795 & 0{,}469\,846 & 0{,}823\,173 \end{pmatrix}$$

Punkt	X in m	Y in m	Z in m
A	836,495	492,441	498,683
B	375,134	−28,814	145,762
C	808,351	−324,646	612,315

$\varepsilon_1 = 29{,}717°;\ \varepsilon_2 = 18{,}590°;\ \varepsilon_3 = -12{,}483°$

Aufgabe 2.9: Setzen Sie in (2.36) die Zahlenwerte für e_1, e_2, e_3 ein und vereinfachen Sie.

Aufgabe 2.10: Vertauschen Sie in (2.36) die entsprechenden Vorzeichen und sehen Sie, dass entweder die transponierte oder die Ausgangsmatrix wieder erhalten wird.

Aufgabe 2.11: $q_0 = 0{,}9437;\ q_1 = 0{,}2685;\ q_2 = 0{,}1277;\ q_3 = -0{,}1449$

Aufgabe 2.13:

$$\mathbf{S}_1(30°) \cdot \mathbf{S}_3(-20°) \cdot \mathbf{S}_2(10°) = \begin{pmatrix} 1 & -0{,}363\,97 & 0{,}176\,33 \\ 0 & 1 & 0{,}577\,35 \\ 0 & 0 & 1 \end{pmatrix}$$

Punkt	X in m	Y in m	Z in m
A	228,198	1082,340	279,19
B	278,213	287,003	196,87
C	653,456	769,067	812,50

Aufgabe 2.14: $\varepsilon_1 = 33{,}8126$ gon; $\varepsilon_2 = -16{,}0116$ gon; $\varepsilon_3 = 174{,}1220$ gon; $m = 0{,}999\,930\,6$; $t_1 = 103{,}301$ m; $t_2 = 105{,}391$ m; $t_3 = 102{,}450$ m

Aufgabe 2.15: $m_1 = 0{,}999\,949$; $m_2 = 0{,}999\,841$; $m_3 = 0{,}999\,915$; $\varepsilon_1 = 33{,}8124$ gon; $\varepsilon_2 = -16{,}0099$ gon; $\varepsilon_3 = 174{,}1210$ gon; $t_1 = 103{,}324$ m; $t_2 = 105{,}321$ m; $t_3 = 102{,}495$ m

Aufgabe 2.16:

$$t_{11} = -0,8895\,\text{m}; \quad t_{12} = -0,2251\,\text{m}; \quad t_{13} = 0,3973\,\text{m}; \quad t_1 = 103,314\,\text{m}$$
$$t_{21} = 0,3829\,\text{m}; \quad t_{22} = -0,8418\,\text{m}; \quad t_{13} = 0,3803\,\text{m}; \quad t_2 = 105,425\,\text{m}$$
$$t_{31} = 0,2488\,\text{m}; \quad t_{32} = 0,4905\,\text{m}; \quad t_{13} = 0,8350\,\text{m}; \quad t_3 = 102,433\,\text{m}$$

Aufgabe 2.17: Die Abmessungen des Zylinders werden im Maßstab des Standpunktsystems 1 erhalten, in Beispiel 2.14 jedoch im Maßstab des Standpunktsystems 2. Es wurde angenommen, dass sich diese Maßstäbe unterscheiden. Eine Umrechnung ist aber mit $\hat{m}$ leicht möglich.

Literatur

1. Bartsch HJ (2014) Taschenbuch mathematischer Formeln für Ingenieure und Naturwissenschaftler. 23. überarbeitete Auflage, Carl Hanser Verlag München, ISBN 978-3-446-43800-2
2. Bauer M (2018) Vermessung und Ortung mit Satelliten. 7. neu bearbeitete und erweiterte Auflage, Herbert Wichmann Verlag, Berlin. ISBN 978-3-87907-634-5
3. Donner RU (2020) Eine Lösung für den räumlichen Rückwärtsschnitt in der Vermessungstechnik. Zeitschrift für Geodäsie, Geoinformatik und Landmanagement (ZfV) 145:31–42. doi:10.12902/zfv-0284-2019
4. Gruber FJ, Joeckel R (2018) Formelsammlung für das Vermessungswesen. 19. aktualisierte Auflage, Springer Vieweg, Wiesbaden. ISBN 978-3-658-15019-8
5. Hermann M (2020) Numerische Mathematik, Band 1: Algebraische Probleme. 4. überarbeitete und erweiterte Auflage, Walter de Gruyter Verlag, Berlin und Boston. ISBN 978-3-11-065665-7
6. Lösler M, Eschelbach C (2014) Zur Bestimmung der Parameter einer räumlichen Affintransformation. Allgemeine Vermessungsnachrichten 121(7):273–277
7. Marx C (2017) A weighted adjustment of a similarity transformation between two point sets containing errors. J Geod Sci 7(1):105–112. https://doi.org/10.1515/jogs-2017-0012
8. Nitschke M (2020) Geometrie – Anwendungsbezogene Grundlagen und Beispiele für Ingenieure. 4. aktualisierte Auflage, Carl Hanser Verlag, München. ISBN 978-3446467484
9. Nitschke M, Knickmeyer EH (2000) Rotation parameters – a survey of techniques. J Surv Eng 126(3):83–105. https://doi.org/10.1061/(ASCE)0733-9453(2000)126:3(83)
10. Norrdine A (2008) Direkte Lösung des Räumlichen Bogenschnitts mit Methoden der Linearen Algebra. Allgemeine Vermessungsnachrichten, 115(1):7–9
11. Richter W (2022) Flugnavigation – Grundlagen, Mathematik, Kartenkunde, leistungsbasierte Navigation. 2. Auflage, De Gruyter, Oldenbourg, Berlin/Boston. ISBN 978-3-11-076977-7
12. Witte B, Sparla P, Blankenbach J (2020) Vermessungskunde für das Bauwesen mit Grundlagen des Building Information Modeling (BIM) und der Statistik. 9. neu bearbeitete und erweiterte Auflage, Herbert Wichmann Verlag, Heidelberg. ISBN 978-3-87907-657-4

Berechnungen auf dem Rotationsellipsoid

R. Lehmann, *Geodätische und statistische Berechnungen*,
https://doi.org/10.1007/978-3-662-66464-3_3

Nur bei sehr kleinräumigen geodätischen Aufgaben kann die Erdkrümmung vernachlässigt werden. Als Näherung für die unregelmäßige Erdfigur verwendet man heute bei sehr vielen geodätischen Aufgaben ein Rotationsellipsoid. Daher müssen viele geodätische Berechnungen auf dem Rotationsellipsoid ausgeführt werden.

3.1 Rotationsellipsoid als geodätische Bezugsfläche

3.1.1 Rotationsellipsoid und Meridianellipse

In diesem Kapitel werden Grundkenntnisse über Ellipsen vorausgesetzt, die man im ▶ Abschn. 1.4.4 nachlesen kann. Hierbei sind die Bedeutungen der Ellipsenparameter a, b, e^2, e'^2, f, n besonders wichtig. Eine Übersicht der geodätischen Bezugsflächen enthält ◻ Tab. 3.1.

Definition 3.1 (Rotationsellipsoid, Rotationsachse, Äquator)

Ein Rotationsellipsoid ist eine Fläche, die entsteht, wenn eine Ellipse um eine ihrer Achsen rotiert, die man dann Rotationsachse nennt. Diese Achse schneidet das Rotationsellipsoid in den Rotationspolen. Die andere Achse beschreibt bei der Rotation die Äquatorebene. Der Schnittkreis von Äquatorebene und Rotationsellipsoid heißt Äquator.

Ist die kürzere Achse die Rotationsachse, entsteht ein an den Polen abgeplattetes Rotationsellipsoid, sonst entsteht ein an den Polen auseinandergezogenes Rotationsellipsoid. Nur die erste Variante wird in der Geodäsie als Bezugsfläche verwendet. Selten spricht man auch von einem *Sphäroid*.

Die Rotationsachse des Erdellipsoids ist näherungsweise oder genau die mittlere Rotationsachse der Erde. Der Mittelpunkt des Erdellipsoids ist näherungsweise oder genau das *Geozentrum* O, das ist der Massenschwerpunkt der Erde (einschließlich der Ozeane und der Atmosphäre).

Ein *dreiachsiges* Ellipsoid entsteht, wenn zusätzlich quer zur ersten noch eine zweite Abplattung vorhanden ist, wenn also der Äquator kein Kreis ist, sondern auch eine Ellipse. Die praktische Arbeit mit dreiachsigen Ellipsoiden ist viel komplizierter, als mit Rotationsellipsoiden. Der Vorteil, dass sich ein dreiachsiges Ellipsoid der tatsächlichen Erdfigur noch besser annähert, ist aber sehr gering [4, S. 13f]. Deshalb verwendet

◻ **Tab. 3.1** Bezugsflächen in der Geodäsie

Bezugsfläche	Verwendung
Ebene	Für kleinräumige Vermessungen (bis max. 100 m × 100 m)
Kugel	Nur in Form der Erdkrümmungskorrektur bei kleinräumigen Vermessungen
Rotationsellipsoid	Für fast alle Lagemessungen und viele 3D-Vermessungen
Dreiachsiges Ellipsoid	Keine Bedeutung, da kaum genauer als das Rotationsellipsoid, aber in der Handhabung wesentlich komplizierter
Geoid, Quasigeoid	Nur für Höhenbestimmungen

Abb. 3.1 Meridianschnitt durch den Ellipsoidpunkt P

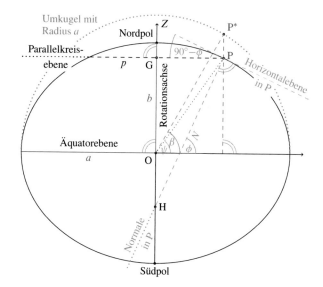

man in der Geodäsie für fast alle Lagemessungen und viele räumliche Vermessungen Rotationsellipsoide. Da in diesem Text Verwechslungen mit dreiachsigen Ellipsoiden ausgeschlossen sind, sprechen wir im Weiteren von „Ellipsoiden", meinen aber stets „Rotationsellipsoide". Wenn in diesem Kapitel von „Pol" die Rede ist, meinen wir einen „Rotationspol", d. h. einen der beiden Nebenscheitelpunkte der Meridianellipse.

Definition 3.2 (Meridianellipse, Meridian, Meridianquadrant)

Die Ellipse, die durch Rotation um ihre kürzere Achse das Erdellipsoid erzeugt, nennt man die Meridianellipse (s. ◻ Abb. 3.1). Diese entsteht als Schnittkurve jedes ebenen Schnitts durch das Ellipsoid, der die Rotationsachse enthält. Einen solchen Schnitt nennt man einen Meridianschnitt, die Schnittebene heißt Meridianebene. Die Halbellipse zwischen den Polen nennt man den Meridian. Die Viertelellipse zwischen einem Pol und dem Äquator nennt man den Meridianquadrant.

Definition 3.3 (Horizontalebene, Ellipsoidnormale)

Die Tangentialebene an das Ellipsoid im Ellipsoidpunkt P nennt man Horizontalebene von P. Die Senkrechte auf der Horizontalebene von P im Punkt P ist die Ellipsoidnormale von P. Diese Gerade liegt in der Meridianebene von P.

Ein wichtiges Ellipsoid der Geodäsie ist gegenwärtig das GRS80-Ellipsoid (GRS80 = Geodätisches Referenzsystem 1980 [9]), welches dem Europäischen Referenzsystem ETRS89 zugeordnet ist. Seine Ellipsoidparameter sind:

$$a = 6\,378\,137{,}000\,\text{m}; \quad 1/f = 298{,}257\,222\,100\,882\,711\,243 \tag{3.1}$$

S. Hinweise 1.9 und 1.8.

3.1.2 Breiten und Längen

Die Lage eines Punktes P auf dem Meridian beschreibt man mit der ellipsoidischen, reduzierten oder geozentrischen Breite.

Definition 3.4 (Ellipsoidische Breite)

Die ellipsoidische Breite ϕ eines Punktes P ist der Winkel, den die Ellipsoidnormale im Punkt P mit der Äquatorebene einschließt. Nördlich des Äquators zählt man ϕ positiv, südlich negativ.

Definition 3.5 (Reduzierte Breite)

Den Schnittpunkt der Parallele zur Rotationsachse durch einen Ellipsoidpunkt P mit der geozentrischen Kugel mit dem Radius a (Umkugel) nennen wir P*. Die reduzierte Breite β des Punktes P ist der Winkel, den der geozentrische Radius OP* mit der Äquatorebene einschließt. Nördlich des Äquators zählt man β positiv, südlich negativ.

P und P* haben also im geozentrischen Koordinatensystem dieselbe Z-Koordinate (s. ◻ Abb. 3.1).

Definition 3.6 (Geozentrische Breite)

Die geozentrische Breite ψ eines Punktes P ist der Winkel, den der geozentrische Radius OP mit der Äquatorebene einschließt. Nördlich des Äquators zählt man ψ positiv, südlich negativ.

❯ **Hinweis 3.1**

Speziell in der älteren deutschsprachigen Literatur ist für die ellipsoidische Breite auch das Formelsymbol B verbreitet. Breiten südlich des Äquators werden manchmal auch mit dem Zusatz „südliche Breite (s.B.)" versehen, im Gegensatz zu „nördliche Breite (n.B.)".

Während die ellipsoidische Breite ϕ oft als Koordinate von P dient, tritt in vielen Formeln die reduzierte Breite β auf. Das ist bereits in der Parameterform der Ellipsengleichung (1.29) der Fall (s. Hinweis 1.7). Die geozentrische Breite ψ wird seltener benötigt. Am Äquator ist $\psi = \beta = \phi = 0°$, an den Polen ist $\psi = \beta = \phi = \pm 90°$. An allen anderen Punkten ist $|\psi| < |\beta| < |\phi|$. Am größten ist der Unterschied bei $\phi = \pm 45°$. Hier hat man $|\phi - \beta| \approx 5{,}5'$; $|\beta - \psi| \approx 5{,}5'$, was an der Erdoberfläche einer Punktverschiebung von ca. 10 km entspricht [4, S. 71]. Selbst für geringe Genauigkeiten ist es also nötig, zwischen ψ, β und ϕ zu unterscheiden. Um die drei Breiten ineinander umzurechnen, dient folgende Formel:

$$\sqrt{1 - e^2} \cdot \tan \phi = \tan \beta = \frac{\tan \psi}{\sqrt{1 - e^2}} \tag{3.2}$$

Während der rechte Teil der Gleichung elementargeometrisch aus ◻ Abb. 3.1 abgelesen werden kann, verlangt der linke Teil differenzialgeometrische Betrachtungen [4, S. 70].

❶ Aufgabe 3.1

Der GNSS-Referenzpunkt der HTW Dresden hat auf dem GRS80-Ellipsoid (3.1) die ellipsoidische Breite $\phi = 51{,}033\,778°$. Berechnen Sie die reduzierte Breite β und die geozentrische Breite ψ dieses Punktes.

▶ http://sn.pub/8wRwTV

Definition 3.7 (Parallelkreis)

Alle Ellipsoidpunkte mit derselben Breite liegen auf einem Kreis, den man Parallelkreis oder Breitenkreis nennt.

Definition 3.8 (Ellipsoidische Länge)

Die Lage eines Punktes P auf dem Parallelkreis wird durch die ellipsoidische Länge λ spezifiziert. Das ist der Winkel zwischen der Meridianebene von P und der Nullmeridianebene (heute die Meridianebene von Greenwich). λ zählt positiv nach Osten.

Für die Pole ist λ nicht definiert.

❯ Hinweis 3.2

Speziell in der älteren deutschsprachigen Literatur ist für die ellipsoidische Länge auch das Formelsymbol L verbreitet. Längen westlich vom Nullmeridian werden manchmal auch mit dem Zusatz „westliche Länge (w.L.)" versehen, im Gegensatz zu „östliche Länge (ö.L.)".

Parallelkreise und Meridiane bilden das Gradnetz der Erde. Breiten und Längen werden in der Einheit Grad mit Dezimalen oder in der Einheit Grad/Minuten/Sekunden angegeben. Außerdem gibt es noch folgende Breiten- und Längendefinitionen und -bezeichnungen:
- Unter der *geographischen Breite* und der *geodätischen Breite* versteht man meist die ellipsoidische Breite.
- Unter der *geographischen Länge* und der *geodätischen Länge* versteht man meist die ellipsoidische Länge.
- Die *rektifizierte Breite* μ verhält sich proportional zur Meridianbogenlänge und wird erst später in (3.60) eingeführt.
- Parallelkreise der *isometrischen Breite* erzeugen zusammen mit den Meridianen ein Netz von Quadraten auf dem Ellipsoid, die zu den Polen hin immer kleiner werden [4, S. 201]. Diese Breitendefinition spielt im vorliegenden Buch keine Rolle.

3.1.3 Normalschnitte und Krümmung des Ellipsoids

Definition 3.9 (Krümmungskreis, Krümmung, Krümmungsradius)

Ein Kreis, der sich in einem Punkt P dem Verlauf einer ebenen oder räumlichen glatten Kurve bestmöglich anschmiegt, wird Krümmungskreis oder Schmiegekreis der Kurve in P genannt (s. ◼ Abb. 3.2). Sein Radius heißt Krümmungsradius R. Die Krümmung einer Kurve wird als reziproker Radius $1/R$ des Krümmungskreises definiert, oder als Null, wenn der Krümmungskreis zu einer Gerade entartet.

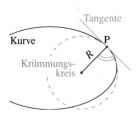

□ Abb. 3.2 Kurve mit Krümmungskreis im Punkt P und Krümmungsradius R

> **Hinweis 3.3**
>
> Auch wenn man oft von „Krümmung" spricht, zahlenmäßig angegeben wird in der Geodäsie immer der Krümmungsradius R, selten auch *Krümmungshalbmesser* genannt.

Nun betrachten wir die Krümmung der Meridianellipse. Diese ist offenbar breitenabhängig, nämlich am Äquator am größten und an den Polen am kleinsten. Man findet folgende Formel für den Krümmungsradius $M(\phi)$ der Meridianellipse an einem Punkt der ellipsoidischen Breite ϕ [4, S. 167]:

$$M(\phi) = \frac{a \cdot (1 - e^2)}{(1 - e^2 \cdot \sin^2 \phi)^{3/2}} \tag{3.3}$$

Man nennt M den *Meridiankrümmungsradius* [4, S. 68]. Aus (3.3) liest man $M(0°) = a \cdot (1 - e^2)$ und $M(90°) = a/\sqrt{1 - e^2}$ ab.

Definition 3.10 (Normalschnitt)

Schneidet man das Ellipsoid mit einer Vertikalebene im Ellipsoidpunkt P, also einer Ebene, die die Ellipsoidnormale in P enthält, nennt man die entstehende Schnittkurve einen Normalschnitt in P [3], [4, S. 176].

Auf der Kugel, die ein Ellipsoid mit der Abplattung $f = 0$ ist, sind alle Normalschnitte Großkreise und alle Großkreise sind Normalschnitte. Auf dem abgeplatteten Ellipsoid mit $f \neq 0$ ist es schwieriger. Alle Meridiane und der Äquator sind Normalschnitte, die Parallelkreise mit $\phi \neq 0$ jedoch nicht.

Durch jeden Punkt P auf dem Ellipsoid gibt es unendlich viele Vertikalebenen und damit auch unendlich viele Normalschnitte. Um diese zu unterscheiden, führt man folgenden Winkel als Parameter ein:

Definition 3.11 (Ellipsoidisches Azimut, erster Vertikal)

Den Winkel zwischen der Vertikalebene eines Normalschnitts und der Meridianebene in P nennt man das ellipsoidische Azimut α des Normalschnitts. Zwei ausgezeichnete Vertikalebenen sind die Meridianebene durch P mit $\alpha = 0°$ oder $\alpha = 180°$ und senkrecht dazu der erste Vertikal mit $\alpha = 90°$ oder $\alpha = 270°$.

Nun betrachten wir die Krümmung von Normalschnitten im Ellipsoidpunkt P. Im Gegensatz zur Kugel mit dem Radius R, auf der alle Normalschnitte überall den Krümmungsradius R haben, ist die Krümmung von Normalschnitten auf dem Ellipsoid von der Breite ϕ

des Punktes P und im Allgemeinen auch vom Azimut α abhängig. Hierzu ist Folgendes festzustellen:

- An den Polen sind alle Normalschnitte Meridiane und haben daher denselben Krümmungsradius $M(90°)$. Man spricht auch vom *Polkrümmungsradius*

$$c := M(90°) = \frac{a}{\sqrt{1 - e^2}} = \frac{a^2}{b} \qquad (3.4)$$

- Für jeden Punkt am Äquator ist der Normalschnitt im ersten Vertikal der Äquatorkreis und hat deshalb den Krümmungsradius a.
- Alle Krümmungen sind wegen der Rotationssymmetrie des Ellipsoids unabhängig von der ellipsoidischen Länge λ.

Den Krümmungsradius eines Normalschnitts im ersten Vertikal nennt man *Querkrümmungsradius* $N(\phi)$ und findet hierfür folgende Formel [4, S. 168]:

$$N(\phi) = \frac{a}{(1 - e^2 \cdot \sin^2 \phi)^{1/2}} \qquad (3.5)$$

Erwartungsgemäß liest man daraus $N(0°) = a$ und $N(90°) = c$ ab. Nach einigen elementargeometrischen Betrachtungen im rechtwinkligen Dreieck PGH in ◘ Abb. 3.1 findet man, dass P und H genau den räumlichen Abstand $N(\phi)$ haben. Der Mittelpunkt des Querkrümmungskreises liegt also auf der Rotationsachse.

In derselben Abbildung findet man auch eine Formel für den *Parallelkreisradius*:

$$p(\phi) = N(\phi) \cdot \cos \phi \qquad (3.6)$$

Schließlich fehlt noch eine Formel für den Allgemeinfall eines Normalschnitts durch einen Ellipsoidpunkt P der Breite ϕ zum Azimut α. Der entsprechende Krümmungsradius $R(\alpha, \phi)$ ergibt sich aus der *Eulerschen Formel* [4, S. 169]:

$$\frac{1}{R(\alpha, \phi)} = \frac{\cos^2 \alpha}{M(\phi)} + \frac{\sin^2 \alpha}{N(\phi)} \qquad (3.7)$$

Beachten Sie, dass aus (3.7) erwartungsgemäß folgt:

$$R(0°, \phi) = R(180°, \phi) = M(\phi)$$

$$R(90°, \phi) = R(270°, \phi) = N(\phi)$$

Folgende wichtige Eigenschaft liest man aus (3.7) ab: Unter allen Normalschnitten des Ellipsoids in einem Punkt P hat der Meridianschnitt die größte Krümmung bzw. den kleinsten Krümmungsradius und der Normalschnitt im ersten Vertikal die kleinste Krümmung bzw. den größten Krümmungsradius, mit Ausnahme der Pole, wo alle Krümmungen identisch sind:

$$M(\phi) \leq R(\alpha, \phi) \leq N(\phi)$$

> **Definition 3.12 (Hauptkrümmungsradien, Hauptkrümmungsrichtungen)**
>
> M und N nennt man die Hauptkrümmungsradien, die Meridianrichtung und die Richtung des ersten Vertikals heißen Hauptkrümmungsrichtungen der Ellipsoidfläche.

❯ Hinweis 3.4

Nicht nur auf dem Ellipsoid, sondern auch auf jeder anderen glatten gekrümmten Fläche schließen die Hauptkrümmungsrichtungen einen rechten Winkel ein und es gilt die Euler-sche Formel (3.7).

Am Äquator unterscheiden sich die Hauptkrümmungsradien am stärksten. Hier ist die lokale Ellipsoidfläche einer Kugel am wenigstens ähnlich.

❶ Aufgabe 3.2

Berechnen Sie für das GRS80-Ellipsoid (3.1) den Unterschied der Hauptkrümmungsradien am Äquator.

▶ http://sn.pub/6aHFUe

Um für grobe lokale Berechnungen dennoch mit einer Kugel als Bezugsfläche arbeiten zu können, wählt man eine Kugel, die sich der Ellipsoidfläche lokal bestmöglich anschmiegt. Diese nennt man die *Gaußsche Schmiegekugel*. Ihr Radius, der *Gaußscher Krümmungs-radius* genannt wird, beträgt [4, S. 170]

$$R(\phi) = \sqrt{M(\phi) \cdot N(\phi)} = \frac{a \cdot \sqrt{1 - e^2}}{1 - e^2 \cdot \sin^2 \phi} = \frac{b}{1 - e^2 \cdot \sin^2 \phi} \tag{3.8}$$

An den Polen ergibt sich selbstverständlich der Polkrümmungsradius $R(90°) = c$, am Äquator ist $R(0°) = b$. In ◪ Abb. 3.3 sind die Funktionen $M(\phi), N(\phi), R(\phi)$ für das Erdellipsoid graphisch dargestellt.

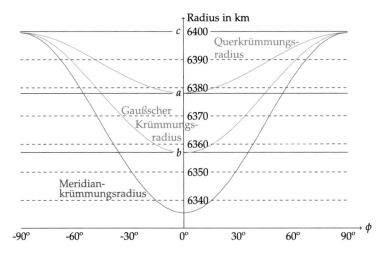

◪ **Abb. 3.3** Hauptkrümmungsradien M, N und Gaußscher Krümmungsradius R in km in Abhängigkeit von der ellipsoidischen Breite ϕ in Grad

⏺ Aufgabe 3.3

⏺ Aufgabe 3.3

Berechnen Sie für das GRS80-Ellipsoid (3.1) den Krümmungsradius eines Normalschnitts entlang der Hauptallee des Dresdner Großen Gartens: Ellipsoidisches Azimut $\alpha = 122°$, ellipsoidische Breite $\phi = 51,04°$. Berechnen Sie für den Dresdner Großen Garten den Gauß-schen Krümmungsradius.

▶ http://sn.pub/mSJGQt

3.1.4 Geozentrische Koordinaten

Einen Punkt P, der nicht auf dem Ellipsoid liegt, projiziert man senkrecht auf das Ellipsoid und ordnet ihm die ellipsoidische Breite $\phi_P = \phi_{P'}$ und die ellipsoidische Länge $\lambda_P = \lambda_{P'}$ seines Fußpunktes P' (Bild der Projektion) auf dem Ellipsoid zu. Für Punkte auf der Rotationsachse, z. B. die Pole, ist λ nicht definiert.

> **Definition 3.13 (Ellipsoidische Höhe)**
>
> Der Abstand zwischen dem Punkt P und seinem senkrecht auf das Ellipsoid projizierten Fußpunkt P' heißt ellipsoidische Höhe h_P von P. Außerhalb des Ellipsoids zählt h_P positiv, innerhalb negativ.

Die Ellipsoidnormale durch P ist dieselbe Gerade wie durch P', also PP'. Die Horizontal-ebenen durch P und P' sind folglich parallel.

Alternativ zu (ϕ, λ, h) verwendet man ein rechtshändiges geozentrisches kartesisches Koordinatensystem (X, Y, Z), welches wie in ⏺ Tab. 2.1 definiert ist. Damit gelangt man für jeden Punkt P zu zwei Koordinatentripeln (ϕ_P, λ_P, h_P) und (X_P, Y_P, Z_P). Für die Umrechnung zwischen diesen müssen Formeln gefunden werden, da beide Systeme Vorteile haben und praktisch angewendet werden. Aus ⏺ Abb. 3.4 kann man sofort ab-

⏺ **Abb. 3.4** Kartesische und ellipsoidische Koordinaten von P

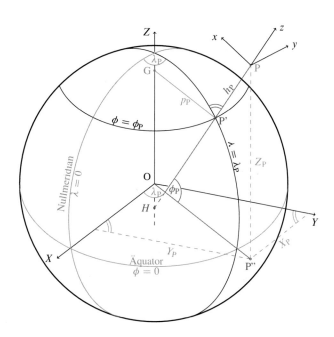

lesen:

$$X_P = OP'' \cdot \cos \lambda_P \tag{3.9}$$

$$Y_P = OP'' \cdot \sin \lambda_P \tag{3.10}$$

Die Ellipsoidnormalen zweier verschiedener Punkte P und Q schneiden sich im Allgemeinen nicht, sondern sind windschief (s. Definition 2.2). Es gibt zwei Ausnahmen:

- Die Punkte P und Q liegen auf demselben Meridian $\lambda = \lambda_P = \lambda_Q$: Ihre Ellipsoidnormalen liegen in derselben Meridianebene und schneiden sich dort.
- Die Punkte P und Q liegen auf demselben Parallelkreis $\phi = \phi_P = \phi_Q$: Die Ellipsoidnormalen von allen Punkten auf einem Parallelkreis der Breite ϕ bilden wegen der Rotationssymmetrie des Ellipsoids einen Kegel mit dem Öffnungswinkel $180° - 2 \cdot |\phi|$, dessen Achse die Rotationachse des Ellipsoids ist. Die Ellipsoidnormalen sind Mantellinien des Kegels und schneiden sich in der Kegelspitze, also auf der Rotationsachse. In den ◘ Abb. 3.1 und 3.4 ist dieser Schnittpunkt mit H bezeichnet.

In den ◘ Abb. 3.1 und 3.4 liest man ab:

$$OP'' = \sqrt{X_P^2 + Y_P^2} = PH \cdot \cos \phi_P = (N_P + h_P) \cdot \cos \phi_P \tag{3.11}$$

$$OG = p_P \cdot \tan \psi_P = N_P \cdot \cos \phi_P \cdot (1 - e^2) \cdot \tan \phi_P$$
$$= N_P \cdot (1 - e^2) \cdot \sin \phi_P \tag{3.12}$$

$$PP'' = Z_P = OG + h_P \cdot \sin \phi_P = (N_P \cdot (1 - e^2) + h_P) \cdot \sin \phi_P \tag{3.13}$$

wobei (3.2) und (3.6) benutzt wurden.

Zusammengefasst haben wir mit (3.9)–(3.13) folgende Umrechnung von (ϕ_P, λ_P, h_P) in (X_P, Y_P, Z_P) entwickelt:

$$X_P = (N_P + h_P) \cdot \cos \phi_P \cdot \cos \lambda_P \tag{3.14}$$

$$Y_P = (N_P + h_P) \cdot \cos \phi_P \cdot \sin \lambda_P \tag{3.15}$$

$$Z_P = (N_P \cdot (1 - e^2) + h_P) \cdot \sin \phi_P \tag{3.16}$$

Hierzu finden Sie noch die Probe zu Beispiel 3.1, das Beispiel 3.2 und die Aufgabe 3.4.

Die Rückrechnung von (X_P, Y_P, Z_P) in (ϕ_P, λ_P, h_P) erfordert eine Auflösung dieser Gleichungen nach ϕ_P, λ_P, h_P. Das gelingt sofort nur für λ_P:

$$\lambda_P = \arctan \frac{Y_P}{X_P} \tag{3.17}$$

Andererseits steht in (3.11)

$$\sqrt{X_P^2 + Y_P^2} = (N(\phi_P) + h_P) \cdot \cos \phi_P \tag{3.18}$$

was zusammen mit (3.16) nach ϕ_P und h_P aufzulösen wäre. Leider ist das sehr kompliziert. Beachten Sie, dass N auch von ϕ abhängt, wenn auch nur geringfügig, so dass diese Abhängigkeit in den Formeln oberhalb von (3.18) unterdrückt wurde. Es gibt hierfür zwei mögliche Lösungen:

Berechnung über direkte Formeln:

1. Zunächst berechnet man eine wie folgt definierte Hilfsvariable v:

$$v := \arctan \frac{a \cdot Z_P}{b \cdot \sqrt{X_P^2 + Y_P^2}}$$

2. Damit berechnet man direkt:

$$\phi_P = \arctan \frac{Z_P + e'^2 \cdot b \cdot \sin^3 v}{\sqrt{X_P^2 + Y_P^2} - a \cdot e^2 \cdot \cos^3 v} \tag{3.19}$$

$$h_P = \frac{\sqrt{X_P^2 + Y_P^2}}{\cos \phi_P} - N(\phi_P) \tag{3.20}$$

wobei noch (3.5) zu benutzen ist.

Berechnung über ein schnell konvergierendes iteratives Verfahren:

1. Zunächst setzt man näherungsweise $h_P \approx h_P^{(0)} := 0$, eliminiert N_P aus (3.16) und (3.18) und löst nach ϕ_P auf, um eine nullte Näherung $\phi_P^{(0)}$ für ϕ_P zu erhalten:

$$\phi_P \approx \phi_P^{(0)} = \arctan \frac{Z_P}{(1 - e^2) \cdot \sqrt{X_P^2 + Y_P^2}}$$

2. Damit berechnet man näherungsweise den Querkrümmungsradius mit (3.5):

$$N_P \approx N_P^{(0)} = \frac{a}{(1 - e^2 \cdot \sin^2 \phi_P^{(0)})^{1/2}}$$

3. Daraus erhält man mit (3.18) eine verbesserte Näherung $h_P^{(1)}$ für h_P:

$$h_P \approx h_P^{(1)} = \frac{\sqrt{X_P^2 + Y_P^2}}{\cos \phi_P^{(0)}} - N_P^{(0)}$$

4. Nun dividiert man (3.16) durch (3.18) und stellt das Ergebnis nach ϕ_P um, so dass man eine verbesserte Näherung $\phi_P^{(1)}$ für ϕ_P erhält:

$$\phi_P \approx \phi_P^{(1)} = \arctan \left[\frac{Z_P}{\sqrt{X_P^2 + Y_P^2}} \left(1 - e^2 \frac{N_P^{(0)}}{N_P^{(0)} + h_P^{(1)}} \right)^{-1} \right]$$

5. Wenn sich diese Koordinaten $h_P^{(1)}, \phi_P^{(1)}$ zu stark von den Näherungswerten $h_P^{(0)}, \phi_P^{(0)}$ unterscheiden, nimmt man diese Werte als neue, bessere Näherungswerte und startet einen neuen Zyklus bei Schritt 2, so lange bis das Verfahren konvergiert, d. h. keine relevanten Änderungen von $h_P^{(i)}, \phi_P^{(i)}$ mehr zu verzeichnen sind.

6. Schließlich hat man endgültige Werte h_P, ϕ_P gefunden.

Die Anzahl der erforderlichen Iterationszyklen hängt von der gewünschten Genauigkeit und h_P ab: Je größer $|h_P|$ desto mehr Zyklen sind zu berechnen. Für Punkte an der Erdoberfläche erreicht man nach 3...5 Zyklen Millimeter-Genauigkeit. Für andere Punkte, z. B. Satellitenpositionen, kann das Verfahren langwierig sein, wird dann aber praktisch nicht gebraucht.

Eine Probe kann jeweils durch Zurückrechnen der kartesischen Koordinaten (3.14)–(3.16) erfolgen. Eine Anwendung beider Methoden nacheinander ist auch möglich, hat aber den Nachteil, dass ein Fehler in (3.17) nicht aufgedeckt würde.

▶ **Beispiel 3.1**

Gegeben sind die folgenden geozentrischen kartesischen Koordinaten von P:

$$X_P = 3\,887\,550{,}640\,\text{m}; \quad Y_P = 846\,976{,}243\,\text{m}; \quad Z_P = 4\,968\,476{,}053\,\text{m}$$

Diese sollen in ellipsoidische Koordinaten ϕ_P, λ_P, h_P auf dem GRS80-Ellipsoid (3.1) umgerechnet werden. ◀

▶ **Lösung**

Aus (3.17) erhalten wir $\lambda_P = \underline{12{,}290\,898\,55}°$. Für Millimeter-Genauigkeit benötigen wir für ϕ_P, λ_P in Grad acht Nachkommastellen. Nun startet das iterative Verfahren, bei dem wir noch eine weitere Ziffer mitführen:

Zyklus	h_P in m	ϕ_P	N_P in m
0	0	51,499 955 263°	6 391 252,9704
1	150,1145	51,499 950 844°	6 391 252,9688
2	149,4965	51,499 950 862°	6 391 252,9688
3	149,4990	51,499 950 862°	

Schließlich erhalten wir $h_P = \underline{149{,}499\,\text{m}}$ und $\phi_P = \underline{51{,}499\,950\,86}°$. Mit der direkten Berechnungsmöglichkeit (3.19), (3.20) hätten wir genau dieses Ergebnis ohne Iteration erhalten. ◀

▶ **Probe**

$$X_P = (6\,391\,252{,}9688\,\text{m} + 149{,}4990\,\text{m}) \cdot \cos 51{,}499\,950\,862° \cdot \cos 12{,}290\,898\,55°$$
$$= 3\,887\,550{,}6402\,\text{m} \checkmark$$

$$Y_P = (6\,391\,252{,}9688\,\text{m} + 149{,}4990\,\text{m}) \cdot \cos 51{,}499\,950\,862° \cdot \sin 12{,}290\,898\,55°$$
$$= 846\,976{,}2428\,\text{m} \checkmark$$

$$Z_P = (6\,391\,252{,}9688\,\text{m} \cdot (1 - e^2) + 149{,}4990\,\text{m}) \cdot \sin 51{,}499\,950\,862°$$
$$= 4\,968\,476{,}0528\,\text{m} \checkmark$$

▶ http://sn.pub/sw6POs ◀

3.1.5 Topozentrische kartesische Koordinaten

Neben dem geozentrischen Koordinatensystem (X, Y, Z) verwendet man topozentrische Horizontsysteme (x, y, z). Diese sind in einem beliebigen Punkt, meist nahe der Erdoberfläche, zentriert (s. ◘ Abb. 3.4, ◘ Tab. 2.1). Diesen Punkt, das *Topozentrum*, bezeichnen wir mit P. Die z-Achse ist entlang der Ellipsoidnormale nach außen gerichtet, so dass die beiden anderen Achsen die Horizontalebene in P aufspannen. Die x-Achse liegt in der Meridianebene von P und weist nach Nord. Im Unterschied zum geozentrischen System sind topozentrische Systeme oft als linkshändige Systeme definiert (s. ◘ Abb. 2.1). Da beide Arten von Koordinatensystemen praktische Vorteile haben, muss man zwischen (X, Y, Z) und (x, y, z) umrechnen können. Eine solche Umrechnung erfolgt durch eine räumliche Koordinatentransformation (s. ▶ Abschn. 2.4). Hierfür benötigt man drei Arten von Transformationsschritten:

- **Translation** (Verschiebung) laut (2.24)
- **Rotation** (Drehung) laut (2.28)
- **Reflexion** (Spiegelung) laut (2.30)

P sei das Topozentrum und Q der Punkt, der transformiert werden soll. Zunächst soll die Transformation von (X_Q, Y_Q, Z_Q) nach (x_Q, y_Q, z_Q) durchgeführt werden:

1. Zuerst verschiebt man den Koordinatenursprung von O nach P (Translation). Der dafür benötigte Translationsvektor in (2.24) ist

$$\vec{t} = -\begin{pmatrix} X_P \\ Y_P \\ Z_P \end{pmatrix}$$

2. Dann dreht man um die dritte Achse (verschobene Z-Achse) entgegen dem Uhrzeigersinn, so dass die verschobene (X, Z)-Ebene in die Meridianebene von P einschwenkt. Der benötigte Drehwinkel ist λ_P, so dass mit der Rotationsmatrix $R_3(\lambda_P)$ laut (2.31) zu multiplizieren ist. Die zweite Achse (verschobene und gedrehte Y-Achse, die jetzt senkrecht auf der Meridianebene von P steht) ist nun bereits die y-Achse.

3. Nun dreht man um diese zweite Achse entgegen dem Uhrzeigersinn, so dass die dritte Achse (nach P verschobene Z-Achse) in die Ellipsoidnormale von P einschwenkt. Der Drehwinkel ist $90° - \phi_P$, so dass mit der Rotationsmatrix $R_2(90° - \phi_P)$ laut (2.33) zu multiplizieren ist. Die dritte Achse (verschobene und nun gedrehte Z-Achse, die jetzt entlang der Ellipsoidnormale von P nach oben zeigt) ist nun bereits die z-Achse.

4. Allerdings zeigt die x-Achse noch nach Süden, da immer noch ein Rechtssystem vorliegt. Zum gewünschten Linkssystem gelangt man dadurch, dass man von der ersten Koordinate das Vorzeichen ändert, was einer Reflexion (2.30) an der (y, z)-Ebene entspricht.

Damit ist die Transformation vollständig vollzogen. Wir fassen die Schritte 1–4 zu folgender Transformationsgleichung zusammen:

$$\begin{pmatrix} x_Q \\ y_Q \\ z_Q \end{pmatrix} = \begin{pmatrix} -1 & 0 & 0 \\ 0 & 1 & 0 \\ 0 & 0 & 1 \end{pmatrix} \cdot R_2(90° - \phi_P) \cdot R_3(\lambda_P) \cdot \left[\begin{pmatrix} X_Q \\ Y_Q \\ Z_Q \end{pmatrix} - \begin{pmatrix} X_P \\ Y_P \\ Z_P \end{pmatrix} \right]$$

Wenn man die Matrizen $R_2(90° - \phi_P)$ aus (2.33) und $R_3(\lambda_P)$ aus (2.31) einsetzt und alles ausmultipliziert, gelangt man zu folgender Gestalt der Transformationsgleichung:

$$\begin{pmatrix} x_Q \\ y_Q \\ z_Q \end{pmatrix} = \begin{pmatrix} -\sin\phi_P \cdot \cos\lambda_P & -\sin\phi_P \cdot \sin\lambda_P & \cos\phi_P \\ -\sin\lambda_P & \cos\lambda_P & 0 \\ \cos\phi_P \cdot \cos\lambda_P & \cos\phi_P \cdot \sin\lambda_P & \sin\phi_P \end{pmatrix} \cdot \left[\begin{pmatrix} X_Q \\ Y_Q \\ Z_Q \end{pmatrix} - \begin{pmatrix} X_P \\ Y_P \\ Z_P \end{pmatrix} \right] \quad (3.21)$$

Nun benötigt man noch die inverse Transformationsgleichung von x_Q, y_Q, z_Q nach X_Q, Y_Q, Z_Q. Dazu stellt man die letzte Gleichung nach X_Q, Y_Q, Z_Q um. Hierbei benutzt man die allgemeine Eigenschaft von Rotationsmatrizen, dass die Inverse gleich der Transponierten ist (s. Definition 2.4). Das Ergebnis lautet:

$$\begin{pmatrix} X_Q \\ Y_Q \\ Z_Q \end{pmatrix} = \begin{pmatrix} X_P \\ Y_P \\ Z_P \end{pmatrix} + \begin{pmatrix} -\sin\phi_P \cdot \cos\lambda_P & -\sin\lambda_P & \cos\phi_P \cdot \cos\lambda_P \\ -\sin\phi_P \cdot \sin\lambda_P & \cos\lambda_P & \cos\phi_P \cdot \sin\lambda_P \\ \cos\phi_P & 0 & \sin\phi_P \end{pmatrix} \cdot \begin{pmatrix} x_Q \\ y_Q \\ z_Q \end{pmatrix} \quad (3.22)$$

Eine Probe kann jeweils wieder durch Umkehrung der Rechnung erfolgen. Auch Spannmaße sind als Rechenprobe nützlich.

Hierzu finden Sie noch das Beispiel 3.2 und die Aufgabe 3.4.

3.1.6 Topozentrische Polarkoordinaten

Schließlich definiert man in topozentrischen Systemen noch Polarkoordinaten: Schrägstrecke s_Q, Richtungswinkel t_Q und Zenitwinkel v_Q. Die Umwandlungsformeln, sogenannte *räumliche geodätische Hauptaufgaben*, sind aus (2.1)–(2.4) bekannt: Von (x_Q, y_Q, z_Q) nach (s_Q, t_Q, v_Q) bezogen auf das Topozentrum P kennt man

$$s_Q = \sqrt{(x_Q - x_P)^2 + (y_Q - y_P)^2 + (z_Q - z_P)^2} \quad (3.23)$$

$$t_Q = \arctan \frac{y_Q - y_P}{x_Q - x_P} \quad (3.24)$$

$$v_Q = \text{arccot} \frac{z_Q - z_P}{\sqrt{(x_Q - x_P)^2 + (y_Q - y_P)^2}} \quad (3.25)$$

und umgekehrt

$$x_Q = x_P + s_Q \cdot \cos t_Q \cdot \sin v_Q \quad (3.26)$$

$$y_Q = y_P + s_Q \cdot \sin t_Q \cdot \sin v_Q \quad (3.27)$$

$$z_Q = z_P + s_Q \cdot \cos v_Q \quad (3.28)$$

Eine Rechenprobe kann jeweils durch vollständige Umkehrung der Rechnung erfolgen. Bei der Umwandlung zwischen geozentrischen kartesischen Koordinaten (X_Q, Y_Q, Z_Q) und topozentrischen Polarkoordinaten (s_Q, t_Q, v_Q) kann sehr vereinfacht folgende Probe angewendet werden:

$$s_Q = \sqrt{(X_Q - X_P)^2 + (Y_Q - Y_P)^2 + (Z_Q - Z_P)^2} \quad (3.29)$$

► **Beispiel 3.2**

Gegeben sind die ellipsoidischen Koordinaten

$$\phi_P = 14{,}029\,156\,5°; \quad \lambda_P = 16{,}106\,343\,4°; \quad h_P = 23{,}06\,\text{m}$$
$$\phi_Q = 14{,}554\,004\,6°; \quad \lambda_Q = 16{,}454\,573\,4°; \quad h_Q = 17{,}11\,\text{m}$$

zweier Punkte P und Q über dem GRS80-Ellipsoid (3.1). Topozentrische Polarkoordinaten (s_Q, t_Q, v_Q) für Punkt Q bezogen auf das Topozentrum P sollen berechnet werden. ◄

► **Lösung**

Das GRS80-Ellipsoid hat die Parameter $a = 6\,378\,137$ m; $e^2 = 0{,}006\,694\,380\,022\,9$. Die gegebenen Koordinaten von P und Q repräsentieren etwa Zentimeter-Genauigkeit. Daher arbeiten wir in der Rechnung vorsorglich mit Millimeter-Genauigkeit.

1. Zuerst benötigen wir die Querkrümmungsradien mit (3.5):

$$N(\phi_P) = N_P = 6\,379\,391{,}942\,\text{m}; \quad N(\phi_Q) = N_Q = 6\,379\,485{,}561\,\text{m}$$

2. Nun berechnen wir geozentrische kartesische Koordinaten mit (3.14)–(3.16):

$$X_P = 5\,946\,199{,}864\,\text{m}; \quad Y_P = 1\,716\,995{,}592\,\text{m}; \quad Z_P = 1\,536\,117{,}257\,\text{m}$$
$$X_Q = 5\,921\,901{,}166\,\text{m}; \quad Y_Q = 1\,749\,041{,}134\,\text{m}; \quad Z_Q = 1\,592\,388{,}846\,\text{m}$$

3. Daraus ergeben sich topozentrische kartesische Koordinaten von Q bezogen auf das Topozentrum P mit (3.21):

$$\begin{pmatrix} x_Q \\ y_Q \\ z_Q \end{pmatrix} = \begin{pmatrix} -0{,}232\,900\,44 & -0{,}067\,251\,190{,}970\,172\,49 \\ -0{,}277\,421\,02 & 0{,}960\,748\,450 \\ 0{,}932\,091\,71 & 0{,}269\,146\,240{,}242\,415\,63 \end{pmatrix} \cdot \begin{pmatrix} -24\,298{,}698\,\text{m} \\ 32\,045{,}542\,\text{m} \\ 56\,271{,}589\,\text{m} \end{pmatrix}$$

$$= \begin{pmatrix} 58\,097{,}224\,\text{m} \\ 37\,528{,}674\,\text{m} \\ -382{,}565\,\text{m} \end{pmatrix}$$

4. Nun berechnen wir topozentrische Polarkoordinaten mit (3.23)–(3.25):

$$s_Q = \underline{69\,165{,}27\,\text{m}}; \quad t_Q = \underline{32{,}861°}; \quad v_Q = \underline{90{,}317°}$$

Die Endergebnisse sind sinnvoll gerundet.

5. Eine einfache Rechenprobe kann durch (3.29)

$$s_Q = \sqrt{(X_Q - X_P)^2 + (Y_Q - Y_P)^2 + (Z_Q - Z_P)^2} = 69\,165{,}27\,\text{m} \checkmark$$

erfolgen. Eine vollständige und durchgreifende Rechenprobe würde die gesamte Rechnung bis zu den Ausgangsgrößen (ϕ, λ, h) umkehren müssen.

► http://sn.pub/zqD2JV ◄

⊕ Aufgabe 3.4

Gegeben sind folgende ellipsoidische Koordinaten auf dem GRS80-Ellipsoid (3.1):

	ϕ	λ	h in m
P	51,033 778 0°	13,734 806 5°	161,063
Q	51,033 163 4°	13,735 434 3°	140,291
R	51,033 834 3°	13,734 092 2°	230,697

Berechnen Sie topozentrische Polarkoordinaten für die Punkte Q und R bezogen auf das Topozentrum P. Kehren Sie als Probe die gesamte Rechnung um.

▶ http://sn.pub/4vF839

3.2 Geodätische Linien

❯ Hinweis 3.5

Wenn nichts anders gesagt ist, sind in diesem Abschnitt Winkel in Formeln im Bogenmaß (Vollwinkel 2π) zu verstehen.

Auf dem Rotationsellipsoid betrachten wir nun auch Kurven, von denen die wichtigste die geodätische Linie ist.

3.2.1 Flächenkurve minimaler Bogenlänge

┌─ **Definition 3.14 (Flächenkurve)** ─────────────────────────
Eine Flächenkurve ist eine räumliche Kurve, die vollständig auf einer Fläche verläuft, d. h. alle Punkte der Flächenkurve sind auch Punkte der Fläche.
└──

Flächenkurven auf der Kugel sind z. B. Großkreis- und Kleinkreisbögen.

Ausgangspunkt ist die Frage, mit welcher Flächenkurve zwei Punkte P und Q auf dem Ellipsoid zu verbinden wären, um Strecken, Richtungen und Winkel zwischen P und Q auf dem Ellipsoid zu definieren. Auf einer Kugel kommt hierfür nur der Großkreisbogen durch P und Q in Frage. Auf dem Ellipsoid bietet sich zunächst der Normalschnitt in P an, der durch Q verläuft, oder der Normalschnitt in Q, der durch P verläuft. Es stellt sich heraus: Beide Kurven sind im Allgemeinen nicht identisch, denn wie schon in ▶ Abschn. 3.1.4 festgestellt wurde, sind die Ellipsoidnormalen in P und Q bis auf Ausnahmen windschief (s. Definition 2.2). Wenn also keine Ebene beide Ellipsoidnormalen gleichzeitig enthält, kann auch keine Schnittkurve einer Ebene zugleich ein Normalschnitt (s. Definition 3.10) in P und in Q sein.

Einen Ausweg stellt die sogenannte *Alignementkurve* dar, das ist ein Normalschnitt, der durch P und durch Q verläuft, aber weder in P noch in Q ein Normalschnitt ist, sondern in einem gewissen Zwischenpunkt [3]. Diese Definition hat sich jedoch praktisch nicht bewährt. Traditionell verbindet man zwei Punkte P und Q auf dem Ellipsoid statt dessen durch die *geodätische Linie*.

Definition 3.15 (Geodätische Linie)

Die geodätische Linie ist eine Flächenkurve minimaler Bogenlänge, die zwei Punkte auf einer Fläche verbindet.

Auf einer Ebene sind die geodätischen Linien Geradenstücke, auf einer Kugel sind es Großkreisbögen. Auf dem Ellipsoid ist es komplizierter. Theoretisch kann es zwischen zwei Punkten mehrere geodätischen Linien geben. Auf dem Ellipsoid ist das bei den Polen der Fall, die durch jeden beliebigen Meridian verbunden werden können.

3.2.2 Geodätische Krümmung

In der Ebene und im dreidimensionalen Raum würden Punkte am einfachsten durch Geraden verbunden. Auf der Ellipsoidoberfläche gibt es keine Flächenkurven, die Geraden sind. Aber man könnte Flächenkurven wählen, die in gewissem Sinne den Geraden am ähnlichsten sind. Wir fragen nun, ob eine Flächenkurve zusätzlich zu der ihr von der Fläche aufgezwungenen Krümmung noch eine weitere Krümmung besitzt. Man nennt diese zusätzliche Krümmung die *geodätische Krümmung* einer Flächenkurve. Beachten Sie, dass die geodätische Krümmung einer Kurve nur im Zusammenhang mit der Fläche definiert ist, auf der sie verläuft. Möchte man die geodätische Krümmung einer Flächenkurve in einem Punkt P dieser Kurve bestimmen, so projiziert man diese Kurve senkrecht in die Tangentialebene der Fläche in P. Beim Ellipsoid wäre dies die Horizontalebene in P. Die geodätische Krümmung in P ist nun gleich der Krümmung der projizierten ebenen Kurve in P.

Um Punkte auf dem Ellipsoid zu verbinden, eignet sich am besten eine möglichst wenig gekrümmte Kurve. Demnach ist folgende Definition sinnvoll:

Definition 3.16 (Geodätische Linie)

Die geodätische Linie ist eine Flächenkurve, die überall die geodätische Krümmung Null hat.

Anschaulich gesprochen: Die geodätische Linie ist also eine Flächenkurve zwischen P und Q, die zusätzlich zu der ihr von der Fläche aufgezwungenen Krümmung keine weitere Krümmung besitzt.

❯ Hinweis 3.6

Beachten Sie, dass „geodätische Krümmung = Null" nicht bedeutet, dass die projizierten ebenen Kurven Geraden wären. Auch in einem Wendepunkt hat eine Kurve die Krümmung Null, da es dort keinen Krümmungskreis gibt, sondern sich eine Gerade am besten anschmiegt, die Tangente im Wendepunkt.

▶ Beispiel 3.3

Wir bestimmen die geodätische Krümmung eines Parallelkreisbogens der ellipsoidischen Breite ϕ. ◀

▶ **Lösung**

Der Radius p des Parallelkreises ist in (3.6) gegeben. Die Krümmung des Parallelkreises ist daher $1/p$. Das ist aber nicht die geodätische Krümmung als Flächenkurve auf dem Ellipsoid. Dazu müssen wir die Krümmung der Projektion in die Tangentialebene an das Ellipsoid in einem Punkt P der Kurve untersuchen, das ist die Horizontalebene in der ellipsoidischen Breite ϕ. Die senkrechte Parallelprojektion eines Kreises mit dem Radius p in eine Ebene erzeugt als Bild eine Ellipse (oder im Extremfall eine Gerade oder einen Kreis). Die Halbachsen sind $a_* = p$ und $b_* = p \cdot \cos\theta$, wenn θ der Winkel ist, unter dem sich Kreisebene und Projektionsebene schneiden. Die Parallelkreisebene eines Punktes P der ellipsoidischen Breite ϕ und seine Horizontalebene schließen den Winkel $\theta = 90° - \phi$ ein (s. ◻ Abb. 3.1). Somit ist $b_* = p \cdot \sin\phi$. Der Punkt P liegt in einem Nebenscheitelpunkt der Ellipse. Das ist der Endpunkt der kleinen Halbachse und entspricht S_3 oder S_4 in ◻ Abb. 1.20. Wir benötigen also den Krümmungsradius der Ellipse in einem solchen speziellen Punkt. Hierzu greifen wir auf die Formel für den Polkrümmungsradius (3.4) zurück, denn ein Pol ist Nebenscheitelpunkt der Meridianellipse. Für a und e in (3.4) müssen jetzt allerdings die entsprechenden Parameter des projizierten Parallelkreises a_*, e_* eingesetzt werden: $\sqrt{1 - e_*^2} = b_*/a_* = \sin\phi$. Der geodätische Krümmungsradius des Parallelkreises ist mit (3.4), (3.6) also

$$\frac{a_*}{\sqrt{1 - e_*^2}} = \frac{a_*^2}{b_*} = \frac{p}{\sin\phi} = N \cdot \cot\phi = \frac{a \cdot \cot\phi}{(1 - e^2 \cdot \sin^2\phi)^{1/2}}$$

Die Krümmung ist genau dann Null, wenn $\phi = 0$ ist, also wenn der Parallelkreis der Äquator ist. ◀

Es stellt sich nun heraus, dass Flächenkurven mit konstanter geodätischer Krümmung Null auch Flächenkurven minimaler Bogenlänge sind [4, S. 181ff]. Umgekehrt gilt das auch, solange die geodätische Linie nicht extrem lang ist. Beispiel: Ein Äquatorbogen hat zwar nach Beispiel 3.3 die geodätische Krümmung Null, aber nur höchstens der halbe Äquator kann eine Flächenkurve minimaler Bogenlänge sein. Da solche extrem langen geodätischen Linien z. B. als Seiten geodätischer Netze keine praktische Bedeutung haben, können wir die beiden Definitionen als praktisch äquivalent ansehen.

3.2.3 Reduktion von Beobachtungen auf das Ellipsoid

Die geodätischen Netze der Landesvermessung werden so ausgewertet, dass zunächst alle Beobachtungen auf das Ellipsoid und auf die geodätische Linie zwischen den Stand- und Zielpunkten reduziert werden, um dann die Ausgleichung auf dem Ellipsoid vorzunehmen. Die Bedeutung der geodätischen Linie ist im Zeitalter der Satellitengeodäsie geringer geworden, weil solche Netze seltener gemessen werden.

Betrachten wir zwei Punkte P und Q mit den Höhen h_P und h_Q über dem Ellipsoid, zwischen denen die Raumstrecke (Schrägstrecke) S gemessen wurde. P und Q werden entlang der Ellipsoidnormalen auf das Ellipsoid projiziert, wobei P′ und Q′ die Fußpunkte auf dem Ellipsoid sind. Es gilt somit:

$$\phi_P = \phi_{P'}; \quad \lambda_P = \lambda_{P'}; \quad h_{P'} = 0; \quad \phi_Q = \phi_{Q'}; \quad \lambda_Q = \lambda_{Q'}; \quad h_{Q'} = 0 \qquad (3.30)$$

Die Bogenlänge der geodätischen Linie zwischen P′ und Q′ nennen wir s. Wir untersuchen nun den Zusammenhang zwischen S und s.

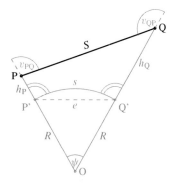

Obwohl sich, wie festgestellt wurde, die Ellipsoidnormalen im Allgemeinen nicht schneiden, kann man diesen Effekt in guter Näherung vernachlässigen, wenn P und Q nicht zu weit voneinander entfernt sind (z. B. weniger als 10 km) und die Höhen gering sind (z. B. kleiner als 1 km). Dann kann man mit praktisch ausreichender Genauigkeit in einer gemeinsamen Vertikalebene von P und Q rechnen (s. ■ Abb. 3.5). In dieser Näherung müssen wir auch nicht zwischen dem Richtungswinkel t der Raumstrecke PQ in (3.24) und dem Azimut α der Flächenkurve P′Q′ unterscheiden. Beide Winkel entsprechen dem Winkel zwischen der genäherten gemeinsamen Vertikalebene von P und Q und der Meridianebene in P.

Weiter kann man die geodätische Linie P′Q′ durch einen Kreisbogen mit dem Radius R annähern, der am besten mit der Eulerschen Formel (3.7) unter Benutzung einer mittleren Breite $(\phi_P + \phi_Q)/2$ berechnet wird. Der Kosinussatz und die Bogenformel ergeben (s. ■ Abb. 3.5 und Hinweis 3.5):

$$S^2 = (R + h_P)^2 + (R + h_Q)^2 - 2 \cdot (R + h_P) \cdot (R + h_Q) \cdot \cos\psi; \quad \psi = \frac{s}{R} \quad (3.31)$$

Mit diesen Formeln kann man zwischen s und S umrechnen. Weiterhin erhält man für die Raumstrecke $e = \text{P}'\text{Q}'$ als Sehne des genäherten Kreisbogens PQ laut (1.19)

$$e = 2 \cdot R \cdot \sin\frac{\psi}{2} \quad (3.32)$$

▶ **Beispiel 3.4**

Betrachten wir zwei Punkte P und Q mit den ellipsoidischen Koordinaten

	ϕ	λ	h in m
P	50,000 000°	10,000 000°	700,000
Q	50,200 000°	10,300 000°	900,000

des GRS80-Ellipsoids. Gesucht ist die Raumstrecke $e = \text{P}'\text{Q}'$ zwischen den Ellipsoidpunkten P′ und Q′. ◀

3

Durch Berechnung topozentrischer Polarkoordinaten erhalten wir einen räumlichen Abstand (3.23) von $S = 30\,917{,}2227$ m. Dieser Wert ist auch mit (3.29) berechenbar. Der Richtungswinkel (3.24) von $t = 43{,}859\,895° \approx 43{,}860°$ kann näherungsweise als Azimut $\alpha = 43{,}860°$ benutzt werden. Wegen dieses Azimuts, unter dem die Ellipsoidnormalen in P und Q besonders windschief sind, und wegen des großen Abstandes von $S \approx 30$ km erwarten wir, dass die Näherungen einer gemeinsamen Vertikalebene von P und Q und des Kreisbogens PQ weniger genau sein könnten. Nun berechnen wir in der mittleren Breite $50{,}100\,000°$ aus (3.3), (3.5)

$$M(50{,}100\,000°) = 6\,373\,066{,}321 \text{ m}; \quad N(50{,}100\,000°) = 6\,390\,738{,}954 \text{ m}$$

und mit (3.7)

$$R = \left(\frac{\cos^2 43{,}860°}{6\,373\,066{,}321 \text{ m}} + \frac{\sin^2 43{,}860°}{6\,390\,738{,}954 \text{ m}} \right)^{-1} = 6\,381\,538{,}888 \text{ m}$$

sowie mit (3.31)

$$\psi = \arccos \frac{6\,382\,238{,}888^2 + 6\,382\,438{,}888^2 - 30\,917{,}2227^2}{2 \cdot 6\,382\,238{,}888 \cdot 6\,382\,438{,}888}$$
$$= 0{,}004\,844\,087\,16 = 0{,}277\,545\,750°$$

Bei der Berechnung des Quotienten muss wegen ungünstiger Fortpflanzung von Rundungsfehlern auf höchste Rechengenauigkeit geachtet werden.

$$s = \psi \cdot R = 0{,}004\,844\,087\,16 \cdot 6\,381\,538{,}888 \text{ m} = 30\,912{,}7306 \text{ m}$$

Aus (3.32) erhalten wir:

$$e = 2 \cdot 6\,381\,538{,}888 \text{ m} \cdot \sin \frac{0{,}277\,545\,75°}{2} = \underline{\underline{30\,912{,}7004 \text{ m}}} \quad \blacktriangleleft$$

Berechnen wir für P′ und Q′ mit (3.30) topozentrische Polarkoordinaten (3.23), so erhalten wir $e = \underline{30\,912{,}7005 \text{ m}}$. Die Abweichung von 0,1 mm ist bei 30 km Streckenlänge praktisch vernachlässigbar. Die Näherungen waren somit zulässig.

   ▶ http://sn.pub/jeMpdO ◀

Für die Zenitwinkel liest man in ◘ Abb. 3.5 ab:

$$v_{PQ} = 180° - v_{QP} + \psi = 180° - v_{QP} + \frac{s}{R}$$

Die gemessene Horizontalrichtung von P nach Q bezieht sich von der Messungsanordnung her auf die Ellipsoidnormale in P (Stehachse des Tachymeters) und damit auf die Vertikalebene in P, die Q enthält. Diese Ebene definiert die Richtung r_{PQ}. Bei der Reduktion auf das Ellipsoid ist zu fragen, welche Richtung $r_{P'Q'}$ man in P′ bei Anzielung von Q′

gemessen hätte. Stellt man das Tachymeter in P′ statt P auf und zielt erneut Q an, arbeitet man noch immer in derselben Vertikalebene, nämlich in der von P, P′ und Q aufgespannte Ebene. Die Richtung ist also unverändert. Das ist in der Regel jedoch nicht mehr so, wenn man danach Q′ statt Q anzielt, weil die Ellipsoidnormalen laut ▶ Abschn. 3.1.4 im Allgemeinen windschief sind. Q′ liegt in der Regel außerhalb der Vertikalebene in P′, die Q enthält, so dass man von P′ nach Q′ eine andere Richtung messen würde, als von P′ nach Q. Das gilt umso mehr, je größer $|h_Q|$ ist. An die gemessenen Richtungen ist also eine *Richtungsreduktion wegen der Höhe des Zielpunktes* $\delta_{PQ}^{(h)}$ wie folgt anzubringen:

$$r_{P'Q'} = r_{PQ} + \delta_{PQ}^{(h)} \tag{3.33}$$

Die entsprechende Formel für das Erdellipsoid lautet [4, S. 181]:

$$\delta_{PQ}^{(h)} = 0{,}108'' \cdot \frac{h_Q}{km} \cdot \cos^2 \phi_Q \cdot \sin(2 \cdot \alpha_{PQ}) \tag{3.34}$$

Erwartungsgemäß ist offenbar für Punkte P, Q auf demselben Meridian $\lambda_P = \lambda_Q$ und auf dem Äquator $\phi_P = \phi_Q = 0$ stets $\delta_{PQ}^{(h)} = 0$, weil hier die Ellipsoidnormalen ausnahmsweise nicht windschief sind (s. ▶ Abschn. 3.1.4). Außerdem wird klar, dass die Richtungsreduktion $\delta_{PQ}^{(h)}$ nur für sehr große Punkthöhen relevante Beträge erreicht. Wenn nämlich $0 \le h_Q < 1000$ m gilt, ergibt sich nur der geringe Reduktionsbetrag von

$$|\delta_{PQ}^{(h)}| < 0{,}108''$$

Jedoch ist diese Reduktion nicht von der Streckenlänge PQ abhängig, weshalb sie bei kleinräumigen Präzisionsmessungen manchmal bedeutend ist.

▶ **Beispiel 3.5**

Durch Berechnung topozentrischer Polarkoordinaten von P′ und Q′ in Beispiel 3.4 erhalten wir den Richtungswinkel $t' = 43{,}859\,906°$. Dieser Wert ist um $0{,}000\,011° = 0{,}040''$ größer als der Richtungswinkel $t = 43{,}859\,895°$ von P nach Q. Die Differenz wäre durch die Richtungsreduktion wegen der Höhe des Zielpunktes (3.34) zu beseitigen:

$$\delta_{PQ}^{(h)} = 0{,}108'' \cdot 0{,}9 \cdot \cos^2(50{,}2°) \cdot \sin(2 \cdot 43{,}86°) = 0{,}040'' \blacktriangleleft$$

Hat man im topozentrischen Horizontsystem die Richtung $r_{P'Q'}$ oder den Richtungswinkel $t_{P'Q'}$ von P′ nach Q′ erhalten, beziehen sie sich theoretisch immer noch auf die Vertikalebene in P′, die Q′ enthält, d. h. auf den Normalschnitt von P′ nach Q′, und nicht auf die geodätische Linie P′Q′. Der Richtungsunterschied zwischen beiden Kurven ist sehr klein. Für Punktabstände bis 100 km beträgt er maximal $0{,}028''$ und kann deshalb praktisch stets vernachlässigt werden [4, S. 188].

3.2.4 Differenzialgleichungssystem der geodätischen Linie

Auf einer geodätischen Linie legen wir einen beliebigen Nullpunkt P_0 und einen Richtungssinn fest. Dann können wir jeden Punkt P der geodätischen Linie über die Bogenlänge s des Bogens P_0P ansprechen. Im Richtungssinn ist s wachsend, sonst fallend. Man nennt s den *Bogenlängenparameter*.

3

◻ Abb. 3.6 Ellipsoidische Länge,
Breite und Azimut als Funktionen
der Bogenlänge einer Flächenkurve s

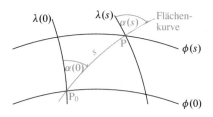

Der Verlauf einer geodätischen Linie kann über drei Funktionen des Bogenlängenparameters s dargestellt werden (s. ◻ Abb. 3.6):

$$\phi(s); \quad \lambda(s); \quad \alpha(s)$$

Diese geben die ellipsoidischen Koordinaten (ϕ, λ) von P und das Azimut α der geodätischen Linie im Linienpunkt P mit dem Bogenlängenparameter s an. Durch Lösung der Extremwertaufgabe zur Minimierung der Bogenlänge (s. ▶ Abschn. 3.2.1) oder durch Nullsetzen der geodätischen Krümmung (s. ▶ Abschn. 3.2.2) entlang der gesamten geodätischen Linie leitet man nach Anwendung anspruchsvoller mathematischer Methoden folgendes Gleichungssystem her [4, S. 193], [14, S. 11]:

$$\frac{d\phi}{ds} = \frac{\cos\alpha}{M(\phi)}; \quad \frac{d\lambda}{ds} = \frac{\sin\alpha}{N(\phi) \cdot \cos\phi}; \quad \frac{d\alpha}{ds} = \frac{\sin\alpha}{N(\phi)} \cdot \tan\phi \qquad (3.35)$$

M, N sind die Hauptkrümmungsradien (3.3), (3.5) in P. Die drei Funktionen $\phi(s)$, $\lambda(s)$, $\alpha(s)$ kommen in diesen Gleichungen nicht nur selbst vor, sondern auch noch ihre ersten Ableitungen nach s. (Die Argumente s werden üblicherweise nicht mit hingeschrieben.) Man nennt ein solches System ein *gewöhnliches Differenzialgleichungssystem (DGS) erster Ordnung*. Während die ersten beiden Gleichungen in (3.35) für jede glatte Kurve auf dem Ellipsoid gelten, drückt sich in der dritten Gleichung die Spezifik der geodätischen Linie aus.

Für die Kugel sind M, N Konstante, so dass sich dieses System soweit entscheidend vereinfacht, dass man eine *analytische Lösung* erhält: die Großkreisbögen. Für das abgeplattete Ellipsoid sind die Funktionen M, N tatsächlich von ϕ abhängig und diese Abhängigkeiten (3.3), (3.5) sind nicht von einfacher Gestalt, so dass es leider keine analytische Lösung gibt. Das DGS muss somit *numerisch* gelöst werden.

Definition 3.17 (Loxodrome)

Eine Kurve, die alle Meridiane unter demselben Winkel schneidet, die also überall das identische ellipsoidische Azimut $\alpha \equiv$ konstant besitzt, heißt Loxodrome oder Kursgleiche.

Bevor wir uns der allgemeinen Lösung von (3.35) zuwenden, betrachten wir zur Veranschaulichung drei **einfache Fälle**:

■ Auf jedem **Meridianbogen** gilt $\lambda \equiv$ konstant und $\alpha \equiv 0$ oder $\alpha \equiv 180°$. Damit vereinfacht sich das DGS (3.35) zu

$$\frac{d\phi}{ds} = \frac{\pm 1}{M(\phi)}; \quad \frac{d\lambda}{ds} = 0 \equiv 0; \quad \frac{d\alpha}{ds} = 0 \equiv 0 \qquad (3.36)$$

Die erste Gleichung ist die Bogenformel des Meridianbogens (s. ◘ Abb. 3.9) und somit erfüllt. Die letzten beiden Gleichungen sind offenbar trivial erfüllt. Demnach ist jeder Meridianbogen eine geodätische Linie.

▬ Auf jedem **Parallelkreisbogen** gilt $\phi \equiv$ konstant und $\alpha \equiv \pm 90°$. Damit vereinfacht sich das DGS (3.35) zu

$$\frac{d\phi}{ds} = 0 \equiv 0; \quad \frac{d\lambda}{ds} = \frac{\pm 1}{N(\phi) \cdot \cos\phi} = \frac{\pm 1}{p(\phi)}; \quad \frac{d\alpha}{ds} = \pm \frac{\tan\phi}{N(\phi)} \equiv 0$$

Die erste Gleichung ist offenbar trivial erfüllt. Die zweite Gleichung ist die Bogenformel des Parallelkreisbogens und somit auch erfüllt. Aus der letzten Gleichung erkennt man, dass der einzige Parallelkreisbogen, der eine geodätische Linie ist, der Äquatorbogen $\phi \equiv 0$ ist.

▬ Auf jeder **Loxodrome** (s. Definition 3.17) gilt definitionsgemäß $\alpha \equiv$ konstant. Aus der letzten Differenzialgleichung in (3.35)

$$\frac{d\alpha}{ds} = \frac{\sin\alpha}{N(\phi)} \cdot \tan\phi \equiv 0$$

folgt $\alpha \equiv 0$ oder $\alpha \equiv 180°$ oder $\phi \equiv 0$. (Ein Produkt ist Null, wenn mindestens ein Faktor Null ist.) Es kann also außer den Meridian- und Äquatorbögen keine anderen Loxodromen geben, die geodätische Linien sind.

Alle drei Fälle gelten auch für die Kugel und sind dort aus der sphärischen Trigonometrie bekannt.

3.2.5 Clairautsche Gleichung

Neben dem DGS (3.35) lässt sich folgende elementare Gleichung herleiten, die den Verlauf einer geodätischen Linie beschreibt [4, S. 182], [14, S. 13]:

$$C := \frac{p(\phi)}{a} \cdot \sin\alpha = \frac{N(\phi)}{a} \cdot \cos\phi \cdot \sin\alpha = \cos\beta \cdot \sin\alpha \equiv \text{konstant} \qquad (3.37)$$

Man nennt sie die *Clairautsche Gleichung* (nach Alexis Claude Clairaut, 1713–1765). Die Argumente s werden auch hier wie in (3.35) üblicherweise nicht mit hingeschrieben. C ist eine für jede geodätische Linie spezifische Konstante und heißt *Clairaut-Konstante*. Die Tatsache, dass C für alle Punkte einer geodätischen Linie konstant ist, wird auch als *Satz von Clairaut* bezeichnet.

> **Hinweis 3.7**
> Dass alle drei Ausdrücke in (3.37) identisch sind, erkennt man, wenn man (3.2), (3.6) sowie $\sin^2\phi + \cos^2\phi \equiv 1$ beachtet.

> **Aufgabe 3.5**
> Versuchen Sie, die Clairautsche Gleichung zu beweisen, indem Sie C als Funktion von s auffassen, dann deren Ableitung bilden und feststellen, dass $dC/ds \equiv 0$ ist. Hierfür müssen Sie noch (3.35) benutzen.

3

Eine andere Darstellung von (3.37) ist, dass für zwei beliebige Punkte P, Q einer geodätischen Linie gelten muss:

$$\cos \beta_P \cdot \sin \alpha_P = \cos \beta_Q \cdot \sin \alpha_Q \tag{3.38}$$

> **Hinweis 3.8**
> Da die Kugel ein spezielles Ellipsoid mit $e^2 = 0$ und damit $\beta \equiv \phi$ ist, muss (3.38) auch für die Kugel gelten. Es stellt sich heraus, dass wir dann in (3.38) den Sinussatz der sphärischen Trigonometrie im sphärischen Dreieck PQN mit dem Nordpol N vor uns haben [4, S. 369].

Betrachten wir zur Veranschaulichung zwei **einfache Fälle**:
- Auf jedem **Meridianbogen** gilt $\alpha \equiv 0$ oder $\alpha \equiv 180°$. Damit vereinfacht sich (3.37) zu

$$\cos \beta \cdot \sin \alpha \equiv 0 \equiv \text{konstant}$$

Der Meridianbogen erfüllt erwartungsgemäß die Clairautsche Gleichung (3.37). ✓
- Auf jeder **Loxodrome** (s. Definition 3.17) gilt $\alpha \equiv \text{konstant} \neq 0$. Damit vereinfacht sich (3.37) zu

$$\cos \beta \equiv \text{konstant}$$

woraus $\beta \equiv \text{konstant}$ und genauso $\phi \equiv \text{konstant}$ folgt. Die Loxodrome erfüllt somit genau dann (3.37), wenn sie ein Parallelkreis ist. Dieser ist jedoch bis auf die Ausnahme des Äquators bekanntlich keine geodätische Linie.

Eine geodätische Linie erfüllt zwar die Clairautsche Gleichung (3.37), aber wie wir am Beispiel des Parallelkreises gesehen haben, gilt das *nicht umgekehrt*. Glücklicherweise ist der Parallelkreisbogen aber die einzige Flächenkurve auf dem Ellipsoid, die (3.37) erfüllt, ohne eine geodätische Linie zu sein [6, S. 2-29].

Die Clairaut-Konstante C bestimmt den globalen Verlauf der geodätischen Linie. Leicht erkennt man, dass gilt: $-1 \leq C \leq 1$. Insbesondere gilt $C = 0$ genau für jeden Meridianbogen und $|C| = 1$ genau für jeden Äquatorbogen. Beachten Sie, dass $C := -C$ wird, wenn die geodätische Linie in umgekehrter Richtung durchlaufen wird.

Aus (3.37) oder (3.38) kann man eine Reihe von Eigenschaften von geodätischen Linien ableiten, die auf dem Ellipsoid genauso gelten, wie für Großkreise auf der Kugel:
- Jede ausreichend verlängerte geodätische Linie (kurz: a.v.g.L.) schneidet den Äquator unter dem Azimut $\alpha_0 = \arcsin(C)$ oder ist selbst der Äquator ($\alpha_0 = \pm 90°$). Für $0 < C \leq 1$ läuft die geodätische Linie von West nach Ost so wie in ◘ Abb. 3.7, für $-1 \leq C < 0$ entgegengesetzt.
- Jede a.v.g.L. verläuft zwischen zwei *Grenzbreiten* $-\phi_{\max} < \phi < \phi_{\max}$ oder anders ausgedrückt $-\beta_{\max} < \beta < \beta_{\max}$ mit

$$\beta_{\max} = \arccos|C| \tag{3.39}$$

Die a.v.g.L. tangiert vom Äquator kommend diese Grenzparallelkreise $-\phi_{\max}, \phi_{\max}$ mit $\alpha = \pm 90°$ und verläuft dann wieder in Richtung des Äquators (s. ◘ Abb. 3.7).

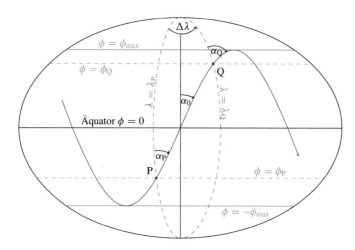

◘ Abb. 3.7 Geodätische Linie PQ und Grenzparallelkreise

— Wenn die a.v.g.L. den Pol erreichen soll, muss $\phi_{max} = \beta_{max} = 90°$ und somit $C = 0$ gelten, wonach diese ein Meridian ist.
— Jede a.v.g.L. verläuft symmetrisch zum Äquator.
— Nicht aus der Clairautschen Gleichung (3.37) ergibt sich folgende Eigenschaft: Eine a.v.g.L. auf dem abgeplatteten Ellipsoid ist im Allgemeinen keine geschlossene Kurve. Ausnahmen sind u. a. die Meridiane und der Äquator. Das ist ein Unterschied zur Kugel, wo alle Großkreise bekanntlich geschlossene Kurven sind.

3.2.6 Berechnung von geodätischen Linien

Es stellt sich in der Geodäsie die Aufgabe, zwischen zwei Punkten P und Q auf dem Ellipsoid den Verlauf der geodätischen Linie PQ zu berechnen. Dazu können gegeben oder gesucht sein:

$$\phi_P, \phi_Q, \Delta\lambda_{PQ} := \lambda_Q - \lambda_P, \alpha_P, \alpha_Q, s_{PQ}$$

Beachten Sie, dass wegen der Rotationssymmetrie des Ellipsoids λ_P und λ_Q für diese Berechnung nicht wichtig sind, sondern nur $\Delta\lambda_{PQ}$. Mit anderen Worten: Der Nullmeridian kann vorübergehend beliebig festgelegt werden. Wir lassen zur Vereinfachung die Indizes PQ bei $\Delta\lambda_{PQ}$ und s_{PQ} im Folgenden weg.

Der Verlauf der geodätischen Linie wird durch drei der sechs Größen eindeutig oder manchmal nur zweideutig festgelegt. Die anderen drei sind zu berechnen. Auf der Kugel sind alle diese Aufgaben durch die Formeln der sphärischen Trigonometrie im sphärischen Dreieck PQN (mit dem Nordpol N) analytisch lösbar. Auf dem Ellipsoid ist die numerische Lösung des DGS (3.35) erforderlich. In der Praxis sind vor allem die Aufgaben aus ◘ Tab. 3.2 von Interesse. Bei der *Anfangswertaufgabe* wird die geodätische Linie ausgehend vom Anfangspunkt P, an dem beide punktbezogenen Größen ϕ_P, α_P bekannt sind, entwickelt. Bei der *Randwertaufgabe* hat man punktbezogene Größen ϕ_P, ϕ_Q an beiden Rändern, aber jeweils nur eine.

◻ Tab. 3.2 Hauptaufgaben der Berechnung von geodätischen Linien

Aufgabe	Gegeben	Gesucht	Typ
Erste Hauptaufgabe	ϕ_P, α_P, s	$\phi_Q, \alpha_Q, \Delta\lambda$	Anfangswertaufgabe
Zweite Hauptaufgabe	$\phi_P, \phi_Q, \Delta\lambda$	α_P, α_Q, s	Randwertaufgabe

❯ Hinweis 3.9

In der Ebene und im Raum wurden die geodätischen Hauptaufgaben schon in den ▶ Abschn. 1.2.2, 1.2.3, 2.1.2 gelöst. Auf dem Ellipsoid sind diese Aufgaben in ihrer Formulierung äquivalent, aber in ihrer Lösung deutlich anspruchsvoller.

In der Vergangenheit sind für verschiedene Linienlängen und Genauigkeiten über 50 verschiedene Verfahren zur Berechnung von geodätischen Linien vorgeschlagen worden [2] und immer noch werden bestehende Verfahren weiter entwickelt sowie neue vorgeschlagen [8, 10]. Diese Verfahren lassen sich im Wesentlichen in drei Kategorien einteilen, deren Grundgedanken hier nur kurz angedeutet werden:

(1) Differenzenquotienten: Man wählt eine ausreichend kleine Schrittweite Δs und approximiert die Differenzialquotienten des DGS (3.35) durch Differenzenquotienten:

$$\Delta\phi \approx \frac{\cos\alpha}{M(\phi)} \cdot \Delta s; \quad \Delta\lambda \approx \frac{\sin\alpha}{N(\phi) \cdot \cos\phi} \cdot \Delta s; \quad \Delta\alpha \approx \frac{\sin\alpha}{N(\phi)} \cdot \tan\phi \cdot \Delta s$$

Die erste Hauptaufgabe könnte man dadurch lösen, dass man einen ersten Zwischenpunkt P_1 auf der geodätischen Linie in der Schrittweite Δs mit *konstantem* Azimut α_P berechnet, der näherungsweise die Koordinaten

$$\phi_{P_1} \approx \phi_P + \frac{\cos\alpha_P}{M(\phi_P)} \cdot \Delta s; \quad \lambda_{P_1} \approx \lambda_P + \frac{\sin\alpha_P}{N(\phi_P) \cdot \cos\phi_P} \cdot \Delta s \tag{3.40}$$

besitzt und dessen Azimut der geodätischen Linie näherungsweise durch

$$\alpha_{P_1} \approx \alpha_P + \frac{\sin\alpha_P}{N(\phi_P)} \cdot \tan\phi_P \cdot \Delta s \tag{3.41}$$

berechnet werden kann. Ausgehend von P_1 macht man jetzt einen weiteren gleichartigen Schritt Δs mit konstantem Azimut α_{P_1} nach P_2 usw., bis man die Weglänge s zurückgelegt hat. Dann ist man näherungsweise am gesuchten Punkt Q angelangt. Δs muss so klein gewählt werden, dass die Approximation gut genug ist. Man kann das schließlich durch die Clairautsche Gleichung (3.37) überprüfen:

$$C_i := \frac{N(\phi_{P_i})}{a} \cdot \cos\phi_{P_i} \cdot \sin\alpha_{P_i} \equiv \text{konstant}?$$

Um bei langen geodätischen Linien Δs nicht extrem klein wählen zu müssen, so dass extrem viele Schritte zu berechnen sind, muss das Verfahren noch wesentlich verfeinert werden. Man wendet meist das sogenannte klassische *Runge-Kutta-Verfahren* an, wofür wir auf [1, S. 581] verweisen.

(2) **Reihenentwicklungen:** Statt einer Zerlegung in Intervalle Δs kann man auch in *einem* Schritt vorgehen, aber die rechte Seite in (3.35) durch eine schnell konvergierende *Potenzreihenentwicklung* nach einem Exzentrizitäts- oder Abplattungsparameter ersetzen. Die bekanntesten derartigen Entwicklungen sind die *Legendreschen Reihen* [4, S. 219], [12, S. 224]:

$$\phi_Q = \phi_P + \frac{s}{M(\phi_P)} \cdot \left(\cos\alpha_P - \frac{s}{2 \cdot N(\phi_P)}\left[t_P \cdot (\sin^2\alpha_P + 3 \cdot \zeta_P^2 \cdot \cos^2\alpha_P)\right.\right.$$
$$+ \frac{s}{3 \cdot N(\phi_P)} \cdot (\cos\alpha_P \cdot (3 \cdot \zeta_P^2 \cdot (V_P - t_P^2 \cdot (1 + 5 \cdot \zeta_P^2)) \cdot \cos^2\alpha_P$$
$$\left.\left.+ (V_P^2 + 3 \cdot t_P^2 \cdot (1 - 3 \cdot \zeta_P^2)) \cdot \sin^2\alpha_P) + \cdots)\right]\right) \tag{3.42}$$

$$\lambda_Q = \lambda_P + \frac{s \cdot \sin\alpha_P}{N(\phi_P) \cdot \cos\phi_P} \cdot \left(1 + \frac{s}{N(\phi_P)}\left[t_P \cdot \cos\alpha_P\right.\right.$$
$$\left.\left.+ \frac{s}{3 \cdot N(\phi_P)} \cdot ((V_P^2 + 3 \cdot t_P^2) \cdot \cos^2\alpha_P - t_P^2 \cdot \sin^2\alpha_P + \cdots)\right]\right) \tag{3.43}$$

$$\alpha_Q = \alpha_P + \frac{s \cdot \sin\alpha_P}{N(\phi_P)} \cdot \left(t_P + \frac{s}{2 \cdot N(\phi_P)}\left[(V_P^2 + 2 \cdot t_P^2) \cdot \cos\alpha_P\right.\right.$$
$$+ \frac{s}{3 \cdot N(\phi_P)} \cdot (t_P \cdot ((V_P^2 \cdot (5 - 4 \cdot \zeta_P^2) + 6 \cdot t_P^2) \cdot \cos^2\alpha_P$$
$$\left.\left.- (V_P^2 + 2 \cdot t_P^2) \cdot \sin^2\alpha_P) + \cdots)\right]\right) \tag{3.44}$$

mit den Hilfsvariablen

$$t_P := \tan\phi_P, \quad \zeta_P := e' \cdot \cos\phi_P, \quad V_P := \sqrt{1 + \zeta_P^2}$$

Diese Formeln lösen direkt die erste Hauptaufgabe der geodätischen Linie. Für eine sehr kurze geodätische Linie $s := \Delta s$ werden (3.42), (3.43) identisch mit (3.40) und (3.44) wird identisch mit (3.41). Je länger die geodätische Linie ist, desto mehr Glieder dieser Entwicklung müssen berücksichtigt werden. Leider ergeben sich mit den folgenden Gliedern sehr unübersichtliche Formeln. Das DGS der geodätischen Linie ist nun im Prinzip genähert analytisch lösbar, jedoch ist diese Lösung weiterhin aufwändig, vor allem wenn die gewünschte Genauigkeit hoch und deshalb die Reihenentwicklungen lang sind. Die Legendresche Reihe konvergiert leider nur langsam. In mittleren Breiten muss bei Strecken bis 100 km schon bis zur fünften Ordnung in (3.42), (3.43) und bis zur vierten Ordnung in (3.44) entwickelt werden [12, S. 224].

(3) **Integralformeln:** Das DGS (3.35) kann zu folgenden sehr effizienten Integralformeln umgeschrieben werden [11]:

$$s = a \cdot \int_{v_P}^{v_Q} \sqrt{1 - e^2 \cdot (1 - (1 - C^2) \cdot \sin^2 v)}\,dv \tag{3.45}$$

$$\Delta\lambda = \int_{w_P}^{w_Q} \sqrt{1 - \frac{e^2 \cdot C^2}{C^2 - (1 - C^2) \cdot \sin^2 w}}\,dw \tag{3.46}$$

v und w sind zwei breitenabhängige Hilfsvariablen, die wie folgt definiert sind:

$$\sin v := \frac{\sin \beta}{\sqrt{1 - C^2}} = \frac{\sin \beta}{\sin \beta_{\max}} \tag{3.47}$$

$$\sin w := C \cdot \frac{\tan \beta}{\sqrt{1 - C^2}} = \frac{\tan \beta}{\tan \beta_{\max}} \tag{3.48}$$

v und w haben am Äquator den Wert 0 und in den Berührungspunkten mit den Grenz-parallelkreisen die Werte $\pm \pi/2 = \pm 90°$. Wir legen fest, dass jenseits dieser Punkte v und w *weiter* zu zählen sind: Während β nach dem nördlichen Berührungspunkt wieder kleiner wird, sollen für v und w die Nebenwerte (s. ◻ Tab. 1.1) im zweiten Quadranten gewählt werden, so dass diese also weiter ansteigen und am nächsten Äquatordurchgang den Wert $\pi = 180°$ haben, usw. Damit erreicht man, dass auch wenn die geodätische Linie zwischen P und Q eine Grenzbreite erreicht, die Integrale (3.45), (3.46) nicht in zwei Teile zerlegt werden müssen.

Die beiden Integrale lassen sich numerisch durch eine geeignete numerische Quadraturformel effizient berechnen, z. B. eine Newton–Cotes-Formel oder Gauß-Legendre-Formel [1, S. 484ff]. Die Hilfsvariablen v, w sind so gewählt, dass das sehr einfach ist, weil die Integranden sehr glatte Funktionen sind. Weil e sehr klein ist, weichen diese nur wenig von Eins ab. Ist die zu berechnende geodätische Linie der Äquator, ist nach (3.39) $\beta_{\max} = 0$ und $C = 1$. In (3.47) und (3.48) müsste nun durch Null dividiert werden, so dass die Methode nicht anwendbar ist. Aber auch im Fall $\beta_{\max} \approx 0$ gibt es numerische Probleme, deren Lösung wir hier nicht diskutieren.

Betrachten wir z. B. folgenden **Aufgabentyp:**

Gegeben sind drei beliebige der vier Größen $\phi_P, \alpha_P, \phi_Q, \alpha_Q$. Gesucht ist die geodätische Linie durch P und Q.

Mit den Integralformeln (3.45), (3.46) sind folgende Schritte abzuarbeiten:

1. Aus ϕ_P und/oder ϕ_Q berechnet man β_P und/oder β_Q mit (3.2) und daraus mit (3.38) die eine noch unbekannte Größe in $\beta_P, \alpha_P, \beta_Q, \alpha_Q$ sowie die Clairaut-Konstante C mit (3.37).

2. Weiter berechnet man v_P, v_Q, w_P, w_Q mit (3.47), (3.48) unter Berücksichtigung, ob zwischen P und Q eine Grenzbreite erreicht wird oder nicht. Das erkennt man an den Quadranten der Azimute α_P, α_Q: Sind die Quadranten unterschiedlich, wurde eine Grenzbreite erreicht, andernfalls nicht.

3. Schließlich berechnet man $\Delta\lambda, s$ mit den Integralen (3.45), (3.46) unter Zuhilfenahme einer numerischen Quadraturformel.

Damit hat man alle gesuchten Größen erhalten.

Diese Lösung ist zwar einfach, jedoch kommt dieser Aufgabentyp praktisch nur selten vor. Statt dessen sind die beiden Hauptaufgaben aus ◻ Tab. 3.2 besonders wichtig, die im nächsten Abschnitt gelöst werden.

3.2.7 Hauptaufgaben der Geodätischen Linie mit Integralformeln

Bei der **ersten Hauptaufgabe** sind ϕ_P, α_P, s gegeben (s. ◨ Tab. 3.2). Man kann daraus zwar C mit (3.37) und v_P mit (3.47) berechnen, aber nicht v_Q und w_Q, so dass die Integralformeln (3.45), (3.46) nicht direkt anwendbar sind.

Deshalb berechnet man v_Q zunächst mit folgender Näherungsformel [11]:

$$v_Q \approx v_Q^{(0)} = v_P + \frac{s}{a \cdot \sqrt{1 - e^2 \cdot \left(1 - (1 - C^2) \cdot \sin^2 v_P\right)}}$$

Nun berechnet man mit diesem Näherungswert $v_Q^{(i)}$, $i = 0$ einen Näherungswert $s^{(i)}$, $i = 0$ mit

$$s \approx s^{(i)} = a \cdot \int\limits_{v_P}^{v_Q^{(i)}} \sqrt{1 - e^2 \cdot \left(1 - (1 - C^2) \cdot \sin^2 v\right)}\, dv$$

Ist $s > s^{(i)}$, dann ist $v_Q^{(i)} < v_Q$, andernfalls umgekehrt. Man berechnet daraus für v_Q folgenden verbesserten Näherungswert:

$$v_Q^{(i+1)} = v_Q^{(i)} + \frac{s - s^{(i)}}{a \cdot \sqrt{1 - e^2 \cdot \left(1 - (1 - C^2) \cdot \sin^2 v_Q^{(i)}\right)}}$$

Das wiederholt man mit $i = 1, 2, \ldots$ so lange, bis $|s - s^{(i)}|$ ausreichend klein ist. Damit ist v_Q ausreichend genau gefunden. Mit (3.47) erhält man β_Q und daraus gewinnt man mit (3.2) ϕ_Q. Mit (3.38) erhält man α_Q und schließlich berechnet man mit (3.46) $\Delta\lambda$. Damit hat man alle gesuchten Größen gefunden.

Bei der **zweiten Hauptaufgabe** sind $\phi_P, \phi_Q, \Delta\lambda$ gegeben (s. ◨ Tab. 3.2). Dieser Fall ist schwieriger, weil hier schon C und β_{max} nicht berechnet werden können und damit auch nicht v_P, v_Q, w_P, w_Q. Deshalb berechnet man zuerst β_P, β_Q mit (3.2) und daraus einen Näherungswert $\beta_{max}^{(0)}$ für β_{max} mit einer Näherungsformel [11]:

$$\beta_{max} \approx \beta_{max}^{(0)} = \arctan \frac{\sqrt{\tan^2 \beta_P + \tan^2 \beta_Q - 2 \cdot \tan \beta_P \cdot \tan \beta_Q \cdot \cos \Delta\lambda}}{\sin \Delta\lambda} \tag{3.49}$$

Daraus berechnet man mit (3.39) $C^{(0)}$ und mit (3.48) $w_P^{(0)}, w_Q^{(0)}$ als Näherungswerte für C und w_P, w_Q. Nun berechnet man damit für $i = 0$ folgenden Näherungswert für $\Delta\lambda$:

$$\Delta\lambda \approx \Delta\lambda^{(i)} = \int\limits_{w_P^{(i)}}^{w_Q^{(i)}} \sqrt{1 - \frac{e^2 \cdot C^{(i)2}}{C^{(i)2} - (1 - C^{(i)2}) \cdot \sin^2 w}}\, dw$$

Man berechnet daraus für β_{max} einen verbesserten Näherungswert $\beta_{max}^{(i+1)}$, indem $\Delta\lambda$ in (3.49) durch

$$\frac{(\Delta\lambda^{(i)})^2}{\Delta\lambda} + 3 \cdot (\Delta\lambda - \Delta\lambda^{(i)}) \tag{3.50}$$

ersetzt wird. Nun wiederholt man die Berechnung für $i = 1, 2, \ldots$ so lange, bis $|\Delta\lambda - \Delta\lambda^{(i)}|$ ausreichend klein ist. Damit sind C, w_P, w_Q ausreichend genau gefunden. Schließlich erhält man die Azimute α_P, α_Q jeweils mit (3.37) und v_P, v_Q mit (3.47). Unter Anwendung einer Quadraturformel berechnet man schließlich s mit (3.45).

Der Algorithmus muss noch etwas angepasst werden, wenn die geodätische Linie zwischen P und Q einen Grenzparallelkreis tangiert.

Die Methode der Integralformeln eignet sich sehr für die Programmierung, weil sie für beliebig lange geodätische Linien beliebig hohe Genauigkeiten erlaubt und trotzdem einen kurzen Programmcode ergibt.

▶ **Beispiel 3.6**

Wir betrachten die Punkte P und Q aus Beispiel 3.4 und berechnen die Bogenlänge s der geodätischen Linie PQ auf dem GRS80-Ellipsoid. ◄

▶ **Lösung**

Das GRS80-Ellipsoid hat die Parameter $a = 6\,378\,137$ m; $e^2 = 0{,}006\,694\,380\,022\,9$. Es liegt eine zweite Hauptaufgabe vor, wofür wir die beschriebene Methode der Integralformeln wählen. Da die Azimute α_P, α_Q beide im ersten Quadrant liegen, tritt in diesem Beispiel offenbar nicht die Schwierigkeit auf, dass die geodätische Linie zwischen P und Q den Grenzparallelkreis tangiert.

Zunächst berechnen wir aus (3.2) $\beta_P = 49{,}905\,221\,89°$; $\beta_Q = 50{,}105\,339\,78°$ und aus (3.49) $\beta_{max}^{(0)} = 63{,}516\,298\,98°$. Mit (3.39) und (3.48) erhalten wir $C^{(0)} = \cos\beta_{max}^{(0)} = 0{,}445\,943\,212\,2$; $w_P^{(0)} = 36{,}282\,885\,14°$; $w_Q^{(0)} = 36{,}582\,885\,15°$. Die Integration unter Benutzung einer Gauß-Legendre-Quadraturformel liefert

$$\Delta\lambda^{(0)} = \int_{w_P^{(0)}}^{w_Q^{(0)}} \sqrt{1 - \frac{e^2 \cdot C^{(0)2}}{C^{(0)2} - (1 - C^{(0)2}) \cdot \sin^2 w}}\,dw = 0{,}299\,584\,91°$$

Der Sollwert $\Delta\lambda = 0{,}3°$ wird um $0{,}000\,415\,09°$ unterschritten. Man berechnet daraus für β_{max} einen verbesserten Näherungswert $\beta_{max}^{(1)}$, indem $\Delta\lambda$ in (3.49) laut (3.50) durch

$$\frac{(0{,}299\,584\,91°)^2}{0{,}3°} + 3 \cdot 0{,}000\,415\,09° = 0{,}300\,415\,66°$$

ersetzt wird, so dass wir $\beta_{max}^{(1)} = 63{,}495\,807\,03°$ erhalten. Damit werden weitere verbesserte Näherungswerte berechnet:

$$C^{(1)} = \cos\beta_{max}^{(1)} = 0{,}446\,263\,304\,3; \quad w_P^{(1)} = 36{,}320\,589\,94°; \quad w_Q^{(1)} = 36{,}621\,005\,60°$$

Die Integration liefert diesmal schon sehr genau den Sollwert $0{,}300\,000\,00°$:

$$\Delta\lambda^{(1)} = \int_{w_P^{(1)}}^{w_Q^{(1)}} \sqrt{1 - \frac{e^2 \cdot C^{(1)2}}{C^{(1)2} - (1 - C^{(1)2}) \cdot \sin^2 w}}\,dw = 0{,}299\,999\,999\,2°$$

Das iterative Verfahren kann deshalb beendet werden. Somit erhält man laut (3.37), (3.47) end-gültig:

$$\alpha_P = \arcsin \frac{0,446\,263\,304\,3}{\cos 49,905\,221\,89°} = \underline{43,859\,905\,87°}$$

$$\alpha_Q = \arcsin \frac{0,446\,263\,304\,3}{\cos 50,105\,339\,78°} = \underline{44,090\,055\,98°}$$

$$v_P = \arcsin \frac{\sin 49,905\,221\,89°}{\sqrt{1 - 0,446\,263\,304\,3^2}} = \underline{58,739\,882\,78°}$$

$$v_Q = \arcsin \frac{\sin 50,105\,339\,78°}{\sqrt{1 - 0,446\,263\,304\,3^2}} = \underline{59,017\,961\,33°}$$

und schließlich mit (3.45) $s = \underline{30\,912,7307 \text{ m.}}$ ◀

▶ **Probe**

Hier ist die erste Hauptaufgabe von P nach Q oder von Q nach P zu lösen.
   ▶ http://sn.pub/0F6o0Q ◀

❗ Aufgabe 3.6
Vergleichen Sie die Ergebnisse der Beispiele 3.4 und 3.6.

❗ Aufgabe 3.7
Berechnen Sie auf der geodätischen Linie in Beispiel 3.6 den Punkt M genau in der Mitte zwischen P und Q. Bestimmen Sie die ellipsoidischen Koordinaten ϕ_M, λ_M. Überprüfen Sie das Ergebnis durch Berechnung der Bogenlängen PM und MQ.
   ▶ http://sn.pub/uELsa9

3.3 Gaußsche winkeltreue Abbildung

❯ Hinweis 3.10
Wenn nichts anders gesagt ist, sind in diesem Abschnitt Winkel in Formeln im Bogenmaß (Vollwinkel 2π) zu verstehen.

3.3.1 Motivation

Wir haben bisher eingeführt:
- ellipsoidische Koordinaten (ϕ, λ, h) für großräumige geodätische Aufgaben mit Anschluss an die Ellipsoidnormale (s. ▶ Abschn. 3.1.2),
- geozentrische kartesische Koordinaten (X, Y, Z) für großräumige geodätische Aufgaben mit Anschluss an die Rotationsachse (s. ▶ Abschn. 3.1.4) und
- topozentrische kartesische Koordinaten (x, y, z) oder Polarkoordinaten (s, t, v) für kleinräumige geodätische Aufgaben (s. ▶ Abschn. 3.1.5).

Bereits in einem Gebiet mit einer Ausdehnung von $s = 100\,\text{m}$ beträgt der Effekt der Erdkrümmung (Krümmungsradius R) etwa

$$\frac{s^2}{2 \cdot R} \approx \frac{10^4\,\text{m}^2}{2 \cdot 6{,}4 \cdot 10^6\,\text{m}} = 0{,}8\,\text{mm}$$

Bei einer Ausdehnung von $s = 1000\,\text{m}$ wächst der Effekt auf $80\,\text{mm}$ an. Deshalb eignen sich topozentrische Koordinaten (x, y, z) oder (s, t, v) nur für sehr kleinräumige Vermessungsaufgaben oder sehr geringe Genauigkeiten. Andererseits bereitet die Arbeit mit geozentrischen und ellipsoidischen Koordinaten praktisch erhebliche Probleme: Aus (ϕ, λ, h) berechnet man z. B. nicht oder nur sehr umständlich Strecken, Winkel oder Flächeninhalte. Aus (X, Y, Z) berechnet man z. B. nicht oder nur sehr umständlich Höhendifferenzen oder Zenitwinkel. Deshalb besteht der Wunsch nach einem Koordinatensystem, welches

— für kleinräumige geodätische Aufgaben einfach handhabbar und zugleich auch
— für großräumige geodätische Aufgaben ausreichend genau ist.

Hierzu bildet man ein möglichst großes Stück des Ellipsoids derart in die Ebene ab, dass sich die unvermeidlichen Verzerrungen praktisch einfach handhaben lassen, und definiert auf diesem verebneten Stück kartesische Koordinaten. Die ideale Zerlegung des Ellipsoids in Teilgebiete, welche sich verzerrungsarm in die Ebene abbilden lassen, ist eine Zerlegung in schmale *Meridianstreifen* der Breite $\Delta \lambda$.

Definition 3.18 (Meridianstreifen)

Ein ellipsoidischer Meridianstreifen ist ein Teilgebiet der Ellipsoidoberfläche, das von zwei Meridianen λ_1 und λ_2 begrenzt wird. Beim UTM-Koordinatensystem wird dieser auch Zone genannt. $\Delta \lambda = \lambda_2 - \lambda_1$ ist die Breite des Meridianstreifens bzw. der Zone. Der Meridian $\lambda_0 = (\lambda_1 + \lambda_2)/2$ in der Mitte des Streifens heißt Zentralmeridian. (Andere Namen sind Mittel-, Haupt- oder Bezugsmeridian.)

Je kleiner $\Delta \lambda$ gewählt wird, desto weniger Verzerrungen gibt es, desto mehr Meridianstreifen bekommt man aber auch. Beim UTM-System hat man $\Delta \lambda := 6°$ definiert (s. ◻ Tab. 3.3).

Für die Zwecke der Landesvermessung wurden im Wesentlichen zwei Methoden der Verebnung vorgeschlagen und etabliert [13]:
— die Soldnersche Abbildung (nach Johann Georg von Soldner, 1776–1833)
— die Gaußsche Abbildung (nach Carl Friedrich Gauß, 1777–1855)

◻ **Tab. 3.3** Gauß-Krüger-Koordinatensystem versus UTM-Koordinatensystem

System	$\Delta \lambda$	Zentralmeridiane λ_0	κ_0	Polargebiete
Gauß-Krüger	Meist $3°$	$\dots, 9°, 12°, 15°, \dots$	$1{,}0000$	Keine Anwendung
UTM	$6°$	$\dots, 3°, 9°, 15°, \dots$	$0{,}9996$	Stereographische Projektion

Die Gaußsche Abbildung hat den großen praktischen Vorteil, dass diese *winkeltreu* ist, so dass kurze Strecken und kleine Flächen nur mit einem lokal etwa konstanten Maßstabsfaktor zu multiplizieren sind (s. ▶ Abschn. 3.3.7–3.3.9). Winkel und Richtungen hingegen erfahren bei der Abbildung praktisch keine Korrektur. (Eine sehr geringe, meist vernachlässigbare Richtungskorrektur wird im ▶ Abschn. 3.3.6 noch vorgestellt.) Bei der Soldnerschen Abbildung ist der Maßstabsfaktor richtungsabhängig und deshalb rechnerisch schwieriger zu berücksichtigen. Außerdem gibt es große Richtungskorrekturen. Als Vorlage für die Gaußsche Abbildung dient die bekannte Weltkarte von Mercator, welche auf der Kugel winkeltreu ist und deren Streckenverzerrungen in Äquatornähe gering sind. Um dies für die Gaußsche Abbildung von Meridianstreifen zu nutzen, muss man nur

1. durch eine Drehung den Äquator in den Zentralmeridian überführen (transversale Mercator-Abbildung) und
2. noch eine kleine Korrektur für die Abplattung des Ellipsoids hinzufügen.

3.3.2 Definition Gaußscher Koordinaten

Nach der Gaußschen Abbildung werden einem Punkt P mit den ellipsoidischen Koordinaten (ϕ, λ, h) auf folgende Weise Gaußsche Koordinaten (N, E, h) zugeordnet:

1. Als Gaußsche Koordinate h von Punkt P wird direkt die ellipsoidische Höhe h definiert.
2. Der Punkt P wird nun entlang der Ellipsoidnormalen auf das Ellipsoid $h = 0$ projiziert. Der erhaltene Ellipsoidbildpunkt P′ wird danach auf den Zentralmeridian wie folgt abgebildet: Ein Punkt P″ auf dem Zentralmeridian $\lambda = \lambda_0$ wird so zugeordnet, dass die Ellipsoidflächenkurve P′P″ möglichst kurz, also eine geodätische Linie ist. P″ nennt man den *Fußpunkt* von P′ auf dem Zentralmeridian.
3. Die zweite Gaußsche Koordinate, der *Nordwert N* (früher auch Hochwert) von P, wird als Meridianbogenlänge AP″ vom Äquatorpunkt A bis zu P″ entlang des Zentralmeridians definiert. Optional wird AP″ mit einem Maßstabsfaktor κ_0 skaliert, um im Definitionsgebiet Verzerrungen zu minimieren. Bei UTM-Koordinaten ist per Definition $\kappa_0 := 0{,}9996$. Andernfalls wird der Zentralmeridian längentreu abgebildet (bei Gauß-Krüger-Koordinaten: $\kappa_0 := 1$, s. ◻ Tab. 3.3). Die Meridianbogenlänge AP″ zählt negativ, wenn P″ auf der Südhalbkugel liegt, sonst positiv. Optional wird ein additiver Zuschlag N_0 („falscher Nordwert") hinzugefügt, um negative Nordwerte zu vermeiden. Bei UTM-Koordinaten wird auf der Südhalbkugel $N_0 := 10\,000$ km definiert, auf der Nordhalbkugel ist $N_0 := 0$. Zusammengefasst erhalten wir

$$N := N_0 + \kappa_0 \cdot \mathrm{AP}'' \tag{3.51}$$

4. Die dritte Gaußsche Koordinate, der *Ostwert E* (früher auch Rechtswert) von P, wird von der Länge der geodätischen Linie P′P″ abgeleitet. Jedoch ist es nicht die Länge selbst, wie bei der Soldnerschen Abbildung, sondern die Zuordnung wird so getroffen, dass eine *winkeltreue* Abbildung entsteht. Der Zusammenhang von P′P″ und E kann nicht als geschlossene Formel, sondern nur als Reihenentwicklung dargestellt werden (s. ▶ Abschn. 3.3.4). Schließlich wird ein additiver Zuschlag E_0 („falscher Ostwert") hinzugefügt, um negative Ostwerte zu vermeiden. Bei UTM-Koordinaten wird $E_0 := 500$ km $+ 1000$ km $\times$ Zonennummer definiert.

Abb. 3.8 Geometrische Verhältnisse in der Gaußschen Abbildungsebene mit längentreuem Zentralmeridian $\kappa_0 = 1$

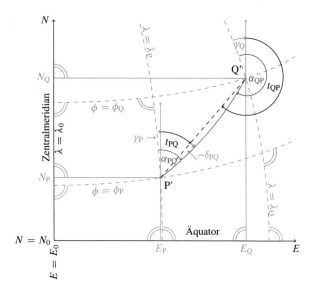

Dadurch erhalten alle Punkte auf dem Zentralmeridian den Ostwert E_0 und alle Punkte auf dem Äquator den Nordwert N_0 (s. ■ Abb. 3.8).

3.3.3 Meridianbogenberechnung

Der Nordwert N ist nach (3.51) von der Länge eines am Äquator beginnenden und beim Fußpunkt P'' endenden Meridianbogens abgeleitet. Also muss die Länge eines Meridianbogens vom Äquator bis zur Breite $\phi_{P''}$ berechnet werden können. Man nennt dieses Problem das *direkte Problem der Meridianbogenlänge*. Im Unterschied zu ■ Abb. 3.9, in der ein allgemeiner Meridianbogen $m(\phi_1, \phi_2)$ dargestellt wird, reicht hierfür die Betrachtung eines am Äquator beginnenden Meridianbogens $m(\phi)$. Man kann daraus den allgemeinen Fall wie folgt erhalten:

$$m(\phi_1, \phi_2) = m(\phi_2) - m(\phi_1)$$

Der Meridianbogen ist bekanntlich eine geodätische Linie (s. ▶ Abschn. 3.2.4), so dass zur Berechnung prinzipiell die Methoden aus ▶ Abschn. 3.2.6 in Betracht kommen. Das

Abb. 3.9 Meridianbogenlänge m

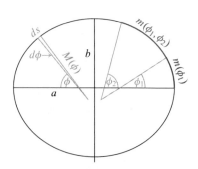

Berechnungsproblem ist ein Spezialfall der zweiten Hauptaufgabe der geodätischen Linie Da der Meridianbogen die Clairaut-Konstante $C = 0$ hat, ist das sogar besonders einfach. Das DGS (3.35) vereinfacht sich zu nur einer einzelnen Differenzialgleichung (3.36):

$$d\phi = \frac{ds}{M(\phi)} \tag{3.52}$$

Das ist die Bogenformel (1.18) für ein differenziell kleines Meridianbogenstück ds in der Breite ϕ im Bogenmaß (s. ■ Abb. 3.9). Wir entwickeln hier die Lösungsansätze aus ▶ Abschn. 3.2.6 für Meridianbögen:

(1) Differenzenquotienten: Wir zerlegen den Winkel ϕ in k gleiche Teile $\Delta\phi := \phi/k$ und nehmen die zugehörigen kleinen Bogenstücke Δs_i als kreisförmig mit jeweils einem für das i-te Bogenstück gültigen mittleren Meridiankrümmungsradius M_i, $i = 1, \ldots, k$ an. Dann ersetzen wir den Differenzialquotienten in (3.52) durch Differenzenquotienten $\Delta\phi/\Delta s_i$ und summieren über k kleine Bogenstücke Δs_i:

$$m(\phi) = \sum_{i=1}^{k} \Delta s_i \approx \Delta\phi \cdot \sum_{i=1}^{k} M_i \tag{3.53}$$

Je größer k gewählt wird, desto genauer wird die Berechnung.

(2) Reihenentwicklungen: Verschiedene Reihen wurden vorgeschlagen, z. B. von Friedrich Wilhelm Bessel (1784–1846), später von Friedrich Robert Helmert (1843–1917) in die folgende Form gebracht:

$$m(\phi) = \frac{a+b}{2} \cdot (H_0 \cdot \phi + H_2 \cdot \sin(2 \cdot \phi) + H_4 \cdot \sin(4 \cdot \phi)$$
$$+ H_6 \cdot \sin(6 \cdot \phi) + H_8 \cdot \sin(8 \cdot \phi) + \cdots) \tag{3.54}$$

$$H_0 := 1 + \frac{n^2}{4} + \frac{n^4}{64} + \cdots, \qquad H_2 := -\frac{3}{2} \cdot n + \frac{3}{16} \cdot n^3 + \cdots$$
$$H_4 := \frac{15}{16} \cdot n^2 - \frac{15}{64} \cdot n^4 - \cdots, \qquad H_6 := -\frac{35}{48} \cdot n^3 + \cdots, \qquad H_8 := -\frac{315}{512} \cdot n^4 - \cdots$$

n ist die dritte Abplattung (s. ■ Tab. 1.4), a und b sind die Halbachsen. Die Reihe (3.54) ist soweit entwickelt, dass Millimeter-Genauigkeit garantiert ist. Aus dieser Formel ergibt sich auch eine Reihenentwicklung für den *Meridianquadrant*:

$$m(90°) = \frac{a+b}{4} \cdot \pi \cdot \left(1 + \frac{n^2}{4} + \frac{n^4}{64} + \cdots\right) = 10\,001\,965{,}729\,\text{m} \quad \text{für GRS80} \tag{3.55}$$

(3) Integralformeln: In (3.47) gilt für Meridianbögen $v \equiv \beta$, so dass sich die Integralformel (3.45) wie folgt vereinfacht:

$$m(\phi) = a \cdot \int_{\beta'=0}^{\beta} \sqrt{1 - e^2 \cdot \cos^2 \beta'} \, d\beta' \tag{3.56}$$

Statt mit β kann man auch direkt mit ϕ arbeiten, wenn man die Integralformel aus (3.52) gewinnt:

$$m(\phi) = \int_{\phi'=0}^{\phi} M(\phi')d\phi' = a \cdot (1 - e^2) \int_{\phi'=0}^{\phi} (1 - e^2 \cdot \sin^2 \phi')^{-3/2}d\phi' \tag{3.57}$$

Für die Integranden findet man leider keine elementare Stammfunktion, da wir Integrale vom *elliptischen Typ* vor uns haben. In einigen numerischen Funktionsbibliotheken sind Funktionen elliptischer Integrale implementiert (s. Hinweis 3.11). Hat man keine solche Bibliothek zur Verfügung, muss das Integral numerisch berechnet werden. Man sollte eine geeignete numerische Quadraturformel anwenden, z. B. eine Newton–Cotes-Formel oder Gauß–Legendre-Formel [1, S. 484ff].

> **Hinweis 3.11**
> In der Software MATLAB (The MathWorks, Inc.) findet man die Funktion `ellipticE`, mit der das unvollständige elliptische Integral zweiter Art berechnet werden kann.

Für die umgekehrte Berechnung $N \to \phi$ muss bei gegebener Meridianbogenlänge $m(\phi)$ die zugehörige Breite ϕ ermittelt werden. Man nennt dieses Problem das *inverse Problem der Meridianbogenlänge*. Es ist ein Spezialfall der ersten Hauptaufgabe der geodätischen Linie. Wir entwickeln hier die Lösungsansätze aus ▶ Abschn. 3.2.6 für Meridianbögen:

(1) Differenzenquotienten: Die Methode der Lösung der ersten Hauptaufgabe der geodätischen Linie durch Differenzenquotienten wird hier sehr übersichtlich: Wir wählen eine ausreichend große Zahl k. Vom Äquator gehen wir ein kleines Bogenstück $\Delta s := m(\phi)/k$ nach Norden und gelangen näherungsweise zur Breite

$$\phi_1 = \frac{\Delta s}{M(0°)}$$

Das Verfahren setzen wir wie folgt fort:

$$\phi_{i+1} = \phi_i + \frac{\Delta s}{M(\phi_i)}, i = 1, 2, \ldots, k \tag{3.58}$$

ϕ_k ist schließlich näherungsweise die gesuchte Breite ϕ. Je größer k gewählt wird, desto genauer wird die Berechnung.

(2) Reihenentwicklungen: Verschiedene Reihen wurden vorgeschlagen, z. B.

$$\phi = \mu + H_2' \cdot \sin(2 \cdot \mu) + H_4' \cdot \sin(4 \cdot \mu) + H_6' \cdot \sin(6 \cdot \mu) + H_8' \cdot \sin(8 \cdot \mu) + \cdots \tag{3.59}$$

$$H_2' := \frac{3}{2} \cdot n - \frac{27}{32} \cdot n^3 + \cdots, \quad H_4' := \frac{21}{16} \cdot n^2 - \frac{55}{32} \cdot n^4 + \cdots$$

$$H_6' := \frac{151}{96} \cdot n^3 + \cdots, \quad H_8' := \frac{1097}{512} \cdot n^4 - \cdots$$

n ist die dritte Abplattung (s. ▢ Tab. 1.4) und μ wird *rektifizierte Breite* genannt:

$$\mu := \frac{m(\phi)}{m(90°)} \cdot \frac{\pi}{2} \propto m(\phi) \tag{3.60}$$

Dieses Breitenmaß verhält sich somit proportional (Symbol „$\propto$") zur Meridianbogenlänge. Die Parallelkreise mit den rektifizierten Breiten $\mu = 1°, 2°, \ldots, 88°, 89°$ teilen somit den Meridianquadrant $m(90°)$ in 90 exakt gleich lange Bogenstücke.

(3) Integralformeln: Folgende *Fixpunktiteration* konvergiert sehr schnell: Ausgehend vom Startwert $\phi_0 := \mu$ in (3.60) wird fortgesetzt berechnet:

$$\phi_{i+1} = \phi_i + \frac{m(\phi) - m(\phi_i)}{M(\phi_i)}, \quad i = 0, 1, 2, \ldots \tag{3.61}$$

Der Grenzwert ist die gesuchte Breite ϕ. In jedem Iterationsschritt muss das direkte Problem der Meridianbogenlänge für $m(\phi_i)$ gelöst werden, z. B. mit einer Integralformel (3.56) oder (3.57). Für Millimeter-Genauigkeit sind zwei Iterationen ausreichend. Dieses Verfahren eignet sich, wenn man eine effiziente Lösung des direkten Problems bereits implementiert hat.

Proben: Die direkte und inverse Berechnung von Meridianbögen kann kontrolliert werden, indem zwei Verfahren parallel eingesetzt werden oder besser noch, indem das entgegengesetzte Problem gelöst wird.

▶ **Beispiel 3.7**

Aus der ellipsoidischen Breite des GNSS-Referenzpunktes der HTW Dresden für das GRS80-Ellipsoid $\phi = 51{,}033\,778°$ soll (a) die Meridianbogenlänge $m(\phi)$ und (b) aus dieser als Rechenprobe umgekehrt wieder die ellipsoidische Breite ϕ berechnet werden. ◀

▶ **Lösung**

(a) Wir wählen die Reihenentwicklung (3.54):

$$H_0 = 1{,}000\,000\,704\,945\,4; \quad H_2 = 0{,}002\,518\,829\,691\,757\,1$$
$$H_4 = 2{,}643\,542\,9 \cdot 10^6; \quad H_6 = 3{,}4526 \cdot 10^9; \quad H_8 = 4{,}9 \cdot 10^{12}$$

$$m(\phi) = \frac{1}{2} \cdot (6\,378\,137{,}000\,\text{m} + 6\,356\,752{,}314\,\text{m}) \cdot 0{,}888\,243\,837\,57 = \underline{5\,655\,843{,}477\,\text{m}}$$

(b) Die Rückwärtsberechnung (3.59) dient als Rechenprobe:

$$H_2' = 0{,}002\,518\,826\,584\,39; \quad H_4' = 3{,}700\,949\,0 \cdot 10^6$$
$$H_6' = 7{,}4478 \cdot 10^9; \quad H_8' = 1{,}7036 \cdot 10^{11}; \quad \mu = 50{,}892\,587\,19°$$

$$\phi = 50{,}892\,587\,19° + 0{,}141\,275\,95 - 8{,}479 \cdot 10^{-5} - 3{,}5 \cdot 10^{-7} + 7 \cdot 10^{-10}$$
$$= 51{,}033\,777\,99° \checkmark$$

Zum Vergleich wählen wir die Fixpunktiteration (3.61) mit Integralformel. Beginnend mit $\phi_0 := \mu = 50{,}892\,587\,19°$ erhalten wir (3.57), (3.3)

$$m(\phi_0) = 5\,640\,136{,}3428; \quad M(\phi_0) = 6\,373\,938{,}8551; \quad \phi_1 = 51{,}033\,779\,71°$$
$$m(\phi_1) = 5\,655\,843{,}6680; \quad M(\phi_1) = 6\,374\,093{,}8022; \quad \phi_2 = 51{,}033\,777\,99° \checkmark$$

▶ http://sn.pub/KRMK3M
▶ http://sn.pub/8Aegl7 ◀

3.3.4 Umrechnung zwischen Gaußschen und ellipsoidischen Koordinaten

In diesem Unterabschnitt sollen endgültige Formeln für die Umrechnung zwischen (N, E) und (ϕ, λ) vorgestellt werden. Ein Punkt P mit den ellipsoidischen Koordinaten (ϕ_P, λ_P) hat nach (3.51) den Nordwert

$$N_P = N_0 + \kappa_0 \cdot m(\phi_{P''})$$

Es fehlt noch der Zusammenhang zwischen $\phi_{P''}$ und ϕ_P. Dieser kann durch eine *Reihenentwicklung* hergestellt werden. Die Berechnung des Ostwerts E_P kann ebenso über eine Reihenentwicklung geschehen. Wir geben für diese Entwicklungen nur soviele Glieder an, dass Millimeter-Genauigkeit garantiert ist. Eine spezielle Art der Entwicklung sind folgende Reihen [7]:

(1) Berechnung Gaußscher Koordinaten: Gegeben sind ellipsoidische Koordinaten (ϕ, λ) sowie die Parameter des Ellipsoids. Der Index P wird hier weggelassen. Zuerst berechnet man unter Nutzung der dritten Abplattung n gewisse Hilfsvariablen, siehe auch (3.55):

$$A := \frac{2}{\pi} \cdot m(90°), \qquad \alpha_1 := \frac{1}{2} \cdot n - \frac{2}{3} \cdot n^2 + \frac{5}{16} \cdot n^3 - \cdots$$

$$\alpha_2 := \frac{13}{48} \cdot n^2 - \frac{3}{5} \cdot n^3 + \cdots, \quad \alpha_3 := \frac{61}{240} \cdot n^3 - \cdots$$

$$\psi := \sinh\left(\operatorname{artanh}(\sin\phi) - \frac{2 \cdot \sqrt{n}}{1 + n} \cdot \operatorname{artanh}\left(\frac{2 \cdot \sqrt{n}}{1 + n} \cdot \sin\phi \right) \right)$$

$$\xi' := \arctan\left(\frac{\psi}{\cos(\lambda - \lambda_0)} \right)$$

$$\eta' := \operatorname{artanh}\left(\frac{\sin(\lambda - \lambda_0)}{\sqrt{1 + \psi^2}} \right)$$

Damit erhält man Entwicklungen von Nordwert und Ostwert als abgebrochene Reihen:

$$\xi := \xi' + \sum_{j=1}^{3} \alpha_j \cdot \sin(2 \cdot j \cdot \xi') \cdot \cosh(2 \cdot j \cdot \eta')$$

$$\eta := \eta' + \sum_{j=1}^{3} \alpha_j \cdot \cos(2 \cdot j \cdot \xi') \cdot \sinh(2 \cdot j \cdot \eta')$$

$$N = N_0 + \kappa_0 \cdot A \cdot \xi$$

$$E = E_0 + \kappa_0 \cdot A \cdot \eta$$

`sinh`, `cosh`, `artanh` sind Hyperbelfunktionen [1, S. 394f]. Beachten Sie auch Hinweis 3.10.

❶ Aufgabe 3.8

Überzeugen Sie sich davon, dass mit diesen Formeln im Fall $\lambda = \lambda_0$ erwartungsgemäß $E = E_0$ und im Fall $\phi = 0$ erwartungsgemäß $N = N_0$ erhalten wird. Sie benötigen dazu die Kenntnis, dass $\sinh(0) = 0$ und $\operatorname{artanh}(0) = 0$ ist.

(2) Berechnung ellipsoidischer Koordinaten: Für die entgegengesetzte Berechnung, die mit hinreichender Genauigkeit ebenfalls über Reihenentwicklungen realisierbar ist, benötigt man ausgehend von Gaußschen Koordinaten (N, E) die Hilfsvariablen

$$\beta_1 := \frac{1}{2} \cdot n - \frac{2}{3} \cdot n^2 + \frac{37}{96} \cdot n^3 - \cdots, \quad \beta_2 := \frac{1}{48} \cdot n^2 + \frac{1}{15} \cdot n^3 + \cdots, \quad \beta_3 := \frac{17}{480} \cdot n^3 - \cdots$$

Die Winkel ξ, ξ' und η, η' berechnet man diesmal mit den Formeln

$$\xi := \frac{N - N_0}{\kappa_0 \cdot A}$$

$$\eta := \frac{E - E_0}{\kappa_0 \cdot A}$$

$$\xi' := \xi - \sum_{j=1}^{3} \beta_j \cdot \sin(2 \cdot j \cdot \xi) \cdot \cosh(2 \cdot j \cdot \eta)$$

$$\eta' := \eta - \sum_{j=1}^{3} \beta_j \cdot \cos(2 \cdot j \cdot \xi) \cdot \sinh(2 \cdot j \cdot \eta)$$

Nun benötigt man noch die Hilfsvariablen

$$\chi := \arcsin\left(\frac{\sin \xi'}{\cosh \eta'} \right)$$

$$\delta_1 := 2 \cdot n - \frac{2}{3} \cdot n^2 - 2 \cdot n^3 + \cdots, \quad \delta_2 := \frac{7}{3} \cdot n^2 - \frac{8}{5} \cdot n^3 + \cdots, \quad \delta_3 := \frac{56}{15} \cdot n^3 - \cdots$$

Damit erhält man die ellipsoidische Breite und Länge

$$\phi = \chi + \sum_{j=1}^{3} \delta_j \cdot \sin(2 \cdot j \cdot \chi)$$

$$\lambda = \lambda_0 + \arctan\left(\frac{\sinh \eta'}{\cos \xi'} \right)$$

🚫 **Aufgabe 3.9**

Überzeugen Sie sich davon, dass mit diesen Formeln im Fall $E = E_0$ erwartungsgemäß $\lambda = \lambda_0$ und im Fall $N = N_0$ erwartungsgemäß $\phi = 0$ erhalten wird. Sie benötigen dazu die Kenntnis, dass $\sinh(0) = 0$ und $\operatorname{artanh}(0) = 0$ ist.

▶ **Beispiel 3.8**

Aus den ellipsoidischen Koordinaten des GNSS-Referenzpunktes der HTW Dresden für das GRS80-Ellipsoid $\phi = 51{,}033\,778°$, $\lambda = 13{,}734\,806°$ sollen die UTM-Koordinaten (N, E) und aus diesen als Rechenprobe umgekehrt wieder die ellipsoidischen Koordinaten (ϕ, λ) berechnet werden. ◀

▶ Lösung

(1) Ins Bogenmaß umgerechnet starten wir mit

$$\phi = 0,890\,707\,455\,832; \quad \lambda = 0,239\,717\,586\,823$$

Zunächst berechnen wir die Hilfsvariablen

$$n = 0,001\,679\,220\,386\,384; \qquad A = 6\,367\,449,145\,823\,\text{m}$$
$$\alpha_1 = 8,377\,318\,188\,193 \cdot 10^{-4}; \qquad \alpha_2 = 7,608\,496\,959 \cdot 10^{-7}$$
$$\alpha_3 = 1,203\,488 \cdot 10^{-9}; \qquad \psi = 1,228\,115\,526\,061$$
$$\xi' = 0,887\,542\,541\,423; \qquad \eta' = -0,013\,942\,491\,547$$
$$\xi = 0,888\,362\,868\,246; \qquad \eta = -0,013\,937\,712\,942$$

Daraus erhalten wir, gerundet auf Millimeter

$$E = \underline{411\,287,821\,\text{m}}; \quad N = \underline{5\,654\,342,744\,\text{m}}$$

(2) Für die Rückrechnung benötigen wir die Hilfsvariablen

$$\xi = 0,888\,362\,868\,177; \qquad \eta = -0,013\,937\,712\,896$$
$$\beta_1 = 8,377\,321\,640\,821 \cdot 10^{-4}; \quad \beta_2 = 5,906\,110\,864 \cdot 10^{-8}$$
$$\beta_3 = 1,676\,991 \cdot 10^{-10};$$
$$\xi' = 0,887\,542\,541\,348; \qquad \eta' = -0,013\,942\,491\,501$$

Offenbar wurden abgesehen von der Wirkung von Rundungsfehlern dieselben Werte ξ, η, ξ', η' erhalten. Weiter berechnen wir die Hilfsvariablen

$$\chi = 0,887\,423\,162\,089; \qquad \delta_1 = 0,003\,356\,551\,448\,628\,88$$
$$\delta_2 = 6,571\,913\,193\,172\,70 \cdot 10^{-6}; \quad \delta_3 = 1,767\,745\,996\,207\,56 \cdot 10^{-8}$$

und daraus

$$\phi = 0,890\,707\,455\,657\,\checkmark; \quad \lambda = 0,239\,717\,586\,898\,\checkmark$$

und dieses wieder in Grad. Der Unterschied zu den Ausgangswerten beträgt maximal $2 \cdot 10^{-10} \approx 4 \cdot 10^{-5\prime\prime}$, das entspricht ca. 1 mm an der Erdoberfläche. Ursachen sind die Rundungen von N und E und geringfügig der Abbruch der Reihenentwicklungen.
    ▶ http://sn.pub/SZTJ5L ◀

Es gibt für diese Umrechnungen auch andere Formelapparate.

(1) **Berechnung Gaußscher Koordinaten:** Sind (ϕ, λ) gegeben, ergeben sich mit den Hilfsvariablen

$$p := (\lambda - \lambda_0) \cdot \cos\phi, \quad t := \tan\phi, \quad \zeta := e'^2 \cdot \cos^2\phi$$

folgende Reihenentwicklungen:

$$N = N_0 + \kappa_0 \cdot \left(m(\phi) + t \cdot N(\phi) \cdot \left(\frac{p^2}{2} + \frac{p^4}{24} \cdot (5 + 9 \cdot \zeta + 4 \cdot \zeta^2 - t^2) \right. \right.$$

$$+ \frac{p^6}{720} \cdot (61 + 270 \cdot \zeta - (58 + 330 \cdot \zeta) \cdot t^2 + t^4)$$

$$\left. \left. + \frac{p^8}{40\,320} \cdot (1385 - 3111 \cdot t^2 + 543 \cdot t^4 - t^6) + \cdots \right) \right)$$

$$E = E_0 + \kappa_0 \cdot N(\phi) \cdot \left(p + \frac{p^3}{6} \cdot (1 + \zeta - t^2) \right.$$

$$+ \frac{p^5}{120} \cdot (5 + 14 \cdot \zeta - (18 + 58 \cdot \zeta) \cdot t^2 + t^4)$$

$$\left. + \frac{p^7}{5040} \cdot (61 - 479 \cdot t^2 + 179 \cdot t^4 - t^6) + \cdots \right)$$

Hier bedeutet $m(\phi)$ die Meridianbogenlänge (3.54)–(3.57) und $N(\phi)$ den Querkrümmungsradius (3.5). Diese waren zuvor zu berechnen.

(2) Berechnung ellipsoidischer Koordinaten: Umgekehrt berechnet man mit dem inversen Problem der Meridianbogenlänge (3.58)–(3.61) zunächst $\phi_{P''}$ und daraus die Hilfsvariablen

$$p' := \frac{E - E_0}{\kappa_0 \cdot N(\phi_{P''})}, \quad \zeta' := e'^2 \cdot \cos^2 \phi_{P''}, \quad t' := \tan \phi_{P''}$$

Dann ergeben sich folgende Reihenentwicklungen:

$$\phi = \phi_{P''} + t' \cdot \left(-\frac{p'^2}{2} \cdot (1 + \zeta') + \frac{p'^4}{24} (5 + 6 \cdot \zeta' - 3 \cdot \zeta'^2 + (3 - 6 \cdot \zeta' - 9 \cdot \zeta'^2) \cdot t'^2 \right.$$

$$+ \frac{p'^6}{720} \cdot (-61 - 107 \cdot \zeta' + (162 \cdot \eta - 90) \cdot t'^2 + (45 \cdot \zeta' - 45) \cdot t'^4)$$

$$\left. + \frac{p'^8}{40\,320} \cdot (1385 + 3633 \cdot t'^2 + 4095 \cdot t'^4 + 1576 \cdot t'^6) + \cdots \right)$$

$$\lambda = \lambda_0 + \frac{1}{\cos \phi_{P''}} \cdot \left(p' - \frac{p'^3}{6} \cdot (1 + 2 \cdot t'^2 + \zeta') \right.$$

$$+ \frac{p'^5}{120} \cdot (5 + 6 \cdot \zeta' + (28 + 8 \cdot \zeta') \cdot t'^2 + 24 \cdot t'^4)$$

$$\left. - \frac{p'^7}{5040} \cdot (61 + 662 \cdot t'^2 + 1320 \cdot t'^4 + 720 \cdot t'^6) + \cdots \right)$$

Die hier vorgestellten Reihenentwicklungen sind für alle geodätischen Zwecke ausreichend genau, nämlich bis $|\lambda - \lambda_0| < 3{,}5°$ mindestens Millimeter-genau.

🛑 **Aufgabe 3.10**

Berechnen Sie aus $\phi = 16{,}101\,711\,65°$; $\lambda = 23{,}061\,402\,91°$ für das GRS80-Ellipsoid die UTM-Koordinaten (N, E) und rechnen Sie daraus umgekehrt wieder (ϕ, λ) zurück.

▶ http://sn.pub/LRw5pZ

3

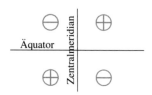

3.3.5 Meridiankonvergenz

Auf dem Ellipsoid werden Richtungen in Form ellipsoidischer Azimute α angegeben, die sich auf die lokale Meridianebene beziehen. Jeder Meridianbogen PQ verläuft bekanntlich in der Richtung $\alpha_{PQ} = 0$ oder $\alpha_{PQ} = 180°$. Diese Nullrichtung $\alpha = 0$ nennt man *geographisch Nord* oder *geodätisch Nord*.

In der Gaußschen Abbildungsebene hingegen arbeitet man einfach mit Richtungswinkeln (1.7) im (N, E)-Koordinatengitter:

$$t_{PQ} = \arctan \frac{E_Q - E_P}{N_Q - N_P}$$

Zwischen zwei Punkten mit demselben Ostwert $E_P = E_Q$ hat man $t_{PQ} = 0$ oder $t_{PQ} = 180°$. Diese Nullrichtung $t = 0$ nennt man *Gitternord*. Möchte man t_{PQ} und α_{PQ} ineinander umrechnen, hat man zuerst den Unterschied zwischen geographisch Nord und Gitternord im Punkt P zu berücksichtigen (s. □ Abb. 3.8).

Definition 3.19 (Meridiankonvergenz)

Der Differenzwinkel zwischen der geographischen Nordrichtung $\alpha = 0$ und der Gitternordrichtung $t = 0$ in einem Punkt P nennt man die Meridiankonvergenz γ_P.

Am Zentralmeridian und am Äquator sind beide Nullrichtungen gleich, d. h. $\gamma = 0$, in zunehmender Entfernung davon vergrößert sich $|\gamma|$. Eine sehr grobe Näherungsformel für die Meridiankonvergenz lautet:

$$\gamma \approx (\lambda - \lambda_0) \cdot \sin \phi \tag{3.62}$$

Man erkennt daran, dass das Vorzeichen dem Schema in □ Abb. 3.10 folgt.

▶ **Beispiel 3.9**

Für $\phi \approx 51°$ (Deutschland) erhält man aus (3.62)

$$\gamma \approx (\lambda - \lambda_0) \cdot 0{,}78 \approx \frac{E - E_0}{km} \cdot 40''$$

Am Rand des 6° breiten UTM-Meridianstreifens erhält man daraus in Deutschland für die Meridiankonvergenz $|\gamma| \approx 2{,}3°$. Für $\phi = 51{,}0°; \lambda = 13{,}7°$ (Dresden) ergibt sich daraus

$$\gamma \approx (13{,}7° - 15{,}0°) \cdot 0{,}78 \approx \underline{-1{,}0°} \blacktriangleleft$$

Man erkennt, dass selbst für grobe Berechnungen die Meridiankonvergenz niemals vernachlässigt werden kann.

Für die genaue geodätische Berechnung der Meridiankonvergenz benötigt man *Reihenentwicklungen* [7].

(1) Gegeben seien ellipsoidische Koordinaten (ϕ, λ). Mit den Hilfsvariablen $\alpha_1, \alpha_2, \alpha_3, \psi, \xi', \eta'$ aus dem letzten Unterabschnitt berechnet man zwei weitere Hilfsvariablen

$$\sigma := 1 + \sum_{j=1}^{3} 2 \cdot j \cdot \alpha_j \cdot \cos(2 \cdot j \cdot \xi') \cdot \cosh(2 \cdot j \cdot \eta')$$

$$\tau := \sum_{j=1}^{3} 2 \cdot j \cdot \alpha_j \cdot \sin(2 \cdot j \cdot \xi') \cdot \sinh(2 \cdot j \cdot \eta')$$

und mit diesen die Meridiankonvergenz

$$\gamma = \arctan \frac{\tau \cdot \sqrt{1 + \psi^2} + \sigma \cdot \psi \cdot \tan(\lambda - \lambda_0)}{\sigma \cdot \sqrt{1 + \psi^2} - \tau \cdot \psi \cdot \tan(\lambda - \lambda_0)} \tag{3.63}$$

(2) Hat man hingegen nur Nord- und Ostwert (N, E), nutzt man etwas einfacher die Hilfsvariablen $\beta_1, \beta_2, \beta_3, \xi, \eta, \xi', \eta'$ aus dem letzten Unterabschnitt. Daraus erhält man zwei weitere Hilfsvariablen

$$\sigma' := 1 - \sum_{j=1}^{3} 2 \cdot j \cdot \beta_j \cdot \cos(2 \cdot j \cdot \xi) \cdot \cosh(2 \cdot j \cdot \eta)$$

$$\tau' := \sum_{j=1}^{3} 2 \cdot j \cdot \beta_j \cdot \sin(2 \cdot j \cdot \xi) \cdot \sinh(2 \cdot j \cdot \eta)$$

und mit diesen die Meridiankonvergenz

$$\gamma = \pm \arctan \frac{\tau' + \sigma' \cdot \tan \xi' \cdot \tanh \eta'}{\sigma' - \tau' \cdot \tan \xi' \cdot \tanh \eta'} \tag{3.64}$$

Das Vorzeichen Plus in (3.64) gilt für die Nordhalbkugel und Minus für die Südhalbkugel. Tipp: Wenn Sie beide Formeln nutzen, haben Sie eine Rechenprobe.

❗ Aufgabe 3.11

Überzeugen Sie sich davon, dass mit (3.63) und (3.64) im Fall $E = E_0$ bzw. $\lambda = \lambda_0$ und im Fall $N = N_0$ bzw. $\phi = 0$ erwartungsgemäß $\gamma = 0$ erhalten wird. Sie benötigen dazu die Kenntnis, dass $\tanh(0) = 0$ ist.

▶ **Beispiel 3.10**

Für den Punkt aus Beispiel 3.8 soll die Meridiankonvergenz berechnet werden. ◀

3

▶ **Lösung**

Man berechnet in Variante (3.63):

$\sigma = 0{,}999\,657\,172\,201$

$\tau = -4{,}568\,671\,634 \cdot 10^{-5}$

$\gamma = -0{,}017\,170\,084\,422 = \underline{-0{,}983\,773\,371\,3°}$

Man berechnet in Variante (3.64):

$\sigma' = 1{,}000\,342\,943\,308$

$\tau' = -4{,}571\,806\,103 \cdot 10^{-5}$

$\gamma = -0{,}017\,170\,084\,426 = -0{,}983\,773\,371\,5° \checkmark$

Der Unterschied ist praktisch ohne Bedeutung.

▶ http://sn.pub/c3l3KA ◀

Aufgabe 3.12

Berechnen Sie für den Punkt aus Aufgabe 3.10 die Meridiankonvergenz mit (3.63) und als Probe mit (3.64).

▶ http://sn.pub/3pAY9t

3.3.6 Richtungskorrektur

Auf dem Ellipsoid werden Punkte durch geodätische Linien verbunden, in der Gaußschen Abbildungsebene einfacher durch Geraden. Leider sind die Gaußschen Abbilder von geodätischen Linien in der Regel keine Geraden, sondern gekrümmt. Eine Ausnahme bilden der Zentralmeridian sowie die Kurven N = konstant, die senkrecht auf dem Zentralmeridian stehen, insbesondere der Äquator. Diese sind geodätische Linien und zugleich in der Gaußschen Abbildungsebene Geraden.

Dass es im Allgemeinen nicht so ist, erkennt man an den Meridianen $\lambda \neq \lambda_0$. Diese sind geodätische Linien, in der Gaußschen Abbildungsebene jedoch gekrümmte Kurven, die senkrecht auf dem Äquator stehen und sich in den Polen schneiden. Folglich sind die Abbilder von geodätischen Linien in der Regel keine Geraden. Das wurde auch in ◻ Abb. 3.8 veranschaulicht.

Um zwischen

- Azimuten α auf dem Ellipsoid und
- Richtungswinkeln t in der Gaußschen Abbildungsebene

umzurechnen, ist also nicht nur die Meridiankonvergenz γ zu berücksichtigen, sondern auch eine Richtungskorrektur δ wegen der *Begradigung der geodätischen Linie* (s. ◻ Abb. 3.8). Insgesamt lautet die Umrechnungsformel:

$$t_{PQ} = \alpha_{PQ} - \gamma_P + \delta_{PQ} \tag{3.65}$$

In ◻ Abb. 3.8 ist δ_{PQ} also ein negativer Winkel. Folgende Formel in sphärischer Näherung ist für praktische Zwecke ausreichend genau:

$$\delta_{PQ} = \frac{(N_P - N_Q) \cdot (2 \cdot E_P + E_Q - 3 \cdot E_0)}{6 \cdot R^2} \tag{3.66}$$

R ist ein mittlerer Erdradius. Das Ergebnis wird im Bogenmaß erhalten. Man erkennt deutlich, dass für Punkte gleichen Nordwerts $N_P = N_Q$ und für Punkte am Zentralmeridian $E_P = E_Q = E_0$ keine Richtungskorrektur erforderlich ist, was im Einklang mit den vorherigen Überlegungen steht. Eine Formel für δ_{QP} in der Gegenrichtung von Q nach P gewinnt man durch Vertauschung von Q und P in (3.66). Wenn $E_P \approx E_Q$ gilt, ändert sich dabei im Wesentlichen nur das Vorzeichen:

$$\delta_{PQ} \approx -\delta_{QP}$$

> **Hinweis 3.12**
>
> Die Richtungskorrektur (3.66) wird nicht durch die Erdabplattung verursacht, sondern bereits durch die Erdkrümmung. Sie steht im Zusammenhang mit dem sphärischen Exzess der sphärischen Trigonometrie [1]. Ein durch geodätische Linien begrenztes Dreieck auf der gekrümmten Fläche wird winkeltreu in die Ebene abgebildet, hat dort aber, wenn die Ecken durch Geraden verbunden werden, die Innenwinkelsumme von exakt 180°. Die Richtungskorrektur δ beseitigt jetzt den Winkelexzess.

Im Gegensatz zur Meridiankonvergenz γ ist die Richtungskorrektur δ eine betragskleine Größe. Man erkennt, dass δ besonders auf dem Rand des Meridianstreifens große Beträge annimmt, wenn P viel weiter nördlich oder südlich liegt, als Q.

Am Rand des 6° breiten UTM-Meridianstreifens in Deutschland leitet man aus (3.66) ab:

$$|\delta_{PQ}| < 0{,}5'' \cdot \frac{s_{PQ}}{\mathrm{km}}$$

Für Punktabstände $s_{PQ} < 5\,\mathrm{km}$ ist die Richtungskorrektur praktisch oft vernachlässigbar [5, S. 182].

▶ **Beispiel 3.11**

Für den Punkt P aus Beispiel 3.8 und den Punkt Q mit den UTM-Koordinaten $E = 412\,630{,}166$; $N = 5\,655\,166{,}726$ sollen die Richtungskorrekturen δ_{PQ} und δ_{QP} berechnet werden. (Der Abstand der Punkte beträgt 1,6 km.) ◀

▶ **Lösung**

$$\delta_{PQ} = \frac{(5\,654\,342{,}744 - 5\,655\,166{,}726) \cdot (2 \cdot 411\,287{,}821 + 412\,630{,}166 - 3 \cdot 500\,000)}{6 \cdot 6\,382\,558^2}$$

$$= 0{,}893 \cdot 10^{-6} = \underline{+0{,}184''}$$

Durch Vertauschen von P und Q erhalten wir

$$\delta_{QP} = -0{,}888 \cdot 10^{-6} = \underline{-0{,}183''} \quad ◀$$

❗ **Aufgabe 3.13**

Welche Beträge können die Richtungskorrekturen δ_{PQ} am Rand des UTM-Meridianstreifens in Äquatornähe erreichen, wenn $s_{PQ} = 10\,\mathrm{km}$ beträgt?

3

3.3.7 Punktmaßstab

Gemessene Raumstrecken wurden bereits in ▶ Abschn. 3.2.3 auf das Ellipsoid abgebildet. Wenn man vom Ellipsoid zur Gaußschen Abbildungsebene oder umgekehrt übergeht, ändert sich auch der Abstand von Punkten nochmals mehr oder weniger geringfügig, denn diese Abbildung ist nicht längentreu. Wegen der Winkeltreue der Gaußschen Abbildung ist diese Änderung für kleine Gebiete und Punktabstände nicht richtungsabhängig, sondern nur punktabhängig. Man erfasst diese Änderung durch einen lokalen Maßstabsfaktor κ. Möchte man zwischen der Länge s_{PQ} einer kurzen geodätischen Linie PQ (sagen wir kürzer als 1 km) und dem Abstand s'_{PQ} der Punkte P und Q in die Gaußsche Abbildungsebene umrechnen, so skaliert man mit κ:

$$s'_{PQ} = \kappa \cdot s_{PQ} \tag{3.67}$$

Eine häufig benutzte Näherungsformel ist

$$\kappa \approx \kappa_0 + \frac{(E - E_0)^2}{2 \cdot \kappa_0 \cdot R^2} \tag{3.68}$$

E ist ein mittlerer Ostwert im Punktgebiet. R ist der Gaußsche Krümmungsradius (3.8) im Punktgebiet. κ_0 ist der Maßstabsfaktor am Zentralmeridian definiert in ◨ Tab. 3.3.

Den erhaltenen Wert κ nennt man den *Punktmaßstabsfaktor*, weil er genau genommen nur für den Punkt mit der eingesetzten Koordinate E und dessen kleine Umgebung (Punktgebiet) gilt. Eine sehr geringe Abhängigkeit vom Nordwert N bzw. von der ellipsoidischen Breite ϕ ist über R gegeben.

Am Rand des 6° breiten UTM-Meridianstreifens findet man in Deutschland (bezogen auf $\phi = 51°$) für den Punktmaßstabsfaktor in ppm damit

$$\kappa \approx 1 - 400\,\text{ppm} + 544\,\text{ppm} = 1 + 144\,\text{ppm} = 1{,}000\,144$$

Die betragsgrößte Streckenänderung in ppm erfahren Strecken demnach mit −400 ppm am Zentralmeridian, d. h. Strecken werden hier deutlich verkürzt. Im Gauß-Krüger-System ist es umgekehrt: Der Zentralmeridian ist längentreu, so dass hier keine Streckenänderung auftritt. Am Rand des 3° breiten GK-Meridianstreifens ergibt sich

$$\kappa \approx 1 + 544\,\text{ppm}/4 = 1 + 136\,\text{ppm} = 1{,}000\,136$$

Man erkennt, dass der Maßstabsfaktor bei geodätischer Genauigkeit niemals vernachlässigt werden kann (s. ◨ Abb. 3.11).

Der Fehlerbetrag der Näherungsformel (3.68) ist kleiner als 0,5 ppm. Für manche Zwecke ist das aber zu groß. Genauere Formeln greifen wieder auf die Methode der *Reihenentwicklung* zurück. Eine Version nutzt die Entwicklungen aus den Unterabschnitten 3.3.4 und 3.3.5. Mit den dort definierten Hilfsvariablen $A, \xi', \eta', \tau, \sigma, \tau', \sigma', \psi$ findet man [7]:

$$\kappa = \frac{\kappa_0 \cdot A}{a} \cdot \sqrt{\left(1 + \left(\frac{1-n}{1+n} \cdot \tan\phi\right)^2\right) \cdot \frac{\cos^2 \xi' + \sinh^2 \eta'}{\tau'^2 + \sigma'^2}} \tag{3.69}$$

$$= \frac{\kappa_0 \cdot A}{a} \cdot \sqrt{\left(1 + \left(\frac{1-n}{1+n} \cdot \tan\phi\right)^2\right) \cdot \frac{\tau^2 + \sigma^2}{\psi^2 + \cos^2(\lambda - \lambda_0)}} \tag{3.70}$$

Tipp: Wenn Sie beide Formeln nutzen, haben Sie eine Rechenprobe.

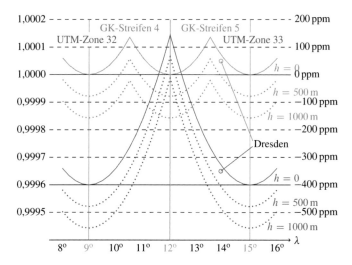

Abb. 3.11 Punktmaßstabsfaktoren im Meridianstreifen bezogen auf $\phi = 51°$ (gestaltet analog zu [5, Abb. 2]). GK = Gauß-Krüger

▶ **Beispiel 3.12**

Für den Punkt aus Beispiel 3.8 soll der Punktmaßstabsfaktor berechnet werden. ◀

▶ **Lösung**

Als Näherungslösung (3.68) berechnen wir vorab mit $E = 411\,287{,}821$ aus Beispiel 3.8 und $R = 6\,382\,587$ aus Aufgabe 3.3

$$\kappa \approx 0{,}9996 + \frac{(411\,287{,}821 - 500\,000{,}000)^2}{2 \cdot 0{,}9996 \cdot 6\,382\,587^2} = 0{,}999\,696\,631\,1 = 1 - 303{,}3689 \text{ ppm}$$

In Beispiel 3.8 wurden die Hilfsvariablen A, n, ψ, ξ', η' und in Beispiel 3.10 die Hilfsvariablen $\sigma, \tau, \sigma', \tau'$ bereits berechnet. In (3.69) lautet der letzte Bruch

$$\frac{\cos^2 0{,}887\,542\,541\,423 + \sinh^2(-0{,}013\,942\,491\,547)}{4{,}568\,671\,634\,074^2 \cdot 10^{-10} + 1{,}000\,342\,943\,308^2} = 0{,}398\,485\,663\,35$$

In (3.70) lautet der letzte Bruch

$$\frac{4{,}568\,671\,634\,074^2 \cdot 10^{-10} + 0{,}999\,657\,172\,201\,496^2}{1{,}228\,115\,526\,061^2 + \cos^2(13{,}734\,806° - 15°)} = 0{,}398\,485\,663\,37 \checkmark$$

Die Übereinstimmung von 10 Ziffern ist sehr gut. Damit berechnen wir

$$\frac{\kappa_0 \cdot A}{a} = \frac{0{,}9996 \cdot 6\,367\,449{,}145\,823}{6\,378\,137{,}000} = 0{,}997\,924\,968\,7$$

$$\left(\frac{1 - 0{,}001\,679\,220\,386\,383\,7}{1 + 0{,}001\,679\,220\,386\,383\,7} \cdot \tan 51{,}033\,778° \right)^2 = 1{,}518\,418\,953\,998\,7$$

$$\kappa = 0{,}997\,924\,968\,711\,9 \cdot \sqrt{2{,}518\,418\,953\,998\,7 \cdot 0{,}398\,485\,663\,4}$$

$$= \underline{0{,}999\,696\,632\,6} = 1 - 303{,}3674 \text{ ppm}$$

Der Fehler der Näherungsformel (3.68) von 0,0015 ppm ist hier gering, weil der Punkt nicht am Rand des Meridianstreifens liegt.

▶ http://sn.pub/TOhcVw ◀

❶ Aufgabe 3.14

Berechnen Sie für den Punkt aus Aufgabe 3.10 den Punktmaßstabsfaktor mit (3.69) und als Probe mit (3.70).

▶ http://sn.pub/F73nkm

Bei der Verebnung des Meridianstreifens werden die windschiefen Ellipsoidnormalen parallel gestellt. Dadurch gelangen Punkte oberhalb des Ellipsoids näher zusammen und Punkte unterhalb entfernen sich voneinander. Diese Abstandsänderung wird als ein weiterer Maßstabsfaktor $1 - h/R$ wirksam. Dieser wird oft mit in die Formel (3.68) aufgenommen, so dass man erhält:

$$\kappa \approx \kappa_0 + \frac{(E - E_0)^2}{2 \cdot \kappa_0 \cdot R^2} - \frac{h}{R} \tag{3.71}$$

Diese Höhenabhängigkeit des Punktmaßstabes geht aus ◘ Abb. 3.11 hervor (gepunktete Kurven).

3.3.8 Linienmaßstab

Entlang einer langen Linie (sagen wir länger als 1 km) hat man überall einen signifikant anderen Punktmaßstab. Das gilt vor allem dann, wenn die Linie in Ost-West-Richtung verläuft, denn nach (3.68) ist κ vor allem von E abhängig.

Für eine überschlägige Fehlerrechnung (Näheres dazu in ▶ Abschn. 5.2) ist (3.68) ausreichend. Eine Änderung in E von 1 km bewirkt demnach eine Änderung von κ um

$$|\Delta\kappa| \approx \frac{|E - E_0|}{\kappa_0 \cdot R^2} \cdot 1\,\text{km} \approx \frac{|E - E_0|}{\text{km}} \cdot 0,025\,\text{ppm} \tag{3.72}$$

Dieser Fehler ist offenbar besonders an den Rändern der Meridianstreifen relevant. Am Rand des 6° breiten UTM-Meridianstreifens erhalten wir daraus in Deutschland einen Fehlerbetrag von bis zu 6 ppm, was die typischen Messabweichungen heutiger EDM deutlich übertrifft.

▶ **Beispiel 3.13**

Eine Strecke PQ von 1 km Länge in Ost-West-Richtung in Dresden erfährt nach (3.72) eine Änderung des Punktmaßstabs von P nach Q von (s. Beispiel 3.12)

$$|\Delta\kappa| \approx |411\,288 - 500\,000| \cdot 0,025\,\text{ppm} \approx 2,2\,\text{ppm}$$

Wenn man mit (3.67) die Länge s'_{PQ} mit den Punktmaßstabsfaktoren in P oder in Q berechnet, ergibt das einen Unterschied von $1\,\text{km} \cdot 2,2\,\text{ppm} = 2,2\,\text{mm}$. Mit dem Punktmaßstab am westlichen Ende von PQ wird s'_{PQ} etwa um 1,1 mm zu kurz erhalten, am östlichen Ende etwa um 1,1 mm zu lang. Das liegt im Bereich der heute üblichen Messgenauigkeit. ◀

Möchte man nun mit (3.67) zwischen der Länge s_{PQ} einer langen geodätischen Linie PQ (sagen wir länger als 1 km) und dem Abstand s'_{PQ} der Punkte P und Q in die Gaußsche Abbildungsebene mit hoher Genauigkeit umrechnen, arbeitet man mit dem *Linienmaß-stabsfaktor* κ_{PQ}, der ein Mittelwert der Punktmaßstabsfaktoren entlang der Linie PQ ist:

$$s'_{PQ} = \kappa_{PQ} \cdot s_{PQ} \tag{3.73}$$

Am einfachsten benutzt man für κ_{PQ} den *Mittelpunktmaßstabsfaktor* $\kappa_{PQ} := \kappa_M$, das ist der Punktmaßstabsfaktor am Mittelpunkt M von PQ, der durch das arithmetische Mittel der Koordinaten von P und Q definiert werden kann, z. B.

$$\phi_M := \frac{\phi_P + \phi_Q}{2}, \quad \lambda_M := \frac{\lambda_P + \lambda_Q}{2}$$

alternativ auch entsprechend mit E und N. Eine gleichwertige Möglichkeit besteht in der Berechnung

$$\kappa_{PQ} := \frac{\kappa_P + \kappa_Q}{2}$$

κ_P, κ_Q sind die Punktmaßstabsfaktoren an den Endpunkten P, Q. Bei sehr langen Linien (sagen wir länger als 10 km) sind diese Methoden u. U. auch nicht genau genug. Hier arbeitet man besser mit der *Simpsonregel*:

$$\kappa_{PQ} := \frac{\kappa_P + 4 \cdot \kappa_M + \kappa_Q}{6} \tag{3.74}$$

▶ **Beispiel 3.14**

Für die Punkte P und Q aus Beispiel 3.11 sollen die Punktmaßstabsfaktoren κ_P, κ_Q und der Linienmaßstabsfaktor κ_{PQ} berechnet werden. ◀

▶ **Lösung**

Mit den exakten Formeln (3.69) oder (3.70) erhalten wir (s. Beispiel 3.12)

$$\kappa_P = 0{,}999\,696\,633 = 1 - 303{,}367\,\text{ppm}$$
$$\kappa_Q = 0{,}999\,693\,730 = 1 - 306{,}270\,\text{ppm}$$

Der Unterschied von ca. 3 ppm ist relevant. Wir erhalten

$$\kappa_M = 0{,}999\,695\,176 = 1 - 304{,}824\,\text{ppm}$$
$$\frac{\kappa_P + \kappa_Q}{2} = 0{,}999\,695\,181 = 1 - 304{,}819\,\text{ppm}$$
$$\frac{\kappa_P + 4 \cdot \kappa_M + \kappa_Q}{6} = 0{,}999\,695\,178 = 1 - 304{,}822\,\text{ppm}$$

Der Unterschied zwischen diesen drei Werten beträgt maximal 0,005 ppm, ist also für diese nur 1,6 km lange Linie irrelevant.
▶ http://sn.pub/Mo0YJK ◀

3.3.9 Flächenmaßstab

Durch die Gaußsche Abbildung werden auch Flächeninhalte F auf dem Ellipsoid verändert, denn diese Abbildung ist nicht flächentreu. Innerhalb einer kleinen Fläche kann der Abbildungsmaßstabsfaktor κ wie bisher als konstant angenommen werden. Am besten eignet sich der Punktmaßstabsfaktor κ_M an einem Mittelpunkt M der Fläche, so dass man für Flächeninhalte F' in der Gaußschen Abbildungsebene erhält:

$$F' = F \cdot \kappa_M^2 \tag{3.75}$$

Größere Flächen von mehreren Quadratkilometern sollten zerlegt und in Einzelteilen berechnet werden.

▶ **Beispiel 3.15**

Wir betrachten eine rechteckige Fläche von $2\,\text{km}^2$, in deren Mitte der Punkt aus Beispiel 3.8 liegt. Wir berechnen den Flächeninhalt F' in der Gaußschen Abbildungsebene. In Beispiel 3.12 hatten wir bereits $\kappa_M = 0{,}999\,696\,632\,6$ erhalten. Die Fläche verkleinert sich bei der Abbildung um

$$F - F' = 2\,000\,000\,\text{m}^2 \cdot (1 - 0{,}999\,696\,632\,6^2) = 1213{,}2855\,\text{m}^2$$

Nehmen wir weiter an, die Fläche sei ein Rechteck von $1\,\text{km} \times 2\,\text{km}$ und die lange Seite des Rechtecks verlaufe in Ost-West-Richtung. Wir halbieren das Rechteck, so dass zwei Quadrate von je $1\,\text{km} \times 1\,\text{km}$ entstehen, die wir jetzt einzeln abbilden. Die Mittelpunkte der Quadrate haben einen Abstand von $1\,\text{km}$. In Beispiel 3.13 hatten wir ermittelt, dass die Punktmaßstabsfaktoren dieser Mittelpunkte sich um etwa $2{,}2\,\text{ppm}$ unterscheiden. Somit ergibt sich folgende Rechnung:

$$\begin{aligned} F - F' = &\ 1\,000\,000\,\text{m}^2 \cdot (1 - 0{,}999\,695\,532\,6^2) \\ &+ 1\,000\,000\,\text{m}^2 \cdot (1 - 0{,}999\,697\,732\,6^2) = 1213{,}2855\,\text{m}^2 \end{aligned}$$

Das Ergebnis ändert sich nicht. Das zeigt, dass die Zerlegung bei dieser kleinen Fläche nicht nötig war. ◀

3.4 Lösungen

Zwischenergebnisse wurden sinnvoll gerundet, so können unbedeutende Abweichungen zur exakten Lösung entstehen.

Aufgabe 3.1: $\beta = 50{,}939\,658\,92°$; $\psi = 50{,}845\,474\,75°$

Aufgabe 3.2: $42\,698\,\text{m}$

Aufgabe 3.3: $6\,386\,306\,\text{m}$; $6\,382\,587\,\text{m}$

Aufgabe 3.4: $t_Q = 163{,}572\,\text{gon}$; $v_Q = 115{,}920\,\text{gon}$; $s_Q = 83{,}941\,\text{m}$; $t_R = 307{,}917\,\text{gon}$; $v_R = 39{,}943\,\text{gon}$; $s_R = 86{,}016\,\text{m}$

Aufgabe 3.6: Die Abweichung beträgt 0,1 mm.

Aufgabe 3.7: $\phi_M = 50{,}100\,097\,8°$; $\lambda_M = 10{,}149\,687\,8°$

Aufgabe 3.8: $\lambda = \lambda_0 \rightarrow \eta' = 0 \rightarrow \eta = 0 \rightarrow E = E_0$
$\phi = 0 \rightarrow \psi = 0 \rightarrow \xi' = 0 \rightarrow \xi = 0 \rightarrow N = N_0$

Aufgabe 3.9: Die Lösung von Aufgabe 3.8 muss rückwärts gelesen werden.

Aufgabe 3.10: $E = 720\,481{,}342\,\text{m}$; $N = 1\,781\,286{,}566\,\text{m}$

Aufgabe 3.11: Hinweis: In allen Fällen ist $\tau = 0$ oder $\tau' = 0$. Siehe auch Aufgaben 3.8 und 3.9.

Aufgabe 3.12: $\gamma = +0{,}571\,948\,485°$

Aufgabe 3.13: $|\delta| = 8{,}5''$

Aufgabe 3.14: $\kappa = 1{,}000\,201\,192\,5$

Literatur

1. Bartsch HJ (2014) Taschenbuch mathematischer Formeln für Ingenieure und Naturwissenschaftler. 23. überarbeitete Auflage, Carl Hanser Verlag, München. ISBN 978-3-446-43800-2
2. Bodemueller H (1954) Die geodätischen Linien des Rotationsellipsoids und die Lösung der geodätischen Hauptaufgaben für große Strecken unter besonderer Berücksichtigung der Bessel-Helmertschen Lösungsmethode. Schriftenreihe der Deutschen Geodätischen Kommission, Reihe B, Heft 13, Verlag der Bayerischen Akademie der Wissenschaften, München
3. Deakin RE (2009) The Normal Section Curve on an Ellipsoid. Lecture Notes, School of Mathematical and Geospatial Sciences, RMIT University, Melbourne, Australia
4. Heck B (1995) Rechenverfahren und Auswertemodelle der Landesvermessung. 2. durchges. und verb. Auflage, Herbert Wichmann Verlag, Heidelberg. ISBN 3-87907-269-8
5. Heunecke O (2017) Planung und Umsetzung von Bauvorhaben mit amtlichen Lage- und Höhenkoordinaten, Zeitschrift für Geodäsie, Geoinformatik und Landmanagement (ZfV) 142(3):180-187. doi:10.12902/zfv-0160-2017
6. Jekeli Ch (2016) Geometric Reference Systems in Geodesy. Division of Geodetic Science, School of Earth Sciences, Ohio State University. http://hdl.handle.net/1811/77986 (Zugegriffen: 26.09.2022)
7. Karney ChFF (2011) Transverse Mercator with an accuracy of a few nanometers. J Geod 85(8):475–485. https://doi.org/10.1007/s00190-011-0445-3
8. Karney ChFF (2013) Algorithms for geodesics. J Geod 87(1):43–55. https://doi.org/10.1007/s00190-012-0578-z
9. Moritz H (2000) Geodetic Reference System 1980. J Geod 74(1):128-162. https://doi.org/10.1007/s001900050278
10. Panou G, Korakitis R (2017) Geodesic equations and their numerical solutions in geodetic and Cartesian coordinates on an oblate spheroid. J Geod Sci 7(1):31–42. https://doi.org/10.1515/jogs-2017-0004
11. Schmidt H (1999) Lösung der geodätischen Hauptaufgaben auf dem Rotationsellipsoid mittels numerischer Integration. ZfV – Zeitschrift für Vermessungswesen 124(4):121–128
12. Torge W (2003) Geodäsie. 2. vollständig überarbeitete und erweiterte Auflage, Walter de Gruyter, Berlin New York. ISBN 3-11-017545-2
13. Torge W (2007) Geschichte der Geodäsie in Deutschland. 2. Auflage, Walter de Gruyter, Berlin Boston. ISBN 978-3-11-020719-4
14. Vermeer M (2015) Mathematical geodesy. Lecture Notes, School of Engineering, Aalto University, Espoo, Finland

Geodätische Messabweichungen

R. Lehmann, *Geodätische und statistische Berechnungen*,
https://doi.org/10.1007/978-3-662-66464-3_4

Das Ziel von Messungen ist es, Informationen über den Wert geometrischer oder physikalischer Größen zu erlangen. Messungen liefern den wahren Wert dieser Größen aber nicht vollständig exakt. Es verbleiben immer kleine Abweichungen, die sogenannten *Messabweichungen*, die eine Vielzahl von Ursachen haben (s. ▶ Abschn. 4.2). Aus folgenden Gründen sind Kenntnisse über Messabweichungen in allen messenden Disziplinen wichtig:

— Als Messende sind wir bestrebt, uns dem wahren Wert der Messgrößen so weit wie es praktisch sinnvoll und gefordert ist, anzunähern. Also müssen wir nach Ursachen von Messabweichungen forschen und Methoden entwickeln, deren Einfluss zu begrenzen.
— Die Annäherung an den wahren Wert müssen wir auch praktisch nachweisen können. Ergebnis der Messungen müssen also nicht nur die Messwerte sein, sondern auch immer Aussagen, wie weit diese wahrscheinlich vom wahren Wert der Messgrößen abweichen.
— Schließlich erlauben solche Kenntnisse, die Wirtschaftlichkeit geodätischer Messoperationen zu optimieren, um genaue und zuverlässige Ergebnisse mit weniger Aufwand zu erhalten.

Selbst wenn Aussagen über Messabweichungen nicht explizit getroffen wurden, müssen sie implizit irgendwo vorhanden sein, sonst sind Messergebnisse unvollständig. Im einfachsten Fall könnte etwa aus der Anzahl der Dezimalziffern, mit denen ein Messergebnis dargestellt wird, eine solche Aussage abzuleiten sein. Leider wird die Anzahl der für Mess- oder Ergebnisgrößen angegebenen Ziffern höchstens grob an deren Genauigkeit orientiert. Praktisch sind es oft zu viele Ziffern.

▶ **Beispiel 4.1**

Der Berg Les Droites im Mont-Blanc-Massiv hat eine gemessene Höhe von 4000 m. Da vier Ziffern angegeben sind, könnte man Meter-Genauigkeit dieses Wertes vermuten. Man könnte aber auch vermuten, dass es sich um einen grob gerundeten Wert handelt, was in diesem Fall nicht stimmt. ◀

Die Theorie der Messabweichungen geht auf den deutschen Mathematiker, Astronom und Geodäten Carl Friedrich Gauß (1777–1855) zurück. Heute werden die Erkenntnisse dieser Theorie in allen messenden Disziplinen genutzt. Schließlich hat sich eine eigene Wissenschaftsdisziplin entwickelt, die *Metrologie*, die man als „Wissenschaft vom Messen" bezeichnet.

Praktisch gibt es keine Möglichkeit, die Prozesse, die zu Messabweichungen führen, exakt bis ins kleinste Detail nachzuvollziehen. Deshalb schreibt man Messabweichungen meist der Wirkung des Zufalls zu. Das heißt aber nicht, dass wir den Messabweichungen machtlos gegenüber stehen. Vielmehr können wir auch im Wirken des Zufalls Gesetzmäßigkeiten erkennen und nutzen. Grundlage der Theorie der Messabweichungen ist deshalb die Mathematische Statistik, die solche Gesetzmäßigkeiten erforscht und beschreibt. Weil möglicherweise nicht alle Leser bereits über vertiefte Kenntnisse der Mathematischen Statistik verfügen, werden die mathematischen Voraussetzungen in diesem Buch auf ein Minimum reduziert.

4.1 Grundbegriffe der Geodätischen Statistik

4.1.1 Mathematische Begriffe

Wir erläutern die ganz wesentlichen Grundbegriffe möglichst anschaulich, ohne zu viel Wert auf mathematische Exaktheit zu legen. Wir empfehlen aber, das Studium unbedingt noch anhand der mathematischen und einschlägigen geodätischen Literatur zu vertiefen [15], [22, S. 615ff].

Eine *Zufallsvariable* (früher Zufallsgröße genannt) X kann man sich als eine Größe vorstellen, deren Wert vom Zufall abhängig ist. Eine mathematisch exakte Definition ist das nicht, hierfür verweisen wir auf die mathematische Literatur [1, S. 673], [15, S. 28].

Als *Realisierung* einer Zufallsvariable X bezeichnet man den Wert x, den die Zufallsvariable X zufällig annimmt.

Den *Erwartungswert* $E\{X\}$ einer Zufallsvariable kann man sich als Mittelwert aus sehr vielen Realisierungen (Grenzwert) vorstellen [22, S. 615]. (Meist kann ein Mittelwert aus mindestens 100 Realisierungen mit dem Erwartungswert praktisch gleich gesetzt werden.) Eine exakte mathematische Definition findet man z. B. in [1, S. 676], [15, S. 51]. Der Erwartungswert kennzeichnet das Streuzentrum der Realisierungen von X. Wir geben die wichtigste Rechenregel für Erwartungswerte bekannt: Sind X und Y Zufallsvariable und a, b, c nicht-zufällige reelle Zahlen, so gilt [1, S. 677]:

$$E\{a \cdot X + b \cdot Y + c\} = a \cdot E\{X\} + b \cdot E\{Y\} + c \tag{4.1}$$

(Man sagt: Die Erwartungswertbildung ist ein linearer Operator E.)

Die *Standardabweichung* σ einer Zufallsvariable X kennzeichnet die Streubreite der Realisierungen von X. Sie ist die Wurzel aus der mittleren quadratischen Abweichung von X von seinem Erwartungswert [1, S. 678], [22, S. 620]:

$$\sigma_X := \sqrt{E\{(X - E\{X\})^2\}} \tag{4.2}$$

Die *Wahrscheinlichkeitsverteilung* einer Zufallsvariable kann man sich als Häufigkeitsverteilung von sehr vielen Realisierungen (Grenzwert) vorstellen [15, S. 30f,49], [22, S. 616].

Die *Wahrscheinlichkeitsdichtefunktion* beschreibt die Wahrscheinlichkeitsverteilung mathematisch als Grenzwert des Histogramms aus sehr vielen Realisierungen [15, S. 49f]. In Bereichen, in denen die Wahrscheinlichkeitsdichtefunktion Null ist, treten keine Realisierungen auf. Dort, wo sie große Werte hat, sind Realisierungen hingegen sehr wahrscheinlich.

Unter *Schätzung* versteht man in der Mathematischen Statistik die genäherte Bestimmung von Größen. Die exakte Bestimmung ist nicht möglich, weil unvermeidbare Messabweichungen dies verhindern (s. ▶ Abschn. 4.1.2). Dabei versucht man, durch Anwendung optimaler statistischer Verfahren auf Beobachtungen dem wahren Werten der Größen möglichst nahe zu kommen. Eine Schätzung kann sowohl sehr grob sein, also nur die ungefähre Größenordnung eines Wertes liefern, als auch extrem genau sein, so dass für praktische Zwecke Abweichungen vom wahren Wert vernachlässigt werden können. Das zahlenmäßige Ergebnis einer Schätzung nennt man *Schätzwert* [1, S. 699], [15, S. 125], [22, S. 627f].

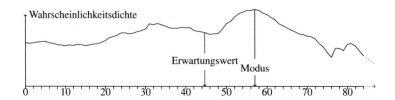

□ **Abb. 4.1** Gedrehte Alterspyramide, gültig für Deutschland im Jahr 2021 im Intervall [0,84] (s. Beispiel 4.2) [21]

▶ **Beispiel 4.2**

Wenn man einen Einwohner Deutschlands zufällig auswählt, dann ist sein aktuelles Lebensalter X eine Zufallsvariable. Wird zum Beispiel zufällig Bundespräsident Frank-Walter Steinmeier gewählt, ist die Realisierung dieser Zufallsvariable $x = 66$ (gültig im Jahr 2022). Die folgenden Daten beziehen sich auf das Jahr 2021 [21]: Der Erwartungswert dieser Zufallsvariable beträgt $E\{X\} = 44,7$ (Durchschnittsalter aller Deutschen). Die Standardabweichung ist sehr groß, weil die Realisierungen von 0 bis etwa 114 breit streuen. Die Wahrscheinlichkeitsdichtefunktion ist die um 90° gedrehte Alterspyramide (s. □ Abb. 4.1). Den zahlenmäßig stärksten Jahrgang bilden die 57-jährigen Menschen. Also ist die Wahrscheinlichkeit, einen 57-jährigen Menschen zufällig zu wählen, am höchsten. Das bedeutet, die Wahrscheinlichkeitsdichtefunktion hat bei $x = 57$ ihr Maximum. Diesen Punkt nennt man den *Modus* der Verteilung. ◀

4.1.2   Messwerte, Messabweichungen und Beobachtungen

Wir machen im Folgenden einen feinen Bedeutungsunterschied zwischen *Messwerten* und *Beobachtungen* nach □ Tab. 4.1. Manchmal spricht man auch von *ursprünglichen* Messwerten und *Pseudomesswerten* oder *fiktiven* oder *Pseudobeobachtungen* (Spalte 3 in □ Tab. 4.1).

Ein *Messfehler* ist der qualitative Zustand der *Nichterfüllung einer Forderung* an einen Messwert oder ein Messergebnis [6]. Es ist also nur sinnvoll, von einem Messfehler zu sprechen, wenn man sich auf eine solche Forderungen bezieht.

Unvermeidbare Abweichungen der Messwerte von ihren wahren Werten werden nach DIN 18709 Teil 4 als *Messabweichungen* bezeichnet [5]. Sie wurden früher und werden manchmal leider auch heute noch generell als „Messfehler" bezeichnet. Wir sprechen hier

□ **Tab. 4.1**   Messwerte und Beobachtungen

Messwerte		
Messwerte, deren Messabweichungen zur Lösung der Aufgabe zweifellos irrelevant sind und vernachlässigt werden können.	Messwerte, deren Messabweichungen bei der Lösung der Aufgabe optimal geschätzt und durch Verbesserungen bestmöglich beseitigt werden müssen.	gegebene Werte, die nicht selbst Messwerte sind, aber aus solchen berechnet wurden und damit vielleicht indirekt durch Messabweichungen verfälscht sind
	Beobachtungen	

zur Vereinfachung auch dann von „Messabweichungen", wenn es sich um Abweichungen von Pseudomesswerten handelt.

Die Existenz von Messabweichungen lässt noch nicht darauf schließen, dass beim Messen unsachgemäß gearbeitet wurde. Auch absolut fachmännisch und richtig ausgeführte Messungen haben Messabweichungen, wenn auch nur in einer zulässigen Größe.

Der gemessene Wert x einer Beobachtung ergibt sich aus dem *wahren Wert* $\tilde{x}$ dieser Größe und einer *wahren Messabweichung* η_x additiv:

$$x = \tilde{x} + \eta_x \tag{4.3}$$

Das Tilde-Symbol kennzeichnet im Folgenden stets wahre Werte. Praktisch sind wahre Messabweichungen unbekannt, sonst könnte man sich ihrer entledigen. Aber man kann diesen Größen durch statistische Schätzung nahe kommen. Ein solcher Schätzwert ist die *Verbesserung*, jedoch mit umgekehrtem Vorzeichen:

$$v = -\hat{\eta}_x$$

Das Dach-Symbol kennzeichnet im Folgenden stets Schätzwerte. Bei Verbesserungen macht man eine Ausnahme, da diese immer Schätzwerte sind, so dass man traditionell nicht $\hat{v}$ schreibt, obwohl das gerechtfertigt wäre. Durch Anbringen der Verbesserung an die gemessene Beobachtung x gelangt man zum Schätzwert für x, den man auch *ausgeglichene Beobachtung* nennt:

$$\hat{x} = x + v$$

Diese und weitere Begriffe und Definitionen sind Gegenstand der Norm DIN 18709 Teil 4 [5].

Statistische Schätzungen, insbesondere Ausgleichungen von Beobachtungen, sind nur möglich, wenn mehr Beobachtungen vorliegen, als zur eindeutigen Berechnung der gesuchten Größen notwendig wären. Man spricht von *überschüssigen* oder *redundanten* Beobachtungen.

> **Definition 4.1 (Redundanz)**
>
> Die Anzahl von überschüssigen Beobachtungen, die zur Lösung einer Problemstellung vorliegen, heißt Redundanz und wird mit dem Symbol r bezeichnet.

4.2 Arten von Messabweichungen

4.2.1 Grobe Messabweichungen

> **Definition 4.2 (grobe Messabweichung)**
>
> Hin und wieder entstehen Messabweichungen leider durch unsachgemäßes oder unsorgfältiges Arbeiten, diese sind also prinzipiell vermeidbar. Eine so verursachte Messabweichung nennt man grobe Messabweichung oder auch grober Fehler, weil hier ein echter Messfehler im Sinne von ▶ Abschn. 4.1.2 vorliegt [5, Nr. 3.2.7].

Grobe Messabweichungen erreichen oft große Beträge, aber das ist nicht zwingend notwendig, um diese als grob zu klassifizieren.

4

▶ **Beispiel 4.3**

Folgende Messabweichungen sind z. B. als grob zu klassifizieren:
- bei visueller Messung: Anzielung eines falschen Zielpunktes
- bei elektronischer Distanzmessung: Reflexion von einem Hindernis im Signalweg
- bei manuellem Aufschrieb: Zifferndreher oder falsche Zahl erfasst
- falsche Eingabe im Messinstrument, Bedienfehler oder Fehlfunktion des Instrumentes ◀

4.2.2 Systematische Messabweichungen

Die Messung einer Messgröße x kann mehrmals
- von demselben Beobachter
- mit demselben Messverfahren und
- mit denselben Instrumenten und Messwerkzeugen

wiederholt werden. Die gemessenen Beobachtungen $x_1, x_2, \ldots, x_n$ unterscheiden sich aber dennoch meist wegen
- zufälliger Prozesse, die die Messungen unterschiedlich verfälschen, und
- sich ändernder, nicht vollständig erfasster und deshalb teilweise unkorrigierter Wirkungen von Einflussgrößen.

Sollten Beobachtungen keine groben Messabweichungen enthalten und so wiederholt worden sein, dass sich alle Einflussgrößen nicht geändert haben, dann spricht man von *Messungen unter Wiederholbedingungen* [5, Nr. 3.2.14]. Es verbleiben also noch die zufälligen Prozesse, deren Wirkung mit den Mitteln der mathematischen Statistik behandelt werden können.

Die gemessenen Beobachtungen $x_1, x_2, \ldots, x_n$ können als Realisierungen einer Zufallsvariable X angesehen werden. Einige zufällige Prozesse vergrößern die Beobachtungswerte, andere verkleinern sie, wobei hier oft kein exaktes Gleichgewicht besteht. Bei einer Mittelbildung auch über sehr viele Realisierungen

$$\hat{x} = \frac{x_1 + x_2 + \cdots + x_n}{n} \approx E\{X\} \neq \tilde{x} \tag{4.4}$$

heben sich die Wirkungen dieser Prozesse nicht gegenseitig auf, so dass man sich dem wahren Wert $\tilde{x}$ auch bei wachsendem n nicht beliebig annähert. Somit gilt:

Definition 4.3 (systematische Messabweichung)

Der Erwartungswert $E\{X\}$ einer Beobachtung X stimmt praktisch nicht vollständig mit dem wahren Wert $\tilde{x}$ der Größe x überein. Es verbleibt eine Differenz, die als systematische Messabweichung

$$\Delta := E\{X\} - \tilde{x} \tag{4.5}$$

bezeichnet wird [5, Nr. 3.2.6].

Eine systematische Messabweichung behält bei Wiederholung der Messung Betrag und Vorzeichen bei.

▶ **Beispiel 4.4**

Folgende Ursachen von Messabweichungen wirken z. B. rein systematisch oder haben einen starken systematischen Anteil [2, 11, 22]:
- bei Distanzmessern oder Nivellierlatten: Nullpunkt- oder Maßstabsabweichungen
- bei GNSS-Antennen: Abweichung des Antennenphasenzentrums vom Antennenreferenzpunkt
- bei Tachymetern und Theodoliten: Achsfehler und Höhenindexfehler
- bei Nivellieren: Ziellinienfehler
- bei zeitlich nicht weit auseinanderliegenden Messungen: nicht erfasste atmosphärische Einflüsse ◀

4.2.3 Zufällige Messabweichungen

┌─ **Definition 4.4 (zufällige Messabweichung)** ─────────────────

Eine Messabweichung, die weder grob noch systematisch ist, bezeichnet man als zufällige Messabweichung ε. Man erhält diese, wenn die Beobachtung x nicht grob verfälscht ist und nach Abzug der systematischen Messabweichung [5, Nr. 3.3.1]:

$$\varepsilon := x - \tilde{x} - \Delta = x - E\{X\} \tag{4.6}$$

Zufällige Messabweichungen sind prinzipiell unvermeidbar. Allerdings kann man ihre Größe beschränken, z. B. durch Wahl eines genaueren und deshalb aufwändigeren Messverfahrens und/oder eines hochwertigeren Messinstrumentes. Das wird jedoch wegen der höheren Arbeits- und Ausrüstungskosten nicht generell empfohlen. Man versucht statt dessen, die Wirkung zufälliger Messabweichungen wenigstens teilweise rechnerisch durch *Verbesserungen* zu vermindern. Das ist das Kerngeschäft der geodätischen Ausgleichungsrechnung (s. ▶ Kap. 7).

▶ **Beispiel 4.5**

Folgende Ursachen von Messabweichungen wirken z. B. rein zufällig oder haben einen starken zufälligen Anteil:
- unvermeidbare Abweichungen beim Anzielen mit dem Zielfernrohr,
- unvermeidbare Abweichungen beim visuellen Ablesen an Skalen sowie
- elektronische und atmosphärische Rauschprozesse ◀

Mit der Rechenregel (4.1) findet man

$$E\{\varepsilon\} = E\{x - E\{X\}\} = E\{X\} - E\{X\} = 0 \tag{4.7}$$

Außerdem lassen sich den zufälligen Messabweichungen häufig folgende Eigenschaften zuschreiben:
- Negative zufällige Messabweichungen sind etwa genauso häufig wie positive desselben Betrags.
- Betragsgroße zufällige Messabweichungen sind seltener als kleine.

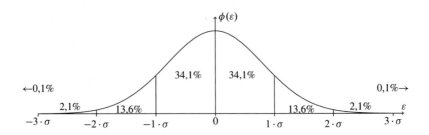

4

◘ **Abb. 4.2** Wahrscheinlichkeitsdichtefunktion der Normalverteilung mit Wahrscheinlichkeiten in den σ-Intervallen

▬ Eine betragsmäßig maximale zufällige Messabweichung, die nicht überschritten werden kann, existiert nicht oder kann nicht angegeben werden.

Das bedeutet, die Wahrscheinlichkeitsdichtefunktion $\phi(\varepsilon)$ der zufälligen Messabweichungen ε hat ihr einziges Maximum bei $\varepsilon = 0$ und ist symmetrisch zu $\varepsilon = 0$. Ausgehend von diesen Eigenschaften wird zufälligen Messabweichungen meist das mathematische Modell der auf Carl Friedrich Gauß (1777–1855) zurückgehenden *Normalverteilung* zugeordnet [1, S. 689ff], [22, S. 621f]. Man kann aber nicht sagen, dass zufällige Messabweichungen immer normalverteilt wären, sondern nur, dass das Modell der Normalverteilung zur Beschreibung solcher Zufallsvariablen praktisch oft zweckmäßig ist.

Die Normalverteilung wird durch zwei Parameter μ, σ vollständig beschrieben:

▬ durch den Erwartungswert μ, der bei zufälligen Messabweichungen nach (4.7) gleich Null ist, und
▬ durch die Standardabweichung σ.

Die Wahrscheinlichkeitsdichtefunktion $\phi(\varepsilon)$ (s. ◘ Abb. 4.2) hat im Fall von $\mu = 0$ die Form

$$\phi(\varepsilon) = \frac{1}{\sigma\sqrt{2\cdot\pi}}\exp\left(\frac{-\varepsilon^2}{2\cdot\sigma^2}\right) \tag{4.8}$$

„exp" bezeichnet die Exponentialfunktion zur Basis $e = 2{,}718\,28\ldots$ (Eulersche Zahl). Die Form der Dichtefunktionskurve ist dem Profil einer Glocke ähnlich, weshalb die Kurve auch als *Glockenkurve* bezeichnet wird. Die Normalverteilung kommt nicht nur der tatsächlichen Verteilung zufälliger Messabweichungen mehr oder weniger nahe, sondern hat eine Reihe von mathematischen Eigenschaften, die die Arbeit mit dieser Verteilung sehr vereinfacht. Diese lassen sich darauf zurückführen, dass lineare Funktionen von normalverteilten Zufallsvariablen wieder normalverteilt sind [1, S. 692]. Das ist bei fast keiner anderen Verteilung so. Auch bei nichtlinearen Funktionen kann diese Eigenschaft oft zumindest näherungsweise als gültig angenommen werden.

Darauf basiert der *Zentrale Grenzwertsatz*, der im Wesentlichen besagt, dass unter gewissen Voraussetzungen die Summe einer großen Anzahl von auch nicht normalverteilten Zufallsvariablen näherungsweise normalverteilt ist [1, S. 693]. Das lässt sich auf zufällige Messabweichungen anwenden, deren Zustandekommen man sich als Überlagerung vieler verschiedener zufälliger Effekte vorstellt.

▶ **Beispiel 4.6**

Betrachten wir auf einem Standpunkt zum selben Zielpunkt tachymetrische Richtungsmessungen in zwei Fernrohrlagen r_1, r_2 und das Mittel aus diesen:

$$r = \frac{r_1 + r_2 \pm 200 \, \text{gon}}{2}$$

$\tilde{r} = \tilde{r}_1 = \tilde{r}_2 \pm 200 \, \text{gon}$ bezeichnet den wahren Wert der gemessenen Richtung und $\varepsilon_1, \varepsilon_2$ sind die zugehörigen zufälligen Messabweichungen. Als systematische Messabweichung wirkt der Zielachsfehler c, und zwar in beiden Fernrohrlagen mit gleichem Betrag und entgegengesetztem Vorzeichen. Wir nehmen an, dass grobe Messabweichungen nicht vorhanden sind. Dann erhalten wir

$$r = \frac{\tilde{r}_1 + c + \varepsilon_1 + \tilde{r}_2 - c + \varepsilon_2 \pm 200 \, \text{gon}}{2} = \frac{\tilde{r}_1 + \tilde{r}_2 \pm 200 \, \text{gon}}{2} + \frac{\varepsilon_1 + \varepsilon_2}{2} = \tilde{r} + \varepsilon$$

(Beachten Sie, dass c eliminiert wird.) Sind $\varepsilon_1, \varepsilon_2$ normalverteilte Zufallsvariable, dann ist auch $\varepsilon = (\varepsilon_1 + \varepsilon_2)/2$ als lineare Funktion der Messabweichungen eine normalverteilte Zufallsvariable. Mit r kann demnach so gerechnet werden, als wäre dies selbst ein Messwert und nicht eine Ergebnisgröße. ◀

Die Wahrscheinlichkeit P, dass eine zufällige Messabweichung ε in ein Intervall $[\varepsilon_u, \varepsilon_o]$ fällt, berechnet man mit der Verteilungsfunktion der Normalverteilung. Diese Funktion hat leider keine geschlossene Darstellung, ist aber z. B. mit Tabellenkalkulationsprogrammen wie Microsoft EXCEL berechenbar:

$$P = \text{NORMVERT}(\varepsilon_o; 0; \sigma; 1) - \text{NORMVERT}(\varepsilon_u; 0; \sigma; 1)$$

Auch auf guten wissenschaftlichen Taschenrechnern findet man diese Funktion, evtl. unter anderem Namen. Für die Intervallgrenzen $-3 \cdot \sigma, -2 \cdot \sigma, -\sigma, 0, \sigma, 2 \cdot \sigma, 3 \cdot \sigma$ berechnet man so die Wahrscheinlichkeiten in ◨ Abb. 4.2.

🅐 **Aufgabe 4.1**

Berechnen Sie für eine zufällige Messabweichung mit der Standardabweichung 0,7 mgon die Wahrscheinlichkeit, dass diese zwischen $-2,0$ mgon und $-1,5$ mgon liegt.

4.2.4 Zeitabhängige Messabweichungen

Neben den drei klassischen Arten von Messabweichungen gibt es noch mindestens eine vierte Art, die momentan an Bedeutung gewinnt:

┌─ **Definition 4.5 (Drift)** ─────────────────────────────────

  Als Drift $\Delta(t)$ bezeichnet man eine zeitlich veränderliche systematische Messabweichung.

└──

Diese tritt nur auf, wenn zeitabhängige Messungen vorliegen. Zeitlich benachbarte Beobachtungen besitzen etwa gleiche systematische Messabweichungen, aber mit der Zeit t können sich diese ändern.

▶ **Beispiel 4.7**

Folgende Ursachen von Messabweichungen wirken z. B. systematisch zeitabhängig:
- bei Tachymetern, Nivellieren, Vermessungskreiseln und Gravimetern: Effekte der Änderung der Instrumenteninnentemperatur
- beim geometrischen Präzisionsnivellement: unvermeidbares Einsinken der Latten und des Stativs
- bei GNSS-Messungen: atmosphärische Einflüsse und Effekte der Mehrwegausbreitung von Satellitensignalen ◀

4.2.5 Zusammenfassung der Messabweichungen

Die wahren Messabweichungen setzen sich additiv aus den bis zu vier Komponenten zusammen (s. ◘ Tab. 4.2, ◘ Abb. 4.3):

$$\eta_i = g_i + \Delta + \varepsilon_i + \Delta(t_i) \tag{4.9}$$

Der Index i bedeutet, dass einige Größen in dieser Gleichung bei Wiederholung der Messung unter Wiederholbedingungen andere Werte annehmen können.

◘ **Tab. 4.2** Arten von Messabweichungen

Messabweichung	Grobe	Systematische	Zufällige	Drift
Symbol	g_i	Δ	ε_i	$\Delta(t_i)$
Prinzipiell vermeidbar	Ja	Nein	Nein	Nein
Bei Wiederholungs-beobachtung mit zeitlichem Abstand	Gleicher oder anderer Wert	Gleicher Wert	Anderer Wert	Anderer Wert

◘ **Abb. 4.3** Arten von Messabweichungen

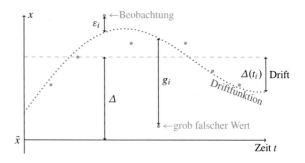

4.3 Genauigkeitskenngrößen

4.3.1 Theoretische und empirische Genauigkeitskenngrößen

Genauigkeit ist eine qualitative Größe [5]. Aussagen wie „Die Genauigkeit beträgt 0,001 m" sind deshalb für sich genommen falsch. Allerdings benötigen wir quantitative Angaben für Genauigkeiten, z. B. damit Auftraggeber eine bestimmte Genauigkeitsforderung aufstellen und Geodäten diese rechnerisch nachweisen können und müssen. Man nennt diese Angaben *Genauigkeitskenngrößen* oder *Genauigkeitsmaße*. Man kann sagen: „Die Genauigkeit von *a* und *b* ist gleich groß", wenn beiden dieselbe Genauigkeitskenngröße zugeordnet ist.

Genauigkeitskenngrößen bilden einen wichtigen Teil des *stochastischen Modells* (s. ▶ Abschn. 7.2), welches bei der Auswertung geodätischer Messungen alle Annahmen über Messabweichungen zusammenfasst. Ohne oder mit falschen Annahmen können solche Messungen nicht optimal ausgewertet werden.

Wir unterscheiden zwei Arten von solchen Größen:

- Genauigkeitskenngrößen können schon *vor* der Messung vorliegen, nämlich aus jahrelangen Erfahrungen mit dieser Messtechnologie, wenn bei den aktuellen Messungen durchschnittliche Bedingungen herrschen. Es sind also *theoretische Annahmen*. In der Ausgleichung nennt man diese auch *a-priori* Genauigkeitskenngrößen.
- Genauigkeitskenngrößen können zum Nachweis der Genauigkeit auch *nach* der Messung aus aktuellen Messwerten durch Schätzung abgeleitet werden. Dann spricht man von *empirischen Genauigkeitsschätzungen*. In der Ausgleichung nennt man diese auch *a-posteriori* Genauigkeitsschätzungen.

4.3.2 Standardabweichungen und Varianzen

Traditionell werden zufällige Messabweichungen durch die *Standardabweichung* (früher auch „mittlerer Fehler" genannt) quantifiziert (s. ▶ Abschn. 4.1.1). Dies ist durch die einfache Berechenbarkeit und die wichtige Stellung der Standardabweichung bei der Beschreibung der Normalverteilung zu erklären. Heute hat sich für Standardabweichungen international das Symbol σ durchgesetzt. Für Schätzwerte verwenden wir auch hier das Dach-Symbol, schreiben also $\hat{\sigma}$. Die Schätzung der Standardabweichung ist eine Aufgabe der Geodätischen Statistik und Ausgleichungsrechnung (s. ▶ Abschn. 6.1.4, 6.2.4, 7.4.3).

Die *Varianz* σ^2 ist das Quadrat der Standardabweichung σ. Mathematisch ist die Varianz wichtiger als die Standardabweichung, weil für die Varianz einfachere mathematische Gesetze gelten. Vom praktischen Standpunkt aus ist die Varianz als Genauigkeitskenngröße aber ungeeignet, weil der Zusammenhang zur Größe, auf die sich diese bezieht, wenig anschaulich ist. Schon allein die Einheit der Varianz löst Verwirrung aus. Genauso wie die Standardabweichung kann die Varianz a-priori gegeben oder a-posteriori geschätzt werden. Im zweiten Fall schreibt man das Symbol $\hat{\sigma}^2$.

Standardabweichung und Varianz kennzeichnen nur die Größe zufälliger Messabweichungen, sagen also nichts darüber aus, wie groß systematische und grobe Messabweichungen sind. In ◲ Abb. 4.3 kennzeichnen diese Größen also die Abweichung der Beobachtungspunkte x_i von der Driftfunktion, nicht aber vom wahren Wert $\tilde{x}$. Systematische Messabweichungen können erheblich größer sein, so dass man sich auf der Basis von Standardabweichungen und Varianzen vor zu optimistischen Einschätzungen der Genauigkeiten in Acht nehmen muss. Siehe hierzu auch ▶ Abschn. 4.3.5.

Eine Verallgemeinerung von Standardabweichungen auf zwei bzw. drei Zufallsvariablen stellen Standardellipsen bzw. Standardellipsoide dar (s. ▶ Abschn. 4.5).

4.3.3 Gewichte

Häufig ist es nicht möglich, die *absoluten* Genauigkeiten der Beobachtungen quantitativ anzugeben, aber immerhin sollte es möglich sein, diese Genauigkeiten *relativ* zueinander anzugeben. Dann wird die Genauigkeit traditionell durch *Gewichte* ausgedrückt. Je höher die Genauigkeit einer Beobachtung, desto höher ihr Gewicht.

Definition 4.6 (Gewicht)

Die relative Genauigkeitskenngröße p, die sich umgekehrt proportional zur Varianz verhält, d. h.

$$\frac{\sigma_i^2}{\sigma_j^2} = \frac{p_j}{p_i} \tag{4.10}$$

bezeichnet man als Gewicht.

Demnach sind Gewichte in jedem stochastischen Modell nur bis auf einen konstanten positiven Faktor bestimmt, der einmalig frei wählbar ist. p_1, p_2, p_3 drücken z. B. dieselben relativen Genauigkeiten wie $10 \cdot p_1, 10 \cdot p_2, 10 \cdot p_3$ aus, weil sich die Faktoren 10 in (4.10) aufheben.

Zur Ausgleichung von Beobachtungen ist die Festlegung von Gewichten für alle Beobachtungen erforderlich. Dazu gibt es mehrere Möglichkeiten:

(1) Zuweisung eines Gewichtes: Eine Möglichkeit, Gewichte festzulegen, besteht darin, dass man einer beliebigen Beobachtung ein beliebiges positives Gewicht zuordnet und alle anderen Gewichte gemäß (4.10) daraus ableitet.

▶ **Beispiel 4.8**

In einem Höhennetz sind alle Höhendifferenzen mit demselben Verfahren bestimmt worden. Diese Höhendifferenzen sind nicht unbedingt gleich genau, sondern die Genauigkeiten sind immer abhängig von der Weglänge des Nivellements: Je weiter die Punkte räumlich auseinander liegen, desto ungenauer wird die Höhendifferenz gemessen. Für dieses Messverfahren ist bekannt, dass die Varianzen σ^2 sich proportional zu den Weglängen W verhalten, siehe hierzu (5.17):

$$\frac{\sigma_i^2}{\sigma_j^2} = \frac{W_i}{W_j} = \frac{p_j}{p_i} \tag{4.11}$$

(1a) Wird z. B. der ersten Beobachtung das Gewicht $p_1 := 1$ zuordnet, ergeben sich

$$p_j = \frac{p_j}{p_1} = \frac{W_1}{W_j}, \quad j = 2, 3, \dots$$

(1b) Eine indirekte Möglichkeit besteht darin, eine Bezugsweglänge für das Gewicht Eins festzulegen, z. B. $W_{p=1} = 1$ km, so dass man für alle Gewichte erhält:

$$p_j = \frac{1 \text{ km}}{W_j}, \quad j = 1, 2, \ldots \tag{4.12}$$

Die Möglichkeit (1b) mit $W_{p=1} = 1$ km ist bei geodätischen Höhennetzen die Standardvariante [3] (s. ► Abschn. 7.2.5). Ein Nivellementweg der Länge 1 km muss im Netz natürlich nicht vorkommen, so wird auch keine Beobachtung das Gewicht Eins haben. ◄

► Beispiel 4.9

In einem Richtungs-Strecken-Netz sind alle Richtungen in zwei Vollsätzen (je zwei Fernrohrlagen) gemessen worden, so dass diese dieselbe Genauigkeit und also gleiche Gewichte haben. Alle Strecken e haben laut Hersteller des Streckenmessinstruments Standardabweichungen von „2 mm + 5 ppm", das bedeutet $\sigma = \sqrt{(2 \text{ mm})^2 + (5 \cdot 10^{-6} \cdot e)^2}$ [4]. Legt man für die erste Strecke das Gewicht Eins fest, ergeben sich folgende Gewichte:

Gemessene Strecke e	Standardabweichung σ	Gewicht p
381,063 m	2,8 mm	1,00 (Festlegung)
350,291 m	2,7 mm	$2,8^2/2,7^2 = 1,08$
408,165 m	2,9 mm	$2,8^2/2,9^2 = 0,93$
489,697 m	3,2 mm	$2,8^2/3,2^2 = 0,77$

Die Frage, welche Gewichte den Richtungen zuzuordnen sind, kann nicht ohne weiteres beantwortet werden. Gewicht Eins kann es jedenfalls nicht sein, denn das würde bedeuten, dass die Richtungen dieselbe Genauigkeit haben, wie die erste Strecke. Das entspricht nicht der geodätischen Denkweise. Die Gewichtsfestlegung ist erst möglich, wenn auch absolute Genauigkeiten der Richtungen bekannt sind. Nehmen wir für alle Satzmittel $\sigma = 0,5$ mgon an, so erhalten wir aus (4.10):

$$\frac{p_{\text{Strecke 1}}}{p_{\text{Richtungen}}} = \frac{\sigma^2_{\text{Richtungen}}}{\sigma^2_{\text{Strecke 1}}} = \frac{(0,5 \text{ mgon})^2}{(2,8 \text{ mm})^2}$$

und schließlich

$$p_{\text{Richtungen}} = \frac{(2,8 \text{ mm})^2}{(0,5 \text{ mgon})^2} = 31 \frac{\text{mm}^2}{\text{mgon}^2}$$

Es mag unerwartet sein, dass ein Gewicht eine Einheit erhält. Wenn die Beobachtungen unterschiedliche Einheiten haben, ist das unvermeidbar. ◄

(2) Wahl der Gewichtseinheit: Eine weitere Möglichkeit, Gewichte festzulegen, wenn allen Beobachtungen a-priori eine Standardabweichung zugeordnet werden kann, besteht darin, eine *Standardabweichung der Gewichtseinheit* σ_0 willkürlich festzulegen. Das bedeutet: In dem Fall, dass einer Beobachtung die Standardabweichung σ_0 zugeordnet ist, bekommt diese Beobachtung das Gewicht $p_0 := 1$. Allerdings muss nicht unbedingt eine solche Beobachtung vorhanden sein. Aus (4.10) erhält man

$$p_j = \frac{p_j}{p_0} = \frac{\sigma_0^2}{\sigma_j^2}, \quad j = 1, 2, \ldots, n \tag{4.13}$$

σ_0 kann in jedem stochastischen Modell nur einmal gewählt werden. Die Zahl σ_0^2 nennt man den *Varianzfaktor* des Modells.

▶ **Beispiel 4.10**

Der thermische Ausdehnungskoeffizient der Strichteilung einer Nivellierlatte [11, S. 429f] ergab in drei Kalibrierungen laut Kalibrierprotokoll folgende Werte und zugehörige Standardabweichungen:

$L_1 = 0{,}7\,\text{ppm/K}; \quad \sigma_{L_1} = 0{,}2\,\text{ppm/K}$

$L_2 = 0{,}6\,\text{ppm/K}; \quad \sigma_{L_2} = 0{,}3\,\text{ppm/K}$

$L_3 = 0{,}6\,\text{ppm/K}; \quad \sigma_{L_3} = 0{,}2\,\text{ppm/K}$

Mit der Wahl von $\sigma_0 := 1\,\text{ppm/K}$ erhalten wir aus (4.13) folgende Gewichte ohne Einheiten:

$$p_1 = \frac{1}{0{,}2^2} = 25; \quad p_2 = \frac{1}{0{,}3^2} = 11; \quad p_3 = \frac{1}{0{,}2^2} = 25 \;\blacktriangleleft$$

▶ **Beispiel 4.11**

Wir setzen das Beispiel 4.9 fort. Eine weitere Möglichkeit, beim Richtungs-Strecken-Netz Gewichte festzulegen, besteht darin, eine Standardabweichung der Gewichtseinheit σ_0 willkürlich festzulegen. Wählen wir $\sigma_0 := 1$ einheitenlos, so erhalten wir aus (4.13) für alle Richtungen (Satzmittel) das Gewicht

$$p_{\text{Richtungen}} = \frac{\sigma_0^2}{\sigma_{\text{Richtungen}}^2} = \frac{1^2}{(0{,}5\,\text{mgon})^2} = 4\,\text{mgon}^{-2}$$

und für die Strecken

$$p_{\text{Strecke 1}} = \frac{1^2}{(2{,}8\,\text{mm})^2} = 0{,}128\,\text{mm}^{-2}; \quad p_{\text{Strecke 2}} = \frac{1^2}{(2{,}7\,\text{mm})^2} = 0{,}137\,\text{mm}^{-2};$$

$$p_{\text{Strecke 3}} = \frac{1^2}{(2{,}9\,\text{mm})^2} = 0{,}119\,\text{mm}^{-2}; \quad p_{\text{Strecke 4}} = \frac{1^2}{(3{,}2\,\text{mm})^2} = 0{,}098\,\text{mm}^{-2}$$

Diese Wahl der Gewichte ist anders, aber völlig gleichwertig zu der in Beispiel 4.9. ◀

(3) Summenbedingung: Wie in ▶ Abschn. 7.7.4 noch erläutert wird, kann es sinnvoll sein, die Gewichte so zu wählen, dass diese eine Summenbedingung (7.88) erfüllen.

🔴 **Aufgabe 4.2**

Drei Punkte A, B, C wurden mit dem GNSS-Verfahren gemessen. Dabei wurden jeweils drei Koordinaten Nord, Ost und Höhe bestimmt. Es sei bekannt, dass wegen der unterschiedlichen Verteilung der Satelliten (am Nordhimmel befinden sich auf der Nordhalbkugel weniger Satelliten und von unten werden gar keine Signale empfangen) das Verhältnis der Koordinatenstandardabweichungen $\sigma_{\text{Nord}} : \sigma_{\text{Ost}} : \sigma_{\text{Höhe}} = 3 : 2 : 5$ ist. Weil Punkt B unter einem belaubten Baum liegt, wo die Stärke der Satellitensignale geringer ist, sind dort die Standardabweichungen aller ermittelten Koordinaten doppelt so groß wie auf den anderen beiden Punkten. Bestimmen Sie ganzzahlige Gewichte für alle neun Koordinatenbeobachtungen.

4.3.4 Konfidenzintervalle (Vertrauensintervalle)

Für die a-priori Standardabweichung σ einer Beobachtung x gilt unter der Annahme der Normalverteilung der zufälligen Messabweichungen von x, dass das Intervall $[x - \sigma_x, x + \sigma_x]$ den Erwartungswert $E\{X\}$ mit einer Wahrscheinlichkeit von 68,4 % überdeckt (s. ◻ Abb. 4.2). Falls grobe und systematische Messabweichungen ausgeschlossen sind, überdeckt das Intervall nach (4.5) mit derselben Wahrscheinlichkeit den wahren Wert $\tilde{x}$.

Da die Wahrscheinlichkeit von 68,4 % oft als zu gering empfunden wird, wählt man oft das Intervall $[x - 2 \cdot \sigma_x, x + 2 \cdot \sigma_x]$ mit der Wahrscheinlichkeit von 95,4 % oder $[x - 3 \cdot \sigma_x, x + 3 \cdot \sigma_x]$ mit der Wahrscheinlichkeit von 99,7 %.

Weil 99,7 % sehr nahe an 100 % liegt, wird das manchmal gleichgesetzt. Somit überdeckt das $3 \cdot \sigma_x$-Intervall den Erwartungswert praktisch mit Sicherheit. Anders gesprochen gilt praktisch sicher

$$|\varepsilon_x| \leq 3 \cdot \sigma_x \tag{4.14}$$

Es bleibt aber zu beachten, dass grobe und systematische Messabweichungen hierbei nicht berücksichtigt sind.

Eine beliebte Entscheidungsregel zur Erkennung grober Messabweichungen in Beobachtungen ist die $3 \cdot \sigma$-*Regel*. Diese besagt: Wenn (4.14) verletzt ist, kann ε_x höchstwahrscheinlich keine zufällige Messabweichung sein. Es wird somit vermutet, dass zusätzlich eine grobe Messabweichung aufgetreten ist. Die Anwendung dieser Regel setzt jedoch voraus, dass sowohl $|\varepsilon_x|$ als auch σ_x tatsächlich bekannt sind. Praktisch liegen aber für $|\varepsilon_x|$ immer und für σ_x meist auch nur Schätzwerte vor, für die diese Regel streng genommen nicht gilt. Die Anwendung dieser Regel führt dann häufiger zu Fehlschlüssen [13].

> **Definition 4.7 (Konfidenzintervall, Konfidenzniveau)**
>
> Ein Konfidenz- oder Vertrauensintervall ist ein Intervall, welches den Erwartungswert einer Zufallsvariable mit einer vorgegebenen Wahrscheinlichkeit $1 - \alpha$ überdeckt. Diese Überdeckungswahrscheinlichkeit nennt man das Konfidenzniveau [1, S. 701f], [5, Nr. 3.4.1f], [15, S. 146], [22, S. 687f].

Für normalverteilte Zufallsvariablen X und die oft gewählte Wahrscheinlichkeit $\alpha = 0,1 = 10$ % kommt man zum Intervall $[x - 1,64 \cdot \sigma_x, x + 1,64 \cdot \sigma_x]$. Dieses Intervall ist das Konfidenzintervall zum Konfidenzniveau 90 %. Für andere Konfidenzniveaus erhält man entsprechende Intervalle $[x - z_{1-\alpha/2} \cdot \sigma_x, x + z_{1-\alpha/2} \cdot \sigma_x]$ der halben Konfidenzintervallbreite $z_{1-\alpha/2} \cdot \sigma_x$. Hier ist $z_{1-\alpha/2}$ ein Quantil der Standardnormalverteilung ($\mu = 0, \sigma = 1$) und kann der ◻ Tab. 4.3 entnommen werden.

◘ Tab. 4.3 Quantile der Normal- und t-Verteilung für verschiedene Irrtumswahrscheinlichkeiten α und Freiheitsgrade r. Andere Werte können interpoliert werden. Für $r > 20$ kann statt t näherungsweise auch z verwendet werden

| | $z_{1-\alpha/2}$ | $t_{1-\alpha/2,r}$ | | | | | | | |
		$r = 1$	$r = 2$	$r = 3$	$r = 4$	$r = 6$	$r = 9$	$r = 13$	$r = 20$
$\alpha = 0{,}10$	1,64	6,31	2,92	2,35	2,13	1,94	1,83	1,77	1,72
$\alpha = 0{,}05$	1,96	12,7	4,30	3,18	2,78	2,45	2,26	2,16	2,09
$\alpha = 0{,}01$	2,58	63,7	9,92	5,84	4,60	3,71	3,25	3,01	2,85

Hat man hingegen nur eine a-posteriori Standardabweichung $\hat{\sigma}_x$ vorliegen, die in einem Ausgleichungsmodell mit der Redundanz r geschätzt wurde (s. Definition 4.1, ▶ Abschn. 7.4.3), dann gelangt man zum Konfidenzintervall $[x - t_{1-\alpha/2,r} \cdot \sigma_x,$ $x + t_{1-\alpha/2,r} \cdot \sigma_x]$. Hier ist $t_{1-\alpha/2,r}$ das Quantil der t-Verteilung mit r Freiheitsgraden und kann der ◘ Tab. 4.3 entnommen werden.

Außerdem lassen sich die Quantile mit Tabellenkalkulationsprogrammen wie Microsoft EXCEL wie folgt berechnen:

$$z = \text{NORM.S.INV}(1 - \alpha/2) \quad \text{oder} \quad t = \text{T.INV}(1 - \alpha/2; r)$$

Die Breiten von Konfidenzintervallen können als Genauigkeitskenngrößen verwendet werden. Mit diesen Kenngrößen lassen sich die Genauigkeiten manchmal besser kennzeichnen, als mit Standardabweichungen. Eine Verallgemeinerung von Konfidenzintervallen auf zwei bzw. drei Zufallsvariablen stellen Konfidenzellipsen bzw. Konfidenzellipsoide dar (s. ▶ Abschn. 4.5).

4.3.5 Messunsicherheit

Standardabweichungen σ oder Varianzen σ^2 werden meist aus redundanten Beobachtungen geschätzt, z. B. aus Wiederholungsbeobachtungen (s. ▶ Abschn. 6.1.4). Dabei stützt man sich ausschließlich auf die Variabilität der Beobachtungswerte untereinander. Dann beschreiben diese Genauigkeitskenngrößen lediglich die Abweichung eines Messergebnisses vom Erwartungswert, nicht aber vom wahren Wert. Wenn von solchen Genauigkeitskennwerten Konfidenzintervalle abgeleitet werden, beziehen sich auch diese immer nur auf den Erwartungswert. Wenn wahrer Wert und Erwartungswert voneinander abweichen, d. h. wenn systematische Messabweichungen (4.5) vorliegen, liefern diese Genauigkeitskenngrößen ein zu *optimistisches* Bild der Genauigkeit, denn diese Messabweichungen erzeugen z. B. bei Wiederholungsbeobachtungen keine Variabilität.

▶ **Beispiel 4.12**

Bei GNSS-Messungen treten im Wesentlichen systematische Messabweichungen und Driften auf (z. B. atmosphärische und Mehrwegeffekte sowie Satellitenbahnfehler) und können ohne Korrektur mehr als 10 m betragen [2]. Wird eine Messung in kurzem Abstand wiederholt, ändert sich die Positionslösung erfahrungsgemäß kaum, so dass die Standardabweichungen sehr gering geschätzt würden. ◀

Durch immerhin betragsmäßiges Abschätzen der vermutlichen Größe der systematischen Messabweichungen Δ aus der vielleicht langjährigen Erfahrung des Fachpersonals könnte es möglich sein, zu einer realistischeren Genauigkeitskenngröße zu gelangen, die auch systematische Messabweichungen einschließt [9]. Diese in Wiederholungsbeobachtungen nicht erkennbaren Abweichungen werden auch als *Restsystematiken* bezeichnet [22, S. 726].

Definition 4.8 (Messunsicherheit)

Die Messunsicherheit ist definiert als nichtnegativer Parameter, der die Streuung derjenigen Werte kennzeichnet, die einer Messgröße auf der Grundlage der benutzten Informationen beigeordnet ist [5, Nr. 3.3.9], [10, S. 12].

Im Rahmen der internationalen Standardisierung der Metrologie wurde im Jahr 1993 der „Guide to the Expression of Uncertainty in Measurement" (GUM) geschaffen. Die letzte Überarbeitung stammt aus dem Jahr 2008 [9, 10]. Eine Revision des GUM wurde im Jahr 2014 begonnen. Ziel des GUM ist eine international einheitliche Vorgehensweise beim Ermitteln und Angeben von Messunsicherheiten, um Messergebnisse weltweit und fachübergreifend vergleichbar zu machen.

Der GUM sieht zwei Kategorien von Methoden zur Erfassung der Messunsicherheit vor:

- Typ A: Berechnung der Messunsicherheit durch statistische Analyse der Messungen
- Typ B: Ermittlung der Messunsicherheit mit anderen Mitteln als der statistischen Analyse

Meist werden die Ergebnisse als Standardabweichungen erhalten und zur Messunsicherheit kombiniert [9, S. 73], [16]:

$$u = \sqrt{\sigma_{\text{Typ A}}^2 + \sigma_{\text{Typ B}}^2}$$

Damit kein zu optimistisches Bild der Genauigkeitssituation entsteht, wird häufig eine *erweiterte Messunsicherheit U* mit einem Erweiterungsfaktor $k > 1$ wie folgt gebildet [5, Nr. 3.4.4]:

$$U = k \cdot u \tag{4.15}$$

Üblich ist die Festlegung $k := 2$ [9, S. 77].

In der Geodäsie spielt der GUM bisher leider nur in industriellen Anwendungen der Ingenieurgeodäsie eine bedeutende Rolle. Jedoch wird sich das wahrscheinlich bald auf andere Bereiche ausdehnen [8, 18–20].

4.3.6 Maßtoleranzen

Die Maßtoleranz ist eine konstruktions- und fertigungsbedingte Maßgröße im Bauwesen, im Maschinenbau und in anderen Zweigen der Fertigungsindustrie. Sie bezeichnet die Differenz zwischen dem oberen und dem unteren Grenzmaß, das sind Höchst- und Mindestmaß eines Bauwerkes oder Werkstücks. Das Sollmaß wird auch als Nennmaß bezeichnet [7] (s. ◘ Abb. 4.4).

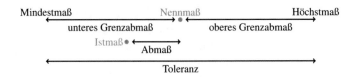

◻ **Abb. 4.4** Begriffe nach DIN 18202: Maßtoleranz und Grenzmaße [7]

Die zulässigen Abweichungen des Istmaßes vom Nennmaß sind die Grenzabmaße. Oft sind unteres und oberes Grenzabmaß gleich groß. Das tatsächliche Abmaß (Nennmaß minus Istmaß) muss kleiner als das Grenzabmaß sein, sonst erfüllt das Bauwerk oder Werkstück die Anforderungen nicht. Die Einhaltung von Maßtoleranzen muss durch Messungen kontrolliert werden [22, S. 728ff]. Dabei ist wichtig, dass sowohl

■ keine echten Toleranzüberschreitungen unerkannt bleiben (das ist das sogenannte *Konsumentenrisiko*), als auch

■ keine vermeintlichen Toleranzüberschreitungen bei qualitätsgerechten Produkten festgestellt werden (das ist das sogenannte *Produzentenrisiko*).

Deshalb muss die Messung ausreichend genau sein. Damit das Istmaß mit der Wahrscheinlichkeit $1 - \alpha$ oder höher im Toleranzbereich liegt, muss das Konfidenzintervall vollständig im Toleranzbereich enthalten sein, d. h. es muss gelten

$$
\text{Mindestmaß} < \begin{array}{c} \text{untere Grenze} \\ \text{des Konfidenz-} \\ \text{intervalls} \end{array} < \text{Messergebnis} < \begin{array}{c} \text{obere Grenze} \\ \text{des Konfidenz-} \\ \text{intervalls} \end{array} < \text{Höchstmaß}
$$

4.4 Korrelationen und Kovarianzen

4.4.1 Korrelationen

Beobachtungen im Sinne von ◻ Tab. 4.1 sind nach ► Abschn. 4.2.2 Zufallsvariablen. Diese können statistische Abhängigkeiten aufweisen. Das bedeutet, diese Zufallsvariablen nehmen ihre Werte (Realisierungen) manchmal nicht unabhängig voneinander an, sondern es kann eine gegenseitige Beeinflussung geben. Typisch sind folgende drei Fälle (s. ◻ Abb. 4.5):

Die zufälligen Messabweichungen von Beobachtungen

■ neigen dazu, gleiches Vorzeichen zu besitzen. Man spricht von *positiver Korrelation*.

■ neigen dazu, entgegengesetztes Vorzeichen zu besitzen. Man spricht von *negativer Korrelation*.

■ weisen keine solche Neigungen auf. Hier liegt *keine Korrelation* vor.

Korrelationen sind die wichtigste Form von statistischen Abhängigkeiten. Für die Ausgleichung geodätischer Messungen ist es wichtig zu wissen, ob Beobachtungen *korreliert* sind oder nicht.

Solche Korrelationen zwischen Beobachtungen kommen auf zwei Arten zustande: physikalisch-technisch und mathematisch. Diesem Thema widmen sich die beiden folgenden Unterabschnitte.

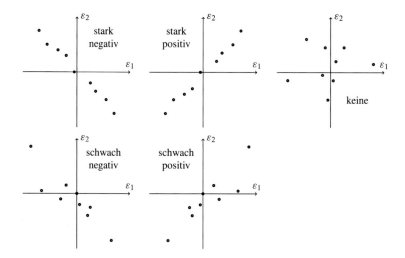

◻ Abb. 4.5 Verschiedene Arten von Korrelationen: Ein Paar von Messwerten wird n-mal gemessen und seine zufälligen Messabweichungen $\varepsilon_1, \varepsilon_2$ definieren n Punkte in der Koordinatenebene (hier: $n = 9$)

4.4.2 Physikalisch-technische Korrelationen

Die zufälligen Prozesse, welche zufällige Messabweichungen hervorrufen, hängen manchmal ursächlich auf physikalisch-technische Weise zusammen, nämlich
- über gegenseitige Beeinflussungen in ein und demselben Messinstrument oder
- über gemeinsame äußere Messbedingungen, die zufällig wirken.

Solche Korrelationen nennen wir *physikalisch-technisch*.

▶ **Beispiel 4.13**

In einem Tachymeter werden gleichzeitig Horizontalrichtung und Zenitwinkel gemessen.
- Einige Bauteile dieses Messinstruments werden für beide Messungen genutzt. So könnte es zu einer gegenseitigen Beeinflussung und damit zu Korrelationen zwischen den Messabweichungen und somit letztlich auch zwischen den Messwerten von Horizontalrichtung und Vertikalwinkel zu einem Zielpunkt kommen.
- Durch widrige Messbedingungen könnte verursacht werden, dass der Zielpunkt zufällig falsch angezielt wird, allerdings häufig entweder zu weit links oben oder zu weit rechts unten. Auch hier ist eine Korrelation die Folge, in diesem Fall käme es zu positiver Korrelation von Zenitwinkel und Horizontalrichtung. ◀

❯ **Hinweis 4.1**

Obwohl es anscheinend gewisse Parallelen zu systematischen Messabweichungen gibt, sprechen wir hier über *zufällige* Messabweichungen, die bei Wiederholung der Messung durchaus andere Werte annehmen, aber eben nicht unabhängig von anderen zufälligen Messabweichungen.

Physikalisch-technische Korrelationen sind zahlenmäßig praktisch sehr schwer zu erfassen. Häufig ist das sogar völlig unmöglich. Deshalb werden solche Korrelationen fast immer vernachlässigt. Bei Unkenntnis solcher Korrelationen ist das statistisch gesehen eine bessere Vorgehensweise, als falsche Korrelationen zu unterstellen.

Jedenfalls achtet man beim Bau von Instrumenten und beim Messen darauf, dass physikalisch-technische Korrelationen vermieden werden. Ursprüngliche Messwerte (Spalte 2 in ◪ Tab. 4.1) können oder müssen somit als unkorrelierte Zufallsvariablen aufgefasst werden.

4.4.3 Mathematische Korrelationen

Mathematische Korrelationen gibt es nicht bei ursprünglichen Messwerten (Spalten 1 + 2 in ◪ Tab. 4.1). Betrachten wir zwei Beobachtungen, die selbst keine ursprünglichen Messwerte sind, sondern aus ursprünglichen Messwerten berechnete Größen (Spalte 3 in ◪ Tab. 4.1). Eine Korrelation könnte vorliegen, wenn dieselben ursprünglichen Messwerte in beide Beobachtungen eingeflossen sind, weil deren zufällige Messabweichungen beide Beobachtungen beeinflussen. Solche Korrelationen nennen wir *mathematisch*.

> ▶ **Beispiel 4.14**
>
> Auf einem Standpunkt wurden Richtungen r_1, r_2, r_3 zu drei Zielpunkten ursprünglich gemessen (s. ◪ Abb. 4.6). Diese sind ursprüngliche Messwerte und weisen keine Korrelation auf. Bei den Winkeln
>
> $$\alpha := r_2 - r_1, \quad \beta := r_3 - r_2$$
>
> liegt aber eine mathematische Korrelation vor, denn der Messwert r_2 ist sowohl für α, als auch für β benutzt worden. Wurde r_2 zufällig zu klein gemessen (zufällige Messabweichung negativ), neigt α dazu, ebenso kleiner als sein wahrer Wert zu sein, und β größer. Wurde r_2 zu groß gemessen (zufällige Messabweichung positiv), so ist es häufig umgekehrt. Das ist aber keineswegs immer so, weil der Effekt durch die Messabweichung in den anderen Richtungen r_1, r_3 mehr als aufgehoben sein kann, aber immerhin passiert es häufig. Somit erkennt man, dass α und β negativ korreliert sind. Den genauen Zahlenwert der Korrelation, den *Korrelationskoeffizient* (s. Definition 4.10) werden wir im Beispiel 5.19 berechnen. ◀

⬆ Aufgabe 4.3

Betrachten Sie das geometrische Liniennivellement aus ◪ Abb. 4.7. Die ursprünglichen Messwerte sind hier die Lattenablesungen (Rückblicke r_1, r_2, r_3 und Vorblicke v_1, v_2, v_3). Nehmen Sie an, die wahre Anfangshöhe von Punkt A sei bekannt und man berechnet daraus die Höhen der anderen drei Punkte. Sind diese Höhen untereinander paarweise positiv oder negativ korreliert oder unkorreliert? Begründen Sie Ihre Entscheidung!

◪ **Abb. 4.6** zu Beispiel 4.14

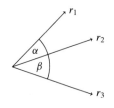

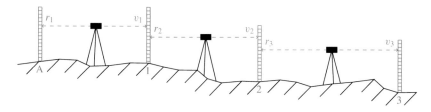

◘ Abb. 4.7 Liniennivellement (s. Aufgabe 4.3 und Beispiel 5.3)

Mathematische Korrelationen sind mit den Werkzeugen der Fehler- und Kovarianzfortpflanzung praktisch relativ einfach zu behandeln (s. ▶ Kap. 5).

4.4.4 Kovarianzen und Korrelationskoeffizienten

Zur mathematisch-statistischen Beschreibung der Korrelationen dienen die *Kovarianzen* und Korrelationskoeffizienten [1, S. 656], [15, S. 102].

Definition 4.9 (Kovarianz)

Sind ε_1 und ε_2 die zufälligen Messabweichungen zweier Beobachtungen, so definiert man deren Kovarianz als

$$\sigma_{12} := E\{\varepsilon_1 \cdot \varepsilon_2\} \tag{4.16}$$

Bei positiver Korrelation der beiden Beobachtungen ist $\sigma_{12} > 0$, bei negativer Korrelation ist $\sigma_{12} < 0$, sonst ist $\sigma_{12} = 0$.

- Bei physikalisch-technischer Korrelation (s. ▶ Abschn. 4.4.2) muss wie gesagt meist der Fall $\sigma_{12} = 0$ angenommen werden, selbst wenn dieser streng genommen nicht vorliegt.
- Bei mathematischer Korrelation (s. ▶ Abschn. 4.4.3) kann die Kovarianz aus der funktionalen Abhängigkeit der ursprünglichen Messwerte hergeleitet werden. Das ist mit dem *Kovarianzfortpflanzungsgesetz* möglich, welches im ▶ Abschn. 5.5 behandelt wird.

Schätzwerte von Kovarianzen werden als *a-posteriori* Kovarianzen $\hat{\sigma}_{12}$ bezeichnet, im Unterschied zu *a-priori* Kovarianzen σ_{12}, die aus theoretischen Überlegungen resultieren. Für beide gelten dieselben Gesetzmäßigkeiten, jedoch sind $\hat{\sigma}$ Zufallsvariablen.

Wenn ausgedrückt werden soll, wie stark oder schwach eine Korrelation ist, berechnet man den Korrelationskoeffizient.

Definition 4.10 (Korrelationskoeffizient)

Sind σ_1 und σ_2 die Standardabweichungen zweier Beobachtungen und σ_{12} ist ihre Kovarianz, so definiert der einheitenlose Korrelationskoeffizient deren lineare statistische Abhängigkeit durch

$$\rho_{12} := \frac{\sigma_{12}}{\sigma_1 \cdot \sigma_2} \tag{4.17}$$

◻ **Abb. 4.8** Korrelationskoeffizient

	negativ korreliert		unkorreliert		positiv korreliert	
	stark	schwach			schwach	stark

$$\xrightarrow{\hspace{4cm}} \rho$$

-1   0   1

Korrelationskoeffizienten ρ liegen immer im Intervall $[-1; +1]$ (s. ◻ Abb. 4.8):

$$-1 \leq \rho \leq 1 \tag{4.18}$$

Die absolut stärkste Korrelation liegt bei $|\rho| = 1$ vor. Das bedeutet, dass die zufälligen Messabweichungen ε_1 und ε_2 in ◻ Abb. 4.5 exakt Punkte auf einer Geraden bilden. Beide Messabweichungen hängen somit vollständig voneinander ab, so dass z. B. ε_1 durch ε_2 exakt prädiziert werden kann.

4.4.5 Kovarianzmatrizen

Mehrere Beobachtungen oder andere Zufallsvariablen $X_1, X_2, \ldots, X_n$ werden zu einem *Zufallsvektor*

$$\mathbf{X} = \begin{pmatrix} X_1 \\ X_2 \\ \vdots \\ X_n \end{pmatrix} \tag{4.19}$$

zusammengefasst. Dann werden die zugehörigen Varianzen $\sigma_1^2, \sigma_2^2, \ldots, \sigma_n^2$ und Kovarianzen $\sigma_{12}, \sigma_{13}, \ldots, \sigma_{n-1,n}$ zu einer *Kovarianzmatrix*

$$\boldsymbol{\Sigma}_{\mathbf{X}} = \begin{pmatrix} \sigma_1^2 & \sigma_{12} & \cdots & \sigma_{1n} \\ \sigma_{12} & \sigma_2^2 & \cdots & \sigma_{2n} \\ \vdots & \vdots & \ddots & \vdots \\ \sigma_{1n} & \sigma_{2n} & \cdots & \sigma_n^2 \end{pmatrix} \tag{4.20}$$

zusammengefasst [12, S. 107]. Solche Kovarianzmatrizen sind immer quadratisch und symmetrisch mit nicht-negativer Hauptdiagonale. Sind die Elemente des Zufallsvektors $\mathbf{X}$ paarweise unkorreliert, so ist $\boldsymbol{\Sigma}_{\mathbf{X}}$ eine Diagonalmatrix. Das sollte nach ▶ Abschn. 4.4.2 gelten, wenn $X_1, X_2, \ldots, X_n$ ursprüngliche Messwerte sind.

> **Hinweis 4.2**
> Kovarianzmatrizen vom Typ (4.20) sind stets nicht-negativ definit. Das bedeutet, sie haben nicht-negative Eigenwerte. In diesem Buch wird darauf aber nicht weiter eingegangen.

> **Hinweis 4.3**

Ein anderer gebräuchlicher Name für (4.20) ist *Varianz-Kovarianz-Matrix*. Oft schreibt man für Σ_X auch Σ_{XX}, um auszudrücken, dass die Kovarianzen σ_{ij} sich auf Paare (X_i, X_j) von Elementen nur des Vektors X beziehen. Es gibt nämlich auch Kovarianzmatrizen vom Typ Σ_{XY}, deren Kovarianzen σ_{ij} sich auf Paare (X_i, Y_j) von Elementen zweier verschiedener Vektoren X, Y beziehen. Diese wären dann auch nicht immer quadratisch und symmetrisch. In diesem Buch werden wir solche Kovarianzmatrizen nicht weiter verwenden, so dass wir bei der Schreibweise mit nur einem Index bleiben.

> **Hinweis 4.4**

In der Mathematik und in vielen angewandten Disziplinen ist es üblich, Vektoren mit kleinen Buchstaben zu bezeichnen. Wir weichen hier aus Gründen der Übersichtlichkeit von dieser Notation ab.

Wenn die Matrix Σ_X in (4.20) mit a-priori Varianzen und a-priori Kovarianzen befüllt wurde, bezeichnen wir diese als *a-priori* Kovarianzmatrix. Liegen hingegen nur Schätzwerte von Varianzen $\hat{\sigma}_1^2, \hat{\sigma}_2^2, \ldots, \hat{\sigma}_n^2$ und Kovarianzen $\hat{\sigma}_{12}, \hat{\sigma}_{13}, \ldots, \hat{\sigma}_{n-1,n}$ vor, dann kann man diese zu einer *a-posteriori* Kovarianzmatrix

$$
\hat{\Sigma}_X = \begin{pmatrix} \hat{\sigma}_1^2 & \hat{\sigma}_{12} & \cdots & \hat{\sigma}_{1n} \\ \hat{\sigma}_{12} & \hat{\sigma}_2^2 & \cdots & \hat{\sigma}_{2n} \\ \vdots & \vdots & \ddots & \vdots \\ \hat{\sigma}_{1n} & \hat{\sigma}_{2n} & \cdots & \hat{\sigma}_n^2 \end{pmatrix}
\tag{4.21}
$$

zusammenfassen.

▶ **Beispiel 4.15**

Ein Punkt in der Ebene mit den kartesischen Koordinaten (x, y) ist mit a-priori Standardabweichungen $\sigma_x = 13\,\text{mm}$, $\sigma_y = 20\,\text{mm}$ bestimmt worden. x und y weisen eine mathematische Korrelation mit dem Korrelationskoeffizient $\rho_{xy} = 0{,}2$ auf. Aus (4.17) ergibt sich die Kovarianz

$$
\sigma_{xy} = 0{,}2 \cdot 13\,\text{mm} \cdot 20\,\text{mm} = 52\,\text{mm}^2
$$

Somit hat der aus den Koordinaten x, y gebildete Zufallsvektor X die a-priori Kovarianzmatrix

$$
\Sigma_X = \begin{pmatrix} 169 & 52 \\ 52 & 400 \end{pmatrix} \text{mm}^2 \quad \blacktriangleleft
$$

4.4.6 Kofaktor- und Gewichtsmatrizen

Die Kovarianzmatrizen (4.20), (4.21) beschreiben die *absolute* Genauigkeitssituation der Elemente eines Zufallsvektors X. Kann oder möchte man jedoch nur die *relative* Genauigkeitssituation beschreiben, dann benutzt man eine *Kofaktormatrix* [17, S. 125]

$$
Q_X := \sigma_0^{-2} \Sigma_X
\tag{4.22}
$$

σ_0^2 ist der gewählte Varianzfaktor (s. ▶ Abschn. 4.3.3). Da sich eine Kofaktormatrix von der zugehörigen Kovarianzmatrix nur um einen positiven Faktor unterscheidet, gelten dieselben mathematischen Eigenschaften und Gesetze. Die Hinweise 4.2 und 4.3 gelten gleichlautend auch für Kofaktormatrizen. Die Elemente einer Kofaktormatrix nennt man *Kofaktoren* $q_{11}, q_{12}, \ldots, q_{nn}$:

$$\mathbf{Q_X} = \begin{pmatrix} q_{11} & q_{12} & \cdots & q_{1n} \\ q_{12} & q_{22} & \cdots & q_{2n} \\ \vdots & \vdots & \ddots & \vdots \\ q_{1n} & q_{2n} & \cdots & q_{nn} \end{pmatrix} \tag{4.23}$$

Leider kann man aus Beobachtungen nicht alle n^2 Varianzen und Kovarianzen in (4.21) schätzen, das wären viel zu viele Unbekannte. Deshalb beschränkt man sich praktisch meist auf die Schätzung eines einzigen Wertes, nämlich des Varianzfaktors σ_0^2 mit dem Schätzwert $\hat{\sigma}_0^2$. (Eine Ausnahme bildet die Varianzkomponentenschätzung, s. ▶ Abschn. 7.2.3). Somit bildet man (4.21) aus (4.23) mit $\hat{\sigma}_0^2$ statt σ_0^2:

$$\hat{\boldsymbol{\Sigma}} := \hat{\sigma}_0^2 \cdot \mathbf{Q_X} \tag{4.24}$$

Kofaktormatrizen $\mathbf{Q}$ haben gegenüber Kovarianzmatrizen $\boldsymbol{\Sigma}$, $\hat{\boldsymbol{\Sigma}}$ folgende Vorteile:
- Sie können auch angegeben werden, wenn nur *relative* Genauigkeiten bekannt sind, σ_0^2 also unbekannt ist.
- Es gibt sie nicht in zwei Versionen (a-priori/a-posteriori), sondern nur in einer. Man kann also später entscheiden, ob man schließlich die Berechnung von $\boldsymbol{\Sigma}$ oder $\hat{\boldsymbol{\Sigma}}$ anstrebt.

Deshalb arbeiten wir in diesem Buch häufiger mit Kofaktormatrizen. Der Nachteil ist jedoch, dass sie sich immer auf die konkrete Festlegung von Gewichten (s. ▶ Abschn. 4.3.3), d. h. die Wahl eines Varianzfaktors σ_0^2 oder seinen Schätzwert $\hat{\sigma}_0^2$ beziehen. Eine andere Gewichtsfestlegung ändert auch die Kofaktoren.

Die Kofaktormatrix enthält bereits die Information über den Grad der Korrelation der Elemente des Zufallsvektors, auf den sie sich beziehen. Den Korrelationskoeffizient von X_1 und X_2 kann man statt mit (4.17) auch mit Kofaktoren berechnen:

$$\rho_{12} = \frac{\sigma_{12}}{\sigma_1 \cdot \sigma_2} = \frac{q_{12}}{\sqrt{q_{11} \cdot q_{22}}} \tag{4.25}$$

▶ **Beispiel 4.16**

Im Beispiel 4.15 hatten wir für die Koordinaten eines Punktes eine Kovarianzmatrix gefunden. Hätten wir bei der Berechnung der Genauigkeit des Punktes die Beobachtungsgewichte mit $\sigma_0 = 10 \,\text{mm}$ gebildet, dann wäre die Kofaktormatrix des Punktes

$$\mathbf{Q_X} = \begin{pmatrix} 1{,}69 & 0{,}52 \\ 0{,}52 & 4{,}00 \end{pmatrix}$$

erhalten worden. Die Kofaktoren wären dann einheitenlos. Mit (4.25) gewinnen wir zur Probe den Korrelationskoeffizent zurück:

$$\rho_{xy} = \frac{0{,}52}{\sqrt{1{,}69 \cdot 4{,}00}} = 0{,}20 \, \checkmark \quad ◄$$

Beobachtungen $L_1, L_2, \ldots, L_n$ werden meist zu einem Zufallsvektor $\mathbf{L}$ zusammengefasst, so dass die zugehörigen Kovarianz- und Kofaktormatrizen $\boldsymbol{\Sigma}_\mathbf{L}, \hat{\boldsymbol{\Sigma}}_\mathbf{L}$ und $\mathbf{Q}_\mathbf{L}$ heißen. In diesem Fall ist es üblich, statt mit $\mathbf{Q}_\mathbf{L}$ mit der inversen Matrix zu arbeiten, der *Gewichtsmatrix*

$$\mathbf{P} := \mathbf{Q}_\mathbf{L}^{-1} \tag{4.26}$$

Beobachtungen werden häufig als unkorrelierte Zufallsvariablen aufgefasst (s. ▶ Abschn. 4.4.2, 4.4.3). Dann sind $\boldsymbol{\Sigma}_\mathbf{L}, \hat{\boldsymbol{\Sigma}}_\mathbf{L}, \mathbf{Q}_\mathbf{L}$ und damit auch $\mathbf{P}$ Diagonalmatrizen [17, S. 125]:

$$\mathbf{P} = \begin{pmatrix} p_1 & 0 & \cdots & 0 \\ 0 & p_2 & \cdots & 0 \\ \vdots & \vdots & \ddots & \vdots \\ 0 & 0 & \cdots & p_n \end{pmatrix} = \begin{pmatrix} 1/q_{11} & 0 & \cdots & 0 \\ 0 & 1/q_{22} & \cdots & 0 \\ \vdots & \vdots & \ddots & \vdots \\ 0 & 0 & \cdots & 1/q_{nn} \end{pmatrix} \tag{4.27}$$

Auf der Hauptdiagonale von $\mathbf{P}$ stehen die Gewichte (4.13).

4.5 Standard- und Konfidenzellipsen und -ellipsoide

4.5.1 Standard- und Konfidenzellipsen

Um die Genauigkeit eines Punktes in der Ebene (Lagepunkt) zu kennzeichnen, fasst man die Koordinaten (x, y) zu einem Zufallsvektor zusammen und gibt die zugehörige Kovarianzmatrix (4.20) oder (4.21) oder Kofaktormatrix (4.23) an:

$$\boldsymbol{\Sigma}_{xy} = \begin{pmatrix} \sigma_x^2 & \sigma_{xy} \\ \sigma_{xy} & \sigma_y^2 \end{pmatrix}, \quad \hat{\boldsymbol{\Sigma}}_{xy} = \begin{pmatrix} \hat{\sigma}_x^2 & \hat{\sigma}_{xy} \\ \hat{\sigma}_{xy} & \hat{\sigma}_y^2 \end{pmatrix}, \quad \mathbf{Q}_{xy} = \begin{pmatrix} q_{xx} & q_{xy} \\ q_{xy} & q_{yy} \end{pmatrix} \tag{4.28}$$

Oft besteht aber der Wunsch, die Genauigkeitssituation graphisch zu veranschaulichen. Dazu dienen *Standard- und Konfidenzellipsen*. Diese werden in Karten zentrisch um den berechneten Punkt herum im vergrößerten Maßstab abgebildet (s. ◨ Abb. 4.9).

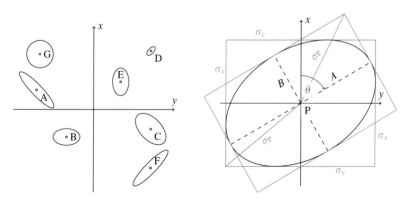

◨ **Abb. 4.9** Standardellipsen. Links: siehe Text in ▶ Abschn. 4.5.1

4

Je nach Aussage, die damit verbunden werden soll, gibt es verschiedene Arten von Ellipsen, die man nicht verwechseln sollte. Am einfachsten zu berechnen ist die *Helmertsche Standardellipse* (nach Friedrich Robert Helmert, 1843–1917). Die Halbachsen A, B der Ellipse (s. ▶ Abschn. 1.4.4) werden wie folgt berechnet:

$$\left.\begin{array}{c} A \\ B \end{array}\right\} = \frac{\sigma_0}{\sqrt{2}} \cdot \sqrt{q_{xx} + q_{yy} \pm \sqrt{(q_{xx} - q_{yy})^2 + 4 \cdot q_{xy}^2}} \tag{4.29}$$

$$= \frac{1}{\sqrt{2}} \cdot \sqrt{\sigma_x^2 + \sigma_y^2 \pm \sqrt{(\sigma_x^2 - \sigma_y^2)^2 + 4 \cdot \sigma_{xy}^2}} \tag{4.30}$$

Die große Halbachse A gehört jeweils zum Vorzeichen Plus, die kleine Halbachse B gehört jeweils zum Vorzeichen Minus. Diese Ellipse nennen wir die *a-priori Standardellipse*. Will man die a-posteriori Genauigkeitssituation abbilden, so berechnet man die *a-posteriori Standardellipse* mit den Halbachsen:

$$\left.\begin{array}{c} \hat{A} \\ \hat{B} \end{array}\right\} = \frac{\hat{\sigma}_0}{\sqrt{2}} \cdot \sqrt{q_{xx} + q_{yy} \pm \sqrt{(q_{xx} - q_{yy})^2 + 4 \cdot q_{xy}^2}} \tag{4.31}$$

$$= \frac{1}{\sqrt{2}} \cdot \sqrt{\hat{\sigma}_x^2 + \hat{\sigma}_y^2 \pm \sqrt{(\hat{\sigma}_x^2 - \hat{\sigma}_y^2)^2 + 4 \cdot \hat{\sigma}_{xy}^2}} \tag{4.32}$$

Die Halbachsen A, B sind im Gegensatz zu $\boldsymbol{\Sigma}_{xy}$ unabhängig von der Definition des Koordinatensystems.

Um die Ellipse zu zeichnen, benötigt man noch die Ausrichtung der Achsen. Dazu berechnet man den Richtungswinkel θ der großen Halbachse

$$\theta = \frac{1}{2} \cdot \arctan \frac{2 \cdot q_{xy}}{q_{xx} - q_{yy}} = \frac{1}{2} \cdot \arctan \frac{2 \cdot \sigma_{xy}}{\sigma_x^2 - \sigma_y^2} = \frac{1}{2} \cdot \arctan \frac{2 \cdot \hat{\sigma}_{xy}}{\hat{\sigma}_x^2 - \hat{\sigma}_y^2} \tag{4.33}$$

❯ Hinweis 4.5

Bei der Berechnung des Arkustangens ist die Quadrantenregel zu beachten.

θ gilt gleichermaßen für die a-priori und die a-posteriori Standardellipse.

In ❑ Abb. 4.9 links sind verschiedene Standardellipsen dargestellt:

- D ist ein Punkt mit vergleichsweise hoher Genauigkeit, denn die Ellipse ist klein.
- C und G sind Punkte mit vergleichsweise niedriger Genauigkeit, denn deren Ellipsen sind groß.
- B, E und G sind Punkte, bei denen x und y unkorrelierte Zufallsvariablen sind, denn die Achsen der Ellipse verlaufen parallel zu den Koordinatenachsen. $\boldsymbol{\Sigma}_{xy}$, $\hat{\boldsymbol{\Sigma}}_{xy}$ und $\mathbf{Q}_{xy}$ in (4.28) sind hier also Diagonalmatrizen. In (4.33) bekommt man $\theta_\mathrm{B} = 90°$ und $\theta_\mathrm{E} = 0°$.
- Beim Punkt G haben x und y zusätzlich gleiche Genauigkeit, denn die Ellipse ist ein Kreis. $\boldsymbol{\Sigma}_{xy}$, $\hat{\boldsymbol{\Sigma}}_{xy}$ und $\mathbf{Q}_{xy}$ in (4.28) sind hier also Vielfache der Einheitsmatrix. θ_G kann nicht berechnet werden (arctan(0/0)).

- D und F sind Punkte, bei denen x und y positiv korrelierte Zufallsvariablen sind, denn θ in (4.33) ist ein Winkel im 1. oder 3. Quadrant. In (4.28) sind hier also $\sigma_{xy} > 0$, $\hat{\sigma}_{xy} > 0$ und $q_{xy} > 0$.
- A und C sind Punkte, bei denen x und y negativ korrelierte Zufallsvariablen sind, denn θ in (4.33) ist ein Winkel im 2. oder 4. Quadrant. In (4.28) sind hier also $\sigma_{xy} < 0$, $\hat{\sigma}_{xy} < 0$ und $q_{xy} < 0$.
- A und F sind Punkte, bei denen x und y stark korrelierte Zufallsvariablen sind. Der Korrelationskoeffizient (4.17) von x_A und y_A ist knapp über -1, während der von x_F und y_F knapp unter $+1$ ist.

Definition 4.11 (Lagestandardabweichung)

Um die Genauigkeit eines Punktes P in der Ebene mit nur einer einzigen Zahl zu beschreiben, definiert man die a-priori und die a-posteriori Lagestandardabweichung:

$$\sigma_P := \sqrt{\sigma_x^2 + \sigma_y^2} = \sqrt{A^2 + B^2} \quad \text{und} \quad \hat{\sigma}_P := \sqrt{\hat{\sigma}_x^2 + \hat{\sigma}_y^2} = \sqrt{\hat{A}^2 + \hat{B}^2} \qquad (4.34)$$

Die Lagestandardabweichung ist in ◻ Abb. 4.9 rechts gleich der halben Diagonale des Rechtecks, welches die Standardellipse umschließt, und damit wie A und B unabhängig von der Ausrichtung der Koordinatenachsen.

Die Helmertsche Standardellipse wird subjektiv meist als zu klein empfunden. Tatsächlich beträgt die Wahrscheinlichkeit, dass diese den wahren Punkt überdeckt, bei der a-priori Standardellipse nur 39 %. Voraussetzung ist, dass das stochastische Modell korrekt ist und normalverteilte Messabweichungen vorliegen. Bei der a-posteriori Standardellipse ist die Wahrscheinlichkeit oft noch geringer. Als Anwender gelangt man subjektiv zu einer unberechtigt optimistischen Einschätzung der Genauigkeit des Punktes.

Praktisch wünscht man sich eine Ellipse, die den wahren Punkt fast sicher überdeckt, meist mit einer Wahrscheinlichkeit von 90 %, 95 % oder sogar 99 %. Diese Funktion übernehmen die *Konfidenzellipsen*, die Erweiterungen der Konfidenzintervalle (s. ▶ Abschn. 4.3.4) auf zweidimensionale Zufallsvariablen sind. Die Überdeckungswahrscheinlichkeit $1 - \alpha$ wird auch hier als *Konfidenzniveau* bezeichnet. Die Berechnung besteht darin, beide Halbachsen A, B mit einem Faktor zu multiplizieren, den man bei a-priori Konfidenzellipsen aus dem Quantil der χ^2-Verteilung mit 2 Freiheitsgraden gewinnt [1, S. 696f], [12, S. 134], [17, S. 84f].

Bei den Halbachsen $\hat{A}$, $\hat{B}$ leitet man diesen Faktor statt dessen aus der F-Verteilung mit 2 und r Freiheitsgraden ab. r ist die Redundanz (s. Definition 4.1), mit der $\hat{\sigma}_0^2$ in einem Ausgleichungsmodell geschätzt wurde (s. ▶ Abschn. 7.4.3). Diese Faktoren entnimmt man der ◻ Tab. 4.4 oder nutzt folgende Tabellenkalkulationsfunktionen, z. B. Microsoft EXCEL:

$$\text{WURZEL(CHIQU.INV}(1 - \alpha, 2)) \quad \text{oder} \quad \text{WURZEL}(2*\text{F.INV}(1 - \alpha, 2, r))$$

Der Richtungswinkel der großen Halbachse der Konfidenzellipse bleibt derselbe wie bei der Standardellipse: (4.33).

4

▢ **Tab. 4.4** Faktoren für den Übergang von der Standardellipse zur Konfidenzellipse für verschiedene Irrtumswahrscheinlichkeiten α bzw. Konfidenzniveaus $1 - \alpha$ und Redundanzen r. Andere Werte können interpoliert werden. Für $r > 20$ können statt der Faktoren für $\hat{A}$, $\hat{B}$ näherungsweise auch die für A, B verwendet werden

	für A, B	für $\hat{A}$, $\hat{B}$							
		$r = 1$	$r = 2$	$r = 3$	$r = 4$	$r = 6$	$r = 9$	$r = 13$	$r = 20$
$\alpha = 0{,}10$	2,15	9,95	4,24	3,31	2,94	2,63	2,45	2,35	2,28
$\alpha = 0{,}05$	2,45	19,97	6,16	4,37	3,73	3,21	2,92	2,76	2,64
$\alpha = 0{,}01$	3,03	99,99	14,07	7,85	6,00	4,67	4,01	3,66	3,42

▶ **Beispiel 4.17**

Im Beispiel 4.15 hatten wir für die Koordinaten eines Punktes eine Kovarianzmatrix gefunden. Für diese wollen wir eine a-priori Standardellipse und eine a-priori Konfidenzellipse zum Konfidenzniveau 99 % berechnen. ◀

▶ **Lösung**

Mit (4.30) erhalten wir die Halbachsen der a-priori Standardellipse

$$
\left.\begin{array}{c} A \\ B \end{array}\right\} = \frac{1}{\sqrt{2}} \cdot \sqrt{169 + 400 \pm \sqrt{(169 - 400)^2 + 4 \cdot 52^2}} \, \text{mm} = \begin{cases} \underline{20,3\,\text{mm}} \\ \underline{12,6\,\text{mm}} \end{cases}
$$

Mit (4.33) erhalten wir den Richtungswinkel der großen Halbachse

$$
\theta = \frac{1}{2} \cdot \arctan \frac{2 \cdot 52}{169 - 400} = -102{,}1° = \underline{77{,}9°}
$$

Die Konfidenzellipse hat denselben Winkel der großen Halbachse 86,5 gon, aber längere Halbachsen. Den Faktor entnehmen wir der ▢ Tab. 4.4 in der letzten Zeile und Spalte 2: 3,03. Somit hat die Konfidenzellipse zum Konfidenzniveau 99 % die Halbachsen

$$20{,}3\,\text{mm} \cdot 3{,}03 = \underline{61{,}5\,\text{mm}}; \quad 12{,}6\,\text{mm} \cdot 3{,}03 = \underline{38{,}2\,\text{mm}} \quad ◀$$

⊕ **Aufgabe 4.4**

Berechnen Sie eine Standardellipse und eine Konfidenzellipse zum Konfidenzniveau 95 % für folgende a-priori Kovarianzmatrix:

$$
\Sigma_{xy} = \begin{pmatrix} 0{,}0597 & 0{,}0482 \\ 0{,}0482 & 0{,}0567 \end{pmatrix} \text{m}^2
$$

▶ http://sn.pub/7TaAZr

4.5.2 **Standard- und Konfidenzellipsoide**

Für die dreidimensionale Genauigkeit von räumlichen Punkten würde man *Standard-und Konfidenzellipsoide* einführen. Diese haben im Allgemeinen drei verschieden lange Achsen, sind also im Allgemeinen keine Rotationsellipsoide wie die in ▶ Abschn. 3.1 behandelten Ellipsoide. Diese gewinnt man aus der Kovarianzmatrix aller drei Koordinaten, die dann die Dimension 3×3 hat, und zwar am besten durch *Eigenwertzerlegung* dieser Matrix [1, S. 187f], [14]. Der Anwender sollte eine numerische Funktionsbibliothek verwenden, in der diese Zerlegungen implementiert ist, z. B. MATLAB (The Math-Works, Inc.). Der Name der Funktion ist meist „eig" (eigenvalue decomposition). Die Eigenvektoren zeigen die Richtungen der Halbachsen an und die Wurzeln aus den zugehörigen Eigenwerten bestimmen beim Standardellipsoid deren Längen A, B, C bzw. $\hat{A}, \hat{B}, \hat{C}$ [14].

Definition 4.12 (3D-Punktstandardabweichung)

Um die Genauigkeit eines Punktes P im Raum mit nur einer einzigen Zahl zu beschreiben, definiert man die a-priori und die a-posteriori 3D-Punktstandardabweichung:

$$\sigma_P := \sqrt{\sigma_x^2 + \sigma_y^2 + \sigma_z^2} = \sqrt{A^2 + B^2 + C^2} \tag{4.35}$$

$$\hat{\sigma}_P := \sqrt{\hat{\sigma}_x^2 + \hat{\sigma}_y^2 + \hat{\sigma}_z^2} = \sqrt{\hat{A}^2 + \hat{B}^2 + \hat{C}^2} \tag{4.36}$$

Diese Genauigkeitskenngröße ist gleich der halben Diagonale des Quaders, der das Standardellipsoid umschließt, und damit unabhängig von der Ausrichtung der Koordinatenachsen. Die 3D-Punktstandardabweichung steht im Zusammenhang mit dem PDOP-Wert der Ausgleichung von GNSS-Pseudostrecken-Beobachtungen, die wir im ▶ Abschn. 7.7.5 behandeln werden.

Das Standardellipsoid wird subjektiv meist als zu klein empfunden. Tatsächlich beträgt die Wahrscheinlichkeit, dass dieses den wahren Punkt überdeckt, beim a-priori Standardellipsoid nur ca. 20 % und ist damit nochmals deutlich geringer als bei der Standardellipse (s. voriger ▶ Abschn. 4.5.1). Deshalb wird die Benutzung des *Konfidenzellipsoids* empfohlen, die Erweiterung der Konfidenzellipse auf drei Raumdimensionen. Für den Übergang müssen alle Achsenlängen A, B, C bzw. $\hat{A}, \hat{B}, \hat{C}$ des Standardellipsoids noch mit einem Faktor multipliziert werden. Diesen kann man z. B. mit folgenden Tabellenkalkulationsfunktionen berechnen:

$$\text{WURZEL(CHIQU.INV}(1 - \alpha, 3)) \quad \text{oder} \quad \text{WURZEL(3*F.INV}(1 - \alpha, 3, r))$$

Der erste Faktor gilt für A, B, C, der zweite für $\hat{A}, \hat{B}, \hat{C}$. Die Richtungen der Halbachsen der Konfidenzellipsoide bleiben dieselben wie bei den Standardellipsoiden.

Die Nutzung von Standard- und Konfidenzellipsoiden ist in der Geodäsie noch nicht verbreitet. Gründe sind das Fehlen von Formeln wie (4.29)–(4.33) und die unhandliche zeichnerische Darstellung.

4

4.6 Lösungen

Aufgabe 4.1: $0,014 = 1,4\%$

Aufgabe 4.2:

Punkt	Nord	Ost	Höhe
A	400	900	144
B	100	225	36
C	400	900	144

Aufgabe 4.3: Die Höhen sind positiv korreliert.

Aufgabe 4.4: Standardellipse: $0,326$ m; $0,100$ m; $44° = 224°$;
Konfidenzellipse: $0,798$ m; $0,244$ m; $44° = 224°$

Literatur

1. Bartsch HJ (2014) Taschenbuch mathematischer Formeln für Ingenieure und Naturwissenschaftler. 23. überarbeitete Auflage, Carl Hanser Verlag, München. ISBN 978-3-446-43800-2
2. Bauer M (2018) Vermessung und Ortung mit Satelliten. 7. neu bearbeitete und erweiterte Auflage, Herbert Wichmann Verlag, Berlin. ISBN 978-3-87907-634-5
3. DIN Deutsches Institut für Normung e. V. (2001) ISO 17123-2:2001 Optik und optische Instrumente – Feldverfahren zur Untersuchung geodätischer Instrumente — Teil 2: Nivelliere. Beuth Verlag GmbH, Berlin
4. DIN Deutsches Institut für Normung e. V. (2012) ISO 17123-4:2012 Optik und optische Instrumente – Feldverfahren zur Untersuchung geodätischer Instrumente — Teil 4: Elektrooptische Distanzmesser (EDM Messungen mit Reflektoren). Beuth Verlag GmbH, Berlin
5. DIN Deutsches Institut für Normung e. V. (2012) DIN 18709: Begriffe, Kurzzeichen und Formelzeichen in der Geodäsie – Teil 4: Ausgleichungsrechnung und Statistik. Beuth Verlag GmbH, Berlin
6. DIN Deutsches Institut für Normung e. V. (2012) DIN 55350: Begriffe zu Qualitätsmanagement und Statistik – Qualitätsmanagement – Teil 11: Ergänzung zu DIN EN ISO 9000:2005. Beuth Verlag GmbH, Berlin
7. DIN Deutsches Institut für Normung e. V. (2019) DIN 18202: Maßtoleranzen im Hochbau. Beuth Verlag GmbH, Berlin
8. Heister H (2001) Zur Angabe der Messunsicherheit in der geodätischen Messtechnik. In: Heister H, Staiger R (Hrsg) Qualitätsmanagement in der geodätischen Messtechnik. Schriftreihe des DVW (Deutscher Verein für Vermessungswesen), Band 42, S. 108–119. ISBN 3879192782
9. JCGM 100:2008 (2008) GUM 1995 with minor corrections, Evaluation of measurement data – Guide to the expression of uncertainty in measurement. https://www.bipm.org/en/committees/jc/jcgm/publications (Zugegriffen: 26.09.2022)
10. JCGM 104:2009 (2009) Evaluation of measurement data – An introduction to the "Guide to the expression of uncertainty in measurement" and related documents. https://www.bipm.org/en/committees/jc/jcgm/publications (Zugegriffen: 26.09.2022)
11. Kahmen H (2006) Angewandte Geodäsie: Vermessungskunde. 20. völlig neu bearbeitete Auflage, Walter de Gruyter, Berlin New York. ISBN 3-11-017545-2
12. Koch KR (1997) Parameterschätzung und Hypothesentests in linearen Modellen. 3. bearbeitete Auflage, Dümmler Verlag, Bonn. ISBN 978-3427789215
13. Lehmann R (2013) The 3sigma-rule for outlier detection from the viewpoint of geodetic adjustment. J Surv Eng 139(4):157–165. https://doi.org/10.1061/(ASCE)SU.1943-5428.0000112
14. Linkwitz K (1988) Einige Bemerkungen zur Fehlerellipse und zum Fehlerellipsoid. Vermessung, Photogrammetrie, Kulturtechnik 86(7):345–358. https://doi.org/10.5169/seals-233771

15. Meier L (2020), Wahrscheinlichkeitsrechnung und Statistik. Springer Verlag, Berlin. ISBN 978-3-662-61487-7

16. Neitzel F, Lösler M, Lehmann R (2022) On the consideration of combined measurement uncertainties in relation to GUM concepts in adjustment computations. J Appl Geod 16(3):181–201. https://doi.org/10.1515/jag-2021-0043

17. Niemeier W (2008) Ausgleichungsrechnung, Statistische Auswertemethoden. 2. überarbeitete und erweiterte Auflage, Walter de Gruyter, Berlin. ISBN 978-3-11-019055-7

18. Niemeier W, Tengen D (2017) Uncertainty assessment in geodetic network adjustment by combining GUM and Monte-Carlo-simulations. J Appl Geod 11(2):67–76. https://doi.org/10.1515/jag-2016-0017

19. Schwarz W (2020) Methoden zur Bestimmung der Messunsicherheit nach GUM – Teil 1. Allgemeine Vermessungsnachrichten 127(2):69–86

20. Schwarz W (2020) Methoden zur Bestimmung der Messunsicherheit nach GUM – Teil 2. Allgemeine Vermessungsnachrichten 127(2):211–219

21. Statista GmbH (2021) Bevölkerung in Deutschland I. https://de.statista.com/statistik/studie/id/7661/dokument/bevoelkerung-in-deutschland-i-statista-dossier/ (Zugegriffen: 26.09.2022)

22. Witte B, Sparla P, Blankenbach J (2020) Vermessungskunde für das Bauwesen mit Grundlagen des Building Information Modeling (BIM) und der Statistik. 9. neu bearbeitete und erweiterte Auflage, Herbert Wichmann Verlag, Heidelberg. ISBN 978-3-87907-657-4

Fehler- und Kovarianzfortpflanzung

Bei Berechnungen mit Messwerten übertragen sich die Messabweichungen auf die Ergebnisgrößen. Dabei kann es zur Verstärkung oder auch zur Abschwächung der Wirkung solcher Messabweichungen kommen. Auch können statistische Abhängigkeiten zwischen Ergebnisgrößen entstehen, die bei der Lösung von Ausgleichungsaufgaben oder beim Test statistischer Hypothesen berücksichtigt werden müssen. Diese Abhängigkeiten wurden im ▶ Abschn. 4.4.3 als *mathematische Korrelationen* beschrieben.

Statt der Verwendung des traditionellen Begriffs „Fehlerfortpflanzung" sollten wir genauer von „Fortpflanzung von Messabweichungen" sprechen, denn „Fehler" im Sinne der *Nichterfüllung einer Forderung* (s. ▶ Abschn. 4.1.2) sind hier nicht gemeint. Leider hat sich dieser oder ein ähnlich korrekter Begriff in der Fachwelt (noch) nicht verbreitet.

5.1 Fortpflanzungsgesetze

5.1.1 Fortpflanzung wahrer Messabweichungen

Wir gehen von folgender Situation aus: Es liegen n gemessene Beobachtungen L_1, $L_2, \ldots, L_n$ vor. Diese sind mit wahren Messabweichungen $\eta_1, \eta_2, \ldots, \eta_n$ behaftet, d.h. für die wahren Werte $\tilde{L}_1, \tilde{L}_2, \ldots, \tilde{L}_n$ der Messgrößen gilt mit (4.3):

$$L_i = \tilde{L}_i + \eta_i, \quad i = 1, \ldots, n$$

Nun berechnen wir aus diesen Beobachtungen eine Ergebnisgröße X als Wert einer Funktion f mit

$$X = f(L_1, L_2, \ldots, L_n) \tag{5.1}$$

Gesucht ist die resultierende wahre Abweichung η_X von X:

$$\begin{aligned}
\eta_X &= X - \tilde{X} \\
&= f(L_1, L_2, \ldots, L_n) - f(\tilde{L}_1, \tilde{L}_2, \ldots, \tilde{L}_n) \\
&= f(\tilde{L}_1 + \eta_1, \tilde{L}_2 + \eta_2, \ldots, \tilde{L}_n + \eta_n) - f(\tilde{L}_1, \tilde{L}_2, \ldots, \tilde{L}_n)
\end{aligned}$$

Eine Lösung dieses Problems liefert die Mathematik in Gestalt der *Taylor-Formel* für Funktionen mehrerer Variabler [1, S. 601ff]:

$$\begin{aligned}
f(\tilde{L}_1 &+ \eta_1, \tilde{L}_2 + \eta_2, \ldots, \tilde{L}_n + \eta_n) \\
&\approx f(\tilde{L}_1, \tilde{L}_2, \ldots, \tilde{L}_n) + \frac{\partial f}{\partial L_1} \cdot \eta_1 + \frac{\partial f}{\partial L_2} \cdot \eta_2 + \cdots + \frac{\partial f}{\partial L_n} \cdot \eta_n
\end{aligned} \tag{5.2}$$

Diese Formel ist für nichtlineare Funktionen f eine *Näherungsformel* und gilt umso besser, je kleiner die Beträge wahrer Messabweichungen $\eta_1, \eta_2, \ldots, \eta_n$ sind. Praktisch gehen wir von sehr kleinen Messabweichungsbeträgen aus, so dass wir im Weiteren „$\approx$" durch „$=$" ersetzen. Dieses und die daraus abzuleitenden Fortpflanzungsgesetze gelten also unter Umständen nicht oder nicht gut genug für grobe Messabweichungen (s. Hinweis 5.2).

> **Hinweis 5.1**

Im ▶ Abschn. 5.3 wird eine Methode vorgestellt, die ohne die Taylor-Formel auskommt, so dass keine Linearisierungsfehler auftreten.

Somit erhalten wir das *Fortpflanzungsgesetz für wahre Messabweichungen*:

$$\eta_X = \frac{\partial f}{\partial L_1} \cdot \eta_1 + \frac{\partial f}{\partial L_2} \cdot \eta_2 + \cdots + \frac{\partial f}{\partial L_n} \cdot \eta_n \tag{5.3}$$

In der Praxis ist dieses Fortpflanzungsgesetz von geringer Bedeutung, weil wahre Messabweichungen η_i genauso wie wahre Werte $\tilde{L}_i$ im Allgemeinen unbekannt sind. Eine Ausnahme zeigt folgendes Beispiel:

▶ **Beispiel 5.1**

Wir setzen die Aufgabe 1.13 fort. Gehen wir von dem vermuteten Stadion-Wert 157,5 m aus und erhalten für den Bogen zwischen Alexandria und Syene $b = 788\,\text{km}$. Heute kennen wir durch vergleichsweise genaue Messung die als wahr anzunehmenden Werte für den Winkel $\tilde{\alpha} = 7,52°$ und für den Abstand zwischen Alexandria und Syene $\tilde{b} = 835\,\text{km}$. (Syene liegt z. B. nicht, wie Eratosthenes meinte, genau auf dem nördlichen Wendekreis, sondern 0,6° nördlicher.) Wir berechnen die von Eratosthenes erhaltene wahre Abweichung des Erdumfangs U durch Anwendung von (5.3) auf die Funktion

$$U = f(b, \alpha) = b \cdot (360°)/\alpha$$

Das Ergebnis lautet:

$$\begin{aligned}
\eta_U &= \frac{\partial U}{\partial b}\eta_b + \frac{\partial U}{\partial \alpha}\eta_\alpha \\
&= \frac{360°}{\alpha}\eta_b + \left(-b \cdot \frac{360°}{\alpha^2}\right)\eta_\alpha \\
&= 50 \cdot (788 - 835)\,\text{km} + (-788\,\text{km} \cdot 6,94) \cdot (7,2 - 7,52) \\
&= -600\,\text{km}
\end{aligned}$$

Eratosthenes bestimmte den Erdumfang also um 600 km zu kurz. Diese sensationell geringe Abweichung ist aber wie gesagt mit der Hypothese des verwendeten Stadionmaßes behaftet. Der funktionale Zusammenhang zwischen α und U ist offenbar nichtlinear, so dass nur eine Näherung berechnet wurde. ◀

5.1.2 Fortpflanzung maximaler Messabweichungen

Gelegentlich kann man den absoluten Beträgen wahrer Messabweichungen $|\eta|$ Maximalwerte η^{max} zuschreiben. Im ungünstigsten Fall, dass alle Messabweichungen zugleich ihre Maximalbeträge $\eta_1^{\text{max}}, \eta_2^{\text{max}}, \ldots, \eta_n^{\text{max}}$ annehmen und ihre Wirkung auf die Ergebnisgröße X mit gleichem Vorzeichen ausüben, erhält man den maximalen absoluten Abweichungsbetrag η_X^{max} für X. Es ergibt sich das *Fortpflanzungsgesetz für maximale Messabweichungen*:

$$\eta_X^{\text{max}} = \left|\frac{\partial f}{\partial L_1}\right| \cdot \eta_1^{\text{max}} + \left|\frac{\partial f}{\partial L_2}\right| \cdot \eta_2^{\text{max}} + \cdots + \left|\frac{\partial f}{\partial L_n}\right| \cdot \eta_n^{\text{max}} \tag{5.4}$$

► **Beispiel 5.2**

Wir setzen das Beispiel 5.1 fort: Nach der Methodik von Eratosthenes hätten zweifellos maximale Messabweichungen von $\eta_b^{max} = 100\,\text{km}$ und $\eta_\alpha^{max} = 0,8°$ auftreten können. Mit (5.4) erhalten wir eine maximale Abweichung des Erdumfanges von

$$\eta_U^{max} = \left|\frac{\partial f}{\partial b}\right| \cdot \eta_b^{max} + \left|\frac{\partial f}{\partial \alpha}\right| \cdot \eta_\alpha^{max}$$

$$= 50 \cdot 100\,\text{km} + (788\,\text{km} \cdot 6,94) \cdot 0,8 = \underline{9400\,\text{km}}$$

Die geringe wahre Abweichung von nur $-600\,\text{km}$ im Beispiel 5.1 ist also dem Zufall zu verdanken. ◄

> **Hinweis 5.2**

Wegen der großen Messabweichungen in diesem Beispiel gibt es beträchtliche Linearisierungsfehler in der Taylor-Formel (5.2). Das genauere Ergebnis wäre $\eta_U^{max} = 9000\,\text{km}$.

Das Fortpflanzungsgesetz für maximale Messabweichungen spielt in der Praxis nur eine geringe Rolle, weil vor allem bei großen Messaufgaben Maximalbeträge schnell enorm anwachsen und die Wahrscheinlichkeit, dass tatsächlich alle gleichzeitig von den wahren Abweichungen erreicht werden, sehr gering ist.

► **Beispiel 5.3**

Bei einem Liniennivellement (s. ◻ Abb. 4.7) mit k Stationsaufstellungen wollen wir Zielweiten von jeweils 50 m und Messabweichungen in den Lattenablesungen $r_1, v_1, r_2, v_2, \ldots, r_k, v_k$ von maximal 1 mm annehmen. Der Höhenunterschied zwischen Anfangs- und Endpunkt

$$\Delta h = \sum_{i=1}^{k} r_i - v_i$$

erhält nach (5.4) eine maximale Abweichung von

$$\eta_{\Delta h}^{max} = \left|\frac{\partial \Delta h}{\partial r_1}\right| \cdot 1\,\text{mm} + \left|\frac{\partial \Delta h}{\partial v_1}\right| \cdot 1\,\text{mm} + \cdots + \left|\frac{\partial \Delta h}{\partial v_k}\right| \cdot 1\,\text{mm}$$

$$= 2 \cdot k \cdot 1\,\text{mm}$$

Für einen 1000 m langen Nivellementweg ergibt sich $k = 1000/(2 \cdot 50) = 10$ und $\eta_{\Delta h}^{max} = 20\,\text{mm}$. Diese sehr hohe Abweichung wird aber tatsächlich nur erreicht, wenn gleichzeitig alle Vorblicke 1 mm zu klein und gleichzeitig alle Rückblicke 1 mm zu groß gemessen wurden oder umgekehrt, was beides sehr unwahrscheinlich ist. ◄

5.1.3 Fortpflanzung systematischer Messabweichungen

Wenn wir grobe Messabweichungen aus der Betrachtung ausschließen, dann erhalten wir mit (4.1), (4.7)

$$E\{\eta\} = E\{\Delta + \varepsilon\} = \Delta + E\{\varepsilon\} = \Delta$$

(Man sagt umgangssprachlich: Zufällige Messabweichungen ε „mitteln sich heraus", systematische Messabweichungen Δ aber nicht). Wenn man in (5.3) auf beiden Seiten der Gleichung den Erwartungswert bildet, folgt daraus das *Fortpflanzungsgesetz für systematische Messabweichungen*:

$$\Delta_X = \frac{\partial f}{\partial L_1} \cdot \Delta_1 + \frac{\partial f}{\partial L_2} \cdot \Delta_2 + \cdots + \frac{\partial f}{\partial L_n} \cdot \Delta_n \tag{5.5}$$

In der Praxis ist dieses Fortpflanzungsgesetz von geringer Bedeutung, weil systematische Messabweichungen Δ_i genauso wie wahre Werte $\tilde{L}_i$ im Allgemeinen unbekannt sind.

▶ **Beispiel 5.4**

Bei einem Distanzmesser gibt es eine sogenannte *Nullpunktabweichung*, die eine systematische Messabweichung darstellt. Bei einem Rechteck 14 m × 23 m werden mit einem Distanzmesser mit unkorrigierter Nullpunktabweichung $\Delta = -2{,}9\,\text{mm}$ die Seitenlängen gemessen. Für den Flächeninhalt $F = a \cdot b$ ergibt sich aus (5.5) eine systematische Abweichung von

$$\Delta_F = \frac{\partial F}{\partial a} \cdot \Delta_a + \frac{\partial F}{\partial b} \cdot \Delta_b = b \cdot (-2{,}9\,\text{mm}) + a \cdot (-2{,}9\,\text{mm}) = -0{,}11\,\text{m}^2$$

Beachten Sie, wie groß diese Abweichung ist, trotz der wahrscheinlich als sehr gering empfundenen Nullpunktabweichung. ◄

5.1.4 Fortpflanzung zufälliger Messabweichungen

Wenn wir grobe Messabweichungen weiterhin aus der Betrachtung ausschließen, dann erhalten wir mit (4.9) und Differenzbildung der Fortpflanzungsgesetze (5.3) und (5.5) das *Fortpflanzungsgesetz für zufällige Messabweichungen*:

$$\varepsilon_X = \frac{\partial f}{\partial L_1} \cdot \varepsilon_1 + \frac{\partial f}{\partial L_2} \cdot \varepsilon_2 + \cdots + \frac{\partial f}{\partial L_n} \cdot \varepsilon_n \tag{5.6}$$

Weil die zufälligen Messabweichungen ε_i im Allgemeinen jedoch unbekannt sind, ist auch diese Gleichung wie (5.3) und (5.5) in der Praxis kaum anwendbar. Anders als bei systematischen Messabweichungen haben wir jetzt aber die Möglichkeit, von den Gesetzen des Zufalls zu profitieren: Wir müssen nicht wie bisher die Messabweichungen zahlenmäßig kennen, um Aussagen darüber machen zu können. Das wird in den nächsten beiden Unterabschnitten beschrieben.

5.1.5 Kovarianzfortpflanzungsgesetz

Wird (5.6) auf beiden Seiten quadriert und werden auf beiden Seiten Erwartungswerte E gebildet, findet man:

$$E\{\varepsilon_X^2\} = E\left\{\left(\frac{\partial f}{\partial L_1} \cdot \varepsilon_1 + \frac{\partial f}{\partial L_2} \cdot \varepsilon_2 + \cdots + \frac{\partial f}{\partial L_n} \cdot \varepsilon_n\right)^2\right\}$$

Nun geht man zu Varianzen $\sigma_i^2 := E\{\varepsilon_i^2\}$ und Kovarianzen $\sigma_{ij} := E\{\varepsilon_i \cdot \varepsilon_j\}$ gemäß (4.16) über, indem man die runden Klammer auflöst und die Rechenregel für Erwartungswerte (4.1) anwendet. So folgt das *Kovarianzfortpflanzungsgesetz* [3, S. 174]:

$$\sigma_X^2 = \left(\frac{\partial f}{\partial L_1}\right)^2 \cdot \sigma_1^2 + \left(\frac{\partial f}{\partial L_2}\right)^2 \cdot \sigma_2^2 + \cdots + \left(\frac{\partial f}{\partial L_n}\right)^2 \cdot \sigma_n^2$$
$$+ 2 \cdot \left(\frac{\partial f}{\partial L_1}\right) \cdot \left(\frac{\partial f}{\partial L_2}\right) \cdot \sigma_{12} + \cdots + 2 \cdot \left(\frac{\partial f}{\partial L_{n-1}}\right) \cdot \left(\frac{\partial f}{\partial L_n}\right) \cdot \sigma_{n-1,n} \qquad (5.7)$$

Eine andere Bezeichungen hierfür ist *Varianz-Kovarianz-Fortpflanzungsgesetz*. Soll die Kovarianzfortpflanzung für m Ergebnisgrößen

$$X_1 = f_1(L_1, L_2, \ldots, L_n)$$
$$X_2 = f_2(L_1, L_2, \ldots, L_n)$$
$$\vdots$$
$$X_m = f_m(L_1, L_2, \ldots, L_n)$$

berechnet werden, so muss man dieses Gesetz m-mal anwenden. Wenn man Varianzen und Kovarianzen der Beobachtungen zu einer $n \times n$-Kovarianzmatrix (s. ▶ Abschn. 4.4.5)

$$\mathbf{\Sigma_L} = \begin{pmatrix} \sigma_1^2 & \sigma_{12} & \cdots & \sigma_{1n} \\ \sigma_{12} & \sigma_2^2 & \cdots & \sigma_{2n} \\ \vdots & \vdots & \ddots & \vdots \\ \sigma_{1n} & \sigma_{2n} & \cdots & \sigma_n^2 \end{pmatrix} \qquad (5.8)$$

und die Ableitungen der Funktionen $f_1, f_2, \ldots, f_m$ an der Stelle der gemessenen Beobachtungen zu einer $m \times n$-*Funktionalmatrix* [2, Nr. 3.9.5] (auch *Jacobi-Matrix* genannt [1, S. 121])

$$\mathbf{F} = \begin{pmatrix} \frac{\partial f_1}{\partial L_1} & \frac{\partial f_1}{\partial L_2} & \cdots & \frac{\partial f_1}{\partial L_n} \\ \frac{\partial f_2}{\partial L_1} & \frac{\partial f_2}{\partial L_2} & \cdots & \frac{\partial f_2}{\partial L_n} \\ \vdots & \vdots & \ddots & \vdots \\ \frac{\partial f_m}{\partial L_1} & \frac{\partial f_m}{\partial L_2} & \cdots & \frac{\partial f_m}{\partial L_n} \end{pmatrix} \qquad (5.9)$$

zusammenfasst, kann man das System von Gleichungen der Form (5.7) in folgender *Matrixform* schreiben [2, Nr. 3.9.6], [3, S. 174], [4, S. 56]:

$$\mathbf{\Sigma_X} = \mathbf{F} \cdot \mathbf{\Sigma_L} \cdot \mathbf{F}^{\mathrm{T}} \qquad (5.10)$$

Die Matrix $\mathbf{\Sigma_X}$ enthält auf der Hauptdiagonale die Varianzen σ_X^2 für alle m Ergebnisgrößen $X_1, X_2, \ldots, X_m$ und außerhalb der Hauptdiagonale die Kovarianzen. Sie ist also die *Kovarianzmatrix* dieser Ergebnisgrößen, die man zu einem *Zufallsvektor X* zusammenfasst.

Dieses Gesetz hat praktisch große Bedeutung, auch wenn es auf einigen weitreichenden Annahmen beruht. Diese fassen wir hier nochmals zusammen:

- Die Matrix $\boldsymbol{\Sigma}_{\mathbf{L}}$ muss bekannt sein und die Matrix $\mathbf{F}$ muss berechenbar sein.
- Bei nichtlinearen Funktionen f müssen die Varianzen ausreichend klein sein, so dass Linearisierungsfehler in (5.2) vernachlässigbar sind.
- Systematische und grobe Messabweichungen werden nicht berücksichtigt.

❗ Aufgabe 5.1

Überzeugen Sie sich durch Ausmultiplizieren, dass die Matrixform (5.10) tatsächlich zu einem System aus Gleichungen der elementaren Form (5.7) führt.

Den Begriff *Kovarianzfortpflanzungsgesetz* wollen wir im Folgenden mit *KFG* abkürzen. Im ▶ Abschn. 5.5 werden wir uns anhand von Beispielen praktischen Aspekten dieses Gesetzes zuwenden. Es gilt übrigens genauso wie für a-priori Varianzen und Kovarianzen auch für die entsprechenden a-posteriori Größen. Dieser Fall wird im ▶ Kap. 7 vorkommen.

5.1.6 Gaußsches Fehlerfortpflanzungsgesetz

Häufig tritt in der Praxis der Fall auf, dass es zwischen den zufälligen Messabweichungen der an der Kovarianzfortpflanzung beteiligten n Beobachtungen $L_1, L_2, \ldots, L_n$ *keine Korrelationen* gibt. Das ist z. B. dann der Fall, wenn es sich um *ursprüngliche Messwerte* räumlich und zeitlich getrennter Messsysteme handelt, die weder physikalischtechnisch noch mathematisch korreliert sein können (s. ▶ Abschn. 4.4.2, 4.4.3). Noch häufiger sind Korrelationen zwar nicht ausgeschlossen, aber unbekannt, und müssen vernachlässigt werden. In beiden Fällen wird für alle Kovarianzen $\sigma_{ij} = 0$ angenommen und (5.7) vereinfacht sich zum *Gaußschen Fehlerfortpflanzungsgesetz*:

$$\sigma_X^2 = \left(\frac{\partial f}{\partial L_1}\right)^2 \cdot \sigma_1^2 + \left(\frac{\partial f}{\partial L_2}\right)^2 \cdot \sigma_2^2 + \cdots + \left(\frac{\partial f}{\partial L_n}\right)^2 \cdot \sigma_n^2 \qquad (5.11)$$

Zuzüglich zu den Voraussetzungen, auf denen das KFG basiert, oder diese konkretisierend, gilt:

- Die Standardabweichungen σ_i müssen bekannt sein, eventuell außer einer, die berechnet werden soll, oft σ_X.
- Die Ableitungen von f müssen berechenbar sein.
- Korrelationen zwischen den Beobachtungen dürfen nicht vorliegen oder diese müssen so gering sein, dass sie vernachlässigt werden können.

▶ Beispiel 5.5

Wir setzen das Beispiel 5.2 fort: Nach der Methodik von Eratosthenes hätten zweifellos zufällige Messabweichungen mit Standardabweichungen von $\sigma_b = 50$ km und $\sigma_\alpha = 0{,}5°$ auftreten können. Somit erhalten wir eine Standardabweichungen des Erdumfanges von

$$\sigma_U = \sqrt{\left(\frac{\partial f}{\partial b}\right)^2 \cdot \sigma_b^2 + \left(\frac{\partial f}{\partial \alpha}\right) \cdot \sigma_\alpha^2}$$

$$= \sqrt{(50 \cdot 50 \, \text{km})^2 + (788 \, \text{km} \cdot 6{,}94 \cdot 0{,}5)^2} = \underline{3600 \, \text{km}}$$

▶ http://sn.pub/PwPVWC ◀

Den Begriff *Fehlerfortpflanzungsgesetz* wollen wir im Folgenden mit *FFG* abkürzen. In den ▶ Abschn. 5.2 und 5.3 werden wir uns anhand von Beispielen praktischen Aspekten dieses Gesetzes zuwenden. Es gilt übrigens genauso wie für a-priori Standardabweichungen auch für die entsprechenden a-posteriori Standardabweichungen. Dieser Fall wird in den ▶ Kap. 6 und 7 vorkommen.

5.1.7 Gewichtsfortpflanzungsgesetz

Häufig sind nur *relative* Genauigkeiten von Beobachtungen bekannt, die durch Gewichte $p_1, p_2, \ldots, p_n$ (s. ▶ Abschn. 4.3.3) ausgedrückt werden. Ist man nur an der Berechnung von Gewichten interessiert, kann (5.11) mit (4.13) entsprechend umgeschrieben werden:

$$\sigma_X^2 = \frac{\sigma_0^2}{p_X} = \left(\frac{\partial f}{\partial L_1}\right)^2 \cdot \frac{\sigma_0^2}{p_1} + \left(\frac{\partial f}{\partial L_2}\right)^2 \cdot \frac{\sigma_0^2}{p_2} + \cdots + \left(\frac{\partial f}{\partial L_n}\right)^2 \cdot \frac{\sigma_0^2}{p_n}$$

Nun wird σ_0^2 aus der Gleichung eliminiert und man erhält das *Gewichtsfortpflanzungsgesetz*:

$$\frac{1}{p_X} = \left(\frac{\partial f}{\partial L_1}\right)^2 \cdot \frac{1}{p_1} + \left(\frac{\partial f}{\partial L_2}\right)^2 \cdot \frac{1}{p_2} + \cdots + \left(\frac{\partial f}{\partial L_n}\right)^2 \cdot \frac{1}{p_n} \tag{5.12}$$

Das Gewichtsfortpflanzungsgesetz ist das Gaußsche FFG, aber für *relative* Genauigkeiten ausgedrückt, nicht für absolute. Es basiert auf denselben Voraussetzungen wie das Gaußsche FFG, es kann aber auch dann angewendet werden, wenn absolute Genauigkeiten unbekannt sind.

Den Begriff *Gewichtsfortpflanzungsgesetz* wollen wir im Folgenden mit *GFG* abkürzen. Im ▶ Abschn. 5.4 werden wir uns anhand von Beispielen praktischen Aspekten dieses Gesetzes zuwenden. Das GFG gilt gleichlautend auch in dem Fall, dass mit a-posteriori Standardabweichungen gearbeitet wird, auch wenn dieser Fall in diesem Kapitel noch nicht vorkommt.

5.1.8 Kofaktorfortpflanzungsgesetz

Eine Verallgemeinerung des GFG (5.12) für korrelierte Größen erhält man, wenn man die Überlegung des letzten Unterabschnitts auf (5.10) anwendet. Zu diesem Zweck greift man auf die Definition von Kofaktormatrizen $\mathbf{Q}$ im ▶ Abschn. 4.4.6 zurück, die genau wie Gewichte nur die relativen Genauigkeits- und Korrelationsverhältnisse der Komponenten eines Zufallsvektors beschreiben. Man erhält aus (5.10) mit (4.22) [2, Nr. 3.9.7]:

$$\mathbf{Q}_X = \mathbf{F} \cdot \mathbf{Q}_L \cdot \mathbf{F}^T \tag{5.13}$$

Dieses Gesetz kann angewendet werden, wenn $\mathbf{Q}_L$ bekannt ist, hingegen kann σ_0 unbekannt sein.

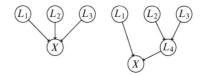

Abb. 5.1 Stammbäume zu einer Fehlerfortpflanzungsaufgabe. Links: Einstufige, rechts: Mehrstufige Fortpflanzung

5.1.9 Mehrstufige Fortpflanzung

Die Fehlerfortpflanzung untersucht die Weitergabe von Messabweichungen innerhalb einer mathematischen Operation oder einer Kette mathematischer Operationen. Am anschaulichsten ist es, wenn man sich zu jeder Fehlerfortpflanzungsaufgabe einen *Stammbaum* skizziert. Wenn es die Berechnung vereinfacht, kann man größere Fehlerfortpflanzungen in mehrere Stufen zerlegen, indem man geeignete Zwischengrößen einfügt. In ▪ Abb. 5.1 ist L_4 eine solche Zwischengröße und die Berechnung erfolgt zweistufig: Zunächst pflanzen sich die Messabweichungen von L_2 und L_3 nach L_4 fort, und dann von L_1 und L_4 nach X. Dann wäre L_4 in der zweiten Stufe im engeren Sinne kein „Messwert", aber laut dritter Spalte in ▪ Tab. 4.1 eine Beobachtung. Anhand des Stammbaums erkennt man sofort, ob mathematische Korrelationen vorliegen könnten. Laut ▪ Abb. 5.1 sind L_2 und L_4 sowie L_3 und L_4 mathematisch korreliert. Beispiel 5.9 und Aufgabe 5.11 enthalten solche mehrstufigen Fortpflanzungen.

5.2 Fehlerfortpflanzung – Analytische Methode

5.2.1 Allgemeine Vorgehensweise

Bei der analytischen Methode wird davon ausgegangen, dass die Funktion f als Formel vorliegt und analytisch differenziert werden kann. Wiederholen Sie notfalls das analytische Differenzieren von Funktionen mehrerer Variabler („partielle Ableitung") [1, S.432].

Aufgaben mit dem FFG (5.11) löst man in folgenden Schritten:
1. Man stellt sicher, dass die Beobachtungen unkorreliert sind oder Korrelationen vernachlässigbar sind. Am einfachsten wendet man das FFG direkt auf ursprüngliche Messwerte an (s. ▶ Abschn. 4.1.2).
2. Man legt die Funktion f in (5.1) fest, auf die das FFG angewendet werden soll. Die Argumente von f sind die n Beobachtungen $L_1, L_2, \ldots, L_n$ und der Funktionswert von f ist die Ergebnisgröße X.
3. Man bildet die partiellen Ableitungen $\partial f/\partial L_1, \partial f/\partial L_2, \ldots, \partial f/\partial L_n$, notfalls mit Näherungswerten, sollten die tatsächlichen Werte für die Beobachtungen noch nicht vorliegen. Letzteres ist der typische Fall der *Genauigkeitsvorbetrachtung*.
4. Man setzt alle bekannten Größen in (5.11) ein.
5. Man stellt diese Gleichung nach der unbekannten Größe um, falls das nicht σ_X ist, und berechnet diese.

Hinweis 5.3

Bekanntlich ist die Ableitung von $\sin(x)$ gleich $\cos(x)$. Das gilt aber nur, wenn x im Bogenmaß eingesetzt wird, wie es der mathematische Standard ist. Die Ableitung von $\sin(\alpha)$ mit α in Gon ist hingegen $\cos(\alpha)/\rho$ mit dem Radiant $\rho = 200\,\text{gon}/\pi$ in Definition 1.1! (Es ist nach der Kettenregel noch eine *innere Ableitung* für die Winkelumrechnung zu berücksichtigen.) Die Ableitung von $\cos(\alpha)$ mit α in Gon ist folglich $-\sin(\alpha)/\rho$. Entsprechendes gilt für die anderen Winkelfunktionen. Bei den Arkusfunktionen ist es umgekehrt: Die Ableitung von $\arcsin(x)$ ist $1/\sqrt{1-x^2}$, aber nur als Funktion, die Bogenmaß als Einheit des Ergebnisses liefert. Soll automatisch in Gon umgerechnet werden, ist noch der Faktor ρ erforderlich, so dass die Ableitung $\rho/\sqrt{1-x^2}$ lautet! Bei den anderen Arkusfunktionen ist das genauso. Bei Grad als Winkeleinheit ist $\rho = 180°/\pi$ zu setzen, usw.

5.2.2 Sonderfälle der Fehlerfortpflanzung

In einigen häufig auftretenden Sonderfällen kann man das FFG bedeutend vereinfachen. Im Folgenden werden die drei wichtigsten Sonderfälle dargestellt:

(1) Sonderfall Summe und/oder Differenz: Wir betrachten Funktionen vom Typ

$$X = f(L_1, L_2, \ldots, L_n) = L_1 \pm L_2 \pm \cdots \pm L_n \tag{5.14}$$

In diesen Fällen ist [4, S. 53]

$$\left(\frac{\partial f}{\partial L_1}\right)^2 = \left(\frac{\partial f}{\partial L_2}\right)^2 = \cdots = \left(\frac{\partial f}{\partial L_n}\right)^2 = 1$$

und man erhält aus (5.11)

$$\sigma_X = \sqrt{\sigma_1^2 + \sigma_2^2 + \cdots + \sigma_n^2} \tag{5.15}$$

Bei gleich großen Standardabweichungen $\sigma_1 = \sigma_2 = \cdots = \sigma_n =: \sigma_L$ aller Beobachtungen erhält man die noch einfachere Formel

$$\sigma_X = \sqrt{n} \cdot \sigma_L \tag{5.16}$$

▶ **Beispiel 5.6**

Wir setzen das Beispiel 5.3 fort. Bei dem geometrischen Liniennivellement traten zufällige Messabweichungen der Lattenablesung mit einer Standardabweichung von $\sigma_r = \sigma_v = 0{,}2$ mm auf. Bei k Stationsaufstellungen erhält man für den Gesamthöhenunterschied Δh aus (5.16) die Standardabweichung

$$\sigma_{\Delta h} = \sqrt{2 \cdot k} \cdot 0{,}2\,\text{mm} \blacktriangleleft$$

Dieses Beispiel vermittelt folgende Erkenntnis: Während maximale und systematische Messabweichungen proportional zu k und wegen etwa gleich langer Zielweiten ZW proportional zur Weglänge $W = 2 \cdot k \cdot ZW$ des Nivellements anwachsen, erhöhen sich Standardabweichungen langsamer, nämlich nur proportional zu $\sqrt{k}$ bzw. $\sqrt{W}$. Dies ist der Wirkung des Zufalls zu verdanken. Wir nennen dieses Gesetz das *Wurzelgesetz des geometrischen Nivellements* [4, S. 54] („∝" bedeutet proportional):

$$\sigma_{\Delta h} \propto \sqrt{W} \tag{5.17}$$

(2) Sonderfall Mittelwert: Wir betrachten Funktionen vom Typ

$$X = f(L_1, L_2, \ldots, L_n) = \frac{L_1 + L_2 + \cdots + L_n}{n} \qquad (5.18)$$

In diesen Fällen ist [4, S. 54f]

$$\frac{\partial f}{\partial L_1} = \frac{\partial f}{\partial L_2} = \cdots = \frac{\partial f}{\partial L_n} = \frac{1}{n}$$

und man erhält aus (5.11)

$$\sigma_X = \frac{1}{n} \sqrt{\sigma_1^2 + \sigma_2^2 + \cdots + \sigma_n^2} \qquad (5.19)$$

Bei gleich großen Standardabweichungen $\sigma_1 = \sigma_2 = \cdots = \sigma_n =: \sigma_L$ aller Beobachtungen erhält man die noch einfachere Formel

$$\sigma_X = \frac{\sigma_L}{\sqrt{n}} \qquad (5.20)$$

Vergleichen Sie hierzu auch ▶ Abschn. 6.1.3.

▶ **Beispiel 5.7**

Bei der satzweisen Richtungsmessung wird in jedem Satz eine Standardabweichung von 0,6 mgon erreicht. In drei Sätzen beträgt die Standardabweichung des Satzmittels somit 0,6 mgon/$\sqrt{3}$ = 0,35 mgon. ◀

(3) Sonderfall Produkt: Wir betrachten Funktionen vom Typ

$$X = f(L_1, L_2, \ldots, L_n) = L_1 \cdot L_2 \cdot \ldots \cdot L_n \qquad (5.21)$$

In diesen Fällen ist

$$\frac{\partial f}{\partial L_1} = L_2 \cdot L_3 \cdot \ldots \cdot L_n = \frac{X}{L_1}, \qquad \frac{\partial f}{\partial L_2} = \frac{X}{L_2}, \qquad \ldots, \qquad \frac{\partial f}{\partial L_n} = \frac{X}{L_n}$$

und man erhält aus (5.11)

$$\sigma_X = X \cdot \sqrt{\left(\frac{\sigma_1}{L_1}\right)^2 + \left(\frac{\sigma_2}{L_2}\right)^2 + \cdots + \left(\frac{\sigma_n}{L_n}\right)^2} \qquad (5.22)$$

Für $n = 2$ vereinfacht sich das zu

$$\sigma_X = \sqrt{\sigma_1^2 \cdot L_2^2 + \sigma_2^2 \cdot L_1^2} \qquad (5.23)$$

---

❶ Aufgabe 5.2

Von einem exakt rechteckigen Flächenstück mit den Seitenlängen 20 m und 30 m soll der Inhalt bestimmt werden. Dazu werden die kurze Seite mit einer Standardabweichung von 3 mm und die lange Seite mit einer Standardabweichung von 5 mm gemessen. Berechnen Sie die Standardabweichung des zu erhaltenden Flächeninhalts.

▶ http://sn.pub/JX4GzU

5.2.3 Berechnung der resultierenden Standardabweichung von Ergebnisgrößen

Das FFG (5.11) kann angewendet werden, um aus gegebenen Standardabweichungen von Beobachtungen $L_1, L_2, \ldots, L_n$ die resultierende Standardabweichung von Ergebnisgrößen X zu bestimmen.

▶ **Beispiel 5.8**

In einem schiefwinkligen ebenen Dreieck (s. ◻ Abb. 1.1) werden zwei Seiten und der eingeschlossene Winkel gemessen. Dabei werden erhalten:

$$a = 14{,}02\,\text{m}; \quad b = 23{,}06\,\text{m}; \quad \gamma = 47{,}553\,\text{gon}$$

Die a-priori Standardabweichungen der Seiten werden mit $\sigma_a = \sigma_b = 0{,}03$ m angenommen und die des Winkels mit $\sigma_\gamma = 0{,}005$ gon. Wir bestimmen die Standardabweichung der zu berechnenden Seite c. ◀

▶ **Lösung**

Die Nummerierung der folgenden Schritte entspricht der Nummerierung in ▶ Abschn. 5.2.1:

1. Möglicherweise ist γ keine Beobachtung, sondern aus gemessenen Richtungen r_1, r_2 berechnet. a, b, γ sind dennoch als unkorrelierte Größen zu betrachten (s. ◻ Abb. 5.2).

2. Die Ergebnisgröße c berechnet man aus a, b, γ mit der Funktion

$$c = f(a, b, \gamma) = \sqrt{a^2 + b^2 - 2 \cdot a \cdot b \cdot \cos \gamma}$$

3. Im Folgenden muss die Ableitung einer Winkelfunktion gebildet werden, so dass der Hinweis 5.3 zu beachten ist. Die partiellen Ableitungen sind

$$\frac{\partial f}{\partial a} = \frac{a - b \cdot \cos \gamma}{\sqrt{a^2 + b^2 - 2 \cdot a \cdot b \cdot \cos \gamma}} = \frac{-2{,}900\,\text{m}}{15{,}902\,\text{m}} = -0{,}1824$$

$$\frac{\partial f}{\partial b} = \frac{b - a \cdot \cos \gamma}{\sqrt{a^2 + b^2 - 2 \cdot a \cdot b \cdot \cos \gamma}} = \frac{12{,}77\,\text{m}}{15{,}902\,\text{m}} = 0{,}8032$$

$$\frac{\partial f}{\partial \gamma} = \frac{a \cdot b \cdot \sin \gamma}{\sqrt{a^2 + b^2 - 2 \cdot a \cdot b \cdot \cos \gamma}} \cdot \frac{1}{\rho} = \frac{3{,}450}{15{,}902}\,\frac{\text{m}}{\text{gon}} = 0{,}2170\,\frac{\text{m}}{\text{gon}}$$

4. Einsetzen in das FFG (5.11) ergibt

$$\sigma_c = \sqrt{(-0{,}1824)^2 \cdot 0{,}03^2 + 0{,}8032^2 \cdot 0{,}03^2 + 0{,}2170^2 \cdot 0{,}005^2}\,\text{m} = \underline{0{,}025\,\text{m}}$$

5. Die zu bestimmende Größe ist σ_c, so dass nicht umgestellt werden muss.

◻ **Abb. 5.2** Stammbaum zu
Beispiel 5.8

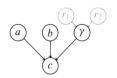

Beachten Sie, dass in diesem Beispiel die Seite c sogar genauer erhalten wird, als die Seiten a und b gemessen wurden. Es liegt ein Fall *günstiger* Fehlerfortpflanzung vor.

► http://sn.pub/4SgA4P ◄

🛑 Aufgabe 5.3

Berechnen Sie mit den Werten aus Beispiel 5.8 die Standardabweichung des sich ergebenden Dreiecksflächeninhalts.

► http://sn.pub/GAngxQ

► **Beispiel 5.9**

Gegeben sind folgende Tachymetermesswerte:

Standpunkt	Zielpunkt	r in gon	e in m
A	B	0,0000	225,084
A	N	56,7670	–
B	A	0,0000	–
B	N	287,5466	–

Die Messungen besitzen folgende Standardabweichungen: Richtungen auf Standpunkt A: 0,8 mgon; auf Standpunkt B: 1,5 mgon; Strecke AB: 1,5 mm. Wir bestimmen die Standardabweichungen der Koordinaten von N bezüglich AB als wahre x-Achse eines lokalen Koordinatensystems (x, y) mit Ursprung in A (s. ◼ Abb. 5.3). ◄

► **Lösung**

Grundlage dieser Berechnung ist der ebene Vorwärtsschnitt mit Gegensicht (s. ► Abschn. 1.5.2).
Als Beobachtungen der Fehlerfortpflanzung im Vorwärtsschnitt können die Winkel

$$\alpha := r_{AN} - r_{AB} = 56{,}7670 \text{ gon}; \quad \beta := r_{BA} - r_{BN} = 112{,}4534 \text{ gon}$$

und die Basis $c = 225{,}084$ m angesehen werden. Jedoch sind α und β nicht ursprünglich gemessen, sondern ergeben sich aus den Differenzen der Richtungen $r_{AB}, r_{AN}, r_{BA}, r_{BN}$. Somit muss der Vorwärtsschnitt-Stufe noch eine Stufe vorgeschaltet werden (s. ► Abschn. 5.1.9). Mit dem Sonderfall (1) „Differenz" aus dem vorigen Unterabschnitt für $n = 2$ erhalten wir mit (5.15) zunächst $\sigma_\alpha = \sqrt{2} \cdot 0{,}8 \text{ mgon} = 1{,}13 \text{ mgon}$ und $\sigma_\beta = \sqrt{2} \cdot 1{,}5 \text{ mgon} = 2{,}12 \text{ mgon}$.

◼ **Abb. 5.3** Messungsanordnung und Stammbaum zu den Beispielen 5.9, 5.15, 5.20

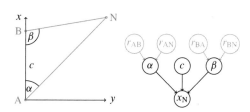

Die Nummerierung der folgenden Schritte entspricht der Nummerierung in ▶ Abschn. 5.2.1:

1. α, β, c sind unkorrelierte Größen, insbesondere ohne mathematische Korrelationen.

2. Die Ergebnisgrößen x_N und y_N berechnet man aus α, β, c über Sinussatz und polares Anhängen mit den Funktionen

$$x_N = f_x(\alpha, \beta, c) = c \cdot \frac{\sin \beta}{\sin(\alpha + \beta)} \cdot \cos \alpha$$

$$y_N = f_y(\alpha, \beta, c) = c \cdot \frac{\sin \beta}{\sin(\alpha + \beta)} \cdot \sin \alpha$$

3. Im Folgenden muss die Ableitung einer Winkelfunktion gebildet werden, so dass der Hinweis 5.3 zu beachten ist. Die partiellen Ableitungen werden mit der Quotientenregel für Ableitungen gebildet, z. B.

$$\frac{\partial f_x}{\partial \alpha} = c \cdot \sin \beta \cdot \frac{-\sin \alpha \cdot \sin(\alpha + \beta) - \cos \alpha \cdot \cos(\alpha + \beta)}{\sin^2(\alpha + \beta)} \cdot \frac{1}{\rho}$$

$$= 3{,}119 \, \frac{m}{gon}$$

4. Einsetzen in das FFG (5.11) ergibt

$$\sigma_{x_N} = \sqrt{3{,}119^2 \cdot 1{,}13^2 + 7{,}996^2 \cdot 2{,}12^2 + 1{,}325^2 \cdot 1{,}5^2} \, \frac{m \cdot mgon}{gon}$$

$$= \underline{17{,}4 \, mm}$$

$$\sigma_{y_N} = \sqrt{15{,}74^2 \cdot 1{,}13^2 + 9{,}906^2 \cdot 2{,}12^2 + 1{,}642^2 \cdot 1{,}5^2} \, \frac{m \cdot mgon}{gon}$$

$$= \underline{27{,}6 \, mm}$$

5. Die zu bestimmenden Größen sind σ_{x_N} und σ_{y_N}, so dass nicht umgestellt werden muss.

Siehe hierzu auch Beispiel 5.15. ◀

🛑 Aufgabe 5.4

Wenn im Beispiel 5.9 der Neupunkt N nicht durch Richtungsmessungen, sondern durch Messung der Horizontalstrecken AN und BN mit einer Standardabweichung von je 1,5 mm bestimmt worden wäre, wie groß ergäben sich dann die Standardabweichungen der Neupunktkoordinaten? (Beachten Sie: Im Unterschied zur Berechnung von x_N, y_N ist die Berechnung von $\sigma_{x_N}, \sigma_{y_N}$ eindeutig.)

▶ http://sn.pub/gkMy4s

🛑 Aufgabe 5.5

Die Gruppenrefraktivität N_L (auch Gruppenbrechungsindex genannt) der Atmosphäre zur Korrektur elektronischer Distanzmessungen (EDM) ergibt sich aus der Formel

$$N_L = \frac{273{,}15}{1013{,}25} \cdot \frac{N_{gr} \cdot p}{273{,}15 + t} - \frac{11{,}27 \cdot e}{273{,}15 + t}$$

Berechnen Sie die Standardabweichung von N_L aus den gegebenen Werten und Standardabweichungen

- der Lufttemperatur $t = -10\,°C$ mit $\sigma_t = 5\,K$,
- des Luftdrucks von $p = 990\,hPa$ mit $\sigma_p = 5\,hPa$ und
- des Partialdrucks des Wasserdampfes von $e = 50\,hPa$ mit $\sigma_e = 20\,hPa$.

(Die Zahlenwerte von t, p, e müssen in diesen Einheiten eingesetzt werden. Als Einheit der Temperaturdifferenz und damit auch der Standardabweichung wird in der Norm DIN 1345 das *Kelvin* mit dem Symbol K vorgeschrieben.) Die Gruppenrefraktivität der Standardatmosphäre $N_{gr} = 299{,}2646$ ist bekannt und kann als wahrer Wert angesehen werden. Berechnen Sie danach die Standardabweichung einer zu korrigierenden gemessenen Strecke $s' = 236{,}142\,m$ mit der Standardabweichung $\sigma'_s = 3\,mm$. Die Korrekturformel lautet

$$s = s' \cdot \left(1 + \frac{N_0 - N_L}{10^6 + N_L} \right)$$

Die Gruppenrefraktivität der Normalatmosphäre sei für dieses EDM mit $N_0 = 290{,}0000$ bekannt und kann als wahrer Wert angesehen werden.

▶ http://sn.pub/oy2PhC

5.2.4 Berechnung der erforderlichen Standardabweichung von Beobachtungen

Mit dem FFG (5.11) ist es umgekehrt möglich, zu berechnen, wie genau Messgrößen mindestens gemessen werden müssen, um sicherzustellen, dass aus diesen Beobachtungen berechnete Ergebnisse eine geforderte Standardabweichung erreichen. Hierfür wird auch der Begriff *Genauigkeitsvorbetrachtung* verwendet. Dazu muss das FFG nach der Standardabweichung der Beobachtung umgestellt werden.

▶ **Beispiel 5.10**

Von einem bekannten Standpunkt S mit Koordinatenstandardabweichungen $\sigma_{X_S} = \sigma_{Y_S} = 5\,mm$ wird in der Horizontalebene ein Polarpunkt P gemessen. Die Streckenmessung $e \approx 200\,m$ habe eine Standardabweichung von $3\,mm$. Die Lagestandardabweichung (4.34) von P soll $10\,mm$ nicht überschreiten. Wir wollen berechnen, wie genau der Richtungswinkel t mindestens bestimmt werden muss. ◀

▶ **Lösung**

Die Nummerierung der folgenden Schritte entspricht der Nummerierung in ▶ Abschn. 5.2.1:
1. e und t sind als unkorreliert zu betrachten. Schwieriger ist es mit X_S und Y_S. Hier könnten bei der Punktbestimmung mathematische Korrelationen entstanden sein (s. ▶ Abschn. 4.4.3). Diese sind uns aber unbekannt und müssen deshalb vernachlässigt werden (s. ◘ Abb. 5.4).

◘ **Abb. 5.4** Stammbaum zu Beispiel 5.10

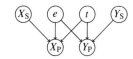

2. Die Ergebnisgrößen X_P und Y_P berechnet man aus X_S, Y_S, e, t mit den Funktionen (1.3), (1.4):

$$X_P = f_X(X_S, e, t) = X_S + e \cdot \cos t$$
$$Y_P = f_Y(Y_S, e, t) = Y_S + e \cdot \sin t$$

3. Im Folgenden muss die Ableitung von Winkelfunktionen gebildet werden, so dass der Hinweis 5.3 zu beachten ist. Die partiellen Ableitungen lauten

$$\frac{\partial f_X}{\partial X_S} = 1, \quad \frac{\partial f_X}{\partial e} = \cos t, \quad \frac{\partial f_X}{\partial t} = -\frac{e \cdot \sin t}{\rho}$$

$$\frac{\partial f_Y}{\partial Y_S} = 1, \quad \frac{\partial f_Y}{\partial e} = \sin t, \quad \frac{\partial f_Y}{\partial t} = \frac{e \cdot \cos t}{\rho}$$

4. Einsetzen in das FFG (5.11) liefert

$$\sigma_{X_P}^2 = \sigma_{X_S}^2 + \cos^2 t \cdot \sigma_e^2 + \left(\frac{e \cdot \sin t}{\rho}\right)^2 \cdot \sigma_t^2$$

$$\sigma_{Y_P}^2 = \sigma_{Y_S}^2 + \sin^2 t \cdot \sigma_e^2 + \left(\frac{e \cdot \cos t}{\rho}\right)^2 \cdot \sigma_t^2$$

Die Zusammenfassung zur Lagestandardabweichung (4.34), wobei das bekannte mathematische Gesetz $\cos^2 t + \sin^2 t \equiv 1$ benutzt wird, ergibt

$$\sigma_P^2 = \sigma_{X_P}^2 + \sigma_{Y_P}^2 = \sigma_{X_S}^2 + \sigma_{Y_S}^2 + \sigma_e^2 + \frac{e^2}{\rho^2} \cdot \sigma_t^2$$

$$= 2 \cdot 25\,\text{mm}^2 + 9\,\text{mm}^2 + \frac{40\,000\,\text{m}^2}{4053\,\text{gon}^2} \cdot \sigma_t^2 \le 100\,\text{mm}^2$$

5. Die zu bestimmende Größe ist σ_t, nach der umgestellt werden muss:

$$\sigma_t^2 \le \frac{4053\,\text{gon}^2}{40\,000\,\text{m}^2} \cdot 41\,\text{mm}^2 = 4,15\,\text{mgon}^2$$

$$\sigma_t \le 2,0\,\text{mgon}$$

Der Richtungswinkel t muss mit einer Standardabweichung von $2,0$ mgon oder besser bestimmt werden. ◀

🛑 Aufgabe 5.6

Von einem exakt rechteckigen Flächenstück mit den Seitenlängen 20 m und 30 m und rechten Winkeln, die frei von Abweichungen sind, soll der Inhalt F bestimmt werden. Dazu werden die beiden Seiten mit derselben Standardabweichung gemessen. Berechnen Sie die Standardabweichung, die erforderlich ist, um $\sigma_F \le 1\,\text{m}^2$ sicherzustellen.

▶ Beispiel 5.11

Die Strecke s' in der UTM-Abbildungsebene wird aus der in der ellipsoidischen Höhe h zwischen den Endpunkten gemessenen Strecke s nach (3.67), (3.71) wie folgt berechnet:

$$s' = s \cdot \left(\kappa_0 + \frac{(E - E_0)^2}{2 \cdot \kappa_0 \cdot R^2} - \frac{h}{R}\right) \tag{5.24}$$

Abb. 5.5 Stammbaum zu
Beispiel 5.11

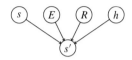

s' soll im Westerzgebirge (Ostwert $E \approx 350$ km, Erdradius $R \approx 6390$ km) mit einer Standardabweichung von 4 mm für Strecken bis maximal 500 m berechnet werden. Die Eingabegrößen sind mit folgenden Standardabweichungen gegeben:

$$\sigma_s = 3 \text{ mm}; \quad \sigma_E = 500 \text{ m}; \quad \sigma_R = 5 \text{ km}$$

Wir wollen berechnen, wie genau h gegeben sein oder bestimmt werden muss. ◄

▶ **Lösung**

$\kappa_0 = 0{,}9996$ und $E_0 = 500$ km sind wahre Werte. Das FFG (5.11) angewendet auf (5.24) lautet (s. ■ Abb. 5.5):

$$\sigma_{s'}^2 = \left(0{,}9996 + \frac{(E - E_0)^2}{2 \cdot R^2} - \frac{h}{R} \right)^2 \cdot \sigma_s^2 + \left(\frac{s \cdot (E - E_0)}{R^2} \right)^2 \cdot \sigma_E^2$$

$$+ s^2 \cdot \left(\frac{h}{R^2} - \frac{(E - E_0)^2}{R^3} \right)^2 \cdot \sigma_R^2 + \left(-\frac{s}{R} \right)^2 \cdot \sigma_h^2$$

Man erkennt in dieser Formel, dass längere Strecken weniger genau korrigiert werden, als kurze. Um $\sigma_{s'} \leq 4$ mm bis 500 m sicherzustellen, gehen wir vom ungünstigten Fall $s = 500$ m aus. Einsetzen aller gegebenen Werte ergibt:

$$\sigma_{s'}^2 = (0{,}003 \text{ m} + 8{,}27 \cdot 10^{-7} \text{ m} - h \cdot 4{,}69 \cdot 10^{-10})^2 + 8{,}43 \cdot 10^{-7} \text{ m}^2$$

$$+ (h \cdot 6{,}12 \cdot 10^{-8} - 2{,}16 \cdot 10^{-4} \text{ m})^2 + 6{,}12 \cdot 10^{-9} \cdot \sigma_h^2 \leq 16 \cdot 10^{-6} \text{ m}^2$$

Die gesuchte Größe ist σ_h, also stellen wir danach um:

$$\sigma_h \leq \sqrt{998 \text{ m}^2 + h \cdot 4{,}4 \cdot 10^{-3} \text{ m} - h^2 \cdot 6{,}1 \cdot 10^{-7}}$$

Man erkennt, dass für die im Westerzgebirge vorzufindenden Höhen $h = 400$ m ... 1200 m die Standardabweichung von h im Bereich von

$$\sigma_h \leq \underline{31 \text{ m}}$$

liegen muss. Also ist eine entsprechende „Navigationsgenauigkeit" für h ausreichend. ◄

🛑 **Aufgabe 5.7**

Zwischen zwei Punkte A und E im Abstand von ca. 90 m wird etwa in der Mitte ein Zwischenpunkt P nach Augenmaß eingefluchtet. Der horizontale Abstand q von P zur Geraden AE (Fluchtungsabweichung) soll kleiner als 0,1 m sein. Zur Kontrolle soll die Fluchtungsabweichung durch Tachymetermessung auf P mit einer Standardabweichung von höchstens $\sigma_q \leq 0{,}5$ mm bestimmt werden. Dazu sollen die Horizontalstrecken e_{PA}, e_{PE} mit einer Standardabweichung von $\sigma_e = 2$ mm und die Horizontalrichtungen r_{PA}, r_{PE} mit einer Standardabweichung von $\sigma_r = 1$ mgon je Richtungssatz gemessen werden. Wieviele Richtungssätze müssen auf P gemessen werden?

5.2.5 Optimierung von Messungsanordnungen

Das FFG (5.11) kann genutzt werden, um zwischen mehreren Varianten von Messungsanordnungen oder Messtechnologien die günstigste auszuwählen.

▶ Beispiel 5.12

Der Radius r eines Kreisbogens durch drei im Gelände vermarkte Punkte A, B, C soll bestimmt werden. Dazu ist es ausreichend, einen Winkel und die gegenüberliegende Seite des Dreiecks ABC zu messen, wobei wir Standardabweichungen von 5 mgon und 10 mm erreichen. Wir kennen näherungsweise folgende Abmessungen dieses Dreiecks (s. ◘ Abb. 1.1):

$$a = 17\,\text{m}, \quad b = 23\,\text{m}, \quad c = 14\,\text{m}, \quad \alpha = 53\,\text{gon}, \quad \beta = 106\,\text{gon}, \quad \gamma = 41\,\text{gon}$$

Wir bestimmen die statistisch am günstigsten zu messende Winkel-Seiten-Kombination. ◀

▶ Lösung

Die Nummerierung der folgenden Schritte entspricht der Nummerierung in ▶ Abschn. 5.2.1:

1. Seitenlängen sind ursprüngliche Messwerte, also ist hier von Unkorreliertheit auszugehen, und Winkel auf jeweils verschiedenen Standpunkten sind ebenso unkorrelierte Größen (s. ◘ Abb. 5.6 und Beispiel 5.9).
2. Die Ergebnisgröße r berechnet man aus (1.33) mit einer der Funktionen

$$r = f_1(a,\alpha) = \frac{a}{2 \cdot \sin\alpha}$$
$$r = f_2(b,\beta) = \frac{b}{2 \cdot \sin\beta}$$
$$r = f_3(c,\gamma) = \frac{c}{2 \cdot \sin\gamma}$$

3. Im Folgenden muss die Ableitung einer Winkelfunktion gebildet werden, so dass der Hinweis 5.3 zu beachten ist. Die partiellen Ableitungen lauten

$$\frac{\partial f_1}{\partial a} = \frac{1}{2 \cdot \sin\alpha}, \quad \frac{\partial f_1}{\partial \alpha} = -\frac{a \cdot \cos\alpha}{2 \cdot \rho \cdot \sin^2\alpha}$$
$$\frac{\partial f_2}{\partial b} = \frac{1}{2 \cdot \sin\beta}, \quad \frac{\partial f_2}{\partial \beta} = -\frac{b \cdot \cos\beta}{2 \cdot \rho \cdot \sin^2\beta}$$
$$\frac{\partial f_3}{\partial c} = \frac{1}{2 \cdot \sin\gamma}, \quad \frac{\partial f_3}{\partial \gamma} = -\frac{c \cdot \cos\gamma}{2 \cdot \rho \cdot \sin^2\gamma}$$

4. Einsetzen in das FFG (5.11) mit $\sigma_\alpha = \sigma_\beta = \sigma_\gamma = 5\,\text{mgon}$ und $\sigma_a = \sigma_b = \sigma_c = 10\,\text{mm}$ ergibt für σ_r in den drei Varianten die Werte 6,8 mm oder 5,0 mm oder 8,4 mm.

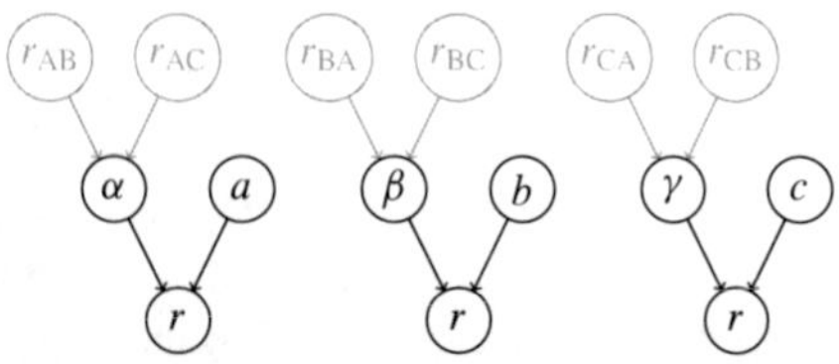

◘ **Abb. 5.6** Stammbaum zu Beispielen 5.12 und 5.16

5. Die zu bestimmende Größe ist σ_r, so dass das FFG nicht umgestellt werden muss. Der günstigste Wert $\sigma_r = \underline{5,0\,\text{mm}}$ wird für die Beobachtungen b und β erhalten. Also sollten optimal diese beiden Größen gemessen werden.

▶ http://sn.pub/6QZNAB ◀

❗ Aufgabe 5.8

Überprüfen Sie, ob im Fall von Aufgabe 5.2 die Messung einer Diagonale mit der Standardabweichung von 5 mm statt einer der beiden Seiten günstiger wäre.

　▶ http://sn.pub/96c47h

Das FFG (5.11) kann außerdem genutzt werden, um bestimmte Parameter von Messungsanordnungen zu optimieren.

▶ Beispiel 5.13

Die Höhe einer ca. 200 m hohen Turmspitze P soll trigonometrisch bestimmt werden (s. ◘ Abb. 5.7). Der hierfür optimale Tachymeterstandpunkt S ist gesucht. Die Messung des Zenitwinkels v erfolgt mit einer Standardweichung von $\sigma_v = 1\,\text{mgon}$. Die Schrägstrecke s wird mit einer Standardweichung von $\sigma_s = 5\,\text{mm}$ gemessen. Die Standardweichung der Standpunkthöhe h_S gilt als unbekannt. ◀

▶ Lösung

Die Nummerierung der folgenden Schritte entspricht der Nummerierung in ▶ Abschn. 5.2.1:

1. Zenitwinkel v, Schrägstrecke s und Anschlusshöhe h_S sind ursprüngliche Messwerte, also ist hier von Unkorreliertheit auszugehen.
2. Die Ergebnisgröße h_P berechnet man aus

$$h_P = f(h_S, s, v) = h_S + s \cdot \cos v$$

Darauf ist das FFG (5.11) anzuwenden.

3. Im Folgenden muss die Ableitung einer Winkelfunktion gebildet werden, so dass der Hinweis 5.3 zu beachten ist. Die partiellen Ableitungen lauten

$$\frac{\partial f}{\partial h_S} = 1, \quad \frac{\partial f}{\partial s} = \cos v, \quad \frac{\partial f}{\partial v} = -\frac{s \cdot \sin v}{\rho}$$

4. Einsetzen in das FFG ergibt

$$\sigma_{h_P}^2 = \sigma_{h_S}^2 + \cos^2 v \cdot \sigma_s^2 + \left(\frac{s \cdot \sin v}{\rho}\right)^2 \cdot \sigma_v^2$$

◘ Abb. 5.7 Messungsanordnung zu Beispiel 5.13

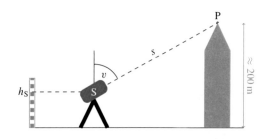

◻ **Abb. 5.8** Graphische Lösung
zu Beispiel 5.13

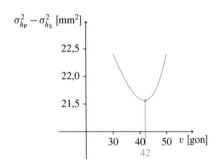

5. Da sowohl s als auch v von der Wahl des Standpunktes S abhängen, ist es am besten, eine der beiden Unbekannten zu eliminieren. Wir wählen s und ersetzen $s = (h_\mathrm{P} - h_\mathrm{S})/\cos v$. Damit ergibt sich

$$\sigma_{h_\mathrm{P}}^2 = \sigma_{h_\mathrm{S}}^2 + \cos^2 v \cdot \sigma_s^2 + \left((h_\mathrm{P} - h_\mathrm{S}) \cdot \frac{\tan v}{\rho} \right)^2 \cdot \sigma_v^2$$

und nach Einsetzen der gegebenen Werte schließlich

$$\sigma_{h_\mathrm{P}}^2 = \sigma_{h_\mathrm{S}}^2 + \cos^2 v \cdot 25\,\mathrm{mm}^2 + \tan^2 v \cdot 9{,}9\,\mathrm{mm}^2$$

Die rechte Seite der letzten Gleichung soll durch geschickte Wahl des Standpunktes und damit von v möglichst klein gemacht werden, um eine optimale Genauigkeit für die Turmhöhe zu erreichen. Wir demonstrieren für diese Optimierungsaufgabe eine graphische Lösung: Für verschiedene Zenitwinkel v ist die Summe der beiden v enthaltenden Summanden in ◻ Abb. 5.8 aufgetragen. Man erkennt deutlich, dass das Optimum bei etwa $v \approx 42\,\mathrm{gon}$ liegt. Daraus folgt, dass der horizontale Abstand des Standpunktes S vom Turm P etwa $\tan(42\,\mathrm{gon}) \cdot 200\,\mathrm{m} = \underline{155\,\mathrm{m}}$ betragen müsste. Die Standardweichung der Anschlusshöhe h_S ist hierfür irrelevant. ◀

❗ Aufgabe 5.9

Möglicherweise ist die Genauigkeit des Zenitwinkels σ_v in Beispiel 5.13 praktisch stark vom Zenitwinkel v abhängig, weil steile Zielungen schwierig zu messen sind und Zenitwinkel deshalb ungenauer erhalten werden. Überlegen Sie, wie eine Erweiterung der Berechnung aussehen müsste, die das berücksichtigt.

❗ Aufgabe 5.10

In Beispiel 5.9 wäre die Lagestandardabweichung (4.34) von N mit

$$\sigma_\mathrm{N} = \sqrt{17{,}4^2 + 27{,}6^2}\,\mathrm{mm} = 32{,}6\,\mathrm{mm}$$

erhalten worden. Nun soll versucht werden, diese Genauigkeit zu steigern, indem statt von B die Messungen von einem anderen Punkt B′ aus, der auf derselben Basisgerade AB liegt, vorgenommen werden. Auf B′ wird dieselbe Richtungsmessgenauigkeit wie auf B angenommen. Für welchen Punkt B′ ergibt sich die kleinste Lagestandardabweichung σ_N' und wie groß ist diese? Hinweis: AN ändert sich nicht. Berechnen Sie β' in Abhängigkeit von $c' = \mathrm{AB}'$ und daraus σ_N'. Optimieren Sie nun!

5.3 Fehlerfortpflanzung – Numerische Methode

Die numerische Methode der Fehlerfortpflanzung, auch als Methode der *Veränderung der Beobachtungen* bezeichnet, eignet sich in folgenden drei Fällen:

1. Die Funktion f ist sehr kompliziert strukturiert, so dass das manuelle analytische Differenzieren aufwändig ist, und Computeralgebrasysteme stehen nicht zur Verfügung oder sind unhandlich zu benutzen.
2. Die Funktion f liegt gar nicht formelmäßig vor, sondern ist nur als Softwarebaustein mit unzugänglichem oder unübersichtlichem Quellcode realisiert.
3. Die Abweichungen sind nicht alles „betragskleine Größen", z. B. grobe Messabweichungen, so dass der Abbruch der Taylor-Reihe (5.2) relevante Linearisierungsfehler verursacht.

In den ersten beiden Fällen kann nicht analytisch differenziert werden. Statt dessen werden die partiellen Ableitungen numerisch gebildet, also werden Differenzialquotienten durch *Differenzenquotienten* angenähert:

$$\frac{\partial f}{\partial L_i} \approx \frac{\Delta f}{\Delta L_i}$$
$$= \frac{f(L_1, \ldots, L_{i-1}, L_i + \Delta L_i, L_{i+1}, \ldots, L_n) - f(L_1, \ldots, L_{i-1}, L_i, L_{i+1}, \ldots, L_n)}{\Delta L_i}$$

$$(5.25)$$

ΔL_i muss eine betragskleine Größe sein. Am einfachsten ist es, wenn man $\Delta L_i := \sigma_i$ wählt, dann definiert man Differenzen

$$\Delta_i := \frac{\partial f}{\partial L_i} \sigma_i$$
$$\approx f(L_1, \ldots, L_{i-1}, L_i + \sigma_i, L_{i+1}, \ldots, L_n) - f(L_1, \ldots, L_{i-1}, L_i, L_{i+1}, \ldots, L_n)$$

$$(5.26)$$

Mit diesen Differenzen $\Delta_1, \Delta_2, \ldots, \Delta_n$ lässt sich das Gaußsche FFG (5.11) wie folgt schreiben:

$$\sigma_X = \sqrt{\Delta_1^2 + \Delta_2^2 + \cdots + \Delta_n^2} \qquad (5.27)$$

Die praktische Rechnung kann in folgende Schritte zerlegt werden:

1. Sicherstellen, dass die Beobachtungen unkorreliert sind.
2. Berechnung von $X = f(L_1, L_2, \ldots, L_n)$ mit den gegebenen Beobachtungen oder Näherungswerten davon, wenn die eigentlichen Werte noch nicht vorliegen.
3. Änderung der ersten Beobachtung L_1 in $L_1 + \sigma_1$ und erneute Berechnung von X.
4. Änderung jeder weiteren Beobachtung L_i in $L_i + \sigma_i$, wobei zuvor die Änderung des vorangegangenen Schritts rückgängig gemacht werden muss, und erneute Berechnung von X. (Es darf in jeder Berechnung nur *eine* Beobachtung geändert sein!)
5. Nun liegen $n + 1$ Werte für X vor. Jetzt werden laut (5.26) alle n Differenzen Δ_i zum ersten Wert gebildet. Die Vorzeichen von Δ_i spielen hier keine Rolle.
6. σ_X wird mit (5.27) berechnet.

▶ **Beispiel 5.14**

Wir greifen das Beispiel 5.5 auf. Obwohl die analytische Methode dort durchaus anwendbar war, stellen wir zum Vergleich die numerische Methode dagegen: $n = 2$ Beobachtungen $b = 788$ km; $\alpha = 7,2°$ mit Standardabweichungen $\sigma_b = 50$ km; $\sigma_\alpha = 0,5°$ liegen vor. Wir berechnen den Erdumfang mit $b = 788$ km, $\alpha = 7,2°$ zu $U = 39\,400$ km, mit $b = 788$ km $+ 50$ km; $\alpha = 7,2°$ zu $U = 42\,000$ km, und mit $b = 788$ km; $\alpha = 7,2° + 0,5°$ zu $U = 36\,900$ km. Mit (5.27) berechnen wir

$$\sigma_U = \sqrt{(42\,000\,\text{km} - 39\,400\,\text{km})^2 + (36\,900\,\text{km} - 39\,400\,\text{km})^2} = \underline{3600\,\text{km}}$$

Das Ergebnis ist dasselbe wie in Beispiel 5.5.

▶ http://sn.pub/L35f4Z ◀

▶ **Beispiel 5.15**

Wir greifen das Beispiel 5.9 auf. Obwohl die analytische Methode dort durchaus anwendbar war, stellen wir zum Vergleich die numerische Methode gegenüber: ◀

▶ **Lösung**

Die Nummerierung der Schritte folgt der vorangegangenen Schrittfolge.

1. Dieser Schritt ändert sich im Vergleich zu Beispiel 5.9 nicht.
2. Zuerst ist ein Vorwärtsschnitt mit Gegensicht mit den unveränderten Beobachtungen zu berechnen. Das Ergebnis ist $x_N = 298,3169$ m; $y_N = 369,5801$ m.
3. Nun wird die Beobachtung α um $\sqrt{2} \cdot 0,8$ mgon vergrößert und die Berechnung wiederholt. Das Ergebnis ist $x_N = 298,3204$ m; $y_N = 369,5979$ m.
4. Nun wird die Beobachtung β um $\sqrt{2} \cdot 1,5$ mgon, danach die Beobachtung c um $1,5$ mm vergrößert, wobei zuvor immer die Änderung der letzten Rechnung rückgängig gemacht wurde. Die Berechnungen des Vorwärtsschnitts werden jeweils wiederholt.
5. Für jede Koordinate werden drei Differenzen gebildet: $\Delta_{x\alpha}, \Delta_{x\beta}, \Delta_{xc}, \Delta_{y\alpha}, \Delta_{y\beta}, \Delta_{yc}$:

Änderung	x_N in m	y_N in m	Δ_x in mm	Δ_y in mm
Ohne	298,3169	369,5801		
$\alpha + \sqrt{2} \cdot 0,8$ mgon	298,3204	369,5979	3,5	17,8
$\beta + \sqrt{2} \cdot 1,5$ mgon	298,3338	369,6011	16,9	21,0
$c + 1,5$ mm	298,3188	369,5826	1,9	2,5

6. Wir berechnen schließlich

$$\sigma_{x_N} = \sqrt{\Delta_{x\alpha}^2 + \Delta_{x\beta}^2 + \Delta_{xc}^2} = \sqrt{3,5^2 + 16,9^2 + 1,9^2}\ \text{mm} = \underline{17,4\,\text{mm}}$$

$$\sigma_{y_N} = \sqrt{\Delta_{y\alpha}^2 + \Delta_{y\beta}^2 + \Delta_{yc}^2} = \sqrt{17,8^2 + 21,0^2 + 2,5^2}\ \text{mm} = \underline{27,6\,\text{mm}}$$

Das Ergebnis ist dasselbe wie in Beispiel 5.9. Siehe hierzu auch Beispiel 5.22.

▶ http://sn.pub/WahU1R ◀

Zur Berechnung der erforderlichen Genauigkeit von Beobachtungen eignet sich die numerische Methode weniger. Für die Optimierung von Messungsanordnungen empfehlen wir die numerischen Methode nur, wenn mehrere Varianten verglichen werden sollen, wie im folgenden Beispiel.

▶ **Beispiel 5.16**

Wir greifen das Beispiel 5.12 auf. Obwohl die analytische Methode durchaus anwendbar war, stellen wir zum Vergleich die numerische Methode dagegen: ◀

▶ **Lösung**

Wir berechnen:

$$r = \frac{a}{2 \cdot \sin \alpha} = 11,4922 \, \text{m}$$

$$\Delta_a = \frac{a + 10 \, \text{mm}}{2 \cdot \sin \alpha} - r = 6,8 \, \text{mm}$$

$$\Delta_\alpha = \frac{a}{2 \cdot \sin(\alpha + 5 \, \text{mgon})} - r = -0,8 \, \text{mm}$$

$$\sigma_r = \sqrt{(6,8 \, \text{mm})^2 + (0,8 \, \text{mm})^2} = 6,8 \, \text{mm}$$

und dasselbe für die beiden anderen Kombinationen. Die Variante mit dem günstigsten Wert wird gewählt. Das Ergebnis ist dasselbe wie in Beispiel 5.12. ◀

❯ **Hinweis 5.4**

Normalerweise kann man die Fehlerfortpflanzung mit Näherungswerten berechnen. In den Beispielen 5.12 und 5.16 wurde das auch gemacht. Bei der numerischen Methode ist allerdings an einer Stelle Vorsicht geboten: Die Differenzen Δ dürfen dadurch nicht verfälscht werden. Beispiel 5.16: Für die Kombination b, β kann man nicht auf $r = 11,4922 \, \text{m}$ zurückgreifen, sondern müsste r neu berechnen mit $b = 23 \, \text{m}$ und $\beta = 106 \, \text{gon}$, dann nochmals genauso für die Kombination c, γ. Oder man müsste mit Winkeln rechnen, die exakt zu dem Dreieck mit den Seiten 17 m, 23 m, 14 m passen, das sind: 52,654 gon; 105,893 gon; 41,452 gon.

❗ **Aufgabe 5.11**

Von zwei Festpunkten A und B aus soll ein Neupunkt N als Polarpunkt gemessen werden. Die Koordinaten von A und B und die Näherungskoordinaten von N sind

Punkt	x in m	y in m
A	161,063	140,291
B	171,165	230,697
N	≈ 200	≈ 240

Die Standardabweichung der Richtungsmessungen beträgt 1 mgon und der Distanzmessung 5 mm. Die Koordinaten von A und B haben Standardabweichungen von je 10 mm und gel-

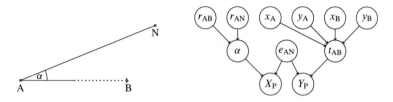

■ **Abb. 5.9** Messungsanordnung und Stammbaum zu Aufgabe 5.11 Teil 1

ten als unkorreliert. Bestimmen Sie die resultierenden Lagestandardabweichungen (4.34) von N bei Messung

a) von Standpunkt A mit Anschlusspunkt B (■ Abb. 5.9),
b) von Standpunkt B mit Anschlusspunkt A und
c) von beiden Standpunkten nacheinander und Bildung des arithmetischen Mittels aus beiden Koordinatenlösungen.

Verwenden Sie jeweils die analytische und die numerische Methode.
▶ http://sn.pub/yCNwEm

5.4 Gewichtsfortpflanzung

Im Unterschied zur Fehlerfortpflanzung arbeitet die Gewichtsfortpflanzung nur mit *relativen* Genauigkeitsmaßen, die durch Gewichte verkörpert werden (s. ▶ Abschn. 5.1.7). Wir wenden uns jetzt praktischen Aspekten des GFG (5.12) zu.

▶ **Beispiel 5.17**

Die Strecke AB in ■ Abb. 5.10 wird indirekt durch Messung der Strecken AP und PB bestimmt und ein zweites Mal durch Messung der Strecken AQ und QB. Die rechten Winkel bei P und Q gelten als frei von Abweichungen bestimmt, alle gemessenen Strecken als gleich genau. Wir bestimmen die Gewichte, die den beiden Lösungen für AB zuzuordnen sind. ◀

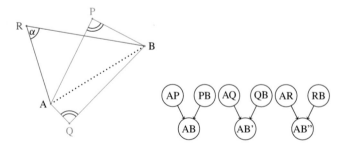

■ **Abb. 5.10** Messungsanordnung (maßstäblich) und Stammbaum zu Beispiel 5.17 und Aufgabe 5.12

Das GFG (5.12) ist jeweils auf die Funktionen

$$AB = \sqrt{AP^2 + PB^2} \quad \text{und} \quad AB' = \sqrt{AQ^2 + QB^2}$$

anzuwenden. Die Ableitungen sind

$$\frac{AP}{\sqrt{AP^2 + PB^2}} = \frac{AP}{AB}; \qquad \frac{AQ}{\sqrt{AQ^2 + QB^2}} = \frac{AQ}{AB}$$

$$\frac{PB}{\sqrt{AP^2 + PB^2}} = \frac{PB}{AB}; \qquad \frac{QB}{\sqrt{AQ^2 + QB^2}} = \frac{QB}{AB}$$

Einsetzen in das GFG (5.12) ergibt

$$\frac{1}{p_{AB}} = \left(\frac{AP}{AB}\right)^2 \cdot \frac{1}{p_{AP}} + \left(\frac{PB}{AB}\right)^2 \cdot \frac{1}{p_{PB}}$$

$$\frac{1}{p_{AB'}} = \left(\frac{AQ}{AB}\right)^2 \cdot \frac{1}{p_{AQ}} + \left(\frac{QB}{AB}\right)^2 \cdot \frac{1}{p_{QB}}$$

Allen gemessenen Strecken ordnen wir dasselbe Gewicht p zu:

$$\frac{1}{p_{AB}} = \left[\left(\frac{AP}{AB}\right)^2 + \left(\frac{PB}{AB}\right)^2\right]\frac{1}{p} = \frac{1}{p}$$

$$\frac{1}{p_{AB'}} = \left[\left(\frac{AQ}{AB}\right)^2 + \left(\frac{QB}{AB}\right)^2\right]\frac{1}{p} = \frac{1}{p}$$

und schließlich ergibt sich $p_{AB} = p_{AB'} = p$. Die beiden Lösungen für AB sind gleichgewichtig, haben also gleiche Standardabweichungen. Diese sind gleich der Standardabweichung der gemessenen Strecken. ◀

🛑 Aufgabe 5.12

AB aus Beispiel 5.17 wurde zusätzlich über das Hilfsdreieck ARB mit gemessenen Seiten AR und RB mit derselben Genauigkeit wie AP, PB, AQ, QB und einem als wahren Wert anzunehmenden Winkelwert α bestimmt (s. ◻ Abb. 5.10). Berechnen Sie auch hierfür ein Gewicht $p_{AB''}$. Nehmen Sie in Beispiel 5.17 $p = 1$ an und greifen Sie die benötigten Maße aus der ◻ Abb. 5.10 ab. Sie werden sehen, dass der Maßstab dieser Abbildung keine Rolle spielt.

▶ http://sn.pub/y7ywlq

🛑 Aufgabe 5.13

Der Radius des Kreisbogens in ◻ Abb. 5.11 soll zweimal bestimmt werden: über die Sehne und Pfeilhöhe ABCP und über die Sehne und Pfeilhöhe DEFQ. Alle vier Sehnenabschnitte AB, BC, DE, EF wurden mit gleicher Genauigkeit bestimmt, die Genauigkeit der Pfeilhöhen BP, EQ ist höher, und zwar verhalten sich die Standardabweichungen der Sehnenabschnitte und Pfeilhöhen wie 5 : 1. Abweichungen in den rechten Winkeln gelten als ausgeschlossen. Bestimmen Sie Gewichte für die beiden Radien.

■ **Abb. 5.11** Messungsanordnung
zu Aufgabe 5.13 (Skizze nicht
maßstäblich)

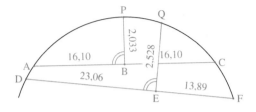

Manchmal wird die Gewichtsfortpflanzung so berechnet, dass ein fingierter Wert σ_0 angenommen wird. Mit diesem werden Standardabweichungen für die Messwerte erhalten und das FFG angewendet. Am Ende werden aus den erhaltenen Standardabweichungen wieder Gewichte gebildet. Dadurch wird das GFG überflüssig. Allerdings besteht die Gefahr, dass die fingierten Standardabweichungen doch irrtümlich als reale Werte angesehen werden. Daher wird dieses Vorgehen nicht empfohlen.

5.5 Kovarianzfortpflanzung

Das KFG (5.7) bzw. (5.10) ist eine Verallgemeinerung des Gaußschen FFG (5.11) für korrelierte Größen. Wir wenden uns jetzt praktischen Aspekten dieses Gesetzes zu.

5.5.1 Fortpflanzung mit korrelierten Eingangsgrößen

Möchte man die Genauigkeit einer Ergebnisgröße X bestimmen und weisen die Beobachtungen $L_1, L_2, \ldots, L_n$ Korrelationen auf, so muss statt des FFG (5.11) das KFG (5.7) angewendet werden. Dafür werden auch die Kovarianzen oder Korrelationskoeffizienten der Beobachtungen benötigt (s. ▶ Abschn. 4.4).

▶ **Beispiel 5.18**

Drei Punkte A, B, C liegen exakt in einer Flucht. Gemessen wurden die Strecken AB und BC mit den Standardabweichungen von je $\sigma_e = 0,05$ m. Die beiden Beobachtungen weisen durch physikalisch-technische Korrelationen den Korrelationskoeffizient $\rho_{\mathrm{AB,BC}} = 0,5$ auf. Wir bestimmen die Standardabweichung der Gesamtstrecke AC. ◀

▶ **Lösung**

Zunächst berechnen wir aus (4.17) die Kovarianz

$$\sigma_{\mathrm{AB,BC}} = \rho_{\mathrm{AB,BC}} \cdot \sigma_e \cdot \sigma_e = 0,5 \cdot (0,05 \,\mathrm{m})^2 = 0,001\,25 \,\mathrm{m}^2$$

Wir wenden das KFG (5.7) auf

$$AC = AB + BC$$

an. Die partiellen Ableitungen sind alle gleich Eins.

$$\sigma_{\mathrm{AC}}^2 = 1^2 \cdot \sigma_{\mathrm{AB}}^2 + 1^2 \cdot \sigma_{\mathrm{BC}}^2 + 2 \cdot 1^2 \cdot \sigma_{\mathrm{AB,BC}} = 2 \cdot (0,05 \,\mathrm{m})^2 + 2 \cdot 0,001\,25 \,\mathrm{m}^2$$

$$\sigma_{\mathrm{AC}} = \sqrt{0,0075} \,\mathrm{m} = \underline{0,087 \,\mathrm{m}}$$

Unter Vernachlässigung der Korrelation hätten wir den zu optimistischen Wert $\sigma_{AC} = 0{,}071$ m erhalten. Das ist plausibel, denn positiv korrelierte Messabweichungen neigen dazu, gleiches Vorzeichen zu besitzen und heben sich bei Summenbildung seltener gegenseitig auf. Unter Vernachlässigung einer negativen Korrelation hätten wir einen zu pessimistischen Wert erhalten. ◂

🛑 Aufgabe 5.14

Erweitern Sie das Beispiel 5.18. Ein weiterer Punkt D liegt hinter C exakt in der Flucht A, B, C und wurde mit Strecke CD gemessen. Die Korrelationskoeffizienten dieser Beobachtung zu den anderen beiden Beobachtungen betragen jeweils ebenfalls 0,5. Bestimmen Sie die Standardabweichung der sich ergebenden Gesamtstrecke AD = AB + BC + CD.

5.5.2 Bestimmung von Kovarianzen und Korrelationen mehrerer Ergebnisgrößen

Mit dem KFG kann ermittelt werden, welche mathematischen Korrelationen (s. ▶ Abschn. 4.4.3) zwischen mehreren Ergebnisgrößen einer gemeinsamen Berechnung entstehen. Beobachtungen $L_1, L_2, \ldots, L_n$ und Ergebnisgrößen $X_1, X_2, \ldots, X_m$ fasst man am besten zu *Zufallsvektoren* (4.19) zusammen:

$$\mathbf{L} = \begin{pmatrix} L_1 \\ L_2 \\ \vdots \\ L_n \end{pmatrix}, \quad \mathbf{X} = \begin{pmatrix} X_1 \\ X_2 \\ \vdots \\ X_m \end{pmatrix}$$

Dann kann man die elegante Form (5.10) des KFG benutzen.

▶ Beispiel 5.19

Wir setzen das Beispiel 4.14 fort. Wir wollen den Korrelationskoeffizienten der Winkel

$$\alpha = r_2 - r_1 \quad \text{und} \quad \beta = r_3 - r_2$$

bestimmen (s. ▢ Abb. 4.6). Die Richtungen r_1, r_2, r_3 gelten als gleich genau und unkorreliert. ◂

▶ Lösung

Zunächst stellen wir die Zufallsvektoren zusammen:

$$\mathbf{L} = \begin{pmatrix} r_1 \\ r_2 \\ r_3 \end{pmatrix}, \quad \mathbf{X} = \begin{pmatrix} \alpha \\ \beta \end{pmatrix}$$

Nun setzen wir die Kovarianzmatrix $\boldsymbol{\Sigma}_L$ in (5.8) aus den Varianzen und die Matrix $\mathbf{F}$ in (5.9) aus den Ableitungen zusammen:

$$\boldsymbol{\Sigma}_L = \begin{pmatrix} \sigma_r^2 & 0 & 0 \\ 0 & \sigma_r^2 & 0 \\ 0 & 0 & \sigma_r^2 \end{pmatrix}, \quad \mathbf{F} = \begin{pmatrix} -1 & 1 & 0 \\ 0 & -1 & 1 \end{pmatrix}$$

$\boldsymbol{\Sigma_L}$ ist eine Diagonalmatrix, weil r_1, r_2, r_3 unkorreliert sind. Das KFG (5.10) ergibt

$$\boldsymbol{\Sigma_X} = \mathbf{F} \cdot \boldsymbol{\Sigma_L} \cdot \mathbf{F}^\mathrm{T} = \begin{pmatrix} 2 \cdot \sigma_r^2 & -\sigma_r^2 \\ -\sigma_r^2 & 2 \cdot \sigma_r^2 \end{pmatrix}$$

Daraus lesen wir für α und β dieselben Standardabweichungen $\sqrt{2} \cdot \sigma_r$ ab, was in Übereinstimmung mit (5.16) steht. Die Kovarianz beträgt $-\sigma_r^2$. Aus (4.17) ergibt sich folgender Korrelationskoeffizient:

$$\rho_{\alpha,\beta} = \frac{-\sigma_r^2}{\sqrt{2} \cdot \sigma_r \cdot \sqrt{2} \cdot \sigma_r} = -0,5 \blacktriangleleft$$

▶ **Beispiel 5.20**

Die beiden Koordinaten $x_\mathrm{N}, y_\mathrm{N}$ im Beispiel 5.9 weisen eine mathematische Korrelation auf, die wir bisher nicht berechnen konnten. Das wollen wir jetzt nachholen. ◀

▶ **Lösung**

Zunächst stellen wir die Zufallsvektoren zusammen:

$$\mathbf{L} = \begin{pmatrix} \alpha \\ \beta \\ c \end{pmatrix}, \quad \mathbf{X} = \begin{pmatrix} x_\mathrm{N} \\ y_\mathrm{N} \end{pmatrix}$$

Nun setzen wir die Matrix $\boldsymbol{\Sigma_L}$ in (5.8) aus den Varianzen und die Matrix $\mathbf{F}$ in (5.9) aus den Ableitungen zusammen (Die Einheiten sind im Folgenden weggelassen):

$$\boldsymbol{\Sigma_L} = \begin{pmatrix} 1,13^2 & 0 & 0 \\ 0 & 2,12^2 & 0 \\ 0 & 0 & 1,5^2 \end{pmatrix}, \quad \mathbf{F} = \begin{pmatrix} 3,119 & 7,996 & 1,325 \\ 15,74 & 9,906 & 1,642 \end{pmatrix}$$

Das KFG (5.10) ergibt

$$\boldsymbol{\Sigma_X} = \mathbf{F} \cdot \boldsymbol{\Sigma_L} \cdot \mathbf{F}^\mathrm{T} = \begin{pmatrix} 303,7 & 423,6 \\ 423,6 & 763,4 \end{pmatrix} \mathrm{mm}^2$$

$$\sigma_{x_\mathrm{N}} = \sqrt{303,7}\,\mathrm{mm} = \underline{17,4\,\mathrm{mm}}$$

$$\sigma_{y_\mathrm{N}} = \sqrt{763,4}\,\mathrm{mm} = \underline{27,6\,\mathrm{mm}}$$

Diese Ergebnisse stimmen mit Beispiel 5.9 überein. Weiter berechnen wir:

$$\sigma_{x_\mathrm{N},y_\mathrm{N}} = 423,6\,\mathrm{mm}^2, \quad \rho_{x_\mathrm{N},y_\mathrm{N}} = \frac{423,6\,\mathrm{mm}^2}{17,4\,\mathrm{mm} \cdot 27,6\,\mathrm{mm}} = \underline{0,88}$$

Schließlich bestimmen wir eine Standardellipse für den Punkt N mit den Halbachsen (4.30)

$$\left. \begin{matrix} A_\mathrm{N} \\ B_\mathrm{N} \end{matrix} \right\} = \frac{1}{\sqrt{2}} \cdot \sqrt{303,7 + 763,4 \pm \sqrt{(303,7 - 763,4)^2 + 4 \cdot 423,6^2}}\,\mathrm{mm} = \left\{ \begin{matrix} \underline{31,9\,\mathrm{mm}} \\ \underline{7,2\,\mathrm{mm}} \end{matrix} \right.$$

Mit (4.33) erhalten wir

$$\theta = \frac{1}{2}\arctan\frac{2 \cdot 423,6}{303,7 - 763,4} = -121,0° = \underline{59,0°}$$

Siehe hierzu auch Beispiel 5.22.

► http://sn.pub/vQOMMR ◄

🛑 **Aufgabe 5.15**

Bestimmen Sie zu Aufgabe 5.11 in allen drei Fällen die Standardellipse des Neupunktes N.

► http://sn.pub/WooNU5

► **Beispiel 5.21**

Wir erweitern das Beispiel 5.20. Ein weiterer Punkt M wurde unabhängig von N mit den Koordinaten $x_M = 221,03$ m; $y_M = 316,10$ m und der Kovarianzmatrix

$$\Sigma_M = \begin{pmatrix} \sigma_{x_M}^2 & \sigma_{x_M,y_M} \\ \sigma_{x_M,y_M} & \sigma_{y_M}^2 \end{pmatrix} = \begin{pmatrix} 943,8 & 399,3 \\ 399,3 & 169,4 \end{pmatrix} \text{mm}^2$$

bestimmt. Wir suchen die Standardabweichung der daraus berechneten Strecke e_{NM}. ◄

► **Lösung**

Das KFG wird auf die Funktion

$$e_{NM} = \sqrt{(x_M - x_N)^2 + (y_M - y_N)^2} = 93,986 \text{ m}$$

angewendet. Zunächst stellen wir die Zufallsvektoren zusammen:

$$\mathbf{L} = \begin{pmatrix} x_N \\ y_N \\ x_M \\ y_M \end{pmatrix}, \quad \mathbf{X} = (e_{NM})$$

Nun setzen wir die Matrix Σ_L in (5.8) aus den Varianzen und die Matrix $\mathbf{F}$ in (5.9) aus den Ableitungen zusammen. Dabei nutzen wir aus, dass die Koordinaten von N keine Korrelationen mit denen von M aufweisen, so dass Σ_L schwach besetzt ist:

$$\Sigma_L = \begin{pmatrix} 303,7 & 423,6 & 0 & 0 \\ 423,6 & 763,4 & 0 & 0 \\ 0 & 0 & 943,8 & 399,3 \\ 0 & 0 & 399,3 & 169,4 \end{pmatrix} \text{mm}^2$$

$$\mathbf{F} = \begin{pmatrix} \dfrac{x_N - x_M}{e_{NM}} & \dfrac{y_N - y_M}{e_{NM}} & \dfrac{x_M - x_N}{e_{NM}} & \dfrac{y_M - y_N}{e_{NM}} \end{pmatrix}$$

$$= \begin{pmatrix} 0,8223 & 0,5690 & -0,8223 & -0,5690 \end{pmatrix}$$

Das KFG ergibt eine Matrix Σ_X mit einer Zeile und einer Spalte:

$$\Sigma_X = \mathbf{F} \cdot \Sigma_L \cdot \mathbf{F}^T = (1916 \text{ mm}^2)$$

$$\sigma_{e_{NM}} = \sqrt{1916} \text{ mm} = \underline{43,8 \text{ mm}} ◄$$

❶ Aufgabe 5.16

Berechnen Sie in Beispiel 5.21 die Standardabweichung des Richtungswinkels t_{NM} und den Korrelationskoeffizient von t_{NM} und e_{NM}.

5.5.3 Kovarianzfortpflanzung – Numerische Methode

Genau wie bei der Fehlerfortpflanzung können auch bei der Kovarianzfortpflanzung die Ableitungen numerisch gebildet werden. Am einfachsten ist das, wenn die Eingangsgrößen unkorreliert sind. Wir beschränken uns hier auf diesen Fall. Statt nur *eine* Ergebnisgröße wie in ▶ Abschn. 5.3 hat man jetzt m derartige Größen und bekommt durch m-fache Anwendung der numerischen Methode $m \times n$ Differenzen $\Delta_{11}, \Delta_{12}, \ldots, \Delta_{mn}$. Diese setzt man wie folgt zu einer Matrix $\boldsymbol{\Delta}$ zusammen:

$$\boldsymbol{\Delta} = \begin{pmatrix} \Delta_{11} & \cdots & \Delta_{1n} \\ \vdots & \ddots & \vdots \\ \Delta_{m1} & \cdots & \Delta_{mn} \end{pmatrix} \tag{5.28}$$

Die Kovarianzfortpflanzung berechnet man nun mit

$$\boldsymbol{\Sigma}_X = \boldsymbol{\Delta} \cdot \boldsymbol{\Delta}^T \tag{5.29}$$

▶ Beispiel 5.22

Wir wiederholen die Berechnung aus Beispiel 5.20 mit der numerischen Methode. Die Differenzen $\Delta_{x\alpha}, \Delta_{x\beta}, \Delta_{xc}, \Delta_{y\alpha}, \Delta_{y\beta}, \Delta_{yc}$ wurden im Beispiel 5.15 schon berechnet. Diese fassen wir zur Matrix (5.28) zusammen:

$$\boldsymbol{\Delta} = \begin{pmatrix} 3,5 & 16,9 & 1,9 \\ 17,8 & 21,0 & 2,5 \end{pmatrix} \text{mm}$$

und berechnen mit (5.29)

$$\boldsymbol{\Sigma}_X = \boldsymbol{\Delta} \cdot \boldsymbol{\Delta}^T = \begin{pmatrix} 301,5 & 422,0 \\ 422,0 & 764,1 \end{pmatrix} \text{mm}^2$$

Die Ergebnisse sind praktisch dieselben wie im Beispiel 5.20.
   ▶ http://sn.pub/m28k5c ◀

❶ Aufgabe 5.17

Bestimmen Sie mit der numerischen Methode zu Aufgabe 5.11 in allen drei Fällen die Standardellipse des Neupunktes N.
   ▶ http://sn.pub/DAVkTi

5.6 Lösungen

Zwischenergebnisse wurden sinnvoll gerundet, so können unbedeutende Abweichungen zur exakten Lösung entstehen.

Aufgabe 5.2: $0,135\,\mathrm{m}^2$

Aufgabe 5.3: $0,275\,\mathrm{m}^2$

Aufgabe 5.4: $\sigma_{x_\mathrm{N}} = 4,07\,\mathrm{mm}$; $\sigma_{y_\mathrm{N}} = 2,16\,\mathrm{mm}$

Aufgabe 5.5: $\sigma_s = 3,3\,\mathrm{mm}$

Aufgabe 5.6: $28\,\mathrm{mm}$

Aufgabe 5.7: Ein Richtungssatz ist gerade nicht ausreichend, also sind zwei Richtungssätze zu messen. (Man erkennt: Die Genauigkeit der Distanzmessung spielt bei diesem gestreckten Winkel praktisch keine Rolle.)

Aufgabe 5.8: Mit der Standardabweichung $0,130\,\mathrm{m}^2$ geringfügig am günstigsten ist das Messen der Diagonale und der kürzeren Seite.

Aufgabe 5.9: σ_v wäre nicht als konstant anzunehmen, sondern als Funktion von v zu modellieren, so dass ein dritter v-Term in die Fortpflanzung eingeht.

Aufgabe 5.10: $\sigma'_\mathrm{N} = 17,8\,\mathrm{mm}$; mit $c' \approx 500\,\mathrm{m}$

Aufgabe 5.11: a) $\sigma_{x_\mathrm{N}} = 11,4\,\mathrm{mm}$; $\sigma_{y_\mathrm{N}} = 12,2\,\mathrm{mm}$; $\sigma_\mathrm{N} = 16,7\,\mathrm{mm}$; b) $\sigma_{x_\mathrm{N}} = 12,0\,\mathrm{mm}$; $\sigma_{y_\mathrm{N}} = 11,4\,\mathrm{mm}$; $\sigma_\mathrm{N} = 16,6\,\mathrm{mm}$; c) $\sigma_{x_\mathrm{N}} = 11,4\,\mathrm{mm}$; $\sigma_{y_\mathrm{N}} = 9,2\,\mathrm{mm}$; $\sigma_\mathrm{N} = 14,5\,\mathrm{mm}$. Hinweis: Bei a) und b) müssen 14 Differenzen gebildet werden, bei c) 20 Differenzen.

Aufgabe 5.12: $\alpha \approx 70\,\mathrm{gon}$; $p_{\mathrm{AB(R)}} = 1,58$

Aufgabe 5.13: $r = 64,77$. Die Gewichte verhalten sich wie $1 : 1,33$, wobei die Bestimmung über DEFQ das höhere Gewicht hat.

Aufgabe 5.14: $\sigma_{\mathrm{AD}} = 0,122\,\mathrm{m}$

Aufgabe 5.15: a) $A_\mathrm{N} = 13,2\,\mathrm{mm}$; $B_\mathrm{N} = 10,3\,\mathrm{mm}$; $\theta_\mathrm{N} = 127°$; b) $A_\mathrm{N} = 13,1\,\mathrm{mm}$; $B_\mathrm{N} = 10,2\,\mathrm{mm}$; $\theta_\mathrm{N} = 142°$; c) $A_\mathrm{N} = 12,4\,\mathrm{mm}$; $B_\mathrm{N} = 7,7\,\mathrm{mm}$; $\theta_\mathrm{N} = 150°$.

Aufgabe 5.16: $\sigma_{t_\mathrm{NM}} = 11,0\,\mathrm{mgon}$; $\rho_{e_\mathrm{NM},t_\mathrm{NM}} = 0,200$

Aufgabe 5.17: Die Lösung stimmt im Rahmen der Rechengenauigkeit mit der Lösung von Aufgabe 5.15 überein.

Literatur

1. Bartsch HJ (2014) Taschenbuch mathematischer Formeln für Ingenieure und Naturwissenschaftler. 23. überarbeitete Auflage, Carl Hanser Verlag, München. ISBN 978-3-446-43800-2
2. DIN Deutsches Institut für Normung e. V. (2012) DIN 18709: Begriffe, Kurzzeichen und Formelzeichen in der Geodäsie – Teil 4: Ausgleichungsrechnung und Statistik. Beuth Verlag GmbH, Berlin
3. Gruber FJ, Joeckel R (2018) Formelsammlung für das Vermessungswesen. 19. aktualisierte Auflage, Springer Vieweg, Wiesbaden. ISBN 978-3-658-15019-8
4. Niemeier W (2008) Ausgleichungsrechnung, Statistische Auswertemethoden. 2. überarbeitete und erweiterte Auflage, Walter de Gruyter, Berlin. ISBN 978-3-11-019055-7

5

Wiederholungsbeobachtungen und Doppelbeobachtungen

R. Lehmann, *Geodätische und statistische Berechnungen*, https://doi.org/10.1007/978-3-662-66464-3_6

Für einige einfache Fälle der Ausgleichung geodätischer Messungen ist es nicht erforderlich, eine komplette Ausgleichungsprozedur zu durchlaufen. Die wichtigsten Ergebnisse können hier auch über direkte Formeln erhalten werden. Das war bereits am Beispiel der Helmert-Transformation (s. ▶ Abschn. 1.6.8, 2.4.6) mit bekannten wahren Quellsystemkoordinaten und gleich genauen Zielsystemkoordinaten gezeigt worden. Noch häufiger finden wir in der Geodäsie die Modelle der Wiederholungsbeobachtungen und der Doppelbeobachtungen, für die ebenfalls solche direkten Formeln verwendet werden können.

Manchmal wird statt von *Wiederholungsbeobachtungen* auch von *direkten Beobachtungen* gesprochen [4, S. 22ff].

6.1 Wiederholungsbeobachtungen

6.1.1 Was sind Wiederholungsbeobachtungen und was nicht?

In dieser Klasse von Ausgleichungsproblemen ist nur der Wert einer einzigen Größe L gesucht. Für diese liegen n Beobachtungen $L_1, L_2, \ldots, L_n$ vor (s. ▶ Abschn. 4.1.2). Würden alle Beobachtungen denselben Wert ergeben haben, wäre dies auch der beste Wert, den man der Beobachtungsgröße L als Schätzwert $\hat{L}$ für deren wahren Wert $\tilde{L}$ zuweisen sollte. Wegen unvermeidbarer Messabweichung tritt fast immer der Fall auf, dass sich diese Beobachtungen unterscheiden. Es stellt sich somit die Frage, welcher Wert dann der beste Schätzwert ist.

Sind alle äußeren Bedingungen dieser Beobachtungen unverändert, sind insbesondere alle systematischen Messabweichungen Δ als konstant anzusehen, dann bezeichnet man diese als *Wiederholbedingungen* (s. ▶ Abschn. 4.2.2).

> **Definition 6.1 (Wiederholungsbeobachtungen)**
>
> Mehrfach unter Wiederholbedingungen ausgeführte Beobachtungen derselben Größe bezeichnet man als Wiederholungsbeobachtungen.

> ❯ **Hinweis 6.1**
>
> Manchmal wird bei Beobachtungen unter Wiederholbedingungen auch von einer Beobachtungs- oder *Messreihe* gesprochen. Leider wird darunter in manchen Bereichen auch die wiederholte Beobachtung verstanden, bei welcher ein äußerer Parameter in bestimmten Intervallen geändert wird oder sich ändert. Dieser Fall tritt bei der Aufnahme einer Kennlinie von Instrumenten oder der Bestimmung der Drift auf. Diese stellen keine Wiederholungsbeobachtungen im Sinne dieses Abschnitts dar. Deshalb vermeiden wir den Begriff Messreihe hier.

Wir wollen aber zulassen, dass die Genauigkeitskennwerte der Beobachtungen L_1, $L_2, \ldots, L_n$ zur Beschreibung der Beträge zufälliger Messabweichungen unterschiedlich sein können. Wir kennzeichnen die Genauigkeiten mit Standardabweichungen $\sigma_{L_1}, \sigma_{L_2}, \ldots, \sigma_{L_n}$ oder Gewichten $p_1, p_2, \ldots, p_n$. Hingegen sollen Korrelationen von solchen Beobachtungen (s. ▶ Abschn. 4.4) ausgeschlossen oder vernachlässigbar sein. Sollte dennoch der sehr seltene Fall auftreten, dass Korrelationen vorhanden sind und deren Werte bekannt sind, können Wiederholungsbeobachtungen mit den Methoden in ▶ Kap. 7 ausgewertet werden.

Mit einem EDM wird eine Strecke viermal nacheinander gemessen. Es ergeben sich für die unbekannte Strecke L zum eingestellten Ziel folgende Beobachtungen:

$L_1 = 17,1169\,\text{m}$

$L_2 = 17,1165\,\text{m}$

$L_3 = 17,1179\,\text{m}$

$L_4 = 17,1163\,\text{m}$

Unterschiede in den Genauigkeiten der Beobachtungen sind nicht anzunehmen, also weisen wir allen Beobachtungen das Gewicht Eins zu. Da elektronisch nicht die Strecke selbst, sondern die Laufzeit eines Lichtimpulses oder die Phasendifferenz zweier Wellen gemessen wird, haben wir keine ursprünglichen Messwerte, sondern nur mittelbare Beobachtungen (s. ◻ Tab. 4.1, Spalte 3). Damit mathematische Korrelationen ausgeschlossen sind, müssen wir nur verlangen, dass jede ursprüngliche Beobachtung (hier z. B. eine Laufzeit) zur Berechnung von höchstens einer mittelbaren Beobachtung L_i (hier eine Strecke) verwendet wurde (s. ▶ Abschn. 4.4.3). Hat man mit demselben EDM gemessen, könnten physikalisch-technische Korrelationen aufgetreten sein, die vernachlässigt werden müssen (s. ▶ Abschn. 4.4.2). ◀

Wir setzen das Beispiel 4.10 fort. Es kann davon ausgegangen werden, dass sich der Ausdehnungskoeffizient zeitlich nicht geändert hat. Ursprüngliche Beobachtungen sind hier die Lattenablesungen bei verschiedenen Temperaturen. Jede solche Ablesung ist nur zur Berechnung des Ausdehnungskoeffizients in der Kalibrierung benutzt worden, in der sie stattfand, so dass die drei Beobachtungen L_1, L_2, L_3 mathematisch unkorreliert sind (s. ▶ Abschn. 4.4.3). Wurde mehrmals in demselben Labor kalibriert, könnten physikalisch-technische Korrelationen aufgetreten sein, die vernachlässigt werden müssen (s. ▶ Abschn. 4.4.2). ◀

6.1.2 Auswertung von Wiederholungsbeobachtungen

Die Zuweisung eines geeigneten Schätzwertes $\hat{L}$ für den wahren Wert $\tilde{L}$ der Beobachtungsgröße L ist nicht eindeutig. Sicher wird dieser Wert zwischen der kleinsten und der größten Beobachtung gewählt werden müssen, aber mehr ist nicht sofort mit Sicherheit angebbar. Wir suchen eine sinnvolle Berechnungsvorschrift für diesen Schätzwert aus den Beobachtungen, auch *Schätzfunktion f* genannt:

$$\hat{L} = f(L_1, L_2, \ldots, L_n)$$

Häufig benutzte und unter gewissen Umständen optimale Schätzfunktionen bei Wiederholungsbeobachtungen sind der *Median* und das *einfache* oder das *gewichtete arithmetische Mittel*:

┌─ **Definition 6.2 (Median von Beobachtungen)** ─────────────

Die n Beobachtungen werden der Größe nach sortiert. Der Median $\hat{L}_{\text{Median}}$ ist in dieser Sortierreihenfolge der in der Mitte stehende Wert, wenn n ungerade ist, oder das einfache Mittel der beiden in der Mitte stehenden Werte, wenn n gerade ist.

> **Definition 6.3 (Arithmetisches Mittel von Beobachtungen)**
>
> Das gewichtete arithmetische Mittel berechnet man wie folgt:
>
> $$\hat{L}_{\text{gaM}} = \frac{p_1 \cdot L_1 + p_2 \cdot L_2 + \cdots + p_n \cdot L_n}{p_1 + p_2 + \cdots + p_n} \tag{6.1}$$
>
> Sind alle Gewichte gleich, so erhält man als Spezialfall das einfache arithmetische Mittel
>
> $$\bar{L} = \frac{L_1 + L_2 + \cdots + L_n}{n} \tag{6.2}$$

6

▶ **Beispiel 6.3**

Wir setzen das Beispiel 6.1 fort. Der Median und das wegen gleicher Gewichtung einfache arithmetische Mittel (6.2) lauten

$$\hat{L}_{\text{Median}} = \frac{17{,}1165 + 17{,}1169}{2}\,\text{m} = \underline{17{,}1167\,\text{m}}$$

$$\bar{L} = \frac{17{,}1169 + 17{,}1165 + 17{,}1179 + 17{,}1163}{4}\,\text{m} = \underline{17{,}1169\,\text{m}}$$

▶ http://sn.pub/ObRfSG ◀

▶ **Beispiel 6.4**

Wir setzen das Beispiel 6.2 fort. Der Median und das gewichtete arithmetische Mittel (6.1) lauten

$$\hat{L}_{\text{Median}} = 0{,}6\,\text{ppm/K} = \underline{0{,}6\,\text{ppm/K}}$$

$$\hat{L}_{\text{gaM}} = \frac{25 \cdot 0{,}7 + 11 \cdot 0{,}6 + 25 \cdot 0{,}6}{25 + 11 + 25}\,\text{ppm/K} = \underline{0{,}64\,\text{ppm/K}} \quad ◀$$

Da die größten und kleinsten Beobachtungen keinen Einfluss auf den Median ausüben, wird dieser gern verwendet, wenn grobe Messabweichungen zu befürchten sind. Diese würden den Median nicht direkt beeinflussen. Andernfalls hat das arithmetische Mittel als Schätzfunktion optimale statistische Eigenschaften. Genaueres hierzu erfahren Sie im ▶ Abschn. 7.3.1. Auf eine mathematische Herleitung von (6.1) oder (6.2) aus den stochastischen Eigenschaften der Wiederholungsbeobachtungen verzichten wir und verweisen auf [5]. In (6.1) gibt es im Gegensatz zum Median auch die Möglichkeit, über Gewichte unterschiedliche Genauigkeiten der Beobachtungen zu berücksichtigen.

6.1.3 A-priori Genauigkeitsberechnung

Wir verfolgen jetzt nur noch den Fall, dass der Schätzwert $\hat{L}$ als arithmetisches Mittel (6.1) oder (6.2) berechnet wird und möchten dafür Genauigkeitskenngrößen ermitteln.

Sind die Standardabweichungen $\sigma_{L_1}, \sigma_{L_2}, \ldots, \sigma_{L_n}$ der Beobachtungen a-priori bekannt (s. ▶ Abschn. 4.3.1), dann kann man auf (6.1) das FFG (5.11) anwenden. Das Ergebnis lautet:

$$\sigma_{\hat{L}} = \frac{\sigma_0}{\sqrt{p_1 + p_2 + \cdots + p_n}} \tag{6.3}$$

❗ Aufgabe 6.1

Wenden Sie das FFG auf (6.1) an, um (6.3) zu gewinnen.

Im Sonderfall gleich genauer Beobachtungen $\sigma_L := \sigma_{L_1} = \sigma_{L_2} = \cdots = \sigma_{L_n}$ und ergibt sich daraus

$$\sigma_{\hat{L}} = \frac{\sigma_L}{\sqrt{n}} \tag{6.4}$$

Genauso gewinnt man diese Formel durch Anwendung des FFG auf (6.2), was im ▶ Abschn. 5.2.2 dem Sonderfall (2) entspricht, vgl. (5.20). Man kann darüber hinaus beweisen, dass im Fall ungleicher Gewichte (6.3) einen kleineren Wert liefert, als (5.19), weshalb in diesem Fall das gewichtete Mittel dem einfachen Mittel vorzuziehen ist.

Auf das Beispiel 6.3 ist diese Formel nicht anwendbar, da σ_{L_i} dort unbekannt ist.

▶ Beispiel 6.5

Wir setzen das Beispiel 6.4 fort. Die Standardabweichung $\sigma_{\hat{L}}$ des gewichteten arithmetischen Mittels im Beispiel 6.4 lautet mit (6.3):

$$\sigma_{\hat{L}} = \frac{1\,\text{ppm/K}}{\sqrt{25 + 11 + 25}} = \underline{0{,}13\,\text{ppm/K}}$$

Wie man es erwartet, ist das Mittel genauer als die Beobachtungen, aus denen es gebildet wurde. ◀

6.1.4 A-posteriori Genauigkeitsschätzung

Sind die Standardabweichungen der Beobachtungen a-priori unbekannt, sondern nur deren Gewichte (s. ▶ Abschn. 4.3.3), dann besteht die Möglichkeit, auch für σ_0 eine geeignete (wenn möglich optimale) Schätzfunktion zu finden. Die meist verwendete Schätzfunktion ist

$$\hat{\sigma}_0 = \sqrt{\frac{\sum_{i=1}^{n} p_i \cdot (L_i - \hat{L})^2}{n - 1}} \tag{6.5}$$

⟩ Hinweis 6.2

Wenn n sehr klein ist, sagen wir $n < 5$, ist (6.5) nur eine äußerst grobe Schätzung von σ_0. Sie führt oft zu einem unplausiblen Wert, weshalb auf eine Schätzung hier verzichtet werden sollte. In diesem Kapitel werden solche Zahlen jedoch manchmal trotzdem berechnet, um bei überschaubaren Beispielen und Aufgaben zu bleiben.

(6.5) ist eine sehr einfache Schätzfunktion. Zu den Eigenschaften der Schätzfunktion erfahren Sie Näheres im ▶ Abschn. 7.4.3. Auch der dortige Hinweis 7.9 bezieht sich auf (6.5). Davon abgeleitet ergeben sich die a-posteriori Standardabweichungen der Beobachtungen $L_1, L_2, \ldots, L_n$ und des Schätzwertes $\hat{L}$, indem in (4.13) und (6.3) einfach der unbekannte Wert σ_0 durch seinen Schätzwert $\hat{\sigma}_0$ ersetzt wird:

$$\hat{\sigma}_{L_i} = \frac{\hat{\sigma}_0}{\sqrt{p_i}}, \quad i = 1, 2, \ldots, n \tag{6.6}$$

$$\hat{\sigma}_{\hat{L}} = \frac{\hat{\sigma}_0}{\sqrt{p_1 + p_2 + \cdots + p_n}} \tag{6.7}$$

Im Fall gleich genauer Beobachtungen mit Einheitsgewichten vereinfachen sich (6.6), (6.7) zu

$$\hat{\sigma}_{L_i} = \hat{\sigma}_0 = \sqrt{\frac{\sum_{i=1}^{n}(L_i - \hat{L})^2}{n-1}}, \quad i = 1, 2, \ldots, n \tag{6.8}$$

$$\hat{\sigma}_{\hat{L}} = \frac{\hat{\sigma}_0}{\sqrt{n}} \tag{6.9}$$

▶ **Beispiel 6.6**

Wir setzen das Beispiel 6.3 fort. Die a-posteriori Standardabweichungen in diesem Beispiel lauten mit (6.5), (6.8), (6.9):

$$\hat{\sigma}_{L_i} = \hat{\sigma}_0 = \sqrt{\frac{(0{,}0\,\text{mm})^2 + (0{,}4\,\text{mm})^2 + (0{,}6\,\text{mm})^2 + (1{,}0\,\text{mm})^2}{4-1}} = \underline{0{,}71\,\text{mm}}$$

$$\hat{\sigma}_{\hat{L}} = \frac{0{,}71\,\text{mm}}{\sqrt{4}} = \underline{0{,}36\,\text{mm}}$$

Beachten Sie jedoch Hinweis 6.2.

   ▶ http://sn.pub/UCxe5B ◀

▶ **Beispiel 6.7**

Wir setzen das Beispiel 6.5 fort. Die a-posteriori Standardabweichungen in diesem Beispiel lauten mit (6.5), (6.6), (6.7):

$$\hat{\sigma}_0 = \sqrt{\frac{25 \cdot 0{,}06^2 + 11 \cdot 0{,}04^2 + 25 \cdot 0{,}04^2}{3-1}}\,\text{ppm/K} = 0{,}27\,\text{ppm/K}$$

$$\hat{\sigma}_{L_1} = \hat{\sigma}_{L_3} = \frac{0{,}27}{\sqrt{25}}\,\text{ppm/K} = \underline{0{,}054\,\text{ppm/K}}$$

$$\hat{\sigma}_{L_2} = \frac{0{,}27}{\sqrt{11}}\,\text{ppm/K} = \underline{0{,}081\,\text{ppm/K}}$$

$$\hat{\sigma}_{\hat{L}} = \frac{0{,}27}{\sqrt{25 + 11 + 25}}\,\text{ppm/K} = \underline{0{,}034\,\text{ppm/K}}$$

Jetzt ist ein Vergleich mit den im Kalibrierprotokoll angegebenen a-priori Standardabweichungen (s. Beispiel 6.2) möglich. Die berechneten a-posteriori Standardabweichungen betragen nur 27 % der dort angegebenen a-priori-Werte. Zwei Ursachen kommen für diese große Abweichung in Betracht:

- Die a-priori Standardabweichungen wurden im Kalibrierprotokoll zu pessimistisch angegeben, möglicherweise um falsche Schlussfolgerungen aus den Ergebnissen sicher zu vermeiden.

- Die a-posteriori Standardabweichungen aus nur drei Beobachtungen liefern nur eine äußerst grobe Schätzung der tatsächlichen Messgenauigkeiten (s. Hinweis 6.2) und können nicht die Zuverlässigkeit von Angaben erreichen, die Fachleute mit jahrelanger Erfahrung machen. Deren Angaben stützen sich wahrscheinlich auf ein wesentlich umfangreicheres Datenmaterial.

Wegen Hinweis 6.2 kommt die letzte Ursache eher in Betracht. ◄

6.1.5 Zulässige Abweichungen (Ausreißererkennung)

Wenn ein einzelner Wert L_i wesentlich größer oder kleiner als alle anderen Werte der Wiederholungsbeobachtungen ist, könnte dieser durch eine grobe Messabweichung verursacht worden sein (s. ▶ Abschn. 4.2.1). Hier sprechen wir von einem *Ausreißer*.

Definition 6.4 (Ausreißer)

Ein Ausreißer ist eine Beobachtung, die so wahrscheinlich durch eine grobe Messabweichung verursacht wird, dass sie besser nicht oder nicht so wie sie ist verwendet wird [6].

Ein Ausreißer kann durch einen statistischen Test erkannt werden. Es bleiben aber immer Restzweifel, ob er *tatsächlich* durch eine grobe Messabweichung verursacht wurde. Im vorliegenden Fall könnte es sein, dass er gar keine Wiederholungsbeobachtung ist.

Wäre tatsächlich eine grobe Messabweichung aufgetreten, wäre es nötig, diesen Wert zu verwerfen und die Messung ggf. zu wiederholen. Wir fragen nun, ab welcher Abweichung wir von dieser Situation ausgehen müssen.

(1) Wir betrachten zuerst den Fall, dass a-priori Standardabweichungen $\sigma_{L_1}, \sigma_{L_2}, \ldots, \sigma_{L_n}$ gegeben sind. Damit bestimmen wir folgende einheitenlose *normierte Verbesserungen*:

$$NV_i := \frac{\hat{L} - L_i}{\sigma_0 \cdot \sqrt{1/p_i - 1/\sum_{j=1}^{n} p_j}}, \quad i = 1, 2, \ldots, n \tag{6.10}$$

Im Fall gleich genauer Beobachtungen vereinfacht sich das zu

$$NV_i := \frac{\hat{L} - L_i}{\sigma_L} \cdot \sqrt{\frac{n}{n-1}}, \quad i = 1, 2, \ldots, n \tag{6.11}$$

Wären nur normalverteilte Messabweichungen der gegebenen Standardabweichungen aufgetreten, dann würden die Werte $NV_1, NV_2, \ldots, NV_n$ Realisierungen einer standardnormalverteilten Zufallsvariable sein, also normalverteilt mit dem Erwartungswert Null und der Varianz Eins. Nur mit einer geringen Wahrscheinlichkeit von $n \cdot 0{,}27\,\%$ würden dann ein oder mehrere NV_i-Beträge den Wert 3 übersteigen (s. ▶ Abschn. 4.3.4). Der

Faktor n kommt dadurch zustande, dass bei jedem NV_i die Chance erneut besteht, den Wert 3 zu übersteigen. Bereits ab $n = 200$ ist es wahrscheinlicher als 50 %, dass das passiert, auch ohne dass eine grobe Messabweichung aufgetreten ist.

Wir führen einen *statistischen Hypothesentest* durch: den *w-Test nach Willem Baarda* (1917–2005) [1]. Wir testen die Nullhypothese, dass keine grobe Messabweichung vorhanden ist. Praktisch geben wir uns wieder eine kleine Irrtumswahrscheinlichkeit α vor, dass wir einen Ausreißer erkennen, obwohl keiner vorhanden ist, d. h. eine korrekte Nullhypothese verworfen wird. Das entspricht in der Fertigungsmesstechnik dem *Produzentenrisiko*. Solch eine Fehlentscheidung nennen wir einen *Entscheidungsfehler erster Art*. Die zugehörige Teststatistik ist

$$T_w := \max |NV_i| = \max \frac{|\hat{L} - L_i|}{\sigma_0 \cdot \sqrt{1/p_i - 1/\sum p_j}} \tag{6.12}$$

Bei gleich genauen Beobachtungen vereinfacht sich das wie folgt:

$$T_w := \max |NV_i| = \frac{\max |\hat{L} - L_i|}{\sigma_L} \cdot \sqrt{\frac{n}{n-1}} \tag{6.13}$$

Bei falscher Nullhypothese nimmt T_w große Werte an. Wir fragen nach dem *kritischen Wert* für T_w, ab dem die Nullhypothese verworfen werden müsste. Dieser ist ◻ Tab. 6.1 zu entnehmen. Andere kritische Werte können mit Tabellenkalkulationsprogramme wie Microsoft EXCEL wie folgt berechnet werden:

$$c = \text{NORM.S.INV}(1 - \alpha/2/n)$$

Überschreitet T_w den kritischen Wert, ist jene Beobachtung als Ausreißer erkannt, bei der in (6.12) oder (6.13) das Maximum auftrat.

◻ **Tab. 6.1** Kritische Werte für (6.12), (6.13), (6.32), (6.33), (6.35), (obere Zeilen) und (6.17), (6.18), (6.37) (untere Zeilen) zur Irrtumswahrscheinlichkeit α. Die Werte können auch für die gleichlautenden Teststatistiken (7.65) und (7.67) benutzt werden, jedoch muss für (7.67) n durch $r + 1$ ersetzt werden (s. ▶ Abschn. 7.5.4)

	$n = 2$	3	5	7	10	14	20	30	50	70	100
für T_w											
$\alpha = 0{,}10$	1,96	2,13	2,33	2,45	2,58	2,69	2,81	2,94	3,09	3,19	3,29
$\alpha = 0{,}05$	2,24	2,39	2,58	2,69	2,81	2,91	3,02	3,14	3,29	3,38	3,48
$\alpha = 0{,}01$	2,81	2,94	3,09	3,19	3,29	3,38	3,48	3,59	3,72	3,80	3,89
für T_τ											
$\alpha = 0{,}10$	–	1,41	1,87	2,09	2,29	2,46	2,62	2,79	2,99	3,11	3,23
$\alpha = 0{,}05$	–	1,41	1,92	2,18	2,41	2,60	2,78	2,96	3,16	3,28	3,40
$\alpha = 0{,}01$	–	1,41	1,97	2,31	2,62	2,86	3,08	3,29	3,52	3,65	3,77

Die Wahrscheinlichkeit, dass wir eine grobe Messabweichung übersehen, hängt von deren Größe ab: Je größer deren Betrag, desto unwahrscheinlicher ist dieser *Entscheidungsfehler zweiter Art*, bei dem eine falsche Nullhypothese angenommen wird. Das entspricht in der Fertigungsmesstechnik dem *Konsumentenrisiko*.

▶ **Beispiel 6.8**

Wir setzen das Beispiel 6.4 fort. Die normierten Verbesserungen (6.10) lauten

$$\frac{0{,}7 - 0{,}64}{1 \cdot \sqrt{1/25 - 1/61}} = 0{,}39; \quad \frac{0{,}6 - 0{,}64}{1 \cdot \sqrt{1/11 - 1/61}} = -0{,}15; \quad \frac{0{,}6 - 0{,}64}{1 \cdot \sqrt{1/25 - 1/61}} = -0{,}26$$

Der Maximalbetrag ist $T_w = 0{,}39$. Bei einer Irrtumswahrscheinlichkeit $\alpha = 0{,}05$ ist laut ◻ Tab. 6.1 der kritische Wert 2,39 und wird nicht überschritten. Somit konnte mit $\alpha = 0{,}05$ kein Ausreißer erkannt werden. ◀

Für wachsendes n nähert sich der Wurzelwert in (6.10) der Eins an. Gleichzeitig beträgt der kritische Wert laut ◻ Tab. 6.1 etwa 3. Somit gelangen wir *näherungsweise* zu folgender vereinfachten Formel für die Erkennung eines Ausreißers:

$$\max |\hat{L} - L_i| > 3 \cdot \sigma_{L_i} \tag{6.14}$$

Diese vereinfachte Regel wurde im ▶ *Abschn. 4.3.4* als $3 \cdot \sigma$-*Regel* bezeichnet.

(2) In dem Fall, dass a-priori Standardabweichungen nicht bekannt sind, sondern nur die Gewichte, muss in (6.10) und (6.12) mit Schätzwerten $\hat{\sigma}_{L_i}$ gearbeitet werden. Damit bestimmt man folgende einheitenlose *studentisierte Verbesserungen*:

$$SV_i := \frac{\hat{L} - L_i}{\hat{\sigma}_0 \cdot \sqrt{1/p_i - 1/\sum p_j}}, \quad i = 1, 2, \ldots, n \tag{6.15}$$

Im Fall gleich genauer Beobachtungen vereinfacht sich das zu

$$SV_i := \frac{\hat{L} - L_i}{\hat{\sigma}_{\mathrm{L}}} \cdot \sqrt{\frac{n}{n-1}} \tag{6.16}$$

Wir wenden hier den τ-*Test nach Allen J. Pope* [7] an. Unsere Teststatistik ist

$$T_\tau := \max |SV_i| = \max \frac{|\hat{L} - L_i|}{\hat{\sigma}_0 \cdot \sqrt{1/p_i - 1/\sum p_j}} \tag{6.17}$$

Bei gleichgewichtigen Beobachtungen vereinfacht sich das wie folgt:

$$T_\tau := \frac{\max |\hat{L} - L_i|}{\hat{\sigma}_{\mathrm{L}}} \cdot \sqrt{\frac{n}{n-1}} \tag{6.18}$$

Der kritische Wert ist wiederum ◻ Tab. 6.1 zu entnehmen. Andere kritische Werte können mit Tabellenkalkulationsprogramme wie Microsoft EXCEL wie folgt berechnet werden:

$$c = \text{WURZEL}((n-1)*\text{T.INV}(\alpha/2/n, n-2)^2/(n-2 + \text{T.INV}(\alpha/2/n, n-2)^2))$$

Überschreitet T_w den kritischen Wert, ist jene Beobachtung als Ausreißer erkannt, bei der in (6.17) bzw. (6.18) das Maximum auftrat.

Für $n < 3$ ist die Berechnung nicht möglich.

Weitere Ausführungen zu statistischen Hypothesentests findet man in [2, S. 707ff], [8, S. 699ff].

▶ **Beispiel 6.9**

Wir setzen das Beispiel 6.6 fort. Die studentisierten Verbesserungen (6.15) lauten

$$\frac{17\,116{,}9 - 17\,116{,}9}{0{,}71} \cdot \sqrt{\frac{4}{3}} = 0{,}00; \quad \frac{17\,116{,}5 - 17\,116{,}9}{0{,}71} \cdot \sqrt{\frac{4}{3}} = -0{,}65$$

$$\frac{17\,117{,}9 - 17\,116{,}9}{0{,}71} \cdot \sqrt{\frac{4}{3}} = 1{,}63; \quad \frac{17\,116{,}3 - 17\,116{,}9}{0{,}71} \cdot \sqrt{\frac{4}{3}} = -0{,}98$$

Der Maximalbetrag ist $T_\tau = 1{,}63$. Bei einer Irrtumswahrscheinlichkeit $\alpha = 0{,}05$ wäre laut ◻ Tab. 6.1 der kritische Wert etwa 1,7, wobei etwas interpoliert werden muss. (Der genaue Wert ist 1,71.) Dieser wird nicht überschritten. Somit konnte mit $\alpha = 0{,}05$ kein Ausreißer erkannt werden.

▶ http://sn.pub/Ma7WRf ◀

🔴 **Aufgabe 6.2**

Auf einer EDM-Kalibrierstrecke 1-2-3-4-5 (s. ◻ Abb. 6.1) mit bekannten wahren Punktabständen (Sollstrecken) [4, S. 168f], [8, S. 201ff] wurden Beobachtungen nur auf den Punkten 1 und 2 gemacht. Es ergaben sich

Von Punkt	Zu Punkt	Sollstrecke in m	Gemessen in m
1	2	57,5028	57,501
1	3	152,7543	152,757
1	4	223,1450	223,148
1	5	367,1423	367,141
2	3		95,259
2	4		165,640
2	5		309,644

Die Beobachtungen gelten als gleich genau. Eine Maßstabsabweichung wird ausgeschlossen. Berechnen Sie (a) den Schätzwert $\hat{k}$ für die Nullpunktkorrektur k (Korrektur der Nullpunktabweichung des EDM) und (b) dessen Standardabweichung $\hat{\sigma}_{\hat{k}}$ sowie (c) die Standardabweichung einer unkorrigierten Einzelbeobachtung und (d) die Standardabweichung einer im Anschluss durchgeführten und mit $\hat{k}$ korrigieren Einzelbeobachtung mit

◻ **Abb. 6.1** zu Aufgabe 6.2 und Beispiel 7.44: EDM-Kalibrierstrecke, alle Punkte in einer Flucht

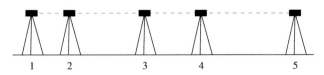

diesem EDM. (e) Untersuchen Sie, ob mit einer Irrtumswahrscheinlichkeit $\alpha = 0{,}01$ ein Ausreißer erkennbar ist.

▶ http://sn.pub/qSSsYm

🛑 **Aufgabe 6.3**

Wiederholen Sie die Lösung der Aufgabe 6.2 mit der Maßgabe, dass die a-priori Standardabweichungen der gemessenen Strecken bekannt sind und 3 mm + 5 ppm betragen. Die im Anschluss gemessene Strecke soll 100 m lang sein.

🛑 **Aufgabe 6.4**

Auf einem Standpunkt werden mit einem Tachymeter folgende Messungen gemacht:

Zielpunkt	v in gon	s in m	Zielpunkthöhe in m
A	99,675	62,456	148,782
B	103,920	42,843	145,826
C	97,570	73,554	151,254
D	98,500	36,482	149,329

Es wird angenommen, dass allein die Zenitwinkel mit zufälligen Messabweichungen mit einer Standardabweichungen von 2 mgon behaftet sind. Systematische Messabweichungen sind auszuschließen. Berechnen Sie (a) den Schätzwert für die Höhe des Standpunktes sowie (b) dessen a-priori Standardabweichung. (c) Überprüfen Sie, ob mit einer Irrtumswahrscheinlichkeit von $\alpha = 0{,}05$ ein Ausreißer erkennbar ist.

6.2 Doppelbeobachtungen

6.2.1 Was sind Doppelbeobachtungen und was nicht?

Häufig werden in der geodätischen Praxis Messungen doppelt ausgeführt. Oft ist für die Ausführung dieser Messungen eine bestimmte Messungsanordnung vorgeschrieben, wie z. B. die Messung von Horizontalrichtungen und Zenitwinkeln in 2 Fernrohrlagen oder die doppelte Besetzung von Punkten mit GNSS-Ausrüstungen.

Nehmen wir an, für die Messgröße L_1 liegen die Beobachtungen L_1', L_1'' vor. Genauso liegen für andere Messgrößen $L_2, \ldots, L_n$ die Beobachtungen $L_2', L_2'', \ldots, L_n', L_n''$ vor. Unter gewissen Voraussetzungen ist es sinnvoll, diese Beobachtungen *gemeinsam* durch Anwendung von Standardformeln auszuwerten. Diese Voraussetzungen sind:

- Es liegen $n > 1$ Paare von Doppelbeobachtungen vor, und alle $2 \cdot n$ Beobachtungen können als unkorrelierte Zufallsvariable aufgefasst werden.
- Die relativen Genauigkeiten aller $2 \cdot n$ Beobachtungen sind bekannt und paarweise gleich groß. Das bedeutet, den Beobachtungen L_1', L_1'' wird dasselbe Gewicht p_1 zugeordnet. Genauso werden den Beobachtungen $L_2', L_2'', \ldots, L_n', L_n''$ die Gewichte $p_2, \ldots, p_n$ zugeordnet, die sich alle auf denselben Varianzfaktor σ_0^2 beziehen.
- Wenn systematische Messabweichungen wirken, müssen wir verlangen, dass diese in $L_1', L_2', \ldots, L_n'$ eine konstante Größe Δ' haben und in $L_1'', L_2'', \ldots, L_n''$ möglicherweise eine andere, aber ebenso konstante Größe Δ''.

Dann nennen wir solche paarweisen Beobachtungen *Doppelbeobachtungen*. Beispiele für Doppelbeobachtungen sind demnach [4, 8]

- doppelte Standpunktdifferenzen beim Nivellement in der Ablesefolge RVVR bei gleichen Zielweiten im Vorblick (V) und Rückblick (R)
- das Doppelnivellement, wenn für Hin- und Rücknivellement dieselbe Genauigkeit angenommen werden kann,
- Streckenbeobachtungen in Sicht und Gegensicht, wenn
  - die Strecken annähernd gleich lang sind oder
  - systematische Abweichungen nicht streckenabhängig sind, d. h. der Maßstab korrekt realisiert wurde.
- Messungen von Horizontalrichtungen in zwei Vollsätzen (je zwei Fernrohrlagen)
- Messungen von Zenitwinkeln in zwei Fernrohrlagen
- die doppelte Besetzung von Punkten mit GNSS-Ausrüstungen, die zweite Besetzung nach mindestens einer Stunde Wartezeit, damit bestimmte Einflüsse von Messabweichungen nicht systematisch wirken
- gegenseitige Messungen bei der trigonometrischen Höhenbestimmung in Zwangszentrierung ohne Refraktionseinfluss, selbst wenn Kippachshöhen und Reflektorhöhen eine konstante, aber möglicherweise unbekannte Differenz aufweisen

Beispiele für Messungen, die im o. g. Sinne nicht als Doppelbeobachtungen behandelt werden können, sind z. B.

(1) das Doppelnivellement, wobei das Hinnivellement mit Präzisionsnivellier und Invarlatten und das Rücknivellement mit Ingenieurnivellier und Klapplatten erfolgte (was man praktisch nie machen sollte)

(2) Messungen von Horizontalrichtungen in zwei Fernrohrlagen zu Zielen mit unterschiedlichen Zenitwinkeln, wobei keine exakte Berücksichtigung der Achsabweichungen erfolgte

(3) gegenseitige Messungen bei der trigonometrischen Höhenbestimmung in Zwangszentrierung mit Refraktionseinfluss und unterschiedlich langen Strecken

(4) Streckenbeobachtungen in Sicht und Gegensicht, wenn die Strecken deutlich unterschiedlich lang sind und eine Maßstabsabweichung des Messinstrumentes nicht ausgeschlossen werden kann.

Das Problem im Beispiel (1) ist, dass die Beobachtungen L'_i und L''_i ungleiche Genauigkeit haben. Das Problem in den Beispielen (2)-(4) ist, dass die systematischen Messabweichungen nicht wie gefordert in den Beobachtungen $L'_1, L'_2, \ldots, L'_n$ dieselbe Größe aufweisen, und auch nicht in den Beobachtungen $L''_1, L''_2, \ldots, L''_n$. Bei Horizontalrichtungen gilt, dass die Zielachs- und vor allem die Kippachsabweichung vom Zenitwinkel abhängen [8, S. 110ff]. Sind alle Zielungen nahezu horizontal, so dass Kippachsabweichung sehr klein und Zielachsabweichung nahezu konstant sind, dann können Messungen von Horizontalrichtungen in zwei Fernrohrlagen allerdings doch in guter Näherung als Doppelbeobachtungen angesehen werden. Bei der trigonometrischen Höhenbestimmung gilt, dass der Refraktionseinfluss systematisch und stark streckenabhängig ist [8, S. 155]. Sollten alle Strecken etwa gleich lang sein, liegen womöglich auch hier näherungsweise Doppelbeobachtungen vor.

6.2.2 Auswertung von Doppelbeobachtungen

Betrachten wir irgendeine beliebige Messgröße L_i für sich. Nach Voraussetzung liegen für diese Größe zwei gleich genaue Wiederholungsbeobachtungen L_i' und L_i'' vor. Also ist der optimale Schätzwert für die Messgröße L_i nach (6.2)

$$\hat{L}_i = \frac{L_i' + L_i''}{2} \tag{6.19}$$

Praktisch hat man nach Voraussetzung nicht nur *ein* Paar von Doppelbeobachtungen, sondern eine Anzahl $n > 1$ solcher Paare vorliegen. Diesen werden nach ▶ Abschn. 6.2.1 systematische Messabweichungen Δ', Δ'' und zufällige Messabweichungen $\varepsilon_1', \varepsilon_1''$, $\varepsilon_2', \varepsilon_2'', \ldots, \varepsilon_n', \varepsilon_n''$ nach folgendem Schema zugeschrieben:

$$L_i' = \tilde{L}_i + \Delta' + \varepsilon_i', \quad L_i'' = \tilde{L}_i + \Delta'' + \varepsilon_i'', \quad i = 1, 2, \ldots, n$$

Nun bilden wir *Differenzen* von Beobachtungspaaren

$$d_i := L_i'' - L_i' = (\tilde{L}_i + \Delta'' + \varepsilon_i'') - (\tilde{L}_i + \Delta' + \varepsilon_i'), \quad i = 1, 2, \ldots, n \tag{6.20}$$

Wir fassen die zufälligen Messabweichungen zu *je einer* neuen zufälligen Messabweichunge $\varepsilon_i := \varepsilon_i'' - \varepsilon_i'$ und die systematischen Messabweichungen Δ', Δ'' zu *einer* neuen systematischen Messabweichung $\Delta := \Delta'' - \Delta'$ zusammen und erhalten

$$d_i = \Delta + \varepsilon_i, \quad i = 1, 2, \ldots, n$$

Somit erfüllen $d_1, d_2, \ldots, d_n$ aber die Voraussetzungen für Wiederholungsbeobachtungen: Der wahre, ggf. unbekannte Wert aller Differenzen ist $\tilde{d} = \Delta$ und wird bei der fiktiven Beobachtung (Pseudobeobachtung) durch die zufälligen Messabweichungen $\varepsilon_1, \varepsilon_2, \ldots, \varepsilon_n$ verfälscht. Durch Anwendung des GFG (5.12) auf (6.20) können wir für $d_1, d_2, \ldots, d_n$ Gewichte ableiten:

$$p_{d_i} = \frac{1}{1/p_i + 1/p_i} = \frac{p_i}{2}, \quad i = 1, 2, \ldots, n$$

Wenn wir $d_1, d_2, \ldots, d_n$ nun als Wiederholungsbeobachtungen auswerten, erhalten wir aus (6.1)

$$\hat{d} = \frac{p_{d_1} \cdot d_1 + p_{d_2} \cdot d_2 + \cdots + p_{d_n} \cdot d_n}{p_{d_1} + p_{d_2} + \cdots + p_{d_n}} = \frac{p_1 \cdot d_1 + p_2 \cdot d_2 + \cdots + p_n \cdot d_n}{p_1 + p_2 + \cdots + p_n} \tag{6.21}$$

Bei gleich genauen Beobachtungen vereinfacht sich das zu

$$\hat{d} = \frac{d_1 + d_2 + \cdots + d_n}{n} \tag{6.22}$$

Somit haben wir einen Schätzwert $\hat{d}$ für die Differenz der systematischen Messabweichungen Δ', Δ'' erhalten.

Mitunter ist diese Differenz aber bekannt, z. B. bei doppelter Distanzmessung, wo $\Delta' = \Delta''$ die Nullpunktabweichung des Distanzmessers ist, so dass $\Delta = \tilde{d} = 0$ angenommen werden kann. Unter diesen Umständen wäre die Berechnung von (6.21) oder (6.22) nicht sinnvoll, denn man muss nichts schätzen, dessen wahrer Wert bekannt ist. (Manchmal könnte das dennoch sinnvoll sein, nämlich wenn $\Delta = \tilde{d} = 0$ als statistische Hypothese überprüft werden soll [8, S. 699ff].)

In anderen Messungsanordnungen kann bekannt sein, dass Δ' und Δ'' gleichen Betrag, aber entgegengesetztes Vorzeichen besitzen, z. B. bei Zenitwinkelmessungen in zwei Fernrohrlagen, bei denen Δ' und $\Delta'' = -\Delta'$ die Einflüsse der Höhenindexabweichung sind. Dann hat man $\Delta' = -\Delta/2$ und $\Delta'' = \Delta/2$ und die Einzelbeobachtungen L'_i, L''_i können mithilfe des Schätzwertes (6.21) für Δ vom Einfluss der systematischen Messabweichungen bestmöglich befreit werden.

6

► **Beispiel 6.10**

Bei Zenitwinkelmessungen in zwei Fernrohrlagen wurde mit demselben Messinstrument erhalten:

Zielpunkt	Winkel in Fernrohrlage		d_j	$d_j - \hat{d}$	$(d_j - \hat{d})^2$
	1 in gon	2 in gon	in mgon	in mgon	in mgon²
1	98,7424	301,2684	−10,8	+0,5	0,25
2	103,0716	296,9399	−11,5	−0,2	0,04
3	101,8435	298,1675	−11,0	+0,3	0,09
4	100,5960	299,4162	−12,2	−0,9	0,81
5	96,7288	303,2817	−10,5	+0,8	0,64
6	105,1767	294,8351	−11,8	−0,5	0,25
		Summe:	−67,8	0,0 ✓	2,08

Die Messungen sind als Doppelbeobachtungen auswertbar, weil die Beobachtungen als unkorreliert gelten können und die Höhenindexabweichung als während der Messung unveränderlich angesehen werden kann. Die Beobachtungen können außerdem als gleichgewichtig gelten. Die Höhenindexabweichung soll geschätzt werden. ◄

► **Lösung**

Fernrohrlage 1 gilt als L' und Fernrohrlage 2 gilt als $400\,\text{gon} - L''$. Nach (6.22) ist

$$\hat{d} = \frac{-67,8\,\text{mgon}}{6} = -11,3\,\text{mgon}$$

Δ ist bekanntlich die doppelte Höhenindexabweichung im Sinne einer additiven Korrektur der Zenitwinkelablesungen [3], [4, S. 119]. Dessen Schätzwert ist somit −5,65 mgon. Dieser Wert ist zu den Ablesungen in beiden Fernrohrlagen zu addieren, um den Einfluss der Höhenindexabweichung bestmöglich zu eliminieren.

► http://sn.pub/a96WQh ◄

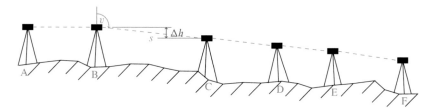

◘ Abb. 6.2 zu den Beispielen 6.11, 6.14: Trigonometrischer Höhenzug

▶ **Beispiel 6.11**

In einem trigonometrischen Höhenzug A-B-C-D-E-F (s. ◘ Abb. 6.2) werden Höhendifferenzen Δh trigonometrisch in Sicht (Hin) und Gegensicht (Rück) gemessen [4, S. 451ff], [8, S. 156ff]. Alle Sichten verlaufen genähert horizontal. Alle Zenitwinkel werden in einem Satz (zwei Fernrohrlagen) gemessen. Dabei ergeben sich folgende Messwerte:

Abschnitt	Zielweite in m	Δh_{Hin} in m	$\Delta h_{\text{Rück}}$ in m	$\Delta \hat{h}_{\text{Hin}}$	d_j in mm
AB	200	0,063	−0,066	0,0645	3
BC	100	−0,047	0,051	−0,0490	−4
CD	150	−0,022	0,029	−0,0255	−7
DE	120	0,175	−0,188	0,1815	13
EF	180	−0,228	0,213	0,2205	15

Dabei stellen wir sicher, dass die Beobachtungen in Zwangszentrierung und mit gleichen Kippachs- und Reflektorhöhen gemessen wurden. In dieser Genauigkeitsklasse spielt auch die Refraktion keine Rolle. ◀

▶ **Lösung**

Somit sind die Beobachtungen als Doppelbeobachtungen mit $L' = \Delta h_{\text{Hin}}$ und $L'' = -\Delta h_{\text{Rück}}$ auswertbar. Schätzwerte für die Höhendifferenzen ergeben sich aus (6.19) in der Messwerttabelle. Systematische Messabweichungen sind infolge der dokumentierten Messbedingungen zu vernachlässigen, so dass $\Delta = \tilde{d} = 0$ angenommen werden kann. Eine Schätzung von d ist somit nicht sinnvoll.

▶ http://sn.pub/5r82ef ◀

6.2.3 A-priori Genauigkeitsberechnung

Wenn absolute Standardabweichungen $\sigma_{L_1}, \sigma_{L_2}, \ldots, \sigma_{L_n}$ bekannt sind, lassen sich ohne Schwierigkeiten die a priori Standardabweichungen von Doppelbeobachtungen entsprechend (6.4) berechnen, also insbesondere

$$\sigma_{\hat{L}_i} = \frac{\sigma_{L_i}}{\sqrt{2}} = \frac{\sigma_0}{\sqrt{2 \cdot p_i}}, \quad i = 1, 2, \ldots, n \tag{6.23}$$

Zusätzlich lassen sich mit (4.13) noch folgende Standardabweichungen berechnen.

$$\sigma_{d_i} = \frac{\sigma_0}{\sqrt{p_{d_i}}} = \sigma_0 \cdot \sqrt{\frac{2}{p_i}}, \quad i = 1, 2, \dots, n \tag{6.24}$$

Mit (6.3) angewendet auf die Differenzen als Wiederholungsbeobachtungen erhält man

$$\sigma_{\hat{d}} = \frac{\sigma_0}{\sqrt{\sum_{i=1}^{n} p_{d_i}}} = \sigma_0 \cdot \sqrt{\frac{2}{\sum_{i=1}^{n} p_i}} \tag{6.25}$$

Bei gleich genauen Beobachtungen vereinfacht sich das zu

$$\sigma_d = \sigma_L \cdot \sqrt{2}, \quad \sigma_{\hat{d}} = \sigma_L \cdot \sqrt{\frac{2}{n}} \tag{6.26}$$

Die Berechnung von $\sigma_{\hat{d}}$ ist nur dann sinnvoll, wenn (6.21) bzw. (6.22) sinnvoll zu berechnen war.

▶ Beispiel 6.12

Wir setzen das Beispiel 6.10 fort und berechnen die Standardabweichung des Schätzwertes der Höhenindexabweichung. Dazu legen wir die Angaben des Instrumentenherstellers zugrunde. Demnach beträgt die Standardabweichung (bestimmt nach ISO 17123-3,[3]) für das Mittel aus zwei Fernrohrlagen 0,3 mgon. Dieser Wert entspricht $\sigma_{\hat{L}_i}$. Wir erhalten aus (6.23) $\sigma_L = 0{,}3 \text{ mgon} \cdot \sqrt{2} = 0{,}42 \text{ mgon} = \sigma_0$. Nunmehr erhalten wir aus (6.26) $\sigma_{\hat{d}} = 0{,}42 \text{ mgon} \cdot \sqrt{2/6} = 0{,}24 \text{ mgon}$. Schließlich ergibt sich durch Halbierung die gesuchte Standardabweichung des Schätzwertes der Höhenindexabweichung von 0,12 mgon. ◀

6.2.4 A-posteriori Genauigkeitsschätzung

Man könnte versuchen, die a-posteriori Standardabweichungen der Beobachtungspaare L_i' und L_i'' als Wiederholungsbeobachtungen mit $n = 2$ zu schätzen, aber das ist nicht sinnvoll (s. Hinweis 6.2). Mit (7.49) angewendet auf die Differenzen als Wiederholungsbeobachtungen erhält man mit $n > 2$ zuverlässiger oder wenn n wesentlich größer ist, sogar viel zuverlässiger:

$$\hat{\sigma}_0 = \sqrt{\frac{\sum_{i=0}^{n} p_{d_i} \cdot (d_i - \hat{d})^2}{n - 1}} = \sqrt{\frac{\sum_{i=0}^{n} p_i \cdot (d_i - \hat{d})^2}{2 \cdot (n - 1)}} \tag{6.27}$$

Wenn $\Delta = \tilde{d} = 0$ bekannt ist, wäre eine Schätzung (6.21) oder (6.22) in der Regel nicht sinnvoll. Besser arbeitet man dann mit dem wahren Wert Null. In diesem Fall ist ein besserer Schätzwert

$$\hat{\sigma}_0 = \sqrt{\frac{\sum_{i=0}^{n} p_{d_i} \cdot d_i^2}{n}} = \sqrt{\frac{\sum_{i=0}^{n} p_i \cdot d_i^2}{2 \cdot n}} \tag{6.28}$$

Beachten Sie, dass sich in (6.28) der Nenner geändert hat. Mit $\hat{\sigma}_0$ gelangt man in beiden Fällen mittels (4.13) zu

$$\hat{\sigma}_{L_i} = \frac{\hat{\sigma}_0}{\sqrt{p_i}}, \quad i = 1, 2, \ldots, n \tag{6.29}$$

und es gelten weiterhin die Formeln (6.23)–(6.26) mit dem Unterschied, dass jeweils σ durch $\hat{\sigma}$ ersetzt wird.

▶ **Beispiel 6.13**

Wir setzen das Beispiel 6.12 fort. Wenn die Herstellergenauigkeitsangabe nicht angewendet werden kann und auch keine anderen gesicherten Kenntnisse über absolute Genauigkeitsmaße verfügbar sind, muss σ_0 nach (6.27) geschätzt werden, wobei die Gewichte gleich Eins gesetzt werden. Der Wert $2{,}08\,\text{mgon}^2$ wird der Tabelle in Beispiel 6.10 entnommen:

$$\hat{\sigma}_0 = \sqrt{\frac{2{,}08\,\text{mgon}^2}{2 \cdot (6-1)}} = 0{,}46\,\text{mgon}$$

Dieses Ergebnis stimmt sehr gut mit der Herstellerangabe überein. Daraus ergeben sich mit denselben Formeln wie in Beispiel 6.12

$$\hat{\sigma}_{\text{L}} = 0{,}46\,\text{mgon}; \quad \hat{\sigma}_{\hat{L}} = 0{,}32\,\text{mgon}; \quad \hat{\sigma}_{\hat{d}} = 0{,}27\,\text{mgon};$$

Schließlich ergibt sich durch Halbierung die gesuchte Standardabweichung des Schätzwertes der Höhenindexabweichung von $\underline{0{,}13\,\text{mgon}}$.
  ▶ http://sn.pub/Oy7JDY ◀

▶ **Beispiel 6.14**

Wir setzen das Beispiel 6.11 fort. Die a-priori Genauigkeitsberechnung war dort nicht möglich. Die a-posteriori Genauigkeitsschätzung ist nach Hinweis 6.2 grenzwertig, aber soll zur Demonstration dennoch betrieben werden. Die Genauigkeit der fünf Beobachtungspaare dürfte nicht als gleich anzunehmen sein, denn die Höhendifferenzen lassen sich über lange Zielweiten weniger genau bestimmen, als über kurze. Die erste Schwierigkeit besteht darin, die Gewichte für die Beobachtungen festzulegen. Aus der Berechnungsformel für die trigonometrische Höhendifferenz (s. ◼ Abb. 6.2)

$$\Delta h = s \cdot \cos v$$

mit Schrägstrecke s und Zenitwinkel v, die jeweils als gleich genau anzunehmen sind, erhält man mit dem GFG (5.12)

$$\frac{1}{p_{\Delta h}} = \frac{s^2 \cdot \sin^2 v}{\rho^2} \cdot \frac{1}{p_v} + \cos^2 v \cdot \frac{1}{p_s}$$

Weil $v \approx 100\,\text{gon}$ angenommen wurde, wird der zweite Summand nahezu Null und wird vernachlässigt. Der dominierende Einfluss auf die Genauigkeit geht in dieser Messungsanordnung folglich vom Zenitwinkel aus. Setzen wir noch $\sin^2 v \approx 1$, so erhalten wir

$$p_{\Delta h} = \frac{\rho^2}{s^2} \cdot p_v$$

Zur Gewichtsfestlegung kann p_v ein beliebiger positiver Wert zugeordnet werden. Das entspricht der Methode (1) in ▶ Abschn. 4.3.3. Setzen wir speziell $p_v := (100\,\mathrm{m}/\rho)^2$, dann nimmt das Gewicht von Δh_{BC} den Wert Eins an. Die anderen Gewichte sind dann

$$p_{\Delta h_{\mathrm{AB}}} = \frac{100^2}{200^2} = 0{,}25; \quad p_{\Delta h_{\mathrm{CD}}} = \frac{100^2}{150^2} = 0{,}44$$

$$p_{\Delta h_{\mathrm{DE}}} = \frac{100^2}{120^2} = 0{,}69; \quad p_{\Delta h_{\mathrm{EF}}} = \frac{100^2}{180^2} = 0{,}31$$

Systematische Messabweichungen sind infolge der in Beispiel 6.11 dokumentierten Messbedingungen zu vernachlässigen, so dass $\Delta = \tilde{d} = 0$ angenommen werden kann. Folglich ist die passende Schätzformel (6.28):

$$\hat{\sigma}_0 = \sqrt{\frac{0{,}25 \cdot (3\,\mathrm{mm})^2 + 1{,}00 \cdot (4\,\mathrm{mm})^2 + \cdots + 0{,}31 \cdot (15\,\mathrm{mm})^2}{2 \cdot 5}}$$

$$= \sqrt{\frac{226}{10}}\,\mathrm{mm} = 4{,}75\,\mathrm{mm}$$

Dies ist bekanntlich die a-posteriori Standardabweichung einer Beobachtung mit dem Gewicht Eins, also einer der beiden gemessenen Beobachtungen $\Delta h_{\mathrm{BC,Hin}}$ und $\Delta h_{\mathrm{BC,Rück}}$. Außerdem erhält man

$$\hat{\sigma}_{\Delta h_{\mathrm{AB}}} = \frac{4{,}75\,\mathrm{mm}}{\sqrt{0{,}25}} = 9{,}5\,\mathrm{mm}; \quad \hat{\sigma}_{\Delta h_{\mathrm{CD}}} = \frac{4{,}75\,\mathrm{mm}}{\sqrt{0{,}44}} = 7{,}2\,\mathrm{mm}$$

$$\hat{\sigma}_{\Delta h_{\mathrm{DE}}} = \frac{4{,}75\,\mathrm{mm}}{\sqrt{0{,}69}} = 5{,}7\,\mathrm{mm}; \quad \hat{\sigma}_{\Delta h_{\mathrm{EF}}} = \frac{4{,}75\,\mathrm{mm}}{\sqrt{0{,}31}} = 8{,}5\,\mathrm{mm}$$

Diese Werte gelten gleichermaßen für die Hin- und die Rückmessung. Erwartungsgemäß ist die Genauigkeit der Beobachtungen über lange Zielweiten schlechter als über kurze. Schließlich verbleibt noch die Berechnung der Standardabweichungen der Mittel aus Hin- und Rückbeobachtung nach (6.23):

$$\hat{\sigma}_{\Delta \hat{h}_{\mathrm{AB}}} = \frac{4{,}75\,\mathrm{mm}}{\sqrt{2 \cdot 0{,}25}} = \underline{6{,}7\,\mathrm{mm}}; \quad \hat{\sigma}_{\Delta \hat{h}_{\mathrm{BC}}} = \frac{4{,}75\,\mathrm{mm}}{\sqrt{2 \cdot 1{,}00}} = \underline{3{,}4\,\mathrm{mm}}$$

$$\hat{\sigma}_{\Delta \hat{h}_{\mathrm{CD}}} = \frac{4{,}75\,\mathrm{mm}}{\sqrt{2 \cdot 0{,}44}} = \underline{5{,}1\,\mathrm{mm}}; \quad \hat{\sigma}_{\Delta \hat{h}_{\mathrm{DE}}} = \frac{4{,}75\,\mathrm{mm}}{\sqrt{2 \cdot 0{,}69}} = \underline{4{,}0\,\mathrm{mm}}$$

$$\hat{\sigma}_{\Delta \hat{h}_{\mathrm{EF}}} = \frac{4{,}75\,\mathrm{mm}}{\sqrt{2 \cdot 0{,}31}} = \underline{6{,}0\,\mathrm{mm}}$$

▶ http://sn.pub/boagpe ◀

❗ Aufgabe 6.5

Täglich wird vor dem Nivellement die Ziellinienabweichung δ des Nivelliers unter Wiederholbedingungen zweimal unmittelbar nacheinander bestimmt. Man erhält

	δ_1	δ_2
Montag	$-2{,}3''$	$-1{,}8''$
Dienstag	$-3{,}9''$	$-3{,}3''$
Mittwoch	$-1{,}5''$	$-2{,}4''$
Donnerstag	$-4{,}2''$	$-3{,}1''$
Freitag	$-2{,}0''$	$-2{,}1''$

Alle relevanten Standardabweichungen sollen geschätzt werden. Hinweis: Die Ziellinienabweichung eines Nivelliers ist temperaturabhängig, und es müssen nicht an allen Tagen dieselben Temperaturen geherrscht haben.

▶ http://sn.pub/wcVT8N

6.2.5 Zulässige Differenzen (Ausreißererkennung)

Wenn ein Beobachtungspaar L'_i, L''_i eine größere Differenz aufweist, als das ausgehend von der Genauigkeit zu erwarten war, könnte einer der beiden Werte durch eine grobe Messabweichung verfälscht worden sein (s. ▶ Abschn. 4.2.1). Wir sprechen wieder von einem *Ausreißer* (s. Definition 6.4).

Wenn keine Zusatzinformationen vorliegen, ist es nicht möglich, zu entscheiden, welche der beiden Beobachtungen L'_i oder L''_i der Ausreißer ist. Läge tatsächlich eine grobe Messabweichung vor, wäre es nötig, beide Werte zu verwerfen und die Messung ggf. zu wiederholen. Wir fragen nun, ab welchem Abweichungsbetrag $|d_i|$ wir von dieser Situation ausgehen müssen.

Da wir im Grunde die Differenzen $d_1, d_2, \ldots, d_n$ als Wiederholungsbeobachtungen auswerten, können wir direkt fragen, ob eine Differenz d_i zu weit vom Schätzwert $\hat{d}$ oder vom wahren Wert $\tilde{d}$ (falls bekannt) abweicht, d. h. ihre zulässige Abweichung überschreitet. Ist $\tilde{d}$ nicht bekannt, müssen dazu nur die Methoden aus ▶ Abschn. 6.1.5 auf $d_1, d_2, \ldots, d_n$ angewendet werden.

(1) Wir betrachten zuerst den Fall, dass $\tilde{d}$ nicht bekannt ist und a-priori Standardabweichungen $\sigma_{L_1}, \sigma_{L_2}, \ldots, \sigma_{L_n}$ gegeben sind. Damit bestimmen wir folgende *normierte Verbesserungen*:

$$NV_i := \frac{\hat{d} - d_i}{\sigma_0 \cdot \sqrt{2/p_i - 2/\sum p_j}}, \quad i = 1, 2, \ldots, n \tag{6.30}$$

Im Fall gleich genauer Beobachtungen vereinfacht sich das zu

$$NV_i := \frac{\hat{d} - d_i}{\sigma_L} \cdot \sqrt{\frac{n}{2 \cdot (n-1)}}, \quad i = 1, 2, \ldots, n \tag{6.31}$$

Die Teststatistik ist analog zu (6.12)

$$T_w := \max |NV_i| = \max \frac{|\hat{d} - d_i|}{\sigma_0 \cdot \sqrt{2/p_i - 2/\sum p_j}} \tag{6.32}$$

Bei gleich genauen Beobachtungen vereinfacht sich das wie folgt:

$$T_w := \max |NV_i| = \frac{\max |\hat{d} - d_i|}{\sigma_L} \cdot \sqrt{\frac{n}{2 \cdot (n-1)}} \tag{6.33}$$

Der kritische Wert, ab dem die *statistische Hypothese*, es wäre keine grobe Messabweichung vorhanden, verworfen werden müsste, ist ◼ Tab. 6.1 zu entnehmen.

> **Beispiel 6.15**

Wir setzen das Beispiel 6.12 fort. (6.31), (6.33) können angewendet werden. Die normierten Verbesserungen sind

$$\frac{-0,5}{0,42} \cdot \sqrt{\frac{6}{10}} = -0,92; \quad \frac{0,2}{0,42} \cdot \sqrt{\frac{6}{10}} = 0,37; \quad \frac{-0,3}{0,42} \sqrt{\frac{6}{10}} = -0,55$$

$$\frac{0,9}{0,42} \cdot \sqrt{\frac{6}{10}} = 1,66; \quad \frac{-0,8}{0,42} \sqrt{\frac{6}{10}} = -1,48; \quad \frac{0,5}{0,42} \sqrt{\frac{6}{10}} = 0,92$$

und somit $T_w = 1,66$. Für eine Irrtumswahrscheinlichkeit von $\alpha = 0,05$ entnehmen wir der ◼ Tab. 6.1 den kritischen Wert 2,63, wobei interpoliert werden muss. Dieser Wert wird nicht überschritten, so dass kein Ausreißer erkannt wurde.

> ► http://sn.pub/Si2Msy ◄

(2) Ist hingegen $\tilde{d}$ bekannt, z. B. dadurch, dass $\Delta' = \Delta''$ und somit $\tilde{d} = 0$ angenommen werden kann, so vereinfachen sich die Formeln (6.30), (6.32) wie folgt:

$$NV_i := \frac{\tilde{d} - d_i}{\sigma_0} \cdot \sqrt{\frac{p_i}{2}} = \frac{\tilde{d} - d_i}{\sigma_{L_i} \cdot \sqrt{2}}, \quad i = 1, 2, \ldots, n \tag{6.34}$$

$$T_w := \max |NV_i| = \max \frac{|\tilde{d} - d_i|}{\sigma_0} \cdot \sqrt{\frac{p_i}{2}} = \max \frac{|\tilde{d} - d_i|}{\sigma_{L_i} \cdot \sqrt{2}} \tag{6.35}$$

Der kritische Wert für die Teststatistik T_w bleibt derselbe wie in (1).

(3) Sind weder $\tilde{d}$ noch a-priori Standardabweichungen der Beobachtungen bekannt, so ist mit *studentisierten Verbesserungen* zu arbeiten und dazu in (6.15)–(6.18) genau wie in (6.30)–(6.33) jeweils L durch d und p durch $p/2$ zu ersetzen. Der kritische Wert für die Teststatistik T_τ ist wiederum der ◼ Tab. 6.1 zu entnehmen.

(4) Ist hingegen $\tilde{d}$ bekannt, a-priori Standardabweichungen aber nicht, berechnet man wieder *studentisierte Verbesserungen*

$$SV_i := \frac{\tilde{d} - d_i}{\hat{\sigma}_0} \cdot \sqrt{\frac{p_i}{2}} = \frac{\tilde{d} - d_i}{\hat{\sigma}_{L_i} \cdot \sqrt{2}}, \quad i = 1, 2, \ldots, n \tag{6.36}$$

und daraus die Teststatistik

$$T_\tau := \max |SV_i| = \max \frac{|\tilde{d} - d_i|}{\hat{\sigma}_0} \cdot \sqrt{\frac{p_i}{2}} = \max \frac{|\tilde{d} - d_i|}{\hat{\sigma}_{L_i} \cdot \sqrt{2}} \tag{6.37}$$

Der kritische Wert für die Teststatistik T_τ bleibt derselbe wie in (3).

► **Beispiel 6.16**

Wir setzen das Beispiel 6.14 fort. (6.36), (6.37) können angewendet werden. Die studentisierten Verbesserungen sind

$$\frac{3}{4{,}75} \cdot \sqrt{\frac{0{,}25}{2}} = 0{,}22; \quad \frac{-4}{4{,}75} \cdot \sqrt{\frac{1{,}00}{2}} = -0{,}60; \quad \frac{-7}{4{,}75} \cdot \sqrt{\frac{0{,}44}{2}} = -0{,}69$$

$$\frac{13}{4{,}75} \cdot \sqrt{\frac{0{,}69}{2}} = 1{,}61; \quad \frac{15}{4{,}75} \cdot \sqrt{\frac{0{,}31}{2}} = 1{,}24$$

und somit $T_\tau = 1{,}61$. Für eine Irrtumswahrscheinlichkeit von $\alpha = 0{,}05$ entnehmen wir ◘ Tab. 6.1 den kritischen Wert 1,92. Dieser Wert wird nicht überschritten, so dass kein Ausreißer erkannt werden konnte.

  ► http://sn.pub/QZG7iL ◄

🔔 **Aufgabe 6.6**

Mit zwei gleich genauen elektronischen Distanzmessern (EDM), die jedoch nicht kalibriert wurden und deshalb verschiedene Nullpunktabweichungen aufweisen können, wurden folgende Beobachtungen erhalten:

Strecke	Beobachtung in m mit	
	Tachymeter 1	Tachymeter 2
1	23,878	23,880
2	32,465	32,469
3	11,034	11,037
4	9,125	9,128
5	29,746	29,747

Bestimmen Sie den Schätzwert für die Differenz der Nullpunktkorrekturen Δk der EDM und die a-posteriori Standardabweichung einer Einzelbeobachtung mit einem dieser EDM. Überprüfen Sie, ob mit einer Irrtumswahrscheinlichkeit von $\alpha = 0{,}05$ ein Ausreißer erkennbar ist.

  ► http://sn.pub/Gdhx45

6.3 Lösungen

Zwischenergebnisse wurden sinnvoll gerundet, so können unbedeutende Abweichungen zur exakten Lösung entstehen.

Aufgabe 6.2: (a) $\hat{k} = -1{,}77\,\text{mm}$; (b) $\hat{\sigma}_{\hat{k}} = 1{,}39\,\text{mm}$; (c) $\hat{\sigma}_{\text{unkorr.}} = 3{,}67\,\text{mm}$; (d) nach Anwendung des FFG: $\hat{\sigma}_{\text{korr.}} = 3{,}92\,\text{mm}$; (e) $T_\tau = 1{,}69 < 2{,}31$, wonach die Nullhypothese angenommen werden kann.

Aufgabe 6.3: (a) $\hat{k} = -1{,}81\,\text{mm}$; (b) $\sigma_{\hat{k}} = 1{,}20\,\text{mm}$; (c) $\sigma_{\text{unkorr.}} = 3{,}0\,\text{mm}$; $3{,}1\,\text{mm}$; $3{,}2\,\text{mm}$; $3{,}5\,\text{mm}$; $3{,}0\,\text{mm}$; $3{,}1\,\text{mm}$; $3{,}4\,\text{mm}$; (d) $\sigma_{\text{unkorr.}} = 3{,}27\,\text{mm}$; (e) $T_w = 2{,}04 < 3{,}19$, wonach die Nullhypothese angenommen werden kann.

Aufgabe 6.4: (a) $148{,}464\,\text{m}$; (b) $0{,}75\,\text{mm}$; (c) $T_w = 7{,}7 > 2{,}48$, wonach die Nullhypothese zu verwerfen ist. Die Messung zum Punkt C ist als Ausreißer erkannt. Insofern ist diese zu verwerfen und (a), (b) sind zu korrigieren.

Aufgabe 6.5: $\hat{\sigma}_L = 0{,}51''$; $\hat{\sigma}_{\hat{L}} = 0{,}36''$; $\hat{\sigma}_d = 0{,}73''$; $\hat{\sigma}_{\hat{d}}$ ist nicht zu berechnen, da $\tilde{d} = 0$ angenommen werden kann.

Aufgabe 6.6: $\hat{d} = 2{,}6\,\text{mm}$; $\hat{\sigma}_L = 0{,}81\,\text{mm}$; $T_\tau = 1{,}57 < 1{,}92$, wonach die Nullhypothese angenommen werden kann.

Literatur

1. Baarda W (1968) A testing procedure for use in geodetic networks. Publications on Geodesy 9 (Vol. 2 Nr. 5), Delft, Netherlands. ISBN 978-90-6132-209-2
2. Bartsch HJ (2014) Taschenbuch mathematischer Formeln für Ingenieure und Naturwissenschaftler. 23. überarbeitete Auflage, Carl Hanser Verlag, München. ISBN 978-3-446-43800-2
3. DIN Deutsches Institut für Normung e. V. (2001) ISO 17123-2:2001 Optik und optische Instrumente – Feldverfahren zur Untersuchung geodätischer Instrumente – Teil 2: Nivelliere. Beuth Verlag GmbH, Berlin
4. Kahmen H (2006) Angewandte Geodäsie: Vermessungskunde. 20. völlig neu bearbeitete Auflage, Walter de Gruyter, Berlin New York. ISBN 3-11-017545-2
5. Lehmann R (2008) Das arithmetische Mittel von Mehrfachmessungen unter Wiederholbedingungen. Allgemeine Vermessungsnachrichten 115(1):2–6
6. Lehmann R (2013) On the formulation of the alternative hypothesis for geodetic outlier detection. J Geod 87(4):373-386. https://doi.org/10.1007/s00190-012-0607-y
7. Pope AJ (1976) The statistics of residuals and the detection of outliers. In: NOAA Technical Report NOS65 NGS1. US Department of Commerce, National Geodetic Survey, Rockville, Maryland
8. Witte B, Sparla P, Blankenbach J (2020) Vermessungskunde für das Bauwesen mit Grundlagen des Building Information Modeling (BIM) und der Statistik. 9. neu bearbeitete und erweiterte Auflage, Herbert Wichmann Verlag, Heidelberg. ISBN 978-3-87907-657-4

Ausgleichung nach kleinsten Quadraten

© Der/die Autor(en), exklusiv lizenziert an Springer-Verlag GmbH, DE, ein Teil von Springer Nature 2023
R. Lehmann, *Geodätische und statistische Berechnungen*,
https://doi.org/10.1007/978-3-662-66464-3_7

In den vorangegangenen Kapiteln ist mehrfach die Notwendigkeit entstanden, geodätische Probleme auf der Basis überschüssiger Messwerte zu lösen. Dabei besteht die Möglichkeit, sich der Wirkung von Messabweichungen teilweise zu entledigen. Dazu dient die geodätische Ausgleichungsrechnung, die eine Anwendung statistischer Schätzverfahren auf geodätische Modellsituationen ist.

Es wurde auch schon gezeigt, wie in wenigen Fällen das Problem der Bestimmung der Parameter von Koordinatentransformationen bei Vorhandensein überschüssiger identischer Punkte lösbar ist. Bei einigen Transformationsaufgaben wie der ebenen und räumlichen Helmert-Transformation (s. ▶ Abschn. 1.6.8, 2.4.6) ist das unter idealen Voraussetzungen ohne detaillierte Kenntnisse der Ausgleichungsrechnung durch einfache Rechenschemata möglich. Allerdings liefern diese Schemata nicht alle erwartbaren Ergebnisse und Aussagen, z. B. keine Aussagen über die Zuverlässigkeit der Ausgleichungsergebnisse oder die Genauigkeit transformierter Punkte. Hierfür und für alle anderen Transformationsaufgaben benötigt man Kenntnisse, die in diesem Kapitel vermittelt werden.

Außerdem hatten wir im ▶ Kap. 6 bereits zwei Problemklassen der Ausgleichung untersucht: Wiederholungs- und Doppelbeobachtungen. Probleme dieser Klasse kommen praktisch so häufig vor, dass es sinnvoll erscheint, diese separat zu behandeln und explizite Formeln für die wichtigsten Schätzwerte bereitzustellen.

Die moderne Ausgleichungsrechnung verfügt heute über Werkzeuge zur Lösung einer enorm breiten Palette von geodätischen Problemen. Das betrifft einmal Probleme aus nahezu allen Teilgebieten der Geodäsie, bis hin zu Nachbardisziplinen wie der Radioastronomie [15], der Photogrammetrie [24] oder der Geoinformatik [5]. Andererseits erlaubt die moderne Ausgleichungsrechnung eine sehr flexible Modellbildung, z. B. im Hinblick auf die statistischen Eigenschaften, die den Messabweichungen zugeschrieben werden. Hierfür wurden Verfahren der robusten Schätzung [23] und der Varianzkomponentenschätzung [25, 26] entwickelt.

Leider kann in diesem einführenden Buch nur das am weitesten verbreitete Verfahren der Ausgleichung nach kleinsten Quadraten behandelt werden. Dieses wird anhand von Standardbeispielen der geodätischen Netzausgleichung, der ausgleichenden Funktionen, der Koordinatentransformationen sowie der Instrumentenkalibrierungen illustriert. Somit sind zum Verständnis dieses Kapitels keine Spezialkenntnisse in Randbereichen der Geodäsie erforderlich. Außerdem beschränkt sich dieses Buch auf reguläre Ausgleichungsprobleme. Darüber hinaus treten in der Geodäsie Ausgleichungsprobleme auf, bei denen bestimmte zu invertierende Matrizen singulär sind, z. B. bei der Ausgleichung geodätischer Netze mit Datumsdefekten. Dazu benötigt man das mathematische Rüstzeug der generalisierten Inversen, welches wir hier nicht voraussetzen. Nur im Fall eines Höhennetzes werden wir einen etwas einfachen Umweg beschreiten (s. Beispiel 7.37).

Für ein vertieftes Studium der Ausgleichungsrechnung auf der Basis dieses Kapitels werden [9, 18, 28] empfohlen. Singuläre Ausgleichungsprobleme behandeln [17, 19, 20].

7.1 Funktionale Ausgleichsmodelle

7.1.1 Messwerte und Beobachtungen

Die Lösung eines Ausgleichsproblems beginnt mit der Analyse der vorliegenden Messwerte. Diese werden in zwei Gruppen unterteilt (s. ▶ Abschn. 4.1.2):

— zu verbessernde Messwerte oder andere durch Messabweichungen verfälschte Größen, die wir wie bisher *Beobachtungen* nennen
— als frei von Messabweichungen anzunehmende Messwerte

Können alle Messwerte als frei von Messabweichungen betrachtet werden, dann liegt keine Ausgleichungsaufgabe vor. Wenn man mehr Messwerte als nötig oder alle Messwerte als Beobachtungen auffasst, macht man eigentlich nichts falsch, solange das stochastische Modell (s. ▶ Abschn. 7.2) passend ist. Das verursacht lediglich einen höheren Bearbeitungsaufwand.

Die Beobachtungen fassen wir wie schon im ▶ Kap. 4 zu einem Vektor **L** zusammen. Die Reihenfolge ist beliebig, muss aber in allen folgenden Vektoren und Matrizen, die sich auf Beobachtungen beziehen, übereinstimmend gewählt werden. Die Anzahl der Beobachtungen bezeichnen wir wieder mit n.

▶ **Beispiel 7.1**

In einem ebenen Dreieck soll der Flächeninhalt F bestimmt werden. Die drei Innenwinkel α, β, γ und die drei Seitenlängen (Strecken) a, b, c werden gemessen. Kein Messwert kann als frei von Messabweichungen angesehen werden. Damit ist $n = 6$. Der Vektor der Beobachtungen lautet

$$\mathbf{L} = \begin{pmatrix} \alpha \\ \beta \\ \gamma \\ a \\ b \\ c \end{pmatrix}$$

oder mit denselben Beobachtungen in anderer Reihenfolge. ◄

7.1.2 Parameter und Parametrisierung

Ein Ausgleichungsmodell ist ein mathematisches Modell der Messsituation. Es muss diese so detailgetreu wie nötig wiedergeben, aber nicht detailgetreuer.

1. Effekte, die für die Lösung der Ausgleichsaufgabe wichtig sind, müssen im Modell berücksichtigt werden.
2. Effekte, die aufgrund ihrer geringen Größe vernachlässigt werden können oder keinen Beitrag zur Lösung der Aufgabe liefern, werden im Modell nicht berücksichtigt.

Das *funktionale Ausgleichsmodell* ist der Teil des Ausgleichsmodells, der die funktionalen (d. h. nicht-stochastischen) Beziehungen der beteiligten Größen definiert. Es wird durch *Parameter* beschrieben, das sind numerische Größen, mit deren exakter

Kenntnis das Modell als Ganzes vollständig erfasst wird. Bei Kenntnis der wahren Werte der Parameter müssen sich alle wahren Werte der Beobachtungen berechnen lassen. Kein Parameter kann dabei vollständig weggelassen werden.

Durch welche Parameter ein Ausgleichungsmodell beschrieben werden soll, ist oft vom Anwender wählbar. Man nennt diesen Arbeitsschritt die *Parametrisierung*. Eindeutig durch die Aufgabe festgelegt ist aber deren Anzahl, die wir mit u bezeichnen. Die Parameter fassen wir zu einem Vektor $\mathbf{X}$ zusammen. Die Reihenfolge der Elemente von $\mathbf{X}$ ist beliebig, muss aber in allen folgenden Vektoren und Matrizen, die sich auf diese Parameter beziehen, übereinstimmend gewählt werden. Es gibt mehrere Fehlerquellen bei der Parametrisierung, die zu einer falschen Lösung der Ausgleichungsaufgabe führen oder die Lösung unmöglich machen:

Überparametrisierung: – Ein Ausgleichungsmodell enthält mehr Parameter, als unbedingt nötig, d. h. u ist zu groß. Oft kann ein Parameter aus den Werten anderer Parameter streng berechnet werden. In anderen Fällen werden die Messabweichungen nicht in den Verbesserungen, sondern in den ausgeglichenen Parametern abgebildet. (Man sagt: Die Messabweichungen werden „mitmodelliert", statt ausgeglichen.)

Unterparametrisierung: – Ein Ausgleichungsmodell enthält zu wenige Parameter, d. h. u ist zu klein. Schließlich können die Beobachtungsgleichungen nicht korrekt aufgestellt werden.

Fehlparametrisierung: – Ein Ausgleichungsmodell enthält zwar die richtige Anzahl, aber falsche Parameter. Auch hier kann das korrekte Aufstellen der Beobachtungsgleichungen nicht gelingen.

Oft kann eine geschickte Wahl der Parameter die Lösung der Ausgleichungsaufgabe vereinfachen, eine ungeschickte Wahl kann diese erschweren. Das wird im Folgenden noch mit Beispielen belegt. Wenn die eigentlich gesuchten Größen einer Ausgleichungsaufgabe zugleich Parameter sind, kann dies Vorteile haben, muss aber nicht.

7.1.3 Gemessene Werte, wahre Werte und Schätzwerte

Jeder Größe können mehrere Werte zugeordnet werden, die wir symbolisch wie in ◨ Tab. 7.1 unterscheiden. Einer Größe, deren wahrer Wert bekannt ist, ist nur dieser eine Wert zugeordnet, so dass die Tilde entfallen kann. Ein Parameter kann zugleich eine Beobachtung sein. In dem Fall ist $\tilde{L}_i = \tilde{X}_j$ und, wie sich zeigen wird, auch $L_i^0 = X_j^0$ und $\hat{L}_i = \hat{X}_j$. Welche Rolle die Näherungswerte spielen, wird im ▶ Abschn. 7.1.6 erklärt.

◨ **Tab. 7.1** Symbole des funktionalen Ausgleichungsmodells

	Beobachtungen $i = 1, 2, \ldots, n$	Parameter $j = 1, 2, \ldots, u$
Gemessener Wert	L_i	–
Unbekannter wahrer Wert	$\tilde{L}_i$	$\tilde{X}_j$
Näherungswert	L_i^0	X_j^0
Schätzwert, auch „ausgeglichener Wert" genannt	$\hat{L}_i$	$\hat{X}_j$

► **Beispiel 7.2**

Wir setzen das Beispiel 7.1 fort. Ein ebenes Dreieck wird bezüglich seiner Größe und Form durch drei Parameter vollständig beschrieben. Zur Lösung der Ausgleichungsaufgabe, nämlich die bestmögliche Bestimmung des Flächeninhalts F, spielt die Lage des Dreiecks in der Ebene oder im Raum keine Rolle, also dürfen Koordinaten der Eckpunkte im Modell nicht berücksichtigt werden. Somit ist $u = 3$. Die Parameter können auf verschiedene Weise gewählt werden:

$$\mathbf{X} = \begin{pmatrix} a \\ b \\ c \end{pmatrix} \quad \text{oder} \quad \mathbf{X} = \begin{pmatrix} \alpha \\ \beta \\ c \end{pmatrix} \quad \text{oder} \quad \mathbf{X} = \begin{pmatrix} a \\ b \\ \gamma \end{pmatrix} \quad \text{oder} \ldots$$

Theoretisch wären auch folgende Parametrisierungen denkbar (s. ◘ Abb. 7.1):

$$\mathbf{X} = \begin{pmatrix} p \\ q \\ h \end{pmatrix} \quad \text{oder} \quad \mathbf{X} = \begin{pmatrix} p \\ q \\ F \end{pmatrix}$$

(Liegt der Höhenfußpunkt außerhalb einer Seite, wird ein Seitenabschnitt p oder q negativ angegeben.) Eine Überparametrisierung wäre hingegen

$$\mathbf{X} = \begin{pmatrix} a \\ b \\ \alpha \\ \beta \end{pmatrix}$$

denn aus $\tilde{b}, \tilde{\alpha}, \tilde{\beta}$ kann $\tilde{a}$ exakt berechnet werden. Obwohl wir letztlich nur am Flächeninhalt F interessiert sind (s. Beispiel 7.1), wäre $u = 1$ und

$$\mathbf{X} = (F)$$

eine Unterparametrisierung. Die Beobachtungsgleichungen wären nicht aufstellbar, wie gleich gezeigt wird. Eine Fehlparametrisierung wäre

$$\mathbf{X} = \begin{pmatrix} \alpha \\ \beta \\ \gamma \end{pmatrix}$$

denn aus $\tilde{\alpha}, \tilde{\beta}$ kann $\tilde{\gamma}$ exakt berechnet werden. Hierdurch sind die Beobachtungsgleichungen nicht aufstellbar. ◄

◘ **Abb. 7.1** zu Beispielen 7.1, 7.2, 7.4, 7.5 und 7.6

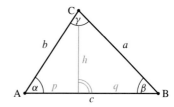

7.1.4 Beobachtungsgleichungen

Besonders einfach ist die Situation, wenn sich die wahren Werte aller Beobachtungen $\tilde{L}_1, \tilde{L}_2, \ldots, \tilde{L}_n$ als Funktionen der wahren Werte der Parameter $\tilde{X}_1, \tilde{X}_2, \ldots, \tilde{X}_u$ darstellen lassen:

$$\tilde{L}_1 = \phi_1(\tilde{X}_1, \tilde{X}_2, \ldots, \tilde{X}_u)$$

$$\vdots$$

$$\tilde{L}_n = \phi_n(\tilde{X}_1, \tilde{X}_2, \ldots, \tilde{X}_u) \tag{7.1}$$

Diese n Gleichungen nennen wir die *Beobachtungsgleichungen*. Die Funktionen ϕ_1, $\phi_2, \ldots, \phi_n$ heißen *vermittelnde Funktionen*. In Vektor-Schreibweise haben die Beobachtungsgleichungen kurz folgende Form:

$$\tilde{\mathbf{L}} = \phi(\tilde{\mathbf{X}}) \tag{7.2}$$

Sollte es ausnahmsweise zwar möglich sein, den Zusammenhang von Beobachtungen und Parametern in der *impliziten* Form

$$\boldsymbol{\Phi}(\tilde{\mathbf{X}}, \tilde{\mathbf{L}}) = \mathbf{0} \tag{7.3}$$

auszudrücken, und sollten diese Gleichungen jedoch nicht nach $\tilde{L}_1, \tilde{L}_2, \ldots, \tilde{L}_n$ auflösbar sein, so liegt kein Modell vor, welches sich direkt im Rahmen der vermittelnden Ausgleichung bearbeiten lässt. Wir werden im ▶ Abschn. 7.6 ein Konzept erarbeiten, wie das indirekt trotzdem gelingen kann.

▶ **Beispiel 7.3**

Wir setzen das Beispiel 7.2 fort.

(1) In der Parametrisierung

$$\mathbf{X} = \begin{pmatrix} a \\ b \\ c \end{pmatrix}$$

lauten die $n = 6$ Beobachtungsgleichungen (7.1):

$$\tilde{\alpha} = \arccos\left(\frac{\tilde{b}^2 + \tilde{c}^2 - \tilde{a}^2}{2 \cdot \tilde{b} \cdot \tilde{c}}\right), \quad \tilde{a} = \tilde{a}$$

$$\tilde{\beta} = \arccos\left(\frac{\tilde{c}^2 + \tilde{a}^2 - \tilde{b}^2}{2 \cdot \tilde{c} \cdot \tilde{a}}\right), \quad \tilde{b} = \tilde{b}$$

$$\tilde{\gamma} = \arccos\left(\frac{\tilde{a}^2 + \tilde{b}^2 - \tilde{c}^2}{2 \cdot \tilde{a} \cdot \tilde{b}}\right), \quad \tilde{c} = \tilde{c}$$

a, b, c sind zugleich Beobachtungen und Parameter.

(2) In der Parametrisierung

$$\mathbf{X} = \begin{pmatrix} \alpha \\ \beta \\ c \end{pmatrix}$$

lauten die Beobachtungsgleichungen (7.1):

$$\tilde{\alpha} = \tilde{\alpha}, \qquad \tilde{a} = \tilde{c} \cdot \frac{\sin \tilde{\alpha}}{\sin(\tilde{\alpha} + \tilde{\beta})}$$

$$\tilde{\beta} = \tilde{\beta}, \qquad \tilde{b} = \tilde{c} \cdot \frac{\sin \tilde{\beta}}{\sin(\tilde{\alpha} + \tilde{\beta})}$$

$$\tilde{\gamma} = 200 \, \text{gon} - \tilde{\alpha} - \tilde{\beta}, \quad \tilde{c} = \tilde{c}$$

α, β, c sind zugleich Beobachtungen und Parameter.

(3) In der Parametrisierung

$$\mathbf{X} = \begin{pmatrix} p \\ q \\ F \end{pmatrix}$$

lauten die Beobachtungsgleichungen (7.1):

$$\tilde{\alpha} = \arctan\left(\frac{2 \cdot \tilde{F}}{\tilde{p} \cdot (\tilde{p} + \tilde{q})} \right), \qquad \tilde{a} = \sqrt{\tilde{p}^2 + \frac{4 \cdot \tilde{F}^2}{(\tilde{p} + \tilde{q})^2}}$$

$$\tilde{\beta} = \arctan\left(\frac{2 \cdot \tilde{F}}{\tilde{q} \cdot (\tilde{p} + \tilde{q})} \right), \qquad \tilde{b} = \sqrt{\tilde{q}^2 + \frac{4 \cdot \tilde{F}^2}{(\tilde{p} + \tilde{q})^2}}$$

$$\tilde{\gamma} = \arctan\left(\frac{\tilde{p} \cdot (\tilde{p} + \tilde{q})}{2 \cdot \tilde{F}} \right) + \arctan\left(\frac{\tilde{q} \cdot (\tilde{p} + \tilde{q})}{2 \cdot \tilde{F}} \right), \quad \tilde{c} = \tilde{p} + \tilde{q}$$

(4) In der Parametrisierung

$$\mathbf{X} = \begin{pmatrix} \alpha \\ \beta \\ \gamma \end{pmatrix}$$

würde es nicht gelingen, korrekte Beobachtungsgleichungen für a, b, c aufzustellen, denn Funktionen $a = \phi(\alpha, \beta, \gamma)$ usw. existieren nicht. Daran erkennt man eine Fehlparametrisierung, die hier vorliegt, oder auch eine Unterparametrisierung. ◄

🅐 **Aufgabe 7.1**

Formulieren Sie für Beispiel 7.3 vier Beobachtungsgleichungen für die Parameter a, b, γ. Hinweis: Zwei Beobachtungsgleichungen ergeben extrem lange Ausdrücke, so dass man diesen Lösungsweg besser nicht weiter verfolgt.

Wichtig ist, dass in den vermittelnden Funktionen ϕ_i (rechte Seiten der Beobachtungsgleichungen) nur Parameter und bekannte wahre Werte stehen, insbesondere keine Beobachtungen, wenn diese nicht zugleich Parameter sind.

7.1.5 Ursprüngliche Verbesserungsgleichungen

Die wahren Werte in den Vektoren $\tilde{\mathbf{X}}, \tilde{\mathbf{L}}$ sind unbekannt und können praktisch nicht frei von Messabweichungen bestimmt werden. Also müssen diese bestmöglich *geschätzt* werden. Die Schätzwerte fassen wir in den Vektoren $\hat{\mathbf{X}}, \hat{\mathbf{L}}$ zusammen. Sie sollen die bekannten Eigenschaften der wahren Werte in $\tilde{\mathbf{X}}, \tilde{\mathbf{L}}$ besitzen, nämlich die Beobachtungsgleichungen (7.2) erfüllen:

$$\hat{\mathbf{L}} = \phi(\hat{\mathbf{X}}) \tag{7.4}$$

Man nennt $\hat{X}_1, \hat{X}_2, \ldots, \hat{X}_u$ auch die *ausgeglichenen Parameter* und $\hat{L}_1, \hat{L}_2, \ldots, \hat{L}_n$ die *ausgeglichenen Beobachtungen*. Die additive Abänderung der gemessenen Beobachtung L_i in die ausgeglichene Beobachtung $\hat{L}_i$ nennt man die *Verbesserung* v_i (manchmal auch das "Residuum", Mehrzahl: "Residuen"):

$$L_i + v_i = \hat{L}_i, \quad i = 1, 2, \ldots, n$$

> **Hinweis 7.1**
>
> Formal gesehen ist v_i der *Schätzwert der Messabweichung* mit entgegengesetztem Vorzeichen: $v_i = -\hat{\varepsilon}_i$. Somit müsste man eigentlich $\hat{v}_i$ schreiben. Das hat sich in der geodätischen Literatur bisher aber nicht durchgesetzt. In der mathematisch orientierten Literatur findet man häufiger $-\hat{\varepsilon}_i$ statt v_i.

Wir setzen die Verbesserungen zu einem Vektor **v** zusammen:

$$\mathbf{v} = \begin{pmatrix} v_1 \\ v_2 \\ \vdots \\ v_n \end{pmatrix}$$

Damit haben die *ursprünglichen Verbesserungsgleichungen* die Vektorform

$$\mathbf{L} + \mathbf{v} = \phi(\hat{\mathbf{X}}) \quad \text{oder} \quad \mathbf{v} = \phi(\hat{\mathbf{X}}) - \mathbf{L} \tag{7.5}$$

Wir bevorzugen in diesem Buch die erste Schreibweise, weil diese deutlicher die Trennung zwischen Parametern und Beobachtungen zum Ausdruck bringt. Im Einzelnen:

$$L_1 + v_1 = \phi_1(\hat{X}_1, \hat{X}_2, \ldots, \hat{X}_u)$$

$$\vdots$$

$$L_n + v_n = \phi_n(\hat{X}_1, \hat{X}_2, \ldots, \hat{X}_u) \tag{7.6}$$

► **Beispiel 7.4**

Wir setzen Beispiel 7.3 fort. In der Parametrisierung

$$\mathbf{X} = \begin{pmatrix} \alpha \\ \beta \\ c \end{pmatrix}$$

lauten die ursprünglichen Verbesserungsgleichungen (7.6):

$$\alpha + v_\alpha = \hat{\alpha}, \qquad\qquad a + v_a = \hat{c} \cdot \frac{\sin \hat{\alpha}}{\sin(\hat{\alpha} + \hat{\beta})}$$

$$\beta + v_\beta = \hat{\beta}, \qquad\qquad b + v_b = \hat{c} \cdot \frac{\sin \hat{\beta}}{\sin(\hat{\alpha} + \hat{\beta})}$$

$$\gamma + v_\gamma = 200 \,\text{gon} - \hat{\alpha} - \hat{\beta}, \quad c + v_c = \hat{c} \quad \blacktriangleleft$$

❶ Aufgabe 7.2

Formulieren Sie wie in Beispiel 7.4 die ursprünglichen Verbesserungsgleichungen (a) für die Parameter a, b, c und (b) für die Parameter p, q, F.

7.1.6 Linearisierte Verbesserungsgleichungen

Ist mindestens eine der vermittelnden Funktionen $\phi_1, \phi_2, \dots, \phi_n$ nichtlinear, ist das Gleichungssystem der ursprünglichen Verbesserungsgleichungen nichtlinear und kann nicht direkt gelöst werden. Eine Linearisierung ist dann erforderlich. Dazu benötigen wir für alle Parameter Näherungswerte, die wir in einem Vektor $\mathbf{X}^0$ zusammenfassen. Solche *Näherungsparameter* können praktisch auf verschiedene Weise beschafft werden:

A Manchmal verfügt man bereits aus vorangegangenen Messungen über ungefähre Kenntnisse einiger Parameterwerte. Diese sollen vielleicht in der aktuellen Messkampagne nur überprüft oder genauer erhalten werden, oder es sollen geringe Änderungen erfasst werden. Dann setzt man diese Werte als Näherungsparameter an.

B Sind einige Parameter betragskleine Korrekturgrößen wie die Nullpunktkorrektur eines EDM oder der thermische Ausdehnungskoeffizient von Maßverkörperungen, können diese oft näherungsweise mit Null angenommen werden.

C Möglicherweise wurden einige Parameter auch direkt gemessen, so dass $\tilde{X}_j = \tilde{L}_i$ gilt und die gemessenen Werte als Näherungsparameter verwendet werden können: $X_j^0 := L_i$

D Aus den n Beobachtungsgleichungen können u Gleichungen herausgegriffen werden, mit denen die Parameter eindeutig und ohne Ausgleichung mit den gemessenen Werten näherungsweise bestimmbar sind. Aus der Vielzahl von Möglichkeiten wählt man dabei jene Gleichungen aus, für die sich diese Aufgabe möglichst effizient lösen lässt. Die Ergebnisse werden als Näherungsparameter verwendet.

Mindestens die Methode D ist praktisch immer anwendbar, aber auch die aufwändigste.

▶ Beispiel 7.5

Wir setzen das Beispiel 7.4 fort. In der Parametrisierung

$$\mathbf{X} = \begin{pmatrix} a \\ b \\ c \end{pmatrix} \quad \text{oder} \quad \mathbf{X} = \begin{pmatrix} \alpha \\ \beta \\ c \end{pmatrix} \quad \text{oder} \quad \mathbf{X} = \begin{pmatrix} p \\ q \\ F \end{pmatrix}$$

sind einige vermittelnde Funktionen nichtlinear, nämlich in der ersten Parametrisierung drei, in der zweiten zwei und in der dritten fünf von jeweils $n = 6$ Funktionen. In der ersten und zweiten

Parametrisierung kann man direkt die gemessenen Beobachtungswerte als Näherungsparameter verwenden (s. Methode C). In der dritten Parametrisierung kann man zunächst F^0 z. B. aus den drei gemessenen Seiten a, b, c mit der Heronschen Flächenformel berechnen und danach

$$p^0 := \sqrt{b^2 - \left(\frac{2 \cdot F^0}{c}\right)^2} \quad \text{und} \quad q^0 := \sqrt{a^2 - \left(\frac{2 \cdot F^0}{c}\right)^2}$$

Das entspricht indirekt der Auswahl der drei Beobachtungsgleichungen für die Seiten a, b, c und Auflösung nach den Parametern (s. Methode D). Wenn man das direkt versuchen würde, käme das einer Herleitung der Heronschen Flächenformel gleich, die sehr anspruchsvoll ist.

In Abwandlung dieser Methode kann man aber auch einfachere Berechnungsmöglichkeiten nutzen, z. B.

$$F^0 := \frac{a \cdot b}{2} \cdot \sin \gamma, \quad p^0 := b \cdot \cos \alpha, \quad q^0 := c - p^0$$

mit den gemessenen Beobachtungen. Wichtig ist nur, dass ausreichend gut gilt:

$$p^0 \approx \tilde{p}, \quad q^0 \approx \tilde{q}, \quad F^0 \approx \tilde{F} \blacktriangleleft$$

Nun erfolgt die Linearisierung durch eine *Taylor-Reihenentwicklung* [2, S. 601ff] so, dass für nichtlineare vermittelnde Funktionen *genähert*, für die linearen exakt gesetzt wird:

$$\phi_1(\hat{X}_1, \hat{X}_2, \ldots, \hat{X}_u) \approx \phi_1(X_1^0, X_2^0, \ldots, X_u^0) + \left.\frac{\partial \phi_1}{\partial \hat{X}_1}\right|_{\mathbf{X}^0} \cdot (\hat{X}_1 - X_1^0) + \cdots$$

$$+ \left.\frac{\partial \phi_1}{\partial \hat{X}_u}\right|_{\mathbf{X}^0} \cdot (\hat{X}_u - X_u^0)$$

$$\vdots$$

$$\phi_n(\hat{X}_1, \hat{X}_2, \ldots, \hat{X}_u) \approx \phi_n(X_1^0, X_2^0, \ldots, X_u^0) + \left.\frac{\partial \phi_n}{\partial \hat{X}_1}\right|_{\mathbf{X}^0} \cdot (\hat{X}_1 - X_1^0) + \cdots$$

$$+ \left.\frac{\partial \phi_n}{\partial \hat{X}_u}\right|_{\mathbf{X}^0} \cdot (\hat{X}_u - X_u^0) \tag{7.7}$$

Beachten Sie, dass die Ersatzfunktionen rechts von „$\approx$" in den Argumenten $\hat{X}_1, \hat{X}_2, \ldots,$ $\hat{X}_u$ *lineare* Funktionen sind. Der Index $\mathbf{X}^0$ hinter den partiellen Ableitungen bedeutet: Diese Ableitungen sind durch Einsetzen der Näherungsparameter $\mathbf{X} = \mathbf{X}^0$ zu berechnen. An der Stelle $\mathbf{X}^0$ stimmen rechte und linke Seite exakt überein, weil alle Summanden rechts wegfallen, außer dem ersten. Je weiter man sich von dieser Stelle entfernt, desto weniger stimmen diese Näherungen (Unterschied der nichtlinearen Funktion ϕ und ihrer Tangente in ◘ Abb. 7.2). Für nichtlineare vermittelnde Funktionen entstehen somit *Linearisierungsfehler*. Man hofft zunächst, dass die Näherungsparameter $\mathbf{X}^0$ so gut mit den wahren Parametern $\tilde{\mathbf{X}}$ übereinstimmen, dass diese Fehler klein sind (Bereich der Verwendbarkeit der Näherungsparameter in ◘ Abb. 7.2). Später wird man erkennen, ob diese Hoffnung berechtigt war, nämlich daran, ob die ausgeglichenen Werte in $\hat{\mathbf{X}}, \hat{\mathbf{L}}$

◘ Abb. 7.2 Linearisierung einer
vermittelnden Funktion

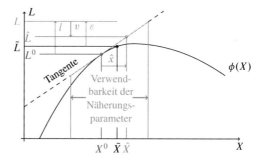

wie gewünscht ausreichend gut die Gleichungen (7.4) erfüllen. In ◘ Abb. 7.2 würde das
bedeuten, dass der oliv-farbige Punkt (beinahe) auf der gekrümmten Kurve liegt. Diese
sogenannte *Schlussprobe* wird im ▶ Abschn. 7.3.3 erläutert.

Zur Abkürzung der Schreibweise führen wir die folgenden Symbole ein:

Näherungsbeobachtungen   gekürzte Beobachtungen   gekürzte Parameter

$$L_1^0 := \phi_1(X_1^0, X_2^0, \ldots, X_u^0), \quad l_1 := L_1 - L_1^0, \qquad \hat{x}_1 := \hat{X}_1 - X_1^0$$

$$L_2^0 := \phi_2(X_1^0, X_2^0, \ldots, X_u^0), \quad l_2 := L_2 - L_2^0, \qquad \hat{x}_2 := \hat{X}_2 - X_2^0$$

$$\vdots \qquad\qquad\qquad \vdots \qquad\qquad\qquad \vdots$$

$$L_n^0 := \phi_n(X_1^0, X_2^0, \ldots, X_u^0), \quad l_n := L_n - L_n^0, \qquad \hat{x}_u := \hat{X}_u - X_u^0 \tag{7.8}$$

Wenn die Näherungsparameter geeignet waren, so dass $\mathbf{X}^0 \approx \tilde{\mathbf{X}}$ ist, sind die gekürzten
Werte betragskleine Größen, so dass wir nur wenige Dezimalstellen mitführen müssen.
Alle diese Werte fassen wir zu Vektoren $\mathbf{L}^0, \mathbf{l}, \hat{\mathbf{x}}$ zusammen:

$$\mathbf{L}^0 := \begin{pmatrix} L_1^0 \\ L_2^0 \\ \vdots \\ L_n^0 \end{pmatrix}, \quad \mathbf{l} := \begin{pmatrix} l_1 \\ l_2 \\ \vdots \\ l_n \end{pmatrix} = \mathbf{L} - \mathbf{L}^0, \quad \hat{\mathbf{x}} := \begin{pmatrix} \hat{x}_1 \\ \hat{x}_2 \\ \vdots \\ \hat{x}_u \end{pmatrix} = \hat{\mathbf{X}} - \mathbf{X}^0$$

Weiter bauen wir eine Matrix $\mathbf{A}$, die *Designmatrix* des funktionalen Modells oder auch
Ausgleichungsmatrix genannt, mit n Zeilen und u Spalten wie folgt auf:

$$\mathbf{A} = \begin{pmatrix} a_{11} & a_{12} & \cdots & a_{1u} \\ a_{21} & a_{22} & \cdots & a_{2u} \\ \vdots & \vdots & \ddots & \vdots \\ a_{n1} & a_{n2} & \cdots & a_{nu} \end{pmatrix} := \begin{pmatrix} \frac{\partial \phi_1}{\partial \hat{X}_1} & \frac{\partial \phi_1}{\partial \hat{X}_2} & \cdots & \frac{\partial \phi_1}{\partial \hat{X}_u} \\ \frac{\partial \phi_2}{\partial \hat{X}_1} & \frac{\partial \phi_2}{\partial \hat{X}_2} & \cdots & \frac{\partial \phi_2}{\partial \hat{X}_u} \\ \vdots & \vdots & \ddots & \vdots \\ \frac{\partial \phi_n}{\partial \hat{X}_1} & \frac{\partial \phi_n}{\partial \hat{X}_2} & \cdots & \frac{\partial \phi_n}{\partial \hat{X}_u} \end{pmatrix} \tag{7.9}$$

Alle Ableitungen sind an der Stelle der Näherungsparameter $\mathbf{X_0}$ durch Einsetzen dieser
Werte zu berechnen. Mit diesen Symbolen kann man (7.6) mit der Näherung (7.7) als

linearisierte Verbesserungsgleichungen wie folgt schreiben:

$$L_1 + v_1 = \phi_1(\hat{X}_1, \hat{X}_2, \ldots, \hat{X}_u) = L_1^0 + a_{11} \cdot \hat{x}_1 + a_{12} \cdot \hat{x}_2 + \cdots + a_{1u} \cdot \hat{x}_u$$
$$L_2 + v_2 = \phi_2(\hat{X}_1, \hat{X}_2, \ldots, \hat{X}_u) = L_2^0 + a_{21} \cdot \hat{x}_1 + a_{22} \cdot \hat{x}_2 + \cdots + a_{2u} \cdot \hat{x}_u$$
$$\vdots$$
$$L_n + v_n = \phi_n(\hat{X}_1, \hat{X}_2, \ldots, \hat{X}_u) = L_n^0 + a_{n1} \cdot \hat{x}_1 + a_{n2} \cdot \hat{x}_2 + \cdots + a_{nu} \cdot \hat{x}_u$$

oder in Matrix-Vektor-Schreibweise:

$$\mathbf{L} + \mathbf{v} = \mathbf{L}^0 + \mathbf{A} \cdot \hat{\mathbf{x}}$$

oder noch kürzer:

$$\mathbf{l} + \mathbf{v} = \mathbf{A} \cdot \hat{\mathbf{x}} \tag{7.10}$$

Unter Vernachlässigung von möglichen Linearisierungsfehlern haben wir in den linearisierten Verbesserungsgleichungen jetzt „=" statt „≈" wie in (7.7) geschrieben.

▶ **Beispiel 7.6**

Wir setzen das Beispiel 7.5 fort. In der Parametrisierung

$$\mathbf{X} = \begin{pmatrix} \alpha \\ \beta \\ c \end{pmatrix}$$

und mit der Wahl der gemessenen Werte α, β, c als Näherungsparameter, d. h.

$$\mathbf{X}^0 := \begin{pmatrix} \alpha \\ \beta \\ c \end{pmatrix}$$

erhält man die Näherungsbeobachtungen $\mathbf{L}^0$ mit den Werten

$$\alpha^0 := \alpha, \qquad\qquad a^0 := c \cdot \frac{\sin \alpha}{\sin(\alpha + \beta)}$$

$$\beta^0 := \beta, \qquad\qquad b^0 := c \cdot \frac{\sin \beta}{\sin(\alpha + \beta)}$$

$$\gamma^0 := 200 \, \text{gon} - \alpha - \beta, \quad c^0 := c$$

und damit den Vektor der gekürzten Beobachtungen

$$\mathbf{l} = \mathbf{L} - \mathbf{L}^0 = \begin{pmatrix} 0 \\ 0 \\ \alpha + \beta + \gamma - 200 \, \text{gon} \\ a - c \cdot \dfrac{\sin \alpha}{\sin(\alpha + \beta)} \\ b - c \cdot \dfrac{\sin \beta}{\sin(\alpha + \beta)} \\ 0 \end{pmatrix}$$

Die Elemente dieses Vektors sind Null oder betragskleine Größen (etwa in der Größenordnung der erwarteten Verbesserungen), denn das dritte Element ist der Innenwinkelwiderspruch und das vierte und fünfte Element ist jeweils der Widerspruch eines Sinussatzes im Dreieck. Die Matrix $\mathbf{A}$ hat mit den Abkürzungen

$$S := \sin(\alpha + \beta), \quad C := \cos(\alpha + \beta)$$

folgende Gestalt:

$$\mathbf{A} = \begin{pmatrix} 1 & 0 & 0 \\ 0 & 1 & 0 \\ -1 & -1 & 0 \\ c \cdot \dfrac{S \cdot \cos\alpha - C \cdot \sin\alpha}{\rho \cdot S^2} & -c \cdot \dfrac{C \cdot \sin\alpha}{\rho \cdot S^2} & \dfrac{\sin\alpha}{S} \\ -c \cdot \dfrac{C \cdot \sin\beta}{\rho \cdot S^2} & c \cdot \dfrac{S \cdot \cos\beta - C \cdot \sin\beta}{\rho \cdot S^2} & \dfrac{\sin\beta}{S} \\ 0 & 0 & 1 \end{pmatrix}$$

Beachten Sie, dass im Nenner teilweise ein Faktor ρ zur Umrechung der Winkeleinheit ins Bogenmaß berücksichtigt werden muss, falls die Winkel α, β nicht im Bogenmaß eingesetzt und erhalten werden sollen (s. Hinweis 5.3).

Ist das Dreieck näherungsweise gleichseitig mit der Seitenlänge 100 m, erhält man mit

$$\mathbf{X}^0 := \begin{pmatrix} 200\,\text{gon}/3 \\ 200\,\text{gon}/3 \\ 100\,\text{m} \end{pmatrix}$$

folgende Matrix $\mathbf{A}$:

$$\mathbf{A} = \begin{pmatrix} 1 & 0 & 0 \\ 0 & 1 & 0 \\ -1 & -1 & 0 \\ c \cdot \dfrac{\sqrt{3}/2}{\rho \cdot 0,75} & c \cdot \dfrac{\sqrt{3}/2 \cdot 0,50}{\rho \cdot 0,75} & \dfrac{\sqrt{3}/2}{\sqrt{3}/2} \\ c \cdot \dfrac{\sqrt{3}/2 \cdot 0,50}{\rho \cdot 0,75} & c \cdot \dfrac{\sqrt{3}/2}{\rho \cdot 0,75} & \dfrac{\sqrt{3}/2}{\sqrt{3}/2} \\ 0 & 0 & 1 \end{pmatrix} = \begin{pmatrix} 1 & 0 & 0 \\ 0 & 1 & 0 \\ -1 & -1 & 0 \\ 1,8138 & 0,9069 & 1 \\ 0,9069 & 1,8138 & 1 \\ 0 & 0 & 1 \end{pmatrix} \blacktriangleleft$$

❶ Aufgabe 7.3

Wiederholen Sie die Berechnungen von Beispiel 7.6 mit den Dreieckseiten a, b, c als Parameter.

Wären alle Beobachtungsgleichungen linear, so müsste man nicht linearisieren. Die Beobachtungsgleichungen hätten dann schon die Gestalt

$$\mathbf{L} + \mathbf{v} = \mathbf{L}^0 + \mathbf{A} \cdot \hat{\mathbf{X}}$$

und man könnte formal $\mathbf{X}^0 = \mathbf{0}$ setzen: Die gekürzten Parameter sind gleich den ungekürzten, d. h. ein Kürzen findet nicht statt. Um jedoch mit „kurzen" Zahlen arbeiten zu können, ist ein Kürzen immer noch sinnvoll, wenn auch nicht zwingend. Wir gehen im Weiteren immer vom Fall aus, dass gekürzt wurde.

In den Verbesserungsgleichungen (7.10) sind die ausgeglichenen gekürzten Parameter $\hat{\mathbf{x}}$ und die Verbesserungen $\mathbf{v}$ unbekannt, das sind zusammen $n + u$ unbekannte Größen. Allerdings liegen nur n Gleichungen (7.10) vor, so dass eine eindeutige Lösung noch nicht gelingt. Wir greifen dieses Problem im ▶ Abschn. 7.3.1 auf.

❯ Hinweis 7.2

Ein lineares Gleichungssystem (7.10) kann in der Regel nur dann eindeutig gelöst werden, wenn es genauso viele Gleichungen wie Unbekannte enthält [2, S. 200].

7.1.7 Anwendung: Einfache Höhennetze

Geodätische Höhennetze bestehen im einfachsten Fall aus *Festpunkten*, deren Höhen als wahre Werte $H_A, H_B, \ldots$ gegeben sind, und *Neupunkten*, deren Höhen $H_1, H_2, \ldots$ zu bestimmen sind. Ausgeschlossen sind also vorerst „bewegliche" Anschlusspunkte, deren bekannte Höhen mit verbessert werden. Diese werden in ▶ Abschn. 7.6.2 behandelt. Angeschlossene Höhennetze enthalten mindestens einen Festpunkt.

Durch trigonometrische Höhenbestimmung (s. ◻ Abb. 6.2) oder geometrisches Nivellement (s. ◻ Abb. 4.7) wurden Höhendifferenzen Δh zwischen diesen Punkten gemessen. Diese Höhendifferenzen sollen ausgeglichen, d. h. verbessert werden. Sie sind also die Beobachtungen der Höhennetzausgleichung.

Parameter der Ausgleichung sind meist die Neupunkthöhen. Beobachtungsgleichungen haben dann die Grundform:

$$\Delta \tilde{h}_{ij} = \phi_{ij}(\tilde{H}_i, \tilde{H}_j) = \tilde{H}_j - \tilde{H}_i \tag{7.11}$$

Falls H_i oder H_j eine Festpunkthöhe ist, entfällt die Tilde über dem entsprechenden H. Mit den Ableitungen der vermittelnden Funktionen $\phi_1, \phi_2, \ldots, \phi_n$ wird die Matrix $\mathbf{A}$ in (7.9) befüllt. Weil diese Funktionen beim Höhennetz offenbar sehr einfach sind, erhalten wir als Ableitungen nur 0, 1 und -1 nach folgendem Muster:

$$\mathbf{A} = \begin{pmatrix} & & \vdots & & & \\ 0 \cdots 0 & 1 & 0 \cdots 0 & -1 & 0 \cdots 0 \\ & & \vdots & & & \end{pmatrix} \tag{7.12}$$

Theoretisch können auch ausgewählte Höhendifferenzen Δh als Parameter gewählt werden, was im Folgenden exemplarisch gezeigt wird. Im Beispiel 7.37 werden Höhendifferenzen als Parameter zur Ausgleichung eines *freien* Höhennetzes eingesetzt, das ist ein Höhennetz ohne Anschlusspunkte. Um Näherungsparameter zu gewinnen, wird das Höhennetz durch Weglassen redundanter Beobachtungen ausgewertet.

Betrachten wir das Höhennetz in ▪ Abb. 7.3 mit zwei Festpunkten A und B und zwei Neupunkten 1 und 2 sowie $n = 5$ gemessenen Höhendifferenzen. Hier finden wir folgenden Beobachtungsvektor:

$$\mathbf{L} = \begin{pmatrix} \Delta h_{A1} \\ \Delta h_{A2} \\ \Delta h_{B1} \\ \Delta h_{B2} \\ \Delta h_{12} \end{pmatrix}$$

Mögliche gültige Parametrisierungen sind:

$$\mathbf{X} = \begin{pmatrix} H_1 \\ H_2 \end{pmatrix} \quad \text{oder} \quad \mathbf{X} = \begin{pmatrix} \Delta h_{A1} \\ \Delta h_{A2} \end{pmatrix} \quad \text{oder} \quad \mathbf{X} = \begin{pmatrix} \Delta h_{A1} \\ \Delta h_{12} \end{pmatrix} \quad \text{oder} \dots$$

Eine ungültige Parametrisierung wäre

$$\mathbf{X} = \begin{pmatrix} \Delta h_{A1} \\ \Delta h_{B1} \end{pmatrix}$$

denn die anderen drei Höhendifferenzen wären nicht aus Parametern berechenbar. Auch eine andere Anzahl von Parametern $u \neq 2$ würde zu einer ungültigen Parametrisierung führen.

Die Parametrisierung über die Neupunkthöhen (7.11) führt auf folgende $n = 5$ Beobachtungsgleichungen:

$$\Delta \tilde{h}_{A1} = \phi_1(\tilde{H}_1, \tilde{H}_2) = \tilde{H}_1 - H_A$$
$$\Delta \tilde{h}_{A2} = \phi_2(\tilde{H}_1, \tilde{H}_2) = \tilde{H}_2 - H_A$$
$$\Delta \tilde{h}_{B1} = \phi_3(\tilde{H}_1, \tilde{H}_2) = \tilde{H}_1 - H_B$$
$$\Delta \tilde{h}_{B2} = \phi_4(\tilde{H}_1, \tilde{H}_2) = \tilde{H}_2 - H_B$$
$$\Delta \tilde{h}_{12} = \phi_5(\tilde{H}_1, \tilde{H}_2) = \tilde{H}_2 - \tilde{H}_1$$

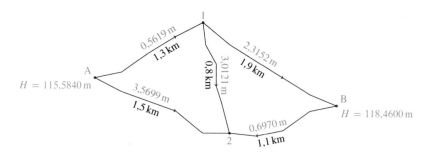

▪ **Abb. 7.3** Höhennetz mit zwei Festpunkten A und B und zwei Neupunkten 1 und 2 mit Festpunkthöhen, Höhendifferenzen und Nivellementweglängen in Beispielen 7.7, 7.14, 7.19 und Aufgaben 7.4 und 7.6. Die Pfeile zeigen in Steigrichtung

Daraus gewinnen wir folgende Matrix $\mathbf{A}$ in (7.9):

$$\mathbf{A} = \begin{pmatrix} 1 & 0 \\ 0 & 1 \\ 1 & 0 \\ 0 & 1 \\ -1 & 1 \end{pmatrix} \tag{7.13}$$

Näherungsparameter H_1^0, H_2^0 bekommen wir, wenn wir die Neupunkte je über nur eine Höhendifferenz an einen Festpunkt anhängen. Man könnte auch beide Festpunkte verwenden und ein Mittel bilden. Das könnte Diskrepanzen in den gegebenen Werten frühzeitig aufdecken, hätte aber sonst keinen Vorteil.

Die Parametrisierung über Höhendifferenzen Δh_{A1}, Δh_{A2} als Parameter würde zu folgenden Beobachtungsgleichungen führen:

$$\Delta \tilde{h}_{A1} = \phi_1(\Delta \tilde{h}_{A1}, \Delta \tilde{h}_{A2}) = \Delta \tilde{h}_{A1}$$
$$\Delta \tilde{h}_{A2} = \phi_2(\Delta \tilde{h}_{A1}, \Delta \tilde{h}_{A2}) = \Delta \tilde{h}_{A2}$$
$$\Delta \tilde{h}_{B1} = \phi_3(\Delta \tilde{h}_{A1}, \Delta \tilde{h}_{A2}) = H_A + \Delta \tilde{h}_{A1} - H_B$$
$$\Delta \tilde{h}_{B2} = \phi_4(\Delta \tilde{h}_{A1}, \Delta \tilde{h}_{A2}) = H_A + \Delta \tilde{h}_{A2} - H_B$$
$$\Delta \tilde{h}_{12} = \phi_5(\Delta \tilde{h}_{A1}, \Delta \tilde{h}_{A2}) = \Delta \tilde{h}_{A2} - \Delta \tilde{h}_{A1}$$

Die zugehörige Matrix $\mathbf{A}$ in (7.9) würde dieselbe wie in (7.13) sein. Das ist aber nicht immer so. Im Allgemeinen führt eine andere Parametrisierung auch zu einer anderen Matrix $\mathbf{A}$, wie man durch Vergleich von Beispiel 7.6 und Aufgabe 7.3 erkennt. Näherungsparameter Δh_{A1}^0, Δh_{A2}^0 können diesmal direkt die beiden gemessenen Beobachtungen sein.

Wir stellen die linearisierten Verbesserungsgleichungen (7.10) für das Höhennetz in ▪ Abb. 7.3 mit den dort angegebenen Werten auf, aber nur für die Neupunkthöhen als Parameter. ◄

▶ **Lösung**

Wir berechnen die genäherten Neupunkthöhen über Punkt A:

$$\mathbf{X}^0 := \begin{pmatrix} 115{,}5840 + 0{,}5619 \\ 115{,}5840 + 3{,}5699 \end{pmatrix} = \begin{pmatrix} 116{,}1459 \\ 119{,}1539 \end{pmatrix}$$

Das entspricht einer Lösung der ersten beiden Beobachtungsgleichungen nach der Methode D in ▶ Abschn. 7.1.6. Hiermit kürzen wir in (7.8) die Beobachtungen:

$$\mathbf{L}^0 = \begin{pmatrix} 116{,}1459 - 115{,}5840 \\ 119{,}1539 - 115{,}5840 \\ 116{,}1459 - 118{,}4600 \\ 119{,}1539 - 118{,}4600 \\ 119{,}1539 - 116{,}1459 \end{pmatrix} = \begin{pmatrix} 0{,}5619 \\ 3{,}5699 \\ -2{,}3141 \\ 0{,}6939 \\ 3{,}0080 \end{pmatrix}$$

$$\mathbf{l} = \mathbf{L} - \mathbf{L}^0 = \begin{pmatrix} 0{,}5619 - 0{,}5619 \\ 3{,}5699 - 3{,}5699 \\ -2{,}3152 + 2{,}3141 \\ 0{,}6970 - 0{,}6939 \\ 3{,}0121 - 3{,}0080 \end{pmatrix} = \begin{pmatrix} 0{,}0000 \\ 0{,}0000 \\ -0{,}0011 \\ 0{,}0031 \\ 0{,}0041 \end{pmatrix}$$

Plausibilitätsüberprüfung: Die Größen im Vektor **l** müssen Null oder betragskleine Größen sein, ungefähr in der Größenordnung der erwarteten Verbesserungen ✓.

▶ sn.pub/YCKTy5 ◀

❶ Aufgabe 7.4

Wiederholen Sie die Berechnung von Beispiel 7.7 mit den Höhendifferenzen $\Delta h_{A1}, \Delta h_{12}$ als Parameter.

▶ sn.pub/BT78xj

7.1.8 Anwendung: Ausgleichende Funktionen

Oft liegen Daten in Form einer Wertetabelle vor:

Abszissen	t_1	t_2	...	t_n
Ordinaten	L_1	L_2	...	L_n

Am einfachsten ist der hier zunächst angenommene Fall, dass alle Abszissenwerte $t_1, t_2, \ldots, t_n$ als wahre Werte gelten können.

Anwendungen: L kann z. B. eine zeitlich veränderliche Messgröße sein, dann ist t der Messzeitpunkt. Bei Instrumentenkalibrierungen ist $L_1, L_2, \ldots, L_n$ der Messwert in Abhängigkeit von einem äußeren Einflussparameter t, z. B. der Temperatur. Auch können $(t_1, L_1) \ldots (t_n, L_n)$ die Koordinaten von n gemessenen Punkten in der Ebene sein, durch die eine Gerade oder andere Kurve bestmöglich ausgleichend gelegt werden soll. Nur die Ordinatenwerte L_i werden demnach als zu verbessernd betrachtet, wobei diese Annahme bei einigen praktischen Messverfahren natürlich fragwürdig ist. Im ▶ Kap. 7.6 werden wir dafür eine bessere, aber auch aufwändigere Lösung finden.

Die Ordinatenwerte $L_1, L_2, \ldots, L_n$ sind folglich die Beobachtungen. Außerdem wird ein Modell des funktionalen Zusammenhangs $L = f(t)$ angenommen. Allerdings ist die Funktion f nicht vollständig bekannt, sonst könnte man sofort wahre Werte $\tilde{L}$ berechnen. Statt dessen hängt die Funktion f von unbekannten Parametern $X_1, X_2, \ldots, X_u$ ab, z. B. in Form eines *Polynoms* vom Grad $u - 1$:

$$\tilde{L} = f(t) = \tilde{X}_1 + t \cdot \tilde{X}_2 + t^2 \cdot \tilde{X}_3 + \cdots + t^{u-1} \cdot \tilde{X}_u \tag{7.14}$$

Dieses Modell mit $u = 2$, bei dem $f(t)$ eine lineare Funktion ist, nennt man die *ausgleichende Gerade*.

Aus (7.14) leiten wir die Beobachtungsgleichungen ab. Bei diesen wird allerdings nun der zugehörige Abszissenwert t_i festgehalten und statt dessen die Abhängigkeit von den unbekannten Parametern $X_1, \ldots, X_u$ in den Blickpunkt gerückt, ausgedrückt durch die vermittelnden Funktionen $\phi_1, \phi_2, \ldots, \phi_n$:

$$\tilde{L}_1 = \phi_1(\tilde{X}_1, \tilde{X}_2, \ldots, \tilde{X}_u) = \tilde{X}_1 + t_1 \cdot \tilde{X}_2 + t_1^2 \cdot \tilde{X}_3 + \cdots + t_1^{u-1} \cdot \tilde{X}_u$$

$$\tilde{L}_2 = \phi_2(\tilde{X}_1, \tilde{X}_2, \ldots, \tilde{X}_u) = \tilde{X}_1 + t_2 \cdot \tilde{X}_2 + t_2^2 \cdot \tilde{X}_3 + \cdots + t_2^{u-1} \cdot \tilde{X}_u$$

$$\vdots$$

$$\tilde{L}_n = \phi_n(\tilde{X}_1, \tilde{X}_2, \ldots, \tilde{X}_u) = \tilde{X}_1 + t_n \cdot \tilde{X}_2 + t_n^2 \cdot \tilde{X}_3 + \cdots + t_n^{u-1} \cdot \tilde{X}_u \tag{7.15}$$

> **Hinweis 7.3**
> Die Funktionen f und ϕ unterscheiden sich also hinsichtlich ihrer Argumente. Für Polynome gilt: Während f für $u > 2$ eine nichtlineare Funktion ist, hat man es bei $\phi_1, \phi_2, \ldots, \phi_u$ stets mit linearen Funktionen zu tun.

Die Näherungsparameter können z. B. durch Weglassen redundanter Beobachtungen in Form eines Gleichungssystems berechnet werden. Für das Polynom (7.14) wäre dieses Gleichungssystem bestehend aus u Gleichungen (7.15) sogar linear (s. Hinweis 7.3) und deshalb leicht lösbar. Manchmal sind aufgabentypisch einige Parameter kleine Korrekturgrößen, die zur Vereinfachung näherungsweise mit Null angenommen werden können.
Die Matrix $\mathbf{A}$ zu (7.15) lautet:

$$\mathbf{A} = \begin{pmatrix} 1 & t_1 & t_1^2 & \cdots & t_1^{u-1} \\ 1 & t_2 & t_2^2 & \cdots & t_2^{u-1} \\ \vdots & \vdots & \vdots & \cdots & \vdots \\ 1 & t_n & t_n^2 & \cdots & t_n^{u-1} \end{pmatrix} \tag{7.16}$$

▶ **Beispiel 7.8**

Durch $n = 5$ Messwerte, die zu den Zeiten $t_1 = 1, t_2 = 2, t_3 = 3, t_4 = 4, t_5 = 5$ gemessen wurden, soll zur Bestimmung der Drift des Messinstruments (s. ▶ Abschn. 4.2.4) eine ausgleichende quadratische Parabel berechnet werden. Für die Parabel gilt $u = 3$. Aus (7.16) gewinnen wir folgende Matrix $\mathbf{A}$:

$$\mathbf{A} = \begin{pmatrix} 1 & 1 & 1 \\ 1 & 2 & 4 \\ 1 & 3 & 9 \\ 1 & 4 & 16 \\ 1 & 5 & 25 \end{pmatrix} \blacktriangleleft$$

▶ **Beispiel 7.9**

In einem Bergbaugebiet wird jährlich Mitte Oktober ein Kontrollnivellement durchgeführt. Für einen Punkt soll die potentielle Senkung unter der Annahme einer konstanten Senkungsgeschwindigkeit bestimmt werden. Es wird also ein linearer Zusammenhang zwischen Zeit und Höhe unterstellt. Eine Prognose der Punkthöhen für jeweils Anfang Januar 2024–2027 soll erstellt werden. Ein möglicher jahreszeitlicher Effekt wird hier nicht berücksichtigt.

Jahr	Höhe in m	Standardabweichung aus jährlicher Netzausgleichung in mm
2020	23,697	0,8
2021	23,694	0,7
2022	23,692	1,0
2023	23,687	1,3

◀

▶ **Lösung**

Beobachtungen L_1, L_2, L_3, L_4 sind die vier Höhen, die Messzeitpunkte t_1, t_2, t_3, t_4 bedürfen keiner Verbesserung und sind somit wahre Werte. Als Parameter wählen wir
- die Punkthöhe Anfang Januar 2024 und schreiben dafür $H_{2024,0}$ und
- die jährliche Höhenänderung mit dem Symbol Δ, die bei einer Senkung negativ wäre.

$$\mathbf{L} = \begin{pmatrix} 23{,}697\,\text{m} \\ 23{,}694\,\text{m} \\ 23{,}692\,\text{m} \\ 23{,}687\,\text{m} \end{pmatrix} \quad \mathbf{X} = \begin{pmatrix} H_{2024,0} \\ \Delta \end{pmatrix}$$

Das vorliegende Modell ist eine ausgleichende Gerade mit bekannten wahren Abszissen. Die Beobachtungsgleichungen folgen dem Muster (7.15) mit $n = 4$ und $u = 2$:

$$\tilde{H}_{2020,8} = \phi_1(\tilde{H}_{2024,0}, \tilde{\Delta}) = \tilde{H}_{2024,0} + \tilde{\Delta} \cdot (2020{,}8 - 2024{,}0) = \tilde{H}_{2024,0} - \tilde{\Delta} \cdot 3{,}2\,\text{a}$$
$$\tilde{H}_{2021,8} = \phi_2(\tilde{H}_{2024,0}, \tilde{\Delta}) = \tilde{H}_{2024,0} + \tilde{\Delta} \cdot (2021{,}8 - 2024{,}0) = \tilde{H}_{2024,0} - \tilde{\Delta} \cdot 2{,}2\,\text{a}$$
$$\tilde{H}_{2022,8} = \phi_3(\tilde{H}_{2024,0}, \tilde{\Delta}) = \tilde{H}_{2024,0} + \tilde{\Delta} \cdot (2022{,}8 - 2024{,}0) = \tilde{H}_{2024,0} - \tilde{\Delta} \cdot 1{,}2\,\text{a}$$
$$\tilde{H}_{2023,8} = \phi_4(\tilde{H}_{2024,0}, \tilde{\Delta}) = \tilde{H}_{2024,0} + \tilde{\Delta} \cdot (2023{,}8 - 2024{,}0) = \tilde{H}_{2024,0} - \tilde{\Delta} \cdot 0{,}2\,\text{a}$$

Wir arbeiten hier mit der Zeiteinheit Jahr („a"), wobei Mitte Oktober etwa 80 % des Jahres verstrichen ist, daher „2020,8" usw.

Ein Problem bei dieser Aufgabe ist der Umgang mit den Maßeinheiten. Wenn man sich eingangs auf zwei Einheiten beschränkt, hier Meter und Jahr, dann werden die Ergebnisse auch in diesen Einheiten erhalten, bzw. in Zusammensetzungen davon, wie „m/a" für Δ.

Aus den Beobachtungen erkennen wir eine Senkung von etwa 3 mm/a. Als Näherungswert für $H_{2024,0}$ eignet sich 23,686 m.

$$\mathbf{X}^0 := \begin{pmatrix} 23{,}686\,\text{m} \\ -0{,}003\,\text{m/a} \end{pmatrix}, \quad \mathbf{L}^0 = \begin{pmatrix} 23{,}686\,\text{m} + 3{,}2 \cdot 0{,}003\,\text{m} \\ 23{,}686\,\text{m} + 2{,}2 \cdot 0{,}003\,\text{m} \\ 23{,}686\,\text{m} + 1{,}2 \cdot 0{,}003\,\text{m} \\ 23{,}686\,\text{m} + 0{,}2 \cdot 0{,}003\,\text{m} \end{pmatrix} = \begin{pmatrix} 23{,}6956\,\text{m} \\ 23{,}6926\,\text{m} \\ 23{,}6896\,\text{m} \\ 23{,}6866\,\text{m} \end{pmatrix}$$

Der Vektor $\mathbf{l}$ der gekürzten Beobachtungen ergibt sich aus

$$\mathbf{l} = \mathbf{L} - \mathbf{L}^0 = \begin{pmatrix} 0{,}0014\,\text{m} \\ 0{,}0014\,\text{m} \\ 0{,}0024\,\text{m} \\ 0{,}0004\,\text{m} \end{pmatrix}$$

Plausibilitätsüberprüfung: Die Größen im Vektor $\mathbf{l}$ müssen Null oder betragskleine Größen sein, ungefähr in der Größenordnung der erwarteten Verbesserungen ✓. Die Matrix $\mathbf{A}$ in (7.16) lautet hier

$$\mathbf{A} = \begin{pmatrix} 1 & -3{,}2 \\ 1 & -2{,}2 \\ 1 & -1{,}2 \\ 1 & -0{,}2 \end{pmatrix}$$

▶ http://sn.pub/YCMiay ◀

Statt ausgleichender Kurven kann man auch ausgleichende Flächen betrachten. Hier muss man zwei Abszissenvariablen s, t verwenden. Der einfachste Fall ist die *ausgleichende Ebene*:

$$\tilde{L} = f(s,t) = \tilde{X}_1 + s \cdot \tilde{X}_2 + t \cdot \tilde{X}_3 \tag{7.17}$$

Die Beobachtungsgleichungen nehmen folgende Form an:

$$\tilde{L}_1 = \phi_1(\tilde{X}_1, \tilde{X}_2, \tilde{X}_3) = \tilde{X}_1 + s_1 \cdot \tilde{X}_2 + t_1 \cdot \tilde{X}_3$$
$$\tilde{L}_2 = \phi_2(\tilde{X}_1, \tilde{X}_2, \tilde{X}_3) = \tilde{X}_1 + s_2 \cdot \tilde{X}_2 + t_2 \cdot \tilde{X}_3$$
$$\vdots$$
$$\tilde{L}_n = \phi_n(\tilde{X}_1, \tilde{X}_2, \tilde{X}_3) = \tilde{X}_1 + s_n \cdot \tilde{X}_2 + t_n \cdot \tilde{X}_3 \tag{7.18}$$

Die zugehörige Matrix $\mathbf{A}$ lautet deshalb:

$$\mathbf{A} = \begin{pmatrix} 1 & s_1 & t_1 \\ 1 & s_2 & t_2 \\ \vdots & \vdots & \vdots \\ 1 & s_n & t_n \end{pmatrix} \tag{7.19}$$

❶ Aufgabe 7.5

Auf einem ebenen Fußballfeld der Breite 72 m und Länge 103 m wurden alle vier Eckpunkte und der Mittelpunkt nivelliert (s. ◻ Abb. 7.4). Durch diese Punkte soll im Sinne der Methode der kleinsten Quadrate eine ausgleichende Ebene berechnet werden. Formulieren Sie mögliche linearisierte Verbesserungsgleichungen (7.10).
    ▶ http://sn.pub/spKTM3

◻ **Abb. 7.4** zu Aufgaben 7.5, 7.7, 7.10, 7.12

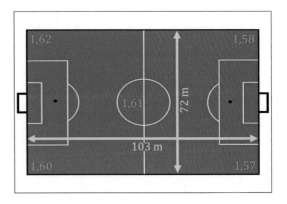

7.2 Stochastische Ausgleichungsmodelle

Zur Lösung des Ausgleichungsproblems muss etwas über die vermutete Größe der Messabweichungen bekannt sein. Diese Kenntnisse oder ggf. auch nur Annahmen bilden das *stochastische Ausgleichungsmodell* und können sich auf Erfahrungswerte, Herstellerangaben oder Prüfzertifikate stützen. Liegen solche nicht vor oder werden sie nicht korrekt verwendet, wird das stochastische Modell nicht gut zu den Beobachtungen passen können, und die Ausgleichungsergebnisse können dadurch verfälscht sein. Die Werte der ausgeglichenen Größen $\hat{\mathbf{X}}, \hat{\mathbf{L}}$ sind davon meist weniger betroffen. Viel deutlicher verfälscht sind

- Genauigkeitsmaße und Genauigkeitsschätzungen
- Zuverlässigkeitsmaße
- Ergebnisse von statistischen Tests

Zur Aufstellung des stochastischen Modells werden in den nächsten vier Unterabschnitten vier Standardfälle betrachtet.

7.2.1 Alle Beobachtungen sind unkorreliert und haben bekannte Standardabweichungen

Der einfachste Fall ist der, dass jeder Beobachtung L_i schon vor der Ausgleichung eine bekannte a-priori Standardabweichung σ_{L_i} zugeordnet werden kann. Dann wählt man eine beliebige positive Zahl σ_0, die Standardabweichung der Gewichtseinheit und berechnet für alle Beobachtungen je ein Gewicht p_i nach (4.13). Das entspricht Methode (2) in ▶ Abschn. 4.3.3. Eine Möglichkeit der Wahl von σ_0 ist, dass für eine gewählte Beobachtung L_i gesetzt wird: $\sigma_0 := \sigma_{L_i}$. Dann wird dadurch dieser Beobachtung das Gewicht $p_i = 1$ zugewiesen (s. ▶ Abschn. 4.3.3).

> ❯ Hinweis 7.4
> Wenn alle Beobachtungen dieselbe Maßeinheit haben, dann wird empfohlen, auch σ_0 mit dieser Einheit zu wählen, dann sind alle Gewichte einheitenlose Größen. Andernfalls wird empfohlen, σ_0 einheitenlos zu wählen, so dass die Gewichte dieselbe Einheit wie die Beobachtungen zuzüglich Exponent −2 erhalten. Dann kann man in der weiteren Rechnung diese Einheiten unterdrücken und erhält alle Ergebnisse ebenfalls mit diesen Einheiten.

Nun werden die Gewichte zu einer Gewichtsmatrix $\mathbf{P}$ zusammengefasst, die für unkorrelierte Beobachtungen eine Diagonalmatrix (4.27) ist.

▶ **Beispiel 7.10**

Wir setzen das Beispiel 7.6 fort. Haben alle gemessenen Winkel α, β, γ die a-priori Standardabweichung 2 mgon und alle gemessenen Strecken a, b, c die a-priori Standardabweichung 5 mm, dann kann man z. B. $\sigma_0 := 0,01$ einheitenlos setzen und erhält:

$$p_\alpha = p_\beta = p_\gamma = \frac{0,01^2}{(0,002\,\text{gon})^2} = 25\,\text{gon}^{-2}, \quad p_a = p_b = p_c = \frac{0,01^2}{(0,005\,\text{m})^2} = 4\,\text{m}^{-2}$$

$$\mathbf{P} = \begin{pmatrix} 25 & 0 & 0 & 0 & 0 & 0 \\ 0 & 25 & 0 & 0 & 0 & 0 \\ 0 & 0 & 25 & 0 & 0 & 0 \\ 0 & 0 & 0 & 4 & 0 & 0 \\ 0 & 0 & 0 & 0 & 4 & 0 \\ 0 & 0 & 0 & 0 & 0 & 4 \end{pmatrix}$$

Diese Gewichtsmatrix passt zu den Streckenbeobachtungen in Meter und den Winkelbeobachtungen in Gon. Alle Ergebnisse werden in Meter und Gon erhalten. Sie passt allerdings nicht zu Winkelbeobachtungen in Grad oder im Bogenmaß oder zu Streckenbeobachtungen in Zentimeter. Ein falsches Ergebnis würde erhalten. ◄

7.2.2 Alle Beobachtungen sind unkorreliert und alle relativen Genauigkeiten sind bekannt, absolute jedoch nicht

In diesem Fall wird für je zwei Beobachtungen L_i und L_j nur das Verhältnis $\sigma_{L_i}/\sigma_{L_j}$ als bekannt angenommen. Man weiß also aus Erfahrung, um wieviel genauer oder ungenauer eine Beobachtung ist, im Vergleich zu einer anderen, oder ob diese gleich genau sind. Hier kann einer gewählten Beobachtung L_i ein beliebiges positives Gewicht p_i zugeordnet werden, und alle anderen Beobachtungen L_j erhalten ihr Gewicht p_j aus (4.10). Das entspricht Methode (1) in ► Abschn. 4.3.3. Die Standardabweichung der Gewichtseinheit σ_0 wird durch diese Wahl implizit festgelegt, allerdings auf den unbekannten Wert $\sigma_{L_i} \cdot \sqrt{p_i}$. Dieser Fall ist nur sinnvoll, wenn alle Beobachtungen dieselbe Einheit haben.

► **Beispiel 7.11**

Wir setzen das Beispiel 7.6 fort. Wir haben Winkel und Strecken als Beobachtungen, also ist z. B. σ_a/σ_α als relative Genauigkeit nicht sinnvoll. Dieser Fall sollte möglichst vermieden werden. ◄

7.2.3 Alle Beobachtungen sind unkorreliert und nur einige relative Genauigkeiten sind bekannt

Man bildet Gruppen von gleichartigen Beobachtungen, insbesondere mit derselben Einheit. Je weniger Gruppen man bilden muss, desto besser. Innerhalb jeder Gruppe wird für je zwei Beobachtungen L_i und L_j das Verhältnis $\sigma_{L_i}/\sigma_{L_j}$ als bekannt angenommen. Nun wird in jeder Gruppe eine Gewichtsfestlegung wie im letzten Abschnitt durchgeführt. In jeder Gruppe gibt es jetzt einen anderen unbekannten Varianzfaktor, der geschätzt werden muss. Diese Methode nennt man *Varianzkomponentenschätzung*.

► **Beispiel 7.12**

Wir setzen das Beispiel 7.6 fort. Wir bilden eine Gruppe aus Winkeln α, β, γ, die alle gleiche Messgenauigkeit besitzen sollen, und eine Gruppe aus Strecken a, b, c, die ebenso untereinander als gleich genau anzunehmen sind. Wir können allen Winkeln das Gewicht Eins zuordnen, und allen Strecken ebenso. Diese Gewichte beziehen sich jetzt aber auf zwei *unterschiedliche*, unbekannte Varianzfaktoren bzw. Standardabweichungen der Gewichtseinheit und können nicht zu einer Gewichtsmatrix zusammengesetzt werden. ◄

Den Fall der Varianzkomponentenschätzung betrachten wir in diesem Buch nicht weiter. Die Lösung der Ausgleichungsaufgabe wäre sehr viel schwieriger, als in den beiden davor beschriebenen Fällen. Eine sehr gute Einführung wird in [25, 26] gegeben. Genauso findet man die Methode in weiterführenden Lehrbüchern der Ausgleichungsrechnung wie [9, S. 245ff], [18, S. 318ff] dargestellt.

> **Hinweis 7.5**
> Um gewissen Schwierigkeiten aus dem Weg zu gehen, werden in der Praxis oftmals Genauigkeitsannahmen getroffen, die gar nicht ausreichend durch Erfahrungen gesichert sind. Die Ausgleichungsergebnisse können dann nicht optimal sein.

7.2.4 Alle Beobachtungen sind korreliert und ihre Kofaktormatrix ist bekannt

Der Fall kann auftreten, wenn die Beobachtungen in Wahrheit nicht ursprünglich gemessen sind, sondern einer gemeinsamen Auswertung (z. B. Ausgleichung) entstammen, der man die Kovarianzmatrix Σ_L oder die Kofaktormatrix Q_L entnimmt. Hierzu ist das KFG (5.7) auf die Rechenoperationen anzuwenden, aus denen L erhalten wurde (s. ▶ Abschn. 5.1.5, 7.4.2). Dann ist zu setzen:

$$P := \sigma_0^2 \cdot \Sigma_L^{-1} \quad \text{oder} \quad P := Q_L^{-1} \tag{7.20}$$

— Die erste Variante in (7.20) ist eine Verallgemeinerung des Falls aus ▶ Abschn. 7.2.1: σ_0 kann beliebig gewählt werden.
— Die zweite Variante in (7.20) ist eine Verallgemeinerung des Falls aus ▶ Abschn. 7.2.2: σ_0 stimmt mit dem Wert aus der Vorauswertung, aus der Q_L hervorging, überein und ist eventuell dort unbekannt.

Sind tatsächlich Korrelationen vorhanden, ist die Gewichtsmatrix keine Diagonalmatrix, sondern enthält auch Werte außerhalb der Hauptdiagonale oder ist sogar voll besetzt.

▶ Beispiel 7.13

Wir setzen das Beispiel 7.6 fort. Die Winkel könnten aus einer Differenz gemessener Richtungen mit a-priori Standardabweichungen σ_r hervorgegangen sein. Da aber in jeden Winkel andere Richtungen eingegangen sind, wären die Beobachtungen gar nicht mathematisch korreliert. Wie in Beispiel 5.15 wäre nichts weiter zu berücksichtigen, als

$$\sigma_\alpha = \sigma_\beta = \sigma_\gamma = \sigma_r \cdot \sqrt{2}$$

Anders wäre es z. B., wenn die Winkel einer vorangegangenen gemeinsamen Netzausgleichung entstammen würden. Die Kovarianzmatrix $\Sigma_{\alpha\beta\gamma}$ oder die Kofaktormatrix $Q_{\alpha\beta\gamma}$ müsste man dann direkt dieser Ausgleichung entnehmen. Die Kovarianz- oder Kofaktormatrix der $n = 6$ Beobachtungen müsste wie folgt zusammengesetzt werden:

$$
\boldsymbol{\Sigma}_{\mathbf{L}} = \begin{pmatrix} & & & 0 & 0 & 0 \\ & \boldsymbol{\Sigma}_{\alpha\beta\gamma} & & 0 & 0 & 0 \\ & & & 0 & 0 & 0 \\ 0 & 0 & 0 & \sigma_a^2 & 0 & 0 \\ 0 & 0 & 0 & 0 & \sigma_b^2 & 0 \\ 0 & 0 & 0 & 0 & 0 & \sigma_c^2 \end{pmatrix} \quad \text{oder} \quad \mathbf{Q}_{\mathbf{L}} = \begin{pmatrix} & & & 0 & 0 & 0 \\ & \mathbf{Q}_{\alpha\beta\gamma} & & 0 & 0 & 0 \\ & & & 0 & 0 & 0 \\ 0 & 0 & 0 & q_{aa} & 0 & 0 \\ 0 & 0 & 0 & 0 & q_{bb} & 0 \\ 0 & 0 & 0 & 0 & 0 & q_{cc} \end{pmatrix}
$$

Im Fall von $\mathbf{Q}_{\mathbf{L}}$ muss man noch dafür sorgen, dass q_{aa}, q_{bb}, q_{cc} sich auf denselben Wert σ_0 wie $\mathbf{Q}_{\alpha\beta\gamma}$ beziehen, so dass diese Variante problematisch ist. Außerdem könnten die Streckenmessungen a, b, c mit derselben Nullpunktkorrektur korrigiert worden sein. Korrigiert diese die Nullpunktabweichung des Distanzmessers nicht vollständig exakt, verursacht sie mathematische Korrelationen zwischen a, b, c. ◄

Den Fall korrelierter Beobachtungen betrachten wir hier nur am Rande (z. B. im Beispiel 7.41), obwohl er im Unterschied zur Varianzkomponentenschätzung (s. ▶ Abschn. 7.2.3) prinzipiell keine Probleme verursacht, jedenfalls solange $\boldsymbol{\Sigma}_{\mathbf{L}}$ bzw. $\mathbf{Q}_{\mathbf{L}}$ reguläre (d. h. invertierbare) Matrizen sind. In der Praxis wird der Fall korrelierter Beobachtungen wenn möglich dadurch vermieden, dass man auf die als unkorreliert zu betrachtenden ursprünglichen Messwerte als Beobachtungen zurückgreift (s. ▶ Abschn. 4.4.2, 4.4.3). Ist das nicht möglich, werden Korrelationen manchmal vernachlässigt. Wie schon erwähnt, können die Ausgleichungsergebnisse dann nicht optimal sein.

7.2.5 Anwendung: Einfache Höhennetze

Nach dem Wurzelgesetz des geometrischen Nivellements (5.17) ist bei solchen Messungen $\sigma_{\Delta h} \propto \sqrt{W}$ anzunehmen, wenn W die Weglänge des Nivellements ist. Somit können wir für zwei beliebige Netzseiten mit Beobachtungen $\Delta h_i, \Delta h_j$ und Weglängen W_i, W_j im Netz entsprechend (4.11) folgern:

$$
\frac{\sigma_{\Delta h_i}}{\sigma_{\Delta h_j}} = \frac{\sqrt{W_i}}{\sqrt{W_j}}
$$

Damit kommen wir zu einem stochastischen Modell gemäß ▶ Abschn. 7.2.2. Die Zuweisung von Gewichten hatten wir in Beispiel 4.8 schon betrachtet und kamen zum Ergebnis (4.12). Die Gewichtsmatrix lautet dann

$$
\mathbf{P} = \begin{pmatrix} 1\,\text{km}/W_1 & 0 & \cdots & 0 \\ 0 & 1\,\text{km}/W_2 & \cdots & 0 \\ \vdots & \vdots & \ddots & \vdots \\ 0 & 0 & \cdots & 1\,\text{km}/W_n \end{pmatrix} \tag{7.21}
$$

σ_0 ist die Standardabweichung einer Höhendifferenz auf 1 km Nivellementsweg und wird in derselben Einheit wie $\sigma_{\Delta h}$ ausgedrückt. Daher erhalten die Gewichte keine Einheit.

Möglich wäre aber auch, dass der Fall von ▶ Abschn. 7.2.1 zur Anwendung käme, nämlich wenn $\sigma_{\Delta h_1}, \sigma_{\Delta h_2}, \ldots, \sigma_{\Delta h_n}$ als bekannt angenommen werden sollen.

▶ **Beispiel 7.14**

Wir setzen das Beispiel 7.7 fort. A-priori Genauigkeitskenngrößen für die Beobachtungen sind nicht gegeben. Jedoch kann das stochastische Modell aus ▶ Abschn. 7.2.2 angewendet werden, indem (5.17) zur Anwendung kommt. Mit den gegebenen Nivellementweglängen in ◼ Abb. 7.3 erhalten wir

$$\mathbf{P} = \begin{pmatrix} 0{,}769 & 0 & 0 & 0 & 0 \\ 0 & 0{,}667 & 0 & 0 & 0 \\ 0 & 0 & 0{,}526 & 0 & 0 \\ 0 & 0 & 0 & 0{,}909 & 0 \\ 0 & 0 & 0 & 0 & 1{,}250 \end{pmatrix}$$

Die Gewichte sind einheitenlos.
▶ http://sn.pub/rgUJcT ◀

7.2.6 Anwendung: Ausgleichende Funktionen

In der Regel haben die Beobachtungen bei ausgleichenden Funktionen (s. ▶ Abschn. 7.1.8) gleiche Maßeinheiten. Die Gewichte können deshalb einheitenlos gewählt werden.

▶ **Beispiel 7.15**

Wir setzen das Beispiel 7.8 fort. Die $n = 5$ Beobachtungen können als gleich genau und unkorreliert angesehen werden. Wir haben somit ein stochastisches Modell nach ▶ Abschn. 7.2.2 vorliegen. Eine zweckmäßige Wahl ist $\mathbf{P} = \mathbf{I}$ (Einheitsmatrix). ◀

Oft sind die Beobachtungen bei ausgleichenden Funktionen von gleicher Genauigkeit, so dass die Gewichtsmatrix eine Einheitsmatrix ist, nicht jedoch im Beispiel 7.9:

▶ **Beispiel 7.16**

Wir setzen das Beispiel 7.9 fort. Hier haben die Beobachtungen ungleiche Genauigkeit: $\sigma_{L_1} = 0{,}8\,\text{mm}$; $\sigma_{L_2} = 0{,}7\,\text{mm}$; $\sigma_{L_3} = 1{,}0\,\text{mm}$; $\sigma_{L_4} = 1{,}3\,\text{mm}$. Wir haben somit ein stochastisches Modell nach ▶ Abschn. 7.2.1 vorliegen. Wählt man $\sigma_0 := 1\,\text{mm}$, so erhält man $p_1 = 1{,}0^2/0{,}8^2$; $p_2 = 1{,}0^2/0{,}7^2$; $p_3 = 1{,}0^2/1{,}0^2$; $p_4 = 1{,}0^2/1{,}3^2$ und damit

$$\mathbf{P} = \begin{pmatrix} 1{,}56 & 0 & 0 & 0 \\ 0 & 2{,}04 & 0 & 0 \\ 0 & 0 & 1{,}00 & 0 \\ 0 & 0 & 0 & 0{,}59 \end{pmatrix}$$

▶ http://sn.pub/kYnIgK ◀

7.3 Lösung des linearisierten Ausgleichungsproblems

7.3.1 Schätzprinzipien

Das System der n linearisierten Verbesserungsgleichungen (7.10) enthält $u + n$ unbekannte Größen, das sind die u gekürzten Parameter im Vektor $\hat{\mathbf{x}}$ und die n Verbesserungen im Vektor $\mathbf{v}$. Leider kann ein solches System nicht eindeutig gelöst werden (s. Hinweis 7.2). So versucht man, in der Vielzahl der Lösungen diejenige herauszugreifen, die besonders plausibel erscheint. Dazu gibt es mindestens drei unterschiedliche Konzepte, auch *Schätzprinzipien* genannt:

(1) **Methode der kleinsten Quadrate:** Wenn keine groben Messabweichungen aufgetreten sind, erwartet man, dass die Verbesserungen betragskleine Größen sind. Man favorisiert also Lösungen mit betragskleinen Verbesserungen gegenüber solchen mit betragsgroßen Verbesserungen. Als Maß für die Größe der Verbesserungen verwendet man aber meist nicht die Lösung mit der kleinsten Summe der Beträge, das wäre auch schwieriger, sondern mit der kleinsten *Quadratesumme der Verbesserungen.* Haben die Beobachtungen unterschiedliche Genauigkeiten, berücksichtigt man noch die Gewichte, so dass ungenaue Beobachtungen wegen ihres niedrigen Gewichts größere Verbesserungen haben dürfen, als genaue. Korrelationen von Beobachtungen sind in dieser Betrachtung nicht vorgesehen, so dass $\mathbf{P}$ eine Diagonalmatrix sein soll. Das Schätzprinzip lautet also

$$\text{Minimiere} \quad \mathbf{v}^{\mathrm{T}} \cdot \mathbf{P} \cdot \mathbf{v} = \sum_{i=1}^{n} p_i \cdot v_i^2 = \sigma_0^2 \cdot \sum_{i=1}^{n} \frac{v_i^2}{\sigma_i^2} \tag{7.22}$$

Diese Methode hat den Nachteil, dass das Schätzprinzip mathematisch wenig begründet scheint. Jedoch hat es sich in der Praxis bewährt. Man nennt ein solches Prinzip, bei begrenztem Wissen dennoch zu wahrscheinlichen Aussagen oder praktikablen Lösungen zu kommen, eine *Heuristik.*

(2) **Beste lineare erwartungstreue Schätzung:** Eine Schätzfunktion wird nach folgenden Vorgaben konstruiert: Die Schätzung der gekürzten Parameter $\hat{\mathbf{x}}$ soll

(a) eine möglichst einfache, nämlich *lineare* Funktion der gekürzten Beobachtungen $\hat{\mathbf{x}}$ sein, d. h. die Gestalt

$$\hat{\mathbf{x}} = \mathbf{H} \cdot \mathbf{l} \tag{7.23}$$

mit einer noch festzulegenden Matrix $\mathbf{H}$ besitzen,

(b) eine *erwartungstreue* Schätzung im Sinne von

$$E\{\hat{\mathbf{x}}\} = \tilde{\mathbf{x}}$$

sein, auch *unverzerrte* Schätzung genannt, und

(c) eine *beste* Schätzung in dem Sinne sein, dass die Standardabweichungen der Schätzwerte $\sigma_{\hat{x}_i}$ minimal sind, oder gleichbedeutend deren Varianz, auch *minimalvariante* Schätzung genannt.

Diese Methode hat den Nachteil, dass nur lineare Funktionen (7.23) zugrunde gelegt werden können. Möglicherweise würde eine nichtlineare Funktion eine bessere Schätzung liefern. Jedoch ist das Schätzprinzip mathematisch schlüssig begründet und auch auf korrelierte Beobachtungen anwendbar.

(3) Maximum-Likelihood-Methode: Wir gehen davon aus, dass alle Messabweichungen Zufallsvariable von einem bekannten Wahrscheinlichkeitsverteilungstyp sind. Meist wird der Normalverteilungstyp verwendet (s. ▶ Abschn. 4.2.3). Die Parameter sollen so geschätzt werden, dass die *Wahrscheinlichkeit*, bei der Messung gerade die gemessenen Beobachtungen erhalten zu haben, *maximal* ist. Diese Methode hat den Nachteil, dass die Verteilung der Messabweichungen vom Typ her wie gesagt bekannt sein muss. Auch andere Verteilungen als die Normalverteilung können benutzt werden, dann ist die Rechnung aber schwieriger. Das Schätzprinzip ist jedoch mathematisch gut begründet und auch auf korrelierte Beobachtungen anwendbar.

7.3.2 Berechnung der ausgeglichenen Größen

Es stellt sich heraus, dass
- für den Fall der Normalverteilung im letzten Unterabschnitt unter Punkt (3) und
- abgesehen von Linearisierungsfehlern des funktionalen Modells

alle drei Schätzprinzipien (1), (2), (3) auf dieselbe Schätzfunktion für $\hat{\mathbf{x}}$ führen. Die Herleitung der Schätzfunktion finden Sie in [9, S. 169ff], [18, S. 132ff]. Wir teilen nur das Ergebnis mit:

$$\hat{\mathbf{x}} = (\mathbf{A}^{\mathrm{T}} \cdot \mathbf{P} \cdot \mathbf{A})^{-1} \cdot \mathbf{A}^{\mathrm{T}} \cdot \mathbf{P} \cdot \mathbf{l} \tag{7.24}$$

Die Matrix $\mathbf{H}$ in (7.23) hat also die Gestalt $(\mathbf{A}^{\mathrm{T}} \cdot \mathbf{P} \cdot \mathbf{A})^{-1} \cdot \mathbf{A}^{\mathrm{T}} \cdot \mathbf{P}$.

In (7.24) wurde die sogenannte *Normalgleichungsmatrix*

$$\mathbf{N} := \mathbf{A}^{\mathrm{T}} \cdot \mathbf{P} \cdot \mathbf{A} \tag{7.25}$$

als *regulär* vorausgesetzt, d. h. $\mathbf{N}^{-1}$ existiert. Definiert man noch den *Normalgleichungsvektor*

$$\mathbf{n} := \mathbf{A}^{\mathrm{T}} \cdot \mathbf{P} \cdot \mathbf{l} \tag{7.26}$$

so können die gekürzten ausgeglichenen Parameter $\hat{\mathbf{x}}$ als Lösung eines linearen Gleichungssystems

$$\mathbf{N} \cdot \hat{\mathbf{x}} = \mathbf{n} \tag{7.27}$$

gefunden werden. Man nennt es das *Normalgleichungssystem*. Ist es singulär, also ist $\det(\mathbf{N}) = 0$, so ist das funktionale Ausgleichungsmodell unzureichend formuliert worden. In der geodätischen Netzausgleichung liegt häufig ein *Datumsdefekt* vor, d. h. über die Lagerung des Netzes in der Ebene oder im Raum wurde nicht ausreichend durch einen Anschlusszwang verfügt. Obwohl dieses Thema enorm wichtig ist, muss es in diesem einführenden Buch ausgeklammert werden. Es wird lediglich an einem Beispiel gezeigt, wie das Problem manchmal umgangen werden kann (s. Beispiel 7.37).

Aus der Lösung $\hat{\mathbf{x}}$ von (7.27) bzw. direkt aus (7.24) erhält man die ausgeglichenen ungekürzten Parameter durch Rückgangigmachen des Kürzens (7.8):

$$\hat{\mathbf{X}} = \mathbf{X}^0 + \hat{\mathbf{x}} \tag{7.28}$$

Im weiteren Rechengang löst man (7.10) nach **v** auf und berechnet

$$\mathbf{v} = \mathbf{A} \cdot \hat{\mathbf{x}} - \mathbf{l} \tag{7.29}$$

Man erhält die ausgeglichenen Beobachtungen durch Anbringen dieser Verbesserungen an die gemessenen Beobachtungen:

$$\hat{\mathbf{L}} = \mathbf{L} + \mathbf{v} \tag{7.30}$$

> **Hinweis 7.6**
> In den Matrizen **A** und **P** stehen oft Werte, die eine Maßeinheit haben. Bei der Zahlenrechnung werden diese Einheiten nicht mitgeführt. Es ist daher nötig, alle Eingangsgrößen soweit in ihren Einheit zu harmonisieren, dass man an die ausgeglichenen Größen die richtigen Einheiten anhängt. Bei **v** und $\hat{\mathbf{L}}$ sind das dieselben Einheiten wie bei **L**. Bei $\hat{\mathbf{x}}$ und **X** sind das dieselben Einheiten wie bei $\mathbf{X}^0$. Auch die Gewichtsmatrix **P** muss bezüglich der Einheiten passend sein (s. ▶ Abschn. 7.2). Außerdem ist darauf zu achten, dass die Normalgleichungsmatrix **N** in (7.25) nicht gleichzeitig mit Zahlen von sehr unterschiedlicher Größenordnung gefüllt ist, wie etwa 10^9 und 10^{-9}. Andernfalls könnte es bei der Lösung des Normalgleichungssystems (7.27) zu numerischen Stellenauslöschungen kommen. Durch geschickte Wahl der Einheiten kann man einen solchen Effekt meist vermeiden.

7.3.3 Schlussprobe und weitere Proben

Schließlich ist noch zu überprüfen, ob die ausgeglichenen Größen wie gewünscht die Beobachtungsgleichungen erfüllen:

$$\hat{\mathbf{L}} = \phi(\hat{\mathbf{X}}) \tag{7.31}$$

Man bezeichnet diese Überprüfung als *Schlussprobe* oder Ausgleichungsprobe. Widersprüche in der Schlussprobe sollten deutlich kleiner sein, als die Standardabweichungen der ausgeglichenen Beobachtungen, die im Abschnitt 4.4 berechnet werden. Wenn die Schlussprobe nicht ausreichend erfüllt ist, kann das drei Ursachen haben:
1. Es sind Rechenfehler aufgetreten.
2. Die Rechengenauigkeit reicht nicht aus. Zwischenergebnisse wurden zu stark gerundet oder bei der Lösung des Normalgleichungssystems (7.27) traten Stellenauslöschungen auf (s. Hinweis 7.6).
3. Die Näherungsparameter $\mathbf{X}^0$ sind zu ungeeignet, d. h. sind sehr verschieden von den wahren Werten $\tilde{\mathbf{X}}$ der Parameter (s. ◻ Abb. 7.2).

Die dritte Ursache kann nur auftreten, wenn mindestens eine der vermittelnden Funktionen ϕ_i nichtlinear ist. Man müsste dann hoffen, dass zumindest die ausgeglichenen Parameter $\hat{\mathbf{X}}$ so gut sind, dass man mit der Zuweisung $\mathbf{X}^0 := \hat{\mathbf{X}}$ in eine neue Ausgleichung einsteigen könnte, um sich dem idealen Ergebnis schrittweise, d. h. *iterativ* anzunähern. Der Prozess ist abgeschlossen, wenn die Schlussprobe ausreichend erfüllt ist.

Selten treten Fälle auf, in denen die Schlussprobe während der Iteration immer größere statt kleinere Diskrepanzen aufweist. Dann kann man versuchen, Näherungsparameter auf andere Weise zu beschaffen. Abhilfe würde auch ein Änderung des Rechenverfahrens bringen, auf das wir in diesem einführenden Buch nicht eingehen. [15, S. 39ff] diskutiert hierzu verschiedene Verfahren und wendet diese auf die Referenzpunktbestimmung geodätischer Radioteleskope an.

Ist die Schlussprobe erfüllt, ist das leider keineswegs die Garantie, dass alles korrekt ist. Es kann immer noch das funktionale oder stochastische Modell falsch aufgestellt worden sein. Die Schlussprobe zeigt solche Fehler leider nicht an. Eine weitgehende, wenn auch immer noch nicht vollständige Sicherheit, dass die Ausgleichung korrekt berechnet wurde, bietet die Lösung der Aufgabe mit zwei unterschiedlichen Parametrisierungen. Das erfordert aber nahezu den doppelten Aufwand.

> **Beispiel 7.17**

Wir setzen das Beispiel 7.6 fort. Die Schlussprobe ist in diesem Fall nichts anderes als die Überprüfung, ob alle sechs ausgeglichenen Größen $\hat{\alpha}, \hat{\beta}, \hat{\gamma}, \hat{a}, \hat{b}, \hat{c}$ zum selben Dreieck gehören. In der Parametrisierung a, b, c sind drei Beobachtungsgleichungen nichtlinear, in der Parametrisierung α, β, c zwei und in der Parametrisierung p, q, F fünf (s. Beispiel 7.3). Die Schlussprobe könnte also nicht erfüllt sein, ohne dass Rechenfehler oder Rechenungenauigkeiten aufgetreten sind. In diesem Fall ist das trotzdem nicht zu erwarten, weil sehr gute Näherungsparameter zur Verfügung stehen.

Man könnte zusätzlich die Lösung z. B. mit den Parametrisierungen α, β, c und a, b, c jeweils unabhängig voneinander berechnen (s. Beispiel 7.3). Wären die Verbesserungen in beiden Fällen praktisch gleich, würde das die Richtigkeit der ausgeglichenen Größen endgültig bestätigen. ◄

Es gibt noch eine weitere Probe, die kurz erwähnt werden soll:

$$\mathbf{A}^T \cdot \mathbf{P} \cdot \mathbf{v} = \mathbf{0} \tag{7.32}$$

Diese sogenannte ATPv-Probe zeigt nur Fehler bei der Lösung des Normalgleichungssystems (7.27) an. Da dieses praktisch mit einem elektronischen Werkzeug gelöst wird, sollte diese Probe immer erfüllt sein und ist deshalb verzichtbar. Selbst Eingabefehler in den Matrizen und Vektoren werden mit dieser Probe nicht aufgedeckt.

7.3.4 Funktionen ausgeglichener Größen

Ist man nicht oder nicht nur an den ausgeglichenen Größen $\hat{\mathbf{X}}, \hat{\mathbf{L}}$ interessiert, so kann man daraus weitere Größen berechnen, z. B. m Funktionen ausgeglichener Parameter

$$f_{X,k} = \psi_{X,k}(\hat{X}_1, \hat{X}_2, \dots, \hat{X}_u), \quad k = 1, 2, \dots, m \tag{7.33}$$

oder m Funktionen ausgeglichener Beobachtungen

$$f_{L,k} = \psi_{L,k}(\hat{L}_1, \hat{L}_2, \dots, \hat{L}_n), \quad k = 1, 2, \dots, m \tag{7.34}$$

Alle Funktionen $\psi_{L,k}$ kann man meist auch in der Form $\psi_{X,k}$ schreiben und umgekehrt. Oft ist $\psi_{X,k}$ praktisch vorzuziehen, weil diese Funktion weniger Argumente hat. Andererseits kann die Funktion $\psi_{L,k}$ manchmal einfacher aufgebaut sein.

> **Hinweis 7.7**
> Genau genommen sind die Funktionswerte f in (7.33), (7.34) Schätzwerte, müssten also in der Form $\hat{f}$ geschrieben werden. Wir verzichten hier darauf, weil Werte f, die keine Schätzwerte sind, nicht vorkommen, so dass keine Verwechslung möglich ist.

▶ **Beispiel 7.18**

Wir setzen das Beispiel 7.6 fort. In der Parametrisierung p, q, F ist der gesuchte Flächeninhalt F des Dreiecks gleichzeitig ein Parameter. Der ausgeglichene Wert wird unmittelbar als Lösung der Normalgleichungen und (7.28) erhalten. In den Parametrisierungen a, b, c und α, β, c muss F noch als Funktion ausgeglichener Parameter (7.33) berechnet werden. Hierzu dienen die Heron-Formel (SSS-Formel) bzw. die WSW-Formel in ◩ Tab. 1.3. Alternativ dazu könnte in jeder beliebigen Parametrisierung auch die einfachere SWS-Formel

$$F = \frac{\hat{a} \cdot \hat{b}}{2} \cdot \sin \hat{\gamma}$$

benutzt werden. F ist in diesem Fall eine Funktion ausgeglichener Beobachtungen (7.34). War die Schlussprobe erfüllt, erwarten wir, dass alle Ergebnisse praktisch ausreichend übereinstimmen. Da keine weiteren Größen zu berechnen sind, ist $m := 1$ zu setzen. ◀

Sind $m > 1$ Funktionswerte $f_{X,1}, f_{X,2}, \ldots, f_{X,m}$ oder $f_{L,1}, f_{L,2}, \ldots, f_{L,m}$ zu berechnen, dann setzen wir diese zu einem Vektor $\mathbf{f_X}$ oder $\mathbf{f_L}$ zusammen:

$$\mathbf{f_X} := \begin{pmatrix} f_{X,1} \\ f_{X,2} \\ \vdots \\ f_{X,m} \end{pmatrix} = \psi_X(\hat{\mathbf{X}}) \quad \text{oder} \quad \mathbf{f_L} := \begin{pmatrix} f_{L,1} \\ f_{L,2} \\ \vdots \\ f_{L,m} \end{pmatrix} = \psi_L(\hat{\mathbf{L}})$$

Mit diesen Vektoren arbeiten wir im ▶ Abschn. 7.4.1 weiter.

7.3.5   Anwendung: Einfache Höhennetze

▶ **Beispiel 7.19**

Wir setzen das Beispiel 7.14 fort. Gesucht sind die beiden ausgeglichenen Neupunkthöhen und die fünf ausgeglichenen Höhendifferenzen sowie die ausgeglichene mittlere Neupunkthöhe $\bar{H} = (\hat{H}_1 + \hat{H}_2)/2$. ◀

▶ **Lösung**

Betrachten wir erneut ◩ Abb. 7.3 mit der Matrix $\mathbf{A}$ in (7.12) und der Matrix $\mathbf{P}$ in (7.21). Die Matrix $\mathbf{N}$ in (7.25) bekommt folgende Gestalt:

$$\mathbf{N} = \begin{pmatrix} \dfrac{1}{W_1} + \dfrac{1}{W_3} + \dfrac{1}{W_5} & -\dfrac{1}{W_5} \\ -\dfrac{1}{W_5} & \dfrac{1}{W_2} + \dfrac{1}{W_4} + \dfrac{1}{W_5} \end{pmatrix}$$

Wir erhalten

$$\det(\mathbf{N}) = \left(\frac{1}{W_1} + \frac{1}{W_3} + \frac{1}{W_5} \right) \cdot \left(\frac{1}{W_2} + \frac{1}{W_4} + \frac{1}{W_5} \right) - \frac{1}{W_5^2}$$

Wenn man die Klammern auflöst, heben sich zwei Terme auf und es bleiben noch acht positive Summanden der Form $1/(W_i \cdot W_j)$ übrig, so dass $\det(\mathbf{N}) > 0$ sichergestellt und $\mathbf{N}$ invertierbar ist. Wir erhalten folgendes Normalgleichungssystem (7.27):

$$\begin{pmatrix} 2{,}546 & -1{,}250 \\ -1{,}250 & 2{,}826 \end{pmatrix} \cdot \begin{pmatrix} \hat{x}_1 \\ \hat{x}_2 \end{pmatrix} = \begin{pmatrix} -5{,}70 \\ 7{,}94 \end{pmatrix}$$

Die Lösung lautet $\hat{x}_1 = -0{,}0011$ m; $\hat{x}_2 = 0{,}0023$ m. Mit (7.28) erhalten wir die ausgeglichenen Neupunkthöhen

$$\hat{H}_1 = 116{,}1459 - 0{,}0011 = \underline{116{,}1448\ \text{m}}$$

$$\hat{H}_2 = 119{,}1539 + 0{,}0023 = \underline{119{,}1562\ \text{m}}$$

Mit (7.29) und (7.30) erhalten wir die Verbesserungen und ausgeglichenen Beobachtungen:

$$\mathbf{v} = \begin{pmatrix} -0{,}0011\ \text{m} \\ 0{,}0023\ \text{m} \\ 0{,}0000\ \text{m} \\ -0{,}0008\ \text{m} \\ -0{,}0007\ \text{m} \end{pmatrix}; \quad \hat{\mathbf{L}} = \begin{pmatrix} 0{,}5608\ \text{m} \\ 3{,}5722\ \text{m} \\ -2{,}3152\ \text{m} \\ 0{,}6962\ \text{m} \\ 3{,}0114\ \text{m} \end{pmatrix}$$

Schlussprobe: Durch Einsetzen der ausgeglichenen Parameter in die vermittelnden Funktionen ergeben sich die ausgeglichenen Beobachtungen:

$$\hat{H}_1 - H_{\text{A}} = 116{,}1448\ \text{m} - 115{,}584\ \text{m} = 0{,}5608\ \text{m} = \Delta\hat{h}_{\text{A1}}\ \checkmark$$

$$\hat{H}_2 - H_{\text{A}} = 119{,}1562\ \text{m} - 115{,}584\ \text{m} = 3{,}5722\ \text{m} = \Delta\hat{h}_{\text{A2}}\ \checkmark$$

$$\hat{H}_1 - H_{\text{B}} = 116{,}1448\ \text{m} - 118{,}460\ \text{m} = -2{,}3152\ \text{m} = \Delta\hat{h}_{\text{B1}}\ \checkmark$$

$$\hat{H}_2 - H_{\text{B}} = 119{,}1562\ \text{m} - 118{,}460\ \text{m} = 0{,}6962\ \text{m} = \Delta\hat{h}_{\text{B2}}\ \checkmark$$

$$\hat{H}_2 - \hat{H}_1 = 119{,}1562 - 116{,}1448 = 3{,}0114 = \Delta\hat{h}_{12}\ \checkmark$$

Abweichungen durch ungeeignete Näherungsparameter sind hier nicht zu erwarten, weil alle vermittelnden Funktionen linear sind.

Die ausgeglichene mittlere Neupunkthöhe ist eine Funktion ausgeglichener Parameter (7.33):

$$\bar{H} = \frac{\hat{H}_1 + \hat{H}_2}{2} = \underline{117{,}6505\ \text{m}} \tag{7.35}$$

► http://sn.pub/5fboHT ◄

🛑 Aufgabe 7.6

Setzen Sie die Aufgabe 7.4 fort. Wiederholen Sie die Berechnung von Beispiel 7.19 mit den Höhendifferenzen Δh_{A1}, Δh_{12} als Parameter und vergleichen Sie die Ergebnisse. Wie müsste $\bar{H}$ in (7.35) als Funktion ausgeglichener Größen formuliert werden?

► http://sn.pub/8gaWML

7.3.6 Anwendung: Ausgleichende Funktionen

Im Fall der ausgleichenden Gerade erhalten wir aus (7.16) mit $u = 2$ und Einheitsgewichten $\mathbf{P} = \mathbf{I}$:

$$\mathbf{N} = \mathbf{A}^{\mathrm{T}} \cdot \mathbf{A} = \begin{pmatrix} n & \sum_{i=1}^{n} t_i \\ \sum_{i=1}^{n} t_i & \sum_{i=1}^{n} t_i^2 \end{pmatrix}$$

Man kann beweisen, dass diese Matrix regulär (also invertierbar) ist, wenn sich mindestens zwei Abszissen unterscheiden: $t_i \neq t_j$.

Die Schlussprobe kontrolliert, dass die ausgeglichenen Punkte alle exakt auf der ausgeglichenen Kurve oder Fläche liegen.

▶ **Beispiel 7.20**

Wir setzen das Beispiel 7.15 fort. Im Fall der ausgleichenden Parabel erhalten wir aus (7.16) mit $u = 3$ und Einheitsgewichten $\mathbf{P} = \mathbf{I}$:

$$\mathbf{N} = \mathbf{A}^{\mathrm{T}} \cdot \mathbf{A} = \begin{pmatrix} 5 & 15 & 55 \\ 15 & 55 & 225 \\ 55 & 225 & 979 \end{pmatrix} \quad \blacktriangleleft$$

▶ **Beispiel 7.21**

Wir setzen das Beispiel 7.16 fort. Nun erfolgt die Aufstellung und Lösung der Normalgleichungen, woraus sich die folgenden ausgeglichenen Parameter und Beobachtungen ergeben:

$$\mathbf{N} = \begin{pmatrix} 5{,}20 & -10{,}81 \\ -10{,}81 & 27{,}34 \end{pmatrix}, \quad \mathbf{n} = \begin{pmatrix} 0{,}007\,68\,\mathrm{m} \\ -0{,}016\,21\,\mathrm{m} \end{pmatrix}$$

$$\hat{\mathbf{x}} = \begin{pmatrix} 0{,}001\,38\,\mathrm{m} \\ -0{,}000\,05\,\mathrm{m/a} \end{pmatrix}, \quad \hat{\mathbf{X}} = \mathbf{X}^0 + \hat{\mathbf{x}} = \begin{pmatrix} 23{,}687\,38\,\mathrm{m} \\ -0{,}003\,05\,\mathrm{m/a} \end{pmatrix}$$

$$\mathbf{v} = \begin{pmatrix} 0{,}000\,13\,\mathrm{m} \\ 0{,}000\,08\,\mathrm{m} \\ -0{,}000\,96\,\mathrm{m} \\ 0{,}000\,99\,\mathrm{m} \end{pmatrix}, \quad \hat{\mathbf{L}} = \mathbf{L} + \mathbf{v} = \begin{pmatrix} 23{,}6971\,\mathrm{m} \\ 23{,}6941\,\mathrm{m} \\ 23{,}6910\,\mathrm{m} \\ 23{,}6880\,\mathrm{m} \end{pmatrix}$$

Schlussprobe: Durch Einsetzen der ausgeglichenen Parameter in die vermittelnden Funktionen ergeben sich die ausgeglichenen Beobachtungen:

$$23{,}687\,38\,\mathrm{m} + (-0{,}003\,05) \cdot (-3{,}2)\,\mathrm{m} = 23{,}697\,14\,\mathrm{m} \checkmark$$

$$23{,}687\,38\,\mathrm{m} + (-0{,}003\,05) \cdot (-2{,}2)\,\mathrm{m} = 23{,}694\,09\,\mathrm{m} \checkmark$$

$$23{,}687\,38\,\mathrm{m} + (-0{,}003\,05) \cdot (-1{,}2)\,\mathrm{m} = 23{,}691\,04\,\mathrm{m} \checkmark$$

$$23{,}687\,38\,\mathrm{m} + (-0{,}003\,05) \cdot (-0{,}2)\,\mathrm{m} = 23{,}687\,99\,\mathrm{m} \checkmark$$

Die ausgeglichene Senkung (negative Höhenänderung) beträgt somit 3,05 mm/a. Die Punkthöhe für Anfang Januar 2024 wird auf 23,6874 m geschätzt.

Nun wären noch die Punkthöhen für Anfang Januar 2025–2027 zu schätzen:

$$H_{2025,0} = \hat{H}_{2024,0} + \hat{\Delta} \cdot (2025,0 - 2024,0)\,\text{a} = 23{,}687\,38\,\text{m} - 0{,}003\,05 \cdot 1\,\text{m} = 23{,}6843\,\text{m}$$

$$H_{2026,0} = \hat{H}_{2024,0} + \hat{\Delta} \cdot (2026,0 - 2024,0)\,\text{a} = 23{,}687\,38\,\text{m} - 0{,}003\,05 \cdot 2\,\text{m} = 23{,}6813\,\text{m}$$

$$H_{2027,0} = \hat{H}_{2024,0} + \hat{\Delta} \cdot (2027,0 - 2024,0)\,\text{a} = 23{,}687\,38\,\text{m} - 0{,}003\,05 \cdot 3\,\text{m} = 23{,}6782\,\text{m}$$

$$(7.36)$$

Diese Größen sind Funktionen ausgeglichener Parameter (7.33).

▶ http://sn.pub/EIQoHt ◀

⊘ Aufgabe 7.7

Setzen Sie die Aufgabe 7.5 fort. Bestimmen Sie eine ausgleichende Ebene durch die gemessenen Punkte. Die Beobachtungen können als gleich genau und unkorreliert gelten.

▶ http://sn.pub/qqF2so

7.4 Genauigkeitsberechnung

Zur Kennzeichnung der Genauigkeit ausgeglichener Größen oder Funktionen dieser Größen benutzt man deren Standardabweichungen bzw. Varianzen und Kovarianzen. Diese werden durch Kovarianzmatrizen (4.20) oder Kofaktormatrizen (4.23) ausgedrückt.

7.4.1 Kofaktorfortpflanzung

Die Arbeit mit Kofaktormatrizen (4.23) hat den Vorteil, dass diese unabhängig davon sind, ob wir das stochastische Modell aus ▶ Abschn. 7.2.1, 7.2.2 oder auch 7.2.4 verwenden. Um diese zu gewinnen, ist auf die Rechenformeln der vermittelnden Ausgleichung (7.24)–(7.30) das Kofaktorfortpflanzungsgesetz (5.13) anzuwenden. Ausgangspunkt ist die Kofaktormatrix der Beobachtungen $\mathbf{Q_L}$, welche man aus (7.20) wie folgt erhält:

$$\mathbf{Q_L} = \mathbf{Q_l} = \mathbf{P}^{-1}$$

Im Ergebnis der Kofaktorfortpflanzungen kommen wir zu folgenden Formeln:

$$\mathbf{Q_{\hat{X}}} = \mathbf{Q_{\hat{x}}} = (\mathbf{A}^\mathrm{T} \cdot \mathbf{P} \cdot \mathbf{A})^{-1} = \mathbf{N}^{-1} \qquad (7.37)$$

$$\mathbf{Q_{\hat{L}}} = \mathbf{A} \cdot \mathbf{Q_{\hat{X}}} \cdot \mathbf{A}^\mathrm{T} \qquad (7.38)$$

$$\mathbf{Q_v} = \mathbf{Q_L} - \mathbf{Q_{\hat{L}}} \qquad (7.39)$$

7

Wir setzen das Beispiel 7.10 fort. Ist das Dreieck näherungsweise gleichseitig mit der Seitenlänge 100 m, wie in Beispiel 7.6 ausgeführt, erhält man aus (7.25) folgende Normalgleichungsmatrix:

$$
\mathbf{N} = \begin{pmatrix} 66{,}449 & 38{,}159 & 10{,}883 \\ 38{,}159 & 66{,}449 & 10{,}883 \\ 10{,}883 & 10{,}883 & 12{,}000 \end{pmatrix}
$$

Daraus gewinnt man mit (7.37) und (7.38)

$$
\mathbf{Q}_{\hat{\mathbf{X}}} = \begin{pmatrix} 0{,}0236 & -0{,}0118 & -0{,}0107 \\ -0{,}0118 & 0{,}0236 & -0{,}0107 \\ -0{,}0107 & -0{,}0107 & 0{,}1027 \end{pmatrix}
$$

$$
\mathbf{Q}_{\hat{\mathbf{L}}} = \begin{pmatrix} 0{,}0236 & -0{,}0118 & \cdots & -0{,}0107 \\ -0{,}0118 & 0{,}0236 & \ddots & -0{,}0107 \\ \vdots & \vdots & \ddots & \vdots \\ -0{,}0107 & -0{,}0107 & \cdots & 0{,}1027 \end{pmatrix} \quad ◄
$$

Möchte man schließlich die Kofaktormatrizen für Funktionen ausgeglichener Parameter (7.33) oder ausgeglichener Beobachtungen (7.34) gewinnen, muss man das Kofaktorfortpflanzungsgesetz (5.13) auf diese Funktionen $\psi_{X,k}$ oder $\psi_{L,k}$ anwenden:

$$
\mathbf{Q}_{\mathbf{f_X}} = \mathbf{F_X} \cdot \mathbf{Q}_{\hat{\mathbf{X}}} \cdot \mathbf{F_X}^{\mathsf{T}} \quad \text{oder} \quad \mathbf{Q}_{\mathbf{f_L}} = \mathbf{F_L} \cdot \mathbf{Q}_{\hat{\mathbf{L}}} \cdot \mathbf{F_L}^{\mathsf{T}} \tag{7.40}
$$

mit den *Funktionalmatrizen* (5.9)

$$
\mathbf{F_X} = \begin{pmatrix} \frac{\partial \psi_{X,1}}{\partial X_1} & \frac{\partial \psi_{X,1}}{\partial X_2} & \cdots & \frac{\partial \psi_{X,1}}{\partial X_u} \\ \frac{\partial \psi_{X,2}}{\partial X_1} & \frac{\partial \psi_{X,2}}{\partial X_2} & \cdots & \frac{\partial \psi_{X,2}}{\partial X_u} \\ \vdots & \vdots & \ddots & \vdots \\ \frac{\partial \psi_{X,m}}{\partial X_1} & \frac{\partial \psi_{X,m}}{\partial X_2} & \cdots & \frac{\partial \psi_{X,m}}{\partial X_u} \end{pmatrix} \quad \text{oder} \quad \mathbf{F_L} = \begin{pmatrix} \frac{\partial \psi_{L,1}}{\partial L_1} & \frac{\partial \psi_{L,1}}{\partial L_2} & \cdots & \frac{\partial \psi_{L,1}}{\partial L_n} \\ \frac{\partial \psi_{L,2}}{\partial L_1} & \frac{\partial \psi_{L,2}}{\partial L_2} & \cdots & \frac{\partial \psi_{L,2}}{\partial L_n} \\ \vdots & \vdots & \ddots & \vdots \\ \frac{\partial \psi_{L,m}}{\partial L_1} & \frac{\partial \psi_{L,m}}{\partial L_2} & \cdots & \frac{\partial \psi_{L,m}}{\partial L_n} \end{pmatrix} \tag{7.41}
$$

Diese Matrizen haben m Zeilen und u oder n Spalten. Die Kofaktormatrizen $\mathbf{Q}_{\mathbf{f_X}}, \mathbf{Q}_{\mathbf{f_L}}$ haben m Zeilen und Spalten. Hat man die Messungen noch nicht durchgeführt, so dass noch keine Beobachtungen und keine ausgeglichenen Größen vorliegen, ist es zur Abschätzung der zu erwartenden Genauigkeiten möglich, die Ableitungen in (7.41) wie bei der Matrix $\mathbf{A}$ an der Stelle der Näherungsparameter $\mathbf{X}^0$ oder der Näherungsbeobachtungen $\mathbf{L}^0$ zu berechnen. Sonst würde man die ausgeglichenen Größen $\hat{\mathbf{X}}$ oder $\hat{\mathbf{L}}$ verwenden.

Wir setzen die Beispiele 7.18 und 7.22 fort. In der Parametrisierung α, β, c können wir den Flächeninhalt F als Funktion ausgeglichener Parameter (7.33) nach ◘ Tab. 1.3 wie folgt darstellen:

$$
F = \psi_X(\hat{\alpha}, \hat{\beta}, \hat{c}) = \frac{\hat{c}^2}{2 \cdot (\cot \hat{\alpha} + \cot \hat{\beta})} \tag{7.42}
$$

Daraus ergibt sich folgende 1×3-Funktionalmatrix:

$$\mathbf{F_X} = \left(\frac{c^2}{2 \cdot \rho \cdot (\cos \alpha + \sin \alpha \cot \beta)^2} \quad \frac{c^2}{2 \cdot \rho \cdot (\cos \beta + \sin \beta \cot \alpha)^2} \quad \frac{c}{\cot \alpha + \cot \beta} \right)$$

Beachten Sie hierbei Hinweis 5.3. Da noch keine ausgeglichenen Parameter zur Verfügung stehen, setzen wir die Näherungsparameter 67 gon, 67 gon, 100 m aus Beispiel 7.6 ein:

$$\mathbf{F_X} = \left(\frac{(100\,\text{m})^2}{2 \cdot \rho} \quad \frac{(100\,\text{m})^2}{2 \cdot \rho} \quad \frac{100\,\text{m}}{2/\sqrt{3}} \right) = \left(25 \frac{\text{m}}{\text{gon}} \cdot \pi \quad 25 \frac{\text{m}}{\text{gon}} \cdot \pi \quad 86{,}60\,\text{m} \right)$$

Aus (7.40) erhalten wir die 1×1-Matrix

$$\mathbf{Q_{f_X}} = (625\,\text{m}^4)$$

Alternativ können wir den Flächeninhalt F als Funktion ausgeglichener Beobachtungen (7.34) nach ◻ Tab. 1.3 wie folgt darstellen:

$$F = \psi_L(\hat{\alpha}, \hat{\beta}, \hat{\gamma}, \hat{a}, \hat{b}, \hat{c}) = \frac{\hat{a} \cdot \hat{b}}{2} \cdot \sin \hat{\gamma} \tag{7.43}$$

Daraus ergibt sich folgende 1×6-Funktionalmatrix:

$$\mathbf{F_L} = \left(0 \quad 0 \quad \frac{a \cdot b}{2 \cdot \rho} \cdot \cos \gamma \quad \frac{b}{2} \cdot \sin \gamma \quad \frac{a}{2} \cdot \sin \gamma \quad 0 \right)$$

$$= (0 \quad 0 \quad 39{,}27 \frac{\text{m}^2}{\text{gon}} \quad 43{,}30\,\text{m} \quad 43{,}30\,\text{m} \quad 0)$$

Aus (7.40) erhalten wir die 1×1-Matrix

$$\mathbf{Q_{f_L}} = (625\,\text{m}^4) \checkmark$$

Die zweite Variante ermöglicht in diesem Fall die Formulierung einer einfacheren Funktion (7.43) statt (7.42), erzeugt aber eine breitere Matrix $\mathbf{F_L}$ statt $\mathbf{F_X}$. Sinnvoll ist es, beide Varianten anzuwenden und die zweite als Probe zu nutzen. ◄

▶ **Beispiel 7.24**

Wir setzen das Beispiel 7.22 fort. Mit der Matrix $\mathbf{Q_{\hat{L}}}$ berechnen wir gemäß (4.25) die Korrelationskoeffizienten der ausgeglichenen Winkel:

$$\rho_{\hat{\alpha},\hat{\beta}} = \rho_{\hat{\alpha},\hat{\gamma}} = \rho_{\hat{\beta},\hat{\gamma}} = \frac{-0{,}0118}{\sqrt{0{,}0236 \cdot 0{,}0236}} = \underline{-0{,}50}$$

Die Korrelation der Winkel untereinander ist negativ, also wird z. B. ein zu groß geschätzter Winkel α im statistischen Mittel häufiger mit zu klein geschätzten Winkeln β, γ einher gehen. Das ist plausibel, weil die ausgeglichene Innenwinkelsumme $\hat{\alpha} + \hat{\beta} + \hat{\gamma} = 200$ gon erfüllt sein muss. Bei den Seiten ergibt sich

$$\rho_{\hat{a},\hat{b}} = \rho_{\hat{a},\hat{c}} = \rho_{\hat{b},\hat{c}} = \frac{0{,}0736}{\sqrt{0{,}1027 \cdot 0{,}1027}} = \underline{0{,}72}$$

Die Korrelation ist positiv, also sind häufiger alle Seiten zu lang oder alle zu kurz, als dass einige zu lang und andere zu kurz sind. Das ist plausibel, weil die Ähnlichkeit des Dreiecks über die gemessenen Winkel statistisch gesehen gewahrt bleiben muss. ◄

❶ Aufgabe 7.8

Wären die Winkel ungenauer gemessen, erwarten Sie, dass die Korrelationen von $\hat{\alpha}, \hat{\beta}, \hat{\gamma}$ untereinander stärker oder schwächer wird oder gleich bleibt? Überzeugen Sie sich von der Richtigkeit Ihrer Überlegung durch Halbierung der Winkelgewichte.

7.4.2 A-priori Genauigkeitsberechnung

Wir betrachten in diesem Unterabschnitt den Fall, dass alle a-priori Genauigkeiten der Beobachtungen **L** bekannt sind, insbesondere in den stochastischen Modellen aus den Unterabschnitten 7.2.1 oder 7.2.4, nämlich ausgedrückt durch (4.22):

$$\boldsymbol{\Sigma}_{\hat{\mathbf{X}}} = \sigma_0^2 \cdot \mathbf{Q}_{\hat{\mathbf{X}}}, \quad \boldsymbol{\Sigma}_{\hat{\mathbf{L}}} = \sigma_0^2 \cdot \mathbf{Q}_{\hat{\mathbf{L}}}, \quad \boldsymbol{\Sigma}_{\mathbf{v}} = \sigma_0^2 \cdot \mathbf{Q}_{\mathbf{v}}, \quad \boldsymbol{\Sigma}_{\mathbf{f}} = \sigma_0^2 \cdot \mathbf{Q}_{\mathbf{f}}$$

Aus diesen Kovarianzmatrizen liest man die Varianzen und Kovarianzen ab und gewinnt die Standardabweichungen:

$$\sigma_{\hat{X}_i} = \sigma_0 \cdot \sqrt{q_{\hat{X},ii}}, \quad i = 1, 2, \ldots, u \tag{7.44}$$

$$\sigma_{\hat{L}_i} = \sigma_0 \cdot \sqrt{q_{\hat{L},ii}}, \quad i = 1, 2, \ldots, n \tag{7.45}$$

$$\sigma_{v_i} = \sigma_0 \cdot \sqrt{q_{v,ii}}, \quad i = 1, 2, \ldots, n \tag{7.46}$$

$$\sigma_{f_i} = \sigma_0 \cdot \sqrt{q_{f,ii}}, \quad i = 1, 2, \ldots, m \tag{7.47}$$

q_{ii} sind jeweils die i-ten Diagonalelemente der Kofaktormatrizen (7.37)–(7.40).

▶ **Beispiel 7.25**

Wir setzen die Beispiele 7.10, 7.22 und 7.23 fort. In Beispiel 7.10 hatten wir $\sigma_0 = 0{,}01$ (einheitenlos) gesetzt. Mit (7.44)–(7.47) erhalten wir nun:

$$\sigma_{\hat{\alpha}} = \sigma_{\hat{\beta}} = \sigma_{\hat{\gamma}} = 0{,}01 \cdot \sqrt{0{,}0236\,\text{gon}^2} = 0{,}001\,54\,\text{gon} = \underline{1{,}5\,\text{mgon}}$$

$$\sigma_{\hat{a}} = \sigma_{\hat{b}} = \sigma_{\hat{c}} = 0{,}01 \cdot \sqrt{0{,}1027\,\text{m}^2} = 0{,}003\,20\,\text{m} = \underline{3{,}2\,\text{mm}}$$

$$\sigma_{\mathrm{F}} = 0{,}01 \cdot \sqrt{625\,\text{m}^4} = \underline{0{,}25\,\text{m}^2}$$

Es ergeben sich dieselben Genauigkeiten für $\hat{\alpha}, \hat{\beta}$ und $\hat{c}$ als ausgeglichene Parameter und als ausgeglichene Beobachtungen, wie man dies erwartet, da es sind ja jeweils optimale Schätzwerte für die identische Größe α, β bzw. c sind. Die geschätzten Standardabweichungen sind erwartungsgemäß kleiner als die der gemessenen Beobachtungen. Wegen der Gleichseitigkeit des Dreiecks sind die Standardabweichungen aller ausgeglichenen Seiten identisch und ebenso die Standardabweichungen aller ausgeglichenen Winkel. Für ein schiefwinkliges Dreieck wäre das nicht so. Die an die Standardabweichungen anzuhängenden Einheiten sind dieselben wie bei den Beobachtungen, wenn Hinweis 7.4 beachtet wurde. ◄

7.4.3 A-posteriori Genauigkeitsschätzung

Ist der Varianzfaktor σ_0^2 wie im Fall des stochastischen Modells aus ▶ Abschn. 7.11 nicht bekannt, kann dieser aus Beobachtungen geschätzt werden. Das Ergebnis dieser Schätzung ist der *a-posteriori Varianzfaktor* $\hat{\sigma}_0^2$. Aber auch in den anderen Fällen kann das sinnvoll sein, z. B. um einen Globaltest durchführen zu können, der den bekannten Wert σ_0^2 mit seinem Schätzwert $\hat{\sigma}_0^2$ vergleicht (s. ▶ Abschn. 7.5.3).

Die Schätzung basiert auf ähnlichen Schätzprinzipien, wie in ▶ Abschn. 7.3.1. Im Unterschied zu (7.24) führen verschiedene Prinzipien in diesem Fall leider nicht immer auf dasselbe Ergebnis. In der Praxis hat sich das Prinzip der *besten quadratischen erwartungstreuen Schätzung* durchgesetzt. Wir geben hier nur das Ergebnis an. Näheres findet man z. B. in [9, S. 175ff], [18, S. 167ff]:

$$\hat{\sigma}_0^2 = \frac{\mathbf{v}^{\mathrm{T}} \cdot \mathbf{P} \cdot \mathbf{v}}{n - u} \tag{7.48}$$

❯ **Hinweis 7.8**
Wenn die Redundanz $r = n - u$ sehr klein ist, sagen wir $r < 4$, ist (7.48) nur eine äußerst grobe Schätzung von σ_0^2. Sie führt oft zu einem unplausiblen Wert, weshalb auf eine Schätzung hier praktisch verzichtet werden sollte. In diesem Kapitel werden solche Zahlen jedoch manchmal trotzdem berechnet, um bei überschaubaren Beispielen und Aufgaben zu bleiben.

Um zur a-posteriori Standardabweichung der Gewichtseinheit $\hat{\sigma}_0$ zu gelangen, muss nur noch die Wurzel gezogen werden:

$$\hat{\sigma}_0 = \sqrt{\frac{\mathbf{v}^{\mathrm{T}} \cdot \mathbf{P} \cdot \mathbf{v}}{n - u}} \tag{7.49}$$

❯ **Hinweis 7.9**
Das Schätzprinzip wird zur mathematischen Vereinfachung für σ_0^2 formuliert, nicht für σ_0. Für die Geodäsie wäre es anders herum sinnvoller, weil praktisch mit Standardabweichungen und nicht mit Varianzen gearbeitet wird. Leider ist dadurch der Schätzwert $\hat{\sigma}_0$ in (7.49) *nicht erwartungstreu*, d. h. verzerrt, und wird im statistischen Mittel häufiger zu klein geschätzt [4]. Genauer: $E\{\hat{\sigma}_0\} < \tilde{\sigma}_0$. Um bei einer rechnerisch einfachen Schätzfunktion bleiben zu können, wird dieser Mangel praktisch hingenommen, auch weil er mit größerer Redundanz r immer unbedeutender wird.

$\hat{\sigma}_0$ hat dieselbe Einheit wie σ_0.

▶ **Beispiel 7.26**

Wir setzen die Beispiele 7.10, 7.22 und 7.23 fort. Nehmen wir an, wir hätten aus gemessenen Beobachtungen mit (7.29) die folgenden Verbesserungen berechnet:

$v_\alpha = 1,5\,\text{mgon};\quad v_\beta = -0,7\,\text{mgon};\quad v_\gamma = 3,9\,\text{mgon}$

$v_a = -4,1\,\text{mm};\quad v_b = 0,9\,\text{mm};\quad v_c = 2,0\,\text{mm}$

Dann ergibt sich aus (7.49)

$$\hat{\sigma}_0 = \sqrt{\frac{25 \cdot (0{,}0015^2 + 0{,}0007^2 + 0{,}0039^2) + 4 \cdot (0{,}0041^2 + 0{,}0009^2 + 0{,}0020^2)}{6 - 3}}$$

$$= 0{,}0134$$

Die Einheiten der Gewichte und der Verbesserungsquadrate heben sich hier bei der Multiplikation auf. $\hat{\sigma}_0$ ergibt sich einheitenlos, weil σ_0 ohne Einheit gewählt wurde. $\hat{\sigma}_0$ stimmt nur ganz grob mit dem festgelegten Wert $\sigma_0 = 0{,}01$ aus Beispiel 7.10 überein. ◄

Nun können alle Berechnungen (7.44)–(7.47) mit $\hat{\sigma}_0$ statt mit σ_0 vorgenommen werden:

$$\hat{\sigma}_{\hat{X}_i} = \hat{\sigma}_0 \cdot \sqrt{q_{\hat{X},ii}}, \quad i = 1, 2, \ldots, u \tag{7.50}$$

$$\hat{\sigma}_{\hat{L}_i} = \hat{\sigma}_0 \cdot \sqrt{q_{\hat{L},ii}}, \quad i = 1, 2, \ldots, n \tag{7.51}$$

$$\hat{\sigma}_{v_i} = \hat{\sigma}_0 \cdot \sqrt{q_{v,ii}}, \quad i = 1, 2, \ldots, n \tag{7.52}$$

$$\hat{\sigma}_{f_i} = \hat{\sigma}_0 \cdot \sqrt{q_{f,ii}}, \quad i = 1, 2, \ldots, m \tag{7.53}$$

Darüber hinaus können jetzt auch die a-posteriori Standardabweichungen der gemessenen Beobachtungen berechnet werden:

$$\hat{\sigma}_{L_i} = \hat{\sigma}_0 \cdot \sqrt{q_{L,ii}}, \quad i = 1, 2, \ldots, n \tag{7.54}$$

Für unkorrelierte Beobachtungen, für die $\mathbf{P}$ eine Diagonalmatrix ist, vereinfacht sich das zu

$$\hat{\sigma}_{L_i} = \frac{\hat{\sigma}_0}{\sqrt{p_i}}, \quad i = 1, 2, \ldots, n \tag{7.55}$$

▶ **Beispiel 7.27**

Wir setzen die Beispiele 7.25 und 7.26 fort. Mit (7.50)–(7.53) erhalten wir nun:

$$\hat{\sigma}_{\hat{\alpha}} = \hat{\sigma}_{\hat{\beta}} = \hat{\sigma}_{\hat{\gamma}} = 0{,}0134 \cdot \sqrt{0{,}0236 \, \text{gon}^2} = 0{,}002\,06 \, \text{gon} = \underline{2{,}1 \, \text{mgon}}$$

$$\hat{\sigma}_{\hat{a}} = \hat{\sigma}_{\hat{b}} = \hat{\sigma}_{\hat{c}} = 0{,}0134 \cdot \sqrt{0{,}1027 \, \text{m}^2} = 0{,}004\,29 \, \text{m} = \underline{4{,}3 \, \text{mm}}$$

$$\hat{\sigma}_{\text{F}} = 0{,}0134 \cdot \sqrt{625 \, \text{m}^4} = \underline{0{,}34 \, \text{m}^2}$$

Mit (7.55) erhalten wir darüber hinaus:

$$\hat{\sigma}_{\alpha} = \hat{\sigma}_{\beta} = \hat{\sigma}_{\gamma} = \frac{0{,}0134}{\sqrt{25 \, \text{gon}^{-2}}} = 0{,}002\,68 \, \text{gon} = \underline{2{,}7 \, \text{mgon}}$$

$$\hat{\sigma}_{a} = \hat{\sigma}_{b} = \hat{\sigma}_{c} = \frac{0{,}0134}{\sqrt{4 \, \text{m}^{-2}}} = 0{,}006\,70 \, \text{m} = \underline{6{,}7 \, \text{mm}} \quad ◄$$

7.4.4 Anwendung: Einfache Höhennetze

Die Genauigkeit von Höhendifferenzen in Höhennetzen ist praktisch von der Länge der Netzseiten abhängig. Beim geometrischen Nivellement verwenden wir das Wurzelgesetz (5.17). Zur Beurteilung der Genauigkeit von Höhennetzen wird in der Praxis die Standardabweichung einer Höhendifferenz bezogen auf eine Netzseitenlänge von $W_0 := 1 \, \text{km}$ verwendet und mit $\sigma_{1\,\text{km}}$ bezeichnet.

Wir setzen das Beispiel 7.19 fort. Wir erhalten aus (7.37) und (7.38) die folgenden Kofaktor-matrizen:

$$\mathbf{Q}_{\hat{\mathbf{X}}} = \mathbf{N}^{-1} = \begin{pmatrix} 0,5019 & 0,2220 \\ 0,2220 & 0,4521 \end{pmatrix}$$

$$\mathbf{Q}_{\hat{\mathbf{L}}} = \mathbf{A} \cdot \mathbf{Q}_{\hat{\mathbf{X}}} \cdot \mathbf{A}^{\mathrm{T}} = \begin{pmatrix} 0,5019 & 0,2220 & 0,5019 & 0,2220 & -0,2799 \\ 0,2220 & 0,4521 & 0,2220 & 0,4521 & 0,2301 \\ 0,5019 & 0,2220 & 0,5019 & 0,2220 & -0,2799 \\ 0,2220 & 0,4521 & 0,2220 & 0,4521 & 0,2301 \\ -0,2799 & 0,2301 & -0,2799 & 0,2301 & 0,5099 \end{pmatrix}$$

Für die mittlere Höhe der Neupunkte $\bar{H}$ in (7.35) finden wir die 1×2-Funktionalmatrix

$$\mathbf{F}_{\mathbf{X}} = (0,5 \quad 0,5)$$

und mit (7.40) folgende 1×1-Kofaktormatrix:

$$\mathbf{Q}_{\mathbf{f_X}} = ((0,5019 + 0,4521 + 0,4440)/4) = (0,3495)$$

Die Berechnung von Standardabweichungen kann in diesem Beispiel nur a-posteriori erfolgen. Aus (7.49) erhalten wir

$$\hat{\sigma}_0 = \sqrt{\frac{0,769 \cdot (0,0011\,\mathrm{m})^2 + 0,667 \cdot (0,0023\,\mathrm{m})^2 + \cdots + 1,250 \cdot (0,0007\,\mathrm{m})^2}{5-2}}$$
$$= 0,001\,37\,\mathrm{m} = 1,37\,\mathrm{mm}$$

Ein gemessener Höhenunterschied der Nivellementweglänge $W_0 := 1\,\mathrm{km}$ hat demnach eine a-posteriori Standardabweichung von $\hat{\sigma}_{1\,\mathrm{km}} = 1,37\,\mathrm{mm}$. Die anderen Genauigkeitsschätzwerte sind mit (7.50)–(7.55)

$$\hat{\sigma}_{\Delta h_{\mathrm{A1}}} = \frac{1,37\,\mathrm{mm}}{\sqrt{0,769}} = \underline{1,56\,\mathrm{mm}}$$

$$\vdots$$

$$\hat{\sigma}_{\Delta h_{12}} = \frac{1,37\,\mathrm{mm}}{\sqrt{1,250}} = \underline{1,23\,\mathrm{mm}}$$

$$\hat{\sigma}_{\hat{H}_1} = 1,37\,\mathrm{mm} \cdot \sqrt{0,5019} = \underline{0,97\,\mathrm{mm}}$$

$$\hat{\sigma}_{\hat{H}_2} = 1,37\,\mathrm{mm} \cdot \sqrt{0,4521} = \underline{0,92\,\mathrm{mm}}$$

$$\hat{\sigma}_{\Delta \hat{h}_{\mathrm{A1}}} = 1,37\,\mathrm{mm} \cdot \sqrt{0,5019} = \underline{0,97\,\mathrm{mm}}$$

$$\vdots$$

$$\hat{\sigma}_{\Delta \hat{h}_{12}} = 1,37\,\mathrm{mm} \cdot \sqrt{0,5099} = \underline{0,98\,\mathrm{mm}}$$

$$\hat{\sigma}_{\bar{H}} = 1,37\,\mathrm{mm} \cdot \sqrt{0,3495} = \underline{0,81\,\mathrm{mm}}$$

▶ http://sn.pub/VmPErr ◀

❶ Aufgabe 7.9

Setzen Sie die Aufgabe 7.6 fort. Wiederholen Sie die Berechnung von Beispiel 7.28 mit den Höhendifferenzen Δh_{A1}, Δh_{12} als Parameter und vergleichen Sie die Ergebnisse.

▶ http://sn.pub/tOn3ca

7.4.5 Anwendung: Ausgleichende Funktionen

Bei ausgleichenden Funktionen ist die Genauigkeit der ausgeglichenen Ordinatenbeobachtungen abhängig von der Lage im Definitionsbereich bezüglich der anderen Beobachtungen. Isolierte ausgeglichene Beobachtungen und Randbeobachtungen $\hat{L}_i$ werden nur ungenau erhalten. Benachbarte ausgeglichene Beobachtungen $\hat{L}_i, \hat{L}_j$ sind oft stark positiv korreliert.

▶ **Beispiel 7.29**

Wir setzen das Beispiel 7.20 fort. Im Fall der ausgleichenden Parabel erhalten wir aus (7.37), (7.38)

$$\mathbf{Q}_{\hat{X}} = \mathbf{N}^{-1} = \begin{pmatrix} 4{,}6000 & -3{,}3000 & 0{,}5000 \\ -3{,}3000 & 2{,}6714 & -0{,}4286 \\ 0{,}5000 & -0{,}4286 & 0{,}0714 \end{pmatrix}$$

$$\mathbf{Q}_{\hat{L}} = \mathbf{A} \cdot \mathbf{Q}_{\hat{X}} \cdot \mathbf{A}^{\mathrm{T}} = \begin{pmatrix} 0{,}886 & 0{,}257 & -0{,}086 & -0{,}143 & 0{,}086 \\ 0{,}257 & 0{,}371 & 0{,}343 & 0{,}171 & -0{,}143 \\ -0{,}086 & 0{,}343 & 0{,}486 & 0{,}343 & -0{,}086 \\ -0{,}143 & 0{,}171 & 0{,}343 & 0{,}371 & 0{,}257 \\ 0{,}086 & -0{,}143 & -0{,}086 & 0{,}257 & 0{,}886 \end{pmatrix}$$

Diese Ergebnisse bestätigen die Aussagen am Anfang dieses Unterabschnitts: Die Varianzen der beiden äußeren Beobachtungen sind im Vergleich zu den drei Beobachtungen in der Mitte des Definitionsbereiches fast doppelt so groß. Die durchweg positiven Korrelationskoeffizienten benachbarter Beobachtungen fallen von 0,81 in der Mitte auf 0,45 an den Rändern. ◀

▶ **Beispiel 7.30**

Wir setzen das Beispiel 7.21 fort. Wir erhalten aus (7.37) und (7.38) die folgenden Kofaktormatrizen:

$$\mathbf{Q}_{\hat{X}} = \mathbf{N}^{-1} = \begin{pmatrix} 1{,}084 & 0{,}429 \\ 0{,}429 & 0{,}206 \end{pmatrix}$$

$$\mathbf{Q}_{\hat{L}} = \mathbf{A} \cdot \mathbf{Q}_{\hat{X}} \cdot \mathbf{A}^{\mathrm{T}} = \begin{pmatrix} 0{,}451 & 0{,}220 & -0{,}011 & -0{,}241 \\ 0{,}220 & 0{,}195 & 0{,}171 & 0{,}146 \\ -0{,}011 & 0{,}171 & 0{,}352 & 0{,}534 \\ -0{,}241 & 0{,}146 & 0{,}534 & 0{,}921 \end{pmatrix}$$

In diesem Beispiel können wir die Genauigkeitsberechnung a-priori durchführen: Wir hatten in Beispiel 7.16 $\sigma_0 := 0{,}001$ m gewählt. Aus (7.44), (7.45) erhalten wir

$$\sigma_{\hat{H}_{2024,0}} = 0{,}001\,\text{m} \cdot \sqrt{1{,}084} = 0{,}001\,04\,\text{m} = \underline{1{,}04\,\text{mm}}$$

$$\sigma_{\hat{A}} = 0{,}001\,\text{m} \cdot \sqrt{0{,}206\,\text{a}^{-2}} = 0{,}000\,45\,\text{m/a} = \underline{0{,}45\,\text{mm/a}}$$

$$\sigma_{\hat{H}_{2020,8}} = 0{,}001\,\text{m} \cdot \sqrt{0{,}451} = 0{,}000\,67\,\text{m} = \underline{0{,}67\,\text{mm}}$$

$$\sigma_{\hat{H}_{2021,8}} = 0{,}001\,\text{m} \cdot \sqrt{0{,}195} = 0{,}000\,44\,\text{m} = \underline{0{,}44\,\text{mm}}$$

$$\sigma_{\hat{H}_{2022,8}} = 0{,}001\,\text{m} \cdot \sqrt{0{,}352} = 0{,}000\,59\,\text{m} = \underline{0{,}59\,\text{mm}}$$

$$\sigma_{\hat{H}_{2023,8}} = 0{,}001\,\text{m} \cdot \sqrt{0{,}921} = 0{,}000\,96\,\text{m} = \underline{0{,}96\,\text{mm}}$$

Mit den Verbesserungen aus Beispiel 7.21 können wir mit (7.49) auch eine Genauigkeitsberechnung a-posteriori durchführen:

$$\hat{\sigma}_0 = \sqrt{\frac{1{,}56 \cdot (0{,}000\,13\,\text{m})^2 + 2{,}04 \cdot (0{,}000\,08\,\text{m})^2 + \cdots + 0{,}59 \cdot (0{,}000\,99\,\text{m})^2}{4 - 2}}$$
$$= 0{,}000\,88\,\text{m} = 0{,}88\,\text{mm}$$

Die Übereinstimmung mit σ_0 ist sehr gut. Damit erhalten wir aus (7.50), (7.51)

$$\hat{\sigma}_{\hat{H}_{2024,0}} = 0{,}88\,\text{mm} \cdot \sqrt{1{,}084} = \underline{0{,}91\,\text{mm}}$$

$$\hat{\sigma}_{\hat{A}} = 0{,}88\,\text{mm} \cdot \sqrt{0{,}206\,\text{a}^{-2}} = \underline{0{,}40\,\text{mm/a}}$$

$$\hat{\sigma}_{\hat{H}_{2020,8}} = 0{,}88\,\text{mm} \cdot \sqrt{0{,}451} = \underline{0{,}59\,\text{mm}}$$

$$\hat{\sigma}_{\hat{H}_{2021,8}} = 0{,}88\,\text{mm} \cdot \sqrt{0{,}195} = \underline{0{,}39\,\text{mm}}$$

$$\hat{\sigma}_{\hat{H}_{2022,8}} = 0{,}88\,\text{mm} \cdot \sqrt{0{,}352} = \underline{0{,}52\,\text{mm}}$$

$$\hat{\sigma}_{\hat{H}_{2023,8}} = 0{,}88\,\text{mm} \cdot \sqrt{0{,}921} = \underline{0{,}84\,\text{mm}}$$

Nun sollen noch Genauigkeiten der Prognosen für Anfang Januar 2025–2027 berechnet werden. Dazu muss für (7.36) eine Matrix $\mathbf{F_X}$ aufgestellt werden:

$$\mathbf{F_X} = \begin{pmatrix} 1 & 1 \\ 1 & 2 \\ 1 & 3 \end{pmatrix}$$

Daraus ergibt sich die Kofaktormatrix (7.40)

$$\mathbf{Q_{f_X}} = \begin{pmatrix} 2{,}15 & 2{,}78 & 3{,}42 \\ 2{,}78 & 3{,}62 & 4{,}46 \\ 3{,}42 & 4{,}46 & 5{,}51 \end{pmatrix}$$

und wir erhalten aus (7.47) die a-priori Standardabweichungen

$$\sigma_{\hat{H}_{2025,0}} = 0{,}001\,\text{m} \cdot \sqrt{2{,}15} = 0{,}0015\,\text{m} = \underline{1{,}5\,\text{mm}}$$

$$\sigma_{\hat{H}_{2026,0}} = 0{,}001\,\text{m} \cdot \sqrt{3{,}62} = 0{,}0019\,\text{m} = \underline{1{,}9\,\text{mm}}$$

$$\sigma_{\hat{H}_{2027,0}} = 0{,}001\,\text{m} \cdot \sqrt{5{,}51} = 0{,}0023\,\text{m} = \underline{2{,}3\,\text{mm}}$$

Alternativ können aus (7.53) auch a-posteriori Standardabweichungen berechnet werden. Man erkennt deutlich, dass die Prognose immer ungenauer wird, je weiter sie in die Zukunft reicht. Hierin ist aber noch nicht einkalkuliert, dass für lange Zeitabschnitte das Modell der konstanten Höhenänderung möglicherweise nicht ausreicht. Eine Senkung könnte sich z. B. im Laufe der Jahre beschleunigen oder verlangsamen oder sogar zum Stillstand kommen. Dadurch ergäben sich für die Prognose zusätzliche Ungenauigkeiten, die hier nicht berücksichtigt sind.

▶ http://sn.pub/btUyEh ◀

❶ Aufgabe 7.10

Setzen Sie die Aufgabe 7.7 fort. Bestimmen Sie den Neigungswinkel der ausgleichenden Ebene und die Richtung der Falllinie bezogen auf die Seitenlinien sowie die a-posteriori Standardabweichungen dieser Werte. Wie sehr würde sich die Genauigkeit der Neigungsbestimmung verbessern lassen, wenn zusätzlich noch die Endpunkte der Mittellinie nivelliert worden wären?

▶ http://sn.pub/KjnJCo

7.5 Zuverlässigkeitsberechnung

7.5.1 Was ist Zuverlässigkeit?

Unter Zuverlässigkeit versteht man die Fähigkeit eines Ausgleichungsmodells, sich durch die Beobachtungen zu kontrollieren. Es könnte sein, dass einige oder alle gemessenen Beobachtungen nicht zu diesem Modell passen. Z. B. könnte versucht werden, eine ausgleichende Gerade durch Punkte zu berechnen, die vielmehr auf einem Kreis liegen. Typisch ist, dass einzelne Beobachtungen durch grobe Messabweichungen verfälscht sein können, die als *Ausreißer* in Erscheinung treten (s. Definition 6.4). Da das stochastische Modell nur zufällige Messabweichungen mit den gegebenen Standardabweichungen oder Gewichten vorsieht, würden diese Beobachtungen nicht dazu passen.

Zuverlässigkeit ist nicht mit Genauigkeit zu verwechseln. Es kann sein, dass ausgeglichene Größen sehr genau berechenbar sind, aber nur eine geringe Zuverlässigkeit aufweisen. Grobe Messabweichungen würden in diesen Beobachtungen kaum erkannt werden. Es ist sogar oft so, dass einzelne oder wenige Beobachtungen besonders hoher Genauigkeit schlecht kontrollierbar sind, weil die Kontrolle einen Vergleich mit anderen Beobachtungen verlangt, diese aber wegen ihrer geringeren Genauigkeit dazu nicht in der Lage sind. Wir unterscheiden zwei Arten von Zuverlässigkeit:

Definition 7.1 (Innere Zuverlässigkeit)

Die innere Zuverlässigkeit eines Ausgleichungsmodell charakterisiert dessen Fähigkeit, grobe Messabweichungen in den Beobachtungen aufzudecken [16, S. 443].

Definition 7.2 (Äußere Zuverlässigkeit)

Die äußere Zuverlässigkeit eines Ausgleichungsmodell beschreibt, wie stark nicht aufgedeckte grobe Messabweichungen die ausgeglichenen Parameter verfälschen [16, S. 443].

7.5.2 Gesamtredundanz und Redundanzanteile

Beobachtungen können nur ausgeglichen werden, wenn redundante Beobachtungen vorliegen (s. Definition 4.1). Die Anzahl dieser redundanten Beobachtungen nennen wir die *Gesamtredundanz*.

$$r = n - u \qquad (7.56)$$

▶ **Beispiel 7.31**

Wir setzen das Beispiel 7.22 fort. Die Gesamtredundanz (7.56) beträgt $r = 6 - 3 = 3$. ◀

Die mögliche Genauigkeitssteigerung durch Ausgleichung hängt u. a. von der Gesamtredundanz ab: Ist diese sehr hoch, können die ausgeglichenen Größen meist erheblich genauer bestimmt werden, als dies ohne Redundanz möglich wäre. Aber auch die Zuverlässigkeit hängt entscheidend von der Redundanz ab, wie wir sehen werden.

Durch die Ausgleichung sollen Messabweichungen in den Beobachtungen geschätzt und durch Verbesserungen an den gemessenen Beobachtungen rückgängig gemacht werden. Wir beginnen mit der Frage, wie weitgehend das gelingt. Verbesserungen berechnet man mit (7.24), (7.29) durch

$$\mathbf{v} = \mathbf{A} \cdot \hat{\mathbf{x}} - \mathbf{l} = \mathbf{A} \cdot (\mathbf{A}^{\mathrm{T}} \cdot \mathbf{P} \cdot \mathbf{A})^{-1} \cdot \mathbf{A}^{\mathrm{T}} \cdot \mathbf{P} \cdot \mathbf{l} - \mathbf{l}$$

Wenn wir eine *Redundanzmatrix* $\mathbf{R}$ wie folgt definieren:

$$\mathbf{R} := \mathbf{I} - \mathbf{A} \cdot (\mathbf{A}^{\mathrm{T}} \cdot \mathbf{P} \cdot \mathbf{A})^{-1} \cdot \mathbf{A}^{\mathrm{T}} \cdot \mathbf{P} = \mathbf{I} - \mathbf{Q}_{\hat{\mathbf{L}}} \cdot \mathbf{P} = \mathbf{Q}_{\mathbf{v}} \cdot \mathbf{P} \qquad (7.57)$$

wobei $\mathbf{I}$ die $n \times n$-Einheitsmatrix ist, so erhalten wir daraus

$$\mathbf{v} = -\mathbf{R} \cdot \mathbf{l} \qquad (7.58)$$

Die Redundanzmatrix $\mathbf{R}$ ist eine symmetrische singuläre $n \times n$-Matrix. Ihre Elemente bezeichnen wir mit r_{ij}. Eine Verbesserung v_i berechnet man laut (7.58) durch

$$v_i = -r_{i1} \cdot l_1 - r_{i2} \cdot l_2 - \cdots - r_{ii} \cdot l_i - \cdots - r_{in} \cdot l_n$$

Nehmen wir an, eine Beobachtung L_i wird durch eine Messabweichung ε_i verfälscht zu $L_i + \varepsilon_i$. Dadurch wird die gekürzte Beobachtung l_i zu $l_i + \varepsilon_i$ verfälscht. Um welchen Betrag wird diese Messabweichung durch eine Verbesserung v_i rückgängig gemacht? Man sieht in (7.58), dass sich v_i um $r_{ii} \cdot \varepsilon_i$ verringert:

$$v_i^{\mathrm{neu}} = -r_{i1} \cdot l_1 - r_{i2} \cdot l_2 - \cdots - r_{ii} \cdot (l_i + \varepsilon_i) - \cdots - r_{in} \cdot l_n = v_i - r_{ii} \cdot \varepsilon_i$$

Im Idealfall ist $r_{ii} = 1$, denn dann würde die Messabweichung ε_i vollständig durch die neue Verbesserung $v_i^{\mathrm{neu}} = v_i - \varepsilon_i$ an der neuen gemessenen Beobachtungen $L_i + \varepsilon_i$ kompensiert und die neue ausgeglichene Beobachtung $\hat{L}_i$ wäre vom Einfluss der Messabweichung ε_i vollständig befreit. Außerdem ist es wünschenswert, dass sich keine andere Verbesserung ändert, damit sich keine anderen ausgeglichenen Beobachtungen $\hat{L}_j$, $j \neq i$

◻ **Tab. 7.2** Redundanzanteil und Kontrollierbarkeit

Redundanzanteil	Einfluss auf die Verbesserung	Die Beobachtung L_i ist
$0,00 \leq r_i < 0,01$	$0\% \leq EV_i < 1\%$	Praktisch nicht kontrollierbar
$0,01 \leq r_i < 0,10$	$1\% \leq EV_i < 10\%$	Schlecht kontrollierbar
$0,10 \leq r_i < 0,30$	$10\% \leq EV_i < 30\%$	Ausreichend kontrollierbar
$0,30 \leq r_i < 0,70$	$30\% \leq EV_i < 70\%$	Gut kontrollierbar
$0,70 \leq r_i \leq 1,00$	$70\% \leq EV_i \leq 100\%$	Nahezu vollständig redundant

ebenfalls ändern, ohne betroffen zu sein. Das sollte für alle $i = 1, 2, \ldots, n$ gelten. Das könnte aber nur bestehen, wenn $\mathbf{R} = \mathbf{I}$ wäre und somit $\mathbf{v} = -\mathbf{l}$ und schließlich $\hat{\mathbf{L}} = \mathbf{L}^0$. Dieses Ergebnis wäre aber unsinnig.

Immerhin kann man an der Matrix $\mathbf{R}$ ablesen, wie weitgehend die Messabweichungen in den Beobachtungen durch Verbesserungen an den gemessenen Beobachtungen rückgängig gemacht werden. Wir konzentrieren uns auf die Hauptdiagonalelemente $r_{11}, r_{22}, \ldots, r_{nn}$, die oft auch nur mit einfachem Index geschrieben werden. Wir tun dies im Weiteren ebenfalls. Die Größen $r_1 := r_{11}, r_2 := r_{22}, \ldots, r_n := r_{nn}$ heißen *Redundanzanteile* (manchmal auch *Teilredundanzen*) und sind einheitenlos. Man kann zeigen, dass bei unkorrelierten Beobachtungen alle Redundanzanteile im geschlossenen Intervall $[0, 1]$ liegen. Sie werden manchmal auch in Prozent angegeben und als *Einfluss auf die Verbesserung* (EV) bezeichnet. Je höher der Redundanzanteil einer Beobachtung ist, desto besser können zufällige Messabweichungen in dieser Beobachtung ausgeglichen werden, aber auch desto stärker treten grobe Messabweichungen durch betragsgroße Verbesserungen derselben Beobachtung in Erscheinung und lassen sich als Ausreißer erkennen. Auf diese Weise können grobe Messabweichungen mit gewisser Wahrscheinlichkeit aufgedeckt werden. Wir nennen Beobachtungen mit großen Redundanzanteilen *kontrollierbar*. In der Praxis hat sich die Unterteilung in ◻ Tab. 7.2 weit verbreitet, auch wenn sie nicht überall verbindlich ist.

❯ **Hinweis 7.10**

Manchmal spricht man auch von „Kontrolliertheit" statt „Kontrollierbarkeit". Jedoch bedeutet ein großer Redundanzanteil noch nicht, dass das Ausgleichungsmodell in Ordnung ist. Die eigentliche Kontrolle muss sich erst noch anschließen.

Die Kontrollierbarkeit der Beobachtungen kann im Rahmen einer Zuverlässigkeitsanalyse schon *vor* der Durchführung der Messungen untersucht werden, denn die Beobachtungen werden zur Berechnung von (7.57) nicht benötigt. Man kann weiter zeigen, dass für unkorrelierte Beobachtungen gilt:

$$\sum_{i=1}^{n} r_i = r \qquad (7.59)$$

Die Redundanzanteile summieren sich in diesem Fall zur Gesamtredundanz (7.56). Diese Formel eignet sich für die Zahlenrechnung auch als Rechenprobe. Damit alle Beobachtungen mindestens gut kontrollierbar sein können (s. ◘ Tab. 7.2), muss gelten

$$n - u = \sum_{i=1}^{n} r_i \geq 0,3 \cdot n \quad \Leftrightarrow \quad n/u \geq 1,43$$

Das Verhältnis der Anzahlen von Beobachtungen und Parametern muss also etwa 10 : 7 oder besser sein.

▶ **Beispiel 7.32**

Wir setzen das Beispiel 7.22 fort. Genau doppelt so viele Beobachtungen wie Parameter liegen vor. Von daher könnte gute Kontrollierbarkeit vorliegen. ◀

Um die Kontrollierbarkeit aller Beobachtungen insgesamt zu verbessern, muss die Gesamtredundanz erhöht werden. Das wird durch zusätzliche Messungen erreicht. Ist die Gesamtredundanz vorgegeben, z. B. durch den Messaufwand, der insgesamt wirtschaftlich betrieben werden kann, sollte man dafür sorgen, dass alle Redundanzanteile etwa gleich groß sind, nämlich

$$r_1 \approx r_2 \approx \cdots \approx r_n \approx \frac{n - u}{n} \tag{7.60}$$

Änderungen der Redundanzanteile können durch Änderungen des Beobachtungsplans und durch Änderungen der Messgenauigkeiten bewirkt werden. Sind alle Beobachtungen unkorreliert, so dass $\mathbf{P}$ eine Diagonalmatrix ist, vereinfacht sich die Berechnung der Redundanzanteile (7.57) zu

$$r_i = 1 - q_{\hat{L},ii} \cdot p_i, \quad i = 1, 2, \ldots, n \tag{7.61}$$

▶ **Beispiel 7.33**

Wir setzen das Beispiel 7.22 fort. Alle Beobachtungen sind unkorreliert, so dass (7.59) und (7.61) angewendet werden können. Die Redundanzanteile für das gleichseitige Dreieck lauten:

$$r_1 = r_2 = r_3 = 1 - 0,0236 \cdot 25 = 0,410 = \underline{41,0\,\%}$$
$$r_4 = r_5 = r_6 = 1 - 0,1027 \cdot 4 = 0,589 = \underline{58,9\,\%}$$

Ihre Summe (7.59) beträgt $r = 3,00 = 300\,\%$ und bestätigt die Richtigkeit der Berechnung. Alle Beobachtungen sind laut ◘ Tab. 7.2 gut kontrollierbar. Würde man die Standardabweichung der gemessenen Strecken auf 3 mm steigern, erhielte man die nach (7.60) idealen Redundanzanteile 51 % und 49 %. Dasselbe würde man erreichen, wenn statt dessen die Standardabweichung der gemessenen Winkel auf 3 mgon gesenkt würde. Mit dieser Verbesserung der Zuverlässigkeit würde natürlich im Fall, dass das Ausgleichsmodell in Ordnung ist, eine Verschlechterung der Genauigkeit ausgeglichener Größen einhergehen. ◀

7.5.3 **Globaltest**

Dieser statistische Hypothesentest überprüft das Ausgleichsmodell insgesamt [9, S. 312f], [18, S. 167ff], [27, S. 90ff]. Wie kein anderer Test kann er eine Vielzahl von Abweichungen der Beobachtungen gegenüber den Annahmen des Ausgleichungsmodells gleichzeitig aufdecken, ohne jedoch für eine spezielle Art von Abweichung besonders effektiv zu sein. Der Globaltest ist nur für die stochastischen Modelle aus den Unterabschnitten 7.2.1 und 7.2.4 durchführbar. Er ist auch für Wiederholungs- und Doppelbeobachtungen (s. ▶ Kap. 6) mit gegebenen a-priori Standardabweichungen durchführbar, wobei $n - u$ durch $n - 1$ ersetzt werden muss.

Die Teststatistik lautet

$$T_{\text{global}} := (n - u) \cdot \frac{\hat{\sigma}_0^2}{\sigma_0^2} \tag{7.62}$$

Die Nullhypothese H_0 lautet: Das Ausgleichsmodell ist korrekt, insbesondere sind die Messabweichungen in den Beobachtungen normalverteilt mit Erwartungswert Null und den gegebenen a-priori Standardabweichungen. Die Zufallsvariable T_{global} hat in diesem Fall eine χ^2-Verteilung mit $n - u$ Freiheitsgraden [2, S. 696f], [9, S. 134], [18, S. 84f]. Die symbolische Schreibweise dafür lautet:

$$T_{\text{global}} | H_0 \sim \chi^2(n - u) \tag{7.63}$$

Sehr große T_{global}-Werte zeigen an, dass die a-priori angenommene Genauigkeit der Beobachtungen wahrscheinlich nicht erreicht wurde. Das kann durch grobe Messabweichungen oder durch ein falsches funktionales Modell verursacht werden, z. B. durch das Modell der ausgleichenden Gerade, wenn die Punkte vielmehr auf einem Kreis liegen. Sehr kleine T_{global}-Werte deuten darauf hin, dass die erreichte Genauigkeit besser ist, als erwartet.

Zum Durchführen eines Globaltests legt man eine *Irrtumswahrscheinlichkeit* α fest. Diese gibt an, mit welcher Wahrschenlichkeit der Globaltest eine Abweichung anzeigt, obwohl keine vorhanden ist, d. h. die Nullhypothese H_0 abgelehnt wird, obwohl sie zutrifft (Entscheidungsfehler erster Art).

Rechtsseitiger Globaltest: Bei diesem Test wird H_0 nur abgelehnt, wenn die a-priori angenommene Genauigkeit der Beobachtungen wahrscheinlich nicht erreicht wurde, z. B. durch das Vorhandensein von einer oder mehreren groben Messabweichungen. Das kann aber auch durch eine Unterparametrisierung oder ein anderes unzutreffendes funktionales Modell verursacht werden. Eine erreichte Genauigkeit besser als erwartet wird nicht als kritisch eingestuft und führt nicht zur Ablehnung von H_0. Der kritische Wert c_2 ist das $(1 - \alpha)$-Quantil der $\chi^2(n - u)$-Verteilung (s. linker Teil der ◼ Abb. 7.5). Für ausgewählte Werte $n - u, \alpha$ findet man c_2 in ◼ Tab. 7.3. Für andere Werte kann interpoliert werden. Mit Tabellenkalkulationsprogrammen wie Microsoft EXCEL berechnet man c_2 mit der Funktion

$$c_2 = \text{CHIQU.INV}(1 - \alpha; n - u)$$

H_0 wird abgelehnt, wenn $T_{\text{global}} > c_2$ ist.

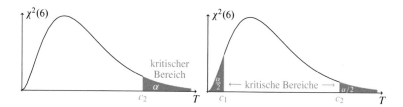

Abb. 7.5 Dichtefunktion der χ^2-Verteilung mit 6 Freiheitsgraden. Links: rechtsseitiger Test. Rechts: zweiseitiger Test

Tab. 7.3 Kritische Werte für T_{global} in (7.62) zur Irrtumswahrscheinlichkeit α

$n - u$	1	2	3	5	7	10	14	20	30	50	70	100
rechtsseitiger Test: c_2												
$\alpha = 0{,}10$	2,71	4,61	6,25	9,24	12,0	16,0	21,1	28,4	40,3	63,2	85,5	118
$\alpha = 0{,}05$	3,84	5,99	7,81	11,1	14,1	18,3	23,7	31,4	43,8	67,5	90,5	124
$\alpha = 0{,}01$	6,63	9,21	11,3	15,1	18,5	23,2	29,1	37,6	50,9	76,2	100	136
zweiseitiger Test: c_1												
$\alpha = 0{,}10$	0,004	0,10	0,35	1,15	2,17	3,94	6,57	10,9	18,5	34,8	51,7	77,9
$\alpha = 0{,}05$	0,001	0,05	0,22	0,83	1,69	3,25	5,63	9,59	16,8	32,4	48,8	74,2
$\alpha = 0{,}01$	0,000	0,01	0,07	0,41	0,99	2,16	4,07	7,43	13,8	28,0	43,3	67,3
zweiseitiger Test: c_2												
$\alpha = 0{,}10$	3,84	5,99	7,81	11,1	14,1	18,3	23,7	31,4	43,8	67,5	90,5	124
$\alpha = 0{,}05$	5,02	7,38	9,35	12,8	16,0	20,5	26,1	34,2	47,0	71,4	95,0	130
$\alpha = 0{,}01$	7,88	10,6	12,8	16,7	20,3	25,2	31,3	40,0	53,7	79,5	104	140

Zweiseitiger Globaltest: H_0 wird bei diesem Test auch abgelehnt, wenn die erreichte Genauigkeit besser zu sein scheint, als erwartet. Eine grobe Messabweichung kann dann zwar kaum vorliegen, aber eine andere Modellabweichung, wahrscheinlich zu pessimistische a-priori Genauigkeiten für einige oder alle Beobachtungen oder eine Überparametrisierung. Die kritischen Werte c_1, c_2 sind das $\alpha/2$-Quantil und das $(1 - \alpha/2)$-Quantil der $\chi^2(n - u)$-Verteilung (s. rechter Teil der **Abb. 7.5**). Für ausgewählte Werte $n - u, \alpha$ entnimmt man c_1 und c_2 der **Tab. 7.3**. Für andere Werte kann interpoliert werden. Mit Tabellenkalkulationsprogrammen wie Microsoft EXCEL berechnet man c_1 und c_2 mit der Funktion

$$c_1 = \text{CHIQU.INV}(\alpha/2; n - u) \quad \text{und} \quad c_2 = \text{CHIQU.INV}(1 - \alpha/2; n - u)$$

H_0 wird abgelehnt, wenn $T_{\text{global}} < c_1$ oder $T_{\text{global}} > c_2$ ist.

▶ **Beispiel 7.34**

Wir setzen das Beispiel 7.26 fort. Mit dem dort berechneten Wert $\hat{\sigma}_0 = 0{,}0134$ erhält man aus (7.62)

$$T_{\text{global}} = (6 - 3) \cdot \frac{0{,}0134^2}{0{,}01^2} = 5{,}39$$

Mit der Irrtumswahrscheinlichkeit $\alpha = 0{,}05$ erhält man beim rechtsseitigen Test $c_2 = 7{,}81$. Dieser Wert wird nicht überschritten, also wird H_0 angenommen. Beim zweiseitigen Test ist mit demselben α

$$c_1 = 0{,}22 \quad \text{und} \quad c_2 = 9{,}35$$

Auch hier wird H_0 angenommen. Das Ausgleichungsmodell ist aus der Sicht des Globaltests in beiden Varianten korrekt formuliert, d. h. zu den Beobachtungen passend. ◀

Für Anwender, die nicht über Kenntnisse zu statistischen Tests verfügen oder mit einfachen Entscheidungen zufrieden sind, wird folgende Faustregel empfohlen: Das Ausgleichungsmodell gilt als korrekt, wenn

$$0{,}7 < \frac{\hat{\sigma}_0}{\sigma_0} < 1{,}3$$

gilt. Dies ist eine Art nicht-statistischer zweiseitiger Test. Mit dieser Faustregel nimmt man in Kauf, dass häufiger als nötig eine falsche Entscheidung getroffen wird.

7.5.4 Ausreißererkennung

In diesem Abschnitt gehen wir von unkorrelierten Beobachtungen aus. Die Ausreißererkennung für korrelierte Beobachtungen wird sehr verständlich in [27] beschrieben.

Wird beim rechtsseitigen Globaltest H_0 abgelehnt, dann werden eine oder mehrere grobe Messabweichungen vermutet. Die grob abweichenden Beobachtungen müssen eliminiert oder durch korrekte Werte ersetzt werden.

(1) Wir betrachten zuerst den Fall, dass a-priori Standardabweichungen $\sigma_{L_1}, \sigma_{L_2}, \ldots,$ σ_{L_n} gegeben sind. Damit bestimmt man folgende *normierte Verbesserungen*:

$$NV_i := \frac{v_i}{\sigma_{v_i}} = \frac{v_i}{\sigma_{L_i} \cdot \sqrt{r_i}}, = \frac{v_i}{\sigma_0} \sqrt{\frac{p_i}{r_i}}, \quad i = 1, \ldots, n \tag{7.64}$$

Diese Formel ist eine Verallgemeinerung von (6.10) und (6.30). Um eine grob abweichende Beobachtung zu identifizieren, führt man einen statistischen Hypothesentest durch: den *w-Test nach Willem Baarda (1917–2005)* [1, 7, 12]. Die Teststatistik lautet

$$T_w := \max |NV_i| \tag{7.65}$$

und nimmt im Fall grober Messabweichungen besonders große Werte an. Diese Formel ist analog zu (6.12) und (6.32). Wir fragen nach dem *kritischen Wert* für T_w, ab dem die *statistische Hypothese*, es wäre keine grobe Messabweichung vorhanden, verworfen werden müsste. Dieser ist ❏ Tab. 6.1 zu entnehmen. Wird er von T_w überschritten, ist ein Ausreißer in jener Beobachtung erkannt, bei der in (7.65) das Maximum auftrat.

(2) In dem Fall, dass a-priori Standardabweichungen nicht bekannt sind, sondern nur Gewichte, muss in (7.64) und (7.65) mit Schätzwerten $\hat{\sigma}_{L_i}$ gearbeitet werden. Ein Globaltest ist somit nicht möglich. Jedoch bestimmt man folgende *studentisierten Verbesserungen*:

$$SV_i := \frac{v_i}{\hat{\sigma}_{v_i}} = \frac{v_i}{\hat{\sigma}_0} \cdot \sqrt{\frac{p_i}{r_i}}, \quad i = 1, \ldots, n \tag{7.66}$$

Wir nehmen hier einen τ-*Test nach Allen J. Pope* vor [7, 21]. Die Teststatistik lautet:

$$T_\tau := \max |SV_i| \tag{7.67}$$

Der kritische Wert ist wiederum ❏ Tab. 6.1 zu entnehmen, wobei n dort durch $r + 1$ zu ersetzen ist. Wird er von T_τ überschritten, ist ein Ausreißer in jener Beobachtung erkannt, bei der in (7.67) das Maximum auftrat. Vergleichen Sie hierzu [9, S. 333f], [12, 13].

Gegebenenfalls sollte die als Ausreißer erkannte Beobachtung verworfen werden. Anschließend sollte die Ausgleichung mit $n := n - 1$ Beobachtungen wiederholt und mittels einer weiteren Zuverlässigkeitsuntersuchung bestehend aus Globaltest, falls dieser durchführbar ist, und Ausreißertest nach weiteren Ausreißern gesucht werden. Die Prozedur endet, wenn keine mehr gefunden werden. Diese Strategie bezeichnet man als DIA-Methode (detection–identification–adaption) [22].

▶ **Beispiel 7.35**

Wir setzen die Beispiele 7.33 und 7.34 fort. Nach dem positiven Ergebnis des Globaltests ist unter gewissen Voraussetzungen ein w-Test nicht zwingend erforderlich. Wenn man aber dennoch diesen Test anwenden will oder wenn man für den Globaltest eine größere Irrtumswahrscheinlichkeit verwendet hat, so dass H_0 verworfen wurde, geht man wie folgt vor: Die normierten Verbesserungen (7.64) lauten

$$NV_1 = \frac{0{,}0015}{0{,}01} \sqrt{\frac{25}{0{,}41}} = 1{,}17; \qquad NV_2 = \cdots = -0{,}55; \quad NV_3 = \cdots = 3{,}05$$

$$NV_4 = \frac{-0{,}0041}{0{,}01} \sqrt{\frac{4}{0{,}59}} = -1{,}07; \quad NV_5 = \cdots = 0{,}23; \qquad NV_6 = \cdots = 0{,}52$$

Damit ist in (7.65) $T_w = 3{,}05$. Mit $n = 6$ und der Irrtumswahrscheinlichkeit $\alpha = 0{,}05$ erhält man aus ❏ Tab. 6.1 den kritischen Wert $c_2 = 2{,}64$. H_0 wird folglich abgelehnt. Die dritte Beobachtung, das ist der Winkel γ, gilt demnach als Ausreißer. Nachdem diese Beobachtung verworfen ist, muss die Ausgleichung mit $n = 5$ Beobachtungen wiederholt werden. ◀

⬢ **Hinweis 7.11**

Um die Fälle zu vermeiden, dass im Globaltest H_0 verworfen wird, aber der w-Test oder der τ-Test keine Ausreißer detektieren, oder umgekehrt, wird in diesen Tests oft mit unterschiedlichen Irrtumswahrscheinlichkeiten gearbeitet. Diese können auch gezielt aufeinander abgestimmt werden [6].

Für Anwender, die nicht über Kenntnisse zu statistischen Tests verfügen oder mit einfachen Entscheidungen zufrieden sind, wird folgende Faustregel empfohlen: Das Ausgleichungsmodell gilt als korrekt, wenn $T_w < 3$ gilt. Diese Faustregel entspricht der in ▶ Abschn. 6.1.5 bereits vorgestellten $3 \cdot \sigma$-Regel. Mit ihr nimmt man in Kauf, dass häufiger als nötig eine falsche Entscheidung getroffen wird. Eine entsprechende Regel für T_τ wird nicht empfohlen. Eine detaillierte Analyse hierzu findet man in [13].

7.5.5 Anwendung: Einfache Höhennetze

▶ **Beispiel 7.36**

Wir setzen das Beispiel 7.28 fort. Alle Beobachtungen sind unkorreliert, so dass (7.59) und (7.61) angewendet werden können.

$$r_1 = r_{A1} = 1 - 0,5019 \cdot 0,769 = 0,614 = \underline{61,4\,\%}$$

$$r_2 = r_{A2} = 1 - 0,4521 \cdot 0,667 = 0,699 = \underline{69,9\,\%}$$

$$r_3 = r_{B1} = 1 - 0,5019 \cdot 0,526 = 0,736 = \underline{73,6\,\%}$$

$$r_4 = r_{B2} = 1 - 0,4521 \cdot 0,909 = 0,589 = \underline{58,9\,\%}$$

$$r_5 = r_{12} = 1 - 0,5099 \cdot 1,250 = 0,363 = \underline{36,3\,\%}$$

Die Bedingung (7.59) ist erfüllt. Alle Beobachtungen sind kontrollierbar. Besonders die ersten vier Beobachtungen sind gut kontrollierbar, weil sie an einen Festpunkt anschließen.

Wir untersuchen die Situation, dass einzelne Beobachtungen weggelassen werden (s. ◻ Abb. 7.6) und vergleichen die geänderten Kofaktoren und Redundanzanteile in ◻ Tab. 7.4, wobei als Indizes der Redundanzanteile r die Endpunkte der Netzseite angegeben sind und die erste Zeile unter der Kopfzeile die Ausgangssituation (s. ◻ Abb. 7.6 oben links) darstellt: Der Vergleich der geänderten Genauigkeiten und Zuverlässigkeiten mit der Ausgangssituation ergibt Folgendes:

ohne 1-2 – (s. ◻ Abb. 7.6 oben rechts) Die Neupunkte sind jetzt unkorreliert ($q_{12} = 0,00$), weil zwei unabhängige Netzseiten gemessen wurden. Die Genauigkeit beider Neupunkte ist gesunken. Das Netz ist jedoch weiter gut kontrollierbar.

ohne B-1 – (s. ◻ Abb. 7.6 zweite Zeile links) Die Genauigkeit von Punkt 2 ist fast gleich geblieben, aber von Punkt 1 gesunken, weil eine Anschlussmessung fehlt. Das Netz ist gut kontrollierbar mit der Einschränkung, dass r_{12} knapp unter der Marke von 30 % liegt.

ohne B-2 – (s. ◻ Abb. 7.6 zweite Zeile rechts) Die Genauigkeit beider Neupunkte ist gesunken, vor allem Punkt 2 ist davon betroffen. Die Beobachtungen sind gut kontrollierbar, außer 1-2, weil r_{12} nun deutlich unter der Marke von 30 % liegt. Somit gilt 1-2 nur noch als ausreichend kontrollierbar. Die Einbußen sind hier größer als in der vorangegangenen Variante, weil die genauere Beobachtung fehlt.

ohne A-2,B-2 – (s. ◻ Abb. 7.6 dritte Zeile links) Die Genauigkeit beider Neupunkte ist stark gesunken, vor allem Punkt 2 ist davon betroffen. Die Neupunkte sind stark korreliert, denn eine Messabweichung in A-1 oder B-1 beeinflusst beide Neupunkthöhen in gleicher Weise. Die Beobachtungen A-1 und B-1 sind gut kontrollierbar. Sie kontrollieren sich gegenseitig, wobei B-1 durch A-1 besser kontrollierbar ist, als umgekehrt, weil A-1 genauer gemessen ist. 1-2 hingegen ist nicht kontrollierbar, da am Punkt 2 keine weitere Beobachtung anschließt.

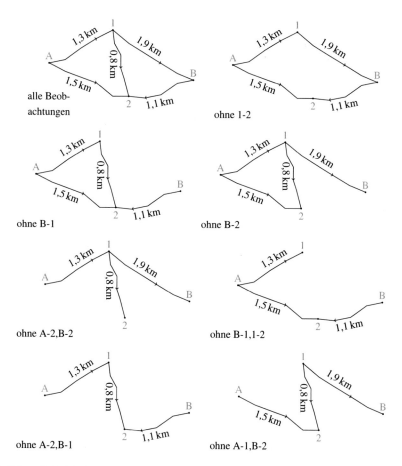

Abb. 7.6　zu Beispiel 7.36: Höhennetz aus **□** Abb. 7.3 mit weggelassenen Beobachtungen

□ Tab. 7.4　zu Beispiel 7.36

q_{11}	$q_{12} = q_{21}$	q_{22}	r_{A1}	r_{A2}	r_{B1}	r_{B2}	r_{12}	$\sum r$
0,502	0,222	0,452	0,614	0,699	0,736	0,589	0,363	3,001 ✓
0,772	0,000	0,635	0,406	0,577	0,594	0,423	–	2,000 ✓
0,682	0,302	0,487	0,475	0,675	–	0,557	0,292	1,999 ✓
0,578	0,377	0,767	0,555	0,488	0,696	–	0,260	1,999 ✓
0,772	0,772	1,572	0,406	–	0,594	–	0,000	1,000 ✓
1,300	0,000	0,635	0,000	0,577	–	0,423	–	1,000 ✓
0,772	0,447	0,722	0,406	–	–	0,344	0,250	1,000 ✓
1,041	0,679	0,964	–	0,357	0,452	–	0,191	1,000 ✓

ohne B-1,1-2 – (s. ◩ Abb. 7.6 dritte Zeile rechts) Das Netz ist zu einem Liniennivellement entartet. Die Beobachtungen A-2 und B-2 sind gut kontrollierbar. Sie kontrollieren sich gegenseitig, wobei A-2 durch B-2 besser kontrollierbar ist, als umgekehrt, weil B-2 genauer gemessen ist. A-1 hingegen ist nicht kontrollierbar, da am Punkt 1 keine weitere Beobachtung anschließt.

ohne A-2,B-1 – (s. ◩ Abb. 7.6 unten links) Das Netz ist zu einem beidseitig angeschlossenen Liniennivellement entartet. Die Genauigkeit beider Neupunkte ist gleichermaßen gesunken. Die Beobachtungen sind gut kontrollierbar, außer 1-2, weil r_{12} nun deutlich unter der Marke von 30 % liegt. Somit gilt 1-2 nur noch als ausreichend kontrollierbar.

ohne A-1,B-2 – (s. ◩ Abb. 7.6 unten rechts) Auch hier ist das Netz zu einem beidseitig angeschlossenen Liniennivellement geworden, wobei dieses jetzt länger ist, als in der vorangegangenen Situation. Hier ist die Genauigkeit deshalb nochmal schlechter. Die Kontrollierbarkeit ist etwa gleich geblieben.

Die normierten Verbesserungen *NV* können in diesem Beispiel nicht berechnet werden, weil a-priori Standardabweichungen unbekannt sind. Die studentisierten Verbesserungen (7.66) lauten

$$SV_1 = \frac{-1,1}{1,37}\sqrt{\frac{0,769}{0,614}} = -0,90; \ldots, SV_5 = \frac{0,7}{1,37}\sqrt{\frac{1,25}{0,363}} = 0,91$$

und nehmen das Maximum bei $T_\tau = SV_2 = 1,65$ an. Mit $r + 1 = 4$ entnehmen wir ◩ Tab. 6.1 den kritischen Wert 1,67, wobei interpoliert werden muss. (Der genaue Wert ist 1,71.) Dieser Wert wird nicht überschritten, so dass die Nullhypothese angenommen wird.

▶ http://sn.pub/p7sXSF ◀

❶ Aufgabe 7.11

Das Höhennetz in ◩ Abb. 7.7 soll ausgeglichen werden. Die a-priori Standardabweichungen aller Beobachtungen sind gleich und betragen 0,01 m. Gesucht sind alle Genauigkeits- und Zuverlässigkeitsmaße einschließlich statistischer Tests.

▶ http://sn.pub/Rwbk9m

Wählt man Höhendifferenzen als Parameter, ist sogar die Ausgleichung von *freien* Höhennetzen möglich. Darunter versteht man Höhennetze ohne Anschlusspunkte. Es ergeben sich Verbesserungen und ausgeglichene Höhendifferenzen. Genauigkeits- und Zuverlässigkeitsberechnungen sind möglich. Jedoch ergeben sich keine Punkthöhen.

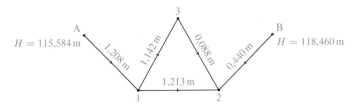

◩ **Abb. 7.7** Höhennetz mit zwei Festpunkten A, B und drei Neupunkten 1, 2 und 3 mit Festpunkthöhen und Höhendifferenzen zu Aufgaben 7.11 und 7.13. Die Pfeile zeigen in Steigrichtung

Praktisch wendet man bei freien geodätischen Netzen jedoch meist *andere* Verfahren an. Diese arbeiten mit *generalisierten Matrixinversen* [9], ein mathematisches Werkzeug, das in diesem Buch nicht eingesetzt werden kann. Als weiterführende Literatur eignen sich hierfür [17, 19, 20].

▶ **Beispiel 7.37**

Wir ändern die Berechnungen aus den Beispielen 7.7, 7.14, 7.19, 7.28, 7.36 dahingehend, dass die Festpunkte A und B nicht mehr verwendet werden, so dass sich ein freies Höhennetz ergibt. Der Beobachtungsvektor aus Beispiel 7.7 und die Gewichtsmatrix aus Beispiel 7.14 bleiben gleich, allerdings wird jetzt der Parametervektor aus drei Höhendifferenzen gebildet, z. B.:

$$\mathbf{X} = \begin{pmatrix} \Delta h_{A1} \\ \Delta h_{A2} \\ \Delta h_{B1} \end{pmatrix}$$

Es ergeben sich daraus folgende Beobachtungsgleichungen:

$$\Delta \tilde{h}_{A1} = \Delta \tilde{h}_{A1}$$
$$\Delta \tilde{h}_{A2} = \Delta \tilde{h}_{A2}$$
$$\Delta \tilde{h}_{B1} = \Delta \tilde{h}_{B1}$$
$$\Delta \tilde{h}_{B2} = \Delta \tilde{h}_{B1} - \Delta \tilde{h}_{A1} + \Delta \tilde{h}_{A2}$$
$$\Delta \tilde{h}_{12} = \Delta \tilde{h}_{A2} - \Delta \tilde{h}_{A1}$$

Die Berechnung gestaltet sich auf dieser Grundlage wie folgt:

$$\mathbf{A} = \begin{pmatrix} 1 & 0 & 0 \\ 0 & 1 & 0 \\ 0 & 0 & 1 \\ -1 & 1 & 1 \\ -1 & 1 & 0 \end{pmatrix}, \quad \mathbf{X}^0 = \begin{pmatrix} 0,5619\,\text{m} \\ 3,5699\,\text{m} \\ -2,3152\,\text{m} \end{pmatrix}, \quad \mathbf{l} = \begin{pmatrix} 0,0000\,\text{m} \\ 0,0000\,\text{m} \\ 0,0000\,\text{m} \\ 0,0042\,\text{m} \\ 0,0041\,\text{m} \end{pmatrix}$$

$$\hat{\mathbf{x}} = \begin{pmatrix} -0,0016\,\text{m} \\ 0,0018\,\text{m} \\ 0,0005\,\text{m} \end{pmatrix}, \quad \mathbf{v} = \begin{pmatrix} -0,0016\,\text{m} \\ 0,0018\,\text{m} \\ 0,0005\,\text{m} \\ -0,0003\,\text{m} \\ -0,0007\,\text{m} \end{pmatrix}, \quad \hat{\mathbf{L}} = \begin{pmatrix} 0,5603\,\text{m} \\ 3,5717\,\text{m} \\ -2,3147\,\text{m} \\ 0,6967\,\text{m} \\ 3,0114\,\text{m} \end{pmatrix}$$

Die Unterschiede zu den Ergebnissen aus Beispiel 7.19 betragen maximal 0,5 mm. Weiter ergibt sich:

$$\mathbf{Q}_{\hat{\mathbf{L}}} = \begin{pmatrix} 0,8076 & 0,5682 & 0,1516 & -0,0877 & -0,2394 \\ 0,5681 & 0,8442 & -0,1748 & 0,1012 & 0,2760 \\ 0,1516 & -0,1748 & 0,9037 & 0,5772 & -0,3265 \\ -0,0877 & 0,1012 & 0,5772 & 0,7661 & 0,1889 \\ -0,2394 & 0,2760 & -0,3265 & 0,1889 & 0,5154 \end{pmatrix}$$

Verglichen mit der entsprechenden Kofaktormatrix $\mathbf{Q}_{\hat{L}}$ in Beispiel 7.28 fällt auf, dass alle Diagonalelemente jetzt größer sind. Die Ausgleichung liefert nun erwartbar ungenauere Ergebnisse. Die Berechnung von a-posteriori Standardabweichungen ist wegen der geringen Redundanz $r = 5 - 3$ nicht sinnvoll (s. Hinweis 7.8). Die Redundanzanteile sind

$$r_{\Delta h_{A1}} = 0,379; \quad r_{\Delta h_{A2}} = 0,437; \quad r_{\Delta h_{B1}} = 0,525; \quad r_{\Delta h_{B2}} = 0,304; \quad r_{\Delta h_{12}} = 0,356$$

Alle Beobachtungen sind noch gut kontrollierbar, jedoch weniger gut, als zuvor. ◀

7.5.6 Anwendung: Ausgleichende Funktionen

Bei ausgleichenden Funktionen ist die Kontrollierbarkeit der Ordinatenbeobachtungen abhängig von der Lage im Definitionsbereich bezüglich der anderen Beobachtungen. Isolierte Beobachtungen und Randbeobachtungen sind meist schlecht kontrollierbar, weil deren Kontrolle einen Vergleich mit benachbarten Beobachtungen erfordern würde, die es entweder nicht oder nur an einer Seite gibt. Solche Beobachtungen verursachen deshalb eine geringe innere Zuverlässigkeit des Ausgleichungsmodells. Außerdem ist die äußere Zuverlässigkeit meist gering, weil diese Beobachtungen wie über einen langen „Hebel" die ausgleichende Funktion in ihre Richtung „ziehen" können. Ausgehend davon bezeichnet man eine Beobachtung, die eine besonders geringe äußere Zuverlässigkeit verursacht, generell als *Hebelbeobachtung* oder *Hebelpunkt* [9, S. 286ff], [18, S. 215ff].

▶ **Beispiel 7.38**

Wir setzen das Beispiel 7.29 fort. Alle Beobachtungen sind unkorreliert, so dass (7.59) und (7.61) angewendet werden können.

$$r_1 = 1 - 0,886 \cdot 1 = 0,114 = \underline{11,4\,\%}$$
$$r_2 = 1 - 0,371 \cdot 1 = 0,629 = \underline{62,9\,\%}$$
$$r_3 = 1 - 0,486 \cdot 1 = 0,514 = \underline{51,4\,\%}$$
$$r_4 = 1 - 0,371 \cdot 1 = 0,629 = \underline{62,9\,\%}$$
$$r_5 = 1 - 0,886 \cdot 1 = 0,114 = \underline{11,4\,\%}$$

Die Bedingung (7.59) ist erfüllt. Beide Beobachtungen an den Rändern des Beobachtungsintervalls sind im Sinne von ◘ Tab. 7.2 gerade noch ausreichend kontrollierbar. Die Ursache ist, dass den Randbeobachtungen an einer Seite benachbarte Beobachtungen fehlen. Die anderen drei Beobachtungen sind hingegen gut kontrollierbar. Dieses Ergebnis ist typisch für diese Aufgabenkategorie. ◀

▶ **Beispiel 7.39**

Wir setzen das Beispiel 7.30 fort. Alle Beobachtungen sind unkorreliert, so dass (7.59) und (7.61) angewendet werden können.

$$r_1 = 1 - 0,451 \cdot 1,56 = 0,296 = \underline{29,6\,\%}$$
$$r_2 = 1 - 0,195 \cdot 2,04 = 0,601 = \underline{60,1\,\%}$$
$$r_3 = 1 - 0,352 \cdot 1,00 = 0,648 = \underline{64,8\,\%}$$
$$r_4 = 1 - 0,921 \cdot 0,59 = 0,455 = \underline{45,5\,\%}$$

Die Bedingung (7.59) ist erfüllt. Alle Beobachtungen sind kontrollierbar. Besonders die Beobachtungen in der Mitte sind gut kontrollierbar, nämlich durch Beobachtungen zu *beiden* Seiten. Die normierten Verbesserungen (7.64) lauten

$$NV_1 = \frac{0,13}{0,8 \cdot \sqrt{0,296}} = 0,30; \quad NV_2 = \frac{0,08}{0,7 \cdot \sqrt{0,601}} = 0,15;$$

$$NV_3 = \frac{-0,96}{1,0 \cdot \sqrt{0,648}} = -1,20; \quad NV_4 = \frac{0,99}{1,3 \cdot \sqrt{0,455}} = 1,13$$

und nehmen ihren Maximalbetrag bei $T_w = 1,20$ an. Der zugehörige kritische Wert bei einer Irrtumswahrscheinlichkeit $\alpha = 0,05$ und $n = 4$ beträgt laut ◻ Tab. 6.1 2,49, wobei etwas interpoliert werden muss, und wird nicht überschritten. Damit ist die Nullhypothese angenommen: Ausreißer lassen sich nicht erkennen.

▶ http://sn.pub/ANJKhI ◀

🕛 Aufgabe 7.12

Setzen Sie die Aufgabe 7.10 fort. Bestimmen Sie alle Redundanzanteile, sowohl ohne als auch mit nivellierten Mittellinienendpunkten. Beurteilen Sie die Kontrollierbarkeit der Beobachtungen.

▶ http://sn.pub/4mtO6M

7.6 Allgemeinfall der Ausgleichung

Manchmal ist es nicht möglich, den Zusammenhang zwischen Beobachtungen und Parametern in der Form (7.2) anzugeben, sondern nur in der Form (7.3), wobei dieses Gleichungssystem nur $n_a < n$ Gleichungen enthält und deshalb nicht vollständig nach L aufgelöst werden kann. Dieses Ausgleichungsmodell wird als *Allgemeinfall der Ausgleichung* [18, S. 173ff] oder *Gauß-Helmert-Modell* [29] oder *gemischtes Modell* [9, S. 231], [28, S. 81] bezeichnet und stellt eine wesentliche Erweiterung des Modells der vermittelnden Ausgleichung dar, welches in den vorangegangenen Abschnitten entwickelt wurde. Die konstruierte Lösung wird oft als *Total Least Squares* bezeichnet.

Es gibt fast immer eine einfache Möglichkeit, dieses Modell auf das vermittelnde Modell zurückzuführen, so dass man keine völlig neuen Werkzeuge beherrschen muss. In diesem Abschnitt wird eine solche Rückführung beschrieben und praktiziert.

7.6.1 Rückführung auf das vermittelnde Ausgleichungsmodell

Voraussetzung ist, dass in jeder Beobachtungsgleichung in (7.3) mindestens eine Beobachtung vorhanden ist, die in keiner anderen Beobachtungsgleichung vorkommt, und die Gleichung nach dieser Beobachtung aufgelöst werden kann. Das ist in allen relevanten geodätischen Problemen gegeben. Dann geht man wie folgt vor:

1. Die n_a Beobachtungen, nach denen (7.3) aufgelöst werden kann, werden zu einem Vektor $\mathbf{L}_a$ zusammengestellt und die restlichen $n_b = n - n_a$ Beobachtungen bilden den Vektor $\mathbf{L}_b$. Der Beobachtungsvektor $\mathbf{L}$ bekommt dann folgende *Blockstruktur*:

$$\mathbf{L} := \begin{pmatrix} \mathbf{L}_a \\ \mathbf{L}_b \end{pmatrix}$$

2. Die Parameter $\tilde{\mathbf{X}}$ in (7.3) benennen wir in $\tilde{\mathbf{X}}_a$ um. Deren Anzahl bezeichnen wir mit u_a.

3. Wir lösen jede Beobachtungsgleichung (7.3) nach einem $\tilde{L}_{a,i}$ auf, wenn sie nicht schon diese Form hat, und erhalten:

$$\tilde{\mathbf{L}}_a = \boldsymbol{\Phi}_a(\tilde{\mathbf{X}}_a, \tilde{\mathbf{L}}_b) \tag{7.68}$$

4. Wir erklären $\mathbf{L}_b$ gleichzeitig zu Hilfsparametern $\mathbf{X}_b := \mathbf{L}_b$. Die bisherigen u_a Parameter $\mathbf{X}_a$ erweitern wir also um $u_b := n_b$ Parameter $\mathbf{X}_b$.

$$\mathbf{X} := \begin{pmatrix} \mathbf{X}_a \\ \mathbf{X}_b \end{pmatrix}$$

5. Wir erweitern das Beobachtungsgleichungssystem (7.68) um n_b Gleichungen für die Beobachtungen $\mathbf{L}_b$, die von sehr einfacher Form sind:

$$\tilde{\mathbf{L}}_b = \boldsymbol{\Phi}_b(\tilde{\mathbf{X}}_b) = \tilde{\mathbf{X}}_b \tag{7.69}$$

Damit haben wir wieder ein System von $n := n_a + n_b$ Beobachtungsgleichungen mit $u := u_a + u_b$ Parametern der Form (7.2) erhalten, das wir mit den Werkzeugen der vermittelnden Ausgleichung aus den ▶ Abschn. 7.1–7.5 lösen können. Es enthält jetzt $n_b = u_b$ zusätzliche Parameter.

Die neuen Beobachtungsgleichungen (7.69) müssen auch in die Schlussprobe (7.31) einbezogen werden, wobei das besonders leicht ist: Die zur selben Größe gehörigen ausgeglichenen Werte $\hat{L}_i$ und $\hat{X}_j$ müssen übereinstimmen:

$$\hat{\mathbf{L}}_b \equiv \hat{\mathbf{X}}_b \tag{7.70}$$

7.6.2 Anwendung: Höhennetze mit beweglichen Anschlusspunkten

Bei geodätischen Netzen kommt es vor, dass gegebene Anschlusspunktkoordinaten nicht als wahre Werte anzunehmen sind, sondern auch Verbesserungen benötigen. Punkte mit solchen Koordinaten bezeichnet man als *bewegliche Anschlusspunkte*. Diese Koordinaten könnten aus der Ausgleichung eines übergeordneten Netzes resultieren, von dem auch das stochastische Modell übernommen werden muss. Sie können dann als Beobachtungen $\mathbf{L}_b$ und gleichzeitig Hilfsparameter $\mathbf{X}_b = \mathbf{L}_b$ aufgefasst werden.

Beim Höhennetz liegen also vor:

- Neupunkthöhen $H_1, H_2, \ldots, H_{u_a}$ wie bisher (s. ▶ Abschn. 7.1.7)
- Höhen beweglicher Anschlusspunkte $H_{u_a+1}, H_{u_a+2}, \ldots, H_u$, und
- ggf. weiterhin Höhen unbeweglicher Festpunkte $H_{u+1}, H_{u+2}, \ldots$

Daraus enstehen folgende Typen von Beobachtungsgleichungen (7.68) für Höhendifferenzen:

zwischen Neupunkten	$\Delta\tilde{h} = \tilde{H}_2 - \tilde{H}_1,$ ...
zwischen beweglichen Anschlusspunkten	$\Delta\tilde{h} = \tilde{H}_{u_a+2} - \tilde{H}_{u_a+1},$ ...
zwischen diesen beiden Punktarten	$\Delta\tilde{h} = \tilde{H}_{u_a+1} - \tilde{H}_1,$ ...
zwischen Neupunkten und Festpunkten	$\Delta\tilde{h} = H_{u+1} - \tilde{H}_1,$ ...
zwischen beweglichen Anschlusspunkten und Festpunkten	$\Delta\tilde{h} = H_{u+1} - \tilde{H}_{u_a+1}$ ...

$$(7.71)$$

Hinzu kommen nun noch n_b zusätzliche Beobachtungsgleichungen (7.69) der einfachen Gestalt

$$\tilde{H}_{u_a+1} = \tilde{H}_{u_a+1}, \quad \tilde{H}_{u_a+2} = \tilde{H}_{u_a+2}, \quad \ldots \quad \tilde{H}_u = \tilde{H}_u \qquad (7.72)$$

Links vom Gleichheitszeichen stehen die Höhen in ihrer Funktion als Beobachtungen und rechts als Parameter.

Wir setzen aus diesen Mustergleichungen die folgende Matrix **A** mit einer 2×2-Blockstruktur zusammen:

$$\mathbf{A} = \begin{pmatrix} -1 & 1 & 0 & \cdots & 0 & 0 & 0 & 0 & \cdots & 0 \\ & & & \vdots & & & & & \vdots & \\ 0 & 0 & 0 & \cdots & 0 & -1 & 1 & 0 & \cdots & 0 \\ & & & \vdots & & & & & \vdots & \\ -1 & 0 & 0 & \cdots & 0 & 1 & 0 & 0 & \cdots & 0 \\ & & & \vdots & & & & & \vdots & \\ -1 & 0 & 0 & \cdots & 0 & 0 & 0 & 0 & \cdots & 0 \\ & & & \vdots & & & & & \vdots & \\ 0 & 0 & 0 & \cdots & 0 & -1 & 0 & 0 & \cdots & 0 \\ & & & \vdots & & & & & \vdots & \\ 0 & 0 & 0 & \cdots & 0 & 1 & 0 & 0 & \cdots & 0 \\ 0 & 0 & 0 & \cdots & 0 & 0 & 1 & 0 & \cdots & 0 \\ 0 & 0 & 0 & \cdots & 0 & 0 & 0 & 1 & \cdots & 0 \\ & & & \vdots & & & & & \vdots & \\ 0 & 0 & 0 & \cdots & 0 & 0 & 0 & 0 & \cdots & 1 \end{pmatrix} \qquad (7.73)$$

Die beiden linken Blöcke gehören zu den Neupunkten, die beiden rechten zu den beweglichen Anschlusspunkten. Die beiden oberen Blöcke gehören zu den Gleichungen (7.71), die unteren zu (7.72).

▶ Beispiel 7.40

Wir setzen das Beispiel 7.36 fort. Die Koordinaten der Anschlusspunkte A, B sollen jetzt nicht mehr als wahre Werte anzunehmen sein, sondern Abweichungen besitzen, die aus ihrer Bestimmung durch Ausgleichung eines übergeordneten Netzes resultieren. Die auf $n = 5 + 2 = 7$, $u = 2 + 2 = 4$ erweiterten Beobachtungs- und Parametervektoren lauten jetzt

$$
\mathbf{L} = \begin{pmatrix} \Delta h_{A1} \\ \Delta h_{A2} \\ \Delta h_{B1} \\ \Delta h_{B2} \\ \Delta h_{12} \\ H_A \\ H_B \end{pmatrix} = \begin{pmatrix} 0{,}5619\,\text{m} \\ 3{,}5699\,\text{m} \\ -2{,}3152\,\text{m} \\ 0{,}6970\,\text{m} \\ 3{,}0121\,\text{m} \\ 115{,}584\,\text{m} \\ 118{,}460\,\text{m} \end{pmatrix}, \quad \mathbf{X} = \begin{pmatrix} H_1 \\ H_2 \\ H_A \\ H_B \end{pmatrix}
$$

Somit lauten die Beobachtungsgleichungen

$$
\Delta \tilde{h}_{A1} = \phi_1(\tilde{H}_1, \tilde{H}_2, \tilde{H}_A, \tilde{H}_B) = \tilde{H}_1 - \tilde{H}_A
$$
$$
\Delta \tilde{h}_{A2} = \phi_2(\tilde{H}_1, \tilde{H}_2, \tilde{H}_A, \tilde{H}_B) = \tilde{H}_2 - \tilde{H}_A
$$
$$
\Delta \tilde{h}_{B1} = \phi_3(\tilde{H}_1, \tilde{H}_2, \tilde{H}_A, \tilde{H}_B) = \tilde{H}_1 - \tilde{H}_B
$$
$$
\Delta \tilde{h}_{B2} = \phi_4(\tilde{H}_1, \tilde{H}_2, \tilde{H}_A, \tilde{H}_B) = \tilde{H}_2 - \tilde{H}_B
$$
$$
\Delta \tilde{h}_{12} = \phi_5(\tilde{H}_1, \tilde{H}_2, \tilde{H}_A, \tilde{H}_B) = \tilde{H}_2 - \tilde{H}_1
$$
$$
\tilde{H}_A = \phi_6(\tilde{H}_1, \tilde{H}_2, \tilde{H}_A, \tilde{H}_B) = \tilde{H}_A
$$
$$
\tilde{H}_B = \phi_7(\tilde{H}_1, \tilde{H}_2, \tilde{H}_A, \tilde{H}_B) = \tilde{H}_B
$$

Daraus gewinnen wir folgende Matrix **A** mit der Blockstruktur (7.73):

$$
\mathbf{A} = \left(\begin{array}{cc|cc} 1 & 0 & -1 & 0 \\ 0 & 1 & -1 & 0 \\ 1 & 0 & 0 & -1 \\ 0 & 1 & 0 & -1 \\ -1 & 1 & 0 & 0 \\ \hline 0 & 0 & 1 & 0 \\ 0 & 0 & 0 & 1 \end{array} \right)
$$

Den Vektor der Näherungsparameter erweitern wir um die gegebenen Anschlusspunkthöhen, so dass der Vektor **l** einfach um zwei Nullen erweitert wird:

$$
\mathbf{X}^0 = \begin{pmatrix} 116{,}1459\,\text{m} \\ 119{,}1539\,\text{m} \\ 115{,}5840\,\text{m} \\ 118{,}4600\,\text{m} \end{pmatrix}, \quad \mathbf{l} = \begin{pmatrix} 0{,}0000\,\text{m} \\ 0{,}0000\,\text{m} \\ -0{,}0011\,\text{m} \\ 0{,}0031\,\text{m} \\ 0{,}0041\,\text{m} \\ 0{,}0000\,\text{m} \\ 0{,}0000\,\text{m} \end{pmatrix}
$$

▶ http://sn.pub/8Xdkre ◀

Das stochastische Modell kann bei diesen Netztypen meist nicht jenem aus ▶ Abschn. 7.2.2 entsprechen, weil relative Genauigkeitsgaben zwischen beweglichen Anschlusspunktkoordinaten und Beobachtungen kaum sinnvoll formulierbar sind. Nicht selten würde auch das stochastische Modell aus ▶ Abschn. 7.2.4 zum Einsatz kommen, wenn die Anschlusspunkte einer gemeinsamen Netzausgleichung entstammen und deshalb korreliert sind. Die Kovarianzen in $\mathbf{Q_L}$ müssen dann der Matrix $\mathbf{Q_{\hat{X}}}$ dieser vorangegangenen Netzausgleichung entnommen werden.

▶ **Beispiel 7.41**

Wir setzen das Beispiel 7.40 fort. Leider können wir hier wie gesagt nicht direkt mit der Gewichtsmatrix aus Beispiel 7.14 arbeiten. Wir sollten daher mit einer a-priori angenommenen Standardabweichung für den gemessenen Höhenunterschied der Nivellementweglänge 1 km arbeiten und verwenden den Wert $\sigma_{1\,km} = 1,5\,mm$. Daraus leiten wir a-priori Standardabweichungen für die gemessenen Höhendifferenzen von

$$\sigma_{\Delta h_{A1}} = 1,5\,mm \cdot \sqrt{1,3} = 1,71\,mm; \quad \ldots \quad \sigma_{\Delta h_{12}} = 1,5\,mm \cdot \sqrt{0,8} = 1,34\,mm$$

ab. Aus der vorangegangenen Netzausgleichung, welches u. a. die Punkte A und B bestimmt hat, entnehmen wir die Standardabweichungen $\sigma_{H_A} = 1,75\,mm$, $\sigma_{H_B} = 2,40\,mm$ und die Kovarianz $\sigma_{H_A,H_B} = -3,18\,mm^2$. Daraus setzen wir die Kovarianzmatrix der gemessenen Beobachtungen $\mathbf{\Sigma_L}$ zusammen:

$$\mathbf{\Sigma_L} = \begin{pmatrix} 1,71^2 & 0 & 0 & 0 & 0 & 0 & 0 \\ 0 & 1,84^2 & 0 & 0 & 0 & 0 & 0 \\ 0 & 0 & 2,07^2 & 0 & 0 & 0 & 0 \\ 0 & 0 & 0 & 1,57^2 & 0 & 0 & 0 \\ 0 & 0 & 0 & 0 & 1,34^2 & 0 & 0 \\ 0 & 0 & 0 & 0 & 0 & 1,75^2 & -3,18 \\ 0 & 0 & 0 & 0 & 0 & -3,18 & 2,40^2 \end{pmatrix} mm^2$$

Mit der Wahl eines Wertes $\sigma_0 := 1,5\,mm$ gewinnen wir mit (4.22) daraus eine Kofaktormatrix $\mathbf{Q_L} = \sigma_0^{-2} \cdot \mathbf{\Sigma_L}$ und mit (4.26) daraus eine Gewichtsmatrix $\mathbf{P}$, die jetzt auch zwei Einträge außerhalb der Hauptdiagonale hat:

$$\mathbf{P} = \mathbf{Q_L}^{-1} = \begin{pmatrix} 0,769 & 0 & 0 & 0 & 0 & 0 & 0 \\ 0 & 0,665 & 0 & 0 & 0 & 0 & 0 \\ 0 & 0 & 0,525 & 0 & 0 & 0 & 0 \\ 0 & 0 & 0 & 0,913 & 0 & 0 & 0 \\ 0 & 0 & 0 & 0 & 1,25 & 0 & 0 \\ 0 & 0 & 0 & 0 & 0 & 1,722 & 0,951 \\ 0 & 0 & 0 & 0 & 0 & 0,951 & 0,915 \end{pmatrix}$$

Die Gewichte sind einheitenlos. Daraus ergeben sich die weiteren Matrizen und Vektoren:

$$\mathbf{N} = \begin{pmatrix} 2,548 & -1,253 & -0,769 & -0,525 \\ -1,253 & 2,830 & -0,665 & -0,913 \\ -0,769 & -0,665 & 3,156 & 0,951 \\ -0,525 & -0,913 & 0,951 & 2,353 \end{pmatrix}, \quad \mathbf{n} = \begin{pmatrix} -0,005\,72\,m \\ 0,007\,97\,m \\ 0,000\,00\,m \\ -0,002\,25\,m \end{pmatrix}$$

$$\mathbf{Q_{\hat{x}}} = \mathbf{N}^{-1} = \begin{pmatrix} 0,726 & 0,450 & 0,194 & 0,258 \\ 0,450 & 0,688 & 0,164 & 0,301 \\ 0,194 & 0,164 & 0,417 & -0,062 \\ 0,258 & 0,301 & -0,062 & 0,624 \end{pmatrix}$$

$$\hat{\mathbf{x}} = \begin{pmatrix} -0,0011\,\mathrm{m} \\ 0,0022\,\mathrm{m} \\ 0,0003\,\mathrm{m} \\ -0,0005\,\mathrm{m} \end{pmatrix}, \quad \hat{\mathbf{X}} = \begin{pmatrix} 116,1448\,\mathrm{m} \\ 119,1561\,\mathrm{m} \\ 115,5843\,\mathrm{m} \\ 118,4595\,\mathrm{m} \end{pmatrix}$$

Ein Vergleich mit Beispiel 7.19 macht deutlich, dass die Änderungen der ausgeglichenen Neupunkthöhen durch die Beweglichkeit der Anschlusspunkte in diesem Beispiel gering sind. Weiter erhalten wir:

$$\mathbf{v} = \begin{pmatrix} -0,0015\,\mathrm{m} \\ 0,0019\,\mathrm{m} \\ 0,0004\,\mathrm{m} \\ -0,0004\,\mathrm{m} \\ -0,0007\,\mathrm{m} \\ 0,0003\,\mathrm{m} \\ -0,0005\,\mathrm{m} \end{pmatrix}, \quad \hat{\mathbf{L}} = \begin{pmatrix} 0,5604\,\mathrm{m} \\ 3,5718\,\mathrm{m} \\ -2,3148\,\mathrm{m} \\ 0,6966\,\mathrm{m} \\ 3,0114\,\mathrm{m} \\ 115,5843\,\mathrm{m} \\ 118,4595\,\mathrm{m} \end{pmatrix}$$

Schlussprobe: Durch Einsetzen der ausgeglichenen Parameter in die vermittelnden Funktionen ergeben sich die ausgeglichenen Beobachtungen:

$$\hat{H}_1 - \hat{H}_A = 116,1448\,\mathrm{m} - 115,5843\,\mathrm{m} = 0,5605\,\mathrm{m} \quad = \Delta\hat{h}_{A1}\ \checkmark$$

$$\hat{H}_2 - \hat{H}_A = 119,1561\,\mathrm{m} - 115,5843\,\mathrm{m} = 3,5718\,\mathrm{m} \quad = \Delta\hat{h}_{A2}\ \checkmark$$

$$\hat{H}_1 - \hat{H}_B = 116,1448\,\mathrm{m} - 118,4595\,\mathrm{m} = -2,3147\,\mathrm{m} \quad = \Delta\hat{h}_{B1}\ \checkmark$$

$$\hat{H}_2 - \hat{H}_B = 119,1561\,\mathrm{m} - 118,4595\,\mathrm{m} = 0,6966\,\mathrm{m} \quad = \Delta\hat{h}_{B2}\ \checkmark$$

$$\hat{H}_2 - \hat{H}_1 = 119,1561\,\mathrm{m} - 116,1448\,\mathrm{m} = 3,0113\,\mathrm{m} \quad = \Delta\hat{h}_{12}\ \checkmark$$

$$\tilde{H}_A = 115,5843\,\mathrm{m} \qquad = 115,5843\,\mathrm{m} = \tilde{H}_A\ \checkmark$$

$$\tilde{H}_B = 118,4595\,\mathrm{m} \qquad = 118,4595\,\mathrm{m} = \tilde{H}_B\ \checkmark$$

Abweichungen durch ungeeignete Näherungsparameter sind hier nicht zu erwarten, weil alle vermittelnden Funktionen linear sind. In den letzten beiden Zeilen sind die letzten beiden Einträge der Vektoren $\hat{\mathbf{X}}$ und $\hat{\mathbf{L}}$ zu vergleichen.

Die weitere Rechnung entspricht den Prinzipien der ▶ Abschn. 7.4 und 7.5, wobei zu beachten ist, dass (7.59) und (7.61) nicht angewendet werden können. Normierte Verbesserungen lassen sich nicht streng nach (7.64) berechnen, weil die Beobachtungen korreliert sind. Die Methodik, die man hier benötigt, ist z. B. in [27] beschrieben.

▶ http://sn.pub/y8HHHU ◀

❗ Aufgabe 7.13

Wandeln Sie Aufgabe 7.11 so ab, dass auch die Höhen der bisherigen Festpunkte A und B verbessert werden sollen. Arbeiten Sie mit $\sigma_{H_A} = 16\,\text{mm}$, $\sigma_{H_B} = 10\,\text{mm}$ und $\sigma_{H_A,H_B} = 0$. Gesucht sind alle Genauigkeits- und Zuverlässigkeitsmaße einschließlich statistischer Tests.

▶ http://sn.pub/lEfmim

7.6.3 Anwendung: Ausgleichende Funktionen mit beobachteten Abszissen

Im Modell der ausgleichenden Funktionen (s. ▶ Abschn. 7.1.8) wurde bisher angenommen, dass nur die Ordinatenwerte Beobachtungen sind, die Abszissen jedoch bekannte wahre Werte besitzen. Bei vielen Anwendungen stellt das eine unzulässige Annahme dar, z. B. wenn Punkte entlang einer Kurve mit der GNSS-Technologie aufgenommen wurden. Alle Koordinaten müssten gleichermaßen als zu verbessernde Werte angesehen werden, also als Beobachtungen. Dann jedoch liegt der Allgemeinfall der Ausgleichung vor.

Man nimmt die Ordinaten als Beobachtungen $\mathbf{L}_a$ und die Abszissen als Beobachtungen $\mathbf{L}_b$ an. Letztere werden gleichzeitig zu Parametern $\mathbf{X}_b$ erklärt (s. ▶ Abschn. 7.6.1).

Das funktionale Modell der ausgleichenden Gerade, welches in (7.15) für bekannte wahre Abszissen entwickelt wurde (s. Beispiel 7.9), soll nun auf den Allgemeinfall erweitert werden. Es gilt $u_a = 2$, so dass die Beobachtungsgleichungen folgende Gestalt annehmen:

$$
\begin{aligned}
&\tilde{L}_1 = \tilde{X}_1 + \tilde{X}_3 \cdot \tilde{X}_2 \qquad &&\tilde{L}_{n_a+1} = \tilde{X}_3 \\
&\tilde{L}_2 = \tilde{X}_1 + \tilde{X}_4 \cdot \tilde{X}_2 \qquad &&\tilde{L}_{n_a+2} = \tilde{X}_4 \\
&\quad\;\vdots &&\quad\;\vdots \\
&\tilde{L}_{n_a} = \tilde{X}_1 + \tilde{X}_{2+n_a} \cdot \tilde{X}_2 \qquad &&\tilde{L}_{n_a+n_b} = \tilde{X}_{2+n_b}
\end{aligned}
\tag{7.74}
$$

Wenn alle Abszissenkoordinaten Beobachtungen sind, ist $n_a = n_b = n/2$. Das Gleichungssystem (7.74) könnte dann übersichtlicher mit Geradenparametern p, q und Abszissenparametern $t_1, t_2, \ldots, t_n$ wie folgt geschrieben werden:

$$
\begin{aligned}
&\tilde{L}_1 = \tilde{p} + \tilde{t}_1 \cdot \tilde{q}, \qquad &&\tilde{L}_{n/2+1} = \tilde{t}_1 \\
&\tilde{L}_2 = \tilde{p} + \tilde{t}_2 \cdot \tilde{q}, \qquad &&\tilde{L}_{n/2+2} = \tilde{t}_2 \\
&\quad\;\vdots &&\quad\;\vdots \\
&\tilde{L}_{n/2} = \tilde{p} + \tilde{t}_{n/2} \cdot \tilde{q}, \qquad &&\tilde{L}_n = \tilde{t}_{n/2}
\end{aligned}
$$

Es liegen somit jetzt doppelt soviele Beobachtungen und entsprechend $n/2$ zusätzliche Parameter vor.

Die Matrix **A**, welche in (7.16) für bekannte wahre Abszissen und polynomiale Modellfunktionen entwickelt wurde, nimmt basierend auf (7.74) nun folgende Blockstruktur an:

$$\mathbf{A} = \left(\begin{array}{cc|cccc} 1 & X_3^0 & X_2^0 & 0 & \cdots & 0 \\ 1 & X_4^0 & 0 & X_2^0 & \cdots & 0 \\ \vdots & \vdots & \vdots & \vdots & \ddots & \vdots \\ 1 & X_{2+n_a}^0 & 0 & 0 & \cdots & X_2^0 \\ \hline 0 & 0 & 1 & 0 & \cdots & 0 \\ 0 & 0 & 0 & 1 & \cdots & 0 \\ \vdots & \vdots & \vdots & \vdots & \ddots & \vdots \\ 0 & 0 & 0 & 0 & \cdots & 1 \end{array}\right) \tag{7.75}$$

Die hochgestellte 0 zeigt an, dass für diese Parameter die Näherungswerte einzusetzen sind. Das beweist, dass wir nichtlineare Beobachtungsgleichungen vorliegen haben, nämlich die ersten n_a Gleichungen. Solche Näherungswerte gewinnt man z. B. wieder durch die Berechnung einer Gerade durch zwei Punkte, oder wenn das nicht genau genug sein sollte, durch eine ausgleichende Gerade mit bekannten wahren Abszissen. Diese führt auf ein lineares Ausgleichungsmodell, welches keine Linearisierungsfehler aufweist.

▶ **Beispiel 7.42**

Auf einer exakten Geraden wurden Koordinaten folgender Punkte gemessen:

Punkt	A	B	C	D
x	16,10	17,93	20,65	24,21
y	17,11	19,88	24,07	29,72

Die Einheit der Koordinaten spielt im Weiteren keine Rolle und wird weggelassen. Wir berechnen im Sinne der Methode der kleinsten Quadrate eine ausgleichende Gerade durch diese Punkte. Dabei sind alle gegebenene Koordinaten als gleich genau und unkorreliert zu betrachten. Für folgende Punkte auf der ausgleichenden Geraden bestimmen wir die Koordinaten und deren Standardellipsen (s. ◻ Abb. 7.8):

— für den Punkt M genau in der Mitte zwischen C und D,
— für den Punkt E im Abstand 10,000 von D, von C aus gesehen hinter D. ◀

◻ **Abb. 7.8** zu Beispiel 7.42
(Verbesserungen und Ellipsen im
Maßstab 1 : 75 vergrößert)

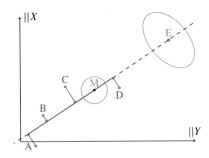

> ► **Lösung**

Wir haben $u_a = 2$ und $u_b = n_a = n_b = 4$. Wir lösen die Geradengleichung nach den x-Koordinaten auf und erklären die y-Koordinaten zu Hilfsparametern. Das bedeutet, y sind die Abszissen und x die Ordinaten:

$$x = p + q \cdot y$$

Unser funktionales Ausgleichungsmodell hat folgende Gestalt:

$$\mathbf{L} = \begin{pmatrix} 16{,}10 \\ 17{,}93 \\ \vdots \\ 29{,}72 \end{pmatrix}, \qquad \mathbf{X} = \begin{pmatrix} p \\ q \\ y_A \\ \vdots \\ y_D \end{pmatrix}$$

$$\tilde{x}_A = \tilde{p} + \tilde{q} \cdot \tilde{y}_A, \quad \tilde{y}_A = \tilde{y}_A$$
$$\tilde{x}_B = \tilde{p} + \tilde{q} \cdot \tilde{y}_B, \quad \tilde{y}_B = \tilde{y}_B$$
$$\tilde{x}_C = \tilde{p} + \tilde{q} \cdot \tilde{y}_C, \quad \tilde{y}_C = \tilde{y}_C$$
$$\tilde{x}_D = \tilde{p} + \tilde{q} \cdot \tilde{y}_D, \quad \tilde{y}_D = \tilde{y}_D$$

Als Näherungswerte für die Geradenparameter p, q verwenden wir die entsprechenden Werte einer Gerade durch die Punkte A und D, welche die Gleichung

$$x = p^0 + q^0 \cdot y = 5{,}0959 + 0{,}643\,14 \cdot y$$

besitzt. Somit kommen wir zu folgenden Näherungsparametern und zu folgender Matrix **A**, vgl. (7.75):

$$\mathbf{X}^0 = \begin{pmatrix} 5{,}0959 \\ 0{,}643\,14 \\ 17{,}11 \\ 19{,}88 \\ 24{,}07 \\ 29{,}72 \end{pmatrix}, \qquad \mathbf{A} = \left(\begin{array}{cc|cccc} 1 & 17{,}11 & 0{,}643\,14 & \cdots & & 0 \\ \vdots & \vdots & \vdots & \ddots & & \vdots \\ 1 & 29{,}73 & 0 & \cdots & & 0{,}643\,14 \\ \hline 0 & 0 & 1 & \cdots & & 0 \\ \vdots & \vdots & \vdots & & \ddots & \vdots \\ 0 & 0 & 0 & \cdots & & 1 \end{array} \right) \tag{7.76}$$

Wegen der besonderen Wahl der Näherungsparameter enthält der Vektor **l** nur Nullen, außer auf den Plätzen 2 und 3. Dort ergibt sich

$$l_2 = 17{,}93 - (5{,}0959 + 0{,}643\,14 \cdot 19{,}88) = 0{,}0485$$
$$l_3 = 20{,}65 - (5{,}0959 + 0{,}643\,14 \cdot 24{,}07) = 0{,}0737$$

Mit Einheitsgewichten $\mathbf{P} = \mathbf{I}$ erhalten wir

$$
\hat{\mathbf{x}} = \begin{pmatrix} 0,039\,35 \\ -0,000\,39 \\ -0,0149 \\ 0,0077 \\ 0,0199 \\ -0,0127 \end{pmatrix}, \quad
\hat{\mathbf{X}} = \begin{pmatrix} 5,135\,25 \\ 0,642\,75 \\ 17,0951 \\ 19,8877 \\ 24,0899 \\ 29,7073 \end{pmatrix}, \quad
\mathbf{v} = \begin{pmatrix} 0,0232 \\ -0,0119 \\ -0,0309 \\ 0,0197 \\ -0,0149 \\ 0,0077 \\ 0,0199 \\ -0,0127 \end{pmatrix}, \quad
\hat{\mathbf{L}} = \begin{pmatrix} 16,1232 \\ 17,9181 \\ 20,6191 \\ 24,2297 \\ 17,0951 \\ 19,8877 \\ 24,0899 \\ 29,7073 \end{pmatrix}
$$

Die ausgleichende Gerade hat also die Gleichung

$$
\underline{x = 5,135\,25 + 0,642\,75 \cdot y}
$$

Die Schlussprobe besteht einerseits aus der Kontrolle, dass alle ausgeglichenen Punkte auf der berechneten Geraden liegen:

$$
5,135\,25 + 0,642\,75 \cdot 17,0951 = 16,1231 \checkmark
$$
$$
5,135\,25 + 0,642\,75 \cdot 19,8877 = 17,9181 \checkmark
$$
$$
5,135\,25 + 0,642\,75 \cdot 24,0899 = 20,6190 \checkmark
$$
$$
5,135\,25 + 0,642\,75 \cdot 29,7073 = 24,2296 \checkmark
$$

Andererseits überprüfen wir, dass die vier zueinander gehörigen Werte in den Vektoren $\hat{\mathbf{X}}$ und $\hat{\mathbf{L}}$ übereinstimmen, siehe (7.70), was ebenfalls zutrifft $\checkmark$.

Weiter erhalten wir

$$
\hat{\sigma} = \sqrt{\frac{\sum v^2}{8-6}} = 0,038.
$$

Dieser Wert hat wegen Hinweis 7.8 nur Beispielcharakter. Die Redundanzanteile betragen zwischen $r_{y_D} = 0,06$ und $r_{x_C} = 0,52$. Der Punkt D ist besonders schlecht kontrollierbar, weil er nicht nur ein Randpunkt ist, sondern auch noch etwas isoliert liegt.

Die Koordinaten der gesuchten Punkte M und E berechnen wir aus ausgeglichenen Beobachtungen wie folgt:

$$
x_{\text{M}} = \psi_{L,1}(\hat{\mathbf{L}}) = \frac{1}{2} \cdot (\hat{x}_{\text{C}} + \hat{x}_{\text{D}}) = 22,4244
$$

$$
y_{\text{M}} = \psi_{L,2}(\hat{\mathbf{L}}) = \frac{1}{2} \cdot (\hat{y}_{\text{C}} + \hat{y}_{\text{D}}) = 26,8986
$$

$$
x_{\text{E}} = \psi_{L,3}(\hat{\mathbf{L}}) = \hat{x}_{\text{D}} + \frac{10{,}000 \cdot (\hat{x}_{\text{D}} - \hat{x}_{\text{C}})}{\sqrt{(\hat{x}_{\text{D}} - \hat{x}_{\text{C}})^2 + (\hat{y}_{\text{D}} - \hat{y}_{\text{C}})^2}} = 29,6366
$$

$$
y_{\text{E}} = \psi_{L,4}(\hat{\mathbf{L}}) = \hat{y}_{\text{D}} + \frac{10{,}000 \cdot (\hat{y}_{\text{D}} - \hat{y}_{\text{C}})}{\sqrt{(\hat{x}_{\text{D}} - \hat{x}_{\text{C}})^2 + (\hat{y}_{\text{D}} - \hat{y}_{\text{C}})^2}} = 38,1195
$$

Deren Standardellipsen erhält man über die Kofaktormatrix der Beobachtungen $\mathbf{Q}_{\hat{L}}$. Da die Funktionen $\psi_{L,1}, \ldots, \psi_{L,4}$ aber nur vier Beobachtungen enthalten, ist es ausreichend, auch nur die Unterkofaktormatrix (verschlankte Kofaktormatrix) dieser vier Beobachtungen zu benutzen. Dazu streichen wir aus der 8×8-Matrix $\mathbf{Q_{\hat{L}}}$ die vier unbenutzen Zeilen und Spalten $1, 2, 5, 6$ und erhalten die Untermatrix:

$$
\mathbf{Q_{\hat{x}_C \cdot \hat{x}_D \cdot \hat{y}_C \cdot \hat{y}_D}} = \begin{pmatrix} 0{,}4843 & 0{,}2525 & 0{,}3317 & -0{,}1624 \\ 0{,}2525 & 0{,}8558 & -0{,}1624 & 0{,}0927 \\ 0{,}3317 & -0{,}1624 & 0{,}7867 & 0{,}1044 \\ -0{,}1624 & 0{,}0927 & 0{,}1044 & 0{,}9404 \end{pmatrix}
$$

Die Funktionalmatrix $\mathbf{F_L}$ muss dann ebenso nur vier Spalten enthalten:

$$
\mathbf{F_L} = \begin{pmatrix} 0{,}5 & 0{,}5 & 0 & 0 \\ 0 & 0 & 0{,}5 & 0{,}5 \\ -1{,}0597 & 2{,}0597 & 0{,}6811 & -0{,}6811 \\ 0{,}6811 & -0{,}6811 & -0{,}4378 & 1{,}4378 \end{pmatrix}
$$

Jedoch muss nicht zwingend so verfahren werden. Mit 8-spaltigen Matrizen kommt man zum selben Ergebnis.

Die Kofaktorfortpflanzung (5.7) ergibt in jedem Fall

$$
\mathbf{Q_{f_L}} = \begin{pmatrix} 0{,}4613 & 0{,}0249 & 0{,}8324 & -0{,}2137 \\ 0{,}0249 & 0{,}4840 & -0{,}2138 & 0{,}6374 \\ 0{,}8324 & -0{,}2138 & 2{,}3477 & -0{,}8659 \\ -0{,}2137 & 0{,}6374 & -0{,}8659 & 1{,}5564 \end{pmatrix}
$$

Mit (4.31) und (4.33) erzeugen wir davon die a-posteriori Standardellipsen:

$$
\left.\begin{matrix} \hat{A}_M \\ \hat{B}_M \end{matrix}\right\} = \frac{0{,}038}{\sqrt{2}} \cdot \sqrt{0{,}4613 + 0{,}4840 \pm \sqrt{(0{,}4613 - 0{,}4840)^2 + 4 \cdot 0{,}0249^2}} = \left\{\begin{matrix} \underline{0{,}027} \\ \underline{0{,}025} \end{matrix}\right.
$$

$$
\left.\begin{matrix} \hat{A}_E \\ \hat{B}_E \end{matrix}\right\} = \frac{0{,}038}{\sqrt{2}} \cdot \sqrt{2{,}3477 + 1{,}5564 \pm \sqrt{(2{,}3477 - 1{,}5564)^2 + 4 \cdot 0{,}8659^2}} = \left\{\begin{matrix} \underline{0{,}064} \\ \underline{0{,}038} \end{matrix}\right.
$$

$$
\theta_M = \frac{1}{2} \cdot \arctan \frac{2 \cdot 0{,}0249}{0{,}4613 - 0{,}4840} = \underline{57{,}2°}
$$

$$
\theta_E = \frac{1}{2} \cdot \arctan \frac{-2 \cdot 0{,}8659}{2{,}3477 - 1{,}5564} = \underline{147{,}3°}
$$

Der Punkt E ist offenbar wesentlich ungenauer als der Punkt M, weil er die Beobachtungen nicht interpoliert, sondern *extrapoliert*. Außerdem ist in ◘ Abb. 7.8 zu erkennen, dass die Ellipse von E *quer* zur Geraden ausgedehnt ist. Dieses Verhalten war erwartbar, weil die Längskomponente mit D über den wahren Wert 10,000 verbunden ist, die Querkomponente jedoch über den langen Hebel beeinträchtigt ist.

► http://sn.pub/ulIi44 ◄

Anders als in ► Abschn. 7.1.8 sind jetzt Abszissen und Ordinaten vertauschbar.

⏻ Aufgabe 7.14

Wiederholen Sie die Lösung von Beispiel 7.42 für die umgekehrte Modellformulierung: x sollen die Abszissen und y die Ordinaten sein. Wenn sich trotz höchster Rechengenauigkeit geringe Abweichungen in den Ergebnissen zeigen, woran liegt das?

▶ http://sn.pub/dqk88a

Auf dieselbe Weise können andere ausgleichende Funktionen berechnet werden, z. B. Ebenen oder gekrümmte Kurven und Flächen [14].

7.7 Spezielle vermittelnde Ausgleichungsmodelle

7.7.1 Beobachtungen mit einer Summenbedingung

Oft erfüllen die wahren Werte der Beobachtungen nichts weiter als eine Summenbedingung:

$$\tilde{L}_1 + \tilde{L}_2 + \cdots + \tilde{L}_n = s \tag{7.77}$$

wobei s ein bekannter wahrer Wert ist. Beispiele sind
- Winkelsummenbedingungen in Polygonzügen
- Linien- und Schleifenschlussbedingungen in Nivellements und Höhennetzen (s. Beispiel 7.43)
- Bestimmung einer Strecke durch Messung von Teilstrecken in zwei verschiedenen Zerlegungen, wobei für eine Zerlegung die Vorzeichen der Strecken umzukehren sind, um zur Form (7.77) zu gelangen, und $s = 0$ gilt (s. Aufgabe 7.15).

Die Gesamtredundanz hat nur den sehr geringen Wert $r = 1$.

Man könnte dieses Problem als Extremwertaufgabe für (7.22) mit der Nebenbedingung (7.77) lösen, aber genauso auch durch Anwendung der Methode aus ▶ Abschn. 7.6.1. Letzteres soll hier vorgeführt werden. (7.77) wird beispielsweise nach L_1 aufgelöst. Jedenfalls ist mit den Bezeichnungen von ▶ Abschn. 7.6.1 zu setzen:

$$n_a = 1, \quad u_a = 0, \quad n_b = u_b = n - 1$$

Die Beobachtungsgleichungen (7.68), (7.69) lauten:

$$\tilde{L}_1 = s - \tilde{X}_1 - \tilde{X}_2 - \cdots - \tilde{X}_{n-1}$$

$$\tilde{L}_2 = \tilde{X}_1$$

$$\tilde{L}_3 = \tilde{X}_2$$

$$\vdots$$

$$\tilde{L}_n = \tilde{X}_{n-1}$$

Daraus liest man folgende $n \times (n-1)$-Matrix $\mathbf{A}$ ab:

$$\mathbf{A} = \begin{pmatrix} -1 & -1 & \cdots & -1 \\ 1 & 0 & \cdots & 0 \\ 0 & 1 & \cdots & 0 \\ \vdots & \vdots & \cdots & \vdots \\ 0 & 0 & \cdots & 1 \end{pmatrix} \tag{7.78}$$

Mithilfe einer diagonalen Gewichtsmatrix (4.27) erhält man die $(n-1) \times (n-1)$-Matrix $\mathbf{N}$

$$\mathbf{N} = \mathbf{A}^T \cdot \mathbf{P} \cdot \mathbf{A} = \begin{pmatrix} p_1 + p_2 & p_1 & \cdots & p_1 \\ p_1 & p_1 + p_3 & \cdots & p_1 \\ p_1 & p_1 & \ddots & p_1 \\ \vdots & \vdots & \cdots & \vdots \\ p_1 & p_1 & \cdots & p_1 + p_n \end{pmatrix}$$

Von dieser Matrix kann direkt die Inverse $\mathbf{N}^{-1} = \mathbf{Q}_{\hat{X}}$ gebildet werden:

$$\mathbf{Q}_{\hat{X}} = \begin{pmatrix} p_2^{-1} & 0 & \cdots & 0 \\ 0 & p_3^{-1} & \cdots & 0 \\ \vdots & \vdots & \cdots & \vdots \\ 0 & 0 & \cdots & p_n^{-1} \end{pmatrix} - \begin{pmatrix} p_2^{-2} & p_2^{-1} p_3^{-1} & \cdots & p_2^{-1} p_n^{-1} \\ p_2^{-1} p_3^{-1} & p_3^{-2} & \cdots & p_3^{-1} p_n^{-1} \\ \vdots & \vdots & \cdots & \vdots \\ p_2^{-1} p_n^{-1} & p_3^{-1} p_n^{-1} & \cdots & p_n^{-2} \end{pmatrix} \cdot \left(\sum_{k=1}^n p_k^{-1} \right)^{-1}$$

Daraus liest man die Standardabweichungen der ausgeglichenen Parameter und Beobachtungen ab:

$$\sigma_{\hat{X}_{i-1}} = \sigma_{\hat{L}_i} = \sigma_0 \cdot \sqrt{p_i^{-1} - \frac{p_i^{-2}}{\sum_{k=1}^n p_k^{-1}}}, \quad i = 2, 3, \ldots, n$$

Außerdem erkennt man, dass alle Paare ausgeglichener Größen negativ korreliert sind. Die plausible Begründung dafür ist dieselbe wie in Beispiel 7.22 für die Innenwinkel.

Die Berechnung von a-posteriori Standardabweichungen ist wegen $r = 1$ unbedingt zu unterlassen (s. Hinweis 7.8).

Aus (7.57) ergibt sich die folgende Redundanzmatrix:

$$\mathbf{R} = \begin{pmatrix} p_1^{-1} & p_1^{-1} & \cdots & p_1^{-1} \\ p_2^{-1} & p_2^{-1} & \cdots & p_2^{-1} \\ \vdots & \vdots & \cdots & \vdots \\ p_n^{-1} & p_n^{-1} & \cdots & p_n^{-1} \end{pmatrix} \cdot \left(\sum_{k=1}^n p_k^{-1} \right)^{-1}$$

Daraus entnimmt man die Redundanzanteile

$$r_i = \frac{1}{p_i \cdot \sum_{k=1}^n p_k^{-1}} = \frac{\sigma_{L_i}^2}{\sum_{k=1}^n \sigma_{L_k}^2}, \quad i = 1, 2, \ldots, n \tag{7.79}$$

Damit alle Beobachtungen gut kontrollierbar sein können (s. ◼ Tab. 7.2), dürfen es höchstens $n = 3$ Beobachtungen sein, und die Gewichte müssen etwa gleich sein. Für gleichgewichtige Beobachtungen hätten alle Redundanzanteile den Wert $1/n$.

Als Näherungsparameter eignen sich direkt die zugehörigen gemessenen Beobachtungen, so dass man erhält:

$$\mathbf{l} = \begin{pmatrix} w \\ 0 \\ \vdots \\ 0 \end{pmatrix}, \quad \mathbf{n} = \mathbf{A}^{\mathrm{T}} \cdot \mathbf{P} \cdot \mathbf{l} = -w \cdot p_1 \cdot \begin{pmatrix} 1 \\ 1 \\ \vdots \\ 1 \end{pmatrix}$$

mit dem *Widerspruch* $w := L_1 + L_2 + \cdots + L_n - s$. Daraus ergeben sich die ausgeglichenen Beobachtungen:

$$\hat{L}_i = L_i - \frac{w}{p_i \cdot \sum_{k=1}^{n} p_k^{-1}} = L_i - w \cdot r_i, \quad i = 1, 2, \ldots, n$$

Offenbar ist es so, dass der Widerspruch proportional zu den Redundanzanteilen auf die Beobachtungen zu verteilen ist. Für gleichgewichtige Beobachtungen wäre der Widerspruch gleichmäßig auf die Beobachtungen zu verteilen.

▶ **Beispiel 7.43**

Wir werten das einfache Höhennetz aus Beispiel 7.36 in der Variante ohne die Beobachtungen A-2,B-1 aus. Es vereinfacht sich zu einem Liniennivellement A-1-2-B mit der Summenbedingung (7.77)

$$\Delta h_{\mathrm{A1}} + \Delta h_{12} + \Delta h_{2\mathrm{B}} = H_{\mathrm{B}} - H_{\mathrm{A}} = 2{,}8760\,\mathrm{m}$$

und $n = 3$. Die Gewichte sind $p_1 = 0{,}769$; $p_2 = 1{,}250$; $p_3 = 0{,}909$ wie in Beispiel 7.14. Der Widerspruch ist

$$w = 0{,}5619\,\mathrm{m} + 3{,}0121\,\mathrm{m} - 0{,}6970\,\mathrm{m} - 2{,}8760\,\mathrm{m} = 0{,}0010\,\mathrm{m}$$

Der Betrag des Widerspruchs ist gering und deshalb plausibel. Die Redundanzanteile lauten gemäß (7.79):

$$r_1 = 0{,}406; \quad r_2 = 0{,}250; \quad r_3 = 0{,}344$$

Diese Ergebnisse stimmen mit den Werten in Beispiel 7.36 überein, wurden jetzt aber einfacher erhalten. Die ausgeglichenen Beobachtungen sind

$$\Delta \hat{h}_{\mathrm{A1}} = \Delta h_{\mathrm{A1}} - 0{,}0010\,\mathrm{m} \cdot 0{,}406 = 0{,}5619\,\mathrm{m} - 0{,}0004\,\mathrm{m} = 0{,}5615\,\mathrm{m}$$

$$\Delta \hat{h}_{12} = \Delta h_{12} - 0{,}0010\,\mathrm{m} \cdot 0{,}250 = 3{,}0121\,\mathrm{m} - 0{,}0003\,\mathrm{m} = 3{,}0118\,\mathrm{m}$$

$$\Delta \hat{h}_{2\mathrm{B}} = \Delta h_{2\mathrm{B}} - 0{,}0010\,\mathrm{m} \cdot 0{,}344 = -0{,}6970\,\mathrm{m} - 0{,}0003\,\mathrm{m} = -0{,}6973\,\mathrm{m} \quad ◀$$

> ▶ **Probe**

Die ausgeglichenen Höhendifferenzen erfüllen die Summenbedingung:

$$0,5615\,\text{m} + 3,0118\,\text{m} - 0,6973\,\text{m} = 2,8760\,\text{m}\,\checkmark$$

Dies ist der erste Teil der Schlussprobe, der zweite Teil (7.70) kann hier entfallen.
> ▶ http://sn.pub/Z7OR3o ◀

🛑 Aufgabe 7.15

Eine Strecke AB wird bestimmt, indem zwei Zwischenpunkte 1 und 2 eingefluchtet werden
und die drei Abstände gemessen werden. Dasselbe wird ein zweites Mal mit zwei anderen
Zwischenpunkten 3 und 4 gemacht. Man erhält die Messwerte

A-1	1-2	2-B	A-3	3-4	4-B
316,103 m	223,697 m	114,291 m	218,010 m	218,052 m	218,037 m

Den gemessenen Strecken sind die Standardabweichungen von je 2 mm + 100 ppm zugeordnet (s. Beispiel 4.9). Gleichen Sie die Messungen aus.
> ▶ http://sn.pub/7yvvJk

7.7.2 Kalibrierung von Distanzmessern

Zur Gewährleistung einer hohen Qualität der Messungen sind Distanzmesser regelmäßig
zu überprüfen. Mögliche instrumentelle Abweichungen sind zu bestimmen. Dazu werden
Kalibrierstrecken angelegt (s. ◻ Abb. 6.1), das sind in einer Flucht vermarkte Punkte,
meist durch Messpfeiler realisiert.

Gelten die Abstände dieser Punkte als bekannte wahre Werte (Sollstrecken), dann ist
die Bestimmung der instrumentellen Messabweichungen entweder als Auswertung von
Wiederholungsbeobachtungen (s. Aufgaben 6.2, 6.3) oder als ausgleichende Funktion zu
formulieren.

Jedoch besteht auch die Aufgabe, die Sollstrecken zu bestimmen. Schließlich kann
man die Streckenbestimmung und die Bestimmung der instrumentellen Messabweichungen in einer Aufgabe zusammenfassen. Das erfolgt durch Streckenmessungen in *Kombinationen*, wobei es sich um ein eindimensionales Streckennetz handelt. Hat so eine
Kalibrierstrecke N Punkte, dann können bis zu $n = N \cdot (N-1)/2$ verschiedene Strecken
gemessen werden. Sind $L_1, L_2, \ldots, L_n$ die gemessenen Strecken und $X_1, X_2, \ldots, X_{N-1}$
die Abstände benachbarter Punkte, dann können die Beobachtungsgleichungen lauten:

$$\tilde{L}_i = \tilde{X}_j + \tilde{X}_{j+1} + \cdots + \tilde{X}_J, \quad i = 1, 2, \ldots, n$$

Muss an die Beobachtungen noch eine bisher unbekannte Nullpunktkorrektur k angebracht werden, kann auch diese in das funktionale Modell integriert werden:

$$\tilde{L}_i = \tilde{X}_j + \tilde{X}_{j+1} + \cdots + \tilde{X}_J - \tilde{k}, \quad i = 1, 2, \ldots, n$$

7

Für $N = 4$ (d. h. ein Punkt weniger als in ■ Abb. 6.1) und $n = 6$ würden der Vektor $\mathbf{X}$ und die 6×4-Matrix $\mathbf{A}$ beispielsweise wie folgt aussehen:

$$\mathbf{X} = \begin{pmatrix} X_1 \\ X_2 \\ X_3 \\ k \end{pmatrix}, \quad \mathbf{A} = \begin{pmatrix} 1 & 0 & 0 & -1 \\ 1 & 1 & 0 & -1 \\ 1 & 1 & 1 & -1 \\ 0 & 1 & 0 & -1 \\ 0 & 1 & 1 & -1 \\ 0 & 0 & 1 & -1 \end{pmatrix},$$

Mit Einheitsgewichten $\mathbf{P} = \mathbf{I}$ ergibt sich folgende Kofaktormatrix der ausgeglichenen Parameter:

$$\mathbf{Q_{\hat{X}}} = \begin{pmatrix} 0{,}75 & 0{,}00 & 0{,}25 & 0{,}5 \\ 0{,}00 & 0{,}75 & 0{,}00 & 0{,}5 \\ 0{,}25 & 0{,}00 & 0{,}75 & 0{,}5 \\ 0{,}50 & 0{,}50 & 0{,}50 & 1{,}0 \end{pmatrix}$$

Die ausgeglichene Nullpunktkorrektur hat wegen $q_{44} = 1{,}0$ die gleiche Genauigkeit, wie die Beobachtungen. Die ausgeglichenen Abstände benachbarter Punkte werden alle etwas genauer erhalten. Alle ausgeglichenen Parameter sind entweder unkorreliert oder positiv korreliert. Die Redundanzanteile lauten:

$$r_1 = r_3 = r_4 = r_6 = 0{,}25; \quad r_2 = r_5 = 0{,}50$$

Die Beobachtungen sind überwiegend nicht gut kontrollierbar (s. ■ Tab. 7.2).
▶ http://sn.pub/0Cyy5a ◀

⊕ **Aufgabe 7.16**

Zur Bestimmung der Nullpunktkorrektur eines Distanzmessers wurden mit diesem auf einer Kalibrierstrecke, die aus vier Messpfeilern 1, 2, 3, 4 besteht, folgende Messungen gemacht:

Von	Nach	e in m
1	2	24,021
1	3	47,998
1	4	71,996
2	3	23,982
2	4	47,970
1	3	47,994

Die ersten fünf Messungen wurden mit dem zu kalibrierenden Distanzmesser gemacht, für den eine Standardabweichung von 2 mm angenommen werden kann. Die letzte Messung 1-3 wurde mit einem Distanzmesser mit korrekt eingestellter Nullpunktkorrektur und einer

Standardabweichung von 1 mm gemacht. (a) Berechnen Sie die ausgeglichene Nullpunkt-korrektur sowie die ausgeglichenen Abstände der Punkte 1,...,4. (b) Berechnen Sie zu den Werten aus (a) die a-posteriori Standardabweichungen. (c) Berechnen Sie alle Redundanz-anteile und normierte Verbesserungen. Beurteilen Sie die Zuverlässigkeit der Ergebnisse und ob mit $\alpha = 0{,}05$ ein Ausreißer erkennbar ist. (d) Wenn mit dem kalibrierten Di-stanzmesser unter Einstellung der in (a) erhaltenen Nullpunktkorrektur eine Messung (im Nahbereich) gemacht wird, welche a-posteriori Standardabweichung ist diesem Messwert zuzuordnen?

▶ http://sn.pub/3qPnw2

7.7.3 Richtungs-Strecken-Netze

Eine verbreitete Variante geodätischer Netze besteht aus Beobachtungen von Horizon-talrichtungen r und Horizontalstrecken e. Diese Situation entsteht, wenn räumliche Beobachtungen wie Schrägstrecken und Zenitwinkel zunächst auf das Ellipsoid redu-ziert (s. ▶ Abschn. 3.2.3) und dann mithilfe der Gaußschen Abbildung in eine Ebene abgebildet werden (s. ▶ Abschn. 3.3), wobei meistens nur der Punktmaßstabsfaktor (s. ▶ Abschn. 3.3.7) zu berücksichtigen ist.

Wir betrachten hier zunächst nur einfache Netze, das sind solche, die über einen ausreichenden Anschlusszwang durch mindestens zwei unbewegliche Festpunkte ver-fügen. In der Ebene findet man folgende Beobachtungsgleichungen für Horizontalrich-tungen r_{AE} sowie Horizontalstrecken e_{AE} von einem Standpunkt $A(X_A, Y_A)$ zu einem Zielpunkt $E(X_E, Y_E)$:

$$\tilde{r}_{AE} = \arctan \frac{\tilde{Y}_E - \tilde{Y}_A}{\tilde{X}_E - \tilde{X}_A} - \tilde{o}_A \tag{7.80}$$

$$\tilde{e}_{AE} = \frac{1}{\tilde{m}} \cdot \sqrt{\left(\tilde{X}_E - \tilde{X}_A\right)^2 + \left(\tilde{Y}_E - \tilde{Y}_A\right)^2} \tag{7.81}$$

o ist ein unbekannter Orientierungsparameter (1.1), der einmal pro Standpunkt einge-führt wird, auf dem Richtungsmessungen stattfanden. (Selten könnte es vorkommen, dass Punkte mehrmals besetzt werden, dann würden pro Punkt mehrere Orientierungsparame-ter anfallen. Diesen unproblematischen Fall betrachten wir hier nicht näher.) In (7.81) wird unterstellt, dass die Strecken noch mit einem unbekannten einheitlichen Maßstab-faktor m zu korrigieren sind, der aus den Beobachtungen geschätzt werden soll. Ist das nicht der Fall, dann kann der Faktor vor der Wurzel weggelassen werden, denn ein be-kannter Maßstabsfaktor sollte bereits an den gemessenen Strecken angebracht worden sein.

> **Hinweis 7.12**
>
> Das Schätzen eines Maßstabsfaktors ist höchstens bei ausreichend vielen Streckenbeob-achtungen erfolgversprechend. Moderne und kalibrierte EDM sollten das Schätzen eines Maßstabsfaktors überflüssig machen.

Weiter wird unterstellt, dass A und E Neupunkte sind. Ist das nicht der Fall, dann können entsprechend der Notation in diesem Buch die Tilden über den Koordinaten von Fest-punkten entfallen.

Der Beobachtungsvektor $\mathbf{L}$ setzt sich aus den Richtungs- und Streckenbeobachtungen zusammen und könnte mit dem Parametervektor $\mathbf{X}$ z. B. lauten:

$$
\mathbf{L} = \begin{pmatrix} \vdots \\ r_{AE} \\ \vdots \\ e_{AE} \\ \vdots \end{pmatrix}, \quad
\mathbf{X} = \begin{pmatrix} X_A \\ Y_A \\ \vdots \\ X_E \\ Y_E \\ \vdots \\ o_A \\ \vdots \\ m \end{pmatrix}
\tag{7.82}
$$

Da die Beobachtungsgleichungen (7.80), (7.81) sämtlich nichtlinear sind, müssen Näherungswerte für diese Parameter gefunden werden. Hat man solche nicht schon aus anderen Quellen zur Hand, so bietet sich an, ausgehend von den Festpunkten die Neupunkte als Polarpunkte (1.3), (1.4) oder über geodätische Schnitte zu bestimmen (s. ▶ Abschn. 1.5). Der Maßstabsparameter, falls vorhanden, dürfte näherungsweise gleich Eins gesetzt werden können: $m^0 := 1$. Die Orientierungsparameter können über Stationsabrisse (1.2) u. U. mittels aus Näherungs- und/oder Festpunktkoordinaten bestimmten Richtungswinkeln t^0 angenähert werden:

$$
o_A^0 = \frac{1}{k} \sum_{i=1}^{k} t_{A_i}^0 - r_{A_i}
$$

Mit diesen Näherungsparametern werden nun gemäß (7.8) die Beobachtungen gekürzt. Die zu den Vektoren $\mathbf{L}, \mathbf{X}$ in (7.82) passende Matrix $\mathbf{A}$ nimmt folgende Gestalt an:

$$
\mathbf{A} = \begin{pmatrix}
\vdots & \vdots & \vdots & \vdots & \vdots & \vdots & \vdots \\
\frac{\sin t_{AE}^0}{e_{AE}^0} \cdot \rho & -\frac{\cos t_{AE}^0}{e_{AE}^0} \cdot \rho & \cdots & -\frac{\sin t_{AE}^0}{e_{AE}^0} \cdot \rho & \frac{\cos t_{AE}^0}{e_{AE}^0} \cdot \rho & \cdots & -1 & \cdots & 0 \\
\vdots & \vdots & \vdots & \vdots & \vdots & \vdots & \vdots \\
-\frac{\cos t_{AE}^0}{m^0} & -\frac{\sin t_{AE}^0}{m^0} & \cdots & \frac{\cos t_{AE}^0}{m^0} & \frac{\sin t_{AE}^0}{m^0} & \cdots & 0 & \cdots & -\frac{e_{AE}^0}{(m^0)^2} \\
\vdots & \vdots & \vdots & \vdots & \vdots & \vdots & \vdots
\end{pmatrix}
\tag{7.83}
$$

mit Radiant ρ in (1.17). Die obere Zeile gehört zur Richtungsbeobachtung r_{AE} und die untere Zeile gehört zur Streckenbeobachtung e_{AE}. Die in diesen Zeilen fehlenden Einträge sind alle gleich Null. t_{AE}^0, e_{AE}^0 sind die aus Näherungs- und/oder Festpunktkoordinaten von A und E berechneten Richtungswinkel und Horizontalstrecken. Wenn kein Maßstabsparameter geschätzt werden soll, dann entfällt die letzte Zeile im Vektor $\mathbf{X}$ und die letzte Spalte in der Matrix $\mathbf{A}$. Wenn A und/oder E Festpunkte sind, dann entfallen die zugehörigen Zeilen in $\mathbf{X}$ und Spalten in $\mathbf{A}$. Wenn A und E Festpunkte sind und auch kein Maßstabsparameter geschätzt werden soll, dann ist das Einführen von e_{AE} in die Ausgleichung sinnlos, denn $\tilde{e}_{AE}$ ist bereits aus Koordinaten berechenbar. Zur Festlegung von Gewichten siehe Beispiel 4.9.

Abb. 7.9 zu Beispiel 7.45
(Ellipse im Maßstab 1 : 10 000
vergrößert) sowie zu Aufgabe 7.17

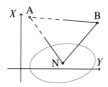

▶ Beispiel 7.45

Wir betrachten das folgende einfache Richtungs-Strecken-Netz in ◘ Abb. 7.9 mit zwei Festpunkten A, B

Punkt	X in m	Y in m
A	337,451	332,296
B	318,082	587,657

und einem Neupunkt N sowie folgenden Beobachtungen:

Standpunkt	Zielpunkt	r in gon	e in m
N	A	0,0000	
N	B	87,2389	196,772
B	N	0,0000	
B	A	58,4866	

Diese Messungsanordnung entspricht einem Seitwärtsschnitt (s. ▶ Abschn. 1.5.2) mit zusätzlich gemessener Strecke. Die Standardabweichungen aller Richtungen sind a-priori mit 0,5 mgon und der Horizontalstrecke mit 3 mm anzunehmen. Das Netz soll ausgeglichen und die Standardellipse von N berechnet werden. ◀

▶ Lösung

Beobachtungen im Sinne der Ausgleichung sind vier Richtungen und eine Horizontalstrecke. Parameter sind die beiden Neupunktkoordinaten und die Orientierungswinkel auf den Standpunkten, auf denen Richtungsmessungen erfolgten:

$$\mathbf{L} = \begin{pmatrix} r_{NA} \\ r_{NB} \\ r_{BN} \\ r_{BA} \\ e_{NB} \end{pmatrix} = \begin{pmatrix} 0,0000\,\text{gon} \\ 87,2389\,\text{gon} \\ 0,0000\,\text{gon} \\ 58,4866\,\text{gon} \\ 196,772\,\text{m} \end{pmatrix}, \quad \mathbf{X} = \begin{pmatrix} X_N \\ Y_N \\ o_N \\ o_B \end{pmatrix}$$

Gemäß Hinweis 7.12 ist auf das Schätzen eines Streckenmaßstabs zu verzichten. Die Beobachtungsgleichungen (7.80), (7.81) lauten:

$$\tilde{r}_{NA} = \arctan \frac{Y_A - \tilde{Y}_N}{X_A - \tilde{X}_N} - \tilde{o}_N$$

$$\tilde{r}_{NB} = \arctan \frac{Y_B - \tilde{Y}_N}{X_B - \tilde{X}_N} - \tilde{o}_N$$

$$\tilde{r}_{BN} = \arctan \frac{\tilde{Y}_N - Y_B}{\tilde{X}_N - X_B} - \tilde{o}_B$$

$$\tilde{r}_{BA} = \arctan \frac{Y_A - Y_B}{X_A - X_B} - \tilde{o}_B$$

$$\tilde{e}_{NB} = \sqrt{\left(X_B - \tilde{X}_N\right)^2 + \left(Y_B - \tilde{Y}_N\right)^2}$$

Zunächst berechnen wir den Richtungswinkel zwischen den Festpunkten zu $t_{AB} = 104{,}8195$ gon. Auf dem Standpunkt B kann mit der gemessenen Richtung zum Punkt A eine Näherungsorientierung und daraus der Näherungsrichtungswinkel zum Neupunkt berechnet werden:

$$o_B^0 = t_{BA} - r_{BA} = 304{,}8195 \, \text{gon} - 58{,}4866 \, \text{gon} = 246{,}3329 \, \text{gon}$$

$$t_{BN}^0 = r_{BN} + o_B^0 = 0{,}0000 \, \text{gon} + 246{,}3329 \, \text{gon} = 246{,}3329 \, \text{gon}$$

Somit erhält man Näherungskoordinaten von N durch polares Anhängen:

$$X_N^0 = X_B + e_{NB} \cdot \cos t_{BN}^0 = 171{,}1636 \, \text{m}$$

$$Y_N^0 = Y_B + e_{NB} \cdot \sin t_{BN}^0 = 456{,}7593 \, \text{m}$$

und daraus den Näherungsrichtungswinkel $t_{NA}^0 = 359{,}0953$ gon und die Näherungsstrecke $e_{NA}^0 = 207{,}7080$ m. Schließlich kann durch Stationsabriss auf dem Standpunkt N unter Nutzung seiner Näherungskoordinaten eine Näherungsorientierung berechnet werden:

$$o_N^0 = \frac{1}{2}\left((t_{NA}^0 - r_{NA}) + (200 \, \text{gon} - t_{BN}^0 - r_{NB})\right) = 359{,}0946 \, \text{gon}$$

Zusammengefasst lautet der Vektor der Näherungsparameter:

$$\mathbf{X}^0 = \begin{pmatrix} 171{,}1636 \, \text{m} \\ 456{,}7593 \, \text{m} \\ 359{,}0946 \, \text{gon} \\ 246{,}3329 \, \text{gon} \end{pmatrix}$$

Beim Kürzen der Beobachtungen (7.8) verschwinden diese, außer bei den Richtungen auf Punkt N:

$$\mathbf{l} = \mathbf{L} - \mathbf{L}^0 = \begin{pmatrix} -0{,}000\,65 \, \text{gon} \\ 0{,}000\,65 \, \text{gon} \\ 0{,}000\,00 \, \text{gon} \\ 0{,}000\,00 \, \text{gon} \\ 0{,}0000 \, \text{m} \end{pmatrix}$$

Entsprechend (7.83) ergibt sich

$$
\mathbf{A} =
\begin{pmatrix}
\dfrac{\sin 359{,}0953}{207{,}7080} \cdot \rho & -\dfrac{\cos 359{,}0953}{207{,}7080} \cdot \rho & -1 & 0 \\[2mm]
\dfrac{\sin 46{,}3329}{196{,}772} \cdot \rho & -\dfrac{\cos 46{,}3329}{196{,}772} \cdot \rho & -1 & 0 \\[2mm]
-\dfrac{\sin 246{,}3329}{196{,}772} \cdot \rho & +\dfrac{\cos 246{,}3329}{196{,}772} \cdot \rho & 0 & -1 \\[2mm]
0 & 0 & 0 & -1 \\[2mm]
-\cos 46{,}3329 & -\sin 46{,}3329 & 0 & 0
\end{pmatrix}
$$

$$
=
\begin{pmatrix}
-0{,}183\,660 & -0{,}245\,377 & -1 & 0 \\
0{,}215\,221 & -0{,}241\,563 & -1 & 0 \\
0{,}215\,221 & -0{,}241\,563 & 0 & -1 \\
0 & 0 & 0 & -1 \\
-0{,}746\,643 & -0{,}665\,225 & 0 & 0
\end{pmatrix}
$$

Wir können ein stochastisches Modell nach ▶ Abschn. 7.2.1 wählen. Es ist hier vorteilhaft, $\sigma_0 = 0{,}003$ einheitenlos zu wählen. Dann erhalten wir für die Gewichte ganze Zahlen:

$$
p_1 = p_2 = p_3 = p_4 = \frac{0{,}003^2}{(0{,}0005 \text{ gon})^2} = 36 \text{ gon}^{-2} \qquad p_5 = \frac{0{,}003^2}{(0{,}003 \text{ m})^2} = 1 \text{ m}^{-2}
$$

Die Gewichte haben jetzt die ungewöhnlichen Einheiten gon^{-2} und m^{-2}. Darum müssen wir uns nicht weiter kümmern, solange diese zu den Einheiten der Beobachtungen (gon, m) passen.

Im Fortgang der Rechnung erhalten wir mit den bekannten Formeln

$$
\hat{\mathbf{x}} =
\begin{pmatrix}
0{,}002\,25 \text{ m} \\
0{,}000\,68 \text{ m} \\
-0{,}000\,13 \text{ gon} \\
0{,}000\,16 \text{ gon}
\end{pmatrix}, \quad
\hat{\mathbf{X}} = \mathbf{X}^0 + \hat{\mathbf{x}} =
\begin{pmatrix}
171{,}1659 \text{ m} \\
456{,}7600 \text{ m} \\
359{,}0945 \text{ gon} \\
246{,}3331 \text{ gon}
\end{pmatrix}
$$

$$
\mathbf{v} = \mathbf{A} \cdot \hat{\mathbf{x}} - \mathbf{l} =
\begin{pmatrix}
0{,}000\,20 \text{ gon} \\
-0{,}000\,20 \text{ gon} \\
0{,}000\,16 \text{ gon} \\
-0{,}000\,16 \text{ gon} \\
-0{,}002\,14 \text{ m}
\end{pmatrix}, \quad
\hat{\mathbf{L}} = \mathbf{L} + \mathbf{v} =
\begin{pmatrix}
0{,}000\,20 \text{ gon} \\
87{,}238\,70 \text{ gon} \\
0{,}000\,16 \text{ gon} \\
58{,}486\,44 \text{ gon} \\
196{,}7699 \text{ m}
\end{pmatrix}
$$

Die ausgeglichenen Neupunktkoordinaten lauten also $\hat{X}_{\mathrm{N}} = \underline{171{,}1659 \text{ m}}$, $\hat{Y}_{\mathrm{N}} = \underline{456{,}7600 \text{ m}}$. Die Schlussprobe besteht darin, dass die ausgeglichenen Parameter und Beobachtungen ein ausgeglichenes Netz ergeben:

$$
\hat{r}_{\mathrm{NA}} = \arctan \frac{332{,}296 \text{ m} - 456{,}7600 \text{ m}}{337{,}451 \text{ m} - 171{,}1659 \text{ m}} - 359{,}0945 \text{ gon} = 0{,}0002 \text{ gon} \checkmark
$$

$$\vdots$$

$$
\hat{e}_{\mathrm{NB}} = \sqrt{(318{,}082 \text{ m} - 171{,}1659 \text{ m})^2 + (587{,}657 \text{ m} - 456{,}7600 \text{ m})^2}
$$

$$
= 196{,}7699 \text{ m} \checkmark
$$

Der a-posteriori Varianzfaktor wird mit (7.48) geschätzt zu

$$\hat{\sigma}_0^2 = \frac{36 \cdot (0{,}000\,20^2 + 0{,}000\,20^2 + 0{,}000\,16^2 + 0{,}000\,16^2) + 0{,}002\,14^2}{5 - 4} = 9{,}3 \cdot 10^{-6}$$

Die Einheiten in den Produkten heben sich auf und $\hat{\sigma}_0^2$ wird erwartungsgemäß einheitenlos erhalten. Die Gesamtredundanz beträgt nach (7.56) lediglich $r = 5 - 4 = 1$. Laut Hinweis 7.8 sollte eigentlich auf eine Schätzung *verzichtet* werden! Insofern hat diese Rechnung hier nur Beispielcharakter. Die Teststatistik des Globaltests (7.62) lautet

$$T_{\text{global}} = (5 - 4) \cdot \frac{9{,}3 \cdot 10^{-6}}{9{,}0 \cdot 10^{-6}} = 1{,}03$$

Die kritischen Werte bei einer Irrtumswahrscheinlichkeit $\alpha = 0{,}05$ bei $r = 1$ betragen für den zweiseitigen Globaltest $c_1 = 0{,}001$ und $c_2 = 5{,}02$ (s. ◼ Tab. 7.3). Damit ist die Nullhypothese angenommen.

Wegen der sehr geringen Redundanz von $r = 1$ werden wir im Weiteren praktisch nur mit den a-priori Standardabweichungen und der a-priori Standardellipse (4.29) arbeiten. Mit den Kofaktormatrizen

$$\mathbf{Q}_{\hat{\mathbf{X}}} = \mathbf{N}^{-1} = \begin{pmatrix} 0{,}241\,45 & 0{,}066\,58 & -0{,}012\,40 & 0{,}017\,94 \\ 0{,}066\,58 & 0{,}688\,09 & -0{,}166\,48 & -0{,}075\,94 \\ -0{,}012\,40 & -0{,}166\,48 & 0{,}054\,23 & 0{,}018\,77 \\ 0{,}017\,94 & -0{,}075\,94 & 0{,}018\,77 & 0{,}024\,99 \end{pmatrix}$$

$$\mathbf{Q}_{\hat{\mathbf{L}}} = \mathbf{A} \cdot \mathbf{N}^{-1} \cdot \mathbf{A}^{\mathsf{T}} = \begin{pmatrix} 0{,}0235 & 0{,}0042 & -0{,}0034 & 0{,}0034 & 0{,}0458 \\ 0{,}0042 & 0{,}0235 & 0{,}0034 & -0{,}0034 & -0{,}0458 \\ -0{,}0034 & 0{,}0034 & 0{,}0250 & 0{,}0028 & 0{,}0371 \\ 0{,}0034 & -0{,}0034 & 0{,}0028 & 0{,}0250 & -0{,}0371 \\ 0{,}0458 & -0{,}0458 & 0{,}0371 & -0{,}0371 & 0{,}5052 \end{pmatrix}$$

erhalten wir die a-priori Standardabweichungen (7.44), (7.45)

$$\sigma_{\hat{X}_{\text{N}}} = 0{,}003 \cdot \sqrt{0{,}241\,45\,\text{m}^2} = \underline{0{,}0015\,\text{m}}$$

$$\sigma_{\hat{Y}_{\text{N}}} = 0{,}003 \cdot \sqrt{0{,}688\,09\,\text{m}^2} = \underline{0{,}0025\,\text{m}}$$

$$\sigma_{\hat{r}_{\text{NA}}} = \sigma_{\hat{r}_{\text{NB}}} = 0{,}003 \cdot \sqrt{0{,}0235\,\text{gon}^2} = \underline{0{,}000\,46\,\text{gon}}$$

$$\sigma_{\hat{r}_{\text{BN}}} = \sigma_{\hat{r}_{\text{BA}}} = 0{,}003 \cdot \sqrt{0{,}0250\,\text{gon}^2} = \underline{0{,}000\,47\,\text{gon}}$$

$$\sigma_{\hat{e}_{\text{NB}}} = 0{,}003 \cdot \sqrt{0{,}5052\,\text{m}^2} = \underline{0{,}0021\,\text{m}}$$

und die a-priori Standardellipse (4.29)

$$\left. \begin{array}{l} A \\ B \end{array} \right\} = \frac{0{,}003}{\sqrt{2}} \cdot \sqrt{0{,}241\,45 + 0{,}688\,09 \pm \sqrt{(0{,}241\,45 - 0{,}688\,09)^2 + 4 \cdot (0{,}066\,58)^2}}\,\text{m}$$

$$= \begin{cases} 0{,}0025\,\text{m} \\ 0{,}0014\,\text{m} \end{cases}$$

Der Richtungswinkel der großen Halbachse ergibt sich unter Berücksichtigung von Hinweis 4.5 aus (4.33):

$$\theta = \frac{1}{2} \cdot \arctan \frac{2 \cdot 0{,}066\,58\,\text{m}^2}{0{,}241\,45\,\text{m}^2 - 0{,}688\,09\,\text{m}^2} = \underline{81{,}7°}$$

Die Redundanzanteile betragen

$$r_1 = r_2 = 0{,}15; \quad r_3 = r_4 = 0{,}10; \quad r_5 = 0{,}50$$

Die Strecke ist durch die Richtungen gut kontrollierbar, umgekehrt aber nicht. Die Strecke ist dafür zu ungenau gemessen. Wäre sie noch ungenauer, könnte man sie auch weglassen und hätte einen Seitwärtsschnitt, der bekanntlich gar keine Kontrollmöglichkeit enthält.

▶ http://sn.pub/VTmE4s ◀

Genau wie in Beispiel 7.41 können auch bei Richtungs-Strecken-Netzen bewegliche Anschlusspunkte modelliert werden. Eine Möglichkeit besteht darin, den Allgemeinfall der Ausgleichung wie in ▶ Abschn. 7.6.2 beschrieben anzuwenden.

🛑 Aufgabe 7.17

Lösen Sie die Aufgabe aus Beispiel 7.45 für den Fall, dass den Koordinaten von A jetzt Standardabweichungen von je 5 mm zugeordnet werden. Mögliche Korrelationen der Koordinaten sollen nicht berücksichtigt werden.

▶ http://sn.pub/91uskg

7.7.4 Koordinatentransformationen

Bei Transformationsaufgaben sind zunächst aus identischen Punkten Transformationsparameter zu berechnen und mit diesen anschließend Neupunkte zu transformieren. Übliche Praxis ist, dass mehr identische Punkte vorliegen, als zur eindeutigen Bestimmung der Transformationsparameter benötigt werden, so dass sich eine Ausgleichungsaufgabe ergibt. In einigen Sonderfällen ist es möglich, diese Aufgaben teilweise durch Anwendung eines einfachen Rechenschemas ohne explizite Kenntnisse der Ausgleichungsrechnung zu lösen (s. ▶ Abschn. 1.6.8, 1.6.9, 1.6.10, 2.4.6, 2.4.9). Das ist auch nur sinnvoll, wenn man auf detaillierte Genauigkeits- und Zuverlässigkeitsbetrachtungen einschließlich Standard- oder Konfidenzellipsen und statistische Tests verzichten kann. In allen anderen Fällen formuliert man zunächst ein funktionales und ein stochastisches Ausgleichungsmodell und wendet in bewährter Weise die Ausgleichungsprozedur darauf an.

Ebene Helmert-Transformation: Betrachten wir hier zunächst exemplarisch die ebene Helmert-Transformation mit bekannten wahren Quellsystemkoordinaten (s. ▶ Abschn. 1.6.8) und N identischen Punkten. Die $n = 2 \cdot N$ Beobachtungen sind die Zielsystemkoordinaten der identischen Punkte, und die Parameter sind die vier

Transformationsparameter:

$$
\mathbf{L} = \begin{pmatrix} X_1 \\ Y_1 \\ X_2 \\ \vdots \\ X_N \\ Y_N \end{pmatrix}, \quad \mathbf{X} = \begin{pmatrix} a \\ o \\ X_0 \\ Y_0 \end{pmatrix} \tag{7.84}
$$

Die Beobachtungsgleichungen sind die Transformationsgleichungen (1.52):

$$
\begin{aligned}
\tilde{X}_1 &= \tilde{X}_0 + x_1 \cdot \tilde{a} - y_1 \cdot \tilde{o} \\
\tilde{Y}_1 &= \tilde{Y}_0 + x_1 \cdot \tilde{o} + y_1 \cdot \tilde{a} \\
\tilde{X}_2 &= \tilde{X}_0 + x_2 \cdot \tilde{a} - y_2 \cdot \tilde{o} \\
&\vdots \\
\tilde{Y}_N &= \tilde{Y}_0 + x_N \cdot \tilde{o} + y_N \cdot \tilde{a}
\end{aligned} \tag{7.85}
$$

Daraus liest man folgende $(2 \cdot N) \times 4$-Matrix $\mathbf{A}$ ab:

$$
\mathbf{A} = \begin{pmatrix}
x_1 & -y_1 & 1 & 0 \\
y_1 & x_1 & 0 & 1 \\
x_2 & -y_2 & 1 & 0 \\
\vdots & \vdots & \vdots & \vdots \\
y_N & x_N & 0 & 1
\end{pmatrix} \tag{7.86}
$$

Zusammen mit Näherungsparametern und einem geeigneten stochastischen Modell kann nun die Ausgleichungsprozedur abgearbeitet werden.

Besonders einfach stellt sich die Lösung dar, wenn die Gewichte der beiden Zielsystemkoordinaten jedes identischen Punktes paarweise identisch sind. D. h. die Gewichtsmatrix hat folgende Gestalt:

$$
\mathbf{P} = \begin{pmatrix}
p_1 & 0 & 0 & 0 & 0 & \cdots & 0 & 0 \\
0 & p_1 & 0 & 0 & 0 & \cdots & 0 & 0 \\
0 & 0 & p_2 & 0 & 0 & \cdots & 0 & 0 \\
0 & 0 & 0 & p_2 & 0 & \cdots & 0 & 0 \\
0 & 0 & 0 & 0 & p_3 & \cdots & 0 & 0 \\
\vdots & \vdots & \vdots & \vdots & \vdots & \vdots & \vdots & \vdots \\
0 & 0 & 0 & 0 & 0 & \cdots & p_N & 0 \\
0 & 0 & 0 & 0 & 0 & \cdots & 0 & p_N
\end{pmatrix} \tag{7.87}
$$

Außerdem sollen zur Vereinfachung der folgenden Formeln die Gewichte so festgelegt sein, dass

$$
\sum_{i=1}^{N} p_i := 1 \tag{7.88}
$$

gilt, s. Methode (3) in ▶ Abschn. 4.3.3. Wir führen folgende Hilfsvariablen ein:

$$x_S := \sum_{i=1}^{N} p_i \cdot x_i, \quad X_S := \sum_{i=1}^{N} p_i \cdot X_i$$

$$y_S := \sum_{i=1}^{N} p_i \cdot y_i, \quad Y_S := \sum_{i=1}^{N} p_i \cdot Y_i$$

$$h := -x_S^2 - y_S^2 + \sum_{i=1}^{N} p_i \cdot (x_i^2 + y_i^2) > 0$$

$$H := -X_S^2 - Y_S^2 + \sum_{i=1}^{N} p_i \cdot (X_i^2 + Y_i^2) > 0$$

$$c := \sum_{i=1}^{N} p_i \cdot (X_i \cdot (x_i - x_S) + Y_i \cdot (y_i - y_S))$$

$$s := \sum_{i=1}^{N} p_i \cdot (Y_i \cdot (x_i - x_S) - X_i \cdot (y_i - y_S))$$

Wenn man sich die identischen Punkte als Massepunkte mit der Masse p_i vorstellt, dann sind S(x_S, y_S) und S(X_S, Y_S) die Schwerpunkte sowie h und H die Trägheitsmomente bezüglich S in den jeweiligen Systemen. Nach längerer Rechnung ergibt sich folgende Kofaktormatrix:

$$\mathbf{Q}_{\hat{X}} = \frac{1}{h} \cdot \begin{pmatrix} 1 & 0 & -x_S & -y_S \\ 0 & 1 & y_S & -x_S \\ -x_S & y_S & x_S^2 + y_S^2 + h & 0 \\ -y_S & -x_S & 0 & x_S^2 + y_S^2 + h \end{pmatrix} \tag{7.89}$$

Die Formeln für die Schätzwerte sind:

$$\hat{a} = \frac{c}{h}, \quad \hat{X}_0 = X_S - x_S \cdot \hat{a} + y_S \cdot \hat{o}$$

$$\hat{o} = \frac{s}{h}, \quad \hat{Y}_0 = Y_S - x_S \cdot \hat{o} - y_S \cdot \hat{a}$$

$$\hat{\sigma}_0^2 = \frac{H \cdot h - c^2 - s^2}{(2 \cdot N - 4) \cdot h} \tag{7.90}$$

Daraus können bei Bedarf auch Rotationswinkel ε und Maßstab m geschätzt werden:

$$\hat{\varepsilon} = \arctan \frac{\hat{o}}{\hat{a}} = \arctan \frac{s}{c} \tag{7.91}$$

$$\hat{m} = \sqrt{\hat{a}^2 + \hat{o}^2} = \frac{\sqrt{c^2 + s^2}}{h} \tag{7.92}$$

Wenn mit diesen Parametern ein Punkt P mit den bekannten wahren Quellsystemkoordinaten (x_P, y_P) transformiert wird, sind dessen Zielsystemkoordinaten Funktionen ausgeglichener Parameter:

$$\hat{X}_P = \hat{X}_0 + x_P \cdot \hat{a} - y_P \cdot \hat{o}$$
$$\hat{Y}_P = \hat{Y}_0 + x_P \cdot \hat{o} + y_P \cdot \hat{a}$$

Daraus liest man folgende Funktionalmatrix ab:

$$\mathbf{F}_{\hat{X}_P, \hat{Y}_P} = \begin{pmatrix} x_P & -y_P & 1 & 0 \\ y_P & x_P & 0 & 1 \end{pmatrix}$$

Nach Anwendung des KFG (5.7) auf diese Funktionen erhält man nach längerer Rechnung folgende Kofaktormatrix:

$$\mathbf{Q}_{\hat{X}_P, \hat{Y}_P} = \frac{(x_P - x_S)^2 + (y_P - y_S)^2 + h}{h} \cdot \mathbf{I} \tag{7.93}$$

Diese Matrix gilt sowohl für berechnete Neupunktkoordinaten, als auch für die Schätzwerte der Zielsystemkoordinaten identischer Punkte. In (7.93) ist zu erkennen, dass die zum *selben* Punkt P gehörigen Zielsystemkoordinaten $(\hat{X}_P, \hat{Y}_P)$ unkorreliert sind. Jedoch sind Korrelationen zwischen Koordinaten *verschiedener* Punkte in der Regel nicht Null. Um diese Korrelationen zu erhalten, müsste man eine Funktionalmatrix mit mehr als zwei Zeilen bilden und das KFG darauf anwenden.

Weiter erkennt man an (7.93), dass die Standard- und Konfidenzellipsen aller transformierten Punkte Kreise sind. Die a-priori Standardellipse von P (4.29) hat den Radius

$$A = B = \sigma_0 \cdot \sqrt{1 + \frac{(x_P - x_S)^2 + (y_P - y_S)^2}{h}} = \sigma_0 \cdot \sqrt{1 + \frac{e_{SP}^2}{h}} \tag{7.94}$$

Die a-priori Lagestandardabweichung (4.34) ist

$$\sigma_P = \sqrt{A^2 + B^2} = \sigma_0 \cdot \sqrt{2 + 2 \cdot \frac{e_{SP}^2}{h}} \tag{7.95}$$

Dasselbe gilt für die a-posteriori Standardellipse und die a-posteriori Lagestandardabweichung jeweils mit dem Faktor $\hat{\sigma}_0$ statt σ_0. Die Genauigkeit eines transformierten Punktes ist also von seinem Abstand vom Schwerpunkt S abhängig [11].

▶ **Beispiel 7.46**

Wir setzen das Beispiel 1.26 fort. Zusätzlich wollen wir Standardellipsen und für die Strecke E_{CD} im Zielsystem eine Standardabweichung berechnen. ◀

► **Lösung**

Wir stellen zunächst nochmal die Ausgangskoordinaten zusammen:

Punkt	x in LE	y in LE	X in m	Y in m
Q	4,6736	−27,7157	0,0000	0,0000
A	40,4580	0,0000	45,2930	0,0000
B	−7,8654	22,9823	21,2196	47,7986
C	−32,5588	−29,1437		
D			5,4271	−15,1609

Wir haben $N = 3$ identische Punkte Q, A, B und somit $n = 2 \cdot N = 6$ Beobachtungen sowie $u = 4$ Parameter. Die 6×4-Matrix **A** in (7.86) lautet

$$
\mathbf{A} = \begin{pmatrix}
4{,}6736 & 27{,}7157 & 1 & 0 \\
-27{,}7157 & 4{,}6736 & 0 & 1 \\
40{,}4580 & 0{,}0000 & 1 & 0 \\
0{,}0000 & 40{,}4580 & 0 & 1 \\
-7{,}8654 & -22{,}9823 & 1 & 0 \\
22{,}9823 & -7{,}8654 & 0 & 1
\end{pmatrix}
$$

Da wir mit gleichen Gewichten arbeiten, so dass **P** von der Gestalt (7.87) ist, können wir direkt mit den angegebenen Lösungsformeln arbeiten. Wir müssen nur (7.88) beachten, so dass wir setzen: $p_1 = p_2 = \cdots = p_6 := 1/3$. Wir erhalten die Hilfsvariablen:

$$x_S = 12{,}4221\,\text{LE}; \qquad y_S = -1{,}5778\,\text{LE};$$
$$X_S = 22{,}1709\,\text{m}; \qquad Y_S = 15{,}9329\,\text{m}$$
$$h = 848{,}8371\,\text{LE}^2; \qquad H = 850{,}0742\,\text{m}^2;$$
$$c = 671{,}0927\,\text{LE} \cdot \text{m}; \qquad s = -520{,}7771\,\text{LE} \cdot \text{m}$$

Daraus stellt man die Kofaktormatrix (7.89) zusammen. Genauso einfach gewinnt man die ausgeglichenen Transformationsparameter, die mit den Ergebnissen aus Beispiel 1.26 bis auf Rundungsfehler übereinstimmen, und $\hat{\sigma}_0$:

$$
\hat{\mathbf{X}} = \begin{pmatrix}
0{,}790\,602\,\text{m/LE} \\
-0{,}613\,518\,\text{m/LE} \\
13{,}3180\,\text{m} \\
24{,}8014\,\text{m}
\end{pmatrix}, \qquad
\begin{aligned}
\hat{\varepsilon} &= 5{,}623\,24 = 357{,}9867\,\text{gon} \\
\hat{m} &= 1{,}000\,728 \\
\hat{\sigma}_0 &= 15{,}8\,\text{mm}
\end{aligned}
$$

Die Gesamtredundanz (7.56) ist $r = 6 - 4 = 2$ und damit sehr gering, weshalb Hinweis 7.8 beachtet werden muss. Die a-priori und die a-posteriori Standardellipsen sind Kreise mit den

Radien

$$A_Q = B_Q = \sigma_0 \cdot \sqrt{1 + \frac{743{,}229}{848{,}837}} = \sigma_0 \cdot 1{,}37; \quad \hat{A}_Q = \hat{B}_Q = \hat{\sigma}_0 \cdot 1{,}37 = \underline{21{,}6\,\text{mm}}$$

$$A_A = B_A = \sigma_0 \cdot \sqrt{1 + \frac{788{,}503}{848{,}837}} = \sigma_0 \cdot 1{,}39; \quad \hat{A}_A = \hat{B}_A = \hat{\sigma}_0 \cdot 1{,}39 = \underline{22{,}0\,\text{mm}}$$

$$A_B = B_B = \sigma_0 \cdot \sqrt{1 + \frac{1014{,}780}{848{,}837}} = \sigma_0 \cdot 1{,}48; \quad \hat{A}_B = \hat{B}_B = \hat{\sigma}_0 \cdot 1{,}48 = \underline{23{,}4\,\text{mm}}$$

$$A_C = B_C = \sigma_0 \cdot \sqrt{1 + \frac{2783{,}157}{848{,}837}} = \sigma_0 \cdot 2{,}07; \quad \hat{A}_C = \hat{B}_C = \hat{\sigma}_0 \cdot 2{,}07 = \underline{32{,}7\,\text{mm}}$$

Für die Standardabweichung der Strecke E_{CD} benötigen wir die gemeinsame Kofaktormatrix der Zielsystemkoordinaten von C und D. Diese ist hier aber eine Diagonalmatrix, denn erstens sind die Koordinaten von D nicht in die Bestimmung von C eingeflossen und zweitens sind die beiden Zielsystemkoordinaten von C und auch von D untereinander unkorreliert. Für C folgt das aus (7.93) und für D aus den Voraussetzungen des Beispiels. Somit ist im Unterschied zu Beispiel 5.21 das einfache FFG (5.11) hier ausreichend. Die Koordinaten von D haben dieselbe Genauigkeit wie die von Q, A, B, also setzen wir ein: $\hat{\sigma}_{X_D} = \hat{\sigma}_{Y_D} = \hat{\sigma}_0/\sqrt{p} = 15{,}8\,\text{mm} \cdot \sqrt{3}$.

$$\hat{\sigma}_{E_{CD}} = \sqrt{\left(\frac{X_D - \hat{X}_C}{E_{CD}}\right)^2 \cdot \left(\hat{\sigma}_{\hat{X}_C}^2 + \hat{\sigma}_{\hat{X}_D}^2\right) + \left(\frac{Y_D - \hat{Y}_C}{E_{CD}}\right)^2 \cdot \left(\hat{\sigma}_{\hat{Y}_C}^2 + \hat{\sigma}_{\hat{Y}_D}^2\right)}$$

$$= \sqrt{\left(\frac{35{,}73}{51{,}363}\right)^2 \cdot (32{,}7^2 + 15{,}8^2 \cdot 3) + \left(\frac{-36{,}90}{51{,}363}\right)^2 \cdot (32{,}7^2 + 15{,}8^2 \cdot 3)}\,\text{mm}$$

$$= \sqrt{32{,}7^2 + 15{,}8^2 \cdot 3}\,\text{mm} = \underline{42{,}6\,\text{mm}}$$

▶ http://sn.pub/7NSSQ4 ◀

Drei-Parameter-Transformation mit bekannten wahren Quellsystemkoordinaten: Betrachten wir im Unterschied dazu die ebene Rotation und Translation (Drei-Parameter-Transformation) mit bekannten wahren Quellsystemkoordinaten (s. ▶ Abschn. 1.6.2, 1.6.9) und N identischen Punkten. Der Beobachtungsvektor $\mathbf{L}$ ist identisch mit (7.84), der Parametervektor lautet jetzt

$$\mathbf{X} = \begin{pmatrix} \varepsilon \\ X_0 \\ Y_0 \end{pmatrix} \tag{7.96}$$

Die Beobachtungsgleichungen sind die Transformationsgleichungen (1.44):

$$\tilde{X}_1 = \tilde{X}_0 + x_1 \cdot \cos\tilde{\varepsilon} - y_1 \cdot \sin\tilde{\varepsilon}$$
$$\tilde{Y}_1 = \tilde{Y}_0 + x_1 \cdot \sin\tilde{\varepsilon} + y_1 \cdot \cos\tilde{\varepsilon}$$
$$\tilde{X}_2 = \tilde{X}_0 + x_2 \cdot \cos\tilde{\varepsilon} - y_2 \cdot \sin\tilde{\varepsilon}$$
$$\vdots$$
$$\tilde{Y}_N = \tilde{Y}_0 + x_N \cdot \sin\tilde{\varepsilon} + y_N \cdot \cos\tilde{\varepsilon} \tag{7.97}$$

Daraus liest man folgende $(2 \cdot N) \times 3$-Matrix $\mathbf{A}$ ab:

$$
\mathbf{A} = \begin{pmatrix}
-x_1 \cdot \sin \varepsilon^0 - y_1 \cdot \cos \varepsilon^0 & 1 & 0 \\
x_1 \cdot \cos \varepsilon^0 - y_1 \cdot \sin \varepsilon^0 & 0 & 1 \\
-x_2 \cdot \sin \varepsilon^0 - y_2 \cdot \cos \varepsilon^0 & 1 & 0 \\
\vdots & & \vdots & \vdots \\
x_N \cdot \cos \varepsilon^0 - y_N \cdot \sin \varepsilon^0 & 0 & 1
\end{pmatrix}
\tag{7.98}
$$

ε^0 ist der Näherungsparameter für ε, den man z. B. durch eine Voranalyse mittels Helmert-Transformation in (7.91) erhält, wobei $\hat{m} \approx 1$ in (7.92) wie in ▶ Abschn. 1.6.9 als Plausibilitätsüberprüfung dient. Da ε nur eine Hilfsvariable ist, definieren wir diese am besten im Bogenmaß, so dass sich die Ableitungen in (7.98) etwas vereinfachen. Zusammen mit zwei weiteren Näherungsparametern X_0^0, Y_0^0 und einem geeigneten stochastischen Modell kann nun die Ausgleichungsprozedur abgearbeitet werden.

Auch hier stellt sich die Lösung besonders einfach dar, wenn die Gewichtsmatrix die Gestalt (7.87) hat und zusätzlich (7.88) beachtet wurde. Mit den zuvor definierten Hilfsvariablen $x_S, y_S, X_S, Y_S, h, H, c, s$ erhält man folgende Schätzwerte:

$$
\hat{X}_0 = X_S - \frac{x_S \cdot c - y_S \cdot s}{\sqrt{c^2 + s^2}}, \qquad \hat{\varepsilon} = \arctan \frac{s}{c}
$$

$$
\hat{Y}_0 = Y_S - \frac{x_S \cdot s + y_S \cdot c}{\sqrt{c^2 + s^2}}, \qquad \hat{\sigma}_0^2 = \frac{H + h - 2 \cdot \sqrt{c^2 + s^2}}{2 \cdot N - 3}
$$

Bemerkenswert ist, dass sich für $\hat{\varepsilon}$ derselbe Schätzwert ergibt, wie in (7.91). Die Kofaktormatrix lautet:

$$
\mathbf{Q}_{\hat{\mathbf{X}}} = \frac{1}{h} \cdot \begin{pmatrix}
1 & Y_S - \hat{Y}_0 & \hat{X}_0 - X_S \\
Y_S - \hat{Y}_0 & h + (Y_S - \hat{Y}_0)^2 & (\hat{X}_0 - X_S) \cdot (Y_S - \hat{Y}_0) \\
\hat{X}_0 - X_S & (\hat{X}_0 - X_S) \cdot (Y_S - \hat{Y}_0) & h + (\hat{X}_0 - X_S)^2
\end{pmatrix}
\tag{7.99}
$$

Wenn mit diesen Parametern ein identischer Punkt oder Neupunkt P mit bekannten wahren Quellsystemkoordinaten (x_P, y_P) transformiert wird, sind dessen Zielsystemkoordinaten Funktionen ausgeglichener Parameter:

$$
\hat{X}_P = \hat{X}_0 + x_P \cdot \cos \hat{\varepsilon} - y_P \cdot \sin \hat{\varepsilon}
$$

$$
\hat{Y}_P = \hat{Y}_0 + x_P \cdot \sin \hat{\varepsilon} + y_P \cdot \cos \hat{\varepsilon}
\tag{7.100}
$$

Daraus liest man folgende Funktionalmatrix ab:

$$
\mathbf{F}_{\hat{X}_P, \hat{Y}_P} = \begin{pmatrix}
-x_P \cdot \sin \hat{\varepsilon} - y_P \cdot \cos \hat{\varepsilon} & 1 & 0 \\
x_P \cdot \cos \hat{\varepsilon} - y_P \cdot \sin \hat{\varepsilon} & 0 & 1
\end{pmatrix} = \begin{pmatrix}
\hat{Y}_0 - \hat{Y}_P & 1 & 0 \\
\hat{X}_P - \hat{X}_0 & 0 & 1
\end{pmatrix}
\tag{7.101}
$$

Nach Anwendung des KFG (5.7) auf diese Funktionen erhält man die Kofaktormatrix der Zielsystemkoordinaten von P:

$$
\mathbf{Q}_{\hat{X}_P, \hat{Y}_P} = \frac{1}{h} \cdot \begin{pmatrix}
h + (Y_S - \hat{Y}_P)^2 & (Y_S - \hat{Y}_P) \cdot (\hat{X}_P - X_S) \\
(Y_S - \hat{Y}_P) \cdot (\hat{X}_P - X_S) & h + (\hat{X}_P - X_S)^2
\end{pmatrix}
$$

Für die a-priori Standardellipse von P findet man nach kurzer Rechnung die Halbachsen

$$A = \sigma_0 \cdot \sqrt{1 + \frac{(Y_S - \hat{Y}_P)^2 + (\hat{X}_P - X_S)^2}{h}} = \sigma_0 \cdot \sqrt{1 + \frac{e_{SP}^2}{h}}$$

$$B = \sigma_0$$

Obwohl sich A aus Zielsystemkoordinaten ergibt, müssen wir nicht E_{SP} schreiben, weil kein Maßstabsunterschied besteht. Die große Halbachse A der Standardellipse ist dieselbe wie in (7.94). Die kleine Halbachse B ist echt kleiner, außer für den Punkt P = S, für den sich wieder ein Kreis ergibt. B ist außerdem für alle Punkte gleich. Für die Lagestandardabweichung (4.34) erhält man

$$\sigma_P = \sqrt{A^2 + B^2} = \sigma_0 \cdot \sqrt{2 + \frac{e_{SP}^2}{h}}$$

Dieser Wert ist kleiner als bei der Helmert-Transformation (bzw. gleich für P = S), weil mit $\tilde{m} = 1$ eine zusätzliche Annahme genutzt wurde. σ_P ist natürlich nur korrekt, wenn diese Annahme auch korrekt war. Die a-posteriori Lagestandardabweichung kann je nach $\hat{\sigma}_0$ kleiner oder größer sein.

▶ **Beispiel 7.47**

Das Beispiel 7.46 soll neu berechnet werden, nachdem sich zeigte, dass auch auf dem Standpunkt P der Streckenmaßstab korrekt eingestellt war, d. h. die Längeneinheit 1 LE = 1 m ist. Dadurch entfällt die Notwendigkeit einer Skalierung, und diese soll auch unterbleiben. ◀

▶ **Lösung**

Wir haben jetzt nur noch $u = 3$ Parameter ε, X_0, Y_0. Die Hilfsvariablen $x_S, y_S, X_S, Y_S, h, H, c, s$ haben dieselben Werte wie in Beispiel 7.46. $\hat{\varepsilon}$ ändert seinen Wert nicht, so dass wir aus Beispiel 7.46 übernehmen: $\hat{\varepsilon} = 5,623\,242$. Mit diesem Wert im Bogenmaß stellen wir die 6×3-Matrix **A** in (7.86) auf:

$$\mathbf{A} = \begin{pmatrix} 24,7614 & 1 & 0 \\ -13,2994 & 0 & 1 \\ 24,8037 & 1 & 0 \\ 31,9629 & 0 & 1 \\ -22,9787 & 1 & 0 \\ 7,8759 & 0 & 1 \end{pmatrix}$$

Da wir mit denselben Gewichten wie in Beispiel 7.46 arbeiten, können wir direkt die angegebenen Lösungsformeln verwenden. Wir erhalten:

$$\hat{X}_0 = 22,1709 \,\text{m} - \frac{12,4221 \,\text{m} \cdot 671,0927 \,\text{m}^2 + 1,5778 \,\text{m} \cdot (-520,7771 \,\text{m}^2)}{\sqrt{(671,0927 \,\text{m}^2)^2 + (-520,7771 \,\text{m}^2)^2}}$$

$$= 13,3244 \,\text{m}$$

$$\hat{Y}_0 = 15{,}9329\,\text{m} - \frac{12{,}4221\,\text{m} \cdot (-520{,}7771\,\text{m}^2) - 1{,}5778\,\text{m} \cdot 671{,}0927\,\text{m}^2}{\sqrt{(671{,}0927\,\text{m}^2)^2 + (-520{,}7771\,\text{m}^2)^2}}$$

$$= 24{,}7950\,\text{m}$$

$$\hat{\sigma}_0 = \sqrt{\frac{850{,}0742\,\text{m}^2 + 848{,}8371\,\text{m}^2 - 2 \cdot \sqrt{(671{,}0927\,\text{m}^2)^2 + (-520{,}7771\,\text{m}^2)^2}}{6 - 3}}$$

$$= 17{,}8\,\text{mm}$$

$\hat{X}_0, \hat{Y}_0$ stimmen mit den Werten in Beispiel 1.27 ausreichend überein. Daraus stellen wir die Kofaktormatrix (7.99) zusammen, die für den Punkt C lautet:

$$\mathbf{Q}_{\hat{X}_C, \hat{Y}_C} = \begin{pmatrix} 1{,}0397 & 0{,}3588 \\ 0{,}3588 & 4{,}2440 \end{pmatrix}$$

Die a-priori und die a-posteriori Standardellipsen sind hier echte Ellipsen mit den Halbachsen

$A_Q = \sigma_0 \cdot 1{,}37;$	$\hat{A}_Q = \hat{\sigma}_0 \cdot 1{,}37 = \underline{24{,}4\,\text{mm}}$
$A_A = \sigma_0 \cdot 1{,}39;$	$\hat{A}_A = \hat{\sigma}_0 \cdot 1{,}39 = \underline{24{,}7\,\text{mm}}$
$A_B = \sigma_0 \cdot 1{,}48;$	$\hat{A}_B = \hat{\sigma}_0 \cdot 1{,}48 = \underline{26{,}3\,\text{mm}}$
$A_C = \sigma_0 \cdot 2{,}07;$	$\hat{A}_C = \hat{\sigma}_0 \cdot 2{,}07 = \underline{36{,}8\,\text{mm}}$
$B_Q = B_A = B_B = B_C = \sigma_0;$	$\hat{B}_Q = \hat{B}_A = \hat{B}_B = \hat{B}_C = \hat{\sigma}_0 = \underline{17{,}8\,\text{mm}}$

Für die Standardabweichung der Strecke E_{CD} benötigen wir eine gemeinsame Kofaktormatrix der Zielsystemkoordinaten von C und D. Diese ist hier aber im Unterschied zu Beispiel 7.46 keine Diagonalmatrix, denn $\hat{X}_C$ und $\hat{Y}_C$ sind hier korreliert. Wir erhalten ähnlich dem Beispiel 5.21:

$$\mathbf{Q}_{\hat{X}_C, \hat{Y}_C, X_D, Y_D} = \begin{pmatrix} 1{,}0397 & 0{,}3588 & 0 & 0 \\ 0{,}3588 & 4{,}2440 & 0 & 0 \\ 0 & 0 & 3 & 0 \\ 0 & 0 & 0 & 3 \end{pmatrix}$$

Die Funktionalmatrix ergibt sich analog zu Beispiel 5.21:

$$\mathbf{F}_{E_{CD}} = \left(\frac{\hat{X}_C - X_D}{E_{CD}} \quad \frac{\hat{Y}_C - Y_D}{E_{CD}} \quad \frac{X_D - \hat{X}_C}{E_{CD}} \quad \frac{Y_D - \hat{Y}_C}{E_{CD}} \right)$$

$$= \left(\frac{-35{,}69}{51{,}33} \quad \frac{36{,}89}{51{,}33} \quad \frac{35{,}69}{51{,}33} \quad \frac{-36{,}89}{51{,}33} \right)$$

$$= (-0{,}6953 \quad 0{,}7187 \quad 0{,}6953 \quad -0{,}7187)$$

Mit diesen beiden Matrizen kann das KFG angewendet werden, das ergibt:

$$\hat{\sigma}_{E_{CD}} = \hat{\sigma}_{e_{CD}} = \hat{\sigma}_0 \cdot \sqrt{5{,}34} = \underline{41{,}1\,\text{mm}}$$

► http://sn.pub/ZPtQAy ◄

Drei-Parameter-Transformation mit beobachteten Quellsystemkoordinaten: Schließlich diskutieren wir noch den Fall, dass einige oder alle Quellsystemkoordinaten nicht als wahre Werte angesehen werden können, sondern auch verbessert werden müssen. Dann liegt der Allgemeinfall der Ausgleichung nach ▶ Abschn. 7.6 vor. Wir demonstrieren die Prozedur am Beispiel der ebenen Rotation und Translation und für den Fall, dass alle $2 \cdot N$ Quellsystemkoordinaten verbessert werden müssen. Die beiden Blöcke der Beobachtungs- und Parametervektoren lauten:

$$
\mathbf{L}_a = \begin{pmatrix} X_1 \\ Y_1 \\ X_2 \\ \vdots \\ X_N \\ Y_N \end{pmatrix}, \quad \mathbf{X}_a = \begin{pmatrix} \varepsilon \\ X_0 \\ Y_0 \end{pmatrix}, \quad \mathbf{L}_b = \mathbf{X}_b = \begin{pmatrix} x_1 \\ y_1 \\ x_2 \\ \vdots \\ x_N \\ y_N \end{pmatrix} \tag{7.102}
$$

Die Beobachtungsgleichungen (7.97) werden wie folgt erweitert:

$$
\begin{aligned}
\tilde{X}_1 &= \tilde{X}_0 + \tilde{x}_1 \cdot \cos\tilde{\varepsilon} - \tilde{y}_1 \cdot \sin\tilde{\varepsilon}; & \tilde{x}_1 &= \tilde{x}_1 \\
\tilde{Y}_1 &= \tilde{Y}_0 + \tilde{x}_1 \cdot \sin\tilde{\varepsilon} + \tilde{y}_1 \cdot \cos\tilde{\varepsilon}; & \tilde{y}_1 &= \tilde{y}_1 \\
\tilde{X}_2 &= \tilde{X}_0 + \tilde{x}_2 \cdot \cos\tilde{\varepsilon} - \tilde{y}_2 \cdot \sin\tilde{\varepsilon}; & \tilde{x}_2 &= \tilde{x}_2 \\
&\ \ \vdots & &\ \ \vdots \\
\tilde{Y}_N &= \tilde{Y}_0 + \tilde{x}_N \cdot \sin\tilde{\varepsilon} + \tilde{y}_N \cdot \cos\tilde{\varepsilon}; & \tilde{y}_N &= \tilde{y}_N
\end{aligned} \tag{7.103}
$$

Daraus liest man folgende $(4 \cdot N) \times (3 + 2 \cdot N)$-Blockmatrix $\mathbf{A}$ ab:

$$
\mathbf{A} = \left(\begin{array}{ccc|ccccc}
-x_1^0 \cdot \sin\varepsilon^0 - y_1^0 \cdot \cos\varepsilon^0 & 1 & 0 & \cos\varepsilon^0 & -\sin\varepsilon^0 & 0 & \cdots & 0 \\
x_1^0 \cdot \cos\varepsilon^0 - y_1^0 \cdot \sin\varepsilon^0 & 0 & 1 & \sin\varepsilon^0 & \cos\varepsilon^0 & 0 & \cdots & 0 \\
-x_2^0 \cdot \sin\varepsilon^0 - y_2^0 \cdot \cos\varepsilon^0 & 1 & 0 & 0 & 0 & \cos\varepsilon^0 & \cdots & 0 \\
\vdots & \vdots & \vdots & \vdots & \vdots & \vdots & \ddots & \vdots \\
x_N^0 \cdot \cos\varepsilon^0 - y_N^0 \cdot \sin\varepsilon^0 & 0 & 1 & 0 & 0 & 0 & \cdots & \cos\varepsilon^0 \\
\hline
0 & 0 & 0 & 1 & 0 & 0 & \cdots & 0 \\
0 & 0 & 0 & 0 & 1 & 0 & \cdots & 0 \\
0 & 0 & 0 & 0 & 0 & 1 & \cdots & 0 \\
\vdots & \vdots & \vdots & \vdots & \vdots & \vdots & \ddots & \vdots \\
0 & 0 & 0 & 0 & 0 & 0 & \cdots & 1
\end{array} \right) \tag{7.104}
$$

Für die Aufstellung dieser Matrix benötigt man auch Näherungsparameter $x_1^0, y_1^0, x_2^0, \ldots,$ y_N^0 für die Quellsystemkoordinaten, wofür man am besten die gegebenen Koordinaten $x_1, y_1, x_2, \ldots, y_N$ verwendet.

Nach der Berechnung ausgeglichener Transformationsparameter können Neupunkte P wie in (7.100) transformiert werden. Dabei ist zu beachten, dass x_P, y_P ebenfalls keine wahren Werte, sondern Zufallsvariablen sein könnten. Vielmehr könnte diesen Größen eine Kofaktormatrix $\mathbf{Q}_{x_P,y_P}$ zugeordnet sein. Die bisherige Funktionalmatrix (7.101) muss dazu wie folgt erweitert werden:

$$\mathbf{F}_{\hat{X}_P,\hat{Y}_P} = \begin{pmatrix} -x_P \cdot \sin\hat{\varepsilon} - y_P \cdot \cos\hat{\varepsilon} & 1 & 0 & \cos\hat{\varepsilon} & -\sin\hat{\varepsilon} \\ x_P \cdot \cos\hat{\varepsilon} - y_P \cdot \sin\hat{\varepsilon} & 0 & 1 & \sin\hat{\varepsilon} & \cos\hat{\varepsilon} \end{pmatrix} \tag{7.105}$$

Die letzten beiden Spalten sind x_P, y_P zugeordnet. (7.99) kann diesmal nicht angewendet werden. Zunächst ist zusammen mit der Kofaktormatrix $\mathbf{Q}_{\hat{X}_a}$, die aus den ersten drei Zeilen und Spalten von $\mathbf{Q}_{\hat{X}}$ besteht, für alle fünf Zufallsvariablen eine gemeinsame Kofaktormatrix zu bilden:

$$\mathbf{Q}_{\hat{\varepsilon},\hat{X}_0,\hat{Y}_0,x_P,y_P} = \begin{pmatrix} & & & 0 & 0 \\ & \mathbf{Q}_{\hat{X}_a} & & 0 & 0 \\ & & & 0 & 0 \\ 0 & 0 & 0 & & \\ 0 & 0 & 0 & \mathbf{Q}_{x_P,y_P} \end{pmatrix} \tag{7.106}$$

Hierbei wurde ausgenutzt, dass der Punkt P nicht in die Ausgleichung eingegangen ist, so dass x_P, y_P nicht mit den ausgeglichenen Parametern $\hat{\varepsilon}, \hat{X}_0, \hat{Y}_0$ korreliert sind. Nach Anwendung des KFG (5.7) erhält man $\mathbf{Q}_{\hat{X}_P,\hat{Y}_P}$, woraus dann z. B. Standard- oder Konfidenzellipsen wie bisher folgen.

▶ **Beispiel 7.48**

Das Beispiel 7.47 soll mit der Maßgabe neu berechnet werden, dass x_B, y_B, x_C, y_C keine wahren Werte sind, sondern dieselbe Genauigkeit haben, wie die Zielsystemkoordinaten. x_Q, y_Q, x_A, y_A sollen weiterhin wahre Werte sein, so dass sich die Vektoren (7.102) wie folgt etwas verkürzen:

$$\mathbf{L}_a = \begin{pmatrix} X_Q \\ Y_Q \\ X_A \\ Y_A \\ X_B \\ Y_B \end{pmatrix}, \quad \mathbf{X}_a = \begin{pmatrix} \varepsilon \\ X_0 \\ Y_0 \end{pmatrix}, \quad \mathbf{L}_b = \mathbf{X}_b = \begin{pmatrix} x_B \\ y_B \end{pmatrix}$$

Als Näherungsparameter verwenden wir die ausgeglichenen Parameter aus Beispiel 7.47 und die gegebenen Quellsystemkoordinaten x_B, y_B. Die 8×5-Matrix **A** lautet damit:

$$\mathbf{A} = \begin{pmatrix} 24{,}7614 & 1 & 0 & 0 & 0 \\ -13{,}2994 & 0 & 1 & 0 & 0 \\ 24{,}8037 & 1 & 0 & 0 & 0 \\ 31{,}9629 & 0 & 1 & 0 & 0 \\ -22{,}9787 & 1 & 0 & 0{,}790\,027 & 0{,}613\,072 \\ 7{,}8759 & 0 & 1 & -0{,}613\,072 & 0{,}790\,027 \\ 0 & 0 & 0 & 1 & 0 \\ 0 & 0 & 0 & 0 & 1 \end{pmatrix}$$

Da wir für diese Lösung kein Rechenschema wie in Beispiel 7.47 anwenden können, ist (7.88) unwichtig. Wenn wir jedoch Vergleiche mit diesem Beispiel anstellen wollen, ist es sinnvoll, alle $n = 8$ Gewichte weiterhin gleich 1/3 zu setzen. Die gekürzten Beobachtungen

$$\mathbf{l} = \begin{pmatrix} X_Q - (X_0^0 + x_Q \cdot \cos \varepsilon^0 - y_Q \cdot \sin \varepsilon^0) \\ Y_Q - (Y_0^0 + x_Q \cdot \sin \varepsilon^0 + y_Q \cdot \cos \varepsilon^0) \\ X_A - (X_0^0 + x_A \cdot \cos \varepsilon^0 - y_A \cdot \sin \varepsilon^0) \\ Y_A - (Y_0^0 + x_A \cdot \sin \varepsilon^0 + y_A \cdot \cos \varepsilon^0) \\ X_B - (X_0^0 + x_B \cdot \cos \varepsilon^0 - y_B \cdot \sin \varepsilon^0) \\ Y_B - (Y_0^0 + x_B \cdot \sin \varepsilon^0 + y_B \cdot \cos \varepsilon^0) \\ x_B - x_B \\ y_B - y_B \end{pmatrix} = \begin{pmatrix} -0{,}0250 \\ -0{,}0336 \\ 0{,}0057 \\ 0{,}0087 \\ 0{,}0193 \\ 0{,}0249 \\ 0{,}0000 \\ 0{,}0000 \end{pmatrix}$$

sind im Betrag identisch mit den Verbesserungen aus Beispiel 7.47, jedoch mit entgegengesetztem Vorzeichen. Mit $\mathbf{X}^0, \mathbf{A}, \mathbf{P}$ und $\mathbf{l}$ erhalten wir folgende ausgeglichenen Parameter:

$$\hat{\varepsilon} = 5{,}623\,440 = 357{,}9993 \text{ gon}; \quad \hat{X}_0 = 13{,}3175 \text{ m}; \quad \hat{Y}_0 = 24{,}7882 \text{ m}$$

$$\hat{x}_B = -7{,}8625 \text{ m}; \quad \hat{y}_B = 23{,}0036 \text{ m}; \quad \hat{\sigma}_0 = \sqrt{\frac{\sum_{i=1}^{8} v_i^2/3}{8 - 5}} = 15{,}5 \text{ mm}$$

Wenn wir den Neupunkt C transformieren wollen, können wir das wie in Beispiel 7.47 tun, jedoch mit den neuen ausgeglichenen Transformationsparametern. Das Ergebnis lautet:

$$\hat{X}_C = \underline{-30{,}2713 \text{ m}}; \quad \hat{Y}_C = \underline{21{,}7162 \text{ m}}$$

Die zugehörige Kofaktormatrix $\mathbf{Q}_{\hat{X}_C, \hat{Y}_C}$ erhalten wir aus (7.105) und (7.106):

$$\mathbf{F}_{\hat{X}_C, \hat{Y}_C} = \begin{pmatrix} 3{,}0720 & 1 & 0 & 0{,}790\,15 & 0{,}612\,92 \\ -43{,}5889 & 0 & 1 & -0{,}612\,92 & 0{,}790\,15 \end{pmatrix}$$

$$\mathbf{Q}_{\hat{\varepsilon}, \hat{X}_0, \hat{Y}_0, x_P, y_P} = \begin{pmatrix} 0{,}0015 & -0{,}0236 & -0{,}0140 & 0 & 0 \\ -0{,}0236 & 1{,}5591 & 0{,}2132 & 0 & 0 \\ -0{,}0140 & 0{,}2132 & 1{,}3265 & 0 & 0 \\ 0 & 0 & 0 & 3 & 0 \\ 0 & 0 & 0 & 0 & 3 \end{pmatrix}$$

$$\mathbf{Q}_{\hat{X}_C, \hat{Y}_C} = \begin{pmatrix} 4{,}428 & 0{,}998 \\ 0{,}998 & 8{,}397 \end{pmatrix}$$

Die sich daraus ergebende a-posteriori Standardellipse hat die Halbachsen $\hat{A}_C = \underline{46\,\text{mm}}$, $\hat{B}_C = \underline{32\,\text{mm}}$ und den Richtungswinkel $\theta = 76{,}6°$. Die Lagestandardabweichung beträgt $\underline{56\,\text{mm}}$. Der Punkt wird deutlich ungenauer erhalten, als in Beispiel 7.47, weil seine Quellsystemkoordinaten nicht mehr als wahre Werte gelten.

Zum Schluss geben wir noch die Redundanzanteile an:

$$r_{X_Q} = 0{,}55; \quad r_{Y_Q} = 0{,}34; \quad r_{X_A} = 0{,}55; \quad r_{Y_A} = 0{,}33$$
$$r_{X_B} = 0{,}21; \quad r_{Y_B} = 0{,}40; \quad r_{x_B} = 0{,}29; \quad r_{y_B} = 0{,}32$$

Die Rechenprobe (7.59) ist erfüllt $\checkmark$. Wegen der geringen Redundanz liegt nicht durchweg eine gute Kontrollierbarkeit vor.

▶ http://sn.pub/praDQT ◄

Die Redundanzanteile geben bekanntlich Auskunft, wie sich eine grobe Messabweichung auf die Verbesserungen auswirkt (s. ▶ Abschn. 7.5.2). Weil aber bei Transformationen selten nur *eine* Koordinate eines Punktes grob falsch ist, haben Redundanzanteile hier nur eine begrenzte Aussagekraft. Aussagen über die Zuverlässigkeit bei möglicher Anwesenheit *mehrerer* grober Messabweichungen sind in [8] zu finden, haben sich in der Praxis bisher aber noch nicht verbreitet.

🛑 Aufgabe 7.18

Berechnen Sie die Aufgabe 1.33 nochmals (a) als Helmert-Transformation und (b) als Transformation mit bekanntem Maßstab $m = 1000$ m/LE, jeweils mit Standardellipsen für die Zielsystempunkte.

▶ http://sn.pub/lijsKR
▶ http://sn.pub/57JQix

Die hier nur für ebene Transformationen entwickelten Lösungen lassen sich auf räumliche Transformationen übertragen. Die Dimensionen der beteiligten Vektoren und Matrizen wachsen dann stark an.

7.7.5 GNSS-Pseudostrecken-Ausgleichung

Im ▶ Abschn. 2.3.3 wurde bereits das Problem der GNSS-Pseudostrecken-Auswertung als geodätischer Schnitt behandelt, nämlich als Kugelschnitt mit Offset. Praktisch sind aber fast immer die Signale von $n > 4$ GNSS-Satelliten gleichzeitig empfangbar, so dass Pseudostrecken-Beobachtungen $S_1, S_2, \ldots, S_n$ redundant sind. Das funktionale Ausgleichungsmodell ist wie folgt aufgebaut:

$$\mathbf{L} = \begin{pmatrix} S_1 \\ S_2 \\ \vdots \\ S_n \end{pmatrix}, \quad \mathbf{X} = \begin{pmatrix} X \\ Y \\ Z \\ \delta \end{pmatrix} \tag{7.107}$$

$$\tilde{S}_i = \sqrt{(\tilde{X} - X_i)^2 + (\tilde{Y} - Y_i)^2 + (\tilde{Z} - Z_i)^2} + \tilde{\delta}, \quad i = 1, 2, \ldots, n \tag{7.108}$$

(X, Y, Z) ist die unbekannte Empfängerposition in einem geozentrischen kartesischen Koordinatensystem. $(X_i, Y_i, Z_i), i = 1, 2, \ldots, n$ sind die bekannten Satellitenpositionen im selben Koordinatensystem. δ ist die Wirkung des Empfängeruhrfehlers, der dadurch entsteht, dass die Empfängeruhr nicht ausreichend mit den Satellitenuhren synchronisiert ist, zuzüglich der nicht vollständig korrigierten Wirkung der atmosphärischen Refraktion [3, S. 216]. Letztere ist in diesem Modell für alle n Satelliten als gleich groß angenommen.

Da die Beobachtungsgleichungen nichtlinear sind, müssen Näherungsparameter gefunden werden. Das kann durch Auswahl von vier Gleichungen und Berechnung des Kugelschnitts mit Offset nach der Methode aus ▶ Abschn. 2.3.3 geschehen. Um einen guten Schnitt zu erzielen, sollten die vier ausgewählten Satelliten möglichst gut über den Himmel verteilt sein.

Die $n \times 4$-Matrix $\mathbf{A}$ hat folgenden Aufbau:

$$
\mathbf{A} = \begin{pmatrix}
\frac{X^0 - X_1}{s_1^0} & \frac{Y^0 - Y_1}{s_1^0} & \frac{Z^0 - Z_1}{s_1^0} & 1 \\
\frac{X^0 - X_2}{s_2^0} & \frac{Y^0 - Y_2}{s_2^0} & \frac{Z^0 - Z_2}{s_2^0} & 1 \\
\vdots & \vdots & \vdots & \vdots \\
\frac{X^0 - X_n}{s_n^0} & \frac{Y^0 - Y_n}{s_n^0} & \frac{Z^0 - Z_n}{s_n^0} & 1
\end{pmatrix}
\tag{7.109}
$$

$s_1^0, s_2^0, \ldots, s_n^0$ sind die aus Näherungskoordinaten berechneten Strecken zwischen den Satelliten und dem Empfänger.

Die Gewichte können in Abhängigkeit von den Empfangsbedingungen gewählt werden, z. B. abhängig von den Zenitwinkeln und den Signalstärken der empfangenen Signale.

Zur Beurteilung der Genauigkeit der Punktbestimmung verwendet man die Kofaktormatrix der ausgeglichenen Parameter $\mathbf{Q}_{\hat{\mathbf{x}}}$, insbesondere deren erste drei Hauptdiagonalelemente q_{XX}, q_{YY}, q_{ZZ}. Wenn Einheitsgewichte $\mathbf{P} := \mathbf{I}$ verwendet wurden, ist diese Beurteilung besonders einfach: Sind q_{XX}, q_{YY}, q_{ZZ} kleiner bzw. größer als Eins, dann bedeutet das: Die zugehörigen Koordinaten werden im Vergleich zu den Pseudostrecken-Beobachtungen genauer bzw. ungenauer bestimmt. Dieses Verhältnis ergibt die sogenannten *DOP-Werte* (Dilution of precision = Verschlechterung der Genauigkeit), die einheitenlos sind. Diese Genauigkeitskenngrößen sind besonders aussagekräftig für die topozentrischen Koordinaten x, y, z, weshalb man noch zum topozentrischen Horizontsystem übergehen muss (s. ▶ Abschn. 3.1.5). Die topozentrischen Koordinaten sind Funktionen der geozentrischen Koordinaten und damit Funktionen ausgeglichener Parameter (7.33). Die besonders aussagekräftige und damit auch zu berechnende Kofaktormatrix ist also $\mathbf{Q}_{\mathbf{f_x}}$ in (7.40). Mit ihren Kofaktoren definiert man folgende DOP-Werte:

Geometrischer DOP-Wert	GDOP	$= \sqrt{q_{xx} + q_{yy} + q_{zz} + q_{\delta\delta}}$
Positions-DOP-Wert	PDOP	$= \sqrt{q_{xx} + q_{yy} + q_{zz}}$
Horizontaler DOP-Wert	HDOP	$= \sqrt{q_{xx} + q_{yy}}$
Vertikaler DOP-Wert	VDOP	$= \sqrt{q_{zz}}$

Je nachdem, an welcher Genauigkeit der Anwender interessiert ist, 4D, 3D, horizontal oder vertikal, sollte der zugehörige DOP-Wert besonders beachtet werden.

Wir betrachten die folgenden geozentrischen kartesischen Koordinaten von fünf GNSS-Satelliten und die Empfängerposition E in Dresden:

	X in km	Y in km	Z in km
1	20 632	7 971	14 303
2	14 433	−6 366	20 865
3	24 098	8 808	7 812
4	13 718	−18 242	13 368
5	−13 097	5 689	21 302
E	3 904	954	4 936

Die bekannten Näherungskoordinaten des Empfängers E verwenden wir als Näherungsparameter. Den Näherungsparameter für den Offset δ^0 benötigen wir im Folgenden nicht, andernfalls würden wir ihn gleich Null setzen. Damit erhalten wir folgende Matrix $\mathbf{A}$ in (7.109):

$$\mathbf{A} = \begin{pmatrix} -0{,}8194 & -0{,}3437 & -0{,}4588 & 1 \\ -0{,}5149 & 0{,}3580 & -0{,}7789 & 1 \\ -0{,}9239 & -0{,}3593 & -0{,}1316 & 1 \\ -0{,}4239 & 0{,}8292 & -0{,}3642 & 1 \\ 0{,}7064 & -0{,}1967 & -0{,}6800 & 1 \end{pmatrix}$$

Unter der Annahme, dass Einheitsgewichte $\mathbf{P} = \mathbf{I}$ gewählt werden können, lautet die Kofaktormatrix

$$\mathbf{Q}_{\hat{\mathbf{x}}} = \begin{pmatrix} 0{,}8847 & 0{,}0817 & 1{,}3060 & 0{,}9753 \\ 0{,}0817 & 0{,}9647 & 0{,}4947 & 0{,}2156 \\ 1{,}3060 & 0{,}4947 & 5{,}8539 & 3{,}3134 \\ 0{,}9753 & 0{,}2156 & 3{,}3134 & 2{,}1724 \end{pmatrix}$$

Offenbar ist vor allem die Z-Koordinate der Empfängerposition ungenau bestimmbar. Aber wir interessieren uns mehr für die DOP-Werte im topozentrischen Horizontsystem (x, y, z). Der Übergang zu diesem System geschieht durch die Transformation (3.21). Aus der Matrix $\mathbf{Q}_{\hat{\mathbf{x}}}$ benötigen wir hierfür nur den linken oberen 3×3-Block. Man sieht, dass die Rotations- und Reflexionsmatrix direkt die Matrix $\mathbf{F}_{\mathbf{X}}$ in (7.40) darstellt und folgende Kofaktormatrix ergibt:

$$\mathbf{F}_{\mathbf{X}} = \begin{pmatrix} -0{,}7553 & -0{,}1846 & 0{,}6289 \\ -0{,}2374 & 0{,}9714 & 0{,}0000 \\ 0{,}6109 & 0{,}1493 & 0{,}7775 \end{pmatrix}, \quad \mathbf{Q}_{\mathbf{f}_{\mathbf{X}}} = \begin{pmatrix} 1{,}5199 & 0{,}0365 & 2{,}1193 \\ 0{,}0365 & 0{,}9225 & 0{,}1898 \\ 2{,}1193 & 0{,}1898 & 5{,}2609 \end{pmatrix}$$

Daraus lesen wir ab, dass die y-Koordinate der Empfängerposition (entsprechend etwa dem Ostwert) am genauesten bestimmbar wird. Die Genauigkeit ist geringfügig besser als die Genauigkeit der gemessenen Beobachtungen. Am ungenauesten bestimmbar ist die vertikale

z-Koordinate. Aus $\mathbf{Q_{f_X}}$ gewinnen wir folgende DOP-Werte:

$$PDOP = \sqrt{1{,}5199 + 0{,}9225 + 5{,}2609} = 2{,}78$$
$$HDOP = \sqrt{1{,}5199 + 0{,}9225} \qquad\qquad = 1{,}56$$
$$VDOP = \sqrt{5{,}2609} \qquad\qquad\qquad = 2{,}29$$

Schließlich berechnen wir noch die Redundanzanteile, diese sind:

$$r_1 = 0{,}49; \quad r_2 = 0{,}19; \quad r_3 = 0{,}26; \quad r_4 = 0{,}06; \quad r_5 = 0{,}00$$

Die Rechenprobe (7.59) ist erfüllt ✓. Jedoch sind zwei Redundanzanteile extrem klein. Wenn man die topozentrischen Polarkoordinaten (t, v, s) der Satelliten berechnet, stellt man fest, dass genau die beiden zugehörigen Satelliten 4 und 5 in der Nähe des Zenits (z-Achse) stehen. Eine grobe Messabweichung in einer dieser Pseudostrecken würde fast vollständig zu einer Verfälschung der y-Koordinate der Empfängerposition und des Offset-Parameters δ führen, hingegen aber kaum zu einer Verbesserung der entsprechenden Beobachtung. Deshalb ist es sinnvoll, weitere Satellitenbeobachtungen in die Positionsbestimmung einzubeziehen. ◄

🅐 Aufgabe 7.19

Wir hätten im letzten Beispiel denselben PDOP-Wert erhalten, wenn wir ihn aus der Matrix $\mathbf{Q_{\hat{X}}}$ berechnet hätten:

$$PDOP = \sqrt{0{,}8847 + 0{,}9647 + 5{,}8539} = 2{,}78 \checkmark$$

Warum ist das so?

7.8 Lösungen

Zwischenergebnisse wurden sinnvoll gerundet, so können unbedeutende Abweichungen zur exakten Lösung entstehen.

Aufgabe 7.4:

$$\mathbf{A} = \begin{pmatrix} 1 & 0 \\ 1 & 1 \\ 1 & 0 \\ 1 & 1 \\ 0 & 1 \end{pmatrix}; \quad \mathbf{X}^0 = \begin{pmatrix} 0{,}5619 \\ 3{,}0121 \end{pmatrix}$$

$$\mathbf{L}^0 = \begin{pmatrix} 0{,}5619 \\ 0{,}5619 + 3{,}0121 \\ 115{,}584 + 0{,}5619 - 118{,}460 \\ 115{,}584 + 0{,}5619 + 3{,}0121 - 118{,}460 \\ 3{,}0121 \end{pmatrix} = \begin{pmatrix} 0{,}5619 \\ 3{,}5740 \\ -2{,}3141 \\ 0{,}6980 \\ 3{,}0121 \end{pmatrix}; \quad \mathbf{l} = \begin{pmatrix} 0{,}0000 \\ -0{,}0041 \\ -0{,}0011 \\ -0{,}0010 \\ 0{,}0000 \end{pmatrix}$$

Aufgabe 7.5: Wir weisen dem linken unteren Punkt die Lagekoordinaten (0;0) und dem rechten oberen Punkt die Lagekoordinaten (72;103) zu. Die Lagekoordinaten aller Messpunkte können als wahre Werte angesehen werden. Als Näherungsfläche wählen wir eine Horizontalebene in der Höhe 1,60.

$$
\mathbf{A} = \begin{pmatrix} 1 & 0 & 0 \\ 1 & 0 & 103 \\ 1 & 72 & 103 \\ 1 & 72 & 0 \\ 1 & 36 & 51,5 \end{pmatrix}; \quad \mathbf{X}^0 = \begin{pmatrix} 1,60 \\ 0 \\ 0 \end{pmatrix}
$$

$$
\mathbf{L}^0 = \begin{pmatrix} 1,60 \\ 1,60 \\ 1,60 \\ 1,60 \\ 1,60 \end{pmatrix}; \quad \mathbf{l} = \begin{pmatrix} 0,00 \\ -0,03 \\ -0,02 \\ 0,02 \\ 0,01 \end{pmatrix}
$$

Aufgabe 7.6: Die Gewichte sind dieselben wie in Beispiel 7.19.

$$
\mathbf{N} = \begin{pmatrix} 2,871 & 1,576 \\ 1,576 & 2,826 \end{pmatrix}; \quad \mathbf{n} = \begin{pmatrix} -0,004\,222 \\ 0,003\,644 \end{pmatrix}; \quad \hat{\mathbf{X}} = \begin{pmatrix} 0,5608 \\ 3,0114 \end{pmatrix}
$$

Das Ergebnis stimmt mit Beispiel 7.19 überein. $\bar{H} = H_A + \hat{h}_{A1} + \hat{h}_{12}/2$.

Aufgabe 7.7: Die ausgeglichene Ebene hat die Gleichung

$$
H = 1,606 - y \cdot 0,000\,340 + x \cdot 0,000\,208
$$

Aufgabe 7.9:

$$
\mathbf{Q}_{\hat{\mathbf{X}}} = \begin{pmatrix} 0,5019 & -0,2799 \\ -0,2799 & 0,5099 \end{pmatrix}; \quad \mathbf{F}_{\hat{\mathbf{X}}} = \begin{pmatrix} 1,0 & 0,5 \end{pmatrix}
$$

Die anderen Ergebnisse stimmen mit Beispiel 7.28 überein.

Aufgabe 7.10:

	Neigungswinkel	Falllinie
Wert	0,0254 gon	35,0 gon
Standardabweichung	0,0081 gon	23,9 gon
mit Mittellinienendpunkten	0,0075 gon	20,3 gon

Aufgabe 7.11:

$$\hat{H}_1 = 116{,}7955\,\text{m}; \quad \hat{H}_2 = 118{,}0165\,\text{m}; \quad \hat{H}_3 = 117{,}9330\,\text{m}$$

$$\sigma_{\hat{H}_1} = 7{,}9\,\text{mm}; \quad \sigma_{\hat{H}_2} = 7{,}9\,\text{mm}; \quad \sigma_{\hat{H}_3} = 10{,}0\,\text{mm}; \quad \hat{\sigma}_0 = 8{,}0\,\text{mm}$$

$$r_1 = r_3 = r_4 = r_5 = 0{,}375; \quad r_2 = 0{,}500$$

$$NV_1 = NV_3 = 0{,}57; \quad NV_4 = NV_5 = 0{,}73; \quad NV_2 = 1{,}13$$

Keine Nullhypothese wird abgelehnt.

Aufgabe 7.12: Der kleinste Redundanzanteil beträgt 0,30 ohne und 0,44 mit Mittellinienendpunkten.

Aufgabe 7.14: Die Ergebnisse sind praktisch mit denen aus Beispiel 7.42 identisch, bis auf unvermeidliche Linearisierungsfehler, denn wir haben nichtlineare Beobachtungsgleichungen, und Rundungsfehler. (Hätte man die Abszissen nicht als Beobachtungen betrachtet, würden sich die Ergebnisse deutlich unterscheiden.)

Aufgabe 7.15: 316,1056; 223,6983; 114,2913; 218,0088; 218,0508

Aufgabe 7.16: a) −0,0041 m; 24,0186 m; 23,9758 m; 23,9938 m; b) 0,002 79 m; 0,002 79 m; 0,002 93 m; 0,004 08 m; c) $r_{\text{min}} = 0{,}063; \ldots; T_w = 2{,}98$; d) 0,0051 m

Aufgabe 7.17: $\hat{X}_N = 171{,}1672$; $\hat{Y}_N = 456{,}7557$; $\hat{X}_A = 337{,}4527$; $\hat{Y}_A = 332{,}2955$
$\sigma_{\hat{X}_N} = 0{,}0042$; $\sigma_{\hat{Y}_N} = 0{,}0066$; $\sigma_{\hat{X}_A} = 0{,}0023$; $\sigma_{\hat{Y}_A} = 0{,}0048$
$A_N = 0{,}0074$; $B_N = 0{,}0024$; $\theta_N = 132\,\text{gon} = 119°$
$A_A = 0{,}0050$; $B_A = 0{,}0018$; $\theta_A = 82\,\text{gon} = 74°$

Aufgabe 7.19: Wenn man PDOP mit der Standardabweichung der Gewichtseinheit σ_0 multipliziert (die bei Einheitsgewichten identisch mit der Standardabweichung der gemessenen Beobachtungen σ_L ist), gelangt man zur 3D-Punktstandardabweichung (4.35) für den Empfängerstandpunkt. Diese ist aber gleich der halben Diagonale des das Standardellipsoid umschließenden Quaders und damit unabhängig von der Ausrichtung der Koordinatenachsen (s. ▶ Abschn. 4.5.2). PDOP ist somit für topozentrische und geozentrische Koordinaten identisch.

Literatur

1. Baarda W (1968) A testing procedure for use in geodetic networks. Publications on Geodesy 9 (Vol. 2 Nr. 5), Delft, Netherlands. ISBN 978-90-6132-209-2
2. Bartsch HJ (2014) Taschenbuch mathematischer Formeln für Ingenieure und Naturwissenschaftler. 23. überarbeitete Auflage, Carl Hanser Verlag, München. ISBN 978-3-446-43800-2
3. Bauer M (2018) Vermessung und Ortung mit Satelliten. 7. neu bearbeitete und erweiterte Auflage, Herbert Wichmann Verlag, Berlin. ISBN 978-3-87907-634-5
4. Cureton EE (1968) Unbiased Estimation of the Standard Deviation. Am Stat 22(1):22–22. doi:10.2307/2681876

5. Gielsdorf F (2007) Ausgleichungsrechnung und raumbezogene Informationssysteme. Schriftenreihe der Deutschen Geodätischen Kommission, Reihe C, Heft 593, Verlag der Bayerischen Akademie der Wissenschaften. ISBN 3-7696-5032-8

6. Hahn M, Heck B, Jäger R, Scheuring R (1989) Ein Verfahren zur Abstimmung des Signifikanzniveaus für allgemeine $F_{m,n}$-verteilte Teststatistiken – Teil 1: Theorie. ZfV – Zeitschrift für Vermessungswesen 114(5):234–248

7. Heck B (1981) Der Einfluss einzelner Beobachtungen auf das Ergebnis einer Ausgleichung und die Suche nach Ausreissern in den Beobachtungen. Allgemeine Vermessungsnachrichten 88(1):17–34

8. Knight NL, Wang J, Rizos Ch (2010) Generalised Measures of Reliability for Multiple Outliers. J Geod 84(10):625–635. doi:10.1007/s00190-010-0392-4

9. Koch KR (1997) Parameterschätzung und Hypothesentests in linearen Modellen. 3. bearbeitete Auflage, Dümmler Verlag, Bonn. ISBN 978-3427789215

10. Lehmann R (2008) Das arithmetische Mittel von Mehrfachmessungen unter Wiederholbedingungen. Allgemeine Vermessungsnachrichten 115(1):2–6

11. Lehmann R (2010) Im Schwerpunkt der Anschlusspunkte – Zur Genauigkeit geodätischer Koordinatentransformationen. Allgemeine Vermessungsnachrichten 117(4):122–128

12. Lehmann R (2012) Improved critical values for extreme normalized and studentized residuals in Gauss–Markov models. J Geod 86(12):1137–1146. doi:10.1007/s00190-012-0569-0

13. Lehmann R (2013) The 3sigma-rule for outlier detection from the viewpoint of geodetic adjustment. J Surv Eng 139(4):157–165. https://doi.org/10.1061/(ASCE)SU.1943-5428.0000112

14. Lehmann R (2019) Type-constrained total least squares fitting of curved surfaces to 3D point clouds. J Math Stat Anal 2(1):211

15. Lösler M (2021) Modellbildung zur Signalweg- und in-situ Referenzpunktbestimmung von VLBI-Radioteleskopen. Technische Universität Berlin, Dissertation, doi:10.14279/depositonce-11364

16. Möser M, Schlemmer H, Müller G (2012) Handbuch Ingenieurgeodäsie – Grundlagen. 4. völlig neu bearbeitete Auflage, Herbert Wichmann Verlag, Berlin. ISBN 978-3-87907-504-1

17. Neitzel F (2004) Nullvarianz-Rechenbasis und Eigenschaften der Koordinaten bei freier Netzausgleichung. ZfV – Zeitschrift für Vermessungswesen 129(5):335–342

18. Niemeier W (2008) Ausgleichungsrechnung, Statistische Auswertemethoden. 2. überarbeitete und erweiterte Auflage, Walter de Gruyter Berlin. ISBN 978-3-11-019055-7

19. Pelzer H (1974) Zur Behandlung singulärer Ausgleichungsaufgaben I. ZfV – Zeitschrift für Vermessungswesen 99(5):181–194

20. Pelzer H (1974) Zur Behandlung singulärer Ausgleichungsaufgaben II. ZfV – Zeitschrift für Vermessungswesen 99(11):479–488

21. Pope AJ (1976) The statistics of residuals and the detection of outliers. In: NOAA Technical Report NOS65 NGS1. US Department of Commerce, National Geodetic Survey, Rockville, Maryland

22. Rofatto VF, Matsuoka MT, Klein I, Veronez MR, Bonimani ML, Lehmann R (2020) A half-century of Baarda's concept of reliability: a review, new perspectives, and applications. Survey Review 52(372):261–277. doi:10.1080/00396265.2018.1548118

23. Rousseeuw PJ, Leroy AM (1987) Robust regression and outlier detection. Wiley, New York. ISBN 0-471-85233-3

24. Schneider D (2009) Geometrische und stochastische Modelle für die integrierte Auswertung terrestrischer Laserscannerdaten und photogrammetrischer Bilddaten. Schriftenreihe der Deutschen Geodätischen Kommission, Reihe C, Heft 642 Verlag der Bayerischen Akademie der Wissenschaften. ISBN 978-3-7696-5054-9

25. Sieg D, Hirsch M (2000) Varianzkomponentenschätzung in ingenieurgeodätischen Netzen; Teil 1: Theorie. Allgemeine Vermessungsnachrichten, 107(3): 82–90

26. Sieg D, Hirsch M (2000) Varianzkomponentenschätzung in ingenieurgeodätischen Netzen; Teil 2: Anwendungen. Allgemeine Vermessungsnachrichten, 107(4): 122–137

27. Teunissen PJG (2009) Testing theory; an introduction. 2nd edition, Series on Mathematical Geodesy and Positioning, Delft University of Technology, The Netherlands. ISBN 978-90-407-1975-2

28. Teunissen PJG (2009) Adjustment theory; an introduction. 2nd edition, Series on Mathematical Geodesy and Positioning, Delft University of Technology, The Netherlands. ISBN 978-90-6562-215-0

29. Wolf H (1978) Das geodätische Gauß-Helmert-Modell und seine Eigenschaften. ZfV – Zeitschrift für Vermessungswesen 103(2):41–43

Serviceteil

R. Lehmann, *Geodätische und statistische Berechnungen*,
https://doi.org/10.1007/978-3-662-66464-3

Stichwortverzeichnis

Printed in the United States
by Baker & Taylor Publisher Services